“101 计划”核心教材
物理学领域

量子力学

主 编 杨永宏

中国教育出版传媒集团
高等教育出版社·北京

内容简介

本书为物理学领域“101 计划”核心教材，是根据作者多年来为物理学类专业的本科生讲授量子力学课程的教学实践经验编写而成的，系统地介绍量子力学的基本原理、基本方法以及部分应用。全书共分十三章，包括波函数与薛定谔方程、一维势场的定态、动力学变量、中心力场的定态、电磁场中的带电粒子、线性代数的狄拉克表述、量子力学的形式理论、角动量理论、玻色算符方法及其应用、对称性理论、束缚定态的近似方法、非保守体系的近似方法、散射理论等。各章均配有较为丰富的习题，以便读者检验自己对基本原理的理解，加强对基本方法的应用训练，部分习题是主文内容的拓展，目的是开拓读者的视野。

本书可作为高等学校物理学类专业本科生的教材或教学参考书，也可供物理学类专业研究生和相关科研人员参考。

图书在版编目（CIP）数据

量子力学 / 杨永宏主编. -- 北京 : 高等教育出版社, 2024. 9. -- ISBN 978-7-04-063043-5

Ⅰ. O413. 1

中国国家版本馆 CIP 数据核字第 2024LC7638 号

LIANGZI LIXUE

策划编辑　张琦玮　　责任编辑　张琦玮　　封面设计　王凌波　王　洋　　版式设计　杜微言
责任绘图　杨伟露　　责任校对　马鑫蕊　　责任印制　赵　佳

出版发行　高等教育出版社
社　　址　北京市西城区德外大街4号
邮政编码　100120
印　　刷　北京中科印刷有限公司
开　　本　787mm × 1092mm　1/16
印　　张　25
字　　数　540 千字
购书热线　010-58581118
咨询电话　400-810-0598

网　　址　http://www.hep.edu.cn
　　　　　http://www.hep.com.cn
网上订购　http://www.hepmall.com.cn
　　　　　http://www.hepmall.com
　　　　　http://www.hepmall.cn

版　　次　2024 年 9 月第 1 版
印　　次　2024 年 9 月第 1 次印刷
定　　价　65.00 元

物 料 号　63043-00

出版说明

为深入实施科教兴国战略、人才强国战略、创新驱动发展战略，统筹推进教育科技人才体制机制一体化改革，教育部于 2023 年 4 月 19 日正式启动基础学科系列本科教育教学改革试点工作（下称"101 计划"）。物理学领域"101 计划"工作组邀请国内物理学界教学经验丰富、学术造诣深厚的优秀教师和顶尖专家，及 31 所基础学科拔尖学生培养计划 2.0 基地建设高校，从物理学专业教育教学的基本规律和基础要素出发，共同探索建设一流核心课程、一流核心教材、一流核心教师团队和一流核心实践项目。这一系列举措有效地提高了我国物理学专业本科教学质量和水平，引领带动相关专业本科教育教学改革和人才培养质量提升。

通过基础要素建设的"小切口"，牵引教育教学模式的"大改革"，让人才培养模式从"知识为主"转向"能力为先"，是基础学科系列"101 计划"的主要目标。物理学领域"101 计划"工作组遴选了力学、热学、电磁学、光学、原子物理学、理论力学、电动力学、量子力学、统计力学、固体物理、数学物理方法、计算物理、实验物理、物理学前沿与科学思想选讲等 14 门基础和前沿兼备、深度和广度兼顾的一流核心课程，由课程负责人牵头，组织调研并借鉴国际一流大学的先进经验，主动适应学科发展趋势和新一轮科技革命对拔尖人才培养的要求，力求将"世界一流""中国特色""101 风格"统一在配套的教材编写中。本教材系列在吸纳新知识、新理论、新技术、新方法、新进展的同时，注重推动弘扬科学家精神，推进教学理念更新和教学方法创新。

在教育部高等教育司的周密部署下，物理学领域"101 计划"工作组下设的课程建设组、教材建设组，联合参与的教师、专家和高校，以及北京大学出版社、高等教育出版社、科学出版社等，经过反复研讨、协商，确定了系列教材详尽的出版规划和方案。为保障系列教材质量，工作组还专门邀请多位院士和资深专家对每种教材的编写方案进行评审，并对内容进行把关。

在此，物理学领域“101 计划”工作组谨向教育部高等教育司的悉心指导、31 所参与高校的大力支持、各参与出版社的专业保障表示衷心的感谢；向北京大学郝平书记、龚旗煌校长，以及北京大学教师教学发展中心、教务部等相关部门在物理学领域“101 计划”酝酿、启动、建设过程中给予的亲切关怀、具体指导和帮助表示由衷的感谢；特别要向 14 位一流核心课程建设负责人及参与物理学领域“101 计划”一流核心教材编写的各位教师的辛勤付出，致以诚挚的谢意和崇高的敬意。

基础学科系列“101 计划”是我国本科教育教学改革的一项筑基性工程。改革，改到深处是课程，改到实处是教材。物理学领域“101 计划”立足世界科技前沿和国家重大战略需求，以兼具传承经典和探索新知的课程、教材建设为引擎，着力推进卓越人才自主培养，激发学生的科学志趣和创新潜力，推动教师为学生成长成才提供学术引领、精神感召和人生指导。本教材系列的出版，是物理学领域“101 计划”实施的标志性成果和重要里程碑，与其他基础要素建设相得益彰，将为我国物理学及相关专业全面深化本科教育教学改革、构建高质量人才培养体系提供有力支撑。

物理学领域“101 计划”工作组

序 言

量子力学建立于 20 世纪 20 年代, 经过 100 多年的发展, 该学科不仅自身得到了进一步完善, 而且在现代科技领域各方面的应用也日益广泛和深入。量子理论是现代物理学理论体系的重要基础, 量子力学历来是国内外各高等院校物理学类专业本科生和研究生必修的核心理论课程。由于量子力学的概念体系与经典物理学有非常大的差异, 这使得学生们普遍感到该课程的学习比其他物理课程更加困难, 因此有必要在量子力学课程的教学与建设方面持续不断地进行改革与创新, 相关的教材建设工作也显得极为重要。

作者自 1993 年开始, 持续为东南大学物理学类专业的本科生讲授量子力学课程, 本书是作者根据多年的教学经验, 在参考了国内外众多优秀教材的基础上编写而成的。本书拟系统和全面地阐述量子力学的基本概念、基本原理及基本方法, 并介绍量子力学的部分应用, 希望能够在教学方面形成一个颇具特色的逻辑体系。全书大致分为三个部分, 第一部分为量子力学的波动形式, 其中第一、三章介绍波动力学的基本概念和基本原理, 包括波函数、薛定谔方程、动力学变量等, 第二、四、五章属于波动力学基本原理的应用部分, 包括一维势场和中心力场的定态问题, 以及带电粒子在电磁场中的运动。第二部分为量子力学的一般形式, 其中第六章介绍线性代数的狄拉克表述, 目的是为后续内容提供一个数学基础, 第七章借助狄拉克符号阐述量子论的基本原理, 第八、九、十章分别介绍角动量理论、玻色算符方法及对称性理论。第三部分介绍量子力学中的常用近似方法, 包括束缚定态的近似方法 (第十一章)、非保守体系的近似方法 (第十二章)、量子散射理论 (第十三章)。本书的第九章是教学上的一个新尝试, 我们用玻色算符方法统一阐述谐振子的占据数表象、角动量的施温格表象、博戈留波夫变换、相干态、压缩态等内容, 这种讲法在教学实践中取得了一定的效果。由于线性代数是理解量子力学基本原理必不可少的重要基础, 本书特别注重在适当的章节中对这方面的数学基础内容作必要的补充介绍。除了附录 A、B、C、D 之外, 本书的纯数学内容还包括波函数空间 (第 1.1 节)、线性算符 (第 1.2 节)、厄密算符和观测算符 (第 3.1 节)、算符对易关系和共同本征函数 (第 3.2 节)、反线性算符和反幺正变换 (第 10.5 节) 以及线性代数的狄拉克表述 (第六章), 这些穿插在正文中的数学内容自成一体, 便于读者掌握和应用。本书的各章均配备了比较丰富的习题, 这些习题经过精心挑选, 具有一定的代表性, 部分习题对开拓读者的视野会起到一定的作用。对于一些难度较大的习题, 特意分解为一些具有提示作用的小题目, 希望能够有利于读者独立完成。除个别地方外, 本书均采用理论物理中常用的高斯单位制。目前各个学校的量子力学课程学时数有较大的差别, 为了兼顾不同的需求, 本书的内容大体上可以分为基础部分和拓展部分, 拓展部分和难度较大的习题均用 * 号标注, 初学者可以暂时忽略这些内容, 这并不会给基础内容的学习带来障碍。

作者在本书的编写过程中得到了东南大学物理学院的陈殿勇教授多方面的支持和帮助, 承蒙沈瑞、李建新、王治国、陈平形、陈理想、赵玉民、陈殿勇、董帅、周智勇、周海清、吴培文、顾杰、汪军、郭昊等教授审阅本书初稿并提出了许多宝贵意见, 物理学 “101 计划” 量子力学课程组和东南大学物理学院给予了大力支持, 高等教育出版社物理分社的张琦玮女士为本书的编辑提供了很大的帮助, 在此一并表示深切的谢意! 限于作者的学术水平, 书中的不妥之处在所难免, 诚恳希望读者批评指正。

杨永宏

2024 年于南京

目　录

第二部分 量子力学的一般形式

绪 论

量子论的起源与发展历程

1. 经典物理学概述

直到 20 世纪初, 经典物理学的理论体系被认为已经建立起来, 其基本方法可概括如下: 用一组可观测的动力学变量来描述物理体系在任意时刻的动力学状态, 这些动力学变量在任何时刻均有完全确定的数值, 它们作为时间的函数满足经典运动方程. 只要给定这些动力学变量的初始数值, 就可以利用运动方程推算出此后任意时刻的数值, 即可预言任意时刻物理体系的动力学状态.

宇宙中存在两类客体: 物质和辐射.

(1) 物质的微粒说: 物质由定域的、静止质量不为零的微粒构成, 每个微粒在任何时刻的状态均由它的位置和动量确定, 它们随时间的变化遵循牛顿定律, 这就是经典力学的研究内容. 为了研究由大量微粒构成的宏观物体的宏观现象, 人们结合牛顿定律和统计方法发展了经典统计热力学. 宏观物体也可表现出波动现象 (如声波、液面波等), 这类经典波均是某种可观测量的波动, 它实际上是构成宏观物体的大量微观粒子集体运动的结果.

(2) 辐射的波动说: 辐射 (包括光) 在任意时刻的状态可用非定域的电磁场描述, 遵循的运动定律是麦克斯韦方程组, 经典电动力学就是研究电磁场及其与带电粒子相互作用的运动规律的学科. 辐射场表现出干涉、衍射等波动现象, 由于电磁场也是可观测的物理量, 经典电动力学所描述的电磁波也属于经典波的范畴.

1900 年左右, 人们发现黑体辐射、光电效应、原子光谱等涉及微观领域的一些现象与经典物理学的基本原理不相容, 意识到经典物理学在微观领域面临严峻的挑战, 从而开始探索适用于微观领域的新物理学原理.

2. 光量子假设

到 19 世纪末, 人们已经能够比较精确地测量黑体与热辐射达到平衡时, 辐射能量密度 $E(\nu)$ 随频率 ν 的变化规律, 与此同时, 许多人试图利用经典物理学原理从理论上解释这种能量分布规律, 但均未取得成功. 瑞利和琼斯曾根据经典电动力学和统计物理学导出了黑体辐射能量密度分布的一个理论公式, 它在低频区域与实验结果较符合, 但在高频区域则与实验结果完全不符合.

1901 年, **普朗克为了解释黑体辐射现象, 假设物质与辐射场之间的能量交换不是以连续方式进行的, 而是以一些分立的、不可再分的能量量子来进行**, 并指出能量量子与辐射场的频率 ν 成正比, 即

$$E = h\nu, \quad \hbar \equiv h/2\pi = 1.055 \times 10^{-27}\ \mathrm{erg\cdot s}.$$

普朗克常数 h 具有作用量 (能量 $\times$ 时间, 或动量 $\times$ 长度) 的量纲. 普朗克将能量量子假设和经典电动力学、统计热力学方法结合起来, 推导出来的黑体辐射能量密度分布规律在全波段与实验结果相吻合.

光电效应是当光照射到金属上时, 有电子从金属中逸出的现象, 这种电子称为光电子. 实验表明, 只有当入射光的频率大于某个临界值时 (它与具体的金属材料有关), 才有光电子发射出来; 光电子的能量随光的频率增高而增大, 而与光的强度无关; 光

的强度仅影响光电子的数目，光强越大，光电子的数目就越多. 光电效应的这些现象是无法用经典物理学解释的，因为按照光的电磁理论，光的能量仅取决于光的强度，而与光的频率无关.

1905 年，爱因斯坦为了解释光电效应，假设辐射场本身是由光量子组成的，并提出光子的能量 E 和动量 p 分别与光的频率 ν 和波长 λ 有如下简单关系：

$$E = h\nu, \quad p = h/\lambda.$$

爱因斯坦的光子论令人满意地解释了光电效应的主要特征. 1924 年，康普顿从实验上研究了 X 射线光子被自由电子 (或弱束缚电子) 散射的问题，为爱因斯坦的光子论提供了有力的支持.

光子论的成功揭示了光的粒子性，而光的波动性又是经典物理学中的熟知结论，因此可以说，光具有粒子–波动两重性，其中的一种属性有时会表现得更为突出 (与所考虑的现象有关). 但是光量子假设与经典物理学又是不相容的，如何在一个统一的理论框架下描述光的这种波粒两重性?

让我们来看看光被光栅散射的实验，假设入射光强非常弱，一开始感光屏上会出现少量的局域感光斑点，它是感光屏感应到一个个光子的结果 (光的微粒性)，这些少量的感光斑点的分布并没有规律性，但经过足够长的时间以后，大量感光斑点的密度分布具有一定的规律性，其整体图像呈现出干涉条纹 (光的波动性).

可用统计诠释协调上述实验揭示的粒子–波动两重性：光子定域在空间某一点的概率正比于该点的光波强度. 光子并不是经典粒子，实际上，没有任何实验能证实光子像经典粒子那样具有精确的轨道. 光波也不是经典波，并不是某种可观测物理量的波动，而是一种概率波.

3. 原子的量子化假设

光子论中的能量量子化现象是否会出现在原子这类实物粒子体系中? 实际上，原子的稳定性和原子的特征光谱均是与经典物理学原理不相容的. 根据经典电动力学，原子核外的电子围绕原子核的运动是加速运动，电子将不断地以辐射的方式发射出能量，电子运动轨迹的曲率半径将不断减小，电子最终会落入到原子核中去，这就无法解释为什么客观世界中的原子是稳定的. 此外，作加速运动的电子所产生的辐射，其频率应该是连续分布的，但实验上观测到的原子光谱具有分立的谱线.

1913 年，玻尔为了解释原子的稳定性和原子光谱特征，提出了两个基本假设:

(1) 稳定的原子只能处于具有分离能级 E_n 的各个定态;

(2) 原子可在两定态间跃迁，原子发射或吸收电磁辐射的频率满足以下关系:

$$h\nu = E_n - E_m.$$

1914 年，弗兰克–赫兹实验研究了电子与原子间的非弹性碰撞问题，直接证实了原子能级的量子化. 1922 年，施特恩–格拉赫实验直接证实了原子系统的空间量子化 (即角动量量子化).

固体是由大量原子 (或离子) 组成的宏观体系, 根据经典统计力学, 固体的比热容在低温下应该趋于一个非零常数值, 但实验上发现, 固体的比热容在极低温度下趋于零. 1907 年, 爱因斯坦将能量量子化的概念应用到固体中原子的振动上, 成功地解释了极低温度下固体比热趋于零这一现象.

4. 对应原理与量子化条件

一个量子化的物理量无法用经典物理学的理论框架来描述, 在旧量子论中, 解决这一困难的办法是对应原理和量子化条件. 1923 年, 玻尔清楚地表述了对应原理: **在大量子数极限下, 量子理论必须逐渐逼近经典理论**. 对应原理使人们相信量子理论与经典理论之间应存在某种形式上的相似.

在旧量子论中, 微观粒子被认为只能处于满足某些量子化条件的经典轨道上. 索末菲等人根据对应原理提出了以下量子化条件: 对作周期运动的经典体系, 设 (q_i, p_i) 是一对广义位移和广义动量, 用 $\oint$ 代表对一个运动周期的积分, 则

$$\boxed{\oint p_i \mathrm{d}q_i = n_i h \quad (n_i = 1, 2, 3, \cdots)} \tag{0.0.1}$$

若某个体系具有绕 α 轴 $(\alpha = x, y, z)$ 的转动对称性, 则角动量分量 l_α 为守恒量. 设相应的转动角为 φ, 则由 (0.0.1) 式可导出量子化的角动量, 即

$$nh = \int_0^{2\pi} |l_\alpha| \mathrm{d}\varphi = 2\pi |l_\alpha| \quad \Rightarrow \quad l_\alpha = \pm n\hbar, \ (n = 1, 2, 3, \cdots). \tag{0.0.2}$$

例如, 转动惯量为 I 的平面转子的能量为 $E = l_z^2/2I = n^2\hbar^2/2I$.

若粒子在 xy 平面内作半径为 r 的匀速圆周运动, 则粒子动量为 $\boldsymbol{p} = p\boldsymbol{e}_\varphi$, 其中 $\boldsymbol{e}_\varphi$ 为平面极坐标系中角度方向的单位向量, 则量子化条件 (0.0.2) 转化为

$$r|\boldsymbol{p}| = n\hbar \quad (n = 1, 2, 3, \cdots). \tag{0.0.3}$$

例 1

设氢原子中的电子绕核作匀速圆周运动, 试用量子化条件求原子能级.

解: 设电子质量为 m, 轨道半径为 r, 运动速率为 v, 向心力来源于电子与核之间的库仑吸引作用, 总能量 E 是动能与库仑势能之和, 即

$$mv^2/r = e^2/r^2, \quad E = mv^2/2 - e^2/r = -e^2/2r.$$

由 (0.0.3) 式可得 $mvr = n\hbar$, 将它代入上式, 可求得量子化的轨道半径和能级:

$$r_n = n^2\hbar^2/me^2, \quad E_n = -me^4/2n^2\hbar^2 \quad (n = 1, 2, 3, \cdots). \tag{0.0.4}$$

利用此能级公式与对应原理, 可得到与实验结果一致的氢原子光谱线频率.

下面考虑磁场中的带电粒子. 设粒子的质量为 m, 带电量为 q, 磁场由矢量势 $\boldsymbol{A}$ 描述, 即 $\boldsymbol{B} = \nabla \times \boldsymbol{A}$, 粒子速度为 $\boldsymbol{v}$, 则粒子的正则动量和能量分别为

$$\boldsymbol{p} = m\boldsymbol{v} + q\boldsymbol{A}/c, \quad E = mv^2/2 = (p - qA/c)^2/2m. \tag{0.0.5}$$

若粒子作匀速圆周运动, 则由量子化条件 (0.0.3) 式可导出量子化的能级.

例 2

设质量为 m, 带电量为 q 的粒子处于均匀静磁场 B 中, 试求粒子的能级.

解: 设 $\boldsymbol{B} = B\boldsymbol{e}_z$, 粒子作半径为 r 的匀速圆周运动, 向心力为洛伦兹力, 即

$$m\boldsymbol{\omega} \times \boldsymbol{v} = q\boldsymbol{v} \times \boldsymbol{B}/c, \quad \Rightarrow \boldsymbol{\omega} = -\omega \boldsymbol{e}_z, \quad \boldsymbol{v} = -\omega r \boldsymbol{e}_\varphi \quad (\omega = qB/mc). \tag{0.0.6}$$

其中 $\boldsymbol{v}$ 为速度, $\boldsymbol{\omega}$ 为角速度. 选取规范: $\boldsymbol{A} = (Br/2)\boldsymbol{e}_\varphi$, 并利用 (0.0.5) 式和 (0.0.6) 式, 可得

$$\boldsymbol{p} = m\boldsymbol{v}/2 = -(m\omega r/2)\boldsymbol{e}_\varphi, \quad E = m\omega^2 r^2/2.$$

将量子化条件 (0.0.3) 式代入上式, 可求得量子化的轨道半径和能级:

$$r_n = \sqrt{2n\hbar/m|\omega|}, \quad E_n = n\hbar|\omega| \quad (n = 1, 2, 3, \cdots). \tag{0.0.7}$$

5. 旧量子论的局限性

旧量子论将经典运动方程和量子化条件人为地融合在一起, 它虽然能解释简单原子的光谱线波长, 但不能系统处理光谱线的强度, 也不能处理复杂原子; 旧量子论虽然在研究周期运动的量子化方面取得了一定的成就, 但在处理散射等非周期运动时具有局限性. 因此, 旧量子论不是一个令人满意的完善理论.

综上所述, 在建立一个完善的微观理论时, 需要特别注意以下几个方面:

(1) 经典理论在微观领域失效的根本原因是在微观尺度下存在着不可分割的作用量子 $\hbar$ 而出现了不连续性, 一个物理体系作用量的变化, 以及物理体系之间作用量的交换都只能通过分立的量子来进行, 因此作用量子 $\hbar$ 应该在新的微观理论中占据极其重要的地位.

(2) 对应原理具有重要的作用, 当微观理论应用于宏观体系时, 相当于大量子数极限, 在此极限下, 量子的不连续性可以忽略, 微观理论的结果应该完全与经典理论的结果一致, 因此, 微观理论在形式上应该与经典理论存在某种相似性.

(3) 粒子的精确轨道只是经典理论中的概念, 当人们观测微观粒子的位置时, 测量仪器必然会对微观粒子产生无法控制且比较强的干扰, 这就限制了我们测量微观粒子轨道的精度, 因此无法从实验上证实微观粒子具有精确的轨道, 在新的微观理论中完全可以抛弃粒子轨道这个基本图像, 以全新的理论框架来描述物质和辐射的波粒二象性.

6. 量子力学的建立

量子力学大致建立于 1923 年至 1927 年之间, 它是在克服旧量子论的困难中建立起来的, 它有矩阵力学和波动力学两种等价的表述形式.

1925 年至 1926 年, 海森伯、玻恩、若尔当 (Jordan) 等建立了矩阵力学, 这种新力学抛弃了微观粒子轨道的概念, 将每一个可观测的物理量与一个特定的矩阵联系

起来, 这些矩阵遵从的是非对易代数, 因此, 一个量子化体系的动力学变量所满足的运动方程是一些矩阵之间的方程. 按照对应原理, 人们假定这些方程在形式上与对应的经典系统的方程完全一样.

1923 年, 德布罗意 (de Broglie) 提出了物质波的概念. 1925 年至 1926 年, 薛定谔继承和推广了物质波的概念, 并发现了物质波的传播方程, 即薛定谔方程, 为波动力学打下了坚实的基础.

薛定谔还证明, **波动力学和矩阵力学是等价的, 它们不过是更普遍的量子理论的两种特定形式, 这种普遍的量子力学理论是由狄拉克建立的**. 1927 年, 狄拉克还建立了电磁场的量子理论, 使人们可以处理非相对论物质粒子与电磁场相互作用的一切问题.

习　题

0–1　设质量为 m 的自由粒子被限制在体积为 $L_xL_yL_z$ 的区域内, 若边界是刚性光滑的, 试利用索末菲量子化条件求量子化的动量和能级.

答: $p_\alpha = \pm n_\alpha \pi\hbar/L_\alpha$, $E = \sum\limits_\alpha n_\alpha^2\pi^2\hbar^2/2mL_\alpha^2$ $(\alpha = x, y, z;\ n_\alpha = 1, 2, 3, \cdots)$.

0–2　用索末菲量子化条件求频率为 ω 的一维谐振子能级.

答: $E_n = n\hbar\omega$ $(n = 1, 2, 3, \cdots)$.

0–3　设质量为 m 的粒子受到的中心力势场为 $V(r) = kr$ $(k > 0)$, 试用索末菲量子化条件求能级.

答: $E_n = (3/2)(n^2\hbar^2k^2/m)^{1/3}$ $(n = 1, 2, 3, \cdots)$.

0–4　设质量为 m, 带电量为 q 的粒子被限制在半径为 r 的细圆环上作运动, 圆环中心处通有磁通量 $\varPhi$, 圆环上的矢量势可选为 $\boldsymbol{A} = (\varPhi/2\pi r)\boldsymbol{e}_\varphi$, 试利用索末菲量子化条件求粒子的能级.

答: $E_n = (n \pm \varPhi/\varPhi_0)^2\hbar^2/2mr^2$ $(\varPhi_0 \equiv hc/|q|,\ n = 1, 2, 3, \cdots)$.

0–5　设带电量为 q 的粒子在均匀静磁场中作匀速圆周运动, 试用索末菲量子化条件证明: 穿过粒子的圆轨道的磁通量为 $\varPhi = nhc/q$ $(n = 1, 2, 3, \cdots)$.

第一部分

量子力学的波动形式

第一章

波函数与薛定谔方程

在量子力学的波动形式中，微观粒子的动力学状态是由波函数描述的，它随时间的演化规律遵循一个基本动力学方程，即薛定谔方程，因此波函数与薛定谔方程是波动力学中最重要的两个基本要素. 本章将介绍波函数的性质与意义以及薛定谔方程的建立、推论、基本求解方法等.

§ 1.1 波函数

本节介绍波函数的统计诠释和态叠加原理. 一个量子体系所有可能的波函数构成一个线性空间，因此本节还将补充介绍线性空间的基本概念和性质，这是理解量子力学基本原理的必备数学基础.

1. 物质波及其统计诠释

普朗克和爱因斯坦的光量子假设揭示了光的粒子–波动两重性，而玻尔 (Bohr) 的原子论涉及实物粒子体系的能级量子化现象. 德布罗意试图将宇宙中的物质和辐射这两类客体统一在波粒二象性这个基本图像中. 1923 年，**德布罗意设想实物粒子与光波一样，也具有波粒二象性**，相应的波称为物质波.

动量 $\boldsymbol{p}$ 和能量 E 是描述粒子性的两个物理量，而波长 λ 和频率 ν 为描述波动性的两个物理量，在德布罗意假设中，对于实物粒子和辐射场来说，这两组物理量之间的关系是完全一样的，也就是说，物质波满足下面的**德布罗意关系**:

$$\boxed{\lambda = h/p, \quad \nu = E/h} \tag{1.1.1}$$

1927 年，戴维孙 (Davisson) 和革末 (Germer) 观测到镍单晶表面对电子的衍射现象，充分展示了电子的波动性，并证实了上述德布罗意关系. 此后的许多实验表明所有实物粒子均具有粒子性和波动性两重性质，即波粒二象性是微观粒子的普遍性质.

由于宏观物体的动量太大，相应的德布罗意波长太短，所以宏观物体的波动性很难被观测到. 对于一个质量 $m = 1$ g 的宏观粒子，若它的运动速率 $v = 1$ cm/s，则相应的德布罗意波长 $\lambda = h/mv \approx 10^{-26}$ cm，它远小于原子尺度 (数量级为 10^{-8} cm).

按照量子力学的观点，**微观粒子的运动并不具有经典力学描绘的精确轨道**. 微观粒子的动力学状态称为**量子态**，在波动力学中，常用一个复函数 $\psi(\boldsymbol{r},t)$ 来描述微观粒子在 t 时刻的量子态，这个复函数称为波函数. 1926 年，玻恩指出，德布罗意提出的物质波并不是某种物理量的波动，而是一种**概率波**，**波函数 $\psi(\boldsymbol{r},t)$ 本身并不是可观测的物理量，$|\psi(\boldsymbol{r},t)|^2$ 才是与物理现象直接相关的量，它表示粒子在 t 时刻出现在空间 $\boldsymbol{r}$ 点附近的概率密度，这就是波函数的统计诠释**.

在非相对论情形下，微观粒子在任何时刻都不可能湮灭或凭空产生，也就是说，粒子在全空间出现的概率总和为 1，因此波函数应满足归一化条件:

$$\boxed{\int \mathrm{d}\boldsymbol{r}|\psi(\boldsymbol{r},t)|^2 = 1 \quad \Rightarrow \quad (\psi(t),\psi(t)) = 1} \tag{1.1.2}$$

其中圆括号表示两个函数的标积 (或称内积), 它的定义为

$$\boxed{(\psi,\varphi)\equiv\int \mathrm{d}\boldsymbol{r}\psi^*(\boldsymbol{r})\varphi(\boldsymbol{r})=(\varphi,\psi)^*} \tag{1.1.3}$$

函数 $\psi(\boldsymbol{r})$ 的模方定义为 $(\psi,\psi)\geqslant 0$. 如果 (ψ,ψ) 收敛, 则称 $\psi(\boldsymbol{r})$ 为**平方可积函数**. 若 $(\psi,\varphi)=0$, 则称函数 $\psi(\boldsymbol{r})$ 与 $\varphi(\boldsymbol{r})$ **相互正交**. 显然, 平方可积函数中只有零函数 $(\psi=0)$ 才与它自身正交.

为了准确地理解波函数的统计诠释, 需要特别注意以下两点:

(1) 有时我们也用未归一化的平方可积函数 $\varphi(\boldsymbol{r})$ 来描述一个量子态, 与它对应的一个归一化的波函数可表示为

$$\psi(\boldsymbol{r})=(\varphi,\varphi)^{-1/2}\varphi(\boldsymbol{r}).$$

在波函数 $\psi(\boldsymbol{r})$ 描述的量子态下, 真正有意义的是粒子出现在空间两点附近的概率比 $|\psi(\boldsymbol{r}_1)/\psi(\boldsymbol{r}_2)|^2$, 对于空间中的任意两点 $\boldsymbol{r}_1$ 和 $\boldsymbol{r}_2$, 上式中的两个波函数均满足

$$|\psi(\boldsymbol{r}_1)/\psi(\boldsymbol{r}_2)|^2=|\varphi(\boldsymbol{r}_1)/\varphi(\boldsymbol{r}_2)|^2.$$

因此它们描述粒子的同一个量子态, 在这方面, 概率波和经典波有本质的差异.

(2) 即使对于归一化的波函数 $\psi(\boldsymbol{r})$, 也有一个不确定的常数相位因子, 即 $\psi(\boldsymbol{r})$ 和 $\psi(\boldsymbol{r})\mathrm{e}^{\mathrm{i}\alpha}$ (α 为任意实常数) 描述了同一个量子态.

总之, **波函数 $\psi(\boldsymbol{r})$ 和 $c\psi(\boldsymbol{r})$ (c 为任意非零复常数) 代表粒子的同一个量子态**.

设粒子处于归一化波函数 $\psi(\boldsymbol{r},t)$ 描述的量子态, 根据波函数的统计诠释, 粒子位矢 $\boldsymbol{r}$ 的平均值为

$$\bar{\boldsymbol{r}}(t)=\int \mathrm{d}\boldsymbol{r}|\psi(\boldsymbol{r},t)|^2\boldsymbol{r}. \tag{1.1.4}$$

若 $F(\boldsymbol{r})$ 是粒子位矢 $\boldsymbol{r}$ 的函数, 则它的平均值为

$$\boxed{\overline{F}(t)=\int \mathrm{d}\boldsymbol{r}|\psi(\boldsymbol{r},t)|^2F(\boldsymbol{r})} \tag{1.1.5}$$

2. 态叠加原理

实物粒子会像光波一样表现出干涉和衍射现象, 因而具有波的相干叠加性. 需要特别指出, 这种叠加性不来源于概率密度 $|\psi(\boldsymbol{r},t)|^2$ 的叠加, 而来源于概率波幅 $\psi(\boldsymbol{r},t)$ 的相干叠加, 否则物质波就不会表现出干涉和衍射等波的特有性质.

下面以自由粒子为例来阐明态叠加原理. 自由粒子不受任何外界力的作用, 因而它的能量仅来源于动能. 根据德布罗意关系 (1.1.1) 式, 利用粒子的能量 E 与动量 $\boldsymbol{p}$ 的函数关系, 可以导出概率波的角频率 $\omega\equiv 2\pi\nu$ 与波数 $k\equiv 2\pi/\lambda$ 之间的函数关系 (称为**色散关系**). 对于质量为 m 的非相对论性自由粒子, 色散关系为

$$\boxed{E_p=p^2/2m \quad\Rightarrow\quad \omega(\boldsymbol{k})=\hbar k^2/2m.}$$

假如自由粒子具有确定的动量 $\boldsymbol{p}$, 则相应的波函数为单色平面波, 即

$$\psi_{\boldsymbol{p}}(\boldsymbol{r},t)=h^{-3/2}\exp[\mathrm{i}(\boldsymbol{p}\cdot\boldsymbol{r}-E_{\boldsymbol{p}}t)/\hbar]. \tag{1.1.6}$$

其中因子 $h^{-3/2}$ 是一个习惯取法. 平面波函数不是平方可积的, 属于理想化的波函数, 可视为某个真实波函数的近似表达式. 因为严格说来, 微观粒子在任何时刻都不可能严格具有一个精确的动量.

自由粒子的任何一个实际的波函数应该是一个波包, 它是各种单色平面波函数的线性叠加, 即

$$\boxed{\psi(\boldsymbol{r},t)=h^{-3/2}\int \mathrm{d}\boldsymbol{p}\varphi(\boldsymbol{p})\exp[\mathrm{i}(\boldsymbol{p}\cdot\boldsymbol{r}-E_{\boldsymbol{p}}t)/\hbar]\quad (E_{\boldsymbol{p}}=p^2/2m)} \tag{1.1.7}$$

函数 $\varphi(\boldsymbol{p})$ 相当于叠加系数. 散射问题中涉及具有一定动量 $\boldsymbol{p}_0$ 的入射粒子, 其真实波函数中的函数 $\varphi(\boldsymbol{p})$ 实际上非常接近 (但不严格等于) $\delta(\boldsymbol{p}-\boldsymbol{p}_0)$ (参见附录 A). 为了便于理论计算, 常用平面波函数 $\exp(\mathrm{i}\boldsymbol{p}_0\cdot\boldsymbol{r}/\hbar)$ 近似表示入射粒子的量子态.

(1.1.7) 式反映了自由粒子的态叠加原理, 可以将它推广到任意量子体系. 如果波函数 $\varphi(\boldsymbol{r},t)$ 和 $\phi(\boldsymbol{r},t)$ 分别描述微观粒子的两个量子态, 则将它们线性叠加而成的波函数 (下式中的 a 和 b 均为任意复常数)

$$\psi(\boldsymbol{r},t)=a\varphi(\boldsymbol{r},t)+b\phi(\boldsymbol{r},t)$$

也描述粒子的一个可能的量子态. 这就是**态叠加原理, 它是量子力学中的一个基本假设**, 在量子力学中占据非常重要的地位.

3. 波函数空间

根据态叠加原理, 一个量子体系的所有可能的波函数及零函数的集合 $\mathcal{E}$ 构成一个复线性空间, 称为该体系的波函数空间, 简称**态空间**. 显然, $\mathcal{E}$ 中的任何波函数均为平方可积函数. 需要指出, $\mathcal{E}$ 中的波函数与体系的量子态之间并不是一一对应的关系, 体系的每一个量子态可用 $\mathcal{E}$ 中的无穷多个波函数来描述, 这些波函数之间相差一个复常数因子. $\mathcal{E}$ 中唯一不能描述任何量子态的是零函数.

若态空间 $\mathcal{E}$ 的维度为 n, 则 $\mathcal{E}$ 中的任意 n 个线性独立的波函数 $\phi_i(\boldsymbol{r})$, $(i=1,2,\cdots,n)$ 均可作为 $\mathcal{E}$ 的一组基函数, 也称基函数组 $\{\phi_i\}$ 张成态空间 $\mathcal{E}$, 此时 $\mathcal{E}$ 中的任何波函数 $\psi(\boldsymbol{r})$ 均可表示为这一组基函数的线性叠加. 若这一组基函数不满足正交归一性, 我们总可以采用施密特 (Schmidt) 正交化方法将它们线性叠加成 n 个正交归一的新基函数组 (参见习题 1–6), 因此, 我们直接假设基函数组 $\{\phi_i\}$ 已经满足正交归一性, 即

$$\boxed{(\phi_i,\phi_j)=\delta_{ij}} \tag{1.1.8}$$

此外, 这组基函数还具有完备性, 即

$$\boxed{\sum_i \phi_i^*(\boldsymbol{r}')\phi_i(\boldsymbol{r})=\delta(\boldsymbol{r}-\boldsymbol{r}')} \tag{1.1.9}$$

为了证明 (1.1.9) 式的确表示基函数的完备性, 我们在此方程的两边同时乘以态空间 $\mathcal{E}$ 中的波函数 $\psi(\boldsymbol{r}')$, 并对 $\boldsymbol{r}'$ 求积分, 得到

$$\psi(\boldsymbol{r})=\sum_{i=1}^{n} c_i\phi_i(\boldsymbol{r}),\quad c_i=(\phi_i,\psi).$$

即任何波函数 $\psi(\boldsymbol{r})$ 均可表示为这一组基函数的线性叠加. 易证波函数 ψ 的模方为

$$(\psi,\psi)=\sum_{i=1}^{n}|c_i|^2.$$

实际上, 量子体系的态空间 $\mathcal{E}$ 常常是无限维的, 称为希尔伯特 (Hilbert) 空间.

子空间

若 $\mathcal{E}$ 的部分波函数的集合本身也构成一个线性空间 $\mathcal{E}_1$, 则称 $\mathcal{E}_1$ 为 $\mathcal{E}$ 的子空间. 设 $\mathcal{E}_1$ 和 $\mathcal{E}_2$ 为 $\mathcal{E}$ 的两个子空间, 则:

(1) 由 $\mathcal{E}_1$ 和 $\mathcal{E}_2$ 的所有共同函数构成的集合称为 $\mathcal{E}_1$ 与 $\mathcal{E}_2$ 的交集, 记为 $\mathcal{E}_1\cap\mathcal{E}_2$, 它也为 $\mathcal{E}$ 的一个子空间.

(2) 由能表示为 $(\psi_1+\psi_2)$ $(\psi_1\in\mathcal{E}_1,\psi_2\in\mathcal{E}_2)$ 的所有函数构成的集合称为 $\mathcal{E}_1$ 与 $\mathcal{E}_2$ 的和集, 记为 $(\mathcal{E}_1+\mathcal{E}_2)$, 它也为 $\mathcal{E}$ 的一个子空间.

直和空间

设 $\mathcal{E}_1$ 和 $\mathcal{E}_2$ 为 $\mathcal{E}$ 的两个子空间, 且 $\mathcal{E}_1\cap\mathcal{E}_2$ 仅包含零函数, 则称 $\mathcal{E}_1$ 与 $\mathcal{E}_2$ 的和集为直和空间, 记为 $\mathcal{E}_1\oplus\mathcal{E}_2$, 此时 $\mathcal{E}_1$ 的任一组基函数与 $\mathcal{E}_2$ 的任一组基函数构成的集合是 $\mathcal{E}_1\oplus\mathcal{E}_2$ 的一组基函数. 设 $\mathcal{E}_1$ 和 $\mathcal{E}_2$ 的维度分别为 n_1 和 n_2, 则直和空间 $\mathcal{E}_1\oplus\mathcal{E}_2$ 的维度为 (n_1+n_2). 易知 $\mathcal{E}_1\oplus\mathcal{E}_2$ 中的任意波函数 ψ 可唯一地表示为

$$\psi=\psi_1+\psi_2\quad(\psi_1\in\mathcal{E}_1,\psi_2\in\mathcal{E}_2).$$

(1) 若 $\mathcal{E}_1$ 中的任意波函数与 $\mathcal{E}_2$ 中的任意波函数均正交, 则称 $\mathcal{E}_1$ 与 $\mathcal{E}_2$ 正交, 此时 $\mathcal{E}_1\cap\mathcal{E}_2$ 仅包含零函数, 它们的和集必为 $\mathcal{E}_1\oplus\mathcal{E}_2$.

(2) 若 $\mathcal{E}_1$ 为 $\mathcal{E}$ 的子空间, 则 $\mathcal{E}$ 中与 $\mathcal{E}_1$ 的任意波函数均正交的所有波函数的集合 $\mathcal{E}_1^\times$ 也构成一个线性空间, 称为 $\mathcal{E}_1$ 的正交补空间, 因此有 $\mathcal{E}=\mathcal{E}_1\oplus\mathcal{E}_1^\times$.

直积空间

设 $\mathcal{E}_x,\mathcal{E}_y,\mathcal{E}_z$ 为三个单自由度体系的态空间, 基函数组分别为 $\{\phi_i(x)\}$, $\{\phi_j(y)\}$, $\{\phi_k(z)\}$, 则基函数组 $\{\phi_i(x)\phi_j(y)\phi_k(z)\}$ 张成一个三自由度体系的态空间 $\mathcal{E}$, 称为 $\mathcal{E}_x$, $\mathcal{E}_y$, $\mathcal{E}_z$ 的直积空间, 记为 $\mathcal{E}=\mathcal{E}_x\otimes\mathcal{E}_y\otimes\mathcal{E}_z$, 态空间 $\mathcal{E}$ 的任意波函数 $\psi(\boldsymbol{r})$ 可表示为

$$\psi(\boldsymbol{r})=\sum_{ijk}c_{ijk}\phi_i(x)\phi_j(y)\phi_k(z).\tag{1.1.10}$$

若线性空间 $\mathcal{E}_1$ 和 $\mathcal{E}_2$ 的维度分别为 n_1 和 n_2, 则直积空间 $\mathcal{E}_1\otimes\mathcal{E}_2$ 的维度为 n_1n_2.

设函数 $\phi_\xi(\boldsymbol{r})$ 依赖于一个连续实参量 ξ, 且具有 “广义正交归一性”, 即

$$(\phi_\xi,\phi_{\xi'})=\delta(\xi-\xi'),\tag{1.1.11}$$

它是 (1.1.8) 式的推广. 例如, 下面的平面波函数和 δ 函数均满足广义正交归一性:

$$\phi_{\boldsymbol{p}}(\boldsymbol{r})=h^{-3/2}\exp(\mathrm{i}\boldsymbol{p}\cdot\boldsymbol{r}/\hbar),\quad \psi_{\boldsymbol{a}}(\boldsymbol{r})=\delta(\boldsymbol{r}-\boldsymbol{a}).$$

满足广义正交归一性的函数不属于态空间 $\mathcal{E}$, 但它们在量子理论中也是很有用的, 常用作态空间 $\mathcal{E}$ 的基函数.

4. 多粒子体系的波函数

对于由多个粒子构成的量子体系, 可用波函数 $\psi(\boldsymbol{r}_1,\boldsymbol{r}_2,\cdots,t)$ 描述它的量子态, 其中 $\boldsymbol{r}_1,\boldsymbol{r}_2,\cdots$ 表示这些粒子的位矢, 而 $|\psi|^2\mathrm{d}\boldsymbol{r}_1\mathrm{d}\boldsymbol{r}_2\cdots$ 表示 t 时刻粒子 1 出现在 $(\boldsymbol{r}_1,\boldsymbol{r}_1+\mathrm{d}\boldsymbol{r}_1)$ 内, 同时粒子 2 出现在 $(\boldsymbol{r}_2,\boldsymbol{r}_2+\mathrm{d}\boldsymbol{r}_2)\cdots$ 的概率. 例如, t 时刻粒子 1 出现在 $\boldsymbol{r}_1$ 附近 (其他粒子可以处于任何空间位置) 的概率密度为

$$\int\mathrm{d}\boldsymbol{r}_2\mathrm{d}\boldsymbol{r}_3\cdots|\psi(\boldsymbol{r}_1,\boldsymbol{r}_2,\cdots,t)|^2.$$

多粒子体系波函数的归一化条件可表示为

$$(\psi(t),\psi(t))\equiv\int\mathrm{d}\boldsymbol{r}_1\mathrm{d}\boldsymbol{r}_2\cdots|\psi(\boldsymbol{r}_1,\boldsymbol{r}_2,\cdots,t)|^2=1.$$

两个波函数的内积和正交性, 波函数的平方可积性等定义均与单粒子情形类似, 只需在有关积分公式中将单粒子体积元 $\mathrm{d}\boldsymbol{r}$ 替换为多粒子体积元 $\mathrm{d}\boldsymbol{r}_1\mathrm{d}\boldsymbol{r}_2\cdots$ 即可.

设 $F(\boldsymbol{r}_1,\boldsymbol{r}_2,\cdots)$ 是粒子位矢的函数, 根据波函数的统计诠释, 其平均值为

$$\overline{F}(t)=\int\mathrm{d}\boldsymbol{r}_1\mathrm{d}\boldsymbol{r}_2\cdots|\psi(\boldsymbol{r}_1,\boldsymbol{r}_2,\cdots,t)|^2F(\boldsymbol{r}_1,\boldsymbol{r}_2,\cdots).$$

态叠加原理同样适用于多粒子体系, 其态空间的波函数 $\psi(\boldsymbol{r}_1,\boldsymbol{r}_2,\cdots)$ 均为平方可积函数, 相差一个常数因子的所有波函数描述体系的同一个量子态.

多粒子体系的态空间可视为各个单粒子态空间的直积空间. 例如, 对于由两个粒子构成的体系, 设第一个粒子的态空间 $\mathcal{E}_1$ 的一组基函数为 $\{\phi_i(\boldsymbol{r}_1)\}$, 第二个粒子的态空间 $\mathcal{E}_2$ 的一组基函数为 $\{\varphi_j(\boldsymbol{r}_2)\}$, 则两粒子体系的态空间为 $\mathcal{E}_1\otimes\mathcal{E}_2$, 它的一组基函数可取为 $\{\phi_i(\boldsymbol{r}_1)\varphi_j(\boldsymbol{r}_2)\}$, 体系的任何一个波函数均可表示为

$$\psi(\boldsymbol{r}_1,\boldsymbol{r}_2)=\sum_{ij}c_{ij}\phi_i(\boldsymbol{r}_1)\varphi_j(\boldsymbol{r}_2).$$

§ 1.2 线性算符

算符是量子理论中的一种常用数学工具, 它代表态空间上的一种变换. 本节介绍算符的基本运算规则, 以及线性算符的本征值和本征函数的概念, 为后文作一个数学上铺垫.

1. 算符的概念

算符 $\hat{A}$ 的作用是将态空间 $\mathcal{E}$ 中的波函数 $\psi(\boldsymbol{r})$ 变换为另一个函数 $\hat{A}\psi(\boldsymbol{r})$. 例如, 复共轭算符 $\hat{C}$ 的定义为 $\hat{C}\psi(\boldsymbol{r}) \equiv \psi^*(\boldsymbol{r})$. 任意复常数 c 可视为一个算符, 它将波函数 $\psi(\boldsymbol{r})$ 变换为 $c\psi(\boldsymbol{r})$. 在量子理论中, 每一个动力学变量均对应于一个算符 (参见第三章), 下面列举两个实例, 并仅限于讨论它们的数学性质, 暂且不考虑它们的物理意义.

算符 $\hat{x}$ 对波函数 $\psi(\boldsymbol{r})$ 的作用定义为用粒子的 x 坐标乘以 $\psi(\boldsymbol{r})$, 即 $\hat{x}\psi(\boldsymbol{r}) = x\psi(\boldsymbol{r})$, 因此 $\hat{x}$ 称为 x 方向的位置算符. 同理, 位矢算符 $\hat{\boldsymbol{r}}$ 是一个矢量算符, 它的作用是将波函数 $\psi(\boldsymbol{r})$ 变换为一个矢量函数 $\boldsymbol{r}\psi(\boldsymbol{r})$, 即

$$\boxed{\hat{\boldsymbol{r}}\psi(\boldsymbol{r}) = \boldsymbol{r}\psi(\boldsymbol{r})}$$

算符 $\hat{p}_x = -\mathrm{i}\hbar\partial_x$ 对波函数的作用结果定义为 $\hat{p}_x\psi(\boldsymbol{r}) = -\mathrm{i}\hbar\partial_x\psi(\boldsymbol{r})$, 而矢量算符 $\hat{\boldsymbol{p}} = -\mathrm{i}\hbar\nabla$ 对波函数的作用结果定义为

$$\boxed{\hat{\boldsymbol{p}}\psi(\boldsymbol{r}) = -\mathrm{i}\hbar\nabla\psi(\boldsymbol{r})}$$

在第 3.4 节将看到, 算符 $\hat{\boldsymbol{p}}$ 与粒子的动量密切相关, 因此称它为动量算符, 而它的分量 $\hat{p}_x$ 称为 x 方向的动量算符.

若对任意波函数 $\psi(\boldsymbol{r})$, 均有 $\hat{A}\psi(\boldsymbol{r}) = \hat{B}\psi(\boldsymbol{r})$, 则称算符 $\hat{A}$ 和 $\hat{B}$ 相等, 记为 $\hat{A} = \hat{B}$. 显然, $\hat{A} = \hat{B}$ 的充分必要条件为: 对任意波函数 $\psi(\boldsymbol{r})$ 和 $\varphi(\boldsymbol{r})$, 有

$$(\varphi, \hat{A}\psi) = (\varphi, \hat{B}\psi).$$

两个算符之和 $(\hat{A}+\hat{B})$ 以及它们的积 $\hat{A}\hat{B}$ 均定义为算符, 对任意波函数 $\psi(\boldsymbol{r})$, 有

$$(\hat{A}+\hat{B})\psi(\boldsymbol{r}) \equiv \hat{A}\psi(\boldsymbol{r}) + \hat{B}\psi(\boldsymbol{r}),$$

$$(\hat{A}\hat{B})\psi(\boldsymbol{r}) \equiv \hat{A}[\hat{B}\psi(\boldsymbol{r})] \quad \Rightarrow \quad \boxed{(\hat{A}\hat{B})\hat{C} = \hat{A}(\hat{B}\hat{C})}$$

特别需要注意的是, $\hat{A}\hat{B}$ 未必等于 $\hat{B}\hat{A}$, 即**算符乘积不满足交换律**.

设 $\hat{\boldsymbol{A}}$ 和 $\hat{\boldsymbol{B}}$ 均为矢量算符, 各有沿 x, y, z 方向的三个分量, 定义

$$\boxed{\hat{\boldsymbol{A}}\cdot\hat{\boldsymbol{B}} \equiv \hat{A}_\alpha\hat{B}_\alpha, \quad (\hat{\boldsymbol{A}}\times\hat{\boldsymbol{B}})_\alpha \equiv \epsilon_{\alpha\beta\gamma}\hat{A}_\beta\hat{B}_\gamma \quad (\alpha,\beta,\gamma = x,y,z)} \tag{1.2.1}$$

其中约定重复指标求和, 列维–齐维塔 (Levi-Civita) 符号 $\epsilon_{\alpha\beta\gamma}$ 代表一个三阶反对称张量, 定义为

$$\boxed{\epsilon_{xyz} = 1, \quad \epsilon_{\alpha\beta\gamma} = -\epsilon_{\beta\alpha\gamma} = -\epsilon_{\alpha\gamma\beta}} \tag{1.2.2}$$

上式表明, $\epsilon_{\alpha\beta\gamma}$ 对于任意两个下标的交换具有反对称性, 因此 $\epsilon_{\alpha\beta\gamma}$ 的三个下标中若有两个指标相同, 则它的值为零. 此外, 可以证明

$$\boxed{\epsilon_{\alpha\beta\gamma}\epsilon_{\alpha\beta'\gamma'} = \delta_{\beta\beta'}\delta_{\gamma\gamma'} - \delta_{\beta\gamma'}\delta_{\gamma\beta'}, \quad \epsilon_{\alpha\beta\gamma}\epsilon_{\alpha\beta\gamma'} = 2\delta_{\gamma\gamma'}, \quad \epsilon_{\alpha\beta\gamma}\epsilon_{\alpha\beta\gamma} = 6} \tag{1.2.3}$$

利用矢量算符乘积的定义, 可以证明以下公式:

$$\boxed{\hat{\boldsymbol{A}}\cdot(\hat{\boldsymbol{B}}\times\hat{\boldsymbol{C}})=(\hat{\boldsymbol{A}}\times\hat{\boldsymbol{B}})\cdot\hat{\boldsymbol{C}}} \tag{1.2.4}$$

$$\boxed{\hat{\boldsymbol{A}}\times(\hat{\boldsymbol{B}}\times\hat{\boldsymbol{C}})=\hat{A}_\alpha\hat{\boldsymbol{B}}\hat{C}_\alpha-(\hat{\boldsymbol{A}}\cdot\hat{\boldsymbol{B}})\hat{\boldsymbol{C}},\quad (\hat{\boldsymbol{A}}\times\hat{\boldsymbol{B}})\times\hat{\boldsymbol{C}}=\hat{A}_\alpha\hat{\boldsymbol{B}}\hat{C}_\alpha-\hat{\boldsymbol{A}}(\hat{\boldsymbol{B}}\cdot\hat{\boldsymbol{C}})} \tag{1.2.5}$$

作为例子, 下面仅给出 (1.2.4) 式的证明:

$$\hat{\boldsymbol{A}}\cdot(\hat{\boldsymbol{B}}\times\hat{\boldsymbol{C}})=\hat{A}_\alpha(\hat{\boldsymbol{B}}\times\hat{\boldsymbol{C}})_\alpha=\epsilon_{\alpha\beta\gamma}\hat{A}_\alpha\hat{B}_\beta\hat{C}_\gamma=(\hat{\boldsymbol{A}}\times\hat{\boldsymbol{B}})_\gamma\hat{C}_\gamma=(\hat{\boldsymbol{A}}\times\hat{\boldsymbol{B}})\cdot\hat{\boldsymbol{C}}.$$

设 $\boldsymbol{A}(\boldsymbol{r})$ 为矢量场, $\hat{\boldsymbol{p}}=-\mathrm{i}\hbar\nabla$ 为动量算符, 则有

$$\boxed{\hat{\boldsymbol{p}}\cdot\boldsymbol{A}-\boldsymbol{A}\cdot\hat{\boldsymbol{p}}=-\mathrm{i}\hbar(\nabla\cdot\boldsymbol{A}),\quad \hat{\boldsymbol{p}}\times\boldsymbol{A}+\boldsymbol{A}\times\hat{\boldsymbol{p}}=-\mathrm{i}\hbar(\nabla\times\boldsymbol{A})} \tag{1.2.6}$$

作为例子, 下面仅给出上述第二个等式的证明: 设 $\psi(\boldsymbol{r})$ 为任意波函数, 则有

$$\begin{aligned}(\hat{\boldsymbol{p}}\times\boldsymbol{A}+\boldsymbol{A}\times\hat{\boldsymbol{p}})\psi(\boldsymbol{r})&=-\mathrm{i}\hbar[\nabla\times(\boldsymbol{A}\psi)+\boldsymbol{A}\times(\nabla\psi)]\\&=-\mathrm{i}\hbar[(\nabla\times\boldsymbol{A})\psi+(\nabla\psi)\times\boldsymbol{A}+\boldsymbol{A}\times(\nabla\psi)]=-\mathrm{i}\hbar(\nabla\times\boldsymbol{A})\psi.\end{aligned}$$

由于上式对任意波函数 $\psi(\boldsymbol{r})$ 均成立, 因此 (1.2.6) 式的第二个等式成立.

设函数 $F(x)$ 的任意阶导数 $F^{(n)}(x)$ 均存在, 则算符 $\hat{A}$ 的函数定义为

$$\boxed{F(\hat{A})=\sum_{n=0}^{\infty}[F^{(n)}(0)/n!]\hat{A}^n} \tag{1.2.7}$$

例如, 由上述定义可得到

$$F(\hat{\boldsymbol{r}})\psi(\boldsymbol{r})=\sum_{n=0}^{\infty}\frac{F^{(n)}(0)}{n!}\hat{\boldsymbol{r}}^n\psi(\boldsymbol{r})=\sum_{n=0}^{\infty}\frac{F^{(n)}(0)}{n!}\boldsymbol{r}^n\psi(\boldsymbol{r})=F(\boldsymbol{r})\psi(\boldsymbol{r}).$$

若算符 $\hat{A}$ 代表态空间的某个一一对应的变换, 则称 $\hat{A}$ 存在逆算符, 记为 $\hat{A}^{-1}$, 易知 $\hat{A}\hat{A}^{-1}=\hat{A}^{-1}\hat{A}=1$. 若 $\hat{A}$ 和 $\hat{B}$ 均有逆算符, 则 $\hat{A}\hat{B}$ 也有逆算符, 且

$$\boxed{(\hat{A}\hat{B})^{-1}=\hat{B}^{-1}\hat{A}^{-1}}$$

2. 线性算符的本征值与本征函数

设 $\psi(\boldsymbol{r})$ 和 $\varphi(\boldsymbol{r})$ 是两个任意波函数, a 和 b 是任意复常数, 若算符 $\hat{A}$ 满足

$$\hat{A}(a\psi+b\varphi)=a\hat{A}\psi+b\hat{A}\varphi.$$

则称 $\hat{A}$ 为线性算符. 如动量算符 $\hat{\boldsymbol{p}}$、位置算符 $\hat{\boldsymbol{r}}$ 及复常数 c 等均为线性算符, 而复共轭算符 $\hat{C}$ 不是线性算符, 因为

$$\hat{C}(a\psi+b\varphi)=a^*\psi^*+b^*\varphi^*=a^*\hat{C}\psi+b^*\hat{C}\varphi\neq a\hat{C}\psi+b\hat{C}\varphi.$$

容易验证, 线性算符的和、乘积、函数均为线性算符, 线性算符的逆算符 (若存在) 也为线性算符. 如果没有特别说明, 以后涉及的算符均指的是线性算符.

定理: 线性算符 $\hat{A}$ 和 $\hat{B}$ 相等的充分必要条件是: 对任意波函数 $\psi(\boldsymbol{r})$, 均有

$$(\psi, \hat{A}\psi) = (\psi, \hat{B}\psi).$$

证明: 必要性是显然的, 为了证明充分性, 下面选两个不同的 ψ 代入上式, 即

$$\psi = \psi_1 + \psi_2 \quad \Rightarrow \quad (\psi_1, \hat{A}\psi_2) + (\psi_2, \hat{A}\psi_1) = (\psi_1, \hat{B}\psi_2) + (\psi_2, \hat{B}\psi_1).$$

$$\psi = \psi_1 + \mathrm{i}\psi_2 \quad \Rightarrow \quad (\psi_1, \hat{A}\psi_2) - (\psi_2, \hat{A}\psi_1) = (\psi_1, \hat{B}\psi_2) - (\psi_2, \hat{B}\psi_1).$$

结合以上两式得 $(\psi_1, \hat{A}\psi_2) = (\psi_1, \hat{B}\psi_2)$, 因 ψ_1, ψ_2 也是任意的波函数, 故 $\hat{A} = \hat{B}$.

推论: 线性算符 $\hat{A}$ 为零的充分必要条件是: 对于任何波函数 ψ, 均有

$$(\psi, \hat{A}\psi) = 0.$$

在量子力学中, 我们经常需要求解一个线性算符 $\hat{A}$ 的**本征方程**, 它可表示为

$$\hat{A}\psi(\boldsymbol{r}) = a\psi(\boldsymbol{r}).$$

以上方程的非零解 $\psi(\boldsymbol{r})$ 称为 $\hat{A}$ 的本征函数, 对应的常数 a 称为 $\hat{A}$ 的本征值. 此时 $\psi(\boldsymbol{r})$ 也是算符函数 $F(\hat{A})$ 的一个本征函数, 对应的本征值为 $F(a)$, 因为

$$F(\hat{A})\psi = \sum_{n=0}^{\infty} \frac{F^{(n)}(0)}{n!} \hat{A}^n \psi = \sum_{n=0}^{\infty} \frac{F^{(n)}(0)}{n!} a^n \psi = F(a)\psi.$$

一个线性算符往往有多个本征值, 它们可以取分离的数值, 也可以是连续的. 一个本征值也可能对应于多个线性独立的本征函数. 设与线性算符 $\hat{A}$ 的某个本征值 a_n 对应的线性独立的本征函数 $\phi_{n\alpha}(\boldsymbol{r})$ 共有 f_n 个, 即

$$\boxed{\hat{A}\phi_{n\alpha}(\boldsymbol{r}) = a_n \phi_{n\alpha}(\boldsymbol{r}), \quad (\alpha = 1, 2, \cdots, f_n)}$$

则称 a_n 的**简并度**为 f_n. 当 $f_n = 1$ 时, 称本征值 a_n 是非简并的, 当 $f_n > 1$ 时, 称 a_n 是简并的. 易知 f_n 个本征函数 $\phi_{n\alpha}(\boldsymbol{r})$ 的任意线性叠加均为算符 $\hat{A}$ 的本征函数, 即

$$\varphi(\boldsymbol{r}) = \sum_{\alpha} c_\alpha \phi_{n\alpha}(\boldsymbol{r}) \quad \Rightarrow \quad \hat{A}\varphi(\boldsymbol{r}) = a_n \varphi(\boldsymbol{r}).$$

显然, 与 $\hat{A}$ 的本征值 a_n 对应的所有本征函数及零函数的集合构成一个 f_n 维的线性空间 $\mathcal{E}_n$, 称为 $\hat{A}$ 的一个**本征空间**.

当且仅当一个算符的所有本征值均不为零时, 它才存在逆算符. 假设 0 为算符 $\hat{A}$ 的一个本征值, $\phi_0(\boldsymbol{r})$ 为相应的本征函数, 即

$$\hat{A}\phi_0(\boldsymbol{r}) = 0 \quad \Rightarrow \quad \hat{A}[c\phi_0(\boldsymbol{r})] = 0.$$

其中 c 为任意常数, 因此算符 $\hat{A}$ 可以将无穷多个函数变换为零函数, 显然 $\hat{A}$ 不是一

一对应的变换, 因而不存在逆算符.

3. 宇称算符

空间反演算符 $\hat{P}$ 称为宇称算符, 它对任意波函数 $\psi(\boldsymbol{r})$ (记为 $\forall\psi$) 的作用为

$$\boxed{\hat{P}\psi(\boldsymbol{r}) \equiv \psi(-\boldsymbol{r}),\ (\forall\psi) \quad \Rightarrow \quad \hat{P}^2 = 1} \tag{1.2.8}$$

其本征方程为 $\hat{P}\psi(\boldsymbol{r}) = p\psi(\boldsymbol{r})$, 本征值 p 是很容易确定的. 由 $\hat{P}$ 的本征方程得

$$\hat{P}^2\psi(\boldsymbol{r}) \equiv \hat{P}[\hat{P}\psi(\boldsymbol{r})] = p\hat{P}\psi(\boldsymbol{r}) = p^2\psi(\boldsymbol{r}).$$

另一方面, 由定义式 (1.2.8) 可得 $\hat{P}^2\psi(\boldsymbol{r}) = \psi(\boldsymbol{r})$, 将它与上式作比较, 可得

$$\boxed{p^2 = 1 \quad \Rightarrow \quad p = \pm 1}$$

与 $\hat{P}$ 的本征值 ± 1 对应的本征函数 $\phi_\pm(\boldsymbol{r})$ 称为**偶 (奇) 宇称态波函数**, 它们满足

$$\hat{P}\phi_\pm(\boldsymbol{r}) \equiv \phi_\pm(-\boldsymbol{r}) = \pm\phi_\pm(\boldsymbol{r}).$$

在量子力学中, "宇称" 被视为一个特有的动力学变量 (经典力学中没有与之对应的物理量), 它的取值只能是 ± 1. 作为态叠加原理的一个最简单的例子, 可以将任何量子态视为偶宇称态与奇宇称态的线性叠加态, 其波函数可表示为

$$\psi(\boldsymbol{r}) = \phi_+(\boldsymbol{r}) + \phi_-(\boldsymbol{r}), \quad \phi_\pm(\boldsymbol{r}) = [\psi(\boldsymbol{r}) \pm \psi(-\boldsymbol{r})]/2.$$

满足 $\hat{A}\hat{P} = \hat{P}\hat{A}$ 的算符 $\hat{A}$ 称为**偶宇称算符**, 如 $V(r), \hat{\boldsymbol{p}}^2, \hat{\boldsymbol{r}}\times\hat{\boldsymbol{p}}$ 等. 满足 $\hat{A}\hat{P} = -\hat{P}\hat{A}$ 的算符 $\hat{A}$ 称为**奇宇称算符**, 如 $\hat{\boldsymbol{r}}, \hat{\boldsymbol{p}}$ 等. 任意算符 $\hat{A}$ 总可以表示为偶宇称算符 $\hat{A}_+$ 和奇宇称算符 $\hat{A}_-$ 之和, 即

$$\hat{A} = \hat{A}_+ + \hat{A}_-, \quad \hat{A}_\pm \equiv (\hat{A} \pm \hat{P}\hat{A}\hat{P})/2.$$

4. 多粒子体系的线性算符

多粒子体系的线性算符的定义和运算规则与单粒子情形类似, 如第 j 个粒子的动量算符 $\hat{\boldsymbol{p}}_j = -\mathrm{i}\hbar\nabla_j$, 它仅作用到含 $\boldsymbol{r}_j$ 的函数上. 例如, 对于一个两粒子体系, 总动量算符定义为 $\hat{\boldsymbol{P}} = \hat{\boldsymbol{p}}_1 + \hat{\boldsymbol{p}}_2$, 则

$$\begin{aligned}
\hat{\boldsymbol{p}}_1[\varphi(\boldsymbol{r}_1)\phi(\boldsymbol{r}_2)] &= -\mathrm{i}\hbar[\nabla_1\varphi(\boldsymbol{r}_1)]\phi(\boldsymbol{r}_2), \\
\hat{\boldsymbol{P}}[\varphi(\boldsymbol{r}_1)\phi(\boldsymbol{r}_2)] &= -\mathrm{i}\hbar[\nabla_1\varphi(\boldsymbol{r}_1)]\phi(\boldsymbol{r}_2) - \mathrm{i}\hbar\varphi(\boldsymbol{r}_1)\nabla_2\phi(\boldsymbol{r}_2).
\end{aligned}$$

宇称算符 $\hat{P}$ 对多粒子体系波函数的作用定义为

$$\hat{P}\psi(\boldsymbol{r}_1, \boldsymbol{r}_2, \cdots) \equiv \psi(-\boldsymbol{r}_1, -\boldsymbol{r}_2, \cdots), \quad (\forall\psi).$$

与单粒子情形类似, 任何一个多粒子体系的波函数均可表示为偶宇称波函数 ϕ_+ 和奇宇称波函数 ϕ_- 之和, 它们分别满足

$$\hat{P}\phi_{\pm}(\boldsymbol{r}_1, \boldsymbol{r}_2, \cdots) = \pm\phi_{\pm}(\boldsymbol{r}_1, \boldsymbol{r}_2, \cdots).$$

§ 1.3 薛定谔方程

波函数随时间的演变满足薛定谔方程，本节介绍这个基本方程的建立以及它与概率守恒定律的一致性，最后简单介绍多粒子体系的薛定谔方程.

1. 薛定谔方程的建立

微观粒子的波函数 $\psi(\boldsymbol{r}, t)$ 完全描述了它在 t 时刻的动力学状态，即在理论上由波函数 $\psi(\boldsymbol{r}, t)$ 可以推导出粒子在 t 时刻的所有物理性质 (参见第三章). 因此量子理论的核心问题之一，是建立波函数 $\psi(\boldsymbol{r}, t)$ 满足的波动方程，它决定了量子态随时间演化的因果关系，薛定谔于 1926 年解决了这个问题.

这样一个波动方程不能从更基本的原理严格推导出来，只能通过假设得到. 根据前面的分析，我们预计这个波动方程应该具有如下特征:

(1) 根据态叠加原理，波动方程必须是关于波函数的线性齐次方程.

(2) 波动方程必须是对时间的一阶微分方程，只要给定初始时刻的波函数，就可以利用波动方程推导出以后任何时刻的波函数.

(3) 波动方程在形式上同经典力学的某些方程具有相似性，才能保证它的预言在经典力学适用的条件下同经典力学的预言相一致，即满足对应原理的要求.

下面根据上述原则来建立波动方程. 先考虑自由粒子这种最简单的情况，其波动方程很容易确定. 自由粒子的任意波函数均可表示为 (1.1.7) 式的形式，为了考察波函数随时间 t 的变化规律，我们在 (1.1.7) 式的两边同时对 t 求导数，可得

$$\mathrm{i}\hbar\partial_t\psi(\boldsymbol{r}, t) = h^{-3/2}\int \mathrm{d}\boldsymbol{p}E_{\boldsymbol{p}}\varphi(\boldsymbol{p})\exp[\mathrm{i}(\boldsymbol{p}\cdot\boldsymbol{r} - E_{\boldsymbol{p}}t)/\hbar].$$

为了考察 $\psi(\boldsymbol{r}, t)$ 随 $\boldsymbol{r}$ 的变化规律，可用算符 $\hat{\boldsymbol{p}}^2$ 同时作用到 (1.1.7) 式的两边，得到

$$\hat{\boldsymbol{p}}^2\psi(\boldsymbol{r}, t) = -\hbar^2\nabla^2\psi(\boldsymbol{r}, t) = h^{-3/2}\int \mathrm{d}\boldsymbol{p}\boldsymbol{p}^2\varphi(\boldsymbol{p})\exp[\mathrm{i}(\boldsymbol{p}\cdot\boldsymbol{r} - E_{\boldsymbol{p}}t)/\hbar].$$

结合以上两个方程，并利用自由粒子色散关系 $E_{\boldsymbol{p}} = p^2/2m$，立即得到波动方程

$$\mathrm{i}\hbar\partial_t\psi(\boldsymbol{r}, t) = (\hat{\boldsymbol{p}}^2/2m)\psi(\boldsymbol{r}, t).$$

此方程相当于在色散关系 $E = p^2/2m$ 中作以下替换后再作用到波函数 ψ 上，

$$E \to \mathrm{i}\hbar\partial_t, \quad \boldsymbol{p} \to \hat{\boldsymbol{p}}. \tag{1.3.1}$$

再考虑处于标量势能场 $V(\boldsymbol{r}, t)$ 中的非自由粒子，经典粒子的能量为

$$E = p^2/2m + V(\boldsymbol{r}, t).$$

类似地，将替换式 (1.3.1) 代入上式，再将方程两边的算符作用到波函数 ψ 上，可得

$$\boxed{\mathrm{i}\hbar\partial_t\psi(\boldsymbol{r},t)=\hat{H}\psi(\boldsymbol{r},t)} \tag{1.3.2}$$

$$\boxed{\hat{H}=\hat{\boldsymbol{p}}^2/2m+V(\boldsymbol{r},t)=-\hbar^2\nabla^2/2m+V(\boldsymbol{r},t)} \tag{1.3.3}$$

方程 (1.3.2) 即为薛定谔方程, 其中 $\hat{H}$ 称为哈密顿算符, 也是体系的能量算符. 对于处于电磁场中的带电粒子, 其薛定谔方程仍然为 (1.3.2) 式, 但由于涉及矢量势场, 其哈密顿算符的形式与 (1.3.3) 式有所不同 (参见第 5.1 节).

薛定谔方程的正确性只能通过它的预言与实验结果的比较来验证, 它在量子力学中的地位等同于经典力学中的牛顿方程, 或经典电动力学中的麦克斯韦方程, 因而可视为整个量子理论大厦的一块重要基石.

2. 概率守恒定律

根据波函数的统计诠释, 可以引入粒子的概率密度函数 $\rho(\boldsymbol{r},t)$, 即

$$\rho(\boldsymbol{r},t)\equiv|\psi(\boldsymbol{r},t)|^2. \tag{1.3.4}$$

其中 $\psi(\boldsymbol{r},t)$ 表示粒子在 t 时刻的波函数, 既然它随时间的变化满足薛定谔方程, 我们可以导出 $\rho(\boldsymbol{r},t)$ 随时间的变化规律. 将上式的两边同时对时间 t 求导数, 可得

$$\partial_t\rho=\partial_t(\psi^*\psi)=\psi\partial_t\psi^*+\psi^*\partial_t\psi.$$

将薛定谔方程 (1.3.2) 式及其复共轭表达式代入以上方程, 可得

$$\partial_t\rho+(\mathrm{i}/\hbar)(\psi^*\hat{H}\psi-\psi\hat{H}\psi^*)=0.$$

将算符 $\hat{H}$ 的表达式 [(1.3.3) 式] 代入上式, 容易导出

$$\boxed{\partial_t\rho+\nabla\cdot\boldsymbol{j}=0} \tag{1.3.5}$$

$$\boxed{\boldsymbol{j}(\boldsymbol{r},t)=-(\mathrm{i}\hbar/2m)(\psi^*\nabla\psi-\psi\nabla\psi^*)=\mathrm{Re}(\psi^*\hat{\boldsymbol{p}}\psi)/m} \tag{1.3.6}$$

矢量 $\boldsymbol{j}(\boldsymbol{r},t)$ 称为**概率流密度**, 它表示 t 时刻空间 $\boldsymbol{r}$ 处, 单位时间内流过单位横截面的概率. 例如, 假设自由粒子处于具有确定动量 $\boldsymbol{p}$ 的量子态, 波函数可取为

$$\psi(\boldsymbol{r},t)=\exp[\mathrm{i}(\boldsymbol{p}\cdot\boldsymbol{r}-E_{\boldsymbol{p}}t)/\hbar] \quad\Rightarrow\quad \boldsymbol{j}=\boldsymbol{p}/m. \tag{1.3.7}$$

方程 (1.3.5) 是概率守恒定律的微分形式, 将它的两边在封闭曲面 $\mathcal{S}$ 所包围的空间区域 V 中作体积分, 就可得到概率守恒定律的积分形式, 即

$$\frac{\mathrm{d}}{\mathrm{d}t}\int_V\rho\mathrm{d}\boldsymbol{r}=-\oint_{\mathcal{S}}\boldsymbol{j}\cdot\mathrm{d}\boldsymbol{S}.$$

上式的左边代表粒子处于区域 V 内的总概率随时间的增加率, 而右边表示单位时间内通过表面 $\mathcal{S}$ 流入到区域 V 内的概率.

若 V 为全空间, 则 $\mathcal{S}$ 代表一个在无穷远处的无限大封闭曲面. 由波函数的统计诠释可知, 无穷远处的 ψ 应趋于零, 因此上式右边的面积分也趋于零, 得到

$$\frac{\mathrm{d}}{\mathrm{d}t}\int_{\infty}\rho\mathrm{d}\boldsymbol{r}=0.$$

上式表示在全空间找到粒子的概率总和不随时间变化, 此即概率守恒的含义.

3. 多粒子体系的薛定谔方程

可以将薛定谔方程 (1.3.2) 推广到含有 N 个粒子的体系, 即

$$\mathrm{i}\hbar\partial_t\psi(\boldsymbol{r}_1,\boldsymbol{r}_2,\cdots,\boldsymbol{r}_N,t)=\hat{H}\psi(\boldsymbol{r}_1,\boldsymbol{r}_2,\cdots,\boldsymbol{r}_N,t).$$

其中 $\hat{H}$ 表示多粒子体系的哈密顿算符. 设第 i 个粒子的质量为 m_i, 受到的标量势能场为 $V_i(\boldsymbol{r}_i,t)$, 粒子之间的总相互作用能量为 $U(\boldsymbol{r}_1,\boldsymbol{r}_2,\cdots,\boldsymbol{r}_N)$, 则有

$$\boxed{\hat{H}=\sum_i(-\hbar^2\nabla_i^2/2m_i+V_i)+U} \tag{1.3.8}$$

例如, 对于含有 z 个电子的原子, 每个电子带电荷 $(-e)$, 原子核带电荷 ze, 则 V_i 表示第 i 个电子受到原子核的库仑吸引作用能, 而 U 代表电子之间的库仑排斥作用能, 它们的表达式分别为 (取原子核为坐标原点)

$$V(\boldsymbol{r}_i)=-\frac{ze^2}{r_i},\quad U(\boldsymbol{r}_1,\boldsymbol{r}_2,\cdots,\boldsymbol{r}_z)=\frac{1}{2}\sum_{i\neq j}\frac{e^2}{|\boldsymbol{r}_i-\boldsymbol{r}_j|}.$$

定理: 设体系由两个无相互作用的粒子构成, 哈密顿算符为

$$\hat{H}=\hat{H}_1+\hat{H}_2,\quad \hat{H}_i=-\hbar^2\nabla_i^2/2m_i+V_i(\boldsymbol{r}_i,t)\quad(i=1,2).$$

其中 $\hat{H}_i$ 为第 i 个粒子的哈密顿算符. 假设在 $t=0$ 的初始时刻, 体系处于一种特殊的量子态, 其波函数可以表示为分离变量的形式①, 即

$$\psi(\boldsymbol{r}_1,\boldsymbol{r}_2,0)=\phi_1(\boldsymbol{r}_1)\phi_2(\boldsymbol{r}_2). \tag{1.3.9}$$

则在 $t>0$ 的任何时刻, 体系的波函数也可以表示为分离变量的形式, 即

$$\psi(\boldsymbol{r}_1,\boldsymbol{r}_2,t)=\psi_1(\boldsymbol{r}_1,t)\psi_2(\boldsymbol{r}_2,t). \tag{1.3.10}$$

其中 $\psi_i(\boldsymbol{r}_i,t)$ 满足第 i 个粒子的薛定谔方程和初始条件, 即

$$\mathrm{i}\hbar\partial_t\psi_i(\boldsymbol{r}_i,t)=\hat{H}_i\psi_i(\boldsymbol{r}_i,t),\quad \psi_i(\boldsymbol{r}_i,0)=\phi_i(\boldsymbol{r}_i). \tag{1.3.11}$$

证明: 首先, 利用 (1.3.10) 式和 (1.3.11) 式容易验证, $\psi(\boldsymbol{r}_1,\boldsymbol{r}_2,t)$ 满足初始条件 (1.3.9) 式. 其次, 利用 (1.3.10) 式和 (1.3.11) 式易证, $\psi(\boldsymbol{r}_1,\boldsymbol{r}_2,t)$ 满足体系的薛定谔方程, 即

$$\mathrm{i}\hbar\partial_t\psi=\mathrm{i}\hbar(\partial_t\psi_1)\psi_2+\mathrm{i}\hbar\psi_1\partial_t\psi_2=(\hat{H}_1\psi_1)\psi_2+\psi_1\hat{H}_2\psi_2=(\hat{H}_1+\hat{H}_2)\psi_1\psi_2=\hat{H}\psi.$$

① 若多粒子体系的波函数可以表示为分离变量的形式, 则相应的量子态称为非纠缠态, 否则称为纠缠态. 一个纠缠态的波函数总可以表示为若干个非纠缠态波函数的线性叠加.

需要指出，该定理对于由任意多个无相互作用粒子构成的体系均成立. 若粒子之间存在相互作用，则该定理不成立.

§ 1.4 保守体系薛定谔方程的解

量子理论中的一个重要问题，是给定了体系在初始时刻的波函数，如何通过求解薛定谔方程推算出体系在以后任何时刻的波函数，这种初值问题在数学上的难易程度与体系的哈密顿算符有关. 若体系的哈密顿算符不显含时间 (如粒子仅受到静态外场的作用)，则称该体系为保守体系，否则称为非保守体系. 实际问题中会遇到大量的保守体系，其初值问题的求解相对说来要简单得多. 本节介绍保守体系的定态概念和性质，以及求解薛定谔方程的一般方法.

1. 定态解

由于保守体系的哈密顿算符 $\hat{H}$ 不显含时间 t，因此薛定谔方程 (1.3.2) 必定具有如下分离变量形式的特解:

$$\boxed{\psi(\boldsymbol{r},t)=\psi(\boldsymbol{r})\exp(-\mathrm{i}Et/\hbar)} \tag{1.4.1}$$

其中 E 是一个不依赖于 $\boldsymbol{r}$ 和 t 的常量. 将 (1.4.1) 式代入方程 (1.3.2)，可得

$$\boxed{\hat{H}\psi(\boldsymbol{r})=E\psi(\boldsymbol{r}),\quad \hat{H}=-\hbar^2\nabla^2/2m+V(\boldsymbol{r})} \tag{1.4.2}$$

波函数 (1.4.1) 式描述的量子态称为定态，定态的概念是玻尔于 1913 年提出的，它仅适用于保守体系. (1.4.2) 式是哈密顿算符的本征方程 (即能量本征方程)，也称为定态薛定谔方程，它的解 $\psi(\boldsymbol{r})$ 就是能量本征函数，也称为定态波函数，能量本征值 E 也称为定态能级. 值得指出，定态波函数 $\psi(\boldsymbol{r})$ 不仅要符合波函数的统计诠释，还要满足具体问题中的边界条件.

定态是保守体系的一种特殊量子态，它具有如下性质:

(1) 与定态相应的概率波具有确定频率 $\nu=E/h$，根据德布罗意关系 [(1.1.1) 式]，处于定态的粒子必定具有确定的能量 E.

(2) 定态的概率密度 $\rho(\boldsymbol{r})$ 和概率流密度 $\boldsymbol{j}(\boldsymbol{r})$ 均不随时间变化.

(3) $\boldsymbol{j}(\boldsymbol{r})$ 是无源场，即 $\nabla\cdot\boldsymbol{j}=0$，故一维体系的 j 是一个不依赖于 x 的常量.

定态薛定谔方程的解分为束缚定态解和非束缚定态解.

(1) 束缚定态波函数是可归一化的，属于局域型的波函数，并且在无穷远处趋于零，此时粒子实际上局限在有限区域内. 可以证明，束缚定态能级只能取分立的数值 (参见第 3.1 节). 若体系存在束缚定态，则能级最低的束缚定态称为**基态**，其他的称为**激发态**，且按照能级从低往高分别称为第一激发态、第二激发态等.

(2) 非束缚定态函数是不能归一化的，属于扩展型的波函数，它在无穷远处不为零，其渐进行为是振荡型的，粒子并不局限在有限区域内. 非束缚定态波函数并不属于态空间 $\mathcal{E}$，它并不描述一个真实的量子态，但在量子散射理论中非常有用. 非束缚

定态能级可以是连续的 (如散射定态, 参见第 2.3 节和第十三章), 也可以是量子化的 (如磁场中的朗道能级, 参见第 5.2 节).

对于少数量子体系, 由于势函数 $V(\boldsymbol{r})$ 比较简单, 可以严格求解能量本征方程, 我们将在第二章、第四章、第五章等章节中予以介绍. 对于大多数有实际意义的量子体系, 很难求得能量本征方程的严格解析解, 只能采用微扰论和变分法等近似方法 (参见第十一章), 以及数值计算的办法.

定态的概念同样适用于多粒子保守体系, 相应的波函数可表示为

$$\psi(\boldsymbol{r}_1,\boldsymbol{r}_2,\cdots,\boldsymbol{r}_N;t)=\psi(\boldsymbol{r}_1,\boldsymbol{r}_2,\cdots,\boldsymbol{r}_N)\exp(-\mathrm{i}Et/\hbar),$$
$$\hat{H}\psi(\boldsymbol{r}_1,\boldsymbol{r}_2,\cdots,\boldsymbol{r}_N)=E\psi(\boldsymbol{r}_1,\boldsymbol{r}_2,\cdots,\boldsymbol{r}_N).$$

例

设质量为 m 的粒子受到的静态势能场 $V(\boldsymbol{r})$ 有最小值 V_0, 且体系存在束缚定态, 求证: 任何一个束缚定态能级均不小于 V_0.

解: 设束缚定态能级 E 对应的归一化定态波函数为 $\psi(\boldsymbol{r})$, 则由 (1.4.2) 式可得

$$E=\int \mathrm{d}\boldsymbol{r}\psi^*(\boldsymbol{r})\hat{H}\psi(\boldsymbol{r})=\int \mathrm{d}\boldsymbol{r}\psi^*(\boldsymbol{r})\left[-\frac{\hbar^2}{2m}\nabla^2+V(\boldsymbol{r})\right]\psi(\boldsymbol{r}).$$

在上式右边中作一次分部积分, 可得

$$E=\int \mathrm{d}\boldsymbol{r}\left[\frac{\hbar^2}{2m}|\nabla\psi(\boldsymbol{r})|^2+V(\boldsymbol{r})|\psi(\boldsymbol{r})|^2\right]\geqslant\int \mathrm{d}\boldsymbol{r}V(\boldsymbol{r})|\psi(\boldsymbol{r})|^2\geqslant V_0\int \mathrm{d}\boldsymbol{r}|\psi(\boldsymbol{r})|^2=V_0.$$

2. 定态波函数的实数性与奇偶性

设质量为 m 的粒子处于实势场 $V(\boldsymbol{r})$ 中, 哈密顿算符 $\hat{H}$ 由 (1.4.2) 式给出. 为简单起见, 假设能级 E 的简并度 f 是有限值, 与 E 对应于的 f 维本征函数空间记为 $\mathcal{E}_E$.

定理 1: 由于 $V(\boldsymbol{r})=V^*(\boldsymbol{r})$, 所以 $\hat{H}^*=\hat{H}$, 称体系具有时间反演对称性 (参见第 10.5 节), 此时 $\hat{H}$ 的本征子空间 $\mathcal{E}_E$ 具有以下两个性质:

(1) 若 $\psi(\boldsymbol{r})\in\mathcal{E}_E$, 则 $\psi^*(\boldsymbol{r})\in\mathcal{E}_E$;

(2) $\mathcal{E}_E$ 有一组实的基函数 (因此非简并的定态波函数总可以取为实函数).

证明: (1) 设 $\psi(\boldsymbol{r})\in\mathcal{E}_E$, 则 $\hat{H}\psi(\boldsymbol{r})=E\psi(\boldsymbol{r})$, 由于 $\hat{H}^*=\hat{H}$, 立即得到

$$\hat{H}\psi^*(\boldsymbol{r})=E\psi^*(\boldsymbol{r})\quad\Rightarrow\quad\psi^*(\boldsymbol{r})\in\mathcal{E}_E.$$

(2) 设 $\psi_\alpha(\boldsymbol{r})(\alpha=1,2,\cdots,f)$ 为 $\mathcal{E}_E$ 的一组基函数, 由 (1) 可知 $\psi_\alpha^*(\boldsymbol{r})\in\mathcal{E}_E$. 令

$$\phi_\alpha^{(+)}\equiv\psi_\alpha+\psi_\alpha^*,\quad\phi_\alpha^{(-)}\equiv i(\psi_\alpha-\psi_\alpha^*).$$

这 $2f$ 个实函数中只有 f 个是线性独立的, 它们可作为 $\mathcal{E}_E$ 的一组基函数, 证毕.

定理 2: 若 $V(-\boldsymbol{r})=V(\boldsymbol{r})$, 则 $\hat{H}(-\boldsymbol{r})=\hat{H}(\boldsymbol{r})$, 称该体系具有空间反演对称性, 此时 $\hat{H}$ 的本征子空间 $\mathcal{E}_E$ 具有以下两个性质:

(1) 若 $\psi(\boldsymbol{r}) \in \mathcal{E}_E$, 则 $\psi(-\boldsymbol{r}) \in \mathcal{E}_E$;

(2) $\mathcal{E}_E$ 有一组具有确定宇称 (偶或奇) 的基函数 (此时非简并的定态必具有确定的宇称).

证明: (1) 设 $\psi(\boldsymbol{r}) \in \mathcal{E}_E$, 则 $\hat{H}\psi(\boldsymbol{r}) = E\psi(\boldsymbol{r})$, 由于 $\hat{H}(-\boldsymbol{r}) = \hat{H}(\boldsymbol{r})$, 立即得到

$$\hat{H}\psi(-\boldsymbol{r}) = E\psi(-\boldsymbol{r}) \quad \Rightarrow \quad \psi(-\boldsymbol{r}) \in \mathcal{E}_E.$$

(2) 设 $\psi_\alpha(\boldsymbol{r})(\alpha = 1, 2, \cdots, f)$ 为 $\mathcal{E}_E$ 的一组基函数, 由 (1) 可知 $\psi_\alpha(-\boldsymbol{r}) \in \mathcal{E}_E$. 引入 $\mathcal{E}_E$ 中的 $2f$ 个具有确定宇称的函数:

$$\varphi_\alpha^{(\pm)}(\boldsymbol{r}) \equiv \psi_\alpha(\boldsymbol{r}) \pm \psi_\alpha(-\boldsymbol{r}) \quad \Rightarrow \quad \hat{P}\varphi_\alpha^{(\pm)}(\boldsymbol{r}) \equiv \varphi_\alpha^{(\pm)}(-\boldsymbol{r}) = \pm\varphi_\alpha^{(\pm)}(\boldsymbol{r}).$$

这些新函数中只有 f 个是线性独立的, 它们可作为 $\mathcal{E}_E$ 的一组基函数, 证毕.

容易证明, 以上两个定理同样适用于多粒子体系.

3. 自由粒子的定态波函数

自由粒子是最简单的量子体系, 此时势能 $V(\boldsymbol{r}) = 0$, 定态薛定谔方程为

$$-(\hbar^2/2m)\nabla^2\psi(\boldsymbol{r}) = E\psi(\boldsymbol{r}).$$

体系既具有时间反演对称性, 也具有空间反演对称性. 体系没有束缚定态, 仅有散射定态, 且定态能级 E 可取任意的正实数, 对应的定态波函数可表示为

$$\psi_E(\boldsymbol{r}) = \int \mathrm{d}\boldsymbol{p} C_{\boldsymbol{p}} \delta(E - \boldsymbol{p}^2/2m) \exp(\mathrm{i}\boldsymbol{p} \cdot \boldsymbol{r}/\hbar).$$

其中 $C_{\boldsymbol{p}}$ 为矢量 $\boldsymbol{p}$ 的任意复函数. 在二维或三维情形下, 与一个确定能级 E 对应的线性独立的定态波函数有无穷多个, 因此能级的简并度为无穷大.

在一维情形下, 自由粒子的定态薛定谔方程为

$$\psi''(x) + k^2\psi(x) = 0 \quad (k \equiv \sqrt{2mE}/\hbar).$$

能级简并度为 2, 两个线性独立的定态波函数可选为以下四个函数中的任何两个:

$$\exp(\mathrm{i}kx), \quad \exp(-\mathrm{i}kx), \quad \cos(kx), \quad \sin(kx).$$

4. 薛定谔方程的通解

对于一个保守体系, 可以借助于定态解来求得薛定谔方程 (1.3.2) 的通解, 从而解决初值问题. 为简单起见, 假设体系的所有能级均取分离值, 能级 E_n 对应的本征函数为 $\phi_{n\alpha}(\boldsymbol{r})$ (指标 α 用于区分相互简并的态), 即

$$\hat{H}\phi_{n\alpha}(\boldsymbol{r}) = E_n\phi_{n\alpha}(\boldsymbol{r}). \tag{1.4.3}$$

可假设这些本征函数满足正交归一性和完备性 (参见第 3.1 节), 即

$$(\phi_{n\alpha}, \phi_{n'\alpha'}) = \delta_{nn'}\delta_{\alpha\alpha'}, \quad \sum_{n\alpha} \phi_{n\alpha}^*(\boldsymbol{r}')\phi_{n\alpha}(\boldsymbol{r}) = \delta(\boldsymbol{r}-\boldsymbol{r}').$$

若体系在 $t=0$ 时的波函数为 $\psi(\boldsymbol{r},0)$, 则可将它用上述本征函数来展开, 即

$$\psi(\boldsymbol{r},0) = \sum_{n\alpha} c_{n\alpha}\phi_{n\alpha}(\boldsymbol{r}), \quad c_{n\alpha} = (\phi_{n\alpha}, \psi(0)). \tag{1.4.4}$$

容易验证, 薛定谔方程 (1.3.2) 的通解可表示为

$$\boxed{\psi(\boldsymbol{r},t) = \sum_{n\alpha} c_{n\alpha}\phi_{n\alpha}(\boldsymbol{r})\exp(-\mathrm{i}E_n t/\hbar)} \tag{1.4.5}$$

由上可知, 在初值问题中, 核心任务是求解 $\hat{H}$ 的本征方程 (1.4.3), 一旦求得所有的能级 E_n 和定态波函数 $\phi_{n\alpha}(\boldsymbol{r})$, 就可以将初始波函数 $\psi(\boldsymbol{r},0)$ 展开为 (1.4.4) 式, 然后将展开系数 $c_{n\alpha}$ 代入 (1.4.5) 式, 立即得到 t 时刻的波函数 $\psi(\boldsymbol{r},t)$.

以上方法同样适用于多粒子保守体系, 设体系的一组正交归一完备的定态波函数为 $\phi_{n\alpha}(\boldsymbol{r}_1,\boldsymbol{r}_2,\cdots,\boldsymbol{r}_N)$, 则薛定谔方程的通解为

$$\psi(\boldsymbol{r}_1,\boldsymbol{r}_2,\cdots,\boldsymbol{r}_N;t) = \sum_{n\alpha} c_{n\alpha}\phi_{n\alpha}(\boldsymbol{r}_1,\boldsymbol{r}_2,\cdots,\boldsymbol{r}_N)\exp(-\mathrm{i}E_n t/\hbar).$$

习　题

1–1　试利用索末菲量子化条件求粒子的动量和德布罗意波长: (1) 粒子处于宽度为 a 的一维无限深方势阱中; (2) 粒子作半径为 r 的匀速圆周运动.

答: (1) $p = n\pi\hbar/a,\ \lambda = 2a/n,\ (n=1,2,3,\cdots)$;

(2) $p = n\hbar/r,\ \lambda = 2\pi r/n,\ (n=1,2,3,\cdots)$.

1–2　设质量为 m 的粒子系处于室温 T 的热平衡态, 试求德布罗意波长.

答: $p^2/2m = 3k_\mathrm{B}T/2 \quad\Rightarrow\quad \lambda = h/\sqrt{3mk_\mathrm{B}T}$.

1–3　若用电子显微镜观测一个尺度为 2.5 Å 的物体, 电子的最小能量约为多少? 若改用光学显微镜, 光子的最小能量约为多少?

答: $E_\mathrm{e} = h^2/2m_\mathrm{e}\lambda^2 \approx 24.1\ \mathrm{eV}, \quad E_\mathrm{ph} = hc/\lambda \approx 4.96\times10^3\ \mathrm{eV}$.

1–4　(1) 色散关系为 $\omega(\boldsymbol{k})$ 的平面波可表示为

$$\psi_{\boldsymbol{k}}(\boldsymbol{r},t) = A(\boldsymbol{k})\exp[\mathrm{i}\boldsymbol{k}\cdot\boldsymbol{r} - \mathrm{i}\omega(\boldsymbol{k})t] = |A(\boldsymbol{k})|\exp[\mathrm{i}\theta(\boldsymbol{k},\boldsymbol{r},t)],$$

$$\theta(\boldsymbol{k},\boldsymbol{r},t) = \boldsymbol{k}\cdot\boldsymbol{r} - \omega(\boldsymbol{k})t + \alpha(\boldsymbol{k}), \quad A(\boldsymbol{k}) = |A(\boldsymbol{k})|\exp[\mathrm{i}\alpha(\boldsymbol{k})].$$

试求波的相速度 (即等相位平面的法向移动速度) $\boldsymbol{v}_\mathrm{p}(\boldsymbol{k})$.

(2) 考虑由以上平面波线性叠加而成的波包:

$$\psi(\boldsymbol{r},t) = \int \mathrm{d}\boldsymbol{k}'\psi_{\boldsymbol{k}'}(\boldsymbol{r},t) = \int \mathrm{d}\boldsymbol{k}'|A(\boldsymbol{k}')|\exp[\mathrm{i}\theta(\boldsymbol{k}',\boldsymbol{r},t)].$$

假设波矢空间的函数 $A(\boldsymbol{k}')$ 仅在 $\boldsymbol{k}'=\boldsymbol{k}$ 附近 $|\Delta\boldsymbol{k}|$ (很小) 范围内取非零值, 则波包

尺度约为 $1/|\Delta\boldsymbol{k}|$, 试求波包的群速度 (即波包中心 $\boldsymbol{r}_c$ 的运动速度) $\boldsymbol{v}_g(\boldsymbol{k})$.

(3) 设相对论性粒子的静止质量为 m, 能量 $E=(m^2c^4+p^2c^2)^{1/2}$ (p 为动量, c 为光速), 试求德布罗意波的相速度和群速度, 并讨论非相对论极限情形.

答: (1) 易知 t 时刻相位为 θ_0 的空间点 $\boldsymbol{r}$ 均处于以下平面上:

$$\boldsymbol{k}\cdot\boldsymbol{r}-\omega(\boldsymbol{k})t+\alpha(\boldsymbol{k})=\theta_0 \quad\Rightarrow\quad \boldsymbol{v}_p(\boldsymbol{k})=\omega\boldsymbol{k}/\boldsymbol{k}^2.$$

(2) 波包中心对应于各平面波的相长干涉, 故 $\boldsymbol{r}_c(t)$ 满足"稳定相位条件":

$$\partial_{\boldsymbol{k}}\theta(\boldsymbol{k},\boldsymbol{r}_c,t)=0 \quad\Rightarrow\quad \boxed{\boldsymbol{r}_c=\boldsymbol{v}_g(\boldsymbol{k})t-\partial_{\boldsymbol{k}}\alpha(\boldsymbol{k}),\quad \boldsymbol{v}_g(\boldsymbol{k})=\partial_{\boldsymbol{k}}\omega(\boldsymbol{k})}$$

(3) 德布罗意波的色散关系为 $\omega(k)=c(k_0^2+k^2)^{1/2}$ ($k_0\equiv mc/\hbar$), 因此有

$$v_p(k)=\omega(k)/k=c(k_0^2/k^2+1)^{1/2},\quad v_g(k)=\partial_k\omega(k)=c(1+k_0^2/k^2)^{-1/2}.$$

非相对论极限: $p\ll mc$, 则 $E\approx mc^2+p^2/2m$, 扣除能量常量 mc^2, 可得

$$\omega(k)=\hbar k^2/2m \quad\Rightarrow\quad v_g(k)=2v_p(k)=\hbar k/m.$$

1–5　设 $\psi(\boldsymbol{r})$ 和 $\varphi(\boldsymbol{r})$ 为两个任意的平方可积函数, 定义内积 $(\psi,\varphi)\equiv\int \mathrm{d}\boldsymbol{r}\psi^*(\boldsymbol{r})\varphi(\boldsymbol{r})$.

(1) 令 $\phi\equiv\psi-[(\varphi,\psi)/(\varphi,\varphi)]\varphi$, 试利用 $(\phi,\phi)\geqslant 0$ 导出施瓦茨 (Schwartz) 不等式:

$$\boxed{|(\psi,\varphi)|\leqslant\sqrt{(\psi,\psi)(\varphi,\varphi)}}$$

上式取等号的充分必要条件为 $\psi=c\varphi$ (c 为任意复数).

(2) 试利用施瓦茨不等式证明以下三角不等式:

$$\boxed{\sqrt{(\psi+\varphi,\psi+\varphi)}\leqslant\sqrt{(\psi,\psi)}+\sqrt{(\varphi,\varphi)}}$$

上式取等号的充分必要条件为 $\psi=c\varphi$(c 为任意正数).

1–6　施密特正交化方法: 设 $\phi_i(\boldsymbol{r})(i=1,2,\cdots,n)$ 是一组线性独立的非零函数, 令

$$c_1\psi_1=\phi_1,\quad c_2\psi_2=\phi_2-(\psi_1,\phi_2)\psi_1,\quad c_3\psi_3=\phi_3-(\psi_1,\phi_3)\psi_1-(\psi_2,\phi_3)\psi_2,\quad\cdots.$$

其中各 ψ_i 均是由 $\phi_1,\phi_2,\cdots,\phi_n$ 线性叠加而成的新函数, 复常量 c_i 满足

$$|c_1|^2=(\phi_1,\phi_1),\ |c_i|^2=(\phi_i,\phi_i)-|(\psi_1,\phi_i)|^2-|(\psi_2,\phi_i)|^2-\cdots-|(\psi_{i-1},\phi_i)|^2\quad(i\geqslant 2).$$

求证: $(\psi_i,\psi_j)=\delta_{ij}\quad(i,j=1,2,\cdots,n)$.

1–7　设 $\psi(\boldsymbol{r})$ 为一个平方可积函数, 作傅里叶 (Fourier) 变换,

$$\psi(\boldsymbol{r})=h^{-3/2}\int \mathrm{d}\boldsymbol{p}\varphi(\boldsymbol{p})\exp(\mathrm{i}\boldsymbol{p}\cdot\boldsymbol{r}/\hbar).$$

试利用 δ 函数的性质 (参见附录 A) 证明

$$\boxed{\varphi(\boldsymbol{p})=\hbar^{-3/2}\int \mathrm{d}\boldsymbol{r}\psi(\boldsymbol{r})\exp(-\mathrm{i}\boldsymbol{p}\cdot\boldsymbol{r}/\hbar), \quad \int \mathrm{d}\boldsymbol{r}|\psi(\boldsymbol{r})|^2=\int \mathrm{d}\boldsymbol{p}|\varphi(\boldsymbol{p})|^2}$$

1–8 函数 $\psi(x)$ 的傅里叶变换定义为

$$F[\psi(x)]=\frac{1}{\sqrt{\hbar}}\int_{-\infty}^{+\infty}\psi(x)\exp(-\mathrm{i}px/\hbar)\mathrm{d}x=\phi(p).$$

求证: $F[x^n\psi(x)]=(\mathrm{i}\hbar\partial_p)^n\phi(p), \quad F[(-\mathrm{i}\hbar\partial_x)^n\psi(x)]=p^n\phi(p),$

$$F[\psi(x+x_0)]=\exp(\mathrm{i}px_0/\hbar)\phi(p), \quad F[\exp(\mathrm{i}p_0x/\hbar)\psi(x)]=\phi(p-p_0).$$

1–9 由平方可积函数 $\psi(\boldsymbol{r})$ 构成的线性空间可表示为 $\mathcal{E}=\mathcal{E}_r\otimes\mathcal{E}_\theta\otimes\mathcal{E}_\varphi$, 其中 r,θ,φ 为球坐标. 线性空间 $\mathcal{E}_r,\mathcal{E}_\theta,\mathcal{E}_\varphi$ 中的函数分别记为 $R(r),\Theta(\theta),\Phi(\varphi)$, 它们应满足什么条件?

答: 以下积分均为有限值:

$$\int_0^\infty |R(r)|^2r^2\mathrm{d}r, \quad \int_0^\pi |\Theta(\theta)|^2\sin\theta\mathrm{d}\theta, \quad \int_0^{2\pi}|\Phi(\varphi)|^2\mathrm{d}\varphi.$$

1–10 设 $\hat{A}$ 和 $\hat{B}$ 均为线性算符, 且 $\hat{A}$ 有逆算符 $\hat{A}^{-1}$, 求证:

$$(\hat{A}-\hat{B})^{-1}=\hat{A}^{-1}[1+\hat{B}\hat{A}^{-1}+(\hat{B}\hat{A}^{-1})^2+(\hat{B}\hat{A}^{-1})^3+\cdots].$$

1–11 设 ψ 和 φ 均为体系态空间的波函数, $\hat{A}$ 为体系的一个线性算符, 且 $(\varphi,\hat{A}\varphi)\neq 0$. 令 $\phi=\psi-c\varphi, \quad c=(\varphi,\hat{A}\psi)/(\varphi,\hat{A}\varphi)$, 求证 $(\varphi,\hat{A}\phi)=0$.

1–12 设质量为 m 的粒子处于势能场 $V(\boldsymbol{r},t)$ 中, t 时刻的波函数可表示为

$$\boxed{\psi(\boldsymbol{r},t)=\sqrt{\rho(\boldsymbol{r},t)}\exp[\mathrm{i}\theta(\boldsymbol{r},t)]}$$

其中 $\rho(\boldsymbol{r},t)$ 和 $\theta(\boldsymbol{r},t)$ 分别表示概率密度和相位场, 试利用薛定谔方程证明

$$\boxed{\begin{cases}\dot{\rho}=-\nabla\cdot\boldsymbol{j} \quad (\boldsymbol{j}=\rho\boldsymbol{u}, \ \boldsymbol{u}\equiv\hbar\nabla\theta/m)\\ -\hbar\dot{\theta}=mu^2/2+V-(\hbar^2/2m\sqrt{\rho})\nabla^2\sqrt{\rho}\end{cases}}$$

其中 $\boldsymbol{j}(\boldsymbol{r},t)$ 为概率流密度, $\boldsymbol{u}(\boldsymbol{r},t)$ 称为速度场.

1–13 设质量为 m 的粒子处于静势场 $V(\boldsymbol{r})$ 中, t 时刻的概率密度为 $\rho(\boldsymbol{r},t)=|\psi(\boldsymbol{r},t)|^2$.

(1) 设 $w(\boldsymbol{r},t)$ 为能量密度, $\boldsymbol{s}(\boldsymbol{r},t)$ 为能流密度, 试导出能量守恒定律:

$$\boxed{\partial_t w+\nabla\cdot\boldsymbol{s}=0, \quad w\equiv\hbar^2|\nabla\psi|^2/2m+V\rho, \quad \boldsymbol{s}\equiv-(\hbar^2/2m)[(\partial_t\psi^*)\nabla\psi+\text{c.c.}]}$$

(2) 求证: 若体系处于能级为 E 的定态, 则 $w(\boldsymbol{r})$ 和 $\boldsymbol{s}(\boldsymbol{r})$ 均不随时间变化, 并且有 $\boldsymbol{s}(\boldsymbol{r})=E\boldsymbol{j}(\boldsymbol{r})$, 其中 $\boldsymbol{j}(\boldsymbol{r})$ 为概率流密度.

*1–14 设质量为 m 的粒子处于以下静态势场中 (其中 V_1 和 V_2 均为实函数),

$$V(\boldsymbol{r}) = V_1(\boldsymbol{r}) + \mathrm{i}V_2(\boldsymbol{r}).$$

令 $\rho(\boldsymbol{r},t)$ 和 $\boldsymbol{j}(\boldsymbol{r},t)$ 分别表示概率密度和概率流密度, 试用薛定谔方程证明

$$\partial_t \rho + \nabla \cdot \boldsymbol{j} = 2\rho V_2/\hbar.$$

*1–15 设质量为 m 的粒子处于非定域势 $V(\boldsymbol{r},\boldsymbol{r}')$ 中, 薛定谔方程为

$$\mathrm{i}\hbar\partial_t\psi(\boldsymbol{r},t) = -\frac{\hbar^2}{2m}\nabla^2\psi(\boldsymbol{r},t) + \int \mathrm{d}\boldsymbol{r}' V(\boldsymbol{r},\boldsymbol{r}')\psi(\boldsymbol{r}',t).$$

(1) 令 $\rho(\boldsymbol{r},t)$ 和 $\boldsymbol{j}(\boldsymbol{r},t)$ 分别表示概率密度和概率流密度, 求证

$$\partial_t\rho + \nabla\cdot\boldsymbol{j} = \frac{1}{\mathrm{i}\hbar}\int \mathrm{d}\boldsymbol{r}'\psi^*(\boldsymbol{r},t)V(\boldsymbol{r},\boldsymbol{r}')\psi(\boldsymbol{r}',t) + \text{c.c.}$$

(2) 试证明以下结果, 并说明概率守恒的条件为 $V(\boldsymbol{r},\boldsymbol{r}') = V^*(\boldsymbol{r}',\boldsymbol{r})$,

$$\frac{\mathrm{d}}{\mathrm{d}t}\int \mathrm{d}\boldsymbol{r}\rho = \frac{1}{\mathrm{i}\hbar}\int \mathrm{d}\boldsymbol{r}\int \mathrm{d}\boldsymbol{r}'\psi^*(\boldsymbol{r},t)\big[V(\boldsymbol{r},\boldsymbol{r}') - V^*(\boldsymbol{r}',\boldsymbol{r})\big]\psi(\boldsymbol{r}',t).$$

*1–16 设体系由 N 个粒子构成, 波函数可视为 $3N$ 维位形空间的坐标 q_μ 的函数, 即

$$\psi(q_1,q_2,\cdots,q_{3N};t) \equiv \psi(x_1,y_1,z_1,x_2,y_2,z_2,\cdots,x_N,y_N,z_N;t).$$

哈密顿算符为 $\hat{H} = \hat{T} + U$, 势能函数 $U(\boldsymbol{r}_1,\boldsymbol{r}_2,\cdots,\boldsymbol{r}_N;t)$ 也可视为 q_μ 的函数,

$$\hat{T} = -\sum_{i=1}^{N}\frac{\hbar^2}{2m_i}\nabla_i^2 = -\sum_{\mu=1}^{3N}\frac{\hbar^2}{2M_\mu}\partial_\mu^2.$$

$$(\partial_\mu \equiv \partial/\partial q_\mu, \quad M_1 = M_2 = M_3 = m_1, \quad M_4 = M_5 = M_6 = m_2, \ \cdots).$$

(1) 试利用薛定谔方程导出概率守恒定律:

$$\boxed{\partial_t\rho + \sum_\mu \partial_\mu j_\mu = 0, \quad \rho = |\psi|^2, \quad j_\mu \equiv -(\mathrm{i}\hbar/2M_\mu)(\psi^*\partial_\mu\psi - \text{c.c.})}$$

其中 ρ 和 j_μ 分别为 $3N$ 维位形空间中的概率密度和概率流密度分量.

(2) 对于保守体系 (即 U 不显含时间 t), 试导出能量守恒定律:

$$\boxed{\partial_t w + \sum_\mu \partial_\mu s_\mu = 0, \quad w \equiv \sum_\mu \frac{\hbar^2|\partial_\mu\psi|^2}{2M_\mu} + U\rho, \quad s_\mu \equiv -\frac{\hbar^2}{2M_\mu}[(\partial_t\psi^*)\partial_\mu\psi + \text{c.c.}]}$$

其中 w 和 s_μ 分别为 $3N$ 维位形空间中的能量密度和能流密度分量.

(3) 求证: 在能量为 E 的定态下, ρ, j_μ, w, s_μ 均不随时间 t 变化, 且有

$$s_\mu = Ej_\mu, \quad \sum_\mu \partial_\mu j_\mu = 0.$$

1–17　设自由粒子的质量为 m, 求证: 薛定谔方程的通解可表示为

$$\boxed{\psi(\boldsymbol{r},t)=\int \mathrm{d}\boldsymbol{r}'G(\boldsymbol{r}-\boldsymbol{r}',t)\psi(\boldsymbol{r}',0),\quad G(\boldsymbol{r},t)=(m/\mathrm{i}ht)^{3/2}\exp(\mathrm{i}mr^2/2\hbar t)}$$

其中 $G(\boldsymbol{r},t)$ 称为传播函数, 当 $t\to 0$ 时, $G(\boldsymbol{r},t)\to\delta(\boldsymbol{r})$.

*1–18　设自由粒子的质量为 m, 薛定谔方程的通解为

$$\psi(\boldsymbol{r},t)=\frac{1}{h^{3/2}}\int \mathrm{d}\boldsymbol{p}\varphi(\boldsymbol{p})\exp\left[\frac{\mathrm{i}}{\hbar}\left(\boldsymbol{p}\cdot\boldsymbol{r}-\frac{\boldsymbol{p}^2}{2m}t\right)\right].$$

求证: 当 $t\to\infty$ 时, $\psi(\boldsymbol{r},t)\to(m/\mathrm{i}t)^{3/2}\exp(\mathrm{i}mr^2/2\hbar t)\varphi(m\boldsymbol{r}/t)$.

*1–19　设一维自由粒子的质量为 m, 在 $t=0$ 的初始时刻的波函数为 $\psi(x,0)$.

(1) 若 $\psi(x,0)=\sqrt{1/h}\exp(\mathrm{i}px/\hbar)$, 求证: $\psi(x,t)=\sqrt{1/h}\exp[\mathrm{i}(px-p^2t/2m)/\hbar]$.

(2) 若 $\psi(x,0)=\delta(x)$, 求证: $\psi(x,t)=\sqrt{m/\mathrm{i}ht}\exp(\mathrm{i}mx^2/2\hbar t)$.

(3) 若 $\psi(x,0)=(\sqrt{2\pi}a)^{-1/2}\exp[-(x-x_0)^2/4a^2+\mathrm{i}px/\hbar]$, 求证

$$\boxed{\psi(x,t)=(\sqrt{2\pi}a\lambda_t)^{-1/2}\exp[-(x-x_0-pt/m)^2/4a^2\lambda_t+\mathrm{i}(px-p^2t/2m)/\hbar]}$$

其中 $\lambda_t\equiv 1+\mathrm{i}\hbar t/2ma^2$, 此即高斯 (Gauss) 波包随时间的演变.

第二章

一维势场的定态

研究保守体系的关键在于求解定态薛定谔方程, 主要涉及量子理论中两类问题: (1) 确定体系的束缚定态能级及相应的定态波函数; (2) 通过散射定态 (属于非束缚定态) 波函数在无穷远处的渐进形式来确定散射截面, 在一维情形下, 就是计算反射系数和透射系数.

一维定态问题在数学处理上相对简单, 并且在某些情况下还可以作为处理二维和三维问题的基础. 一维定态也能够在一定程度上展示出微观粒子的波粒二象性特征. 本章先介绍一维定态的普遍性质, 然后分别研究束缚定态和散射定态, 最后阐述周期势场中的定态——布洛赫 (Bloch) 态.

§ 2.1 一维定态的基本性质

设质量为 m 的粒子处于一维实势场 $V(x)$ 中, 定态薛定谔方程为

$$\boxed{\psi''(x) = (2m/\hbar^2)[V(x) - E]\psi(x)} \tag{2.1.1}$$

假设 $V(x)$ 在全空间 $(-\infty, +\infty)$ 是分段连续的, 下面研究方程 (2.1.1) 的解的性质.

1. 定态波函数的微分性质

根据波函数的统计诠释, 可以假设**定态波函数 $\psi(x)$ 在全空间是连续的**. 关于定态波函数的一阶导数 $\psi'(x)$, 有如下两个定理:

定理 1: 若 $V(x)$ 在 $x = x_0$ 的邻域是有限的, 则定态波函数的一阶导数 $\psi'(x)$ 在 $x = x_0$ 处连续; 若 $V(x)$ 在 $x = x_0$ 处出现无限大的突变, 则 $\psi'(x)$ 在 $x = x_0$ 处可能不连续.

证明: 将方程 (2.1.1) 的两边在 $x = x_0$ 的无限小邻域作定积分, 可得

$$\psi'(x_0 + 0^+) - \psi'(x_0 - 0^+) = \frac{2m}{\hbar^2}\int_{x_0-0^+}^{x_0+0^+} \mathrm{d}x[V(x) - E]\psi(x).$$

若 $V(x)$ 在 $x = x_0$ 的邻域是有限的, 则以上方程的右边为零, 故 $\psi'(x)$ 在 $x = x_0$ 处连续. 若 $V(x)$ 在 $x = x_0$ 处出现无限大的突变, 则以上方程的右边有可能不为零, 故 $\psi'(x)$ 在 $x = x_0$ 处可能不连续.

定理 2: 设 $\psi_1(x)$ 和 $\psi_2(x)$ 是方程 (2.1.1) 的属于同一能级 E 的两个解, 则

$$\boxed{\psi_1\psi_2' - \psi_1'\psi_2 = c} \tag{2.1.2}$$

其中 c 为一个与 x 无关的常量.

证明: 由于 $\psi_1(x)$ 和 $\psi_2(x)$ 均满足方程 (2.1.1), 所以

$$\psi_1'' = (2m/\hbar^2)[V(x) - E]\psi_1, \quad \psi_2'' = (2m/\hbar^2)[V(x) - E]\psi_2.$$

将以上两个方程相结合, 可得

$$\psi_1\psi_2'' - \psi_1''\psi_2 = 0 \quad \Rightarrow \quad (\psi_1\psi_2' - \psi_1'\psi_2)' = 0 \quad \Rightarrow \quad \psi_1\psi_2' - \psi_1'\psi_2 = c.$$

利用定态薛定谔方程 (2.1.1) 可以定性分析定态波函数 $\psi(x)$ 的曲线形状:

(1) 在 $E > V(x)$ 的区域 (经典允许区), ψ'' 与 ψ 的正负号相反, 因此曲线 $\psi(x)$ 总是向着 x 轴弯曲的, 类似于 $\sin(kx)$ 或 $\cos(kx)$, 呈现出空间振荡行为, 且 $[E-V(x)]$ 越大, 则空间振荡频率越高, 如图 2.1.1(a) 所示.

(2) 在 $E < V(x)$ 的区域 (经典禁戒区), ψ'' 与 ψ 的正负号相同, 故曲线 $\psi(x)$ 总是背离 x 轴弯曲的, 类似于指数函数 $\exp(\pm\beta x)$, 无空间振荡行为, 如图 2.1.1(b) 所示.

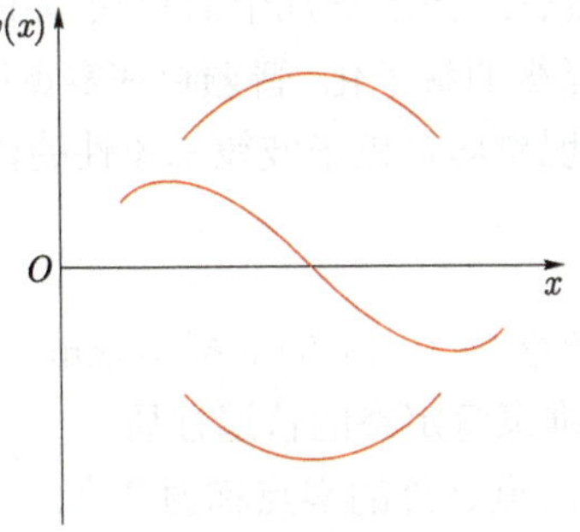

(a) 经典允许区

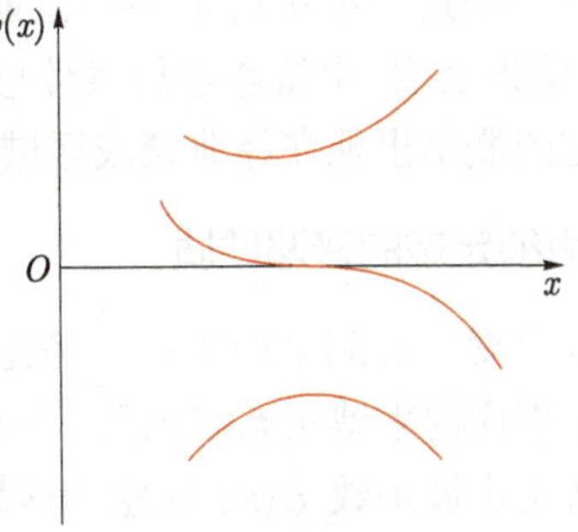

(b) 经典禁戒区

图 2.1.1　定态波函数的曲线形状

2. 一维定态的各种类型

方程 (2.1.1) 的解属于束缚定态还是非束缚定态, 是由定态波函数 $\psi(x)$ 在无穷远处的渐进行为决定的, 因而取决于能级 E 的高低和 $V(x)$ 在无穷远处的形式.

假设 $V(x)$ 在 $x \to \pm\infty$ 时具有确定极限 $V_\pm$ (设 $V_+ \geqslant V_-$), 则方程 (2.1.1) 可能存在以下三种类型的定态解 (如图 2.1.2 所示):

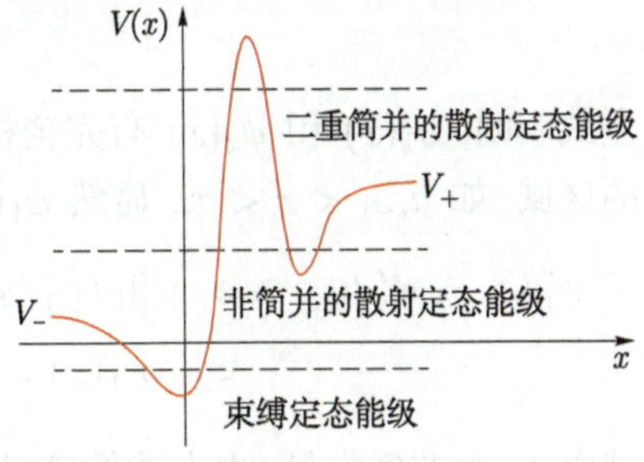

图 2.1.2　三种定态类型

(1) 若 $E < V_-$, 则定态波函数在无穷远处常具有指数衰减的渐进行为, 即

$$\psi(x) \sim \exp(-\beta_\pm|x|), \ (x \to \pm\infty),$$

$$\beta_\pm \equiv \sqrt{2m(V_\pm - E)}/\hbar.$$

此时体系可能存在束缚定态. 可以证明, 束缚定态能级是量子化的 (参见第 3.1 节).

(2) 若 $E > V_+$, 则当 $x \to \pm\infty$ 时, 方程 (2.1.1) 的实数解在两个相反值之间无限振荡. 例如, 若 $V(x)$ 比 $1/|x|$ 更快地趋于 $V_\pm$, 则有

$$\psi(x) \sim \sin(k_\pm x + \varphi_\pm) \quad (x \to \pm\infty), \quad k_\pm \equiv \sqrt{2m(E - V_\pm)}/\hbar.$$

此时体系存在能级连续的散射定态, 这种散射定态是二重简并的.

(3) 若 $V_- < E < V_+$, 则方程 (2.1.1) 的解在 $x \to +\infty$ 时是指数衰减的, 在 $x \to -\infty$ 时是无限振荡的, 属于能级连续的非简并散射定态解.

如果势能函数 $V(x)$ 是空间周期函数 (在 $x \to \pm\infty$ 时没有确定极限), 即

$$V(x+a) = V(x) \quad (\forall x).$$

则方程 (2.1.1) 的解为扩展型的布洛赫函数, 定态能级呈现带状分布 (参见第 2.4 节).

§ 2.2 一维束缚定态

本节先阐述一维束缚定态的普遍性质, 然后严格求解几个简单模型中的束缚定态问题, 结果表明: 束缚态边界条件总是导致能级的量子化, 普遍存在零点能, 粒子可以有一定的概率出现在经典禁戒区域等. 这些现象均是粒子波粒二象性的体现.

1. 束缚定态的普遍性质

一维束缚定态问题的中心任务是在给定势能场 $V(x)$ 的前提下求解体系的量子化能级和相应的束缚定态波函数, 下面研究一维束缚定态的普遍性质.

束缚定态波函数 $\psi(x)$ 除空间区域的两个端点之外的零点称为**节点**. 一维体系的基态波函数没有节点, 第 n 激发态波函数有 n 个节点, 此即**斯图姆 (Sturm) 定理** (证明略).

定理: 设一维体系的势场 $V(x)$ 是规则势, 使得定态波函数的微分 $\psi'(x)$ 连续, 若体系存在束缚定态, 则束缚定态必是非简并的.

证明: 若 $\psi_1(x)$ 和 $\psi_2(x)$ 为方程 (2.1.1) 的同一能级 E 对应的两个束缚定态解, 则当 $x \to \pm\infty$ 时, $\psi_1(x) \to 0$, $\psi_2(x) \to 0$, 因此方程 (2.1.2) 右边的常量 $c = 0$, 即

$$\psi_1\psi_2' = \psi_1'\psi_2. \tag{2.2.1}$$

上式表明, $\psi_1(x)$ 和 $\psi_2(x)$ 有完全相同的节点 a_i $(i = 1, 2, \cdots)$. 在两个相邻节点之间的区域, 如 $a_{i-1} < x < a_i$, 显然 $\psi_1(x) \neq 0$, $\psi_2(x) \neq 0$, 由 (2.2.1) 式可得

$$\begin{aligned}\psi_1'/\psi_1 = \psi_2'/\psi_2 \quad &\Rightarrow \quad [\ln(\psi_1/\psi_2)]' = 0, \\ &\Rightarrow \quad \psi_1(x) = \lambda_i\psi_2(x), \quad \psi_1'(x) = \lambda_i\psi_2'(x) \quad (a_{i-1} < x < a_i).\end{aligned}$$

其中 λ_i 为非零常量. 由上式的第二个等式可得

$$\psi_1'(a_i - 0^+) = \lambda_i\psi_2'(a_i - 0^+), \quad \psi_1'(a_i + 0^+) = \lambda_{i+1}\psi_2'(a_i + 0^+).$$

若 $V(x)$ 是规则势, 使得 $\psi_1'(x)$ 和 $\psi_2'(x)$ 在所有节点处均连续, 则上式给出 $\lambda_i = \lambda_{i+1}$, 因此 $[\psi_1(x)/\psi_2(x)]$ 在全空间区域是同一个常量 λ, 即 $\psi_1(x) = \lambda\psi_2(x)$, 也就是说, $\psi_1(x)$ 和 $\psi_2(x)$ 代表同一个束缚定态, 因此束缚定态是非简并的, 证毕.

假如规则势场 $V(x)$ 还具有中心反演对称性, 即 $V(-x) = V(x)$, 则由第 1.4 节中的定理 2 可知, 这些非简并的束缚定态均有确定的宇称. 由于奇函数至少有一个节点 $x = 0$, 而基态波函数无节点, 故基态必为偶宇称态.

以上定理揭示了一维束缚定态的普遍性质. 下面研究一些有实际意义的具体实

例, 其中最简单的模型就是一维无限深方势阱.

2. 无限深方势阱

设质量为 m 的粒子处于以下无限方深势阱中, 如图 2.2.1(a) 所示,

$$V(x)=\begin{cases}0 & (0<x<a),\\ \infty & (x<0,\ x>a).\end{cases}$$

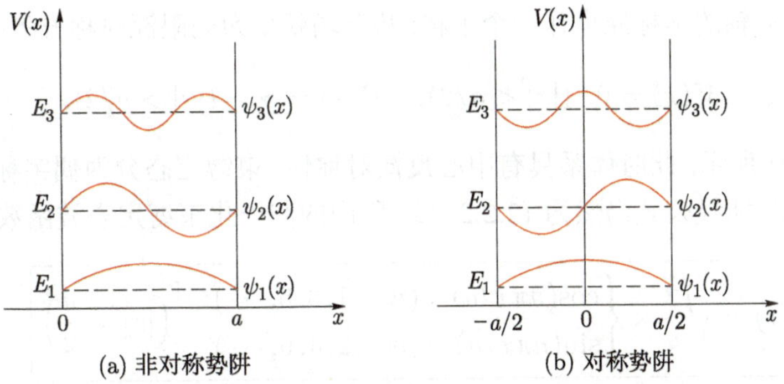

图 2.2.1　无限深方势阱中的能级和定态波函数

由于阱外的势能无穷大, 粒子不可能穿过阱壁出现在阱外, 所以阱外的波函数恒为零, 体系没有散射定态. 在阱内区域, 能量 E 对应的定态薛定谔方程为

$$\psi''(x)+k^2\psi(x)=0\quad(0<x<a,\ k\equiv\sqrt{2mE}/\hbar).$$

它有两个线性独立的特解, 如 $\sin(kx)$ 和 $\cos(kx)$, 因此可将其通解表示为

$$\psi(x)=A\sin(kx+\delta)\quad(0<x<a).$$

根据波函数的连续性, 边界条件可表示为 $\psi(0)=\psi(a)=0$, 代入上式可得

$$\delta=0,\quad k=n\pi/a\quad(n=1,2,3,\cdots).$$

因此, 束缚定态边界条件导致 k 的量子化, 使得能量只能取量子化的数值:

$$\boxed{E_n=n^2\pi^2\hbar^2/2ma^2\quad(n=1,2,3,\cdots)}\tag{2.2.2}$$

与能级 E_n 对应的归一化定态波函数为

$$\boxed{\psi_n(x)=\begin{cases}\sqrt{2/a}\sin(n\pi x/a) & (0<x<a)\\ 0 & (x<0,x>a)\end{cases}}\tag{2.2.3}$$

容易验证, 束缚定态波函数满足正交归一性, 即

$$(\psi_n,\psi_{n'})=\int_0^a \mathrm{d}x\psi_n^*(x)\psi_{n'}(x)=\delta_{nn'}.$$

这里的束缚定态解与前面介绍的普遍性质是一致的, 例如:

(1) 能级是量子化的, 所有能级均是非简并的 (注意 n 取相反整数值的两个波函数表示同一个量子态);

(2) 基态能级 $E_1 \neq 0$, 这与经典粒子不同, 是波粒二象性的表现;

(3) $\psi_n(x)$ 在 $x=0$ 和 $x=a$ 的两个阱壁处是连续的, 但由于势能在阱壁处有无限大的跃变, 所以 $\psi_n'(x)$ 在这两个阱壁处是不连续的;

(4) 基态波函数 $\psi_1(x)$ 无节点, 第 n 激发态波函数 $\psi_{n+1}(x)$ 有 n 个节点.

如果将 x 轴的坐标原点作一个平移, 势能场就变为无限深对称方势阱, 即

$$V(x)=0,\ (|x|<a/2), \quad V(x)=\infty \quad (|x|>a/2).$$

如图 2.2.1(b) 所示, 此时体系具有中心反演对称性, 束缚定态分为偶宇称态和奇宇称态. 同理可证, 能级公式仍然为 (2.2.2) 式, 阱内的归一化束缚定态波函数为

$$\boxed{\psi_n(x)=\sqrt{\frac{2}{a}}\times\begin{cases}\cos(n\pi x/a) & (n=1,3,5,\cdots)\\ \sin(n\pi x/a) & (n=2,4,6,\cdots)\end{cases}\quad \left(|x|<\frac{a}{2}\right)} \tag{2.2.4}$$

3. 有限深对称方势阱

以上研究的无限深势阱是一种理想化的模型, 更有实际意义的情形是有限深势阱. 设质量为 m 的粒子受到的势能场为有限深对称方势阱 (如图 2.2.2 所示), 即

$$V(x)=V_0\theta(|x|-a/2)=\begin{cases}V_0 & (|x|>a/2)\\ 0 & (|x|<a/2)\end{cases} \quad (V_0>0).$$

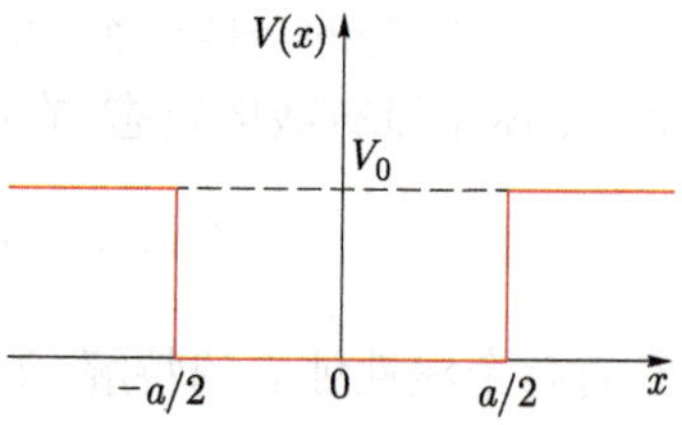

图 2.2.2　有限深对称方势阱

虽然该体系存在能级 $E>V_0$ 的散射定态, 但这里我们仅研究体系的束缚定态.

束缚定态能级 E 满足 $0<E<V_0$, 对应的定态薛定谔方程为

$$\psi''+k^2\psi=0 \quad (|x|<a/2,\ k\equiv\sqrt{2mE}/\hbar) \tag{2.2.5}$$

$$\psi''-\beta^2\psi=0 \quad [|x|>a/2,\ \beta\equiv\sqrt{2m(V_0-E)}/\hbar] \tag{2.2.6}$$

由于 $V(-x)=V(x)$, 定态分为偶宇称态和奇宇称态, 因此方程 (2.2.5) 的两个线性独立的特解应取为偶函数 $\cos(kx)$ 和奇函数 $\sin(kx)$, 而方程 (2.2.6) 的两个线性独立的特解应取为偶函数 $\exp(-\beta|x|)$ 和奇函数 $\operatorname{sgn}(x)\exp(-\beta|x|)$, 其中

$$\operatorname{sgn}(x)=1\ (x>0); \quad \operatorname{sgn}(x)=-1\ (x<0).$$

方程 (2.2.6) 还有另一个特解 $\exp(\beta|x|)$, 但由于它在无穷远处发散, 不符合波函数的统计诠释, 所以应该舍弃.

由上述分析可知, 体系的偶宇称束缚定态波函数可表示为

$$\boxed{\psi(x)=\begin{cases}A\cos(kx) & (|x|<a/2)\\ B\exp(-\beta|x|) & (|x|>a/2)\end{cases}} \tag{2.2.7}$$

其中 A 和 B 为待定常量. 由于 $V(x)$ 在阱壁处仅出现有限的突变, 由第 2.1 节中的定理 1 可知, ψ 和 ψ' 在阱壁处均连续, 因此 $(\ln\psi)'$ 在阱壁处 (如 $x=a/2$) 也连续, 即

$$[\ln\exp(-\beta x)]'|_{x=a/2}=[\ln\cos(kx)]'|_{x=a/2},$$

$$\Rightarrow\quad \boxed{\tilde{\beta}=\tilde{k}\tan\tilde{k}}\quad (\tilde{k}\equiv ka/2,\ \tilde{\beta}\equiv\beta a/2). \tag{2.2.8}$$

此即偶宇称束缚态的**能谱方程**, 解此方程可得到偶宇称束缚定态的量子化能级:

$$E=E_n\quad (n=1,2,3,\cdots).$$

可以用作图法来分析束缚定态的能级特征, 注意到 $\tilde{k}$ 和 $\tilde{\beta}$ 满足以下关系:

$$\tilde{\beta}^2+\tilde{k}^2=\tilde{p}^2\quad (\tilde{p}\equiv pa/2,\ p\equiv\sqrt{2mV_0/\hbar}).$$

如图 2.2.3(a) 所示, 在 $\tilde{k}$-$\tilde{\beta}$ 平面上, 能谱方程代表无穷多条曲线, 它们与 $\tilde{\beta}^2+\tilde{k}^2=\tilde{p}^2$ 代表的圆弧的交点对应于偶宇称束缚定态. $\tilde{p}$ 值越大, 则交点越多, 即束缚定态的数目就越多; 无论 $\tilde{p}$ 的值有多小, 体系至少存在一个偶宇称束缚定态.

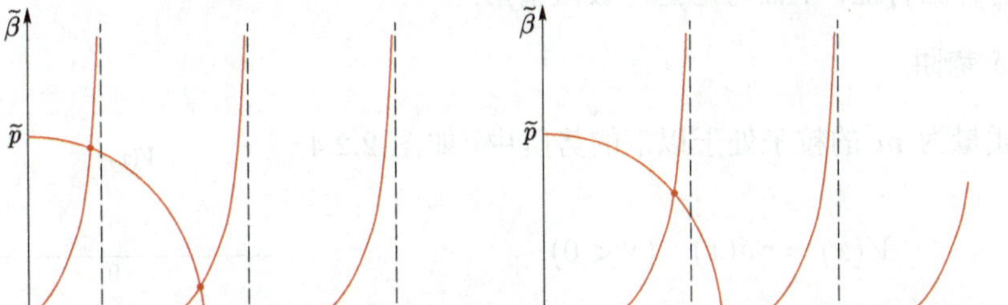

图 2.2.3　有限深对称方势阱中束缚定态能级的图解法

设偶宇称束缚定态能级 E_n 对应的定态波函数为 $\psi_n(x)$, 利用它在 $x=a/2$ 处的连续性条件, 以及能谱方程 (2.2.8), 可导出 (2.2.7) 式中待定常数的比值:

$$B_n/A_n=\cos\tilde{k}_n\exp\tilde{\beta}_n.$$

其中 $(\tilde{k}_n,\tilde{\beta}_n)$ 是图 2.2.3(a) 中曲线交点的坐标. 再利用 $\psi_n(x)$ 的归一化条件, 可得

$$A_n=\sqrt{2\tilde{\beta}_n/a(1+\tilde{\beta}_n)}.$$

体系的奇宇称束缚定态波函数可表示为

$$\boxed{\psi(x)=\begin{cases}C\sin(kx) & (|x|<a/2)\\ \operatorname{sgn}(x)D\exp(-\beta|x|) & (|x|>a/2)\end{cases}} \tag{2.2.9}$$

其中 C 和 D 为常量. 利用 $(\ln\psi)'$ 在 $x=a/2$ 的连续性条件可得奇宇称态的能谱方程:

$$\boxed{\tilde{\beta}=-\tilde{k}\cot\tilde{k}} \tag{2.2.10}$$

方程的解为奇宇称束缚定态的能级 E_n, 它们对应于图 2.2.3(b) 中的曲线交点. $\tilde{p}$ 值越大, 则交点越多; 仅当势阱参量满足以下条件时, 体系才存在奇宇称束缚定态:

$$\tilde{p}>\pi/2 \quad\Rightarrow\quad V_0a^2>\pi^2\hbar^2/2m.$$

类似于求解偶宇称态的做法, 可以求得奇宇称束缚定态波函数 $\psi_n(x)$ 中的常量:

$$D_n/C_n=\sin\tilde{k}_n\exp\tilde{\beta}_n,\quad C_n=\sqrt{2\tilde{\beta}_n/a(1+\tilde{\beta}_n)}.$$

总之, 对于有限深方势阱中的粒子, 所有束缚定态的能级均是分立的和非简并的. V_0a^2 的值越大, 则束缚定态的数目就越多; 无论 V_0a^2 的值有多小, 至少存在一个束缚定态. 值得指出, 虽然束缚态能级 $E_n<V_0$, 但粒子仍然有一定的概率处于阱外的区域, 此现象是由微观粒子的波粒二象性导致的.

如果令势阱参量 $a\to 0$, $V_0\to\infty$, 但使 aV_0 保持为一个固定常量, 则体系的束缚定态会有什么特征? 下面考虑这一极限情形.

4. δ 势阱

设质量为 m 的粒子处于以下的势阱中 (如图 2.2.4 所示):

$$V(x)=\gamma\delta(x)\quad(\gamma<0).$$

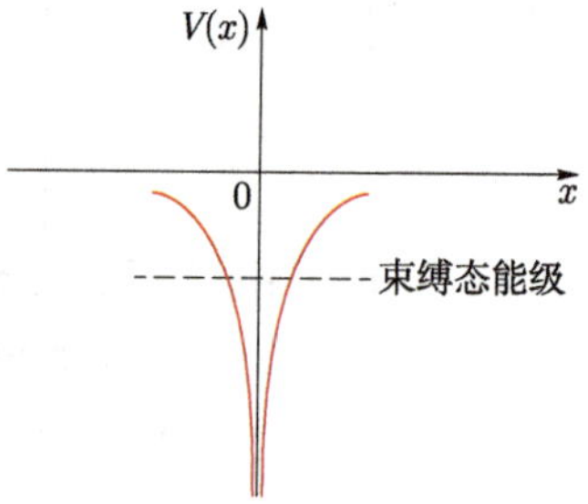

图 2.2.4 $\delta(x)$ 势阱

虽然该体系存在能级 $E>0$ 的散射定态, 但在这里我们仅研究 $E<0$ 的束缚定态, 对应的定态薛定谔方程为

$$\psi''(x)=[\beta^2+(2m\gamma/\hbar^2)\delta(x)]\psi(x)\quad(\beta\equiv\sqrt{-2mE}/\hbar), \tag{2.2.11}$$

$$\Rightarrow\quad \psi''(x)=\beta^2\psi(x)\quad(x\neq 0). \tag{2.2.12}$$

势场 $V(x)$ 在 $x=0$ 处有奇异性, 虽然 $\psi(x)$ 在此处连续, 但 $\psi'(x)$ 在该点有一个突变. 为了求得跃变大小, 将方程 (2.2.11) 的两边在 $x=0$ 的无限小邻域作定积分, 可得

$$\boxed{\psi'(0^+)-\psi'(0^-)=(2m\gamma/\hbar^2)\psi(0)} \tag{2.2.13}$$

注意到 $V(-x)=V(x)$, 体系具有中心反演对称性, 因而束缚定态分为偶宇称态和奇宇称态. 方程 (2.2.12) 的奇宇称束缚定态解可表示为

$$\psi(x) = \mathrm{sgn}(x) A \exp(-\beta|x|).$$

利用连续性条件 $\psi(0^+) = \psi(0^-)$, 可得 $A = 0$, 因此奇宇称束缚定态并不存在.

方程 (2.2.12) 的偶宇称归一化束缚定态解为

$$\boxed{\psi(x) = \sqrt{\beta}\exp(-\beta|x|)} \tag{2.2.14}$$

将上式代入连接条件 (2.2.13) 式, 很容易求出偶宇称束缚定态的能级, 得到

$$\beta = -m\gamma/\hbar^2 \quad \Rightarrow \quad \boxed{E = -m\gamma^2/2\hbar^2} \tag{2.2.15}$$

因此, 该体系仅有一个束缚定态, 定态波函数是指数衰减型的 (如图 2.2.5 所示).

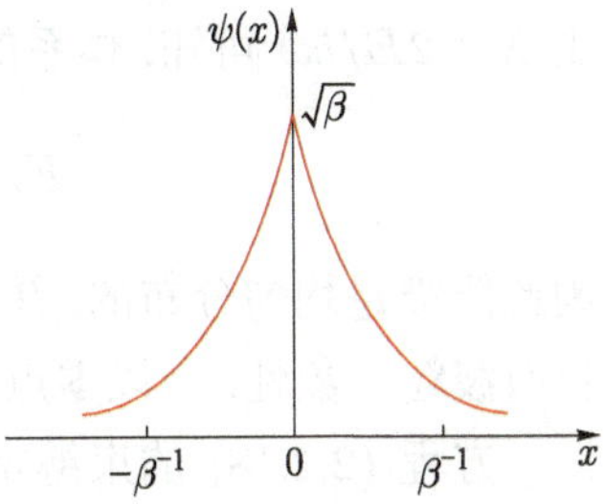

图 2.2.5　$\delta(x)$ 势阱中束缚态波函数

5. 谐振子

谐振子问题在物理学中起着非常重要的作用, 许多重要而复杂的问题往往可以简化或分解为一维谐振子问题, 下面研究一维谐振子的定态.

设质量为 m 的粒子处于频率为 ω 的一维谐振子势场中, 势能函数为

$$V(x) = m\omega^2 x^2/2.$$

设粒子的能量 $E > 0$, 对应的定态薛定谔方程为

$$-(\hbar^2/2m)\psi''(x) + (m\omega^2x^2/2)\psi(x) = E\psi(x). \tag{2.2.16}$$

当 $x \to \pm\infty$ 时, $V(x) \to \infty$, 粒子不可能出现在无穷远处, 因此该体系没有散射定态, 仅有束缚定态, 定态波函数必须满足边界条件: $\lim\limits_{x\to\pm\infty} \psi(x) = 0$.

引入无量纲变量 ξ 和无量纲参量 λ, 可将方程 (2.2.16) 改写为

$$\psi''(\xi) + (\lambda - \xi^2)\psi(\xi) = 0 \quad (\xi \equiv \alpha x,\ \lambda \equiv 2E/\hbar\omega,\ \alpha \equiv \sqrt{m\omega/\hbar}). \tag{2.2.17}$$

注意到 $\xi = \pm\infty$ 是以上微分方程的正则奇点, 当 $\xi \to \pm\infty$ 时, 上述方程近似为

$$\psi''(\xi) - \xi^2\psi(\xi) \approx 0 \quad \Rightarrow \quad \psi(\xi) \sim \exp(-\xi^2/2).$$

这里舍去了不满足束缚定态边界条件的解 $\psi \sim \exp(\xi^2/2)$. 可令方程 (2.2.17) 的解为

$$\psi(\xi) = u(\xi)\exp(-\xi^2/2).$$

将它代入方程 (2.2.17), 得到厄密 (Hermite) 方程:

$$u''(\xi) - 2\xi u'(\xi) + (\lambda - 1)u(\xi) = 0. \tag{2.2.18}$$

束缚定态的边界条件可改写为

$$u(\xi)\exp(-\xi^2/2) \to 0 \quad (\xi \to \pm\infty).$$

仅当 λ 取以下数值时, 方程 (2.2.18) 才有满足以上条件的解 (参见附录 B),

$$\lambda = 2n+1 \quad (n=0,1,2,\cdots).$$

由 $\lambda \equiv 2E/\hbar\omega$ 可知, 体系的束缚定态能级为

$$\boxed{E_n = (n+1/2)\hbar\omega \quad (n=0,1,2,\cdots)} \tag{2.2.19}$$

因此能级是均匀分布的, 并且是非简并的, 基态能 $E_0 = \hbar\omega/2$, 称为**零点能**, 由于粒子具有波粒二象性, 所以零点能 $E_0 \neq 0$.

方程 (2.2.18) 的束缚定态解为厄密多项式 $H_n(\xi)$, 归一化的定态波函数为

$$\boxed{\psi_n(x) = (\alpha/\sqrt{\pi}2^n n!)^{1/2}\exp(-\alpha^2x^2/2)H_n(\alpha x) \quad (\alpha \equiv \sqrt{m\omega/\hbar})} \tag{2.2.20}$$

与 3 条最低能级对应的定态波函数分别为 (如图 2.2.6 所示)

$$\psi_0(x) = (\alpha/\sqrt{\pi})^{1/2}\exp(-\alpha^2x^2/2),$$

$$\psi_1(x) = (2\alpha/\sqrt{\pi})^{1/2}\alpha x\exp(-\alpha^2x^2/2),$$

$$\psi_2(x) = (\alpha/2\sqrt{\pi})^{1/2}(2\alpha^2x^2-1)\exp(-\alpha^2x^2/2).$$

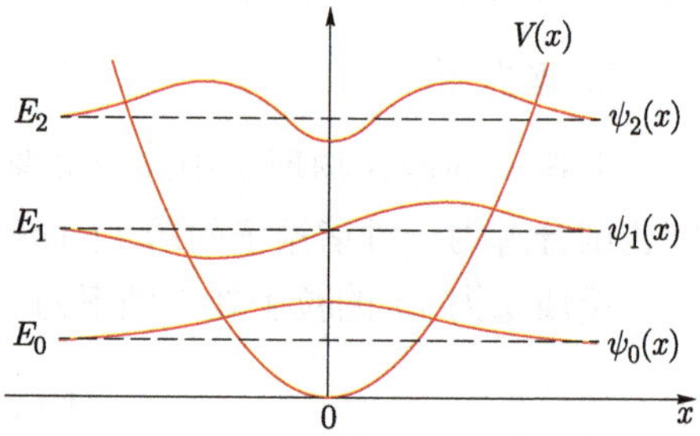

图 2.2.6　一维谐振子的能级和定态波函数

值得注意, 对于能量为 E_n 的经典谐振子, 振幅为 $a_n = \sqrt{2n+1}/\alpha$. 但在量子理论中, 由于粒子具有波粒二象性, 粒子有一定的概率处于 $|x| > a_n$ 的经典禁区.

可以证明, 定态波函数具有正交归一性, 即

$$(\psi_n, \psi_{n'}) = \delta_{nn'}.$$

由于体系具有中心反演对称性, 因此定态波函数具有确定的宇称, 即

$$\boxed{\psi_n(-x) = (-1)^n\psi_n(x)} \tag{2.2.21}$$

此外, 定态波函数还满足以下递推关系:

$$\boxed{\begin{aligned} x\psi_n &= (\sqrt{2}\alpha)^{-1}(\sqrt{n}\psi_{n-1} + \sqrt{n+1}\psi_{n+1}) \\ \psi_n' &= (\alpha/\sqrt{2})(\sqrt{n}\psi_{n-1} - \sqrt{n+1}\psi_{n+1}) \end{aligned}} \tag{2.2.22}$$

利用以上递推关系可以导出

$$x^2\psi_n = (2\alpha^2)^{-1}[\sqrt{n(n-1)}\psi_{n-2} + (2n+1)\psi_n + \sqrt{(n+1)(n+2)}\psi_{n+2}],$$

$$\psi_n'' = (\alpha^2/2)[\sqrt{n(n-1)}\psi_{n-2} - (2n+1)\psi_n + \sqrt{(n+1)(n+2)}\psi_{n+2}].$$

例

带电量为 q 的一维谐振子处于均匀静电场 $\mathcal{E}$ 中, 势能函数为

$$V(x) = m\omega^2 x^2/2 - q\mathcal{E}x.$$

试求体系的定态波函数 $\varphi_n(x)$ 和相应的能级 E_n.

解: 体系的哈密顿算符可表示为

$$\hat{H} = -\hbar^2\partial_x^2/2m + m\omega^2(x-x_0)^2/2 + \epsilon \quad (x_0 = q\mathcal{E}/m\omega^2,\ \epsilon = -q^2\mathcal{E}^2/2m\omega^2).$$

它相当于一个平衡点处于 $x = x_0$ 的谐振子, 因此定态波函数和能级分别为

$$\varphi_n(x) = \psi_n(x-x_0), \quad E_n = (n+1/2)\hbar\omega + \epsilon \quad (n = 0, 1, 2, \cdots).$$

其中 $\psi_n(x)$ 为平衡点在 $x = 0$ 处的一维谐振子的定态波函数, 由 (2.2.20) 式给出.

利用一维谐振子的结果, 可以求得三维谐振子的定态. 考虑三维各向同性的谐振子, 粒子沿各个方向的振动频率相同, 哈密顿算符为

$$\hat{H} = \hat{\boldsymbol{p}}^2/2m + m\omega^2\boldsymbol{r}^2/2 = \hat{H}_x + \hat{H}_y + \hat{H}_z.$$

其中 $\hat{H}_x$, $\hat{H}_y$, $\hat{H}_z$ 均为一维谐振子哈密顿算符. 体系的定态波函数可表示为

$$\boxed{\Psi_{n_x n_y n_z}(x, y, z) = \psi_{n_x}(x)\psi_{n_y}(y)\psi_{n_z}(z) \quad (n_x, n_y, n_z = 0, 1, 2, \cdots)} \tag{2.2.23}$$

其中 $\psi_n(x)$ 为一维谐振子的定态波函数. 容易验证

$$\hat{H}\Psi_{n_x n_y n_z}(x, y, z) = E_N \Psi_{n_x n_y n_z}(x, y, z),$$

$$\boxed{E_N = (N+3/2)\hbar\omega \quad (N = n_x + n_y + n_z = 0, 1, 2, \cdots)} \tag{2.2.24}$$

其中 E_N 为定态能级. 对于一定的 N, 数组 (n_x, n_y, n_z) 的所有可能取值情况为

$$(N,0,0);\quad (N-1,1,0),\ (N-1,0,1);\quad (N-2,2,0),\ (N-2,1,1),\ (N-2,0,2);$$
$$\cdots;\quad (0,N,0),\ (0,N-1,1), \cdots, (0,1,N-1),\ (0,0,N).$$

因此能级 E_N 的简并度为

$$\boxed{f_N = 1 + 2 + \cdots + (N+1) = (N+1)(N+2)/2} \tag{2.2.25}$$

§ 2.3 一维散射定态

与束缚定态不同, 散射定态的能级是连续的, 一维散射理论的核心任务是研究一个入射波受到一个给定散射势场作用时的散射定态, 从而计算出反射系数和透射系数. 本节先给出反射系数和透射系数的定义, 并研究一维散射的普遍性质, 然后分析几种简单势场的散射现象, 结果表明: 粒子的波粒二象性会导致一些纯量子力学效应,

如隧穿效应、共振透射等.

1. 反射系数与透射系数

假设散射势场 $V(x)$ 具有如下特性: 当 $x \to -\infty$ 时, $V(x)$ 比 $1/|x|$ 更快地趋近零; 当 $x \to +\infty$ 时, $V(x)$ 比 $1/|x|$ 更快地趋近 $V_0 > 0$, 如图 2.3.1 所示.

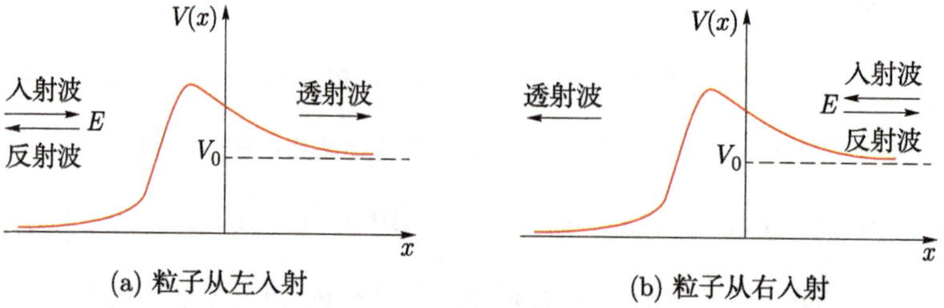

图 2.3.1　一维势散射示意图

在散射现象中, 实验测量的物理量是远离散射中心处的粒子流密度. 设粒子的质量为 m, 入射能量 $E > V_0$, 在远离散射中心的区域, 定态薛定谔方程为

$$\psi''(x) + k^2\psi(x) \approx 0 \quad (x \to -\infty,\ k \equiv \sqrt{2mE}/\hbar),$$

$$\psi''(x) + q^2\psi(x) \approx 0 \quad [x \to +\infty,\ q \equiv \sqrt{2m(E - V_0)}/\hbar].$$

假设粒子从左入射, 如图 2.3.1(a) 所示, 散射定态波函数具有如下渐进形式:

$$\boxed{\psi(x) \approx \begin{cases} \exp(\mathrm{i}kx) + R\exp(-\mathrm{i}kx) & (x \to -\infty) \\ T\exp(\mathrm{i}qx) & (x \to +\infty) \end{cases}} \tag{2.3.1}$$

其中 R 和 T 均为复常数, 入射波、反射波、透射波分别为

$$\psi_{\mathrm{i}}(x) \equiv \exp(\mathrm{i}kx), \quad \psi_{\mathrm{r}}(x) \equiv R\exp(-\mathrm{i}kx), \quad \psi_{\mathrm{t}}(x) \equiv T\exp(\mathrm{i}qx).$$

它们对应的概率流密度分别为

$$\begin{cases} j_{\mathrm{i}} = \mathrm{Re}(\psi_{\mathrm{i}}^*\hat{p}\psi_i)/m = \hbar k/m \\ j_{\mathrm{r}} = \mathrm{Re}(\psi_{\mathrm{r}}^*\hat{p}\psi_r)/m = -|R|^2\hbar k/m \\ j_{\mathrm{t}} = \mathrm{Re}(\psi_{\mathrm{t}}^*\hat{p}\psi_t)/m = |T|^2\hbar q/m \end{cases}. \tag{2.3.2}$$

反射系数和透射系数分别定义为

$$\boxed{r \equiv |j_r/j_i| = |R|^2, \quad t \equiv |j_t/j_i| = |T|^2 q/k} \tag{2.3.3}$$

以上定义仅涉及各概率流密度的比值, 这就是可以将入射波的波幅取为 1 的原因.

(2.3.3) 式是计算反射系数 r 和透射系数 t 的通用公式, 其中反射波幅 R 和透射波幅 T 的值需要通过求解全空间区域的定态薛定谔方程才能得到, 因此 r 和 t 的大小依赖于入射能量 E 和散射势 $V(x)$ 的具体函数形式.

值得指出, 即使某些区域的势能 $V(x)$ 大于粒子的入射能量 E, 透射系数 t 也可能不为零, 即粒子仍有一定的概率穿透势垒, 这种现象称为**隧穿效应**, 它在物理上有很多应用, 如氨分子的反转、隧道二极管、约瑟夫森效应、某些原子核的 α 衰变等. 隧穿效应只能用量子力学解释, 它是微观粒子波粒二象性的体现, 与经典力学规律相矛盾. 因为按照经典力学, 粒子的总能量 E 不可能小于势能, 否则粒子的动能为负值, 即经典力学预言能量为 E 的粒子不可能进入势能 $V(x) > E$ 的区域, 从而无法穿透势垒.

后面将计算几个简单的势场 $V(x)$ 的反射系数和透射系数. 在此之前, 先研究一维散射的普遍性质, 它们可以概括为以下几个定理. 只要势函数 $V(x)$ 在 $x \to \pm\infty$ 时比 $1/|x|$ 更快地趋于极限值, 这些定理均成立.

定理 1: 反射系数 r 和透射系数 t 满足概率守恒定律:

$$\boxed{r + t = 1} \tag{2.3.4}$$

证明: 透射区域的概率流密度为 $j_+ = j_{\rm t} = |j_{\rm t}|$, 入射区域的总概率流密度为

$$j_- = \lim_{x\to-\infty} \mathrm{Re}(\psi^* \hat{p}\psi)/m = j_{\rm i} + j_{\rm r} = |j_{\rm i}| - |j_{\rm r}|.$$

由第 1.4 节中的概率守恒定律可知, 一维定态的概率流密度是与 x 无关的常数, 因此

$$j_+ = j_- \quad \Rightarrow \quad |j_{\rm t}| = |j_{\rm i}| - |j_{\rm r}| \quad \Rightarrow \quad r + t = 1.$$

定理 2: 对于一定的入射能量, 粒子从左侧入射和从右侧入射的反射系数相等.

证明: 设 $\psi(x)$ 表示粒子从左侧入射时的定态波函数, 它满足 (2.3.1) 式. 令

$$\tilde{\psi}(x) \equiv \psi^*(x) - R^*\psi(x).$$

由第 1.4 节的定理 1 可知, $\tilde{\psi}(x)$ 也是同一能级的定态波函数. 将 (2.3.1) 式代入上式, 得

$$\tilde{\psi}(x) \approx \begin{cases} T^* \exp(-\mathrm{i}qx) - R^*T\exp(\mathrm{i}qx) & (x \to +\infty) \\ (1 - |R|^2)\exp(-\mathrm{i}kx) & (x \to -\infty) \end{cases}. \tag{2.3.5}$$

上式表明, $\tilde{\psi}(x)$ 代表粒子以同一能量从右侧入射时的定态波函数, 如图 2.3.1(b) 所示, 相应的入射波、反射波、透射波分别为

$$\tilde{\psi}_{\rm i}(x) = T^*\exp(-\mathrm{i}qx), \quad \tilde{\psi}_{\rm r}(x) = -R^*T\exp(\mathrm{i}qx), \quad \tilde{\psi}_{\rm t}(x) = (1 - |R|^2)\exp(-\mathrm{i}kx).$$

它们对应的概率流密度分别为

$$\begin{cases} \tilde{j}_{\rm i} = \mathrm{Re}(\tilde{\psi}_{\rm i}^* \hat{p}\tilde{\psi}_{\rm i})/m = -|T|^2\hbar q/m \\ \tilde{j}_{\rm r} = \mathrm{Re}(\tilde{\psi}_{\rm r}^* \hat{p}\tilde{\psi}_{\rm r})/m = |RT|^2\hbar q/m \\ \tilde{j}_{\rm t} = \mathrm{Re}(\tilde{\psi}_{\rm t}^* \hat{p}\tilde{\psi}_{\rm t})/m = -(1 - |R|^2)^2\hbar k/m \end{cases}.$$

因此, 粒子从右侧入射时的反射系数和透射系数分别为

$$\tilde{r} \equiv |\tilde{j}_{\mathrm{r}}/\tilde{j}_{\mathrm{i}}| = |R|^2 = r, \quad \tilde{t} \equiv |\tilde{j}_{\mathrm{t}}/\tilde{j}_{\mathrm{i}}| = (1-|R|^2)^2 k/|T|^2 q = (1-r)^2/t = t.$$

其中 r 和 t 分别为粒子从左侧入射时的反射系数和透射系数, 证毕.

值得指出, 当能量 $E > V_0$ 时, 散射定态是二重简并的, 相互简并的散射定态可选为 $\psi, \tilde{\psi}, \psi^*, \tilde{\psi}^*$ 中的任何两个. 若 $0 < E < V_0$, 则散射定态是非简并的.

定理 3: 若入射能量 E 满足 $0 < E < V_0$, 则出现全反射现象, 即 $r = 1$.

证明: 设粒子从左入射, 定态薛定谔方程有如下渐进形式:

$$\begin{cases} \psi''(x) + k^2\psi(x) \approx 0 & (x \to -\infty,\ k \equiv \sqrt{2mE}/\hbar) \\ \psi''(x) - \beta^2\psi(x) \approx 0 & [x \to +\infty,\ \beta \equiv \sqrt{2m(V_0 - E)}/\hbar] \end{cases}.$$

以上第二个方程的两个线性独立的解为 $\exp(\pm\beta x)$, 其中 $\exp(\beta x)$ 在 $x \to +\infty$ 时发散, 不符合波函数的统计诠释, 应舍去. 体系的散射定态波函数有如下渐进形式:

$$\boxed{\psi(x) \approx \begin{cases} \exp(\mathrm{i}kx) + R\exp(-\mathrm{i}kx) & (x \to -\infty) \\ T\exp(-\beta x) & (x \to +\infty) \end{cases}} \tag{2.3.6}$$

上式表明, 透射区域的定态波函数是指数衰减的, 概率流密度为

$$j_{\mathrm{t}} = \lim_{x\to+\infty} \mathrm{Re}(\psi\hat{p}\psi)/m = 0.$$

因此透射系数 $t = 0$, 反射系数 $r = 1 - t = 1$, 出现全反射现象, 证毕.

2. 阶梯势散射

设质量为 m 的粒子以能量 E 从左入射到阶梯形势场中, 如图 2.3.2 所示,

$$V(x) = V_0\theta(x) = \begin{cases} V_0 & (x > 0) \\ 0 & (x < 0) \end{cases} \quad (V_0 > 0).$$

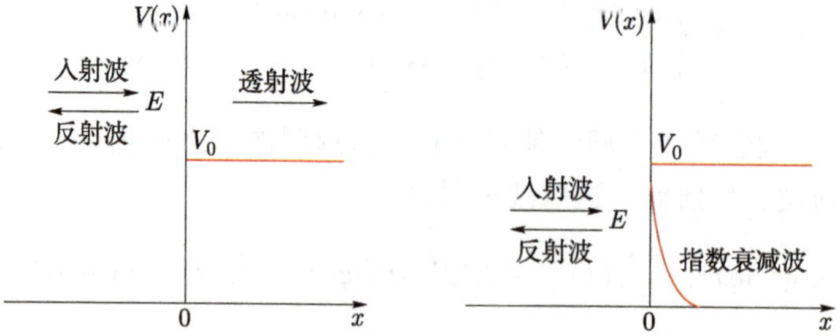

(a) $E > V_0$的情形　　(b) $0 < E < V_0$的情形

图 2.3.2　一维阶梯势散射

能量 E 对应的定态薛定谔方程可表示为

$$\begin{cases} \psi''(x) + k^2\psi(x) = 0 & [x < 0,\ k \equiv \sqrt{2mE}/\hbar] \\ \psi''(x) + q^2\psi(x) = 0 & [x > 0,\ q \equiv \sqrt{2m(E - V_0)}/\hbar] \end{cases} \tag{2.3.7}$$

由于粒子是从左入射，因此以上方程的解可表示为

$$\psi(x)=\begin{cases}\exp(\mathrm{i}kx)+R\exp(-\mathrm{i}kx) & (x<0)\\ T\exp(\mathrm{i}qx) & (x>0)\end{cases} \tag{2.3.8}$$

利用 $\psi(x)$ 和 $\psi'(x)$ 在 $x=0$ 处的连续性条件，可得

$$\begin{cases}1+R=T\\ k(1-R)=qT\end{cases} \Rightarrow \begin{cases}R=(k-q)/(k+q)\\ T=2k/(k+q)\end{cases}. \tag{2.3.9}$$

下面分 $E>V_0$ 和 $0<E<V_0$ 两种情况进行讨论：

(1) 若 $E>V_0$，则 q 为实数，将 (2.3.9) 式的结果代入 (2.3.3) 式，可得

$$r=|R|^2=(k-q)^2/(k+q)^2, \quad t=|T|^2q/k=4kq/(k+q)^2=1-r. \tag{2.3.10}$$

由于 k 和 q 均依赖于入射能量 E，所以反射系数 $r(E)$ 和透射系数 $t(E)$ 均为 E 的函数.

(2) 若 $0<E<V_0$，则由 (2.3.7) 式可知，q 是纯虚数，即

$$q=\mathrm{i}\beta, \quad \beta\equiv\sqrt{2m(V_0-E)}/\hbar. \tag{2.3.11}$$

将上式代入 (2.3.8) 式，可知透射波是指数衰减的，即

$$\psi(x)=T\exp(-\beta x) \quad (x>0).$$

因此在 $x>0$ 的透射区，概率密度 $|\psi(x)|^2$ 也是指数衰减的 (并不为零)，而概率流密度 $j_{\mathrm{t}}=0$，即透射系数 $t=0$，出现全反射现象，与上述定理 3 一致.

下面讨论全反射条件下的反射波，将 (2.3.11) 式代入 (2.3.9) 式，可得

$$R=(k-\mathrm{i}\beta)/(k+\mathrm{i}\beta)=\exp(-\mathrm{i}\theta), \quad [\tan(\theta/2)\equiv\beta/k=\sqrt{V_0/E-1}].$$

将上式代入 (2.3.8) 式，可知反射波与入射波的相位差为 θ，若 $V_0\to\infty$，则有 $\theta\to\pi$.

3. 方形势散射

设质量为 m 的粒子以能量 E 入射，受到以下方形势的散射，如图 2.3.3 所示，

$$V(x)=\begin{cases}V_0 & (0<x<a)\\ 0 & (x<0,\ x>a)\end{cases}.$$

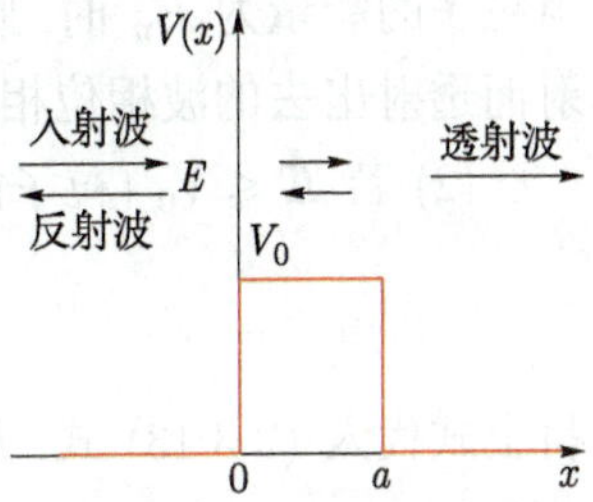

图 2.3.3 方形势散射

能量 E 对应的定态薛定谔方程可表示为

$$\begin{cases}\psi''(x)+k^2\psi(x)=0 & [x<0,\ x>a,\ k\equiv\sqrt{2mE}/\hbar]\\ \psi''(x)+q^2\psi(x)=0 & [0<x<a,\ q\equiv\sqrt{2m(E-V_0)}/\hbar]\end{cases}. \tag{2.3.12}$$

假设粒子从左侧入射, 则散射定态波函数为

$$\psi(x)=\begin{cases}\exp(\mathrm{i}kx)+R\exp(-\mathrm{i}kx) & (x<0)\\ A\exp(\mathrm{i}qx)+B\exp(-\mathrm{i}qx) & (0<x<a)\\ T\exp(\mathrm{i}kx) & (x>a)\end{cases}.$$

其中 R,T,A,B 均为复常数. 利用 $\psi(x)$ 和 $\psi'(x)$ 在 $x=0$ 和 $x=a$ 处的连续条件, 可得

$$\begin{cases}1+R=A+B\\ k(1-R)=q(A-B)\end{cases},\quad \begin{cases}T\exp(\mathrm{i}ka)=A\exp(\mathrm{i}qa)+B\exp(-\mathrm{i}qa)\\ kT\exp(\mathrm{i}ka)=q[A\exp(\mathrm{i}qa)-B\exp(-\mathrm{i}qa)]\end{cases}.$$

结合以上 4 个方程可求得 T, 并利用 (2.3.3) 式可求得透射系数 t, 结果为

$$t=|T|^2,\quad T=2kq\exp(-\mathrm{i}ka)/[2kq\cos(qa)-\mathrm{i}(k^2+q^2)\sin(qa)]. \tag{2.3.13}$$

下面分两种情况进行讨论:

(1) 若 $E>V_0$(粒子能量高于方形势高度), 则 q 为实数, 可求得透射系数:

$$\boxed{t(E)=\left[1+V_0^2\sin^2(qa)/4E(E-V_0)\right]^{-1}} \tag{2.3.14}$$

上式表明, 透射系数 $t(E)$ 并不是能量 E 的单调递增函数, 如图 2.3.4 所示. 对于某些特定的入射能量值 E_n, 呈现 $t=1$ 的共振透射现象, 共振透射能级满足以下条件:

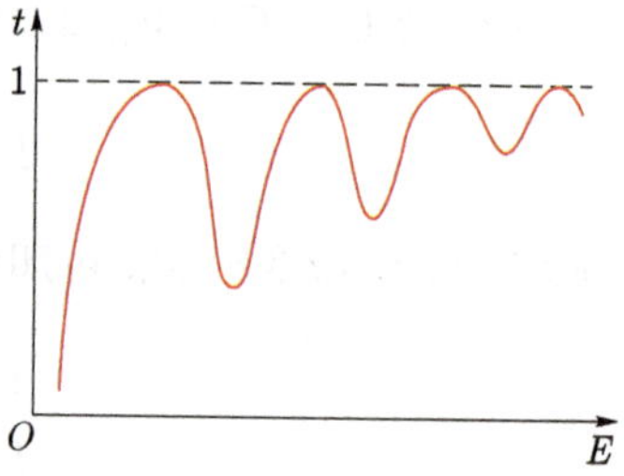

图 2.3.4 透射系数随能量的变化 ($E>V_0$)

$$\sin(qa)=0 \quad\Rightarrow\quad qa=n\pi \quad\Rightarrow\quad E_n=V_0+n^2\pi^2\hbar^2/2ma^2.$$

对于势垒 ($V_0>0$), n 可取任意正整数. 对于势阱 ($V_0<0$), 整数 n 需满足条件

$$E_n>0 \quad\Rightarrow\quad n\geqslant a\sqrt{2m|V_0|}/\pi\hbar.$$

共振透射是微观粒子波粒二象性的体现. 方形势区域的概率波波长为 $\lambda=2\pi/q$, 当粒子的能量为 E_n 时, 此波长满足驻波条件 $a=n\lambda/2$, 概率波经两个势垒壁多次反射而透射出去的波相位相同, 彼此相干叠加, 从而导致共振透射.

(2) 若 $E\leqslant V_0$ (粒子能量不高于势垒高度), 由 (2.3.12) 式可知 q 为纯虚数, 即

$$q=\mathrm{i}\beta,\quad \beta\equiv\sqrt{2m(V_0-E)}/\hbar.$$

将上式代入 (2.3.13) 式, 并利用 $\cos(\mathrm{i}x)=\cosh x$, $\sin(\mathrm{i}x)=\mathrm{i}\sinh x$, 可得

$$\boxed{t(E)=\left[1+V_0^2\sinh^2(\beta a)/4E(V_0-E)\right]^{-1}} \tag{2.3.15}$$

由于 $t\neq0$, 所以粒子有一定的概率穿透势垒, 此即隧穿效应, 此时不存在共振透射现象. 当 $E=V_0$ 时, 上式给出 $t=(1+mV_0a^2/2\hbar^2)^{-1}$.

4. δ 势散射

设质量为 m 的粒子以能量 $E>0$ 入射, 受到以下 δ 势的散射, 如图 2.3.5 所示,

$$V(x)=\gamma\delta(x).$$

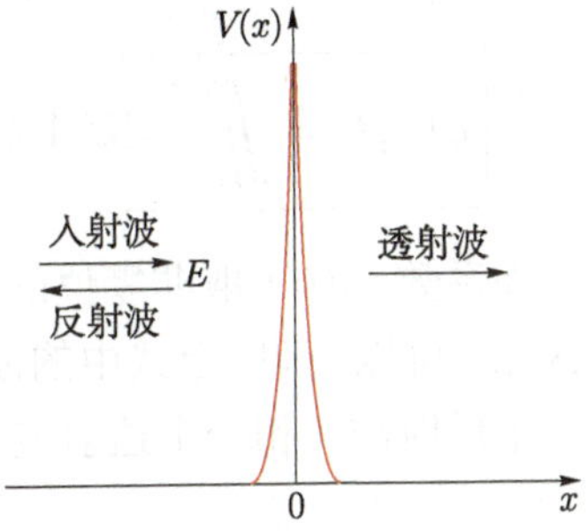

图 2.3.5 δ 势散射

其中实参量 γ 可正可负. 能量 E 对应的定态薛定谔方程可表示为

$$\psi''(x)+k^2\psi(x)=0 \quad (x\neq 0,\ k\equiv\sqrt{2mE}/\hbar). \tag{2.3.16}$$

$\psi'(x)$ 在 $x=0$ 处的连接条件由 (2.2.13) 式给出, 即

$$\psi'(0^+)-\psi'(0^-)=(2m\gamma/\hbar^2)\psi(0). \tag{2.3.17}$$

假设粒子从左侧入射, 则散射定态波函数为

$$\psi(x)=\begin{cases}\exp(\mathrm{i}kx)+R\exp(-\mathrm{i}kx) & (x<0)\\ T\exp(\mathrm{i}kx) & (x>0)\end{cases}.$$

利用 $\psi(x)$ 在 $x=0$ 处的连续性条件以及 $\psi'(x)$ 的连接条件 (2.3.17) 式, 可得

$$\begin{cases}1+R=T\\ \mathrm{i}k(T-1+R)=(2m\gamma/\hbar^2)T\end{cases} \quad\Rightarrow\quad T=\frac{1}{1+\mathrm{i}m\gamma/\hbar^2k}. \tag{2.3.18}$$

利用 (2.3.3) 式给出的透射系数公式 $t=|T|^2$, 可求得

$$\boxed{t(E)=(1+m\gamma^2/2\hbar^2E)^{-1}} \tag{2.3.19}$$

由于 $t(E)$ 不依赖于参量 γ 的符号, 所以 δ 势垒 $(\gamma>0)$ 和 δ 势阱 $(\gamma<0)$ 的透射系数相等. 此外, $t(E)$ 是能量 E 的递增函数, 当 $E\to+\infty$ 时, $t\to 1$.

*5. 一维势散射的物理图像

前面我们借助于散射定态波函数在无穷远处的渐进形式定义了反射系数和透射系数, 但是散射定态波函数是不能归一化的, 因而不能代表真实的量子态, 因此相关的物理图像并不是很清晰. 实际上, **在散射过程中粒子并不处于定态**, 而处于由归一化波函数 $\psi(x,t)$ 描述的非定态, 它满足含时薛定谔方程. 下面通过研究波包在散射势场中随时间的演化来描绘散射过程的物理图像, 并验证反射系数和透射系数的计算公式 (2.3.3) 式.

设质量为 m 的粒子从左侧入射, 受如图 2.3.6 所示的势散射. 若入射波矢 $k>k_0$, 其中 $k_0\equiv\sqrt{2mV_0}/\hbar$, 则对应的散射定态波函数 $\psi_k(x)$ 具有如下渐进形式:

$$\psi_k(x)\approx\begin{cases}\exp(\mathrm{i}kx)+R(k)\exp(-\mathrm{i}kx) & (x\to-\infty)\\ T(k)\exp(\mathrm{i}qx) & (x\to+\infty)\end{cases} \quad \left(q=\sqrt{k^2-k_0^2}\right). \tag{2.3.20}$$

散射过程中粒子的真实量子态由一个可归一化的波函数 $\psi(x,t)$ 描述，它满足含时薛定谔方程，因此可表示为以上 $\psi_k(x)$ 的线性叠加：

$$\boxed{\psi(x,t)=\int_{k_0}^{+\infty}\mathrm{d}k'A(k')\psi_{k'}(x)\exp(-\mathrm{i}E_{k'}t/\hbar)\quad\left(E_{k'}=\hbar^2k'^2/2m\right)}\tag{2.3.21}$$

叠加系数 $A(k')$ 取非零值的波矢范围仅限于中心为 $k'=k$、宽度为 Δk 的一个很小区域. 可以证明，上式中的波函数 $\psi(x,t)$ 描述了一个入射波包经势场散射后演化为一个反射波包和一个透射波包的物理过程，如图 2.3.6 所示.

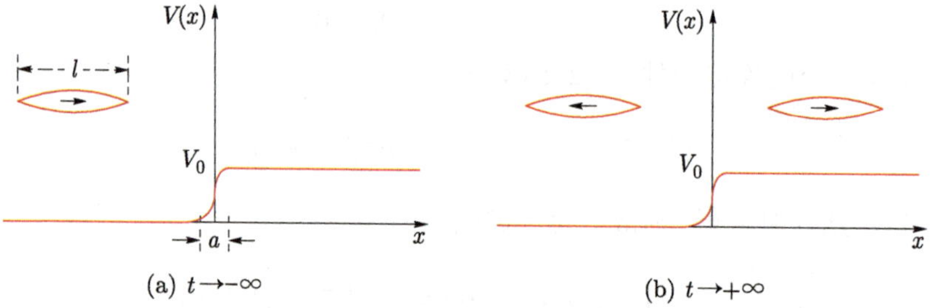

图 2.3.6　一维波包的势散射过程

设入射粒子在 $t\approx 0$ 的一小段时间内与尺度为 a 的散射体发生碰撞，则这段时间内的波函数局限于散射体附近. 散射理论主要关注波函数 $\psi(x,t)$ 在无穷远处的渐近行为，将 (2.3.20) 式代入 (2.3.21) 式，可研究 $\psi(x,t)$ 在 $x\to\pm\infty$ 时的性质：

(1) 在 $x\to-\infty$ 的区域，$\psi(x,t)\approx\psi_{\mathrm{i}}(x,t)+\psi_{\mathrm{r}}(x,t)$，其中

$$\psi_{\mathrm{i}}(x,t)=\int_{k_0}^{+\infty}\mathrm{d}k'A(k')\exp(\mathrm{i}k'x-\mathrm{i}E_{k'}t/\hbar),\tag{2.3.22}$$

$$\psi_{\mathrm{r}}(x,t)=\int_{k_0}^{+\infty}\mathrm{d}k'A(k')|R(k')|\exp(-\mathrm{i}k'x-\mathrm{i}E_{k'}t/\hbar-\mathrm{i}\theta_{k'}).\tag{2.3.23}$$

其中 $R(k')$ 的相位设为 $(-\theta_{k'})$. 当 $t\gtrsim 0$ 时，(2.3.22) 式中的相位因子随 k' 迅速振荡 (因 $x\to-\infty$)，对 k' 的积分导致 $\psi_{\mathrm{i}}\approx 0$. 仅当 $t\to-\infty$ 时，两个很大的相位 $k'x$ 和 $E_{k'}t/\hbar$ 可相互抵消，导致相位因子是 k' 的缓变函数，此时 $\psi_{\mathrm{i}}(x,t)$ 描述一个从左向右运动的入射波包，波包的中心位置随时间变化的规律为 (参见习题 1–4)

$$x_{\mathrm{i}}=v_{\mathrm{i}}t=(\hbar k/m)t\quad(t\to-\infty).\tag{2.3.24}$$

同理，当 $t\lesssim 0$ 时，$\psi_{\mathrm{r}}(x,t)\approx 0$. 仅当 $t\to+\infty$ 时，$\psi_{\mathrm{r}}(x,t)$ 描述了一个从右向左运动的反射波包，波包的中心位置随时间变化的规律为

$$x_{\mathrm{r}}=v_{\mathrm{r}}t-\partial_k\theta(k)=-(\hbar k/m)t-\partial_k\theta(k)\quad(t\to+\infty).\tag{2.3.25}$$

(2) 在 $x\to+\infty$ 的区域，$\psi(x,t)\approx\psi_{\mathrm{t}}(x,t)$，其中

$$\psi_{\rm t}(x,t)=\int_{k_0}^{+\infty}{\rm d}k'A(k')T(k')\exp({\rm i}q'x-{\rm i}E_{k'}t/\hbar)\quad\left(q'=\sqrt{k'^2-k_0^2}\right).\qquad(2.3.26)$$

当 $t\lesssim 0$ 时, $\psi_{\rm t}(x,t)\approx 0$, 仅当 $t\to+\infty$ 时, $\psi_{\rm t}(x,t)$ 描述一个以群速度 $v_{\rm t}=\hbar q/m$ 从左向右运动的透射波包.

设入射粒子束的粒子数密度 (即单位体积中的粒子数) 为 n, 则入射粒子流密度、反射粒子流密度、透射粒子流密度分别为

$$J_{\rm i}=nv_{\rm i}=n\hbar k/m,\quad J_{\rm r}=n|R|^2v_{\rm r}=-n|R|^2\hbar k/m,\quad J_{\rm t}=n|T|^2v_{\rm t}=n|T|^2\hbar q/m.$$

利用上式容易验证反射系数和透射系数的计算公式 (2.3.3) 式, 即

$$r=|J_{\rm r}/J_{\rm i}|=|R|^2,\quad t=|J_{\rm t}/J_{\rm i}|=|T|^2q/k.$$

值得指出, 一维散射问题中有三个特征长度: 散射中心到粒子探测器的距离 L、粒子波包的空间尺度 $l\sim 1/|\Delta k|$ 以及散射体的力程 a, 它们满足以下关系:

$$\boxed{L\gg l\gg a}\qquad(2.3.27)$$

下面讨论如图 2.3.2(b) 所示的阶梯势场中的全反射现象 ($E_k<V_0$). 散射定态波函数是严格可解的, 在 $x<0$ 的区域, $\psi(x,t)=\psi_{\rm i}(x,t)+\psi_{\rm r}(x,t)$, 其中

$$\psi_{\rm i}(x,t)=\int_0^{k_0}{\rm d}k'A(k')\exp({\rm i}k'x-{\rm i}E_{k'}t/\hbar),\qquad(2.3.28)$$

$$\psi_{\rm r}(x,t)=\int_0^{k_0}{\rm d}k'A(k')|R(k')|\exp(-{\rm i}k'x-{\rm i}E_{k'}t/\hbar-{\rm i}\theta_{k'}),\qquad(2.3.29)$$

$$\tan(\theta_{k'}/2)=(k_0^2/k'^2-1)^{1/2}.$$

入射波包和反射波包的中心位置随时间变化的规律分别为

$$x_{\rm i}=(\hbar k/m)t\quad(t<0);\quad x_{\rm r}=-(\hbar k/m)(t-\tau)\quad(t>\tau),\quad \tau=(2m/\hbar k)(k_0^2-k^2)^{-1/2}.$$

以上结果表明, 从左向右运动的入射波包的中心在 $t=0$ 时刻到达坐标原点, 在 $0<t<\tau$ 这一段时间内, 粒子处于原点的邻近区域 (有一定的概率穿透至经典禁戒的原点右邻近区域), 反射波包在 $t=\tau$ 时刻开始向左运动, 因此 τ 代表波包反射的延迟时间, 这种全反射中的延迟效应也是粒子波粒二象性的一种表现.

*§ 2.4 一维周期场的定态

电子在理想晶体中受到的势能场具有空间周期性, 因此研究周期势场中的定态问题具有重要的实际意义, 它是建立晶体量子理论的重要基础. 本节仅涉及一维周期势, 我们先研究定态的普遍性质, 结果表明, 定态波函数是扩展型的布洛赫 (Bloch) 函数, 定态能级的分布具有带状特征, 然后讨论两个具体的例子: 方形势的周期性阵列和 δ 势的周期性阵列.

1. 周期场中的定态波函数

设质量为 m 的粒子处于周期为 a 的势场 $V(x)$ 中, 如图 2.4.1 所示, 哈密顿算符为

$$\hat{H}(x) = -\hbar^2\partial_x^2/2m + V(x), \quad V(x+a) = V(x) \quad (\forall x).$$

容易验证, 体系具有空间平移 a 的对称性, 即

$$\boxed{\hat{H}(x+a) = \hat{H}(x) \quad (\forall x)} \tag{2.4.1}$$

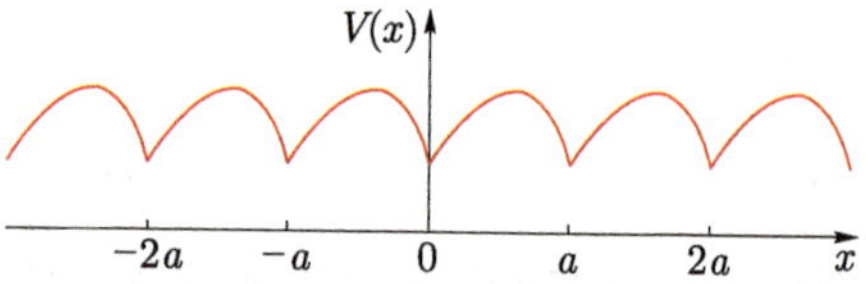

图 2.4.1　空间周期为 a 的势场

体系没有束缚定态, 所有定态均为二重简并的扩展态, 定态波函数的性质由以下几个定理给出.

预备定理: 设粒子处于周期为 a 的一维势场中, 若 $\psi(x)$ 为能级 E 对应的定态波函数, 则 $\psi(x+a)$ 也是能级 E 对应的定态波函数.

证明: 设体系的哈密顿算符为 $\hat{H}(x)$, 则有 $\hat{H}(x)\psi(x) = E\psi(x)$, 在此式中作替换: $x \to x+a$, 并利用 $\hat{H}(x)$ 的周期性, 即 (2.4.1) 式, 可得

$$\hat{H}(x)\psi(x+a) = E\psi(x+a).$$

上式表明, $\psi(x+a)$ 也为能级 E 对应的定态波函数, 证毕.

弗洛凯 (Floquet) 定理: 设粒子处于周期为 a 的一维势场中, 则对于每一个定态能级, 相应地总存在满足以下条件的定态波函数:

$$\psi(x+a) = \exp(\mathrm{i}\alpha)\psi(x) \quad (\alpha^* = \alpha). \tag{2.4.2}$$

证明: 由于定态能级的简并度为 2, 因此可设 $\varphi_1(x)$ 和 $\varphi_2(x)$ 为能级 E 对应的两个线性独立的定态波函数, 则与能级 E 对应的任何定态波函数均可表示为

$$\psi(x) = A\varphi_1(x) + B\varphi_2(x). \tag{2.4.3}$$

(1) 先证明可以适当地选取叠加系数 A 和 B, 使得

$$\psi(x+a) = \lambda\psi(x). \tag{2.4.4}$$

其中 λ 为一个复常数. 首先在 (2.4.3) 式中作替换: $x \to x+a$, 得到

$$\psi(x+a) = A\varphi_1(x+a) + B\varphi_2(x+a). \tag{2.4.5}$$

由预备定理可知, $\varphi_1(x+a)$ 和 $\varphi_2(x+a)$ 也是能级 E 对应的定态波函数, 因此

$$\varphi_1(x+a) = c_{11}\varphi_1(x) + c_{12}\varphi_2(x), \quad \varphi_2(x+a) = c_{21}\varphi_1(x) + c_{22}\varphi_2(x).$$

其中 $c_{11}, c_{12}, c_{21}, c_{22}$ 均为复常数. 将上式代入 (2.4.5) 式, 得到

$$\psi(x+a) = (c_{11}A + c_{21}B)\varphi_1(x) + (c_{12}A + c_{22}B)\varphi_2(x). \tag{2.4.6}$$

为了求得适合的叠加系数 A 和 B, 可将 (2.4.3) 式和 (2.4.6) 式代入 (2.4.4) 式, 得到

$$[(c_{11}-\lambda)A+c_{21}B]\varphi_1(x)+[c_{12}A+(c_{22}-\lambda)B]\varphi_2(x)=0.$$

由于 $\varphi_1(x)$ 和 $\varphi_2(x)$ 是线性独立的, 所以由上式可得

$$(c_{11}-\lambda)A+c_{21}B=0,\quad c_{12}A+(c_{22}-\lambda)B=0. \tag{2.4.7}$$

此方程组有非平庸解的充分必要条件为

$$\begin{vmatrix} c_{11}-\lambda & c_{21} \\ c_{12} & c_{22}-\lambda \end{vmatrix}=0.$$

由此方程可解得 λ, 然后将 λ 的值代入 (2.4.7) 式, 可求得 A 和 B. 也就是说, 总可以找到合适的 A 和 B, 使得定态波函数 $\psi(x)$ 满足 (2.4.4) 式.

(2) 下面证明 $|\lambda|=1$. 由 (2.4.4) 式可得

$$\psi(x+la)=\lambda^l\psi(x)\quad(l=0,\pm1,\pm2,\cdots).$$

若 $|\lambda|>1$, 则 $\psi(x+la)$ 在 $l\to+\infty$ 时发散; 若 $|\lambda|<1$, 则 $\psi(x+la)$ 在 $l\to-\infty$ 时发散. 这两种情形均不符合波函数的统计诠释, 因此必有 $|\lambda|=1$, 证毕.

设 $u(x)$ 是一个周期为 a 的函数, 则具有如下形式的函数统称为**布洛赫函数**:

$$F(x)=u(x)\exp(\mathrm{i}kx),\ (k^*=k).$$

布洛赫定理: 设粒子处于周期为 a 的一维势场中, 则对于每一个定态能级, 相应地总有一个定态波函数属于布洛赫函数, 即可表示为

$$\psi_k(x)=u_k(x)\exp(\mathrm{i}kx),\quad u_k(x+a)=u_k(x)\quad(-\pi/a<k\leqslant\pi/a). \tag{2.4.8}$$

证明: 由弗洛凯定理可知, 对于每一个定态能级, 总有一个定态波函数满足

$$\psi_k(x+a)=\exp(\mathrm{i}ka)\psi_k(x)\quad(-\pi<ka\leqslant\pi). \tag{2.4.9}$$

令 $u_k(x)\equiv\psi_k(x)\exp(-\mathrm{i}kx)$, 利用上式容易证明: $u_k(x+a)=u_k(x)$. 注意到

$$\psi_k(x)=u_k(x)\exp(\mathrm{i}kx),$$

因此 $\psi_k(x)$ 属于布洛赫函数, 证毕.

2. 周期场的能带

上面研究了一维周期势场中定态波函数的普遍性质, 下面介绍定态薛定谔方程的一般求解方法, 并分析定态能级的分布特征.

设一维势场 $V(x)$ 的周期为 a, 一个周期单元内的定态薛定谔方程为

$$[-\hbar^2\partial_x^2/2m+V(x)]\phi(x)=E\phi(x)\quad(0<x<a).$$

设此方程的 2 个线性独立的解为 $\phi_1(E,x)$ 和 $\phi_2(E,x)$, 按以下方式构建布洛赫函数:

$$\psi_k(x)=\sum_{j=1,2}\sum_{l=-\infty}^{+\infty}C_j\exp(\mathrm{i}kla)\phi_j(E,x-la)\theta(x-la)\theta[(l+1)a-x]. \tag{2.4.10}$$

其中 C_j 为待定系数, 对 l 的求和遍及所有整数. 上述 $\psi_k(x)$ 具有以下两个性质:

(1) $\psi_k(x)$ 在每一个周期单元的内部均满足定态薛定谔方程;

(2) $\psi_k(x)$ 属于布洛赫函数, 即满足 $\psi_k(x+a)=\exp(\mathrm{i}ka)\psi_k(x)$.

下面寻求合适的系数 C_j, 使得 $\psi_k(x)$ 在两个相邻周期单元的交界处满足连续性条件, 因而成为体系的定态波函数.

在两个相邻周期单元的内部区域, $\psi_k(x)$ 的形式为 (以下省略 ϕ_j 的能量变量 E)

$$\psi_k(x)=\begin{cases}C_1\phi_1(x)+C_2\phi_2(x) & (0<x<a)\\ \exp(\mathrm{i}ka)[C_1\phi_1(x-a)+C_2\phi_2(x-a)] & (a<x<2a)\end{cases}.$$

假设势场 $V(x)$ 在 $x=a$ 处不存在无限大的突变, 则 $\psi_k(x)$ 和 $\psi_k'(x)$ 在此处均连续, 即

$$\begin{cases}C_1\phi_1(a)+C_2\phi_2(a)=\exp(\mathrm{i}ka)[C_1\phi_1(0)+C_2\phi_2(0)]\\ C_1\phi_1'(a)+C_2\phi_2'(a)=\exp(\mathrm{i}ka)[C_1\phi_1'(0)+C_2\phi_2'(0)]\end{cases}. \tag{2.4.11}$$

这是一个关于 C_1,C_2 的线性齐次方程组, 它有非平庸解的充分必要条件为

$$\begin{vmatrix}\phi_1(a)-\exp(\mathrm{i}ka)\phi_1(0) & \phi_2(a)-\exp(\mathrm{i}ka)\phi_2(0)\\ \phi_1'(a)-\exp(\mathrm{i}ka)\phi_1'(0) & \phi_2'(a)-\exp(\mathrm{i}ka)\phi_2'(0)\end{vmatrix}=0.$$

由 (2.1.2) 式可知, $\phi_1\phi_2'-\phi_1'\phi_2\equiv\alpha$ 是一个与 x 无关的常数, 因此上式可化为

$$\boxed{\phi_1(0)\phi_2'(a)+\phi_1(a)\phi_2'(0)-\phi_1'(0)\phi_2(a)-\phi_1'(a)\phi_2(0)=2\alpha\cos(ka)} \tag{2.4.12}$$

其中 ϕ_1,ϕ_2,α 均依赖于能量 E, 上式称为**能谱方程**. 对每一个 k, 从能谱方程可求得无穷多个定态能级:

$$E=E_n(k)\quad(n=1,2,3,\cdots).$$

将上式代入 (2.4.11) 式, 可求得相应的 $C_{1n}(k)$ 和 $C_{2n}(k)$, 定态波函数可表示为

$$\boxed{\psi_{nk}(x)=u_{nk}(x)\exp(\mathrm{i}kx),\quad u_{nk}(x+a)=u_{nk}(x)\quad(-\pi/a<k\leqslant\pi/a),} \tag{2.4.13}$$

$$u_{nk}(x)=\sum_{j=1,2}\sum_{l=-\infty}^{+\infty}C_{jn}(k)\exp[\mathrm{i}k(la-x)]\phi_j(E_n(k),x-la)\theta(x-la)\theta[(l+1)a-x].$$

由于 $|\cos(ka)|\leqslant1$, 所以从能谱方程 (2.4.12) 式求得的所有能级均满足

$$|\phi_1(0)\phi_2'(a)+\phi_1(a)\phi_2'(0)-\phi_1'(0)\phi_2(a)-\phi_1'(a)\phi_2(0)|\leqslant2|\alpha|.$$

以上限制条件使得定态能级呈现出带状分布, 常称为能带, 能量 E 与 k 的函数关系

$E = E_n(k)$ 称为第 n 个能带的**色散关系**, 如图 2.4.2 所示.

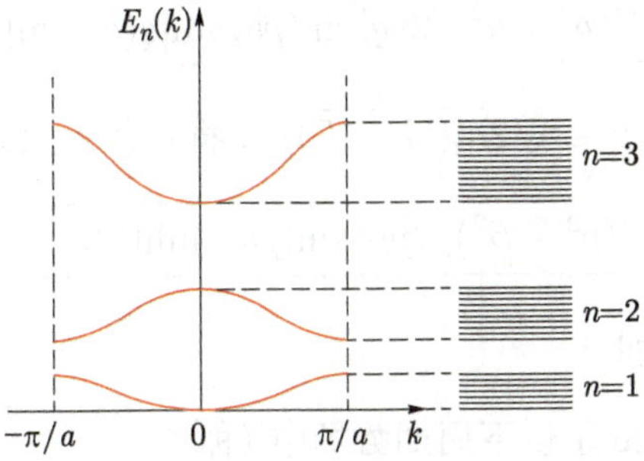

图 2.4.2 一维周期势场中的能带色散关系

综上所述, 一维周期势场中的定态波函数可取为布洛赫函数, 定态能级呈现出带状分布, 这些是周期势场的普遍性质, 下面讨论两个具体的一维周期势场.

3. 方形势的周期性阵列

设质量为 m 的粒子处于周期为 a 的势场 $V(x)$ 中, 如图 2.4.3 所示, 其中

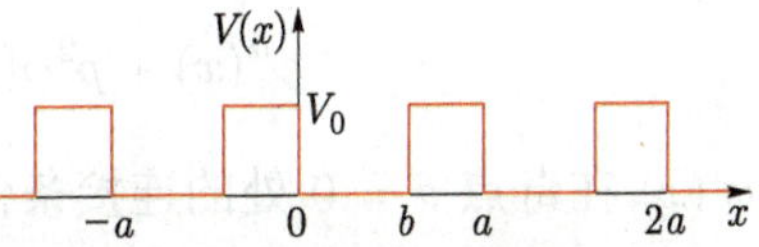

图 2.4.3 方形势的周期性阵列

$$V(x) = \begin{cases} 0, & (0 < x < b) \\ V_0, & (b < x < a) \end{cases}, \quad (V_0 > 0).$$

在 $0 < x < a$ 的区域 (一个周期单元), 能量 E 对应的定态薛定谔方程为

$$\begin{cases} \phi''(x) + p^2\phi(x) = 0 & (0 < x < b) \\ \phi''(x) + q^2\phi(x) = 0 & (b < x < a) \end{cases}, \quad \begin{bmatrix} p \equiv \sqrt{2mE}/\hbar \\ q \equiv \sqrt{2m(E - V_0)}/\hbar \end{bmatrix}. \tag{2.4.14}$$

以上方程有 2 个线性独立的解, 其中的一个解可取为

$$\phi_1(x) = \begin{cases} \exp(\mathrm{i}px) & (0 < x < b) \\ A\exp(\mathrm{i}qx) + B\exp(-\mathrm{i}qx) & (b < x < a) \end{cases}.$$

其中 A 和 B 为待定系数. 利用 $\phi_1(x)$ 和 $\phi_1'(x)$ 在 $x = b$ 处的连续性条件, 可得

$$\begin{cases} \exp(\mathrm{i}pb) = A\exp(\mathrm{i}qb) + B\exp(-\mathrm{i}qb) \\ p\exp(\mathrm{i}pb) = qA\exp(\mathrm{i}qb) - qB\exp(-\mathrm{i}qb) \end{cases} \Rightarrow \begin{cases} A = (1/2)(1 + p/q)\exp[\mathrm{i}(p - q)b] \\ B = (1/2)(1 - p/q)\exp[\mathrm{i}(p + q)b] \end{cases}$$

方程 (2.4.14) 还有 1 个与 $\phi_1(x)$ 线性无关的解, 可取为 $\phi_2(x) = \phi_1^*(x)$, 因此

$$\phi_1(0) = \phi_2^*(0) = 1, \quad \phi_1'(0) = \phi_2'(0)^* = \mathrm{i}p, \quad \alpha = \phi_1(0)\phi_2'(0) - \phi_1'(0)\phi_2(0) = -2\mathrm{i}p,$$

$$\phi_1(a) = \phi_2^*(a) = (1/2)\exp(\mathrm{i}pb)\{(1 + p/q)\exp[\mathrm{i}q(a - b)] + (1 - p/q)\exp[\mathrm{i}q(b - a)]\},$$

$$\phi_1'(a) = \phi_2'(a)^* = (\mathrm{i}q/2)\exp(\mathrm{i}pb)\{(1 + p/q)\exp[\mathrm{i}q(a - b)] - (1 - p/q)\exp[\mathrm{i}q(b - a)]\}.$$

将以上各式代入 (2.4.12) 式, 得到能谱方程:

$$\boxed{\cos(pb)\cos[q(a-b)]-[(p^2+q^2)/2pq]\sin(pb)\sin[q(a-b)]=\cos(ka)\quad (E>V_0)}$$

若 $E<V_0$, 则有 $q=\mathrm{i}\beta$, $\beta\equiv\sqrt{2m(V_0-E)}/\hbar$, 将它代入上式, 得到能谱方程:

$$\boxed{\cos(pb)\cosh[\beta(a-b)]-[(p^2-\beta^2)/2p\beta]\sin(pb)\sinh[\beta(a-b)]=\cos(ka)\quad (E<V_0)}$$

4. δ 势的周期性阵列

设质量为 m 的粒子处于以下周期势场中 (称为狄拉克梳, 如图 2.4.4 所示)

$$V(x)=\gamma\sum_{n=-\infty}^{+\infty}\delta(x-na).$$

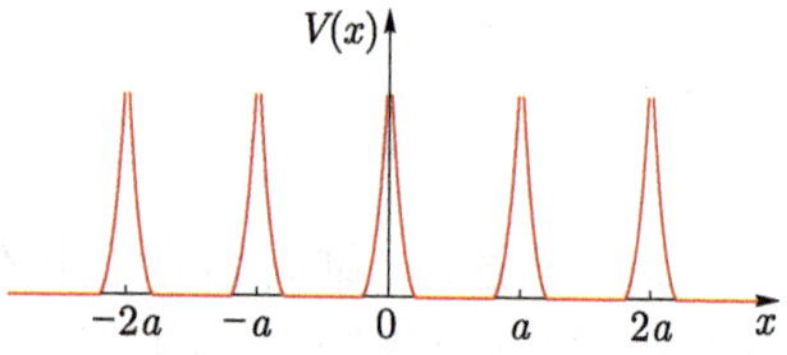

图 2.4.4 δ 势的周期性阵列

在 $|x|<a/2$ 的区域 (一个周期单元), 能量 E 对应的定态薛定谔方程为

$$\phi''(x)+p^2\phi(x)=0,\quad [x\neq 0,\ p\equiv\sqrt{2mE}/\hbar]. \tag{2.4.15}$$

$\phi'(x)$ 在奇点 $x=0$ 处的连接条件由 (2.2.13) 式给出, 即

$$\phi'(0^+)-\phi'(0^-)=(2m\gamma/\hbar^2)\phi(0). \tag{2.4.16}$$

方程 (2.4.15) 有 2 个线性独立的解, 其中的一个解可取为

$$\phi_1(x)=\begin{cases}\exp(\mathrm{i}px) & (-a/2<x<0)\\ A\exp(\mathrm{i}px)+B\exp(-\mathrm{i}px) & (0<x<a/2)\end{cases}.$$

利用 $\phi_1(x)$ 在 $x=0$ 处的连续性条件, 以及 $\phi_1'(x)$ 在 $x=0$ 处的连接条件 (2.4.16) 式, 可得

$$\begin{cases}A+B=1\\ \mathrm{i}p(A-B)-\mathrm{i}p=2p_0\end{cases}\Rightarrow\begin{cases}A=1-\mathrm{i}p_0/p\\ B=\mathrm{i}p_0/p\end{cases}\quad (p_0\equiv m\gamma/\hbar^2).$$

方程 (2.4.15) 还有一个与 $\phi_1(x)$ 线性无关的解, 可取为 $\phi_2(x)=\phi_1^*(x)$, 因此

$$\phi_1(-a/2)=\phi_2^*(-a/2)=\exp(-\mathrm{i}pa/2),\quad \phi_1'(-a/2)=\phi_2'(-a/2)^*=\mathrm{i}p\exp(-\mathrm{i}pa/2),$$

$$\phi_1(a/2)=\phi_2^*(a/2)=(1-\mathrm{i}p_0/p)\exp(\mathrm{i}pa/2)+\mathrm{i}(p_0/p)\exp(-\mathrm{i}pa/2),$$

$$\phi_1'(a/2)=\phi_2'(a/2)^*=(\mathrm{i}p+p_0)\exp(\mathrm{i}pa/2)+p_0\exp(-\mathrm{i}pa/2),$$

$$\alpha=\phi_1(-a/2)\phi_2'(-a/2)-\phi_1'(-a/2)\phi_2(-a/2)=-2\mathrm{i}p.$$

由于周期单元取在 $|x|<a/2$ 的区域, 因此能谱方程 (2.4.12) 应改为

$$\phi_1\left(-\frac{a}{2}\right)\phi_2'\left(\frac{a}{2}\right)+\phi_1\left(\frac{a}{2}\right)\phi_2'\left(-\frac{a}{2}\right)-\phi_1'\left(-\frac{a}{2}\right)\phi_2\left(\frac{a}{2}\right)-\phi_1'\left(\frac{a}{2}\right)\phi_2\left(-\frac{a}{2}\right)=2\alpha\cos(ka)$$

$$\Rightarrow \boxed{\cos(pa)+(p_0/p)\sin(pa)=\cos(ka)\quad (E>0)} \tag{2.4.17}$$

若 $\gamma<0$ 且 $E<0$, 则 $p=\mathrm{i}\beta$, $\beta\equiv\sqrt{-2mE}/\hbar$, 代入上式, 得到能谱方程

$$\boxed{\cosh(\beta a)+(p_0/\beta)\sinh(\beta a)=\cos(ka)\quad (E<0,\ \gamma<0)} \tag{2.4.18}$$

习　题

2–1　设质量为 m 的粒子处于以下势阱中:

$$V(x)=-(\hbar^2/ma^2)\cosh^{-2}(x/a)\quad (a>0).$$

求证: 归一化的基态波函数和基态能分别为

$$\psi_0(x)=\sqrt{1/2a}\cosh^{-1}(x/a),\quad E_0=-\hbar^2/2ma^2.$$

2–2　设质量为 m 的粒子处于一维势场 $V(x)$ 中, 它的某个定态波函数 $\psi(x)$ 具有如下形式, 试分别求势函数 $V(x)$:

(1) $\psi\propto(a^2-x^2)\theta(a-|x|)$, 取 $V(0)=0$;

(2) $\psi\propto\exp(-\alpha^2x^2/2)$, 取 $V(0)=0$;

(3) $\psi\propto\exp(-\beta|x|)$, 取 $V(\infty)=0$;

(4) $\psi\propto x\exp(-\beta|x|)$, 取 $V(\infty)=0$.

答: (1) $V(x)=\begin{cases}\hbar^2x^2/ma^2(x^2-a^2) & (|x|<a)\\ \infty & (|x|>a)\end{cases}$;

(2) $V(x)=\hbar^2\alpha^4x^2/2m$;

(3) $V(x)=-(\hbar^2\beta/m)\delta(x)$;

(4) $V(x)=-(\hbar^2\beta/m)[1/|x|+\delta(x)]$.

2–3　设质量为 m 的粒子处于以下无限深方势阱中:

$$V(x)=0,\ (0<x<a);\quad V(x)=\infty\quad (x<0,\ x>a).$$

求证: (1) 如果粒子的运动遵循经典力学规律, 则有

$$\bar{x}=a/2,\quad \overline{x^2}=a^2/3,\quad \overline{(x-\bar{x})^2}=a^2/12.$$

(2) 如果粒子处于定态 $\psi_n(x)=\sqrt{2/a}\sin(n\pi x/a)\quad (0<x<a)$, 则有

$$\bar{x}=a/2,\quad \overline{x^2}=(a^2/3)(1-3/2n^2\pi^2),\quad \overline{(x-\bar{x})^2}=(a^2/12)(1-6/n^2\pi^2).$$

上式表明, 当 $n\to\infty$ 时, 量子理论与经典理论的结果完全一致.

2–4　设质量为 m 的粒子处于以下二维无限深方势阱中:

$$V(x,y)=0\ (0<x<a,\ 0<y<b);\quad V(x,y)=\infty\ (其他区域).$$

试求: (1) 束缚定态能级和定态波函数; (2) $a=b$ 时的 4 个最低能级及简并度.

答: (1) 能量本征函数和相应的能级分别为

$$\psi_{nl}=\frac{2}{\sqrt{ab}}\sin\frac{n\pi x}{a}\sin\frac{l\pi y}{b},\quad E_{nl}=\frac{\pi^2\hbar^2}{2m}\left(\frac{n^2}{a^2}+\frac{l^2}{b^2}\right)\quad (n,l=1,2,3,\cdots).$$

(2) 4 个最低能级为 $2\epsilon,5\epsilon,8\epsilon,10\epsilon$, 其中 $\epsilon\equiv\pi^2\hbar^2/2ma^2$, 简并度分别为 1, 2, 1, 2.

2–5　设保守体系的能级 E_n 的简并度为 f_n, 体系的态密度定义为

$$\boxed{\rho(E)\equiv\sum_n f_n\delta(E-E_n)}$$

设质量为 m 的粒子处于体积为 L^d 的无限深方势阱中, 体系的能级为

$$E_{n_1n_2\cdots n_d}=(n_1^2+n_2^2+\cdots+n_d^2)\pi^2\hbar^2/2mL^2\quad (n_1,n_2,\cdots,n_d=1,2,3,\cdots).$$

求证: 当 $L\to\infty$ 时, 一维、二维、三维体系的态密度分别为

$$\boxed{\rho_1(E)=(L/2\pi\hbar)\sqrt{2m/E},\quad \rho_2(E)=L^2m/2\pi\hbar^2,\quad \rho_3(E)=L^3(2m)^{3/2}\sqrt{E}/4\pi^2\hbar^3}$$

2–6　设质量为 m 的粒子处于以下有限深方势阱中:

$$V(x)=V_0\theta(|x|-a/2)\quad (0<V_0\ll 2\hbar^2/ma^2).$$

求证: 体系仅有一个束缚定态, 能级为 $E\approx V_0(1-ma^2V_0/2\hbar^2)$.

2–7　设质量为 m 的粒子处于以下有限深方势阱中:

$$V(x)=V_0\theta(|x|-a/2)\quad (V_0>0).$$

求证: (1) 若 V_0 取以下值, 则体系的某个束缚定态的能级恰好等于 V_0,

$$V_0=n^2\pi^2\hbar^2/2ma^2\quad (n=1,2,3,\cdots)$$

(2) 束缚定态的总数为 $N=1+I[a\sqrt{2mV_0}/\pi\hbar]$, 其中 $I[x]$ 表示不大于 x 的整数.

2–8　如图 2.1 所示, 设质量为 m 的粒子处于以下势场中 (其中 $V_1>V_2>0$):

$$V(x)=\begin{cases}V_1 & (x<0)\\ 0 & (0<x<a)\\ V_2 & (x>a)\end{cases}.$$

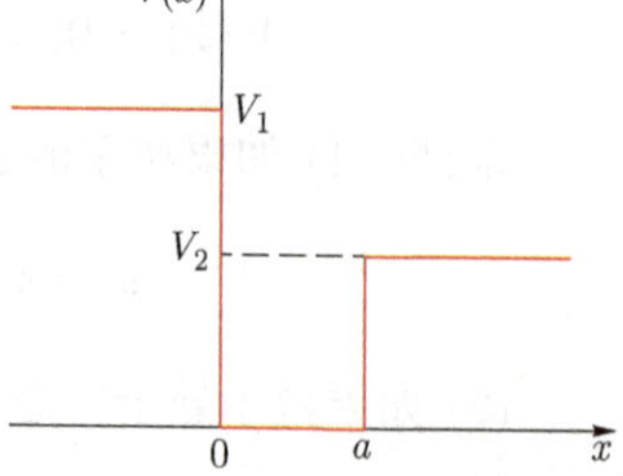

图 2.1

求证: (1) 束缚定态能级方程为 $\tan(ka)=k(\alpha+\beta)/(k^2-\alpha\beta)$, 其中

$$\hbar k\equiv\sqrt{2mE},\quad \hbar\alpha\equiv\sqrt{2m(V_1-E)},\quad \hbar\beta\equiv\sqrt{2m(V_2-E)}\quad (0<E<V_2).$$

(2) 若 $V_1\to\infty$, 则能级方程为 $\tan(ka)=-k/\beta$, 且存在束缚定态的条件为

$$V_2a^2 \geqslant \pi^2\hbar^2/8m.$$

2–9　如图 2.2 所示, 设质量为 m 的粒子处于以下势场中:

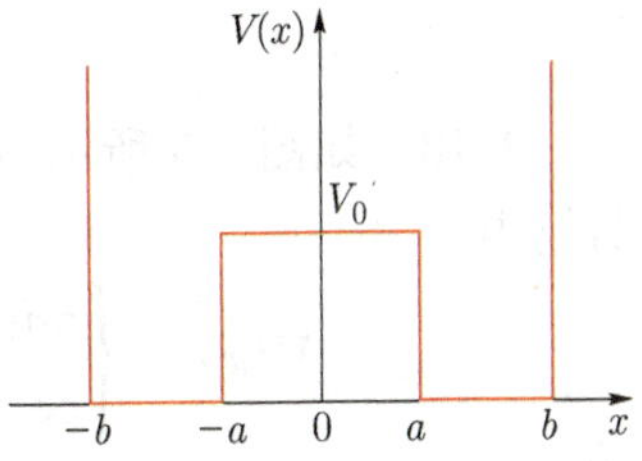

图 2.2

$$V(x)=\begin{cases}V_0, & (|x|<a)\\ 0, & (a<|x|<b)\\ \infty, & (|x|>b)\end{cases}\quad (V_0>0).$$

试求能级方程.

答: 若能级 $E>V_0$, 则偶宇称态和奇宇称态的能级方程分别为

$$q\tan(qa)=k\cot[k(b-a)],\quad q\cot(qa)=-k\cot[k(b-a)],$$

$$[k\equiv\sqrt{2mE}/\hbar,\ q\equiv\sqrt{2m(E-V_0)}/\hbar].$$

若 $0<E<V_0$, 则偶宇称态和奇宇称态的能级方程分别为

$$\beta\tanh(\beta a)=-k\cot[k(b-a)],\quad \beta\coth(\beta a)=-k\cot[k(b-a)],$$

$$[\beta\equiv\sqrt{2m(V_0-E)}/\hbar].$$

2–10　如图 2.3 所示, 设质量为 m 的粒子处于以下势场中:

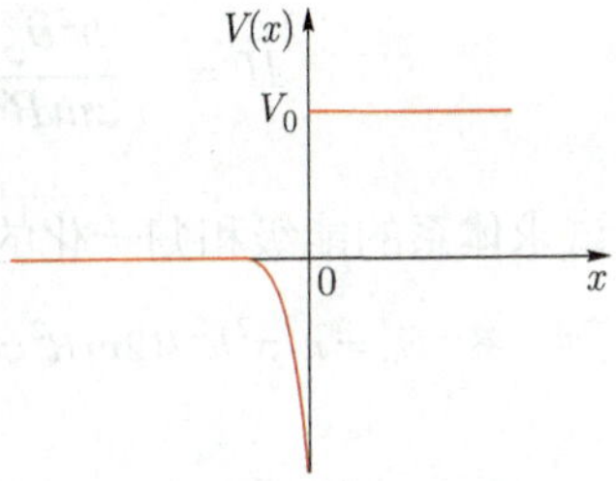

图 2.3

$$V(x)=V_0\theta(x)-\gamma\delta(x)\quad (V_0>0,\ \gamma>0)$$

试求束缚定态的能级 E 及存在束缚定态的条件.

答: $E=-(\hbar^2/8m\gamma)(2m\gamma^2/\hbar^2-V_0)^2$, 存在束缚定态的条件为 $\gamma^2>\hbar^2V_0/2m$.

2–11　设质量为 m 的粒子处于以下势场中 (其中 $\gamma>0,\ a>0$):

$$V(x)=-\gamma\delta(x+a)\ (x<0);\quad V(x)=\infty\ (x>0).$$

求证: 当且仅当 $\hbar^2/m\gamma a<2$ 时, 体系存在唯一的束缚定态, 其能级 E 满足

$$1-\exp(-2\beta a)=\hbar^2\beta/m\gamma\quad (\hbar\beta\equiv\sqrt{-2mE}).$$

2–12　如图 2.4 所示, 设质量为 m 的粒子处于以下双 δ 势阱中:

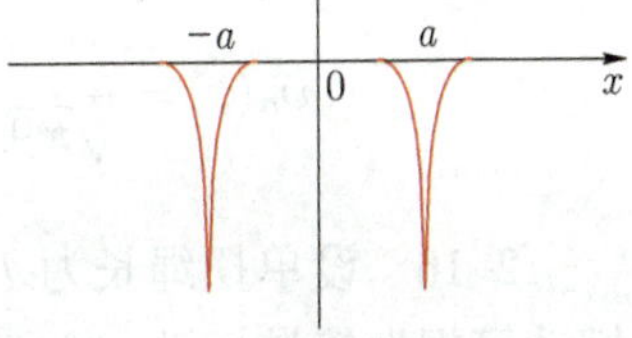

图 2.4

$$V(x)=-\gamma[\delta(x+a)+\delta(x-a)]\quad (\gamma>0,\ a>0).$$

求证: (1) 体系的偶宇称束缚定态仅有一个, 其能级 E 满足

$$1+\exp(-2\beta a)=\beta/k_0\quad (k_0\equiv m\gamma/\hbar^2,\ \beta\equiv\sqrt{-2mE}/\hbar).$$

(2) 当 $k_0a > 1/2$ 时, 体系还存在一个奇宇称束缚定态, 其能级 E 满足

$$1 - \exp(-2\beta a) = \beta/k_0.$$

2–13 如图 2.5 所示, 设质量为 m 的粒子处于以下势场中:

$$V(x) = \begin{cases} \gamma\delta(x) & (|x| < a) \\ \infty & (|x| > a) \end{cases}.$$

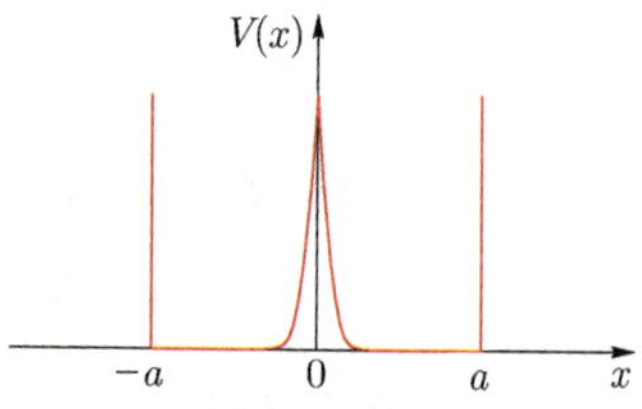

图 2.5

求证: (1) 能级 $E > 0$ 的偶宇称束缚定态有无穷多个, 能级方程为

$$\tan(ka) = -\hbar^2 k/m\gamma \quad (k \equiv \sqrt{2mE}/\hbar).$$

若 $\gamma < -\hbar^2/ma$, 则体系还有一个 $E < 0$ 的偶宇称束缚定态, 能级方程为

$$\tanh(\beta a) = \hbar^2\beta/m|\gamma| \quad (\beta \equiv \sqrt{-2mE}/\hbar).$$

(2) 奇宇称束缚定态能级为 $E_n = n^2\pi^2\hbar^2/2ma^2$ $(n = 1, 2, 3, \cdots)$.

2–14 设质量为 m 的粒子被限制在半径为 R 的圆环上运动, 哈密顿算符为

$$\hat{H} = -\frac{\hbar^2\partial_\varphi^2}{2mR^2} + V(\varphi), \quad V(\varphi) = \begin{cases} 0 & (0 < \varphi < \varphi_0) \\ \infty & (\varphi_0 < \varphi < 2\pi) \end{cases}.$$

试求体系的能级和归一化的定态波函数.

答: $E_n = n^2\pi^2\hbar^2/(2mR^2\varphi_0^2)$, $\psi_n(\varphi) = \begin{cases} \sqrt{2/\varphi_0}\sin(n\pi\varphi/\varphi_0) & (0 \leqslant \varphi \leqslant \varphi_0) \\ 0 & (\varphi_0 < \varphi \leqslant 2\pi) \end{cases}$ $(n = 1, 2, 3, \cdots)$.

*2–15 设质量为 m 的粒子被限制在半径为 R 的圆环上运动, 哈密顿算符为

$$\hat{H} = -(\hbar^2/2mR^2)\partial_\varphi^2 + V_0\delta(\varphi - \pi)$$

试求定态能级及归一化定态波函数.

答: $E_n = n^2\hbar^2/2mR^2$, 有两类定态:

第一类定态的 $n = 1, 2, 3, \cdots$, 归一化定态波函数为

$$\psi_n(\varphi) = \sqrt{1/\pi}\sin(n\varphi) \quad (0 \leqslant \varphi \leqslant 2\pi).$$

第二类定态的 n 满足 $\tan(n\pi) = mR^2V_0/n\hbar^2$, 归一化定态波函数为

$$\psi_n(\varphi) = \frac{1}{\sqrt{\pi + \sin(2\pi n)/2n}} \times \begin{cases} \cos(n\varphi) & (0 \leqslant \varphi \leqslant \pi) \\ \cos[n(\varphi - 2\pi)] & (\pi < \varphi \leqslant 2\pi) \end{cases}.$$

2–16 设单摆绳长为 $l = 1.0$ m, 端点处质点的质量为 $m = 1.0$ kg, 单摆的小幅摆动可视为简谐振动, 试求零点振动的振幅 A, 并说明零点振动这种量子现象在宏观世界里是可以忽略的.

答: $A = 0.58 \times 10^{-17}$ m.

2–17 设质量为 m 的粒子处于以下势能场中:

$$V(x) = \infty\ (x < 0); \quad V(x) = m\omega^2 x^2/2\ (x > 0).$$

试求体系的能级.

答: $E_n = (n + 1/2)\hbar\omega\ (n = 1, 3, 5, \cdots)$.

2–18 设一维谐振子质量为 m, 频率为 ω, 它的一个定态波函数为 $\psi(x) \sim x\exp(-\lambda x^2)$, 其中 $\lambda > 0$, 试求 λ 和对应的定态能级 E.

答: $\lambda = m\omega/2\hbar$, $E = 3\hbar\omega/2$.

2–19 求频率为 ω 的二维各向同性谐振子的能级及简并度.

答: $E_N = (N+1)\hbar\omega$, $f_N = N + 1 \quad (N = 0, 1, 2, \cdots)$.

2–20 设质量为 m 的粒子处于以下二维各向异性谐振子势场中:

$$V(x, y) = m(\omega^2 x^2 + \omega_1^2 y^2)/2 \quad (\omega_1 = 2\omega).$$

求粒子的能级及简并度.

答: $E_N = (N + 3/2)\hbar\omega \quad (N = 0, 1, 2, \cdots)$, 简并度为

$$f_N = N/2 + 1\ (N \text{ 为偶数}), \quad f_N = (N+1)/2\ (N \text{ 为奇数}).$$

2–21 设体系由两个频率相同的一维谐振子耦合而成, 哈密顿算符为

$$\hat{H} = \frac{1}{2m}(\hat{p}_1^2 + \hat{p}_2^2) + \frac{1}{2}m\omega^2(x_1^2 + x_2^2 + 2\lambda x_1 x_2) \quad \left(\hat{p}_1 = -\mathrm{i}\hbar\frac{\partial}{\partial x_1},\ \hat{p}_2 = -\mathrm{i}\hbar\frac{\partial}{\partial x_2}\right).$$

求体系的能级. [提示: 作坐标变换, $x_\pm \equiv (x_1 \pm x_2)/\sqrt{2}$.]

答: $E_{nl} = (n + 1/2)\hbar\omega_+ + (l + 1/2)\hbar\omega_- \quad (\omega_\pm \equiv \omega\sqrt{1 \pm \lambda},\ n, l = 0, 1, 2, \cdots)$.

*2–22 如图 2.6 所示, 设质量为 m 的粒子处于以下势场中:

$$V(x) = V_0(x/a - a/x)^2 \quad (V_0, a, x > 0).$$

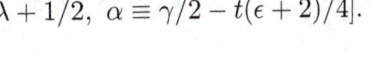

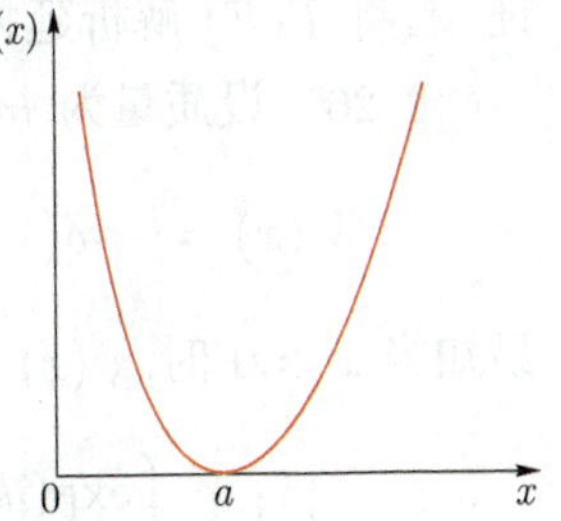

图 2.6

求证: (1) $E > 0$ 时的能量本征方程可表示为

$$\partial_\xi^2\psi + t^2[\epsilon - (\xi - 1/\xi)^2]\psi = 0$$
$$(\xi \equiv x/a,\ t \equiv a\sqrt{2mV_0}/\hbar,\ \epsilon \equiv E/V_0).$$

(2) 束缚定态波函数在边界极限下的渐进形式为

$$\psi \sim \xi^\lambda \quad (\xi \to 0,\ \lambda \equiv 1/2 + \sqrt{t^2 + 1/4}); \quad \psi \sim \exp(-t\xi^2/2) \quad (\xi \to \infty).$$

(3) 令 $\psi(\xi) \equiv z^{\lambda/2}\exp(-z/2)u(z)$, $(z \equiv t\xi^2)$, 则能量本征方程可表示为以下的合流超几何方程 (参见附录 B):

$$[z\partial_z^2 + (\gamma - z)\partial_z - \alpha]u = 0, \quad [\gamma \equiv \lambda + 1/2,\ \alpha \equiv \gamma/2 - t(\epsilon + 2)/4].$$

(4) 令 $\hbar\omega \equiv 4V_0/t$, $E_0 \equiv (\lambda/2 - 1/4)\hbar\omega - 2V_0$, 则束缚定态能级为

$$E_n = (n + 1/2)\hbar\omega + E_0 \quad (n = 0, 1, 2, \cdots).$$

2–23 如图 2.7 所示, 设质量为 m 的粒子处于以下势场中, 试求能量 $E > 0$ 对应的散射定态波函数,

$$V(x) = \begin{cases} \infty & (x < 0) \\ -V_0 & (0 < x < a) \\ 0 & (x > a) \end{cases} \quad (V_0 > 0).$$

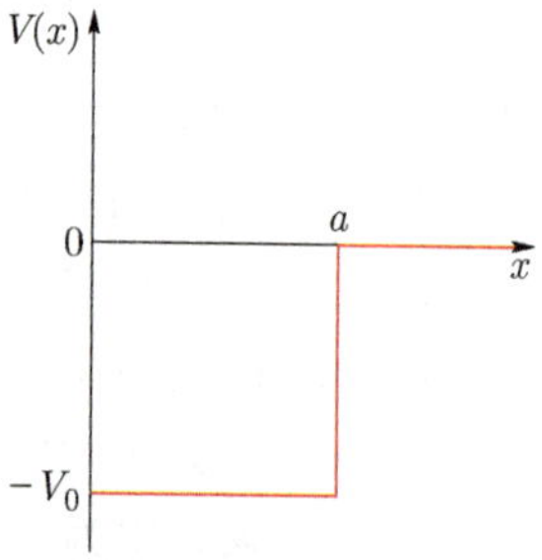

图 2.7

答: 令 $k \equiv \sqrt{2mE}/\hbar$, $q \equiv \sqrt{2m(E + V_0)}/\hbar$, 则有 $\psi(x) = 0$, $(x < 0)$, 以及

$$\psi(x) = \begin{cases} \sin(qx) & (0 < x < a) \\ A\sin(kx + \alpha) & (x > a) \end{cases}, \quad \begin{bmatrix} \sin(qa) = A\sin(ka + \alpha) \\ k\tanh(qa) = q\tanh(ka + \alpha) \end{bmatrix}.$$

2–24 设质量为 m 的粒子以能量 $E > 0$ 从左侧入射, 受到以下方势阱的散射:

$$V(x) = V_0 < 0 \ (0 < x < a); \quad V(x) = 0 \ (x < 0, \ x > a).$$

令 $k \equiv \sqrt{2mE}/\hbar$, $q \equiv \sqrt{2m(E - V_0)}/\hbar$, 则透射波幅为

$$T(E) = 2kq\exp(-\mathrm{i}ka)/[2kq\cos(qa) - \mathrm{i}(k^2 + q^2)\sin(qa)].$$

求证: 若将 $T(E)$ 解析延拓到 $E < 0$ 的区域, 则 $T(E)$ 的极点给出束缚定态能级.

2–25 设质量为 m 的粒子以能量 $E > 0$ 从左侧入射, 受到 δ 势阱的散射: $V(x) = \gamma\delta(x)$, 其中 $\gamma < 0$, 透射波幅为 $T(E) = (1 + \mathrm{i}m\gamma/\hbar^2k)^{-1}$ $(k \equiv \sqrt{2mE}/\hbar)$, 求证: 若将 $T(E)$ 解析延拓到 $E < 0$ 的区域, 则 $T(E)$ 的极点给出束缚定态能级.

2–26 设质量为 m 的粒子以能量 $E > 0$ 从左侧入射, 受到以下势场的散射.

$$V(x) = -\gamma\delta(x + a) \quad (x < 0, \ \gamma > 0, \ a > 0), \quad V(x) = \infty \quad (x > 0).$$

易知当 $x \geqslant 0$ 时, $\psi(x) = 0$. 当 $x < 0$ 时, 散射定态波函数为

$$\psi(x) = \begin{cases} \exp(\mathrm{i}kx) + R\exp(-\mathrm{i}kx) & (x < -a) \\ A\sin(kx) & (-a < x < 0) \end{cases} \quad (k \equiv \sqrt{2mE}/\hbar).$$

求证: (1) 令 $q \equiv 2k_0 - k\cot(ka)$, $k_0 \equiv m\gamma/\hbar^2$, 则反射波幅为

$$R(E) = \exp(-\mathrm{i}2ka)(\mathrm{i}k - q)/(\mathrm{i}k + q).$$

(2) 若将 $R(E)$ 解析延拓到 $E < 0$ 的区域, 则 $R(E)$ 的极点给出束缚定态能级.

*2–27 质量为 m 的粒子处于以下势场中:

$$V(x) = \gamma[\delta(x) + \delta(x - a)] \quad (a > 0).$$

(1) 若粒子以能量 $E>0$ 从左侧入射, 则散射定态波函数可表示为

$$\psi(x)=\begin{cases}\exp(\mathrm{i}kx)+R\exp(-\mathrm{i}kx) & (x<0)\\ A\exp(\mathrm{i}kx)+B\exp(-\mathrm{i}kx) & (0<x<a)\\ T\exp(\mathrm{i}kx) & (x>a)\end{cases}\quad (k\equiv\sqrt{2mE}/\hbar).$$

令 $\lambda\equiv\exp[\mathrm{i}2(\theta+ka)]$, $\tan\theta\equiv k/k_0$, $k_0\equiv m\gamma/\hbar^2$, 求证:

$$R=(1-\lambda)\exp(\mathrm{i}\theta)\cos\theta/(\lambda\cos^2\theta-1),\quad T=\exp(\mathrm{i}2\theta)\sin^2\theta/(\lambda\cos^2\theta-1).$$

出现共振透射的条件为 $\tan(ka)=-k/k_0$.

(2) 若 $\gamma<0$, 将 $T(E)$ 解析延拓至 $E<0$ 区域, 由 $T(E)$ 的极点求束缚定态能级.

*2–28 设质量为 m 的粒子被限制在 xy 平面内运动, 以能量 $E>0$ 入射, 散射势场为

$$V(x,y)=V_0\quad(0<x<a),\quad V(x,y)=0\quad(x<0,\ x>a).$$

设入射波矢的分量 $k_x=k\cos\theta$, $k_y=k\sin\theta$ $(k\equiv\sqrt{2mE}/\hbar)$, 试求以下两种情形下的反射系数 r: (1) $V_0<0$, 且 $a\to\infty$; (2) $E=V_0>0$, 且 a 为有限值.

答: (1) $r=(k_x-q)^2/(k_x+q)^2$ $(q\equiv\sqrt{2m|V_0|/\hbar^2+k_x^2})$;

(2) $r=\sinh^2(k_ya)/[\sinh^2(k_ya)+\sin^2(2\theta)]$.

*2–29 质量为 m 的粒子以动量 $\hbar k>0$ 从左侧入射, 受到以下势场的散射:

$$V(x)=\gamma\sum_{n=1}^{N}\delta(x-na)\quad(a>0).$$

求证: 若 ka/π 为整数, 则透射系数 $t=(1+N^2m^2\gamma^2/\hbar^4k^2)^{-1}$.

*2–30 设质量为 m 的粒子处于势场 $V(x)$ 中, $V(x)$ 在 $|x|\leqslant a$ 的区域是规则函数, 在 $|x|>a$ 的区域为零, 则能量 $E>0$ 对应的定态波函数在 $|x|>a$ 区域的一般形式为

$$\psi(x)=\begin{cases}A_1\exp(\mathrm{i}kx)+A_2\exp(-\mathrm{i}kx) & (x<-a)\\ B_1\exp(\mathrm{i}kx)+B_2\exp(-\mathrm{i}kx) & (x>+a)\end{cases},\quad (k=\sqrt{2mE}/\hbar).$$

按以下方式定义透射矩阵 $M(k)$ (它依赖于 k 及势函数的具体形式):

$$B=MA\quad\Leftrightarrow\quad\begin{pmatrix}B_1\\ B_2\end{pmatrix}=\begin{pmatrix}M_{11} & M_{12}\\ M_{21} & M_{22}\end{pmatrix}\begin{pmatrix}A_1\\ A_2\end{pmatrix}.$$

(1) 求证: $M_{11}^*=M_{22}$, $M_{12}^*=M_{21}$. 提示: $\psi^*(x)$ 也表示 E 对应的定态.

(2) 求证: $\det M=1$. 提示: 一维定态的概率流密度 j 不依赖于 x.

(3) 设 r 为反射系数, t 为透射系数, 试由以上结果证明: $r+t=1$.

(4) 求证: 对于同样的能量 E, 粒子从左侧入射和从右侧入射的反射系数相等.

(5) $A_1 \mathrm{e}^{\mathrm{i}kx}$ 和 $B_2 \mathrm{e}^{-\mathrm{i}kx}$ 均表示入射波, $B_1 \mathrm{e}^{\mathrm{i}kx}$ 和 $A_2 \mathrm{e}^{-\mathrm{i}kx}$ 均表示出射波, 令

$$\begin{pmatrix} B_1 \\ A_2 \end{pmatrix} = \begin{pmatrix} S_{11} & S_{12} \\ S_{21} & S_{22} \end{pmatrix} \begin{pmatrix} A_1 \\ B_2 \end{pmatrix}.$$

求证: 按以上方式定义的散射矩阵 $S(k)$ 是一个幺正矩阵.

第三章

动力学变量

动力学变量是实验上可测量的物理量, 包括位置、动量、角动量、能量等. 在经典力学中, 体系的动力学变量在任何时刻均有确定的值, 动力学状态可由一组随时间变化的动力学变量来描述. 在量子力学中, 体系的动力学状态是由满足薛定谔方程的波函数来描述的, 而动力学变量是由观测算符描述的, 在一个给定的时刻, 动力学变量未必有确定的值, 它们的值有一个依赖于波函数的概率分布, 这个概率分布 (而不是动力学变量本身) 是随时间变化的确定函数.

本章的第 3.1 节和 3.2 节属于纯数学内容, 介绍厄密算符和观测算符, 以及算符的对易关系, 第 3.3 节专门介绍描述动力学变量的那些观测算符, 第 3.4 节阐述量子力学的一个基本假定, 即动力学变量的测值原理, 第 3.5 节研究动力学变量的平均值随时间的变化规律, 并介绍守恒量的概念.

§ 3.1 厄密算符与观测算符

在关于动力学变量的量子理论中, 厄密算符与观测算符是最重要的数学工具, 本节介绍它们的基本概念和本征值、本征函数的基本性质.

1. 厄密算符

设 $\hat{A}$ 是态空间 $\mathcal{E}$ 中的任意线性算符, 它的厄密共轭算符记为 $\hat{A}^\dagger$, 它的定义可以由以下关系给出 (其中 ψ 和 φ 为任意波函数):

$$\boxed{(\psi, \hat{A}^\dagger\varphi) = (\hat{A}\psi, \varphi)} \tag{3.1.1}$$

容易导出以下几个关系式 (其中 a 和 b 是任意复常数):

$$\boxed{(\hat{A}^\dagger)^\dagger = \hat{A}, \quad (a\hat{A} + b\hat{B})^\dagger = a^*\hat{A}^\dagger + b^*\hat{B}^\dagger, \quad (\hat{A}\hat{B})^\dagger = \hat{B}^\dagger\hat{A}^\dagger}$$

下面给出上述最后一个等式的证明: 对于任意波函数 ψ 和 φ, 有

$$(\psi, (\hat{A}\hat{B})^\dagger\varphi) = (\hat{A}\hat{B}\psi, \varphi) = (\hat{B}\psi, \hat{A}^\dagger\varphi) = (\psi, \hat{B}^\dagger\hat{A}^\dagger\varphi) \quad \Rightarrow \quad (\hat{A}\hat{B})^\dagger = \hat{B}^\dagger\hat{A}^\dagger.$$

若线性算符 $\hat{A}$ 满足 $\hat{A}^\dagger = \hat{A}$, 则称 $\hat{A}$ 为一个厄密算符 (或自厄算符). 由 (3.1.1) 式可知, 以下关系式对任意波函数 ψ 和 φ 及任意厄密算符 $\hat{A}$ 均成立,

$$\boxed{(\psi, \hat{A}\varphi) = (\hat{A}\psi, \varphi) \quad (\hat{A}^\dagger = \hat{A})} \tag{3.1.2}$$

如果线性算符 $\hat{A}$ 满足 $\hat{A}^\dagger = -\hat{A}$, 则称它为反厄密算符. 任何线性算符 $\hat{A}$ 均可唯一地表示为一个厄密算符 $\hat{A}_+$ 和一个反厄密算符 $\hat{A}_-$ 之和, 即

$$\hat{A} = \hat{A}_+ + \hat{A}_-, \quad \hat{A}_\pm = (\hat{A} \pm \hat{A}^\dagger)/2.$$

定理: 线性算符 $\hat{A}$ 是一个厄密算符的充分必要条件: 对于任意波函数 ψ, 内积 $(\psi, \hat{A}\psi)$ 均为实数.

证明: 先证必要性, 设 $\hat{A}^\dagger = \hat{A}$, 则由 (3.1.2) 式可知 $(\psi, \hat{A}\psi)$ 必为实数, 即

$$(\psi, \hat{A}\psi) = (\hat{A}\psi, \psi) = (\psi, \hat{A}\psi)^*.$$

再证充分性, 设对任意波函数 ψ, 内积 $(\psi, \hat{A}\psi)$ 均为实数, 则有

$$(\psi, \hat{A}\psi) = (\psi, \hat{A}\psi)^* = (\hat{A}\psi, \psi).$$

设 φ 和 ϕ 也为任意波函数, 分别选取两个不同的波函数 ψ 代入上式,

$$\psi = \varphi + \phi \quad \Rightarrow \quad (\varphi, \hat{A}\phi) + (\phi, \hat{A}\varphi) = (\hat{A}\varphi, \phi) + (\hat{A}\phi, \varphi);$$

$$\psi = \varphi + \mathrm{i}\phi \quad \Rightarrow \quad (\varphi, \hat{A}\phi) - (\phi, \hat{A}\varphi) = (\hat{A}\varphi, \phi) - (\hat{A}\phi, \varphi).$$

结合以上两式可得 $(\varphi, \hat{A}\phi) = (\hat{A}\varphi, \phi)$, 因此 $\hat{A}^\dagger = \hat{A}$, 证毕.

2. 正定厄密算符

若厄密算符 $\hat{A}$ 使得 $(\psi, \hat{A}\psi) \geqslant 0$ 对任意波函数 ψ 均成立, 称 $\hat{A}$ 为正定厄密算符.

定理 1: 设 $\hat{B}$ 为任意线性算符, 则 **$\hat{B}^\dagger\hat{B}$ 是一个正定厄密算符**.

证明: 由于 $(\hat{B}^\dagger\hat{B})^\dagger = \hat{B}^\dagger(\hat{B}^\dagger)^\dagger = \hat{B}^\dagger\hat{B}$, 所以 $\hat{B}^\dagger\hat{B}$ 是一个厄密算符. 为了证明它的正定性, 设 ψ 为任意波函数, 并令 $\varphi = \hat{B}\psi$, 利用定义式 (3.1.1) 式可得

$$(\psi, \hat{B}^\dagger\hat{B}\psi) = (\hat{B}\psi, \hat{B}\psi) = (\varphi, \varphi) \geqslant 0.$$

由于上式对任意波函数 ψ 均成立, 所以 $\hat{B}^\dagger\hat{B}$ 是一个正定厄密算符, 证毕.

定理 2: 设 $\hat{A}$ 为一个正定厄密算符, 若 $(\phi, \hat{A}\phi) = 0$, 则 $\hat{A}\phi = 0$ (参见习题 3–4).

3. 厄密算符的本征值与本征函数

定理 1: 厄密算符的本征值必为实数, 正定厄密算符的本征值必为非负实数.

证明: 设 ψ 为厄密算符 $\hat{A}$ 的一个本征函数, 对应的本征值为 a, 则有

$$0 = (\psi, \hat{A}\psi) - (\hat{A}\psi, \psi) = (a - a^*)(\psi, \psi) \quad \Rightarrow \quad a = a^*.$$

若 $\hat{A}$ 为正定厄密算符, 则有

$$(\psi, \hat{A}\psi) \geqslant 0 \quad \Rightarrow \quad a(\psi, \psi) \geqslant 0 \quad \Rightarrow \quad a \geqslant 0.$$

例如, 若厄密算符 $\hat{A}$ 满足 $f(\hat{A}) = 0$, 其中 $f(x) \equiv x^n + c_1 x^{n-1} + \cdots + c_n$ (n 为正整数), 则 $\hat{A}$ 的本征值 a 必为方程 $f(x) = 0$ 的实根, 证明如下: 设 $\hat{A}\psi = a\psi$, 则有

$$f(\hat{A})\psi = 0 \quad \Rightarrow \quad f(a)\psi = 0 \quad \Rightarrow \quad f(a) = 0.$$

定理 2: 厄密算符的属于不同本征值的本征函数彼此正交.

证明: 设 ψ_m 和 ψ_n 均为厄密算符 $\hat{A}$ 的本征函数, 对应的本征值 $a_m \neq a_n$, 则有

$$(\hat{A}\psi_m, \psi_n) = (\psi_m, \hat{A}\psi_n) \quad \Rightarrow \quad (a_m - a_n)(\psi_m, \psi_n) = 0 \quad \Rightarrow \quad (\psi_m, \psi_n) = 0.$$

推论: 设厄密算符 $\hat{A}$ 的本征值 a_n 的简并度为 f_n, 相应的本征子空间的一组正交归一的基函数为 $\psi_{n\alpha}(\alpha=1,2,\cdots,f_n)$, 则有

$$\hat{A}\psi_{n\alpha}=a_n\psi_{n\alpha},\quad (\psi_{n\alpha},\psi_{n'\alpha'})=\delta_{nn'}\delta_{\alpha\alpha'}.$$

定理 3: 若厄密算符的本征函数是可归一化的, 则相应的本征值取分立数值.

证明: 设厄密算符 $\hat{A}$ 的本征值 a_λ 依赖于实参量 λ($\hat{A}$ 本身不依赖于 λ), 当 a_λ 处于某个实数区域 D 内时, 相应的本征函数 ψ_λ 全都是归一化的, 即

$$\hat{A}\psi_\lambda=a_\lambda\psi_\lambda,\quad (\psi_\lambda,\psi_\lambda)=1,\quad a_\lambda=(\psi_\lambda,\hat{A}\psi_\lambda)\in D.$$

下面采用反证法, 假设 λ 是一个连续参量, 则有

$$\begin{aligned}\partial_\lambda a_\lambda&=(\partial_\lambda\psi_\lambda,\hat{A}\psi_\lambda)+(\psi_\lambda,\hat{A}\partial_\lambda\psi_\lambda)=a_\lambda(\partial_\lambda\psi_\lambda,\psi_\lambda)+(\hat{A}\psi_\lambda,\partial_\lambda\psi_\lambda)\\&=a_\lambda(\partial_\lambda\psi_\lambda,\psi_\lambda)+a_\lambda(\psi_\lambda,\partial_\lambda\psi_\lambda)=a_\lambda\partial_\lambda(\psi_\lambda,\psi_\lambda)=a_\lambda\partial_\lambda=0.\end{aligned}$$

这与 "a_λ 依赖于连续参量 λ" 矛盾, 故 D 内的本征值 a_λ 只能取分立数值, 证毕.

由于任何量子体系的哈密顿算符 $\hat{H}$ 均为厄密算符 (参见第 3.3 节), 它的束缚定态波函数均是可归一化的, 由定理 3 可知, **束缚定态能级只能取分离数值**. 散射定态波函数是不能归一化的, 散射定态的能级通常是连续的.

4. 观测算符

设体系的态空间为 $\mathcal{E}$, 若厄密算符 $\hat{A}$ 有一组本征函数可作为 $\mathcal{E}$ 的完备基函数, 即 $\mathcal{E}$ 中的任一态函数均可用 $\hat{A}$ 的这组本征函数来展开, 则称 $\hat{A}$ 为体系的一个观测算符. 要判断一个给定的厄密算符是否为观测算符, 有时是一个困难的数学问题.

若 $\hat{A}$ 是体系的一个观测算符, 其本征值 a_n 的简并度为 f_n, 即 a_n 对应的本征子空间 $\mathcal{E}_n$ 的维度为 f_n. 设 $\hat{A}$ 的一组正交归一完备的本征函数为 $\{\psi_{n\alpha}\}$ (指标 α 用于区分相互简并的本征函数), 即有

$$\hat{A}\psi_{n\alpha}=a_n\psi_{n\alpha}\quad(\alpha=1,2,\cdots,f_n).\tag{3.1.3}$$

这组本征函数的正交归一性和完备性可分别表示为

$$\boxed{(\psi_{n\alpha},\ \psi_{n'\alpha'})=\delta_{nn'}\delta_{\alpha\alpha'}}\tag{3.1.4}$$

$$\boxed{\sum_{n\alpha}\psi^*_{n\alpha}(\boldsymbol{r})\psi_{n\alpha}(\boldsymbol{r}')=\delta(\boldsymbol{r}-\boldsymbol{r}')}\tag{3.1.5}$$

则体系的任何一个波函数 ψ 均可用这组本征函数来展开, 即

$$\boxed{\psi=\sum_{n\alpha}c_{n\alpha}\psi_{n\alpha},\quad c_{n\alpha}=(\psi_{n\alpha},\psi)}\tag{3.1.6}$$

波函数 ψ 的归一化条件可表示为

$$(\psi,\psi)=1 \quad \Rightarrow \quad \sum_{n\alpha}|c_{n\alpha}|^2=1.$$

如果 $(n\alpha)$ 中有连续指标, 则上述各式中相应的求和应改为对连续指标的积分.

值得指出, 若厄密算符 $\hat{A}$ 的任何一组本征函数均不具有完备性, 即它们不满足方程 (3.1.5), 则 $\hat{A}$ 不是观测算符.

§ 3.2 算符的对易关系与共同本征函数

量子理论经常涉及两个算符的对易关系以及两个或多个算符的共同本征函数问题, 本节可奠定这方面的数学基础.

1. 算符的对易式

算符的乘积不满足交换律, 两个算符的对易式定义为

$$\boxed{[\hat{A},\hat{B}]\equiv\hat{A}\hat{B}-\hat{B}\hat{A}}$$

若 $[\hat{A},\hat{B}]=0$, 则称 $\hat{A}$ 和 $\hat{B}$ 对易; 若 $[\hat{A},\hat{B}]\neq 0$, 则称 $\hat{A}$ 和 $\hat{B}$ 不对易. 容易证明

$$\boxed{[\hat{A},\hat{B}\hat{C}]=\hat{B}[\hat{A},\hat{C}]+[\hat{A},\hat{B}]\hat{C},\quad [\hat{A}\hat{B},\hat{C}]=\hat{A}[\hat{B},\hat{C}]+[\hat{A},\hat{C}]\hat{B}} \tag{3.2.1}$$

以上是两个常用公式. 此外, 容易证明雅可比 (Jacobi) 恒等式:

$$[\hat{A},[\hat{B},\hat{C}]]+[\hat{B},[\hat{C},\hat{A}]]+[\hat{C},[\hat{A},\hat{B}]]=0. \tag{3.2.2}$$

例 1

设 n 为任意正整数, 求证

$$[\hat{A},\hat{B}^n]=\sum_{m=1}^{n}\hat{B}^{m-1}[\hat{A},\hat{B}]\hat{B}^{n-m}. \tag{3.2.3}$$

证明: 注意到 $\hat{B}^n=\hat{B}\hat{B}^{n-1}$, 重复利用 (3.2.1) 式, 可得

$$\begin{aligned}[\hat{A},\hat{B}^n]&=[\hat{A},\hat{B}]\hat{B}^{n-1}+\hat{B}[\hat{A},\hat{B}^{n-1}]=[\hat{A},\hat{B}]\hat{B}^{n-1}+\hat{B}[\hat{A},\hat{B}]\hat{B}^{n-2}+\hat{B}^2[\hat{A},\hat{B}^{n-2}]\\&=\cdots=[\hat{A},\hat{B}]\hat{B}^{n-1}+\hat{B}[\hat{A},\hat{B}]\hat{B}^{n-2}+\cdots+\hat{B}^{n-1}[\hat{A},\hat{B}].\end{aligned}$$

例 2

设函数 $F(x)$ 的任意阶导数 $F^{(n)}(x)$ 均存在, 若 $[\hat{A},\hat{B}]$ 与 $\hat{B}$ 对易, 则有

$$\boxed{[[\hat{A},\hat{B}],\hat{B}]=0 \quad\Rightarrow\quad [\hat{A},F(\hat{B})]=F'(\hat{B})[\hat{A},\hat{B}]} \tag{3.2.4}$$

解: 由于 $[[\hat{A},\hat{B}],\hat{B}]=0$, 容易证明 (3.2.3) 式可简化为

$$[\hat{A},\hat{B}^n]=n\hat{B}^{n-1}[\hat{A},\hat{B}]. \tag{3.2.5}$$

利用算符函数的定义式 (1.2.7) 及方程 (3.2.5), 可得

$$[\hat{A},F(\hat{B})]=\sum_{n=1}^{\infty}\frac{F^{(n)}(0)}{n!}[\hat{A},\hat{B}^n]=\sum_{n=0}^{\infty}\frac{F^{(n+1)}(0)}{n!}\hat{B}^n[\hat{A},\hat{B}]=F'(\hat{B})[\hat{A},\hat{B}].$$

设 $\hat{\boldsymbol{A}}$ 为矢量算符, 由算符恒等式 (1.2.5) 可以得到

$$\boxed{[\hat{\boldsymbol{A}},\hat{\boldsymbol{A}}^2]=\hat{\boldsymbol{A}}\times(\hat{\boldsymbol{A}}\times\hat{\boldsymbol{A}})-(\hat{\boldsymbol{A}}\times\hat{\boldsymbol{A}})\times\hat{\boldsymbol{A}}} \tag{3.2.6}$$

设 $\hat{F}$ 为标量算符, $\hat{\boldsymbol{A}}$ 和 $\hat{\boldsymbol{B}}$ 均为矢量算符, 容易证明

$$\boxed{[\hat{F},\hat{\boldsymbol{A}}\cdot\hat{\boldsymbol{B}}]=[\hat{F},\hat{\boldsymbol{A}}]\cdot\hat{\boldsymbol{B}}+\hat{\boldsymbol{A}}\cdot[\hat{F},\hat{\boldsymbol{B}}],\quad [\hat{F},\hat{\boldsymbol{A}}\times\hat{\boldsymbol{B}}]=[\hat{F},\hat{\boldsymbol{A}}]\times\hat{\boldsymbol{B}}+\hat{\boldsymbol{A}}\times[\hat{F},\hat{\boldsymbol{B}}]}$$

2. 对易算符的性质

设 $\hat{A}$ 为一个线性算符, $\mathcal{E}_1$ 是态函数空间 $\mathcal{E}$ 的一个子空间, 如果对于任意 $\psi\in\mathcal{E}_1$, 均有 $\hat{A}\psi\in\mathcal{E}_1$, 则称 $\mathcal{E}_1$ 为 $\hat{A}$ 的**不变子空间**, 如图 3.2.1 所示.

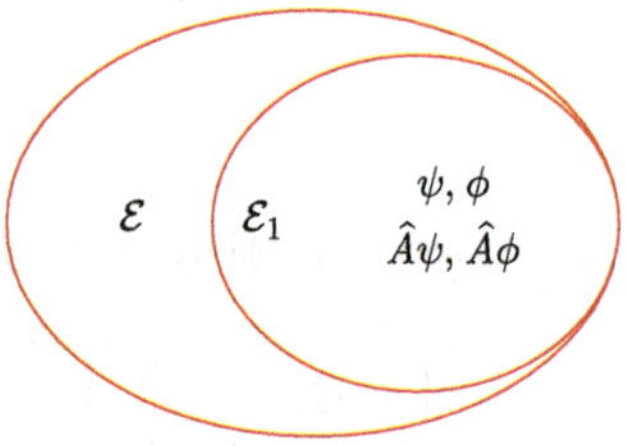

图 3.2.1　不变子空间的示意图

定理 1: 设 $\hat{A}$ 和 $\hat{B}$ 均为态空间 $\mathcal{E}$ 上的线性算符:

(1) 若 $[\hat{A},\hat{B}]=0$, 则 $\hat{A}$ 的任一个本征子空间均为 $\hat{B}$ 的不变子空间, 由此推断, 若 $\hat{A}$ 有非简并本征函数, 则它必然也是 $\hat{B}$ 的本征函数.

(2) 若 $\hat{A}$ 的任一个本征子空间均为 $\hat{B}$ 的不变子空间, 且 $\hat{A}$ 为一个观测算符, 则 $[\hat{A},\hat{B}]=0$.

证明: (1) 设 $\hat{A}$ 的本征值 a_n 对应于本征子空间 $\mathcal{E}_n$, 则对任意 $\varphi_n\in\mathcal{E}_n$, 均有

$$\hat{A}(\hat{B}\varphi_n)=\hat{B}(\hat{A}\varphi_n)=a_n(\hat{B}\varphi_n).$$

故 $(\hat{B}\varphi_n)$ 也是 $\hat{A}$ 的本征函数 (本征值为 a_n), $\hat{B}\varphi_n\in\mathcal{E}_n$, 即 $\mathcal{E}_n$ 为 $\hat{B}$ 的不变子空间.

若 $\hat{A}$ 的本征值 a_n 是非简并的, 则 a_n 对应的本征子空间 $\mathcal{E}_n$ 为一维空间, 因此 $\hat{B}\varphi_n=b_n\varphi_n$ (b_n 为常数), 即 φ_n 也为 $\hat{B}$ 的本征函数.

(2) 观测算符 $\hat{A}$ 必有一组正交归一完备的本征函数 $\psi_{n\alpha}$, 由于本征值 a_n 对应的本征子空间 $\mathcal{E}_n$ 均为 $\hat{B}$ 的不变子空间, 所以 $\hat{B}\psi_{n\alpha}\in\mathcal{E}_n$, 即

$$\hat{A}(\hat{B}\psi_{n\alpha})=a_n(\hat{B}\psi_{n\alpha})=\hat{B}(\hat{A}\psi_{n\alpha})\quad\Rightarrow\quad[\hat{A},\hat{B}]\psi_{n\alpha}=0.$$

体系的任意波函数均可表示为 $\psi=\sum\limits_{n\alpha}c_{n\alpha}\psi_{n\alpha}$, 即 (3.1.6) 式, 因此有

$$[\hat{A},\hat{B}]\psi=\sum_{n\alpha}c_{n\alpha}[\hat{A},\hat{B}]\psi_{n\alpha}=0\quad\Rightarrow\quad[\hat{A},\hat{B}]=0.$$

定理 2: 设 $\hat{A}$ 为一个观测算符, 则 $\hat{B}=f(\hat{A})$ (即为 $\hat{A}$ 的某个函数) 的充分必要条件是 $\hat{A}$ 的任一个本征函数均为 $\hat{B}$ 的本征函数.

证明: 设 $\hat{A}$ 的正交归一完备的本征函数为 $\psi_{n\alpha}$ (指标 α 用于区分相互简并的本征函数), 本征值 a_n 对应的本征子空间为 $\mathcal{E}_n$, 则 $\mathcal{E}_n$ 中的任意波函数可表示为

$$\varphi_n = \sum_\alpha c_\alpha \psi_{n\alpha}.$$

先证必要性, 设 $\hat{B} = f(\hat{A})$, 易证 φ_n 也是 $\hat{B}$ 的本征函数, 即

$$\hat{B}\varphi_n = \sum_\alpha c_\alpha f(\hat{A})\psi_{n\alpha} = \sum_\alpha c_\alpha f(a_n)\psi_{n\alpha} = f(a_n)\varphi_n.$$

再证充分性, 设 $\hat{A}$ 的所有本征函数均为 $\hat{B}$ 的本征函数, 则有

$$\hat{B}\psi_{n\alpha} = b_{n\alpha}\psi_{n\alpha}, \quad \hat{B}\varphi_n = b_n\varphi_n, \quad \Rightarrow \quad \sum_\alpha c_\alpha(b_{n\alpha} - b_n)\psi_{n\alpha} = 0.$$

由于各 $\psi_{n\alpha}$ 是相互独立的, 所以上式给出 $b_{n\alpha} = b_n$, 即 $b_{n\alpha}$ 实际上不依赖于指标 α, 因此 $\mathcal{E}_n$ 也是 $\hat{B}$ 的本征子空间, 其本征值 b_n 可视为 a_n 的函数 $f(a_n)$, 于是得到

$$\hat{B}\psi_{n\alpha} = f(a_n)\psi_{n\alpha} = f(\hat{A})\psi_{n\alpha}.$$

由于态空间的任意波函数均可表示为 $\psi = \sum_{n\alpha} c_{n\alpha}\psi_{n\alpha}$, 所以

$$\hat{B}\psi = \sum_{n\alpha} c_{n\alpha}\hat{B}\psi_{n\alpha} = \sum_{n\alpha} c_{n\alpha} f(\hat{A})\psi_{n\alpha} = f(\hat{A})\psi \quad \Rightarrow \quad \hat{B} = f(\hat{A}).$$

3. 两个算符的共同本征函数

若 $[\hat{A}, \hat{B}] = 0$, 可按以下方法求解 $\hat{A}$ 和 $\hat{B}$ 的共同本征函数.

首先求解 $\hat{A}$ 的本征方程, 假设求得 $\hat{A}$ 的某个本征值为 a, 对应的正交归一的本征函数为 $\psi_\alpha(\alpha = 1, 2, \cdots, f)$ (f 为简并度), 它们张成 $\hat{A}$ 的本征子空间 $\mathcal{E}_a$, 且满足

$$\hat{A}\psi_\alpha = a\psi_\alpha, \quad (\psi_\alpha, \psi_\beta) = \delta_{\alpha\beta} \quad (\alpha, \beta = 1, 2, \cdots, f).$$

由于 $[\hat{A}, \hat{B}] = 0$, 由定理 1 可知, $\hat{B}\psi_\beta$ 属于子空间 $\mathcal{E}_a$, 即

$$\hat{B}\psi_\beta = \sum_\alpha B_{\alpha\beta}\psi_\alpha, \quad B_{\alpha\beta} \equiv (\psi_\alpha, \hat{B}\psi_\beta).$$

以 $B_{\alpha\beta}$ 为矩阵元可构成一个方阵 B. 子空间 $\mathcal{E}_a$ 中的任一函数可表示为 $\varphi = \sum_\beta c_\beta\psi_\beta$, 它是 $\hat{A}$ 的本征函数. 为了使得 φ 也成为 $\hat{B}$ 的本征函数, 系数 $\{c_\beta\}$ 应满足

$$\hat{B}\varphi = b\varphi \quad \Rightarrow \quad (\psi_\alpha, \hat{B}\varphi) = b(\psi_\alpha, \varphi).$$

将 φ 的表达式代入上式, 并利用 $(\psi_\alpha, \psi_\beta) = \delta_{\alpha\beta}$, 可得

$$\sum_\beta B_{\alpha\beta}c_\beta = bc_\alpha.$$

从矩阵 B 的以上本征方程可求得非零解 $\{c_\beta\}$, 从而得到 $\hat{A}$ 和 $\hat{B}$ 的共同本征函数 φ. 若 $\hat{A}$ 和 $\hat{B}$ 均为厄密算符 (量子论中经常遇到此情形), 则 B 为厄密矩阵, 相应的非零解 $\{c_\beta\}$ 总是存在的 (参见附录 C), 因此 $\hat{A}$ 和 $\hat{B}$ 的共同本征函数 φ 也是存在的.

当 $[\hat{A},\hat{B}]\neq 0$ 时, 可分以下两种情形讨论 $\hat{A}$ 和 $\hat{B}$ 的共同本征函数.

(1) 若 $[\hat{A},\hat{B}]=c$ (非零复常数), 则 $\hat{A}$ 和 $\hat{B}$ 的共同本征函数不存在. 可用反证法证明这一结论, 假设 $\hat{A}$ 和 $\hat{B}$ 有共同本征函数 ψ, 本征值分别为 a 和 b, 则有

$$c\psi=[\hat{A},\hat{B}]\psi=(\hat{A}\hat{B}-\hat{B}\hat{A})\psi=(ab-ba)\psi=0 \quad\Rightarrow\quad c=0.$$

这与前提条件 $c\neq 0$ 矛盾, 因此 $\hat{A}$ 和 $\hat{B}$ 没有共同本征函数.

(2) 若 $[\hat{A},\hat{B}]=\hat{C}$(不是常数), 则一般不能断定 $\hat{A}$ 和 $\hat{B}$ 是否一定存在共同本征函数, 需要视具体情况而定. 假如此时 $\hat{A}$ 和 $\hat{B}$ 确有共同本征函数 ψ, 本征值分别为 a 和 b, 则 ψ 必为 $\hat{C}$ 的本征函数, 本征值为零, 因为

$$\hat{C}\psi=(\hat{A}\hat{B}-\hat{B}\hat{A})\psi=(ab-ba)\psi=0.$$

定理: 两个观测算符对易的充分必要条件是, 它们至少有一组正交归一完备的共同本征函数 (推论: 若干个观测算符两两对易的充分必要条件是, 它们至少有一组正交归一完备的共同本征函数).

证明: 先证充分性, 设观测算符 $\hat{A}$ 和 $\hat{B}$ 有一组正交归一完备的共同本征函数 $\{\phi_k\}$, 相应的本征值为 $\{a_k\}$ 和 $\{b_k\}$, 即

$$\hat{A}\phi_k=a_k\phi_k,\quad \hat{B}\phi_k=b_k\phi_k,\quad (\phi_k,\phi_{k'})=\delta_{kk'}.$$

则任意波函数均可表示为 $\psi=\sum\limits_k c_k\phi_k$, 因此有

$$[\hat{A},\hat{B}]\psi=\sum_k c_k(\hat{A}\hat{B}-\hat{B}\hat{A})\phi_k=\sum_k c_k(a_kb_k-b_ka_k)\phi_k=0.$$

由于上式对任意波函数 ψ 均成立, 所以 $[\hat{A},\hat{B}]=0$.

再证必要性, 设 $[\hat{A},\hat{B}]=0$, 观测算符 $\hat{A}$ 必有一组正交归一完备的本征函数, 整个函数空间可视为 $\hat{A}$ 的本征子空间 $\mathcal{E}_n$(对应的本征值记为 a_n) 的直和, 即

$$\mathcal{E}=\sum_n\oplus\mathcal{E}_n.$$

因 $[\hat{A},\hat{B}]=0$, 且 $\hat{B}^\dagger=\hat{B}$, 按照求共同本征函数的基本方法, 总可以在子空间 $\mathcal{E}_n$ 中找到一组正交归一的基函数 $\psi_{m\beta}^{(n)}$, 它们是 $\hat{A}$ 和 $\hat{B}$ 的共同本征函数, 即

$$\hat{A}\psi_{m\beta}^{(n)}=a_n\psi_{m\beta}^{(n)},\quad \hat{B}\psi_{m\beta}^{(n)}=b_m\psi_{m\beta}^{(n)},\ (\beta=1,2,\cdots,f_m),\quad (\psi_{m\beta}^{(n)},\psi_{m'\beta'}^{(n)})=\delta_{mm'}\delta_{\beta\beta'}.$$

其中 f_m 为本征值 b_m 的简并度. 由于 $\hat{A}$ 的不同本征子空间是相互正交的, 所以有

$$(\psi_{m\beta}^{(n)},\psi_{m'\beta'}^{(n')})=\delta_{nn'}\delta_{mm'}\delta_{\beta\beta'}.$$

因此 $\hat{A}$ 和 $\hat{B}$ 的共同本征函数组 $\{\psi_{m\beta}^{(n)}\}$ 具有正交归一性和完备性, 证毕.

需要指出, 如果两个观测算符不对易, 它们可以有一些特殊的共同本征函数, 但这些共同本征函数一定不完备, 因而不能作为态空间的一组基函数.

§ 3.3 描述动力学变量的观测算符

基于前两节打下的数学基础, 本节专门介绍那些描述动力学变量的观测算符, 并研究它们的本征函数和本征值问题, 为下一节阐述动力学变量的测值原理提供一个必要的基础.

1. 基本对易关系

在量子力学中, 假定任何动力学变量均由一个观测算符来描述. 位置和动量是两个基本的动力学变量, 因而位置算符 $\hat{\boldsymbol{r}}$ 和动量算符 $\hat{\boldsymbol{p}}$ 为两个基本的观测算符. 对于经典力学中有对应变量的动力学变量, 相应的观测算符可按照对应原理的要求来构造. 依据此原理, **各观测算符之间的关系应该等同于经典力学中相应动力学变量之间的关系 (宇称、自旋等量子力学中特有的动力学变量除外)**, 如轨道角动量算符为 $\hat{\boldsymbol{l}} = \hat{\boldsymbol{r}} \times \hat{\boldsymbol{p}}$. 若粒子处于标量势能场 $V(\boldsymbol{r},t)$ 中, 则哈密顿算符由方程 (1.3.3) 给出, 因此不同量子体系的哈密顿算符是不同的. 在第一章中已对宇称算符和哈密顿算符作过简单介绍, 本节重点讨论位置算符、动量算符及轨道角动量算符.

算符的对易关系在量子理论中极为重要, 量子力学中的基本对易式为

$$\boxed{[\hat{r}_\alpha, \hat{r}_\beta] = 0, \quad [\hat{p}_\alpha, \hat{p}_\beta] = 0, \quad [\hat{r}_\alpha, \hat{p}_\beta] = \mathrm{i}\hbar\delta_{\alpha\beta} \quad (\alpha, \beta = x, y, z)} \tag{3.3.1}$$

上述对易关系的正确性很容易验证. 例如, 对任意波函数 $\psi(\boldsymbol{r})$, 有

$$[\hat{x}, \hat{p}_x]\psi = -\mathrm{i}\hbar x\partial_x\psi + \mathrm{i}\hbar\partial_x(x\psi) = \mathrm{i}\hbar\psi \quad \Rightarrow \quad [\hat{x}, \hat{p}_x] = \mathrm{i}\hbar.$$

设函数 $F(\xi)$ 的任意阶导数均存在, 利用 (3.2.4) 式容易证明

$$\boxed{[\hat{p}_x, F(\hat{x})] = -\mathrm{i}\hbar F'(\hat{x}), \quad [\hat{x}, F(\hat{p}_x)] = \mathrm{i}\hbar F'(\hat{p}_x)} \tag{3.3.2}$$

2. 位置算符

对于一个作三维运动的粒子, 位矢算符 $\hat{\boldsymbol{r}}$ 有 3 个分量算符, 即 $\hat{x}, \hat{y}, \hat{z}$, 它们两两对易, 其共同本征函数可表示为

$$\boxed{\varphi_{\boldsymbol{a}}(\boldsymbol{r}) = \delta(\boldsymbol{r} - \boldsymbol{a}) \equiv \delta(x - a_x)\delta(y - a_y)\delta(z - a_z) \quad \Rightarrow \quad \hat{\boldsymbol{r}}\varphi_{\boldsymbol{a}}(\boldsymbol{r}) = \boldsymbol{a}\varphi_{\boldsymbol{a}}(\boldsymbol{r})}$$

本征值 (a_x, a_y, a_z) 均可取任意实数. 函数 $\varphi_{\boldsymbol{a}}(\boldsymbol{r})$ 具有广义正交归一性和完备性, 即

$$\boxed{(\varphi_{\boldsymbol{a}}, \varphi_{\boldsymbol{a}'}) = \delta(\boldsymbol{a} - \boldsymbol{a}'), \quad \int \mathrm{d}\boldsymbol{a}\varphi_{\boldsymbol{a}}^*(\boldsymbol{r})\varphi_{\boldsymbol{a}}(\boldsymbol{r}') = \delta(\boldsymbol{r} - \boldsymbol{r}')}$$

体系的任何波函数 $\psi(\boldsymbol{r})$ 均可表示为本征函数 $\varphi_{\boldsymbol{a}}(\boldsymbol{r})$ 的线性叠加, 即

$$\boxed{\psi(\boldsymbol{r})=\int \mathrm{d}\boldsymbol{a}\psi(\boldsymbol{a})\varphi_{\boldsymbol{a}}(\boldsymbol{r})} \tag{3.3.3}$$

3. 动量算符

对于一个作三维运动的粒子, 动量算符 $\hat{\boldsymbol{p}}$ 有 3 个分量算符, 即 $\hat{p}_x,\hat{p}_y,\hat{p}_z$, 它们也是两两对易的, 其共同本征函数为平面波函数, 可表示为

$$\boxed{\phi_{\boldsymbol{p}}(\boldsymbol{r})\equiv h^{-3/2}\exp(\mathrm{i}\boldsymbol{p}\cdot\boldsymbol{r}/\hbar)\quad\Rightarrow\quad\hat{\boldsymbol{p}}\phi_{\boldsymbol{p}}(\boldsymbol{r})=\boldsymbol{p}\phi_{\boldsymbol{p}}(\boldsymbol{r})}$$

本征值 (p_x,p_y,p_z) 均可取任意实数. 函数 $\phi_{\boldsymbol{p}}(\boldsymbol{r})$ 具有广义正交归一性和完备性, 即

$$\boxed{(\phi_{\boldsymbol{p}},\phi_{\boldsymbol{p}'})=\delta(\boldsymbol{p}-\boldsymbol{p}'),\qquad\int \mathrm{d}\boldsymbol{p}\phi^*_{\boldsymbol{p}}(\boldsymbol{r})\phi_{\boldsymbol{p}}(\boldsymbol{r}')=\delta(\boldsymbol{r}-\boldsymbol{r}')} \tag{3.3.4}$$

体系的任何波函数 $\psi(\boldsymbol{r})$ 均可用平面波函数展开, 此即傅里叶变换:

$$\boxed{\psi(\boldsymbol{r})=\int \mathrm{d}\boldsymbol{p}\varphi(\boldsymbol{p})\phi_{\boldsymbol{p}}(\boldsymbol{r}),\quad\varphi(\boldsymbol{p})=\int \mathrm{d}\boldsymbol{r}\psi(\boldsymbol{r})\phi^*_{\boldsymbol{p}}(\boldsymbol{r})} \tag{3.3.5}$$

若波函数 $\psi(\boldsymbol{r})$ 是归一化的, 则函数 $\varphi(\boldsymbol{p})$ 也满足归一化条件 (参见习题 1–7).

平面波函数不满足归一化条件, 为了避免这种发散性, 可假设粒子被限制在体积 $V=L^3$ 的立方体区域内. 由于 $\hat{p}_x$ 为厄密算符, 所以对任意波函数 ψ_1 和 ψ_2, 有

$$\begin{aligned}(\psi_1,\hat{p}_x\psi_2)=(\hat{p}_x\psi_1,\psi_2)\quad&\Rightarrow\quad\int_V \mathrm{d}\boldsymbol{r}\partial_x(\psi_1^*\psi_2)=0\\&\Rightarrow\quad\psi_1^*(L,y,z)\psi_2(L,y,z)=\psi_1^*(0,y,z)\psi_2(0,y,z).\end{aligned}$$

上式表明, $\hat{p}_x$ 的厄密性要求任意波函数 ψ 必须满足以下边界条件:

$$\psi(L,y,z)=\exp(\mathrm{i}\alpha)\psi(0,y,z).$$

其中 α 是一个对所有波函数都相同的实常数, 可以取 $\alpha=0$. 显然 y,z 方向也有相同的边界条件. 总之, $\hat{\boldsymbol{p}}$ 的厄密性要求波函数必须满足以下周期性边界条件:

$$\psi(L,y,z)=\psi(0,y,z),\quad\psi(x,L,z)=\psi(x,0,z),\quad\psi(x,y,L)=\psi(x,y,0). \tag{3.3.6}$$

当粒子被限制在体积为 V 的有限区域时, 动量本征函数可表示为

$$\boxed{\psi_{\boldsymbol{p}}(\boldsymbol{r})=\sqrt{1/V}\exp(\mathrm{i}\boldsymbol{p}\cdot\boldsymbol{r}/\hbar)} \tag{3.3.7}$$

它必须满足周期性边界条件 (3.3.6) 式, 这导致动量本征值 $\boldsymbol{p}$ 的量子化, 即

$$\boxed{p_\alpha=n_\alpha h/L\quad(\alpha=x,y,z;\ n_\alpha=0,\pm1,\pm2,\cdots)} \tag{3.3.8}$$

对于 (3.3.7) 式表示的动量本征函数, 正交归一性和完备性可表示为

$$\boxed{(\psi_{\boldsymbol{p}}, \psi_{\boldsymbol{p}'}) = \delta_{\boldsymbol{p}\boldsymbol{p}'}, \quad \sum_{\boldsymbol{p}} \psi^*_{\boldsymbol{p}}(\boldsymbol{r})\psi_{\boldsymbol{p}}(\boldsymbol{r}') = \delta(\boldsymbol{r} - \boldsymbol{r}')} \tag{3.3.9}$$

下面给出上式的证明过程. 由 (3.3.7) 式和 (3.3.8) 式可得

$$\begin{aligned}(\psi_{\boldsymbol{p}}, \psi_{\boldsymbol{p}'}) &\equiv \int_V \mathrm{d}\boldsymbol{r}\psi^*_{\boldsymbol{p}}(\boldsymbol{r})\psi_{\boldsymbol{p}'}(\boldsymbol{r}) = \int_V \mathrm{d}\boldsymbol{r}\exp[\mathrm{i}(\boldsymbol{p}' - \boldsymbol{p})\cdot\boldsymbol{r}/\hbar] \\ &= \prod_\alpha \left\{\frac{1}{L}\int_0^L \mathrm{d}r_\alpha \exp[\mathrm{i}2\pi(n'_\alpha - n_\alpha)r_\alpha/L]\right\} = \prod_\alpha \delta_{n_\alpha n'_\alpha} = \delta_{\boldsymbol{p}\boldsymbol{p}'}.\end{aligned}$$

正交归一性的表达式得证. 为了证明完备性的表达式, 我们注意到

$$\sum_{\boldsymbol{p}} \psi^*_{\boldsymbol{p}}(\boldsymbol{r})\psi_{\boldsymbol{p}}(\boldsymbol{r}') = \prod_\alpha \left\{\frac{1}{L}\sum_{n_\alpha}\exp[\mathrm{i}2\pi n_\alpha(r'_\alpha - r_\alpha)/L]\right\}. \tag{3.3.10}$$

利用附录 A 中 δ 函数的性质, 并注意到 $|r_\alpha - r'_\alpha| < L$, 方程 (3.3.10) 可表示为

$$\sum_{\boldsymbol{p}} \psi^*_{\boldsymbol{p}}(\boldsymbol{r})\psi_{\boldsymbol{p}}(\boldsymbol{r}') = \prod_\alpha \delta(r_\alpha - r'_\alpha) = \delta(\boldsymbol{r} - \boldsymbol{r}').$$

所有波函数 $\psi(\boldsymbol{r})$ 均可用动量本征函数展开, 即

$$\boxed{\psi(\boldsymbol{r}) = \sqrt{1/V}\sum_{\boldsymbol{p}} c_{\boldsymbol{p}}\exp(\mathrm{i}\boldsymbol{p}\cdot\boldsymbol{r}/\hbar), \quad c_{\boldsymbol{p}} = \sqrt{1/V}\int_V \mathrm{d}\boldsymbol{r}\psi(\boldsymbol{r})\exp(-\mathrm{i}\boldsymbol{p}\cdot\boldsymbol{r}/\hbar)} \tag{3.3.11}$$

(3.3.8) 式表明, 相邻两个动量本征值 p_α 的差值为 h/L, 当 $L \to \infty$ 时, 量子化的动量本征值过渡到连续量, 因此对任意函数 $f(\boldsymbol{p})$, 有

$$\boxed{\sum_{\boldsymbol{p}} f(\boldsymbol{p}) \to (V/h^3)\int \mathrm{d}\boldsymbol{p}f(\boldsymbol{p})} \tag{3.3.12}$$

4. 轨道角动量算符

轨道角动量算符 $\hat{\boldsymbol{l}}$ 是一个矢量算符, 共有 3 个分量, 定义为

$$\boxed{\hat{\boldsymbol{l}} \equiv \hat{\boldsymbol{r}} \times \hat{\boldsymbol{p}} = -\hat{\boldsymbol{p}} \times \hat{\boldsymbol{r}}, \quad \Rightarrow \quad \hat{l}_\alpha = \epsilon_{\alpha\beta\gamma}\hat{r}_\beta\hat{p}_\gamma \quad (\alpha, \beta, \gamma = x, y, z)}$$

其中 $\epsilon_{\alpha\beta\gamma}$ 是一个三阶反对称张量, 我们约定重复指标求和. 易知

$$\boxed{\hat{l}_x = \hat{y}\hat{p}_z - \hat{z}\hat{p}_y, \quad \hat{l}_y = \hat{z}\hat{p}_x - \hat{x}\hat{p}_z, \quad \hat{l}_z = \hat{x}\hat{p}_y - \hat{y}\hat{p}_x}$$

利用 $\hat{\boldsymbol{r}} \times \hat{\boldsymbol{r}} = 0, \hat{\boldsymbol{p}} \times \hat{\boldsymbol{p}} = 0$, 容易证明

$$\boxed{\hat{\boldsymbol{r}}\cdot\hat{\boldsymbol{l}} = \hat{\boldsymbol{l}}\cdot\hat{\boldsymbol{r}} = 0, \quad \hat{\boldsymbol{p}}\cdot\hat{\boldsymbol{l}} = \hat{\boldsymbol{l}}\cdot\hat{\boldsymbol{p}} = 0}$$

利用基本对易式 (3.3.1), 可以导出以下对易关系:

$$[\hat{l}_\alpha, \hat{r}_\beta] = \mathrm{i}\hbar\epsilon_{\alpha\beta\gamma}\hat{r}_\gamma, \quad [\hat{l}_\alpha, \hat{p}_\beta] = \mathrm{i}\hbar\epsilon_{\alpha\beta\gamma}\hat{p}_\gamma \tag{3.3.13}$$

$$\Rightarrow \quad [\hat{\boldsymbol{l}}, \hat{\boldsymbol{r}}^2] = 0, \quad [\hat{\boldsymbol{l}}, \hat{\boldsymbol{p}}^2] = 0, \quad [\hat{\boldsymbol{l}}, \hat{\boldsymbol{r}}\cdot\hat{\boldsymbol{p}}] = [\hat{\boldsymbol{l}}, \hat{\boldsymbol{p}}\cdot\hat{\boldsymbol{r}}] = 0.$$

需要特别注意, 分量 $\hat{l}_x, \hat{l}_y, \hat{l}_z$ 并不是相互对易的, 其对易关系为

$$\boxed{[\hat{l}_\alpha, \hat{l}_\beta] = \mathrm{i}\hbar\epsilon_{\alpha\beta\gamma}\hat{l}_\gamma \quad \Rightarrow \quad [\hat{l}_x, \hat{l}_y] = \mathrm{i}\hbar\hat{l}_z, \quad [\hat{l}_y, \hat{l}_z] = \mathrm{i}\hbar\hat{l}_x, \quad [\hat{l}_z, \hat{l}_x] = \mathrm{i}\hbar\hat{l}_y} \tag{3.3.14}$$

证明: 利用 $\hat{l}_\beta$ 的定义式及方程 (3.3.13), 可得

$$\begin{aligned}
[\hat{l}_\alpha, \hat{l}_\beta] &= \epsilon_{\beta\gamma\delta}[\hat{l}_\alpha, \hat{r}_\gamma\hat{p}_\delta] = \epsilon_{\beta\gamma\delta}([\hat{l}_\alpha, \hat{r}_\gamma]\hat{p}_\delta + \hat{r}_\gamma[\hat{l}_\alpha, \hat{p}_\delta]) \\
&= \mathrm{i}\hbar\epsilon_{\beta\gamma\delta}(\epsilon_{\alpha\gamma\tau}\hat{r}_\tau\hat{p}_\delta + \epsilon_{\alpha\delta\tau}\hat{r}_\gamma\hat{p}_\tau) \\
&= \mathrm{i}\hbar(\delta_{\alpha\beta}\delta_{\delta\tau} - \delta_{\alpha\delta}\delta_{\beta\tau})\hat{r}_\tau\hat{p}_\delta + \mathrm{i}\hbar(\delta_{\alpha\gamma}\delta_{\beta\tau} - \delta_{\alpha\beta}\delta_{\gamma\tau})\hat{r}_\gamma\hat{p}_\tau \\
&= \mathrm{i}\hbar(\hat{r}_\alpha\hat{p}_\beta - \hat{r}_\beta\hat{p}_\alpha) \\
&= \mathrm{i}\hbar\epsilon_{\alpha\beta\gamma}\hat{l}_\gamma.
\end{aligned}$$

对易关系 (3.3.14) 式还可以表示为以下更加简洁的矢量方程形式:

$$\boxed{\hat{\boldsymbol{l}} \times \hat{\boldsymbol{l}} = \mathrm{i}\hbar\hat{\boldsymbol{l}}}$$

轨道角动量平方算符的定义如下, 它与 $\hat{\boldsymbol{l}}$ 的任一分量均对易:

$$\boxed{\hat{\boldsymbol{l}}^2 \equiv \hat{l}_x^2 + \hat{l}_y^2 + \hat{l}_z^2, \quad [\hat{\boldsymbol{l}}^2, \hat{l}_\alpha] = 0 \quad (\alpha = x, y, z)}$$

在角动量理论中, 为了在数学上更方便, 通常引入升降算符:

$$\hat{l}_\pm \equiv \hat{l}_x \pm \mathrm{i}\hat{l}_y.$$

注意 $\hat{l}_\pm$ 均不是厄密算符, 并不代表动力学变量, 它们具有如下性质:

$$\hat{\boldsymbol{l}}^2 = \hat{l}_\pm\hat{l}_\mp \mp \hbar\hat{l}_z + \hat{l}_z^2, \quad [\hat{l}_+, \hat{l}_-] = 2\hbar\hat{l}_z, \quad [\hat{l}_z, \hat{l}_\pm] = \pm\hbar\hat{l}_\pm. \tag{3.3.15}$$

5. 轨道角动量算符的本征函数与本征值

在研究轨道角动量本征态时, 采用球坐标更方便, 它与直角坐标的关系如图 3.3.1 所示, 可表示为

$$x = r\sin\theta\cos\varphi, \quad y = r\sin\theta\sin\varphi, \quad z = r\cos\theta$$
$$(r \geqslant 0,\ 0 \leqslant \theta \leqslant \pi,\ 0 \leqslant \varphi \leqslant 2\pi).$$

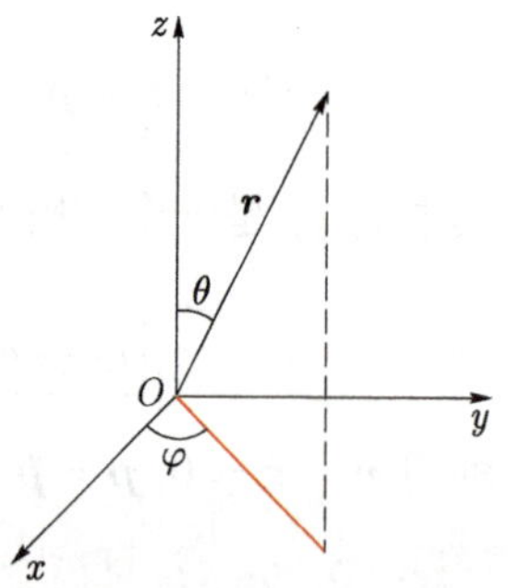

图 3.3.1　直角坐标系与球坐标系

球坐标系中的体积元为 $r^2\mathrm{d}r\mathrm{d}\Omega$, 立体角元 $\mathrm{d}\Omega = \sin\theta\mathrm{d}\theta\mathrm{d}\varphi$, 波函数归一化条件为

$$\boxed{\int_{r=0}^{\infty}\int_{\theta=0}^{\pi}\int_{\varphi=0}^{2\pi} |\psi(r,\theta,\varphi)|^2 r^2 \sin\theta\mathrm{d}r\mathrm{d}\theta\mathrm{d}\varphi = 1}$$

若波函数 $\psi(r,\theta,\varphi)$ 是归一化的, 则粒子出现在球壳 $(r, r+\mathrm{d}r)$ 内的概率为

$$\mathrm{d}P(r) = \left[\int_{\theta=0}^{\pi}\int_{\varphi=0}^{2\pi} |\psi(r,\theta,\varphi)|^2 \sin\theta \mathrm{d}\theta \mathrm{d}\varphi\right] r^2 \mathrm{d}r.$$

粒子出现在 (θ,φ) 方向的立体角 $\mathrm{d}\Omega$ 内的概率为

$$\mathrm{d}P(\theta,\varphi) = \left[\int_{r=0}^{\infty} |\psi(r,\theta,\varphi)|^2 r^2 \mathrm{d}r\right] \mathrm{d}\Omega.$$

轨道角动量算符 $\hat{\boldsymbol{l}}$ 仅与角度坐标 (θ,φ) 有关, 而不依赖于径向坐标 r, 即

$$\hat{l}_x = \mathrm{i}\hbar(\sin\varphi\partial_\theta + \cot\theta\cos\varphi\partial_\varphi), \quad \hat{l}_y = \mathrm{i}\hbar(-\cos\varphi\partial_\theta + \cot\theta\sin\varphi\partial_\varphi), \quad \hat{l}_z = -\mathrm{i}\hbar\partial_\varphi,$$

$$\hat{\boldsymbol{l}}^2 = -\hbar^2\left[(\sin\theta)^{-1}\partial_\theta(\sin\theta\partial_\theta) + (\sin\theta)^{-2}\partial_\varphi^2\right].$$

显然, $\hat{\boldsymbol{l}}$ 的任意分量与 r 的任意函数 $V(r)$ 均对易, 即

$$[\hat{\boldsymbol{l}}, V(r)] = 0.$$

仿照周期性边界条件 (3.3.6) 式的论证方法, 容易证明, $\hat{l}_z$ 的厄密性要求任何波函数 $\psi(r,\theta,\varphi)$ 必须满足以下周期性边界条件:

$$\psi(r,\theta,2\pi) = \psi(r,\theta,0).$$

利用以上条件容易证明, $\hat{l}_z$ 的本征值为 $m\hbar$ $(m = 0, \pm1, \pm2, \cdots)$, 对应的本征函数可表示为 $F(r,\theta)\varPhi_m(\varphi)$, 其中 $F(r,\theta)$ 是任意可归一化的函数, 而 $\varPhi_m(\varphi)$ 的表达式为

$$\boxed{\varPhi_m(\varphi) = \sqrt{1/2\pi}\exp(\mathrm{i}m\varphi) \quad \Rightarrow \quad \hat{l}_z\varPhi_m(\varphi) = m\hbar\psi_m(\varphi)}$$

以上 $\varPhi_m(\varphi)$ 满足正交归一性条件, 即

$$\int_0^{2\pi} \mathrm{d}\varphi \varPhi_m^*(\varphi)\varPhi_{m'}(\varphi) = \delta_{mm'}.$$

值得指出, $\hat{l}_x$ 和 $\hat{l}_y$ 的本征值也为 $m\hbar$ (m 为任意整数), 但是由于我们选取了 z 轴方向作为球坐标系的极轴方向, 因此对应的本征函数有非常复杂的形式.

平面转子的哈密顿算符为 $\hat{H} = \hat{l}_z^2/2I$, 定态波函数可选为 $\hat{l}_z$ 的以下本征函数中的任意两个: $\exp(\pm\mathrm{i}m\varphi)$, $\cos(m\varphi)$, $\sin(m\varphi)$, 对应的定态能级为

$$E_m = m^2\hbar^2/2I \quad (m = 0, \pm1, \pm2, \cdots).$$

显然, $m=0$ 的能级是非简并的, 其他能级的简并度为 2.

由于 $[\hat{\boldsymbol{l}}^2, \hat{l}_z] = 0$, 故 $\hat{\boldsymbol{l}}^2$ 和 $\hat{l}_z$ 有共同本征函数, 可将它表示为分离变量的形式:

$$Y(\theta,\varphi) = \Theta(\theta)\varPhi_m(\varphi) \quad (m = 0, \pm1, \pm2, \cdots).$$

上述 $Y(\theta,\varphi)$ 显然是 $\hat{l}_z$ 的本征函数, 为了求得 $\Theta(\theta)$, 将上式代入 $\hat{\boldsymbol{l}}^2$ 的本征方程:

$$\hat{\boldsymbol{l}}^2 Y(\theta,\varphi)=\lambda\hbar^2 Y(\theta,\varphi).$$

其中已将 $\hat{\boldsymbol{l}}^2$ 的本征值记为 $\lambda\hbar^2$. 将 $\hat{\boldsymbol{l}}^2$ 在球坐标系中的表达式代入上式, 得到

$$\frac{1}{\sin\theta}\frac{\mathrm{d}}{\mathrm{d}\theta}\left(\sin\theta\frac{\mathrm{d}\Theta}{\mathrm{d}\theta}\right)+\left(\lambda-\frac{m^2}{\sin^2\theta}\right)\Theta=0.$$

令 $\xi=\cos\theta$, 则以上微分方程可转化为连带勒让德方程 (参见附录 B):

$$(1-\xi^2)\Theta''(\xi)-2\xi\Theta'(\xi)+[\lambda-m^2/(1-\xi^2)]\Theta(\xi)=0.$$

可以证明①, 此方程在 $|\xi|\leqslant 1$ 的区域存在有限解 (物理上合理的解) 的条件为

$$\lambda=l(l+1)\quad(l=0,1,2,\cdots;\ l\geqslant|m|).$$

相应的归一化的解可表示为 [相位因子按照常用的康登–肖特莱 (Condon-Shortley) 取法]

$$\Theta_{lm}(\theta)=(-1)^m\sqrt{\frac{(2l+1)(l-m)!}{2(l+m)!}}P_l^m(\cos\theta),\qquad \int_0^{\pi}\Theta_{lm}\Theta_{l'm}\sin\theta\mathrm{d}\theta=\delta_{ll'}.$$

其中 $P_l^m(\xi)$ 为连带勒让德多项式. 因此 $\{\hat{\boldsymbol{l}}^2,\hat{l}_z\}$ 的共同本征函数为

$$Y_{lm}(\theta,\varphi)=(-1)^m\sqrt{(2l+1)(l-m)!/4\pi(l+m)!}P_l^m(\cos\theta)\exp(\mathrm{i}m\varphi),\qquad(3.3.16)$$

$$(l=0,1,2,\cdots;\ m=-l,-l+1,\cdots,l-1,l).$$

通常将 $Y_{lm}(\theta,\varphi)$ 称为**球谐函数**, 它们满足以下关系:

$$\boxed{\hat{\boldsymbol{l}}^2 Y_{lm}(\theta,\varphi)=l(l+1)\hbar^2 Y_{lm}(\theta,\varphi),\quad \hat{l}_z Y_{lm}(\theta,\varphi)=m\hbar Y_{lm}(\theta,\varphi)}\qquad(3.3.17)$$

$$\boxed{\int_0^{2\pi}\mathrm{d}\varphi\int_0^{\pi}\sin\theta\mathrm{d}\theta Y_{lm}^*(\theta,\varphi)Y_{l'm'}(\theta,\varphi)=\delta_{ll'}\delta_{mm'}}\qquad(3.3.18)$$

球谐函数还具有如下性质 (其中 $\hat{P}$ 为宇称算符):

$$\boxed{\hat{P}Y_{lm}(\theta,\varphi)=Y_{lm}(\pi-\theta,\pi+\varphi)=(-1)^l Y_{lm}(\theta,\varphi),\quad Y_{lm}^*(\theta,\varphi)=(-1)^m Y_{l,-m}(\theta,\varphi)}$$

下面给出了几个球谐函数的具体表达式:

$$Y_{00}=1/\sqrt{4\pi},\quad Y_{10}=\sqrt{3/4\pi}\cos\theta,\quad Y_{1,\pm1}=\mp\sqrt{3/8\pi}\sin\theta\exp(\pm\mathrm{i}\varphi).$$

由于 $[\hat{\boldsymbol{l}}^2,\hat{l}_\alpha]=0$, $(\alpha=x,y,z)$, 因此 $\hat{\boldsymbol{l}}^2$ 的非简并本征函数 Y_{00} 也是 $\hat{l}_\alpha$ 的本征函数, 也就是说, 虽然 $\hat{l}_x,\hat{l}_y,\hat{l}_z$ 相互之间并不对易, 但它们有共同本征函数 Y_{00}, 且

$$\hat{l}_\alpha Y_{00}=0\quad(\alpha=x,y,z).$$

① 参见曾谨言所著《量子力学 (卷 I)》(第五版) (科学出版社, 2013) 的第 524 页.

6. 相容变量完备集

若体系的两个动力学变量对应的观测算符相互对易, 则称这两个动力学变量为**相容变量**. 如果若干个相容变量对应的观测算符有且仅有一组正交完备的共同本征函数 (确定到仅相差一个相位因子), 则称这些相容变量构成一个完备集.

对于量子体系的任一个动力学变量 A, 我们假定总可以找到若干个其他动力学变量与 A 组成一个相容变量完备集, 完备集中动力学变量的数目必定不少于体系的自由度, 一个量子体系可以有多个这样的相容变量完备集.

对于作一维运动的粒子, $\{x\}$, $\{p_x\}$ 等均为相容变量完备集. 对于一维谐振子、一维无限方势阱中的粒子等, 哈密顿算符 $\{\hat{H}\}$ 也单独构成相容变量完备集. 而对于一维自由粒子, 因为能级是简并的, 所以哈密顿算符 $\hat{H}$ 并不能单独构成完备集.

对于一个作三维运动的粒子, 以下是一些相容变量完备集, 以及对应的正交完备的共同本征函数组:

$$\{\hat{x},\hat{y},\hat{z}\}:\ \delta(\boldsymbol{r}-\boldsymbol{r}_0)\quad(-\infty<x_0,y_0,z_0<+\infty);$$

$$\{\hat{p}_x,\hat{p}_y,\hat{p}_z\}:\ \exp(\mathrm{i}\boldsymbol{p}\cdot\boldsymbol{r}/\hbar)\quad(-\infty<p_x,p_y,p_z<+\infty);$$

$$\{\hat{x},\hat{p}_y,\hat{p}_z\}:\ \delta(x-x_0)\exp[\mathrm{i}(p_y y+p_z z)/\hbar]\quad(-\infty<x_0,p_y,p_z<+\infty).$$

注意到 $\{\hat{l}_x,\hat{l}_y,\hat{l}_z\}$, $\{\hat{l}_x,\hat{y},\hat{z}\}$, $\{\hat{l}_x,\hat{p}_y,\hat{z}\}$ 等均不是相容变量完备集, 因为各组中的动力学变量并不是两两相容的. $\{\hat{x},\hat{y}\}$ 也不是相容变量完备集, 因为它的动力学变量数目为 2, 少于体系的自由度 3.

7. 多粒子体系的观测算符

对于多粒子体系, 厄密算符和观测算符的定义及性质完全类似于单粒子体系. 设第 i 个粒子的质量为 m_i, 它的位矢、动量、轨道角动量算符分别为 $\hat{\boldsymbol{r}}_i,\hat{\boldsymbol{p}}_i,\hat{\boldsymbol{l}}_i$, 则体系的质心位矢算符 $\hat{\boldsymbol{R}}$, 总动量算符 $\hat{\boldsymbol{P}}$ 及总轨道角动量算符 $\hat{\boldsymbol{L}}$ 的定义分别为

$$\hat{\boldsymbol{R}}\equiv\sum_i m_i\hat{\boldsymbol{r}}_i/m\quad\Big(m\equiv\sum_i m_i\Big),\quad\hat{\boldsymbol{P}}\equiv\sum_i\hat{\boldsymbol{p}}_i,\quad\hat{\boldsymbol{L}}\equiv\sum_i\hat{\boldsymbol{l}}_i\quad(\hat{\boldsymbol{l}}_i\equiv\hat{\boldsymbol{r}}_i\times\hat{\boldsymbol{p}}_i).$$

不同粒子的观测算符是对易的, 如基本对易关系可表示为

$$\boxed{[\hat{r}_{i\alpha},\hat{r}_{j\beta}]=0,\quad[\hat{p}_{i\alpha},\hat{p}_{j\beta}]=0,\quad[\hat{r}_{i\alpha},\hat{p}_{j\beta}]=\mathrm{i}\hbar\delta_{ij}\delta_{\alpha\beta}\quad(\alpha,\beta=x,y,z)}$$

利用上式容易导出类似于单粒子体系的一些对易关系:

$$\boxed{[\hat{R}_\alpha,\hat{R}_\beta]=0,\quad[\hat{P}_\alpha,\hat{P}_\beta]=0,\quad[\hat{R}_\alpha,\hat{P}_\beta]=\mathrm{i}\hbar\delta_{\alpha\beta},\quad[\hat{L}_\alpha,\hat{L}_\beta]=\mathrm{i}\hbar\epsilon_{\alpha\beta\gamma}\hat{L}_\gamma}$$

考虑一个两粒子体系, 总质量 $m=m_1+m_2$, 约化质量 $\mu=m_1m_2/m$, 定义

$$\hat{\boldsymbol{R}}\equiv(m_1\hat{\boldsymbol{r}}_1+m_2\hat{\boldsymbol{r}}_2)/m,\quad\hat{\boldsymbol{r}}\equiv\hat{\boldsymbol{r}}_1-\hat{\boldsymbol{r}}_2.$$

其中 $\hat{\boldsymbol{r}}$ 为两粒子相对位矢. 总动量算符和相对运动动量算符分别为

$$\hat{\boldsymbol{P}} \equiv \hat{\boldsymbol{p}}_1 + \hat{\boldsymbol{p}}_2 = -\mathrm{i}\hbar\nabla_{\boldsymbol{R}}, \quad \hat{\boldsymbol{p}} \equiv \mu(\hat{\boldsymbol{p}}_1/m_1 - \hat{\boldsymbol{p}}_2/m_2) = -\mathrm{i}\hbar\nabla_{\boldsymbol{r}}.$$

总轨道角动量可以表示为质心运动角动量与相对运动角动量之和, 即

$$\boxed{\hat{\boldsymbol{L}} \equiv \hat{\boldsymbol{r}}_1 \times \hat{\boldsymbol{p}}_1 + \hat{\boldsymbol{r}}_2 \times \hat{\boldsymbol{p}}_2 = \hat{\boldsymbol{R}} \times \hat{\boldsymbol{P}} + \hat{\boldsymbol{r}} \times \hat{\boldsymbol{p}}}$$

总动能也可以表示为质心运动动能与相对运动动能之和, 即

$$\boxed{\hat{T} \equiv \hat{\boldsymbol{p}}_1^2/2m_1 + \hat{\boldsymbol{p}}_2^2/2m_2 = \hat{\boldsymbol{P}}^2/2m + \hat{\boldsymbol{p}}^2/2\mu}$$

§ 3.4 动力学变量的测值原理

在量子力学中, 对动力学变量测量结果的预言是由测值原理给出的. 本节先阐述关于动量的测值原理, 然后推广到一般的动力学变量, 在此基础上介绍有关动力学变量平均值的几个重要定理、动力学变量的涨落以及不确定度关系.

1. 动量的测值概率

体系的波函数完全描述了一个量子态, 因而也包含这个量子态的所有动力学变量的信息. 归一化波函数可表示为动量本征函数 (平面波函数) 的线性叠加,

$$\psi(\boldsymbol{r}) = \int \mathrm{d}\boldsymbol{p}\varphi(\boldsymbol{p})\phi_{\boldsymbol{p}}(\boldsymbol{r}), \quad \phi_{\boldsymbol{p}}(\boldsymbol{r}) = h^{-3/2}\exp(\mathrm{i}\boldsymbol{p}\cdot\boldsymbol{r}/\hbar). \tag{3.4.1}$$

根据德布罗意关系 (1.1.1) 式, 平面波函数 $\phi_{\boldsymbol{p}}(\boldsymbol{r})$ 描述具有确定动量 $\boldsymbol{p}$ 的状态, 因此可假设权重因子 $|\varphi(\boldsymbol{p})|^2$ 即为动量空间的概率密度, 也就是说, 当我们测量粒子的动量时, 测得的结果处于 $(\boldsymbol{p}, \boldsymbol{p}+\mathrm{d}\boldsymbol{p})$ 范围内的概率为 $|\varphi(\boldsymbol{p})|^2\mathrm{d}\boldsymbol{p}$, 而动量平均值为

$$\bar{\boldsymbol{p}} = \int \mathrm{d}\boldsymbol{p}|\varphi(\boldsymbol{p})|^2\boldsymbol{p} = (\psi, \hat{\boldsymbol{p}}\psi). \tag{3.4.2}$$

为了证明上式中的第二个等式, 利用傅里叶变换式 (3.3.5), 可得

$$\begin{aligned}(\psi, \hat{\boldsymbol{p}}\psi) &= \int \mathrm{d}\boldsymbol{p}\int \mathrm{d}\boldsymbol{p}'\varphi^*(\boldsymbol{p}')\varphi(\boldsymbol{p})\int \mathrm{d}\boldsymbol{r}\phi^*_{\boldsymbol{p}'}(\boldsymbol{r})(-\mathrm{i}\hbar\nabla)\phi_{\boldsymbol{p}}(\boldsymbol{r}) \\ &= \int \mathrm{d}\boldsymbol{p}\int \mathrm{d}\boldsymbol{p}'\varphi^*(\boldsymbol{p}')\varphi(\boldsymbol{p})\boldsymbol{p}\int \mathrm{d}\boldsymbol{r}\phi^*_{\boldsymbol{p}'}(\boldsymbol{r})\phi_{\boldsymbol{p}}(\boldsymbol{r}) \\ &= \int \mathrm{d}\boldsymbol{p}\int \mathrm{d}\boldsymbol{p}'\varphi^*(\boldsymbol{p}')\varphi(\boldsymbol{p})\boldsymbol{p}\delta(\boldsymbol{p}-\boldsymbol{p}') = \int \mathrm{d}\boldsymbol{p}|\varphi(\boldsymbol{p})|^2\boldsymbol{p}.\end{aligned}$$

设 $F(\boldsymbol{p})$ 是动量 $\boldsymbol{p}$ 的函数, 则它的平均值可表示为

$$\overline{F} = \int \mathrm{d}\boldsymbol{p}|\varphi(\boldsymbol{p})|^2 F(\boldsymbol{p}) = (\psi, F(\hat{\boldsymbol{p}})\psi). \tag{3.4.3}$$

归一化波函数也可以表示为位置本征函数 $\varphi_{\boldsymbol{a}}(\boldsymbol{r})$ 的线性叠加, 即

$$\psi(\boldsymbol{r}) = \int \mathrm{d}\boldsymbol{a}\psi(\boldsymbol{a})\varphi_{\boldsymbol{a}}(\boldsymbol{r}), \quad \varphi_{\boldsymbol{a}}(\boldsymbol{r}) \equiv \delta(\boldsymbol{r}-\boldsymbol{a}).$$

仿照动量的测值原理, 可认为粒子位置处于 $(\boldsymbol{a},\boldsymbol{a}+d\boldsymbol{a})$ 范围内的概率为 $|\psi(\boldsymbol{a})|^2d\boldsymbol{a}$, 这与第一章中的波函数统计诠释完全一致.

波函数 $\psi(\boldsymbol{r})$ 及其傅里叶变换式 $\varphi(\boldsymbol{p})$ 中的任何一个给定之后, 另一个也就完全确定了, 因此可用这两个函数中的任一个来描述微观粒子的同一个量子态, 它们在描述粒子的量子态方面具有完全等同的地位, 通常称 $\psi(\boldsymbol{r})$ 为 "坐标表象" 中的波函数, 而 $\varphi(\boldsymbol{p})$ 为 "动量表象" 中的波函数. 关于量子力学中的 "表象" 的概念我们将在第七章再作详细介绍.

例如, 若宽度为 a 的无限深对称势阱中的粒子处于基态, 归一化波函数为

$$\psi_1(x)=\sqrt{2/a}\cos(\pi x/a)\theta(a/2-|x|).$$

则动量表象中的归一化基态波函数为

$$\varphi_1(p)=\frac{1}{\sqrt{2\pi\hbar}}\int_{-a/2}^{a/2}\mathrm{d}x\psi_1(x)\exp(-\mathrm{i}px/\hbar)=2\sqrt{\frac{\pi a}{\hbar}}\frac{\cos(pa/2\hbar)}{\pi^2-p^2a^2/\hbar^2}.$$

此时测量粒子的动量, 测得的结果处于 $(p,p+\mathrm{d}p)$ 范围内的概率为

$$|\varphi_1(p)|^2\mathrm{d}p=(4\pi a/\hbar)[\cos(pa/2\hbar)/(\pi^2-p^2a^2/\hbar^2)]^2\mathrm{d}p.$$

2. 一般动力学变量的测值概率

可将动量的测值原理推广至一般的动力学变量. 设动力学变量 A 对应于观测算符 $\hat{A}$, 它的本征值为 a_n, 对应的正交归一完备的本征函数为 $\psi_{n\alpha}$ (α 用于区分相互简并的本征函数), 则体系的任何一个归一化波函数均可表示为

$$\psi=\sum_{n\alpha}c_{n\alpha}\psi_{n\alpha},\quad c_{n\alpha}=(\psi_{n\alpha},\psi).\tag{3.4.4}$$

测值原理是量子力学的一个基本假定: 在以上量子态 ψ 下测量动力学变量 A, 测得的结果只可能是 $\hat{A}$ 的本征值之一, 且出现本征值 a_n 的概率为

$$\boxed{P_n=\sum_{\alpha}|c_{n\alpha}|^2}\tag{3.4.5}$$

根据以上假定, 动力学变量的测量值一般是不确定的. 只有当体系处于 $\hat{A}$ 的某个本征态时, 测量动力学变量 A 才能得到一个确定值, 这个值就是相应的本征值 a_n. 以上测值原理与经典力学是完全不相容的, 因为按照经典力学, 体系的任何动力学变量在任何时刻均有一个确定的值.

按照以上测值原理, 动力学变量 A 在量子态 ψ 下的平均值为

$$\boxed{\overline{A}=\sum_n P_na_n=(\psi,\hat{A}\psi)}\tag{3.4.6}$$

为了证明上式中的第二个等式, 我们利用 (3.4.4) 式, 可得

$$(\psi, \hat{A}\psi) = \sum_{n\alpha}\sum_{n'\alpha'} c_{n\alpha}^* c_{n'\alpha'}(\psi_{n\alpha}, \hat{A}\psi_{n'\alpha'}) = \sum_{n\alpha}\sum_{n'\alpha'} c_{n\alpha}^* c_{n'\alpha'} a_{n'}(\psi_{n\alpha}, \psi_{n'\alpha'})$$
$$= \sum_{n\alpha}\sum_{n'\alpha'} c_{n\alpha}^* c_{n'\alpha'} a_{n'}\delta_{nn'}\delta_{\alpha\alpha'} = \sum_{n\alpha}|c_{n\alpha}|^2 a_n = \sum_n P_n a_n.$$

容易验证, 动力学变量 A 的函数 $F(A)$ 在量子态 ψ 下的平均值为

$$\overline{F(A)} = \sum_n P_n F(a_n) = (\psi, F(\hat{A})\psi). \tag{3.4.7}$$

例如, 粒子的归一化波函数 $\psi(r,\theta,\varphi)$ 可用球谐函数 $Y_{lm}(\theta,\varphi)$ 展开为

$$\psi(r,\theta,\varphi) = \sum_{l=0}^{\infty}\sum_{m=-l}^{l} c_{lm}(r)Y_{lm}(\theta,\varphi), \quad c_{lm}(r) = \int \mathrm{d}\Omega Y_{lm}^*(\theta,\varphi)\psi(r,\theta,\varphi).$$

粒子处于 $Y_{lm}(\theta,\varphi)$ 描述的角动量态的概率为

$$P_{lm} = \int_0^{\infty} |c_{lm}(r)|^2 r^2 \mathrm{d}r, \quad \sum_{lm} P_{lm} = 1.$$

$\hat{\boldsymbol{l}}^2$ 的可能测量值为 $l(l+1)\hbar^2$ $(l = 0, 1, \cdots)$, 相应的概率以及 $\hat{\boldsymbol{l}}^2$ 的平均值分别为

$$P_l = \sum_m P_{lm}, \quad \overline{\boldsymbol{l}^2} = \sum_l P_l l(l+1)\hbar^2 = \sum_{lm} P_{lm} l(l+1)\hbar^2.$$

$\hat{l}_z$ 的可能测量值为 $m\hbar, (m = 0, \pm1, \pm2, \cdots)$, 相应的概率以及 $\hat{l}_z$ 的平均值分别为

$$P_m = \sum_l P_{lm}, \quad \bar{l}_z = \sum_m P_m m\hbar = \sum_{lm} P_{lm} m\hbar.$$

由于动力学变量对应的观测算符均为厄密算符, 因此它的所有本征值及其在任何量子态下的平均值均为实数. 以上测值原理具有普遍性, 也适用于多粒子体系, 其正确性得到了实验的验证.

设想有 N 个全同的量子体系均处于方程 (3.4.4) 中波函数 ψ 描述的量子态, 对每一个体系独立地进行动力学变量 A 的测量, 测得结果为 a_n 的次数为 N_n, 则当 N 很大时, 比值 N_n/N 趋近于方程 (3.4.5) 中的概率 P_n, 表明上述测值原理与实验结果一致. 然而, 对于单次测量而言, 人们只能作出概率性的预言.

这种测量结果的不确定性与测量机制密切相关. 在量子的精确度水平上, 不可能将被测量体系与测量仪器区分开来. 在体系被测量之前, 其量子态随时间的演化满足薛定谔方程, 即动力学状态的演变具有严格的因果关系. 一旦对体系施加某种测量, 则测量仪器就会与被测量体系发生相互作用, 使得体系的动力学状态发生改变. **测量仪器对被测量体系造成的这种扰动在某种程度上来说是不可控制的, 必然导致测量结果的不确定性, 因此只能作出概率性的预测**.

假设测量前体系处于 (3.4.4) 式中 ψ 描述的量子态, 一旦完成对动力学变量 A 的理想测量过程, 且测量结果为 $\hat{A}$ 的本征值 a_n, 则体系立即跃变为 a_n 对应的本征态:

$$\psi_n = \lambda_n \sum_\alpha c_{n\alpha}\psi_{n\alpha}, \quad \lambda_n = \left(\sum_\alpha |c_{n\alpha}|^2\right)^{-1/2}.$$

波函数的这种变化称为 "**波函数的坍缩**", 测量过程相当于 "波包的过滤".

当体系处于定态时, 任何不显含时间的动力学变量的测值概率及平均值均不随时间变化. 为了证明这一结论, 可设体系的含时定态波函数 (已归一化) 为

$$\Psi(t) = \psi \exp(-\mathrm{i}Et/\hbar).$$

其中定态波函数 ψ 可表示为观测算符 $\hat{A}$ 的本征函数 $\psi_{n\alpha}$ 的线性叠加形式, 因此

$$\Psi(t) = \sum_{n\alpha} c_{n\alpha} \exp(-\mathrm{i}Et/\hbar)\psi_{n\alpha}, \quad c_{n\alpha} = (\psi_{n\alpha}, \psi).$$

根据测值原理, 在此态下测量动力学变量 A, 测量结果为本征值 a_n 的概率为

$$P_n = \sum_\alpha |c_{n\alpha}\exp(-\mathrm{i}Et/\hbar)|^2 = \sum_\alpha |c_{n\alpha}|^2.$$

P_n 显然不随时间变化, 由 (3.4.6) 式可知, 平均值 $\overline{A}$ 也不随时间变化.

设两粒子体系处于归一化波函数 $\psi(\boldsymbol{r}_1, \boldsymbol{r}_2)$ 描述的量子态, 作傅里叶变换:

$$\psi(\boldsymbol{r}_1, \boldsymbol{r}_2) = h^{-3} \iint \mathrm{d}\boldsymbol{p}_1 \mathrm{d}\boldsymbol{p}_2 \varphi(\boldsymbol{p}_1, \boldsymbol{p}_2) \exp[\mathrm{i}(\boldsymbol{p}_1 \cdot \boldsymbol{r}_1 + \boldsymbol{p}_2 \cdot \boldsymbol{r}_2)/\hbar].$$

在此态下测量粒子的动量, 则粒子 1 的动量处于 $(\boldsymbol{p}_1, \boldsymbol{p}_1 + \mathrm{d}\boldsymbol{p}_1)$ 范围内, 同时粒子 2 的动量处于 $(\boldsymbol{p}_2, \boldsymbol{p}_2 + \mathrm{d}\boldsymbol{p}_2)$ 范围内的概率为 $|\varphi(\boldsymbol{p}_1, \boldsymbol{p}_2)|^2 \mathrm{d}\boldsymbol{p}_1 \mathrm{d}\boldsymbol{p}_2$.

若描述两粒子体系某个量子态的波函数具有可分离变量的形式, 即

$$\psi(\boldsymbol{r}_1, \boldsymbol{r}_2) = \psi_1(\boldsymbol{r}_1)\psi_2(\boldsymbol{r}_2) \quad \Rightarrow \quad \varphi(\boldsymbol{p}_1, \boldsymbol{p}_2) = \varphi_1(\boldsymbol{p}_1)\varphi_2(\boldsymbol{p}_2).$$

其中 $\varphi_1(\boldsymbol{p})$ 和 $\varphi_2(\boldsymbol{p})$ 分别是 $\psi_1(\boldsymbol{r})$ 和 $\psi_2(\boldsymbol{r})$ 的傅里叶变换式, 则两个粒子的位矢 (或动量) 的统计分布没有关联性. 若体系的波函数不能表示为分离变量的形式, 则两个粒子的位矢 (或动量) 的统计分布一般是有关联的.

3. 动力学变量平均值的相关定理

当体系处于波函数 ψ 描述的量子态时, 动力学变量 A 的平均值由方程 (3.4.6) 给出, 下面介绍几个与此相关的定理.

定理 1 赫尔曼 – 费曼 (Hellmann-Feynman) 定理 (或 HF 定理): 设厄密算符 $\hat{A}_\lambda$ 依赖于连续实参量 λ, 本征值和归一化本征函数分别为 a_λ 和 ψ_λ, 即 $\hat{A}_\lambda\psi_\lambda = a_\lambda\psi_\lambda$, $(\psi_\lambda, \psi_\lambda) = 1$, 则

$$\boxed{\partial_\lambda a_\lambda = \overline{\partial_\lambda A_\lambda} \equiv (\psi_\lambda, (\partial_\lambda \hat{A}_\lambda)\psi_\lambda)}$$

证明: 易知 $a_\lambda = (\psi_\lambda, \hat{A}_\lambda\psi_\lambda)$, 对此式的两边求微分, 可得

$$\partial_\lambda a_\lambda = (\psi_\lambda, (\partial_\lambda \hat{A}_\lambda)\psi_\lambda) + (\partial_\lambda\psi_\lambda, \hat{A}_\lambda\psi_\lambda) + (\psi_\lambda, \hat{A}_\lambda\partial_\lambda\psi_\lambda).$$

利用 $\hat{A}_\lambda^\dagger=\hat{A}_\lambda$, 可得 $(\psi_\lambda,\hat{A}_\lambda\partial_\lambda\psi_\lambda)=(\hat{A}_\lambda\psi_\lambda,\partial_\lambda\psi_\lambda)$, 上式可改写为

$$\partial_\lambda a_\lambda=\overline{\partial_\lambda A_\lambda}+a_\lambda(\partial_\lambda\psi_\lambda,\psi_\lambda)+a_\lambda(\psi_\lambda,\partial_\lambda\psi_\lambda)=\overline{\partial_\lambda A_\lambda}+a_\lambda\partial_\lambda(\psi_\lambda,\psi_\lambda)=\overline{\partial_\lambda A_\lambda}.$$

束缚定态波函数是可归一化的, 因此 HF 定理常被用于研究束缚定态的能级.

例 1

设质量为 m 的粒子分别处于两个势阱 $V_1(x)$ 和 $V_0(x)$ 中, 束缚定态能级分别为 $E_1^{(n)}$ 和 $E_0^{(n)}$ $(n=1,2,\cdots)$, 若 $V_1(x)\geqslant V_0(x)$, 求证: $E_1^{(n)}\geqslant E_0^{(n)}$.

证明: 构造一个依赖于连续实参量 λ 的哈密顿算符:

$$\hat{H}_\lambda=-\hbar^2\partial_x^2/2m+V_\lambda(x),\quad V_\lambda(x)\equiv\lambda V_1(x)+(1-\lambda)V_0(x).$$

设 $\hat{H}_\lambda$ 的束缚定态能级为 $E_\lambda^{(n)}$, 则由 HF 定理可得

$$\partial_\lambda E_\lambda^{(n)}=\overline{\partial_\lambda H_\lambda}=\overline{V_1-V_0}\geqslant 0\quad\Rightarrow\quad E_1^{(n)}\geqslant E_0^{(n)}.$$

例 2

设质量为 m 的粒子处于势能场 $V(\boldsymbol{r})=m^\alpha f(\boldsymbol{r})$ 中, 束缚定态能级 $E(m)$ 也是 m 的函数, 求证: 束缚定态的动能平均值为 $\overline{T}=(1+\alpha)^{-1}(\alpha-m\partial_m)E$.

证明: 由于哈密顿算符 $\hat{H}$ 依赖于质量 m, 可将 HF 定理用于束缚定态, 即

$$\hat{H}=\hat{T}+V(\boldsymbol{r})=\hat{p}^2/2m+m^\alpha f(\boldsymbol{r})$$
$$\Rightarrow\quad\partial_m E=\overline{\partial_m H}=-\overline{p^2}/2m^2+\alpha m^{\alpha-1}\overline{f}=-\overline{T}/m+\alpha\overline{V}/m.$$

$\hat{H}$ 在束缚定态的平均值为 $E=\overline{T}+\overline{V}$, 将它代入上式即可得到 $\overline{T}$ 的表达式, 证毕.

下面将例 2 的结论应用于以下 3 个具体的量子体系:

(1) 一维谐振子, $V(x)=m\omega^2x^2/2$, 此时 $\alpha=1$, 束缚定态能级为

$$E=(n+1/2)\hbar\omega\quad\Rightarrow\quad\overline{T}=(1/2)(1-m\partial_m)E=E/2.$$

(2) 一维 δ 势阱, $V(x)=-\gamma\delta(x)$, 此时 $\alpha=0$, 束缚定态能级为

$$E=-m\gamma^2/2\hbar^2\quad\Rightarrow\quad\overline{T}=-m\partial_m E=-E.$$

(3) 氢原子, $V(r)=-e^2/r$, 此时 $\alpha=0$, 束缚定态能级为 (参见第 4.5 节)

$$E=-me^4/2\hbar^2n^2\quad\Rightarrow\quad\overline{T}=-m\partial_m E=-E.$$

定理 2: 设体系处于厄密算符 $\hat{A}$ 的归一化本征态, 则有

$$\boxed{\overline{[\hat{A},\hat{B}]}=0}\tag{3.4.8}$$

证明: 设 ψ 为 $\hat{A}$ 的归一化本征函数, 即 $\hat{A}\psi=a\psi$, $(\psi,\psi)=1$, 则

$$\overline{[\hat{A},\hat{B}]}=(\psi,\hat{A}\hat{B}\psi)-(\psi,\hat{B}\hat{A}\psi)=(\hat{A}\psi,\hat{B}\psi)-a\overline{B}=a\overline{B}-a\overline{B}=0.$$

例 3

若粒子处于球谐函数 $Y_{lm}(\theta,\varphi)$ 描述的状态, 求证

$$\bar{l}_x=\bar{l}_y=0,\quad \bar{l}_z=m\hbar;\quad \overline{l_x^2}=\overline{l_y^2}=[l(l+1)-m^2]\hbar^2/2,\quad \overline{l_z^2}=m^2\hbar^2.$$

证明: 由于 Y_{lm} 是 $\hat{l}_z$ 的归一化本征函数, 即 $\hat{l}_zY_{lm}=m\hbar Y_{lm}$, 所以

$$\bar{l}_z=(Y_{lm},\hat{l}_zY_{lm})=m\hbar(Y_{lm},Y_{lm})=m\hbar,\quad \overline{l_z^2}=(Y_{lm},\hat{l}_z^2Y_{lm})=m^2\hbar^2(Y_{lm},Y_{lm})=m^2\hbar^2.$$

注意到 $[\hat{l}_y,\hat{l}_z]=\mathrm{i}\hbar\hat{l}_x$, $[\hat{l}_z,\hat{l}_x]=\mathrm{i}\hbar\hat{l}_y$, 由定理 2 可得

$$\overline{[\hat{l}_y,\hat{l}_z]}=\overline{[\hat{l}_z,\hat{l}_x]}=0\quad\Rightarrow\quad \bar{l}_x=\bar{l}_y=0.$$

体系处于 $\hat{l}_z$ 的本征态, 因此 x,y 两个方向是等价的, 这种对称性导致 $\overline{l_x^2}=\overline{l_y^2}$, 因此

$$\overline{\boldsymbol{l}^2}=\overline{l_x^2}+\overline{l_y^2}+\overline{l_z^2}=2\overline{l_x^2}+\overline{l_z^2}\quad\Rightarrow\quad \overline{l_x^2}=\overline{l_y^2}=(\overline{\boldsymbol{l}^2}-\overline{l_z^2})/2=[l(l+1)\hbar^2-m^2\hbar^2]/2.$$

例 4

设带电荷 q 的一维谐振子处于均匀静电场 $\mathcal{E}$ 中, 哈密顿算符为

$$\hat{H}=\hat{p}^2/2m+m\omega^2x^2/2-q\mathcal{E}x.$$

若体系处于束缚定态, 求证: $\bar{x}=q\mathcal{E}/m\omega^2$, 且能级 $E(\mathcal{E})=E(0)-q^2\mathcal{E}^2/2m\omega^2$.

证明: 易知 $[\hat{p},\hat{H}]=\mathrm{i}\hbar(q\mathcal{E}-m\omega^2x)$, 对此式的两边取平均值, 再由定理 2 可得

$$\overline{[\hat{p},\hat{H}]}=0\quad\Rightarrow\quad \bar{x}=q\mathcal{E}/m\omega^2.$$

再利用 HF 定理, 可知束缚定态能级 $E(\mathcal{E})$ 满足以下关系:

$$\partial_{\mathcal{E}}E=\overline{\partial_{\mathcal{E}}H}=-q\bar{x}=-q^2\mathcal{E}/m\omega^2\quad\Rightarrow\quad E(\mathcal{E})=E(0)-q^2\mathcal{E}^2/2m\omega^2.$$

定理 3 维里 (Virial) 定理: 设势能场 $V(\boldsymbol{r})$ 中的粒子处于束缚定态, 则有

$$\boxed{\bar{\boldsymbol{p}}=0,\quad \overline{\nabla V}=0,\quad 2\overline{T}=\overline{\boldsymbol{r}\cdot\nabla V(\boldsymbol{r})}}$$

证明: 哈密顿算符 $\hat{H}=\hat{T}+V(\boldsymbol{r})=\hat{\boldsymbol{p}}^2/2m+V(\boldsymbol{r})$, 容易导出

$$[\hat{\boldsymbol{r}},\hat{H}]=\mathrm{i}\hbar\hat{p}/m,\quad [\hat{\boldsymbol{p}},\hat{H}]=-\mathrm{i}\hbar\nabla V,\quad [\hat{\boldsymbol{r}}\cdot\hat{\boldsymbol{p}},\hat{H}]=\mathrm{i}\hbar(2\hat{T}-\hat{\boldsymbol{r}}\cdot\nabla V).$$

将上述对易式在束缚定态下取平均值, 由定理 2 立即得到维里定理的结果.

维里定理的推论: 设势场 $V(\boldsymbol{r})$ 是 x,y,z 的 n 次齐次函数, 即满足

$$V(\lambda\boldsymbol{r})=\lambda^nV(\boldsymbol{r})\quad\Rightarrow\quad \boldsymbol{r}\cdot\nabla V(\boldsymbol{r})=nV(\boldsymbol{r}).$$

则在束缚定态下, 有 $2\overline{T}=n\overline{V}$. 例如:

(1) 三维各向同性谐振子, $V(r)=m\omega^2r^2/2$, 即 $n=2$, 因此有 $\overline{T}=\overline{V}$.

(2) 氢原子, $V(r)=-e^2/r$, 即 $n=-1$, 因此有 $2\overline{T}=-\overline{V}$.

(3) 三维 δ 势阱, $V(\boldsymbol{r})=-\gamma\delta(\boldsymbol{r})$, 即 $n=-3$, 因此有 $2\overline{T}=-3\overline{V}$.

4. 动力学变量的涨落

根据测值原理, 在量子态 ψ 下测量动力学变量 A, 测得的结果一般是不确定的, 可能出现的测值围绕平均值 $\overline{A}$ 有一定的统计分布范围, 为了定量地描述动力学变量的这种不确定度, 定义 A 的涨落为

$$\Delta A \equiv \sqrt{\overline{\mathcal{A}^2}} = \sqrt{\overline{A^2} - \overline{A}^2} \quad (\hat{\mathcal{A}} \equiv \hat{A} - \overline{A}).$$

定理: 动力学变量 A 在态 ψ 下的涨落为零的充分必要条件是 $\hat{\mathcal{A}}\psi = a\psi$.

证明: 先证充分性, 设 ψ 是 $\hat{A}$ 的归一化本征函数, 即 $\hat{A}\psi = a\psi$, 则 A 的平均值为

$$\overline{A} = a \quad \Rightarrow \quad \hat{\mathcal{A}}\psi = 0 \quad \Rightarrow \quad \overline{\mathcal{A}^2} = 0.$$

再证必要性, 设 A 在量子态 ψ 下的涨落 $\Delta A = 0$, 则有

$$(\hat{\mathcal{A}}\psi, \hat{\mathcal{A}}\psi) = (\psi, \hat{\mathcal{A}}^2\psi) = 0, \quad \Rightarrow \quad \hat{\mathcal{A}}\psi = 0, \quad \Rightarrow \quad \hat{A}\psi = \overline{A}\psi.$$

因此 ψ 为 $\hat{A}$ 的本征态, 本征值为 $\overline{A}$, 证毕.

例 5

设作一维运动的粒子处于归一化高斯波包描述的量子态, 即

$$\psi(x) = (2\pi a^2)^{-1/4} \exp[-(x-x_0)^2/4a^2 + \mathrm{i}p_0 x/\hbar]. \tag{3.4.9}$$

试求动量表象中的波函数, 以及 $\hat{x}$ 和 $\hat{p}$ 的平均值和涨落.

解: 利用傅里叶变换可求得动量表象中的波函数为

$$\varphi(p) = (2a^2/\pi\hbar^2)^{1/4} \exp[-(p-p_0)^2 a^2/\hbar^2 - \mathrm{i}(p-p_0)x_0/\hbar]. \tag{3.4.10}$$

利用方程 (3.4.6), 可求得以下各项平均值:

$$\bar{x} = x_0, \quad \bar{p} = p_0, \quad \overline{x^2} = x_0^2 + a^2, \quad \overline{p^2} = p_0^2 + \hbar^2/4a^2.$$

再利用涨落的定义式, 容易求得位置和动量的不确定度:

$$\Delta x = a, \quad \Delta p = \hbar/2a \quad \Rightarrow \quad \Delta x \cdot \Delta p = \hbar/2.$$

若作一维运动的粒子具有完全确定的动量 p_0, 即 $\Delta p = 0$, 则波函数为

$$\psi(x) = \sqrt{1/h}\exp(\mathrm{i}p_0 x/\hbar) \quad \Rightarrow \quad \varphi(p) = \delta(p-p_0).$$

此时概率密度 $|\psi(x)|^2$ 不依赖于 x, 即粒子的位置是完全不确定的, 故 $\Delta x = \infty$.

若作一维运动的粒子具有完全确定的位置 x_0, 即 $\Delta x = 0$, 则波函数为

$$\psi(x) = \delta(x-x_0) \quad \Rightarrow \quad \varphi(p) = \sqrt{1/h}\exp(-\mathrm{i}px_0/\hbar).$$

此时概率密度 $|\varphi(p)|^2$ 不依赖于 p, 即粒子的动量是完全不确定的, 故 $\Delta p = \infty$.

5. 不确定度关系

动力学变量 A 和 B 在任意量子态 ψ 下的涨落均满足以下不确定度关系:

$$\boxed{\Delta A\cdot\Delta B\geqslant|\overline{[\hat{A},\hat{B}]}|/2} \tag{3.4.11}$$

证明: 令 $\hat{\mathcal{A}}\equiv\hat{A}-\overline{A}$, $\hat{\mathcal{B}}\equiv\hat{B}-\overline{B}$, 并引入实数 α、厄密算符 $\hat{C}$ 及算符 $\hat{D}$:

$$\alpha\equiv\bar{C}/2\overline{\mathcal{A}^2}=\alpha^*,\quad \hat{C}\equiv-\mathrm{i}[\hat{A},\hat{B}]=\hat{C}^\dagger,\quad \hat{D}\equiv\alpha\hat{\mathcal{A}}+\mathrm{i}\hat{\mathcal{B}}.$$

注意到 $\hat{D}^\dagger\hat{D}$ 为正定厄密算符, 它在任意态 ψ 下的平均值均为非负实数, 即

$$\overline{D^\dagger D}\geqslant0\quad\Rightarrow\quad\alpha^2\overline{\mathcal{A}^2}+\overline{\mathcal{B}^2}+\mathrm{i}\alpha\overline{[\hat{A},\hat{B}]}\geqslant0.$$

将 α 和 $\hat{C}$ 的定义式代入上式, 并利用涨落的定义式, 立即导出 (3.4.11) 式, 证毕.

(3.4.11) 式取等号的充分必要条件为 $\overline{D^\dagger D}=0\ \Rightarrow\ \hat{D}\psi=0$, 即

$$\alpha(\hat{A}-\overline{A})\psi+\mathrm{i}(\hat{B}-\overline{B})\psi=0. \tag{3.4.12}$$

不确定度关系 (3.4.11) 式是一个一般性的公式, 下面给出它的一些特例. 设 $F(x)$ 为任意可微函数, 在 (3.4.11) 式中令 $\hat{A}=F(x)$, $\hat{B}=\hat{p}_x$, 再利用 (3.3.2) 式给出的对易式 $[F(x),\hat{p}_x]=\mathrm{i}\hbar F'(x)$, 可得

$$\Delta F(x)\cdot\Delta p_x\geqslant(\hbar/2)|\overline{F'(x)}|. \tag{3.4.13}$$

在上式中令 $F(x)=x$, 立即得到位置–动量不确定度关系:

$$\boxed{\Delta x\cdot\Delta p_x\geqslant\hbar/2} \tag{3.4.14}$$

使得上式取等号的波函数 $\psi(x)$ 称为“最小波包”, 它的微分方程为 (3.4.12) 式, 即

$$\alpha(x-\bar{x})\psi+\mathrm{i}(-\mathrm{i}\hbar\partial_x-\bar{p}_x)\psi=0.$$

此方程的解即为高斯波包 (3.4.9) 式.

由于 $[\hat{x},\hat{p}_x]=\mathrm{i}\hbar$, 所以 $\hat{x}$ 和 $\hat{p}_x$ 没有共同本征态. 方程 (3.4.14) 表明, 在任何量子态下, Δx 和 Δp_x 不可能同时为零, 也就是说, **粒子的位置和动量不可能同时具有确定的测值, 这就是海森伯的不确定性原理**, 它是波粒二象性的直接体现, 表明经典力学中的精确轨道图像并不能用来描述微观粒子的运动状态.

位置–动量不确定度关系也可以这样理解: 动量的本征态是平面波状态, 严格的平面波是扩展于整个空间的, 它不可能局域在空间的一个精确点, “空间某个精确点上的平面波”是没有意义的, 因此“空间某个精确点上的动量”也是没有意义的.

对于宏观体系, 作用量量子 $\hbar$ 是一个可忽略的小量, 因而 Δx 和 Δp_x 可同时为零, 即可认为粒子在任何时刻均具有几乎确定的位置和动量, 因此可用精确轨道的图像来近似描述粒子的运动状态, 即经典力学适用于宏观物体的运动.

方程 (3.4.14) 是位置–动量不确定度的严格表达式. 为了估算质量为 m 的粒子

处于某个势能场中的基态能 E_0 的数量级, 常常运用以下不确定度关系:

$$\boxed{\Delta x \cdot \Delta p \sim \hbar, \quad |E_0| \sim (\Delta p)^2/2m} \tag{3.4.15}$$

对于宽度为 a 的无限深方势阱, 粒子被束缚在势阱内部, 即 $\Delta x \sim a$, 将它代入 (3.4.15) 式, 可得 $E_0 \sim \hbar^2/ma^2$.

对于势阱 $V(x) = -\gamma\delta(x)$ $(\gamma > 0)$, 基态能 E_0 也可用势能的不确定度来估算, 即 $|E_0| \sim \gamma/\Delta x$, 将它与 (3.4.15) 式相结合, 可得 $E_0 \sim -m\gamma^2/\hbar^2$.

对于谐振子势场 $V(x) = m\omega^2x^2/2$, 基态能 E_0 也可用势能的不确定度来估算, 即 $E_0 \sim m\omega^2(\Delta x)^2/2$, 将它与 (3.4.15) 式相结合, 可得 $E_0 \sim \hbar\omega$.

§ 3.5 动力学变量随时间的变化

动力学变量的平均值依赖于体系所处的量子态, 后者是随时间变化的, 满足薛定谔方程, 因此动力学变量的平均值也是随时间变化的. 本节先导出动力学变量平均值随时间变化的一般公式, 然后应用它研究势场中粒子波包中心的运动规律, 推导能量–时间不确定度关系, 最后介绍守恒量的概念及性质.

1. 动力学变量平均值的时间变化率

根据动力学变量的测值原理, 在任何时刻, 动力学变量 A 一般没有确定值, 它的平均值 $\overline{A}(t)$ 依赖于波函数 $\psi(t)$, 后者是满足薛定谔方程的一个确定函数, 因而平均值 $\overline{A}(t)$ 也是时间 t 的一个确定函数.

设体系的哈密顿算符为 $\hat{H}$, 则动力学变量 A 的平均值随时间变化的速率为

$$\boxed{\dot{\overline{A}} = \overline{\partial_t A} + \overline{[\hat{A}, \hat{H}]}/\mathrm{i}\hbar} \tag{3.5.1}$$

证明: 设 t 时刻体系的波函数为 $\psi(t)$, 由 (3.4.6) 式可得动力学变量 A 的平均值:

$$\overline{A}(t) = (\psi(t), \hat{A}\psi(t)).$$

将上式的两边分别对 t 求导数, 并利用薛定谔方程 $\mathrm{i}\hbar\dot{\psi} = \hat{H}\psi$, 可得

$$\dot{\overline{A}} = (\psi, (\partial_t\hat{A})\psi) + (\psi, \hat{A}\dot{\psi}) + (\dot{\psi}, \hat{A}\psi) = \overline{\partial_t A} + (\psi, \hat{A}\hat{H}\psi)/\mathrm{i}\hbar - (\hat{H}\psi, \hat{A}\psi)/\mathrm{i}\hbar.$$

由于 $\hat{H}^\dagger = \hat{H}$, 所以 $(\hat{H}\psi, \hat{A}\psi) = (\psi, \hat{H}\hat{A}\psi)$, 将它代入上式, 容易导出 (3.5.1) 式, 即

$$\dot{\overline{A}} = \overline{\partial_t A} + (\psi, [\hat{A}, \hat{H}]\psi)/\mathrm{i}\hbar = \overline{\partial_t A} + \overline{[\hat{A}, \hat{H}]}/\mathrm{i}\hbar.$$

如果观测算符 $\hat{A}$ 本身不显含时间 t, 则 (3.5.1) 式简化为

$$\boxed{\dot{\overline{A}} = \overline{[\hat{A}, \hat{H}]}/\mathrm{i}\hbar \quad (\partial_t\hat{A} = 0)} \tag{3.5.2}$$

将第 3.4 节中的定理 2 应用于上式, 再次得到第 3.4 节中已论证过的一个结论: 在定

态下, 任何不显含时间的动力学变量的平均值均不随时间变化.

(3.5.2) 式对任何不显含时间的观测算符 $\hat{A}$ 均成立, 因而是一个普遍适用的公式, 下面介绍此公式的一些具体应用.

2. 波包中心的运动

设质量为 m 的粒子处于势场 $V(\boldsymbol{r})$ 中, 哈密顿算符为

$$\hat{H}=\hat{\boldsymbol{p}}^2/2m+V(\boldsymbol{r}) \quad \Rightarrow \quad [\hat{\boldsymbol{r}},\hat{H}]=\mathrm{i}\hbar\hat{\boldsymbol{p}}/m, \quad [\hat{\boldsymbol{p}},\hat{H}]=-\mathrm{i}\hbar\nabla V.$$

位矢算符 $\hat{\boldsymbol{r}}$ 的平均值 $\bar{\boldsymbol{r}}(t)$ 就是粒子波包的中心位矢. 定义力场 $\boldsymbol{F}(\boldsymbol{r})\equiv-\nabla V$, 将上述结果代入方程 (3.5.2), 可导出**埃伦费斯特 (Ehrenfest) 定理**:

$$\boxed{\dot{\bar{\boldsymbol{r}}}=\bar{\boldsymbol{p}}/m, \quad \dot{\bar{\boldsymbol{p}}}=\overline{\boldsymbol{F}(\boldsymbol{r})} \quad \Rightarrow \quad m\ddot{\bar{\boldsymbol{r}}}=\overline{\boldsymbol{F}(\boldsymbol{r})}} \tag{3.5.3}$$

其中 $\overline{\boldsymbol{F}(\boldsymbol{r})}=(\psi(t),\boldsymbol{F}(\hat{\boldsymbol{r}})\psi(t))$. 上式与牛顿第二定律并不完全一致, 要想将一个波包的运动近似地视为一个经典粒子的运动, 必须同时满足以下两个条件:

(a) 波包中心 $\bar{\boldsymbol{r}}(t)$ 的运动符合经典动力学规律, 这就要求满足以下**准经典条件**:

$$\boxed{\overline{\boldsymbol{F}(\boldsymbol{r})}\approx\boldsymbol{F}(\bar{\boldsymbol{r}}) \quad \Rightarrow \quad m\ddot{\bar{\boldsymbol{r}}}\approx\boldsymbol{F}(\bar{\boldsymbol{r}})} \tag{3.5.4}$$

(b) 波包尺度小于所研究问题中的特征尺度, 且在我们感兴趣的时间间隔内, 波包尺度的增量远小于波包尺度本身, 使得波包形状基本保持不变.

下面讨论在哪种情形下准经典条件 (3.5.4) 式能够得到满足:

(1) 如果力场 $\boldsymbol{F}(\boldsymbol{r})$ 是 x,y,z 的线性函数 (如自由粒子、谐振子等), 则有

$$F_\alpha(\boldsymbol{r})=a_\alpha+\sum_\beta b_{\alpha\beta}r_\beta \quad \Rightarrow \quad \overline{F_\alpha(\boldsymbol{r})}=a_\alpha+\sum_\beta b_{\alpha\beta}\bar{r}_\beta=F_\alpha(\bar{\boldsymbol{r}}) \quad (\alpha,\beta=x,y,z).$$

上式表明, 无论粒子处于何种量子态 $\psi(\boldsymbol{r},t)$, 准经典条件 (3.5.4) 式均严格满足.

例如, 下式表示一维自由粒子的一个波包 (满足薛定谔方程):

$$\psi(x,t)=(\sqrt{2\pi}a\lambda_t)^{-1/2}\exp[-(x-x_0-p_0t/m)^2/4a^2\lambda_t+\mathrm{i}(p_0x-p_0^2t/2m)/\hbar].$$

其中 $\lambda_t\equiv1+\mathrm{i}\hbar t/2ma^2$, 容易求得

$$\bar{x}=x_0+p_0t/m, \quad \bar{p}=p_0, \quad \Delta x=a|\lambda_t|.$$

上式表明, 波包中心 $\bar{x}(t)$ 以速度 p_0/m 作匀速直线运动, 符合经典动力学规律, 即满足上述条件 (a). 但是波包尺度 Δx 是随时间 t 逐渐增大的, 要想满足上述条件 (b), 则观测粒子的时间间隔 t 不能太大, 应满足

$$|\lambda_t|\approx1 \quad \Rightarrow \quad \hbar t/2ma^2\ll1 \quad \Rightarrow \quad t\ll2ma^2/\hbar.$$

(2) 如果力函数 $\boldsymbol{F}(\boldsymbol{r})$ 不是线性的, 则 (3.5.4) 式是否成立取决于波函数 $\psi(\boldsymbol{r},t)$, 下面以一维情形为例作详细分析. 将力函数 $F(x)$ 在 $\bar{x}$ 附近作泰勒展开:

$$F(x) \approx F(\bar{x})+F'(\bar{x})(x-\bar{x})+F''(\bar{x})(x-\bar{x})^2/2 \quad \Rightarrow \quad \overline{F(x)} \approx F(\bar{x})+F''(\bar{x})(\Delta x)^2/2.$$

从上式可以看出,(3.5.4) 式成立的条件为

$$\boxed{|F''(\bar{x})|(\Delta x)^2 \ll |F(\bar{x})|} \tag{3.5.5}$$

例如, 对于周期性力场 $F(x) = F_0 \sin(2\pi x/\lambda)$, 容易证明, 仅当波包尺度 $\Delta x \ll \lambda$ 时, 准经典条件才能得到满足.

3. 能量–时间不确定度关系

考虑一个保守体系, 即体系的哈密顿算符 $\hat{H}$ 不显含时间 t. 由方程 (3.5.2) 可知, 任意量子态 $\psi(t)$ 下的 $\overline{H}$ 和 $\overline{H^2}$ 均不随 t 变化, 因此能量涨落 ΔE 也不随 t 变化. 设动力学变量 A 不显函时间 t, 结合方程 (3.4.11) 和方程 (3.5.2), 可知涨落 $\Delta A(t)$ 满足

$$\Delta E \cdot \Delta A(t) \geqslant |\overline{[\hat{A}, \hat{H}]}|/2 = (\hbar/2)|\dot{\overline{A}}(t)|.$$

引入特征时间 $\tau_A \equiv \Delta A/|\dot{\overline{A}}(t)|$($A$ 有明显改变所需要的时间间隔), 上式可改写为

$$\Delta E \cdot \tau_A \geqslant \hbar/2.$$

设 Δt 为所有动力学变量的特征时间中的最小值, 可得能量–时间不确定度关系:

$$\boxed{\Delta E \cdot \Delta t \gtrsim \hbar} \tag{3.5.6}$$

方程 (3.4.11) 和方程 (3.5.6) 所表示的不确定度关系是有本质上的区别的:(1) 时间 t 并不是一个动力学变量, 而只是一个参量, Δt 可以理解为量子态的特征时间 (状态性质有明显改变所需要的时间间隔); (2) 方程 (3.5.6) 仅表示 ΔE 和 Δt 的数量级关系, 它并不是严格的不等式.

例

设粒子的能级 E_n 对应的归一化定态波函数为 $\phi_n(\boldsymbol{r})$, 且 t 时刻的波函数为

$$\psi(\boldsymbol{r},t) = c_1\phi_1(\boldsymbol{r})\exp(-\mathrm{i}E_1t/\hbar) + c_2\phi_2(\boldsymbol{r})\exp(-\mathrm{i}E_2t/\hbar) \quad (|c_1|^2+|c_2|^2=1).$$

试求能量不确定度 ΔE, 特征时间 Δt, 并验证不确定度关系.

解: 能量的可能测值为 E_1 和 E_2, 故 $\Delta E = |E_1 - E_2|$. 坐标空间的概率密度为

$$|\psi|^2 = |c_1\phi_1|^2 + |c_2\phi_2|^2 + \{c_1^*c_2\phi_1^*\phi_2\exp[\mathrm{i}(E_1-E_2)t/\hbar] + \text{c.c.}\}.$$

它随时间 t 作周期性变化, 其变化周期代表体系的特征时间, 即

$$\Delta t \sim \hbar/|E_1 - E_2| \quad \Rightarrow \quad \Delta E \cdot \Delta t \sim \hbar.$$

若 $c_2 = 0$, 则体系处于能级为 E_1 的定态, 即 $\Delta E = 0$. 由于定态下所有动力学变量的测值概率均不随时间变化, 故 $\Delta t = \infty$, 这与方程 (3.5.6) 一致.

激发态的原子、放射性核、不稳定的基本粒子等放射性体系均是不稳定的, 它们各有一个平均寿命 τ, 因此它们不处于严格的定态, 而是处于**亚稳态**. 亚稳态的能量并没有一个精确值, 由 (3.5.6) 式可知, 其能级宽度约为 $\Delta E \sim \hbar/\tau$.

对于作一维运动的自由粒子, 最一般的波函数可表示为

$$\psi(x,t) = h^{-1/2} \int \mathrm{d}p\varphi(p) \exp(\mathrm{i}px/\hbar - \mathrm{i}E_p t/\hbar) \quad (E_p = p^2/2m).$$

若 $\varphi(p)$ 取非零值的区域主要位于 p_0 附近 Δp 范围内, 则波包尺度 $\Delta x \sim \hbar/\Delta p$, 群速度 $v = \partial E_p/\partial p \approx p_0/m$, 能量不确定度和波包掠过空间某点所需的时间分别为

$$\Delta E \sim v\Delta p, \quad \Delta t \sim \Delta x/v \sim \hbar/v\Delta p \quad \Rightarrow \quad \Delta E \cdot \Delta t \sim \hbar.$$

能量–时间不确定度关系在本例中再次得到验证.

虽然不确定度关系 $\Delta x \cdot \Delta p \sim \hbar$ 是根据非相对论量子力学基本原理推导出来的, 但它也适用于光子. 光子的能量–动量关系为 $E = cp$, 其中 c 为光速. 光子的能量不确定度及光波包掠过空间某点所需的时间分别为

$$\Delta E \sim c\Delta p, \quad \Delta t \sim \Delta x/c \sim \hbar/c\Delta p \quad \Rightarrow \quad \Delta E \cdot \Delta t \sim \hbar.$$

上式表明, **能量–时间不确定度关系 (3.5.6) 式也适用于光子**.

4. 守恒量

考虑一个保守体系, 即它的哈密顿算符 $\hat{H}$ 不显含时间, 设观测算符 $\hat{A}$ 也不显含时间, 且 $[\hat{A}, \hat{H}] = 0$, 则称动力学变量 A 为体系的一个守恒量, 与守恒量的本征值对应的量子数称为 "**好量子数**". 因 $[\hat{H}, \hat{H}] = 0$, 所以**保守体系的能量为守恒量**.

(1) 若体系具有中心反演对称性, 即势场满足 $V(\boldsymbol{r}) = V(-\boldsymbol{r})$, 则能量和宇称均为守恒量, 宇称本征值 p 为好量子数.

(2) 若粒子处于中心力势场 $V(r)$ 中, 则能量、宇称、轨道角动量均为守恒量, 宇称本征值 p、轨道角动量量子数 (l, m) 均为好量子数.

(3) 自由粒子受到的势能场 $V(\boldsymbol{r})$ 是一个常数, 因此能量、宇称、轨道角动量、动量均为守恒量, 宇称本征值 p、轨道角动量量子数 (l, m)、波矢 $\boldsymbol{k}$ 均为好量子数.

如果体系的一个相容变量完备集中的动力学变量均为守恒量, 则称这个完备集为**守恒量完备集**. 例如, 若粒子处于一维无限深方势阱或谐振子势中, 则哈密顿算符 $\hat{H}$ 本身就构成一个守恒量完备集. 对于三维各向同性的谐振子, 哈密顿算符 $\hat{H} = \hat{H}_x + \hat{H}_y + \hat{H}_z$, 易知 $\{\hat{H}_x, \hat{H}_y, \hat{H}_z\}$ 就是一个守恒量完备集.

定理: 守恒量在任意量子态下的测值概率及平均值均不随时间变化.

证明: 设 A 是体系的一个守恒量, 它总是可以和哈密顿量及某些其他守恒量一起构成一个守恒量完备集 $\{\hat{H}, \hat{A}, \cdots\}$, 设这个完备集的正交归一完备的共同本征函数为 ϕ_n, 本征值分别为 $E_n, A_n, \cdots$. 从第 1.4 节可知, 薛定谔方程具有通解:

$$\psi(t) = \sum_n c_n(t)\phi_n, \quad c_n(t) = (\phi_n, \psi(t)) = c_n(0)\exp(-\mathrm{i}E_n t/\hbar).$$

在 $\psi(t)$ 态下测量守恒量 A, 测得数值为 A_n 的概率为 $|c_n(t)|^2 = |c_n(0)|^2$ (不随 t 变化). 显然 A 的平均值也不随时间变化, 即

$$\overline{A} = \sum_n |c_n(t)|^2 A_n = \sum_n |c_n(0)|^2 A_n.$$

此外, 由于 $[\hat{A}, \hat{H}] = 0$, 从方程 (3.5.2) 也可直接导出 $\dot{\overline{A}} = 0$.

5. 守恒量与能级简并度的关系

关于守恒量与能级简并度的关系, 有以下三个定理:

定理 1: 体系的非简并能量本征态一定是所有守恒量的共同本征态.

这个定理实际上是第 3.2 节中定理 1 的推论. 例如, 一维谐振子的所有本征态 $\psi_n(x)$ 是非简并的, 而宇称是守恒量, 由定理 1 可知, $\psi_n(x)$ 也是宇称 $\hat{P}$ 的本征态, 实际上有 $\hat{P}\psi_n(x) = (-1)^n \psi_n(x)$.

定理 2: 若体系的所有能级均是非简并的, 则任意两个守恒量相互对易.

证明: 设 $\{\psi_n\}$ 表示一组完备的能量本征函数, 且所有 ψ_n 均代表非简并态. 设 $\hat{A}$ 和 $\hat{B}$ 为两个任意的守恒量, 由定理 1 可知 $\hat{A}\psi_n = a_n\psi_n$, $\hat{B}\psi_n = b_n\psi_n$. 体系的任意波函数均可表示为 $\psi = \sum_n c_n\psi_n$, 因此

$$[\hat{A}, \hat{B}]\psi = \sum_n c_n [\hat{A}, \hat{B}]\psi_n = \sum_n c_n (a_n b_n - b_n a_n)\psi_n = 0 \quad \Rightarrow \quad [\hat{A}, \hat{B}] = 0.$$

定理 3: 若体系有两个守恒量 A 和 B 满足 $[\hat{A}, \hat{B}] = c$ (非零常数), 则体系所有能级的简并度均为无穷大.

证明: 用反证法, 假设能级 E 对应的本征子空间 $\mathcal{E}_E$ 的维度 f 是有限的, 该空间的一组正交归一的基函数为 $\psi_\alpha(\alpha = 1, 2, \cdots, f)$, 即

$$\hat{H}\psi_\alpha = E\psi_\alpha, \quad (\psi_\alpha, \psi_\beta) = \delta_{\alpha\beta}.$$

由于 $\hat{A}$ 和 $\hat{B}$ 均与哈密顿算符 $\hat{H}$ 对易, 由第 3.2 节中定理 1 可知, $\mathcal{E}_E$ 是 $\hat{A}$ 和 $\hat{B}$ 的不变子空间, 这两个算符在子空间 $\mathcal{E}_E$ 中分别对应于 f 维矩阵 A 和 B, 矩阵元分别为

$$A_{\alpha\beta} = (\psi_\alpha, \hat{A}\psi_\beta), \quad B_{\alpha\beta} = (\psi_\alpha, \hat{B}\psi_\beta).$$

因此, 在子空间 $\mathcal{E}_E$ 中, 算符方程 $[\hat{A}, \hat{B}] = c$ 导致以下矩阵方程:

$$[A, B] = cI.$$

其中 I 为 f 维单位矩阵, 对上述矩阵方程的两边求迹, 可得

$$fc = \mathrm{Tr}([A, B]) = \mathrm{Tr}(AB) - \mathrm{Tr}(BA) = 0 \quad \Rightarrow \quad c = 0.$$

这与 “c 为非零常数” 矛盾, 因此 f 必为无穷大.

习　题

3–1　设 $\hat{A}=\hat{x}^m\hat{p}^n+\hat{p}^n\hat{x}^m$ ($\hat{x},\hat{p}$ 分别表示位置与动量, m,n 为正整数), 求证: $\hat{A}^\dagger=\hat{A}$.

3–2　宇称算符 $\hat{P}$ 对任意波函数的作用定义为 $\hat{P}\psi(\boldsymbol{r})=\psi(-\boldsymbol{r})$, 求证: $\boxed{\hat{P}^\dagger=\hat{P}}$.

3–3　压缩算符的定义为 $\hat{M}_c\psi(x)=\sqrt{1/c}\,\psi(x/c),(c>0)$, 求证: $\boxed{\hat{M}_c^\dagger=M_c^{-1}=\hat{M}_{1/c}}$.

3–4　设 $\hat{A}$ 为正定厄密算符.

(1) 求证: 以下的广义施瓦茨不等式成立:

$$\boxed{|(\psi,\hat{A}\varphi)|^2\leqslant(\psi,\hat{A}\psi)(\varphi,\hat{A}\varphi)}$$

其中 ψ 和 φ 为任意波函数, 上式取等号的条件为 $\hat{A}\psi=c\hat{A}\varphi$($c$ 为复常数).

(提示: 令 $\phi=\psi-a\varphi$, $a=(\varphi,\hat{A}\psi)/(\varphi,\hat{A}\varphi)$, 并利用 $(\phi,\hat{A}\phi)\geqslant 0$.)

(2) 若波函数 ψ 使得 $(\psi,\hat{A}\psi)=0$, 求证: $\hat{A}\psi=0$.

3–5　设算符 $\hat{F}=\alpha\hat{p}_x+\beta x(\alpha,\beta$ 为实数), 试求 $\hat{F}$ 的本征值 γ 对应的本征函数 $\psi_\gamma(x)$, 要求满足: $(\psi_\gamma,\psi_{\gamma'})=\delta(\gamma-\gamma')$.

答: $\psi_\gamma(x)=\sqrt{1/2\pi\hbar\alpha}\exp[-\mathrm{i}(\beta x-\gamma)^2/2\hbar\alpha\beta]$.

3–6　设质量为 m 的粒子处于势场 $V(x)$ 中, 束缚态能级 E_1 和 E_2 对应的波函数分别为

$$\psi_1(x)\propto\exp(-\alpha^2x^2/2),\quad \psi_2(x)\propto(x^2+ax+b)\exp(-\alpha^2x^2/2).$$

其中 a 和 b 均为实常数, 求证: $E_2-E_1=2\hbar^2\alpha^2/m$.

3–7　设 $\boldsymbol{a}$ 为常数矢量, $\hat{\boldsymbol{l}}$ 为轨道角动量算符, 求证: $\hat{\boldsymbol{l}}^2(\boldsymbol{a}\cdot\boldsymbol{r})=2\hbar^2(\boldsymbol{a}\cdot\boldsymbol{r})$.

3–8　定义反对易式: $[\hat{A},\hat{B}]_+\equiv\hat{A}\hat{B}+\hat{B}\hat{A}$, 求证:

$$\boxed{[\hat{A},\hat{B}\hat{C}]=[\hat{A},\hat{B}]_+\hat{C}-\hat{B}[\hat{A},\hat{C}]_+,\quad [\hat{A}\hat{B},\hat{C}]=\hat{A}[\hat{B},\hat{C}]_+-[\hat{A},\hat{C}]_+\hat{B}}$$

3–9　设 ψ 为厄密算符 $\hat{A}$ 与哈密顿算符 $\hat{H}$ 的共同本征函数, 即 $\hat{H}\psi=E\psi$, $\hat{A}\psi=a\psi$, 而线性算符 $\hat{U}$ 满足: $[\hat{U},\hat{H}]=0$, $[\hat{U},\hat{A}]_+=0$, $\hat{U}\psi\neq 0$, 求证: (1)$\hat{U}\psi$ 也是 $\hat{A}$ 与 $\hat{H}$ 的共同本征函数; (2) 若 $a\neq 0$, 则能级 E 的简并度至少为 2.

3–10　设 $\phi(x)$ 为归一化波函数, 且 $(\phi,\hat{x}\phi)=x_0$, $(\phi,\hat{p}_x\phi)=p_0$, 若粒子处于以下状态:

$$\psi(x)\equiv\exp(\mathrm{i}px/\hbar)\phi(x-a)\quad(a^*=a,\ p^*=p).$$

试求粒子的位置平均值 $\bar{x}$ 和动量平均值 $\bar{p}_x$.

答: $\bar{x}=x_0+a$, $\bar{p}_x=p_0+p$.

3–11　设 $\hat{\boldsymbol{r}}$ 为位矢算符, $\hat{\boldsymbol{p}}$ 为动量算符, 粒子的概率密度算符和流密度算符分别为

$$\boxed{\hat{\rho}(\boldsymbol{r})=\delta(\boldsymbol{r}-\hat{\boldsymbol{r}}),\quad \hat{\boldsymbol{j}}(\boldsymbol{r})=(1/2m)[\hat{\rho}(\boldsymbol{r})\hat{\boldsymbol{p}}+\hat{\boldsymbol{p}}\hat{\rho}(\boldsymbol{r})]}$$

若粒子处于归一化波函数 $\psi(\boldsymbol{r})$ 描述的量子态, 求证

$$\bar{\rho}(\boldsymbol{r}) = |\psi(\boldsymbol{r})|^2, \quad \bar{\boldsymbol{j}}(\boldsymbol{r}) = (-\mathrm{i}\hbar/2m)[\psi^*(\boldsymbol{r})\nabla\psi(\boldsymbol{r}) - \psi(\boldsymbol{r})\nabla\psi^*(\boldsymbol{r})].$$

3–12 设粒子的质量为 m, 动量算符为 $\hat{\boldsymbol{p}}$, 轨道角动量算符为 $\hat{\boldsymbol{l}}$, 粒子处于归一化波函数 $\psi(\boldsymbol{r})$ 描述的量子态, 概率流密度为 $\boldsymbol{j}(\boldsymbol{r}) = \mathrm{Re}(\psi^*\hat{\boldsymbol{p}}\psi)/m$, 求证

$$m\int \mathrm{d}\boldsymbol{r}\boldsymbol{j}(\boldsymbol{r}) = \bar{\boldsymbol{p}}, \quad m\int \mathrm{d}\boldsymbol{r}[\boldsymbol{r}\times\boldsymbol{j}(\boldsymbol{r})] = \bar{\boldsymbol{l}}.$$

3–13 设粒子的波函数为 $\psi(\boldsymbol{r}) = f(r)(x+y+z)$, 其中 $r = \sqrt{x^2+y^2+z^2}$, 若测量轨道角动量 $\hat{\boldsymbol{l}}^2$ 和 $\hat{l}_z$, 会得到哪些可能的值? 各自的概率是多少?

答: $\hat{\boldsymbol{l}}^2$ 的值必为 $2\hbar^2$, 而 $\hat{l}_z$ 的可能值为 $0, \pm\hbar$, 概率均为 $1/3$.

3–14 设质量为 m 的粒子处于静势场 $V(\boldsymbol{r})$ 中, t 时刻的归一化波函数为 $\psi(\boldsymbol{r},t)$, 求证: 粒子在 t 时刻的能量平均值为

$$\boxed{\overline{H} = \int \mathrm{d}^3 r w(\boldsymbol{r},t), \quad w(\boldsymbol{r},t) = (\hbar^2/2m)|\nabla\psi(\boldsymbol{r},t)|^2 + V(\boldsymbol{r})|\psi(\boldsymbol{r},t)|^2}$$

其中 $w(\boldsymbol{r},t)$ 可视为能量密度 (能量密度不能定义为 $\psi^*\hat{H}\psi$, 因它不是实函数).

*3–15 设粒子处于宽度为 a 的一维无限深方势阱中, 能级和定态波函数分别为

$$E_n = \frac{n^2\pi^2\hbar^2}{2ma^2}, \quad \psi_n(x) = \begin{cases}\sqrt{2/a}\sin(n\pi x/a) & (0<x<a)\\ 0 & (x<0,\ x>a)\end{cases} \quad (n=1,2,\cdots).$$

(1) 令 $F(p) \equiv (p\alpha)^{-1}\sin(p\alpha)$ $(\alpha \equiv a/2\hbar)$, 求证: 动量表象中的定态波函数为

$$\varphi_n(p) = \mathrm{i}^{n-1}\exp(-\mathrm{i}p\alpha)\sqrt{\alpha/2\pi}[F(p-\sqrt{2mE_n}) + (-1)^{n+1}F(p+\sqrt{2mE_n})].$$

(2) 求证: 当 $n\to\infty$ 时, 动量的概率分布与经典理论的结果一致, 即

$$P_E(p) \to (1/2)[\delta(p-\sqrt{2mE}) + \delta(p+\sqrt{2mE})].$$

3–16 设粒子处于宽度为 a 的一维无限深方势阱中, 能级和定态波函数分别为

$$E_n = \frac{n^2\pi^2\hbar^2}{2ma^2}, \quad \psi_n(x) = \begin{cases}\sqrt{2/a}\sin(n\pi x/a) & (0<x<a)\\ 0 & (x<0,\ x>a)\end{cases} \quad (n=1,2,\cdots).$$

(1) 若 $t=0$ 时的波函数为 $\psi(x,0) = \sqrt{1/2}[\psi_1(x)+\psi_2(x)]$, 试求 $\bar{x}(t)$, $\overline{H}$, $\overline{H^2}$.

(2) 设粒子处于定态 $\psi_n(x)$, 若阱宽 a 突然变为 $2a$, 而状态波函数 $\psi_n(x)$ 来不及改变, 求此时测得粒子能量仍为 E_n 的概率 P.

答: (1) $\bar{x}(t) = a/2 - (16a/9\pi^2)\cos(\omega t)$ $(\hbar\omega \equiv 3E_1)$, $\overline{H} = (5/2)E_1$, $\overline{H^2} = (17/2)E_1^2$;
(2) $P = 1/2$.

3–17 设质量为 m 的粒子处于一维有限深方势阱中, 势函数为

$$V(x) = V_0\theta(|x| - a/2) \quad (V_0 > 0).$$

(1) 若粒子的归一化波函数为 $\psi(x)$, 试求它对 $x=a/2$ 处阱壁的平均作用力 $\overline{F}$;

(2) 若 $\psi(x)$ 代表能级 E 对应的束缚定态, 试求 (1) 中的平均作用力 $\overline{F}$.

答: (1) $\overline{F}=V_0|\psi(a/2)|^2$; (2) $\overline{F}=E[a/2+\hbar/\sqrt{2m(V_0-E)}]^{-1}$.

3–18 设质量为 m 的粒子被限制在半径为 R 的圆环上运动, 受到以下势场的作用:

$$V(\varphi)=0\quad(0<\varphi<\varphi_0);\quad V(\varphi)=\infty\quad(\varphi_0<\varphi<2\pi).$$

(1) 试求定态的能级 E_n 和归一化波函数 $\psi_n(\varphi)$;

(2) 若粒子处于基态, 势场 $V(\varphi)$ 突然撤去, 试求此时粒子处于新势场基态的概率.

答: (1) $E_n=n^2\pi^2\hbar^2/(2mR^2\varphi_0^2)$, $\psi_n(\varphi)=\begin{cases}\sqrt{2/\varphi_0}\sin(n\pi\varphi/\varphi_0) & (0\leqslant\varphi\leqslant\varphi_0)\\ 0 & (\varphi_0\leqslant\varphi\leqslant 2\pi)\end{cases}$ $(n=1,2,3,\cdots)$;

(2) 粒子处于新势场基态的概率为 $4\varphi_0/\pi^3$.

3–19 设平面转子的哈密顿算符为 $\hat{H}=\hat{l}_z^2/2I$ $(\hat{l}_z=-\mathrm{i}\hbar\partial_\varphi)$, 在 $t=0$ 时的归一化波函数为 $\psi(\varphi,0)=A\sin^2\varphi$, 试求系数 A, 以及 $t>0$ 时刻的波函数 $\psi(\varphi,t)$.

答: $A=2/\sqrt{3\pi}$, $\psi(\varphi,t)=\sqrt{1/3\pi}[1-\cos 2\varphi\exp(-\mathrm{i}2\hbar t/I)]$.

3–20 设一维谐振子的频率为 ω, 归一化定态波函数为 $\psi_n(x)$, 初始时刻的波函数为

$$\psi(x,0)=\sum_{n=0}^{\infty}c_n\psi_n(x),\quad c_n=\left(\frac{1}{\sqrt{2}}\right)^{n+1}.$$

求证: (1)$\psi(x,0)$ 是归一化的; (2) 能量平均值 $\overline{H}=3\hbar\omega/2$; (3)$t=2\pi/\omega$ 时刻的波函数 $\psi(x,2\pi/\omega)=-\psi(x,0)$.

3–21 设一维谐振子的归一化波函数 $\psi(x,t)$ 满足含时薛定谔方程, 势能算符为 $\hat{V}=m\omega^2\hat{x}^2/2$, 它在一个时间周期 $T=2\pi/\omega$ 内的平均值定义为

$$\langle V\rangle=\frac{1}{T}\int_0^T \mathrm{d}t\overline{V}(t),\quad \overline{V}(t)=\int\mathrm{d}x\psi^*(x,t)\hat{V}\psi(x,t).$$

同理可定义总能量平均值 $\langle H\rangle$, 求证: $\boxed{\langle V\rangle=\langle H\rangle/2}$.

3–22 设质量为 m、频率为 ω 的一维谐振子处于基态 $\psi_0(x)$, 基态能 $E_0=\hbar\omega/2$, 在 $t=0$ 时刻频率突然增大至 $\tilde{\omega}=\sqrt{2}\omega$, 而波函数来不及变化. (1) 若此时测量粒子的能量, 求证: 测值为新势场基态能 $\tilde{E}_0=\hbar\tilde{\omega}/2$ 的概率为 $2^{5/4}(\sqrt{2}-1)\approx 0.9852$. (2) 若频率突变后不进行测量, 经过一段时间 $\tau=2\pi/\tilde{\omega}$ 之后频率重新恢复到 ω, 求证: 此时测量粒子的能量, 测值必为原势场的基态能 E_0.

3–23 设质量为 m 的粒子处于势场 $V(\boldsymbol{r})$ 中, 哈密顿算符 $\hat{H}=\hat{T}+V(\boldsymbol{r})$, 束缚定态能级 $E=\overline{T}+\overline{V}$. 将 HF 定理 $\partial_\lambda E_\lambda=\overline{\partial_\lambda H_\lambda}$ 应用于以下体系, 求 E 与 $\overline{V}$ 的关系:

(1) 一维 δ 势阱, $V(x)=-\gamma\delta(x)$, $E=-m\gamma^2/2\hbar^2$ (选取 $\lambda=\gamma$);

(2) 氢原子, $V(r)=-e^2/r$, $E=-me^4/2\hbar^2n^2$ (选取 $\lambda=e$);

(3) 三维谐振子, $V(r) = m\omega^2 r^2/2$, $E = (N + 3/2)\hbar\omega$ (选取 $\lambda = \omega$).

答: (1) $2E = \overline{V}$; (2) $2E = \overline{V}$; (3) $E = 2\overline{V}$.

3–24 设粒子质量为 m, 哈密顿算符 $\hat{H} = \hat{p}^2/2m + V(x) - \lambda\hat{p}/m$ (λ 为连续实参量), 粒子处于束缚定态, 求证: 动量平均值 $\bar{p} = \lambda$, 能级 $E(\lambda) = E(0) - \lambda^2/2m$.

3–25 设质量为 m 的粒子作一维运动, 哈密顿算符为 $\hat{H} = \hat{p}^2/2m + V(x)$. 求证: (1) $[\hat{x}^2, \hat{H}] = (\mathrm{i}\hbar/m)(\hat{x}\hat{p} + \hat{p}\hat{x})$; (2) 在束缚定态下, $\overline{xp} = -\overline{px} = \mathrm{i}\hbar/2$.

3–26 设轨道角动量算符沿单位向量 $\boldsymbol{n}$ 方向的分量为

$$\hat{l}_n \equiv \hat{\boldsymbol{l}} \cdot \boldsymbol{n} = \hat{l}_x \sin\theta\cos\varphi + \hat{l}_y \sin\theta\sin\varphi + \hat{l}_z \cos\theta.$$

若粒子处于 $\hat{l}_z$ 的本征值为 $m\hbar$ 的本征态, 求证: $\bar{l}_n = m\hbar\cos\theta$.

3–27 设粒子质量为 m, 受到的中心力势为 $V(r) = V_0 \ln(r/r_0)$ (V_0 和 r_0 不依赖于 m), 粒子处于能级为 E 的束缚定态. (1) 试利用维里定理证明: 动能平均值为 $\overline{T} = V_0/2$; (2) 试利用 HF 定理证明: $E = c - (V_0/2)\ln m$ (常数 c 不依赖于 m).

3–28 设粒子受到的中心力势为 $V(r) = \alpha r^n$(α 和 n 均为非零实数), 试利用维里定理分析体系存在束缚定态的条件.

答: $\alpha > 0$, $n > 0$ 或 $\alpha < 0$, $-2 < n < 0$.

3–29 设坐标表象中的归一化波函数为 $\psi(x) = \sqrt{\beta}\exp(-\beta|x|)$ ($\beta > 0$). 求证:
(1) 动量表象中的归一化波函数为 $\varphi(p) = \sqrt{2/\pi\hbar\beta}/(1 + p^2/\hbar^2\beta^2)$;
(2) 位置与动量的不确定度分别为 $\Delta x = 1/\sqrt{2}\beta$, $\Delta p = \hbar\beta$.

3–30 设一维谐振子的动能算符为 $\hat{T} = \hat{p}^2/2m$, 势能算符为 $\hat{V} = m\omega^2\hat{x}^2/2$.
(1) 若谐振子处于定态 $\psi_n(x)$, 能级 $E_n = (n + 1/2)\hbar\omega$ ($n = 0, 1, 2, \cdots$), 求证:

$$\boxed{\bar{x} = 0, \quad \bar{p} = 0, \quad \overline{x^2} = (n + 1/2)/\alpha^2, \quad \overline{p^2} = (n + 1/2)\hbar^2\alpha^2 \quad (\alpha \equiv \sqrt{m\omega/\hbar})}$$

(2) 试利用上述结果证明: $\boxed{\overline{V} = \overline{T} = E_n/2}$ 以及

$$\boxed{\Delta x = \sqrt{n + 1/2}/\alpha, \quad \Delta p = \sqrt{n + 1/2}\hbar\alpha, \quad \Delta x \cdot \Delta p = (n + 1/2)\hbar}$$

3–31 设体系处于归一化波函数 ψ 描述的量子态, $\hat{A}$ 和 $\hat{B}$ 为两个观测算符, 令

$$\psi_A \equiv \hat{\mathcal{A}}\psi \quad (\hat{\mathcal{A}} \equiv \hat{A} - \overline{A}), \qquad \psi_B \equiv \hat{\mathcal{B}}\psi \quad (\hat{\mathcal{B}} \equiv \hat{B} - \overline{B}).$$

(1) 试利用施瓦茨不等式证明: $\hat{A}$ 和 $\hat{B}$ 的涨落满足 $(\Delta A)(\Delta B) \geqslant |\overline{\mathcal{AB}}|$, 当且仅当 $\psi_A = c\psi_B$ (c 为一个复常数) 时, 上式取等号.

(2) 求证: $|\overline{\mathcal{AB}}| = (1/2)(\bar{C}^2 + \overline{F}^2)^{1/2}$, 其中 $\hat{C} \equiv -\mathrm{i}[\hat{A}, \hat{B}]$, $\hat{F} \equiv \hat{\mathcal{A}}\hat{\mathcal{B}} + \hat{\mathcal{B}}\hat{\mathcal{A}}$.

(3) 结合以上结果证明不确定度关系: $(\Delta A)(\Delta B) \geqslant \bar{C}/2$.

3–32 设质量为 m 的粒子处于以下中心力势场中, 试用不确定度关系估算基态能: (1) $V(r) = -\lambda/r^{3/2}$ $\quad(\lambda > 0)$; (2) $V(r) = fr$ $\quad(f > 0)$.

答: (1) $E_0 \sim -m^3\lambda^4/\hbar^6$; (2) $E_0 \sim (\hbar^2 f^2/m)^{1/3}$.

3–33 设体系的哈密顿算符为 $\hat{H}$, 而 $\hat{A}$ 为一个不显含时间 t 的动力学变量, 求证

$$\boxed{-\hbar^2\partial_t^2\overline{A} = \overline{[[\hat{A},\hat{H}],\hat{H}]}}$$

3–34 质量为 m 的粒子处于势场 $V(x)$, 位置涨落为 Δx, 动量涨落为 Δp, 求证

$$\partial_t(\Delta x)^2 = (2/m)(\mathrm{Re}\overline{xp} - \bar{x}\bar{p}), \quad \partial_t(\Delta p)^2 = 2(\mathrm{Re}\overline{Fp} - \overline{F}\bar{p}) \quad [F(x) \equiv -\partial_x V(x)].$$

3–35 设体系由频率均为 ω 的两个无相互作用一维谐振子构成, 求证: 质心运动和相对运动均是频率为 ω 的谐振子运动, 并且是相互独立的.

3–36 设多粒子体系的势能为 $V(\boldsymbol{r}_1,\boldsymbol{r}_2,\cdots)$, 体系所受合力和合力矩分别为

$$\boldsymbol{F} \equiv -\sum_i \nabla_i V, \quad \boldsymbol{J} \equiv -\sum_i \boldsymbol{r}_i \times \nabla_i V.$$

体系的哈密顿算符、总动量算符、总轨道角动量算符分别为

$$\hat{H} = \sum_i \hat{\boldsymbol{p}}_i^2/2m + V, \quad \hat{\boldsymbol{P}} \equiv \sum_i \hat{\boldsymbol{p}}_i, \quad \hat{\boldsymbol{L}} \equiv \sum_i \hat{\boldsymbol{l}}_i.$$

求证: $\boxed{[\hat{\boldsymbol{P}},\hat{H}] = i\hbar\boldsymbol{F}, [\hat{\boldsymbol{L}},\hat{H}] = i\hbar\boldsymbol{J}}$.

*3–37 设 N 个粒子构成的保守体系的哈密顿算符为

$$\hat{H} = \hat{T} + V(\boldsymbol{r}_1,\boldsymbol{r}_2,\cdots,\boldsymbol{r}_N), \quad \hat{T} = \hat{\boldsymbol{p}}_1^2/2m_1 + \hat{\boldsymbol{p}}_2^2/2m_2 + \cdots + \hat{\boldsymbol{p}}_N^2/2m_N.$$

(1) 求证: 维里定理也适用于上述多粒子体系, 即在束缚定态下,

$$\boxed{\bar{\boldsymbol{p}}_j = 0, \quad \overline{\nabla_j V} = 0, \quad 2\overline{T} = \overline{\boldsymbol{r}_1\cdot\nabla_1 V} + \overline{\boldsymbol{r}_2\cdot\nabla_2 V} + \cdots + \overline{\boldsymbol{r}_N\cdot\nabla_N V}}$$

(2) 若 V 是 $3N$ 个位置坐标 $x_1,y_1,z_1,x_2,y_2,z_2,\cdots$ 的 n 次齐次函数, 即

$$V\{\lambda\boldsymbol{r}_j\} = \lambda^n V\{\boldsymbol{r}_j\} \quad \Rightarrow \quad \boldsymbol{r}_1\cdot\nabla_1 V + \boldsymbol{r}_2\cdot\nabla_2 V + \cdots + \boldsymbol{r}_N\cdot\nabla_N V = nV.$$

求证: $\boxed{\overline{T} = n\overline{V}/2 = nE/(n+2)}$, 其中 E 为束缚定态能级.

*3–38 设体系由 N 个粒子构成, 粒子数密度算符和粒子流密度算符分别定义为

$$\boxed{\hat{\rho}(\boldsymbol{r}) = \sum_{j=1}^N \delta(\hat{\boldsymbol{r}}_j - \boldsymbol{r}), \quad \hat{\boldsymbol{j}}(\boldsymbol{r}) = \sum_{j=1}^N (1/2m_j)[\delta(\hat{\boldsymbol{r}}_j - \boldsymbol{r})\hat{\boldsymbol{p}}_j + \hat{\boldsymbol{p}}_j\delta(\hat{\boldsymbol{r}}_j - \boldsymbol{r})]}$$

(1) 设 t 时刻的归一化波函数为 $\psi(\boldsymbol{r}_1,\boldsymbol{r}_2,\cdots,\boldsymbol{r}_N,t)$, 求证:

$$\bar{\rho}(\boldsymbol{r},t) = \sum_j \int \mathrm{d}^N\boldsymbol{r}\,\delta(\boldsymbol{r}_j - \boldsymbol{r})|\psi|^2 \quad \left(\int \mathrm{d}^N\boldsymbol{r} \equiv \int \mathrm{d}\boldsymbol{r}_1 \int \mathrm{d}\boldsymbol{r}_2 \cdots \int \mathrm{d}\boldsymbol{r}_N\right),$$

$$\bar{\boldsymbol{j}}(\boldsymbol{r},t) = -\sum_j \frac{\mathrm{i}\hbar}{2m_j} \int \mathrm{d}^N\boldsymbol{r}\,\delta(\boldsymbol{r}_j - \boldsymbol{r})(\psi^*\nabla_j\psi - \psi\nabla_j\psi^*).$$

(2) 求证粒子数守恒定律: $\boxed{\dot{\bar{\rho}} + \nabla\cdot\bar{\boldsymbol{j}} = 0}$, 假设体系的哈密顿算符为

$$\hat{H} = \hat{p}_1^2/2m_1 + \hat{p}_2^2/2m_2 + \cdots + \hat{p}_N^2/2m_N + U(\hat{\boldsymbol{r}}_1,\hat{\boldsymbol{r}}_2,\cdots,\hat{\boldsymbol{r}}_N;t).$$

第四章

中心力场的定态

中心力场问题在物理学中非常重要, 例如, 原子中的电子受到原子核提供的库仑吸引力就属于中心力. 当一个粒子处于中心力场时, 体系具有球对称性, 定态薛定谔方程的求解采用球坐标系更为方便, 这时可将径向坐标和角度坐标分离, 使得定态薛定谔方程的求解简化为一个径向微分方程. 中心力场的定态问题包括两个方面: 束缚定态问题和散射定态问题, 本章主要涉及束缚定态问题, 中心力场的散射问题将在第十三章研究. 第 4.1 节和第 4.2 节分别分析中心力场中的定态方程和定态的基本性质, 第 4.3— 第 4.5 节分别求解球方势阱、三维各向同性谐振子、氢原子的束缚定态, 第 4.6 节讨论二维中心力场的定态问题.

§ 4.1 分波定态方程

对于中心力场问题, 采用球坐标系可将粒子的运动分为径向运动和转动, 本节先介绍径向动量算符, 然后论证动能可分解为径向动能与转动能, 最后分析定态径向方程, 以及定态波函数在原点处的渐进行为.

1. 径向动量算符

在经典力学中, 径向坐标 $r \equiv |\boldsymbol{r}|$ 与径向动量 $\boldsymbol{e}_r \cdot \boldsymbol{p}$ 是一对相互共轭的动力学变量, 其中 $\boldsymbol{e}_r \equiv \boldsymbol{r}/r$. 在量子力学中, 由于同一方向的位置算符和动量算符不对易, 因此 $\boldsymbol{e}_r \cdot \hat{\boldsymbol{p}}$ 不是厄密算符. 为了使径向动量算符具有厄密性, 可将它定义为

$$\boxed{\hat{p}_r \equiv (\boldsymbol{e}_r \cdot \hat{\boldsymbol{p}} + \hat{\boldsymbol{p}} \cdot \boldsymbol{e}_r)/2 = \hat{p}_r^\dagger} \tag{4.1.1}$$

下面推导 $\hat{p}_r$ 在球坐标系中的表达式. 动量算符的表达式为

$$\hat{\boldsymbol{p}} = -\mathrm{i}\hbar\nabla = -\mathrm{i}\hbar[\boldsymbol{e}_r\partial_r + \boldsymbol{e}_\theta r^{-1}\partial_\theta + \boldsymbol{e}_\varphi(r\sin\theta)^{-1}\partial_\varphi].$$

设 $\psi(r,\theta,\varphi)$ 为体系的任意波函数, 则有

$$\boldsymbol{e}_r \cdot \hat{\boldsymbol{p}}\psi = -\mathrm{i}\hbar\boldsymbol{e}_r \cdot \nabla\psi = -\mathrm{i}\hbar\partial_r\psi, \quad \hat{\boldsymbol{p}} \cdot \boldsymbol{e}_r\psi = -\mathrm{i}\hbar\nabla \cdot (\boldsymbol{e}_r\psi) = -\mathrm{i}\hbar(\partial_r\psi + 2\psi/r),$$

$$\Rightarrow \quad \boxed{\boldsymbol{e}_r \cdot \hat{\boldsymbol{p}} = -\mathrm{i}\hbar\partial_r, \quad \hat{\boldsymbol{p}} \cdot \boldsymbol{e}_r = -\mathrm{i}\hbar(\partial_r + 2/r)} \tag{4.1.2}$$

将上式代入 (4.1.1) 式, 可得到径向动量算符的表达式:

$$\boxed{\hat{p}_r = -\mathrm{i}\hbar(\partial_r + 1/r), \quad [r, \hat{p}_r] = \mathrm{i}\hbar} \tag{4.1.3}$$

关于径向动量算符 $\hat{p}_r$ 的性质, 有两点需要特别说明:

(1) 为了确保 $\hat{p}_r$ 为厄密算符, 任何波函数 $\psi(r,\theta,\varphi)$ 在原点处须满足条件:

$$\boxed{r\psi \to 0 \quad (r \to 0)} \tag{4.1.4}$$

证明: 因 $\hat{p}_r^\dagger = \hat{p}_r$, 则对任意波函数 ψ, 均有 $(\psi, \hat{p}_r\psi) = (\psi, \hat{p}_r\psi)^*$, 即

$$\int_0^\pi \sin\theta\mathrm{d}\theta \int_0^{2\pi} \mathrm{d}\varphi \int_0^\infty r^2\mathrm{d}r[\psi^*(\hat{p}_r\psi) - \psi(\hat{p}_r\psi)^*] = 0$$

$$\Rightarrow\quad \int_0^{\pi}\sin\theta\mathrm{d}\theta\int_0^{2\pi}\mathrm{d}\varphi\Big(\lim_{r\to\infty}|r\psi|^2-\lim_{r\to 0}|r\psi|^2\Big)=0.$$

对任意平方可积函数 ψ, 均有 $\lim\limits_{r\to\infty} r\psi=0$, 因此 ψ 必须满足极限条件 [(4.1.4) 式].

(2) $\hat{p}_r$ 的本征方程为

$$\hat{p}_r\psi=p\psi\quad\Rightarrow\quad\psi\sim r^{-1}\exp(\mathrm{i}pr/\hbar).\tag{4.1.5}$$

以上本征方程的解不满足条件 (4.1.4) 式, 因此 $\hat{p}_r$ 没有物理上合理的本征函数.

2. 径向动能与转动能

设粒子的质量为 μ, 在球坐标系中, 粒子的动能算符可表示为

$$\boxed{\hat{T}\equiv\hat{p}^2/2\mu=\hat{p}_r^2/2\mu+\hat{l}^2/2\mu r^2}\tag{4.1.6}$$

其中 $\hat{p}_r^2/2\mu$ 表示径向动能, 而 $\hat{l}^2/2\mu r^2$ 代表转动动能. 利用 (4.1.3) 式, 可得

$$\hat{p}_r^2=-\hbar^2(\partial_r^2+2r^{-1}\partial_r)=-(\hbar^2/r^2)\partial_r r^2\partial_r=-(\hbar^2/r)\partial_r^2 r.\tag{4.1.7}$$

下面给出 (4.1.6) 式的证明. 利用 (1.2.4) 式和 (1.2.5) 式, 可得

$$\begin{aligned}\hat{\boldsymbol{l}}^2&=(\hat{\boldsymbol{r}}\times\hat{\boldsymbol{p}})\cdot(\hat{\boldsymbol{r}}\times\hat{\boldsymbol{p}})=\hat{\boldsymbol{r}}\cdot[\hat{\boldsymbol{p}}\times(\hat{\boldsymbol{r}}\times\hat{\boldsymbol{p}})]\\&=\hat{\boldsymbol{r}}\cdot[\hat{p}_\beta\hat{\boldsymbol{r}}\hat{p}_\beta-(\hat{\boldsymbol{p}}\cdot\hat{\boldsymbol{r}})\hat{\boldsymbol{p}}]=\hat{r}_\alpha\hat{p}_\beta\hat{r}_\alpha\hat{p}_\beta-\hat{r}_\alpha\hat{p}_\beta\hat{r}_\beta\hat{p}_\alpha.\end{aligned}\tag{4.1.8}$$

利用对易关系 $[\hat{r}_\alpha,\hat{p}_\beta]=\mathrm{i}\hbar\delta_{\alpha\beta}$, 可将上式重新表示为

$$\hat{\boldsymbol{l}}^2=\hat{r}_\alpha(\hat{r}_\alpha\hat{p}_\beta-\mathrm{i}\hbar\delta_{\alpha\beta})\hat{p}_\beta-\hat{r}_\alpha\hat{p}_\beta(\hat{p}_\alpha\hat{r}_\beta+\mathrm{i}\hbar\delta_{\alpha\beta})=\hat{\boldsymbol{r}}^2\hat{\boldsymbol{p}}^2-(\hat{\boldsymbol{r}}\cdot\hat{\boldsymbol{p}})(\hat{\boldsymbol{p}}\cdot\hat{\boldsymbol{r}}+2\mathrm{i}\hbar),\tag{4.1.9}$$

利用 (4.1.2) 式和 (4.1.3) 式, 可得

$$\hat{\boldsymbol{r}}\cdot\hat{\boldsymbol{p}}=r\hat{p}_r+\mathrm{i}\hbar,\quad\hat{\boldsymbol{p}}\cdot\hat{\boldsymbol{r}}=\hat{\boldsymbol{r}}\cdot\hat{\boldsymbol{p}}-3\mathrm{i}\hbar=r\hat{p}_r-2\mathrm{i}\hbar.\tag{4.1.10}$$

将 (4.1.10) 式代入 (4.1.9) 式, 并利用 (4.1.3) 式, 可导出 (4.1.6) 式, 即

$$\hat{\boldsymbol{l}}^2=r^2\hat{p}^2-r\hat{p}_r r\hat{p}_r-\mathrm{i}\hbar r\hat{p}_r=r^2\hat{p}^2-r(r\hat{p}_r-\mathrm{i}\hbar)\hat{p}_r-\mathrm{i}\hbar r\hat{p}_r=r^2(\hat{p}^2-\hat{p}_r^2).\tag{4.1.11}$$

3. 径向方程

对于中心力场, 因 $[\hat{\boldsymbol{l}},\hat{H}]=0$, 轨道角动量的分量均为守恒量. 体系的守恒量完备集可取为 $\{\hat{H},\hat{\boldsymbol{l}}^2,\hat{l}_z\}$, 其共同本征态称为角动量分波定态, 可表示为

$$\boxed{\psi_{lm}(r,\theta,\varphi)=R_l(r)Y_{lm}(\theta,\varphi)\quad(l=0,1,2,\cdots;\ m=0,\pm1,\pm2,\cdots,\pm l)}\tag{4.1.12}$$

其中 $R_l(r)$ 为径向波函数, $Y_{lm}(\theta,\varphi)$ 为球谐函数. 在光谱学上, 将 $l=0,1,2,3,4,5,\cdots$ 对应的态分别称为 s, p, d, f, g, h, $\cdots$ 轨道, 而 m 称为磁量子数. 由于算符 $\hat{\boldsymbol{l}}^2$ 和 $\hat{l}_z$ 仅作用到角度坐标 (θ,φ) 的函数上, ψ_{lm} 显然是 $\{\hat{\boldsymbol{l}}^2,\hat{l}_z\}$ 的共同本征函数, 即

$$\hat{\boldsymbol{l}}^2\psi_{lm} = l(l+1)\hbar^2\psi_{lm}, \quad \hat{l}_z\psi_{lm} = m\hbar\psi_{lm}.$$

将 (4.1.6) 式和 (4.1.12) 式代入定态薛定谔方程 $\hat{H}\psi_{lm} = E\psi_{lm}$, 可得

$$[\hat{p}_r^2/2\mu + \hat{\boldsymbol{l}}^2/2\mu r^2 + V(r)]R_l(r)Y_{lm}(\theta,\varphi) = ER_l(r)Y_{lm}(\theta,\varphi).$$

将 (4.1.7) 式代入以上方程, 可得到径向波函数满足的微分方程:

$$\boxed{-(\hbar^2/2\mu)(R_l'' + 2R_l'/r) + [l(l+1)\hbar^2/2\mu r^2 + V(r)]R_l = ER_l} \tag{4.1.13}$$

定义 $\chi_l(r) \equiv rR_l(r)$, 可将以上径向方程改写为更加简洁的形式:

$$\boxed{\hat{H}_l\chi_l(r) = E\chi_l(r)} \tag{4.1.14}$$

$$\boxed{\hat{H}_l = -\hbar^2\partial_r^2/2\mu + W_l(r) + V(r), \quad W_l(r) = l(l+1)\hbar^2/2\mu r^2} \tag{4.1.15}$$

由 (4.1.4) 式可知, $\hat{p}_r$ 的厄密性要求径向波函数满足以下边界条件:

$$\boxed{\chi_l(0) = 0} \tag{4.1.16}$$

球谐函数 Y_{lm} 具有正交归一性, 故 ψ_{lm} 的模方完全由径向函数决定, 即

$$(\psi_{lm}, \psi_{lm}) = \int_0^\infty |R_l(r)|^2 r^2 \mathrm{d}r = \int_0^\infty |\chi_l(r)|^2 \mathrm{d}r.$$

上式表明, 粒子处于 $r \sim r + \mathrm{d}r$ 的球壳内 (不管角度方向) 的概率为 $|\chi_l(r)|^2\mathrm{d}r$, 即 $|\chi_l(r)|^2$ 表示粒子随径向坐标分布的概率密度.

对每个确定的量子数 l, 方程 (4.1.14) 均等效于一个一维定态薛定谔方程. 此"一维体系"的哈密顿算符为 $\hat{H}_l$, 而 $W_l(r)$ 为离心势能, 函数 $\chi_l(r)$ 的定义域为 $r > 0$, 相应的态空间 $\mathcal{E}_l$ 是所有满足边界条件 (4.1.16) 式的平方可积函数 $\chi_l(r)$ 的集合, 该函数空间的内积定义为

$$(\chi_l, \tilde{\chi}_l) \equiv \int_0^\infty \mathrm{d}r \chi_l^*(r)\tilde{\chi}_l(r).$$

4. 径向波函数在原点邻域的渐近行为

中心力场的定态问题归结为求解径向微分方程 (4.1.13) 式或 (4.1.14) 式, 有实际意义的中心力场 $V(r)$ 在原点处有可能发散, 但通常满足极限条件:

$$r^2V(r) \to 0 \quad (r \to 0). \tag{4.1.17}$$

以后我们仅限于研究此类中心力场的定态问题.

对于 $l \geqslant 1$ 的分波, 径向方程 (4.1.14) 在原点邻域可近似表示为

$$\chi_l'' - [l(l+1)/r^2]\chi_l \approx 0 \quad (r \to 0, \ l \geqslant 1).$$

该方程的下述解满足边界条件 (4.1.16) 式, 因而对应于物理上合理的径向波函数,

$$\boxed{\chi_l(r) = rR_l(r) \sim r^{l+1} \quad (r \to 0)} \tag{4.1.18}$$

方程的另一个解 $\chi_l(r) \sim r^{-l}$ 不满足边界条件 (4.1.16) 式, 应舍弃.

对于 $l = 0$ 的分波 (s 波), 转动能为零, 径向方程为

$$-(\hbar^2/2\mu)\chi_0'' + V(r)\chi_0 = E\chi_0. \tag{4.1.19}$$

其解在原点邻域的渐近行为依赖于势 $V(r)$ 在原点邻域的渐近形式, 对于满足 (4.1.17) 式的常见势函数, 物理上合理的解通常也具有 (4.1.18) 式所描述的渐近行为.

§ 4.2 分波定态的基本性质

不同中心力场的定态具有某些共同的性质, 本节介绍分波束缚定态和分波散射定态的基本性质, 并讨论三种不同类型的中心力场中分波定态的属性, 最后求解自由粒子的分波定态解.

1. 分波束缚定态的基本性质

对某些中心势 $V(r)$, 当能量 E 取某些分立数值 E_{sl} 时, 径向方程 (4.1.13) 式或 (4.1.14) 式存在束缚定态解, 即满足 $\lim\limits_{r\to\infty} \chi_{sl}(r) = 0$, 对应的分波束缚定态波函数为

$$\boxed{\psi_{slm}(r,\theta,\varphi) = R_{sl}(r)Y_{lm}(\theta,\varphi) \quad (s = 0,1,2,\cdots)} \tag{4.2.1}$$

其中 s 为 $R_{sl}(r)$ 的节点数 (除原点和无穷远处之外的零点数), 正交归一性条件为

$$\boxed{(\psi_{slm},\psi_{s'l'm'}) = \delta_{ss'}\delta_{ll'}\delta_{mm'} \quad \Rightarrow \quad \int_0^\infty \chi_{sl}^*\chi_{s'l}\mathrm{d}r = \delta_{ss'}} \tag{4.2.2}$$

束缚定态能级 E_{sl} 不依赖于 m, 它至少对应于 $(2l+1)$ 个线性独立的定态波函数 ψ_{slm}, **其简并度至少是 $(2l+1)$**, 这种简并性是由中心力场的球对称性导致的.

对于某些特殊的中心力场 $V(r)$, 体系的对称性高于一般的球对称性, 则有可能出现能级的偶然简并现象, 即能级 E_{sl} 恰巧等于若干其他能级 $E_{s'l'}$, 则其简并度大于 $(2l+1)$, 多维各向同性谐振子和氢原子均属于这种情形.

类似于一维束缚定态的性质, **分波束缚定态能级 E_{sl} 随径向波函数的节点数 s 的增加而增大**. 此外, **能级 E_{sl} 也随角动量量子数 l 的增大而增大**, 证明如下:

由于分波束缚定态径向波函数 $\chi_{sl}(r)$ 是 $\hat{H}_l$ 的本征函数, 即

$$\hat{H}_l\chi_{sl}(r) = E_{sl}\chi_{sl}(r), \quad (\chi_{sl},\chi_{s'l}) = \delta_{ss'}.$$

将 l 视为连续参量, 利用 3.4 节中的 HF 定理可得

$$\begin{aligned} \partial_l E_{sl} &= \overline{\partial_l H_l} = [(2l+1)/l(l+1)]\overline{W}_l, \\ \overline{W}_l &\equiv (\chi_{sl}, W_l\chi_{sl}) = (\psi_{slm}, (\hat{l}^2/2\mu r^2)\psi_{slm}) > 0. \end{aligned} \tag{4.2.3}$$

因此 E_{sl} 是 l 的递增函数, 体系的基态必为 s 态 (即 $l=0$), 基态能为 E_{00}.

2. 分波散射定态的基本性质

如果中心势 $V(r)$ 在无穷远处趋于零, 则对 $E>0$ 的任何能级, 径向方程 (4.13) 或 (4.14) 均存在散射定态解, 对应的分波散射定态波函数可表示为

$$\boxed{\psi_{klm}(r,\theta,\varphi)=R_{kl}(r)Y_{lm}(\theta,\varphi)\quad(k\equiv\sqrt{2\mu E}/\hbar)}\tag{4.2.4}$$

其中径向波函数 $R_{kl}(r)$ 在无穷远处是无限振荡的.

散射定态波函数是不能归一化的, 但可以满足广义正交归一性, 即

$$\boxed{(\psi_{klm},\ \psi_{k'l'm'})=\delta(k-k')\delta_{ll'}\delta_{mm'}\quad\Rightarrow\quad\int_0^\infty\chi_{kl}^*(r)\chi_{k'l}(r)\mathrm{d}r=\delta(k-k')}\tag{4.2.5}$$

如果体系同时还存在分波束缚定态 ψ_{slm}, 则有以下正交性关系:

$$\boxed{(\psi_{slm},\psi_{kl'm'})=0}$$

量子数对 (lm) 的总数是无穷大, 因此连续能级中的每一个 E 均对应于无穷多个线性独立的散射定态波函数 ψ_{klm}, 即**每一个散射定态能级的简并度均为无穷大**.

若 $V(r)$ 在无穷远处比 $1/r$ 更快地趋于零, 则散射定态的径向波函数在无穷远处具有以下渐近行为:

$$\boxed{\chi_{kl}(r)\sim\sin(kr-l\pi/2+\delta_l)\quad(r\to\infty)}\tag{4.2.6}$$

其中 $\delta_l(k)$ 称为相移, 对于自由粒子, $\delta_l=0$. 若 $V(r)$ 在无穷远处依 $1/r$ 或更慢地趋于零 (如库仑势), 则 $\chi_{kl}(r)$ 在无穷远处的振荡行为就没有上述的简单形式.

中心力场散射定态问题的核心任务是通过求解分波散射定态波函数, 根据它在无穷远处的渐近行为计算相移 δ_l 这一散射理论中的重要参量 (参见第十三章).

3. 三类中心力场的分波定态

分波定态的属性取决于势函数 $V(r)$, 常见的势函数有以下三种类型:

(1) 如果 $V(r)$ 在 $r\to\infty$ 时趋于无穷大 (如无限深球方势阱, 各向同性谐振子等), 则体系仅有束缚定态, 没有散射定态. 我们总是假设 $\hat{H}_l$ 为观测算符, 因此所有线性独立的束缚定态解 $\chi_{sl}(r)$ 的集合构成函数空间 $\mathcal{E}_l$ 的一套完备基函数, 即

$$\boxed{\sum_s\chi_{sl}^*(r)\chi_{sl}(r')=\delta(r-r')}\tag{4.2.7}$$

利用上式可以证明, 所有的分波束缚定态波函数 $\psi_{slm}(\boldsymbol{r})$ 的集合构成三维体系态空间 $\mathcal{E}$ 的一组完备的基函数, 其完备性可表示为

$$\boxed{\sum_{slm}\psi_{slm}^*(\boldsymbol{r})\psi_{slm}(\boldsymbol{r}')=\delta(\boldsymbol{r}-\boldsymbol{r}')}\tag{4.2.8}$$

体系的任何可能的波函数 $\psi(r,\theta,\varphi)$ 均可用这组基函数展开, 即

$$\psi(\boldsymbol{r})=\sum_{slm}c_{slm}\psi_{slm}(\boldsymbol{r}),\quad c_{slm}=(\psi_{slm},\psi). \tag{4.2.9}$$

(2) 对于在无穷远处趋于零的某些中心力场 (如自由粒子、中心力势垒、过窄或过浅的球方势阱等), 体系没有束缚定态, 仅有散射定态, 其能级 $E=\hbar^2k^2/2\mu$. 算符 $\hat{H}_l$ 的散射定态解 $\chi_{kl}(r)$ 的集合构成函数空间 $\mathcal{E}_l$ 的一组完备基函数, 即

$$\boxed{\int_0^\infty \mathrm{d}k\chi_{kl}^*(r)\chi_{kl}(r')=\delta(r-r')} \tag{4.2.10}$$

分波散射定态波函数 $\psi_{klm}(\boldsymbol{r})$ 的集合构成态空间 $\mathcal{E}$ 的一组完备的基函数, 即

$$\boxed{\sum_{lm}\int_0^\infty \mathrm{d}k\psi_{klm}^*(\boldsymbol{r})\psi_{klm}(\boldsymbol{r}')=\delta(\boldsymbol{r}-\boldsymbol{r}')} \tag{4.2.11}$$

体系的任何可能的波函数 $\psi(r,\theta,\varphi)$ 均可用这组基函数展开, 即

$$\psi(\boldsymbol{r})=\sum_{lm}\int_0^\infty \mathrm{d}kc_{klm}\psi_{klm}(\boldsymbol{r}),\quad c_{klm}=(\psi_{klm},\psi). \tag{4.2.12}$$

(3) 对于在无穷远处趋于零的某些中心力场 (如一般的球方势阱、库仑吸引势等), 体系既有束缚定态 ψ_{slm}, 其能级 $E_{sl}<0$ 是量子化的, 也存在散射定态 ψ_{klm}, 其能级 $E=\hbar^2k^2/2\mu$ 是连续的. 算符 $\hat{H}_l$ 的束缚定态解 $\chi_{sl}(r)$ 和散射定态解 $\chi_{kl}(r)$ 的集合构成函数空间 $\mathcal{E}_l$ 的一组完备基函数, 即

$$\boxed{\sum_s\chi_{sl}^*(r)\chi_{sl}(r')+\int_0^\infty \mathrm{d}k\chi_{kl}^*(r)\chi_{kl}(r')=\delta(r-r')} \tag{4.2.13}$$

所有分波定态波函数的集合构成体系态空间 $\mathcal{E}$ 的一组完备的基函数, 即

$$\boxed{\sum_{slm}\psi_{slm}^*(\boldsymbol{r})\psi_{slm}(\boldsymbol{r}')+\sum_{lm}\int_0^\infty \mathrm{d}k\psi_{klm}^*(\boldsymbol{r})\psi_{klm}(\boldsymbol{r}')=\delta(\boldsymbol{r}-\boldsymbol{r}')} \tag{4.2.14}$$

体系的任何可能的波函数 $\psi(r,\theta,\varphi)$ 均可用这组基函数展开, 即

$$\begin{gathered}\psi(\boldsymbol{r})=\sum_{slm}c_{slm}\psi_{slm}(\boldsymbol{r})+\sum_{lm}\int_0^\infty \mathrm{d}kc_{klm}\psi_{klm}(\boldsymbol{r}),\\ c_{slm}=(\psi_{slm},\psi),\quad c_{klm}=(\psi_{klm},\psi).\end{gathered} \tag{4.2.15}$$

4. 自由粒子的分波定态

自由粒子的势场 $V(r)=0$, 只有散射定态, 能级 $E>0$ 是连续的. 径向方程 (4.1.13) 在自由粒子情形下简化为球贝塞尔方程 (参见附录 B),

$$R_l''(z)+(2/z)R_l'(z)+[1-l(l+1)/z^2]R_l(z)=0\quad (z\equiv kr,\ k\equiv\sqrt{2\mu E}/\hbar). \tag{4.2.16}$$

以上方程满足原点边界条件 (4.1.18) 式的解是球贝塞尔函数 $j_l(z)$, 因此可取

$$R_{kl}(r) = \sqrt{2/\pi}kj_l(kr). \tag{4.2.17}$$

易证上述波函数满足广义正交归一性条件 (4.2.5) 式和完备性条件 (4.2.10) 式, 且有

$$R_{kl}(r) \approx \sqrt{2/\pi}r^{-1}\sin(kr - l\pi/2) \quad (r \to \infty). \tag{4.2.18}$$

比较方程 (4.2.6) 式和 (4.2.18) 式可知, 自由粒子的相移 $\delta_l = 0$. 结合方程 (4.2.4) 式和 (4.2.17) 式可知, 守恒量完备集 $\{\hat{H}, \hat{\boldsymbol{l}}^2, \hat{l}_z\}$ 的共同本征函数为

$$\boxed{\psi_{klm}^{(0)}(\boldsymbol{r}) = \sqrt{2/\pi}kj_l(kr)Y_{lm}(\theta,\varphi)} \tag{4.2.19}$$

自由粒子的守恒量完备集也可选为 $\{\hat{p}_x, \hat{p}_y, \hat{p}_z\}$, 其共同本征函数为平面波函数 $\exp(\mathrm{i}\boldsymbol{k}\cdot\boldsymbol{r})$, 下面将它表示为 $\psi_{klm}^{(0)}(\boldsymbol{r})$ 的线性叠加. 设 $\boldsymbol{r}$ 和 $\boldsymbol{k}$ 的方向角分别为 (θ,φ) 和 $(\theta_{\boldsymbol{k}},\varphi_{\boldsymbol{k}})$, 而 $\boldsymbol{r}$ 和 $\boldsymbol{k}$ 的夹角为 $\theta_{\boldsymbol{kr}}$, $P_l(x)$ 为勒让德多项式, 则有 (参见附录 B)

$$\begin{aligned}\exp(\mathrm{i}\boldsymbol{k}\cdot\boldsymbol{r}) &= \sum_{l=0}^{\infty}(2l+1)\mathrm{i}^l j_l(kr)P_l(\cos\theta_{\boldsymbol{kr}}) \\ &= 4\pi\sum_{l=0}^{\infty}\sum_{m=-l}^{l}\mathrm{i}^l j_l(kr)Y_{lm}^*(\theta_{\boldsymbol{k}},\varphi_{\boldsymbol{k}})Y_{lm}(\theta,\varphi).\end{aligned} \tag{4.2.20}$$

结合 (4.2.19) 式和 (4.2.20) 式, 可得

$$\boxed{\exp(\mathrm{i}\boldsymbol{k}\cdot\boldsymbol{r}) = \sum_{lm}c_{lm}(\boldsymbol{k})\psi_{klm}^{(0)}(\boldsymbol{r}), \quad c_{lm}(\boldsymbol{k}) = (2\pi)^{3/2}(\mathrm{i}^l/k)Y_{lm}^*(\theta_{\boldsymbol{k}},\varphi_{\boldsymbol{k}})} \tag{4.2.21}$$

§ 4.3 球方势阱

球方势阱是最简单的中心力场模型, 它在原子核结构的研究中具有一定的作用, 本节求解它的分波束缚定态解, 相关的分波散射定态问题将在第十二章介绍.

1. 无限深球方势阱

设质量为 μ 的粒子处于半径为 a 的无限深球方势阱中, 如图 4.3.1 所示,

$$V(r) = \begin{cases} 0 & (r < a) \\ \infty & (r > a) \end{cases}$$

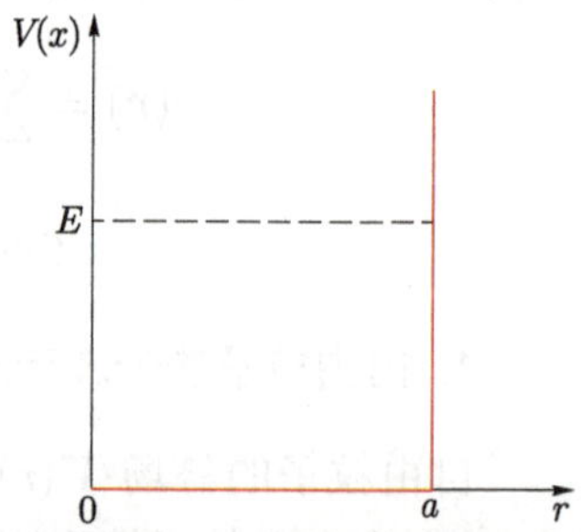

图 4.3.1 无限深球方势阱

该体系没有散射定态, 只有束缚定态, 定态能级是量子化的.

由于球外的势能是无穷大, 粒子在球外的概率为零, 波函数也为零. 而球内的径向波函数满足球贝塞尔方程

(4.2.16), 因而满足条件 (4.1.18) 式的径向波函数为

$$R_l(r) \propto j_l(kr)\theta(a-r) \quad (k \equiv \sqrt{2\mu E}/\hbar). \tag{4.3.1}$$

利用 $R_l(r)$ 在球面 $r=a$ 上的连续性条件, 可得到能级方程:

$$j_l(ka)=0 \quad \Rightarrow \quad k_{sl}=x_{sl}/a \quad (s=0,1,2,\cdots).$$

其中 x_{sl} 是方程 $j_l(x)=0$ 的根, 因此束缚定态能级为

$$\boxed{E_{sl}=x_{sl}^2\hbar^2/2\mu a^2 \quad (s=0,1,2,\cdots)} \tag{4.3.2}$$

可以证明, 以上能级对应的归一化径向波函数为

$$\boxed{R_{sl}(r)=[-(a^3/2)j_{l-1}(x_{sl})j_{l+1}(x_{sl})]^{-1/2}j_l(x_{sl}r/a)\theta(a-r) \quad (l\geqslant 1)} \tag{4.3.3}$$

s 波 ($l=0$) 的球贝塞尔函数为 $j_0(x)=x^{-1}\sin x$, 容易求得 $x_{s0}=(s+1)\pi$, 因此

$$\boxed{E_{s0}=(s+1)^2\pi^2\hbar^2/2\mu a^2 \quad (s=0,1,2,\cdots)} \tag{4.3.4}$$

$$\boxed{R_{s0}(r)=\sqrt{2/a}r^{-1}\sin[(s+1)\pi r/a]\theta(a-r)} \tag{4.3.5}$$

体系的基态能为 $E_{00}=\pi^2\hbar^2/2\mu a^2$, 它也可用不确定度关系来估算. 由于粒子局限在球内, 动量不确定度约为 $\Delta p\sim\hbar/a$, 所以基态能约为

$$E_{00}\sim(\Delta p)^2/2\mu\sim(\hbar/a)^2/2\mu\sim\hbar^2/\mu a^2.$$

*2. 有限深球方势阱

设质量为 μ 的粒子处于半径为 a 的有限深球方势阱中, 如图 4.3.2 所示,

$$V(r)=-V_0\theta(a-r)=\begin{cases}-V_0 & (r<a)\\ 0 & (r>a)\end{cases} \quad (V_0>0).$$

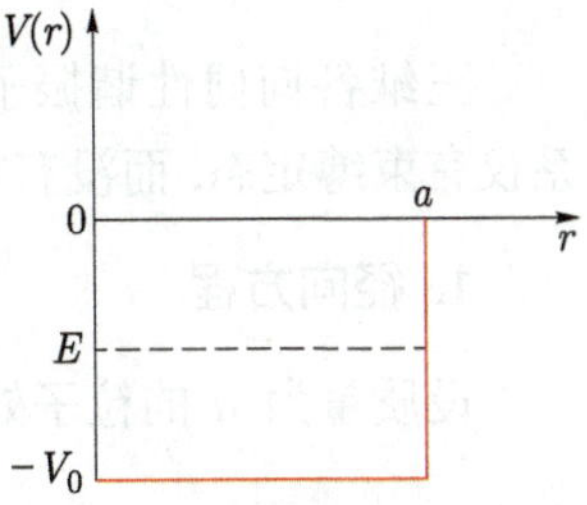

图 4.3.2 有限深球方势阱

虽然该体系存在散射定态, 但这里仅研究束缚定态, 能级 E 满足 $-V_0<E<0$.

令 $z\equiv qr$, $q\equiv\sqrt{2\mu(E+V_0)}/\hbar$, 则球内的径向波函数满足球贝塞尔方程:

$$R_l''(z)+(2/z)R_l'(z)+[1-l(l+1)/z^2]R_l(z)=0 \quad (r<a). \tag{4.3.6}$$

设 $\chi_l(r)=rR_l(r)$, 则该方程的满足条件 $\chi_l(0)=0$ 的解为

$$\boxed{R_l(r)\propto j_l(qr) \quad (r<a)} \tag{4.3.7}$$

令 $z=\mathrm{i}\beta r$, $\beta\equiv\sqrt{-2\mu E}/\hbar$, 则球外的径向波函数满足球贝塞尔方程:

$$R_l''(z)+(2/z)R_l'(z)+[1-l(l+1)/z^2]R_l(z)=0 \quad (r>a). \tag{4.3.8}$$

以上方程满足束缚态边界条件的解是虚宗量球汉克尔函数 $h_l(z)$ (参见附录 B), 即

$$\boxed{R_l(r)\propto h_l(\mathrm{i}\beta r) \quad (r>a)} \tag{4.3.9}$$

$$\Rightarrow \quad R_l(r)\sim r^{-1}\exp(-\beta r) \quad (r\to\infty).$$

利用 $\partial_r(\ln R_l)$ 在球面 $r=a$ 上的连续性条件, 并结合 (4.3.7) 式和 (4.3.9) 式, 可得

$$q\frac{j_l'(qa)}{j_l(qa)}=\mathrm{i}\beta\frac{h_l'(\mathrm{i}\beta a)}{h_l(\mathrm{i}\beta a)} \quad \Rightarrow \quad \boxed{q\frac{j_{l+1}(qa)}{j_l(qa)}=\mathrm{i}\beta\frac{h_{l+1}(\mathrm{i}\beta a)}{h_l(\mathrm{i}\beta a)}} \tag{4.3.10}$$

此即能级方程, 其解为束缚定态能级 E_{sl}. 对于 s 波, 能级方程简化为

$$\beta=-q\cot(qa) \quad (l=0). \tag{4.3.11}$$

对于一个确定的 l, 存在零能级 (即 $\beta\to 0$) 束缚定态的条件为

$$(2l+1)j_l(q_0a)=q_0aj_{l+1}(q_0a) \quad (q_0\equiv\sqrt{2\mu V_0}/\hbar). \tag{4.3.12}$$

对于 s 波, 以上条件即为

$$\cos(q_0a)=0 \quad \Rightarrow \quad q_0a=(n+1/2)\pi \quad (n=0,1,2,\cdots).$$

因此, 体系至少存在一个束缚定态的条件为 $q_0a\geqslant\pi/2$, 即 $V_0a^2\geqslant\pi^2\hbar^2/8\mu$.

§ 4.4 三维各向同性谐振子

三维各向同性谐振子模型在原子核结构和分子振动理论中有广泛的应用, 该体系仅有束缚定态, 而没有非束缚定态, 本节研究该体系的分波束缚定态解.

1. 径向方程

设质量为 μ 的粒子处于频率为 ω 的三维各向同性谐振子势场中, 即

$$V(r)=\mu\omega^2r^2/2.$$

将此势函数代入径向方程 (4.1.13), 得到

$$R_l''(\rho)+(2/\rho)R_l'(\rho)+[2\epsilon-l(l+1)/\rho^2-\rho^2]R_l(\rho)=0, \tag{4.4.1}$$

$$(\rho\equiv\alpha r,\ \epsilon\equiv E/\hbar\omega,\ \alpha\equiv\sqrt{\mu\omega/\hbar}).$$

以上方程的奇点为 $\rho=0$ 和 $\rho=\infty$. 由于 $V(r)$ 满足原点处的极限条件 (4.1.17) 式, 因而 $R_l(\rho)$ 在原点邻域的渐近行为符合方程 (4.1.18), 即

$$R_l(\rho)\sim\rho^l \quad (\rho\to 0). \tag{4.4.2}$$

下面研究 $R_l(\rho)$ 在 $\rho\to\infty$ 时的渐近行为, 此时方程 (4.4.1) 式可近似为

$$R_l''(\rho)-\rho^2 R_l(\rho)\approx 0\quad(\rho\to\infty).$$

该方程的解有渐近行为 $R_l(\rho)\sim\exp(\pm\rho^2/2)$, 满足束缚态条件的解才是合理的, 即

$$R_l(\rho)\sim\exp(-\rho^2/2)\quad(\rho\to\infty).\tag{4.4.3}$$

结合方程 (4.4.2) 式和 (4.4.3) 式, 可将径向波函数表示为

$$R_l(\rho)=\rho^l\exp(-\rho^2/2)u(\rho).$$

将上式代入方程 (4.4.1) 式, 得到 $u(\rho)$ 满足的微分方程:

$$u''(\rho)+2[(l+1)/\rho-\rho]u'(\rho)+(2\epsilon-2l-3)u(\rho)=0.$$

再令 $z\equiv\rho^2$, 上述微分方程变换为合流超几何方程 (参见附录 B):

$$zu''(z)+(\gamma-z)u'(z)-\beta u(z)=0,\quad[\gamma\equiv l+3/2,\ \beta\equiv(l+3/2-\epsilon)/2].\tag{4.4.4}$$

2. 分波定态解

方程 (4.4.4) 有两个线性独立的解 (参见附录 B), 其中一个解在原点处发散, 不满足边界条件 (4.1.16) 式应舍去. 另一个解在原点处是有限的, 即合流超几何函数:

$$u(z)\propto F(\beta,\gamma;z)=1+\frac{\beta}{\gamma}z+\frac{\beta(\beta+1)}{\gamma(\gamma+1)}\frac{z^2}{2!}+\frac{\beta(\beta+1)(\beta+2)}{\gamma(\gamma+1)(\gamma+2)}\frac{z^3}{3!}+\cdots.$$

当 $z\to\infty$ 时, 一般有 $F\sim\mathrm{e}^z\Rightarrow R_l(\rho)\sim\rho^l\exp(\rho^2/2)\to\infty$, 不符合波函数的统计诠释. 要使方程 (4.4.4) 有物理上合理的解, F 必须中断为一个多项式, 即满足

$$\beta=-s\quad(s=0,1,2,\cdots)$$

$$\Rightarrow\quad\boxed{E_N=(N+3/2)\hbar\omega\quad(N=2s+l=0,1,2,\cdots).}\tag{4.4.5}$$

量子化能级 E_N 对应的归一化分波束缚定态径向波函数为

$$\boxed{R_{sl}(r)=c_{sl}(\alpha r)^l\exp(-\alpha^2r^2/2)F(-s,\ l+3/2;\ \alpha^2r^2)}\tag{4.4.6}$$

$$c_{sl}=\alpha^{3/2}\left\{2^{l+2-s}(2l+2s+1)!!/\sqrt{\pi}s![(2l+1)!!]^2\right\}^{1/2}.$$

例如, $s=0$ 和 $s=1$ 时的归一化径向波函数分别为

$$R_{0l}(r)=\alpha^{3/2}[2^{l+2}/\sqrt{\pi}(2l+1)!!]^{1/2}(\alpha r)^l\exp(-\alpha^2r^2/2),\tag{4.4.7}$$

$$R_{1l}(r)=\alpha^{3/2}[2^{l+3}/\sqrt{\pi}(2l+3)!!]^{1/2}(l+3/2-\alpha^2r^2)(\alpha r)^l\exp(-\alpha^2r^2/2).\tag{4.4.8}$$

三维各向同性谐振子的动力学对称性高于一般的球对称性, 因此能级 E_N 的简并度 f_N 大于一般的中心力场的能级 E_{sl} 的简并度 $(2l+1)$, 有

$$\boxed{f_N=(N+1)(N+2)/2}\tag{4.4.9}$$

证明: 定态 ψ_{slm} 的能级为 E_N, 对于一个确定的偶数 N, 量子数 l 可取的值为

$$l = N - 2s = N,\ N-2,\ N-4, \cdots, 2, 0.$$

对于一个确定的 l, 量子数 m 有 $(2l+1)$ 个取值, 因此能级 E_N 的简并度为

$$f_N = \sum_{l=0,2,\cdots,N} (2l+1) = (N+1)(N+2)/2.$$

当 N 为奇数时, 上式改为对 $l = 1, 3, \cdots, N$ 求和, 其结果也为 (4.4.9) 式, 证毕.

3. 守恒量完备集的不同选择

三维各向同性谐振子的哈密顿算符也可表示为 x、y、z 方向的一维谐振子哈密顿算符之和, 即

$$\hat{H} = \hat{H}_x + \hat{H}_y + \hat{H}_z.$$

体系的守恒量完备集也可选取为 $\{\hat{H}_x, \hat{H}_y, \hat{H}_z\}$, 其共同本征函数为

$$\phi_{n_x n_y n_z}(\boldsymbol{r}) = \phi_{n_x}(x)\phi_{n_y}(y)\phi_{n_z}(z) \quad (n_x, n_y, n_z = 0, 1, 2, \cdots).$$

其中 $\phi_{n_x}(x)$ 等为一维谐振子的能量本征函数. 能级及其简并度的公式仍然为 (4.4.5) 式和 (4.4.9) 式, 只需要将其中的能级量子数变换为 $N = n_x + n_y + n_z$.

上述定态波函数组 $\{\phi_{n_x n_y n_z}\}$ 与分波定态波函数组 $\{\psi_{slm}\}$ 是体系态空间 $\mathcal{E}$ 的两组不同的正交归一完备基函数, 它们之间可通过一个幺正变换相联系. 例如, 基态能级为 $E_0 = 3\hbar\omega/2$, 是非简并的, 基态波函数为

$$\psi_{000}(r, \theta, \varphi) = \phi_0(x)\phi_0(y)\phi_0(z) = (\alpha/\sqrt{\pi})^{3/2} \exp(-\alpha^2 r^2/2).$$

第一激发态能级为 $E_1 = 5\hbar\omega/2$, 简并度为 3, 对应于一个三维定态子空间, 定态波函数组 $\{\phi_{100}, \phi_{010}, \phi_{001}\}$ 与分波定态波函数组 $\{\psi_{0,1,+1}, \psi_{0,1,-1}, \psi_{0,1,0}\}$ 是这个三维定态子空间的两组不同的基函数, 它们之间的变换关系为

$$\begin{pmatrix} \psi_{0,1,+1} \\ \psi_{0,1,-1} \\ \psi_{0,1,0} \end{pmatrix} = \begin{pmatrix} -1/\sqrt{2} & -\mathrm{i}/\sqrt{2} & 0 \\ +1/\sqrt{2} & -\mathrm{i}/\sqrt{2} & 0 \\ 0 & 0 & 1 \end{pmatrix} \begin{pmatrix} \phi_{100} \\ \phi_{010} \\ \phi_{001} \end{pmatrix}.$$

§ 4.5 氢原子

氢原子是一个质子和一个电子通过库仑吸引作用形成的束缚定态, 氢原子的研究在原子分子物理中起着十分重要的作用. 本节先通过将质心运动与相对运动的分离, 将这个两体问题转化为质心系中的单粒子中心力场问题, 然后求解分波束缚定态解, 并研究相应的轨道磁矩, 最后讨论类氢离子问题.

1. 质心运动与相对运动的分离

考虑电子和质子组成的一个两粒子体系, 设电子的质量, 电荷, 位矢分别为 m_e, $-e$, $\boldsymbol{r}_1$, 质子的质量, 电荷, 位矢分别为 m_p, e, $\boldsymbol{r}_2$. 则它们的总质量, 约化质量, 质心位矢, 相对位矢分别为

$$M = m_e + m_p, \quad \mu = m_e m_p/M; \quad \boldsymbol{R} = (m_e\boldsymbol{r}_1 + m_p\boldsymbol{r}_2)/M, \quad \boldsymbol{r} = \boldsymbol{r}_1 - \boldsymbol{r}_2.$$

电子与质子之间的库仑吸引能仅依赖于两者之间的距离 r, 即

$$V(r) = -e^2/r \quad (r = |\boldsymbol{r}|).$$

由第 3.3 节的讨论可知, 体系的总哈密顿算符 $\hat{\mathcal{H}}$ 可表示为质心运动哈密顿算符与相对运动哈密顿算符 $\hat{H}$ 之和, 即

$$\boxed{\hat{\mathcal{H}} = -\hbar^2\nabla_{\boldsymbol{R}}^2/2M + \hat{H}, \quad \hat{H} = -\hbar^2\nabla_{\boldsymbol{r}}^2/2\mu + V(r)}$$

质心的运动相当于一个质量为 M 的自由粒子, 而相对运动的哈密顿算符 $\hat{H}$ 描述了一个质量为 μ 的粒子处于中心力场 $V(r)$ 中的运动, 这两种运动是不相关联的, 这里我们仅研究相对运动的分波定态问题.

2. 径向方程

当相对运动的能量 $E > 0$ 时, 存在能级连续的散射定态, 这里我们仅研究 $E < 0$ 的束缚定态, 对应的定态能级是量子化的, 这就是氢原子的情形.

相对运动的角动量 $\hat{\boldsymbol{l}}$ 是守恒量, 分波定态波函数由 (4.1.12) 式给出. 将势函数 $V(r)$ 代入径向方程 (4.1.14), 并引入无量纲变量 ρ 和无量纲参量 β, 可得

$$\chi_l''(\rho) - [l(l+1)/\rho^2 - 2/\rho + \beta^2]\chi_l(\rho) = 0 \quad (\rho \equiv r/a,\ \beta \equiv \sqrt{-2aE/e^2}), \tag{4.5.1}$$

$$\boxed{a \equiv \hbar^2/\mu e^2}.$$

其中 a 为**玻尔半径, 它是氢原子的特征长度**. 方程 (4.5.1) 的奇点为 $\rho=0$ 和 $\rho=\infty$, 势 $V(r)$ 满足极限条件 (4.1.17) 式, 故 $\chi_l(\rho)$ 在原点邻域的渐近行为符合 (4.1.18) 式, 即

$$\chi_l(\rho) \sim \rho^{l+1} \quad (\rho \to 0). \tag{4.5.2}$$

当 $\rho \to \infty$ 时, 方程 (4.5.1) 式可近似为

$$\chi_l''(\rho) - \beta^2\chi_l(\rho) \approx 0 \quad (\rho \to \infty).$$

该方程的两个线性独立的解为 $\exp(\pm\beta\rho)$, 其中满足束缚定态条件的解为

$$\chi_l(\rho) \sim \exp(-\beta\rho) \quad (\rho \to \infty). \tag{4.5.3}$$

结合方程 (4.5.2) 式和 (4.5.3) 式, 可将径向波函数表示为

$$\chi_l(\rho) = \rho^{l+1}\exp(-\beta\rho)u(\rho). \tag{4.5.4}$$

将上式代入方程 (4.5.1), 得到函数 $u(\rho)$ 满足的微分方程:

$$\rho u''(\rho)+2[(l+1)-\beta\rho]u'(\rho)-2[(l+1)\beta-1]u(\rho)=0.$$

再令 $z\equiv 2\beta\rho$, 上述微分方程变换为合流超几何方程 (参见附录 B):

$$zu''(z)+(\gamma-z)u'(z)-\alpha u(z)=0\quad [\alpha\equiv l+1-1/\beta,\ \gamma\equiv 2(l+1)]. \tag{4.5.5}$$

3. 分波束缚定态解

方程 (4.5.5) 的解中, 满足原点处为有限值的解是合流超几何函数, 即

$$u(z)\propto F(\alpha,\gamma;z).$$

当 $z\to\infty$ 时, 一般有 $F\sim \mathrm{e}^z$, $\Rightarrow \chi_l(\rho)\sim\rho^{l+1}\mathrm{e}^{\beta\rho}$, 在无穷远处发散, 不符合波函数的统计诠释. 要使 $u(z)$ 成为物理上合理的解, F 必须中断为一个多项式, 即

$$l+1-1/\beta=-s\quad (s=0,1,2,\cdots)$$

$$\Rightarrow\quad \boxed{E_n=-e^2/2n^2a=-\mu e^4/2n^2\hbar^2\quad (n\equiv s+l+1=1,2,\cdots).} \tag{4.5.6}$$

此即玻尔的氢原子能级公式, n 称为主量子数. 基态能为

$$E_1=-e^2/2a=-13.6\ \mathrm{eV}.$$

与能级 E_n 对应的归一化分波束缚定态波函数为

$$\boxed{\psi_{nlm}(r,\theta,\varphi)=R_{nl}(r)Y_{lm}(\theta,\varphi)} \tag{4.5.7}$$

$$\boxed{R_{nl}(r)=c_{nl}(2r/na)^l\exp(-r/na)F(-n+l+1,2l+2;2r/na),} \tag{4.5.8}$$

$$c_{nl}=2[a^{3/2}n^2(2l+1)!]^{-1}\sqrt{(n+l)!/(n-l-1)!}.$$

例如, 基态和第一激发态的径向波函数分别为 (图 4.5.1 和图 4.5.2)

$$R_{10}=2a^{-3/2}\exp(-r/a); \tag{4.5.9}$$

$$R_{20}=(2a^3)^{-1/2}(1-r/2a)\exp(-r/2a),\quad R_{21}=(24a^5)^{-1/2}r\exp(-r/2a). \tag{4.5.10}$$

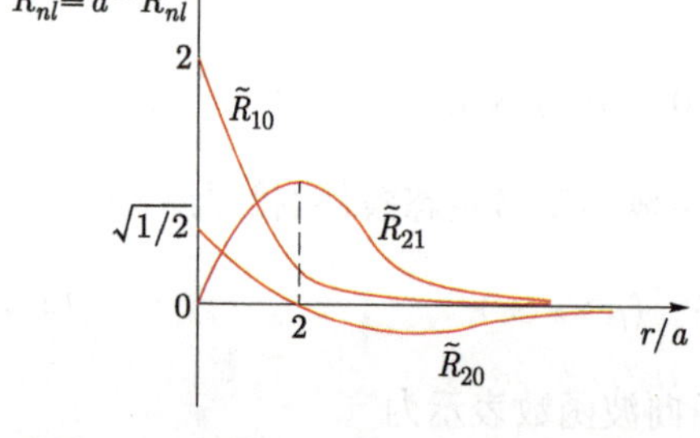

图 4.5.1　氢原子的几个定态径向波函数

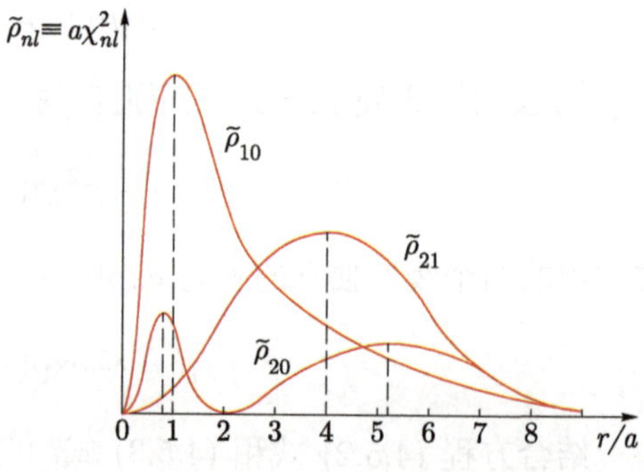

图 4.5.2　氢原子的几个定态径向概率密度

下面讨论能级简并度. 对于一个固定的主量子数 n, 角动量量子数 l 的值可取

$$l = n - s - 1 = n - 1, n - 2, \cdots, 1, 0.$$

对于一个固定的 l, 磁量子数 m 的取值共有 $(2l+1)$ 个, 因此能级 E_n 的简并度为

$$\boxed{f_n = \sum_{l=0}^{n-1}(2l+1) = n^2}$$

由于**氢原子的动力学对称性高于一般的球对称性**, 因此能级 E_n 的简并度 f_n 大于一般的中心力场能级 E_{sl} 的简并度 $(2l+1)$.

在光谱学中, 分波束缚定态 ψ_{n00} 称为 ns 态, $\psi_{n1m}(m=0,\pm1)$ 称为 np 态, 等等. 因此, 氢原子的基态是 1s 态, 第一激发态是 4 重简并的, 包括 1 个 2s 态和 3 个 2p 态, 第二激发态是 9 重简并的, 包括 1 个 3s 态, 3 个 3p 态和 5 个 3d 态.

例 1

氢原子的"圆轨道"是指径向波函数的节点数 $s=0$ 的态 (即 $l=n-1$), 试计算"圆轨道"的最概然半径 r_{m}、平均半径 $\bar{r}$ 以及涨落 Δr.

解: 由 (4.5.8) 式可知, "圆轨道" 的径向函数为

$$\chi_{n,n-1}(r) = [2/a^{3/2}n^2\sqrt{(2n-1)!}]r(2r/na)^{n-1}\exp(-r/na).$$

概率密度 $P_n(r) \equiv |\chi_{n,n-1}(r)|^2$ 的极大值对应于"圆轨道"的最概然半径 r_{m}, 即

$$\partial_r P_n(r) = 0 \quad \Rightarrow \quad r_{\mathrm{m}} = n^2 a.$$

径向坐标的平均值、平方平均值以及涨落分别为

$$\bar{r} = \int_0^\infty \mathrm{d}r P_n(r) r = n\left(n+\frac{1}{2}\right)a, \quad \overline{r^2} = \int_0^\infty \mathrm{d}r P_n(r) r^2 = n^2(n+1)\left(n+\frac{1}{2}\right)a^2,$$

$$\Delta r = (\overline{r^2} - \bar{r}^2)^{1/2} = (n/2)\sqrt{2n+1}a = \bar{r}/\sqrt{2n+1}.$$

4. 分波束缚定态的轨道磁矩

带电粒子的空间运动会导致轨道磁矩, 电子的轨道磁矩算符为

$$\boxed{\hat{\boldsymbol{\mu}} = -e\hat{\boldsymbol{l}}/2\mu c} \tag{4.5.11}$$

分波定态 ψ_{nlm} 不是 $\hat{\mu}_x$ 和 $\hat{\mu}_y$ 的本征态, 但是 $\hat{\mu}_z$ 的本征态. 容易证明, 在 ψ_{nlm} 态下,

$$\boxed{\bar{\boldsymbol{\mu}} = -m\mu_B \boldsymbol{e}_z \quad (\mu_{\mathrm{B}} \equiv e\hbar/2\mu c)} \tag{4.5.12}$$

其中 μ_{B} 称为玻尔磁矩. 为了证明此结果, 注意到 $\psi_{nlm} = R_{nl}(r)Y_{lm}(\theta,\varphi)$, 因此

$$\bar{\boldsymbol{\mu}} = (\psi_{nlm}, \hat{\boldsymbol{\mu}}\psi_{nlm}) = -\frac{e}{2\mu c}(Y_{lm}, \hat{\boldsymbol{l}}Y_{lm})\int_0^\infty |R_{nl}(r)|^2 r^2 \mathrm{d}r = -\frac{e}{2\mu c}(Y_{lm}, \hat{\boldsymbol{l}}Y_{lm}).$$

在第 3.4 节中已证明, 在 Y_{lm} 态下, $\bar{l}_x = \bar{l}_y = 0$, $\bar{l}_z = m\hbar$, 因此

$$\bar{\mu}_x = \bar{\mu}_y = 0, \quad \bar{\mu}_z = -(e/2\mu c)m\hbar = -m\mu_{\mathrm{B}}.$$

为了更好地理解 (4.5.12) 式的结果, 让我们来计算 ψ_{nlm} 态的概率流密度:

$$\boldsymbol{j}(r,\theta,\varphi) = (1/\mu)\mathrm{Re}(\psi_{nlm}^* \hat{\boldsymbol{p}} \psi_{nlm}), \quad \hat{\boldsymbol{p}} = -\mathrm{i}\hbar[\boldsymbol{e}_r\partial_r + (\boldsymbol{e}_\theta/r)\partial_\theta + (\boldsymbol{e}_\varphi/r\sin\theta)\partial_\varphi].$$

注意到 $\psi_{nlm} = f_{nlm}(r,\theta)\exp(\mathrm{i}m\varphi)$, 由于 $f_{nlm}(r,\theta)$ 为实函数, 容易验证

$$j_r = 0, \quad j_\theta = 0, \quad j_\varphi = (m\hbar/\mu r\sin\theta)|\psi_{nlm}|^2.$$

上式表明在 ψ_{nlm} 态下, 仅存在环绕 z 轴的电流密度 $(-ej_\varphi)$, 如图 4.5.3 所示, 法向沿 $\boldsymbol{e}_\varphi$ 方向的面积元为 $\mathrm{d}\sigma = r\mathrm{d}\theta\mathrm{d}r$, 通过该面积元的电流元为 $\mathrm{d}I = (-ej_\varphi)\mathrm{d}\sigma$, 它对 z 方向的轨道磁矩贡献为 $\pi(r\sin\theta)^2\mathrm{d}I/c$, 因此沿 z 轴方向的总轨道磁矩为

$$\bar{\mu}_z = \frac{\pi}{c}\int (r\sin\theta)^2 \mathrm{d}I$$
$$= -m\mu_{\mathrm{B}}\int |\psi_{lnm}|^2 2\pi r^2 \sin\theta \mathrm{d}r\mathrm{d}\theta = -m\mu_{\mathrm{B}}.$$

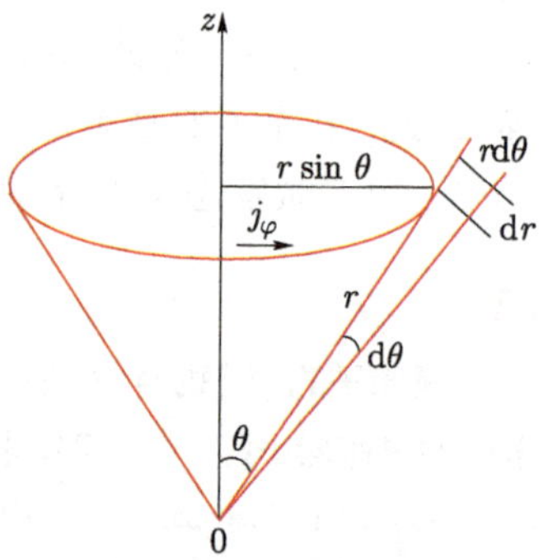

图 4.5.3 轨道磁矩的计算图

5. 类氢离子

类氢离子包括 He^+、Li^{2+}、Be^{3+} 等, 原子核外只有一个电子, 核与电子的约化质量 μ 约等于质子与电子的约化质量. 设核电荷为 ze, 则电子受到的中心力势为

$$V(r) = -ze^2/r.$$

上式表明, 在氢原子的结果中作替换 $e^2 \to ze^2$, 就得到类氢离子的相应结果, 如能级和基态波函数分别为

$$\boxed{E_n^z = -z^2e^2/2n^2a, \quad \psi_{100}^z = [\pi(a/z)^3]^{-1/2}\exp(-zr/a)} \tag{4.5.13}$$

例 2

设含有 z 个质子的原子核发生 β^- 衰变, 使原子核增加 1 个质子而减少 1 个中子 (核质量保持不变). 假设衰变过程非常快, 使得 1s 电子的状态保持为 ψ_{100}^z, 该状态是新原子的各能量本征态 ψ_{nlm}^{z+1} 的线性叠加, 即

$$\psi_{100}^z(\boldsymbol{r}) = \sum_{nlm} c_{nlm}\psi_{nlm}^{z+1}(\boldsymbol{r}), \quad c_{nlm} = (\psi_{nlm}^{z+1}, \psi_{100}^z).$$

该电子处于新原子的 1s 态的概率为

$$|c_{100}|^2 = |(\psi_{100}^{z+1}, \psi_{100}^z)|^2 = z^3(z+1)^3/(z+1/2)^6.$$

例 3

考虑以下两粒子系统的束缚定态能级, 其中 μ 为约化质量:

(1) 正电子–负电子系统, 带电量为 $\pm e$, 质量均为 $m_{\rm e}$, 故 $\mu=m_{\rm e}/2$;

(2) 正 μ 子–负 μ 子, 带电量为 $\pm e$, 质量均为 m_{μ}, 故 $\mu=m_{\mu}/2$;

(3) 质子–负 μ 子, 带电量为 $\pm e$, 质量分别为 $m_{\rm p}$、m_{μ}, 故 $\mu=m_{\mu}m_{\rm p}/(m_{\mu}+m_{\rm p})$.

这 3 个体系的束缚定态能级公式形式上与氢原子相同 (仅 μ 的取值不同), 即

$$E_n=-\mu e^4/2n^2\hbar^2.$$

*§ 4.6 二维中心力场的定态

晶体表面、薄膜、新颖二维材料等均为二维或准二维体系, 因此研究二维中心力场的定态也很有意义, 数学上仅需将三维定态结果中的角动量量子数 l 作一个简单替换, 即可得到对应的二维体系结果. 本节介绍二维中心力场的角动量定态的基本性质, 并讨论几个简单模型的角动量定态.

1. 角动量定态的基本性质

二维直角坐标与平面极坐标的变换关系为 (如图 4.6.1 所示)

$$\begin{cases}x=r\cos\varphi\\ y=r\sin\varphi\end{cases}\quad (r\geqslant 0,\ 0\leqslant\varphi<2\pi)$$

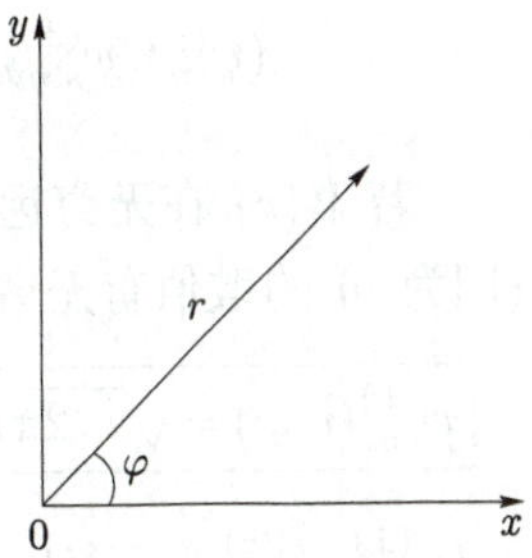

图 4.6.1 平面极坐标系

在平面极坐标系中, 二维动量算符和轨道角动量分量 $\hat{l}_z$ 的表达式分别为

$$\hat{\boldsymbol{p}}=-\mathrm{i}\hbar\nabla=-\mathrm{i}\hbar[\boldsymbol{e}_r\partial_r+(\boldsymbol{e}_\varphi/r)\partial_\varphi],\quad \hat{l}_z=-\mathrm{i}\hbar\partial_\varphi.$$

设质量为 μ 的粒子处于二维中心力场 $V(r)$ 中, 由上式可导出哈密顿算符:

$$\hat{H}=\hat{p}^2/2\mu+V(r)=-(\hbar^2/2\mu)\left(\partial_r^2+r^{-1}\partial_r+r^{-2}\partial_\varphi^2\right)+V(r).\tag{4.6.1}$$

守恒量完备集可取为 $\{\hat{H},\hat{l}_z\}$, 其共同本征态称为角动量定态, 可表示为

$$\psi_m^{(\pm)}(r,\varphi)=\sqrt{1/2\pi}R_m(r)\exp(\pm\mathrm{i}m\varphi)\quad(m=0,1,2,\cdots).\tag{4.6.2}$$

显然 $\hat{l}_z\psi_m^{(\pm)}=\pm m\hbar\psi_m^{(\pm)}$. 将 (4.6.1) 式和 (4.6.2) 式代入 $\hat{H}\psi_m^{(\pm)}=E\psi_m^{(\pm)}$, 可得径向方程

$$-(\hbar^2/2\mu)(R_m''+R_m'/r)+[m^2\hbar^2/2\mu r^2+V(r)]R_m=ER_m\quad(m=0,1,2,\cdots).\tag{4.6.3}$$

令 $\chi_m(r)\equiv\sqrt{r}R_m(r)$, 可将以上方程化为

$$\boxed{-(\hbar^2/2\mu)\chi_m''+[(m^2-1/4)\hbar^2/2\mu r^2+V(r)]\chi_m=E\chi_m\quad(m=0,1,2,\cdots)}\tag{4.6.4}$$

以上方程等同于在三维体系的径向方程 (4.1.14) 中作如下替换:

$$\boxed{l \to m - 1/2} \tag{4.6.5}$$

类似于三维情形, 我们限于研究满足以下极限条件的势函数:

$$r^2V(r) \to 0 \quad (r \to 0). \tag{4.6.6}$$

仿照对三维体系的论证, 可知方程 (4.6.4) 的解在原点邻域有如下渐近行为:

$$\chi_m(r) \sim r^{m+1/2} \quad (r \to 0). \tag{4.6.7}$$

易知定态波函数 $\psi_m^{(\pm)}(r,\varphi)$ 的模方完全由径向函数决定, 即

$$(\psi_m^{(\pm)}, \psi_m^{(\pm)}) = \int_0^{2\pi} \mathrm{d}\varphi \int_0^{\infty} r\mathrm{d}r|\psi_m^{(\pm)}(r,\varphi)|^2 = \int_0^{\infty} |\chi_m(r)|^2 \mathrm{d}r. \tag{4.6.8}$$

若体系存在束缚定态, 则由 (4.6.4) 式可求得分立能级 E_{sm} 和束缚定态波函数:

$$\boxed{\psi_{sm}^{(\pm)}(r,\varphi) = \sqrt{1/2\pi}R_{sm}(r)\exp(\pm \mathrm{i}m\varphi) \quad (s, m = 0, 1, 2, \cdots)} \tag{4.6.9}$$

能级 E_{sm} 的简并度为 1 (若 $m = 0$), 或 2 (若 $m \neq 0$). 束缚定态的正交归一性为

$$(\psi_{sm}^{(\pm)}, \psi_{s'm'}^{(\pm)}) = \delta_{ss'}\delta_{mm'} \quad \Rightarrow \quad \int_0^{\infty} \chi_{sm}^* \chi_{s'm} \mathrm{d}r = \delta_{ss'}. \tag{4.6.10}$$

若 $V(r)$ 在无穷远处趋于零, 则角动量散射定态能级 $E > 0$, 其简并度为无穷大 (因为 m 的取值有无穷多个), 对应的角动量散射定态波函数可表示为

$$\boxed{\psi_{km}^{(\pm)}(r,\varphi) = \sqrt{1/2\pi}R_{km}(r)\exp(\pm \mathrm{i}m\varphi) \quad (k \equiv \sqrt{2\mu E}/\hbar,\ m = 0, 1, 2, \cdots)} \tag{4.6.11}$$

$$(\psi_{km}^{(\pm)}, \psi_{k'm'}^{(\pm)}) = \delta(k - k')\delta_{mm'} \quad \Rightarrow \quad \int_0^{\infty} \chi_{km}^*(r)\chi_{k'm}(r)\mathrm{d}r = \delta(k - k'). \tag{4.6.12}$$

如果体系同时存在角动量束缚定态和散射定态, 则它们相互正交.

2. 几个简单模型的角动量定态

以上分析表明, 如果求得三维中心力场的定态, 就可利用替换式 (4.6.5) 式导出相应的二维体系的定态结果, 下面列举几个实例.

(1) 二维自由粒子: 由 (4.2.17) 式可知, 三维自由粒子的分波径向函数为

$$\chi_{kl}^{\mathrm{3D}}(r) \propto (kr)j_l(kr) \quad (k \equiv \sqrt{2\mu E}/\hbar).$$

对上式作替换 $l \to m - 1/2$, 得到二维体系的结果 (以下 $J_m(x)$ 为贝塞尔函数):

$$\chi_{km}(r) \propto (kr)j_{m-1/2}(kr) \propto \sqrt{kr}J_m(kr) \quad \Rightarrow \quad \boxed{R_{km}(r) \propto J_m(kr)}$$

(2) 二维无限深圆方势阱: 设势阱的半径为 a, 由上式可得定态径向波函数:

$$R_{km}(r) \propto J_m(kr)\theta(a - r).$$

边界条件: $R_{km}(a)=0$. 设 $J_m(x)=0$ 的根为 x_{sm}, 则定态能级与径向函数分别为

$$\boxed{E_{sm}=x_{sm}^2\hbar^2/2\mu a^2,\quad R_{sm}(r)\propto J_m(x_{sm}r/a)\theta(a-r)}.$$

(3) 二维各向同性谐振子: 设谐振子频率为 ω, (4.4.5) 式和 (4.4.6) 式分别给出了三维体系的定态能级和分波径向函数, 即

$$E_{sl}^{3\mathrm{D}}=(2s+l+3/2)\hbar\omega\quad(s,l=0,1,2,\cdots),$$

$$\chi_{sl}^{3\mathrm{D}}(r)\propto(\alpha r)^{l+1}\exp(-\alpha^2r^2/2)F(-s,l+3/2;\ \alpha^2r^2)\quad(\alpha\equiv\sqrt{\mu\omega/\hbar}).$$

在以上两式中作替换: $l\to m-1/2$, $(m=0,1,2,\cdots)$, 可得二维体系的相应结果:

$$\boxed{E_N=(N+1)\hbar\omega\quad(N\equiv 2s+m=0,1,2,\cdots)}\tag{4.6.13}$$

$$\boxed{R_{sm}(r)\propto(\alpha r)^m\exp(-\alpha^2r^2/2)F(-s,m+1;\ \alpha^2r^2)}\tag{4.6.14}$$

容易证明, 二维体系的能级 E_N 的简并度为 $f_N=N+1$.

(4) 二维氢原子: 三维氢原子的分波束缚态能级和径向函数分别为

$$E_{sl}^{3\mathrm{D}}=-e^2/2a(s+l+1)^2\quad(a\equiv\hbar^2/\mu e^2,\ s,l=0,1,2,\cdots),$$

$$\chi_{sl}^{3\mathrm{D}}(r)\propto(r/a)^{l+1}\exp[-r/a(s+l+1)]F(-s,2l+2;\ 2r/a(s+l+1)).$$

在以上两式中作替换: $l\to m-1/2$, $(m=0,1,2,\cdots)$, 可得二维体系的相应结果:

$$\boxed{E_n=-e^2/2n^2a\quad(n\equiv s+m+1/2=1/2,3/2,5/2,\cdots)}\tag{4.6.15}$$

$$\boxed{R_{nm}(r)\propto(r/a)^m\exp(-r/na)F(-s,2m+1;\ 2r/na)}\tag{4.6.16}$$

容易证明, 二维氢原子能级 E_n 的简并度为 $f_n=2n$.

习　题

4–1　设 $\boldsymbol{r}$ 和 $\hat{\boldsymbol{p}}$ 分别表示位置算符和动量算符, 令 $\boldsymbol{e}_r=\boldsymbol{r}/r$, 求证:

$$\left[\hat{\boldsymbol{p}},\frac{1}{r}\right]=\mathrm{i}\hbar\frac{\boldsymbol{e}_r}{r^2},\quad\left[\hat{\boldsymbol{p}}^2,\frac{1}{r}\right]=2\mathrm{i}\hbar\frac{\boldsymbol{e}_r}{r^2}\cdot\hat{\boldsymbol{p}},\quad[\hat{\boldsymbol{p}}^2,\boldsymbol{e}_r]=\frac{2\mathrm{i}\hbar}{r}\left[\boldsymbol{e}_r(\boldsymbol{e}_r\cdot\hat{\boldsymbol{p}})-\hat{\boldsymbol{p}}-\mathrm{i}\hbar\frac{\boldsymbol{e}_r}{r}\right].$$

4–2　设 $\hat{A}=\mathrm{i}\partial_r$, 求证: $\hat{A}^\dagger=\mathrm{i}\partial_r+2\mathrm{i}/r$.

4–3　设球坐标系中的单粒子波函数在原点领域的渐进行为可表示为 $\psi\sim1/r^s$, 试由波函数的统计诠释证明: $s<d/2$ (d 为维度).

*4–4　设单粒子态在坐标表象中的波函数为 $\psi_{lm}(r,\theta,\varphi)=R_l(r)Y_{lm}(\theta,\varphi)$, 动量 $\boldsymbol{p}$ 的方位角为 $(\theta_{\boldsymbol{p}},\varphi_{\boldsymbol{p}})$, 而 $j_l(x)$ 为球贝塞尔函数, 求证: 动量表象中的波函数为

$$\tilde{\psi}_{lm}(p,\theta_{\boldsymbol{p}},\varphi_{\boldsymbol{p}})=\tilde{R}_l(p)Y_{lm}(\theta_{\boldsymbol{p}},\varphi_{\boldsymbol{p}}),\quad\tilde{R}_l(p)=(-i)^l\sqrt{\frac{2}{\pi\hbar^3}}\int_0^\infty R_l(r)j_l(pr/\hbar)r^2\mathrm{d}r.$$

4–5　如图 4.1 所示, 设粒子的质量为 μ, 试求以下中心力势场的 s 波能级及归一化能量本征函数:

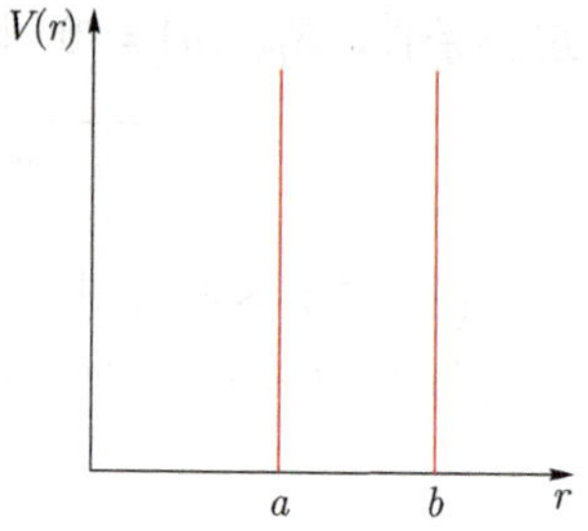

图 4.1

$$V(r)=\begin{cases}0, & (a<r<b)\\ \infty, & (r<a, r>b)\end{cases}$$

答: $E_n=n^2\pi^2\hbar^2/2\mu(b-a)^2$ $(n=1,2,\cdots)$, 对应的归一化能量本征函数为

$$\psi_n(r)=\frac{1}{r\sqrt{2\pi(b-a)}}\sin\frac{n\pi(r-a)}{b-a}\ (a<r<b);\quad \psi_n(r)=0\ (r<a, r>b).$$

4–6　设粒子处于无限深球方势阱的基态, 若球的半径突然增大一倍, 试求粒子处于新势阱基态的概率 P.

答: $P=32/9\pi^2$.

4–7　设质量为 μ 的粒子处于半径为 a 的无限深球方势阱中, 试求处于基态的粒子对阱壁的平均作用力 $\bar{f}$.

答: $\bar{f}=\pi^2\hbar^2/\mu a^3$.

4–8　设质量为 μ 的粒子处于半径为 a 的球方势阱中, 即 $V(r)=-V_0\theta(a-r)$ $(V_0>0)$, 令 $q_0\equiv\sqrt{2\mu V_0}/\hbar$, 求证: 若 q_0a 略大于 $(n+1/2)\pi$ $(n=0,1,2,\cdots)$, 即

$$q_0a=(n+1/2)\pi+\epsilon\quad(0<\epsilon\ll1).$$

则体系存在能级 $E\approx-V_0\epsilon^2$ 的 s 波束缚定态.

4–9　如图 4.2 所示, 设质量为 μ 的粒子受到的中心力势场为 $V(r)=-\gamma\delta(r-a)$ $(\gamma>0)$, 求证: 若 $k_0a>1/2$ $(k_0\equiv\mu\gamma/\hbar^2)$, 则存在 s 波束缚定态, 其能级 E 满足以下方程:

$$\beta/k_0=1-\exp(-2\beta a)\quad(\beta\equiv\sqrt{-2\mu E}/\hbar)$$

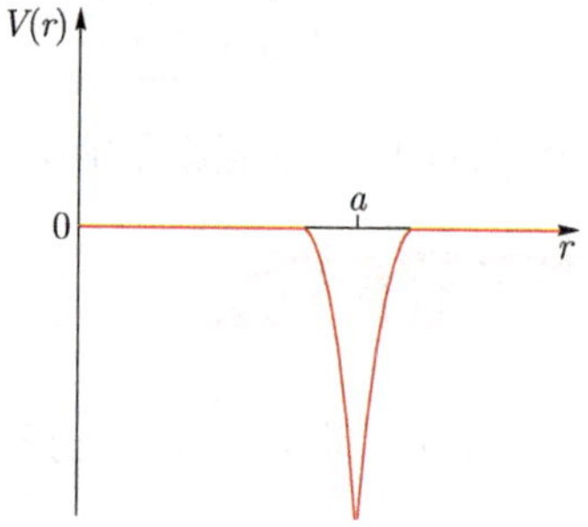

图 4.2

4–10　设三维各向同性谐振子的质量为 μ, 频率为 ω, 基态径向波函数为

$$\chi_{00}(r)=rR_{00}(r)=2(\alpha^3/\sqrt{\pi})^{1/2}r\exp(-\alpha^2r^2/2)\quad(\alpha\equiv\sqrt{\mu\omega/\hbar}).$$

求证: 基态的最概然半径 $r_0=1/\alpha$. (提示: r_0 是方程 $\partial_r|\chi_{00}(r)|^2=0$ 的解.)

4–11　设粒子的质量为 μ, 试求以下中心力势场的束缚定态能级:

(1) $V(r)=\mu\omega^2r^2/2+\alpha/r^2$ $(\alpha>0)$; (2) $V(r)=-e^2/r+\alpha/r^2$ $(\alpha>0)$.

(提示: 按以下方式引入等效量子数 $\tilde{l}$, 再利用谐振子和氢原子的能级公式,

$$l(l+1)\hbar^2/2\mu r^2+\alpha/r^2=\tilde{l}(\tilde{l}+1)\hbar^2/2\mu r^2,\quad \tilde{l}=\sqrt{(l+1/2)^2+2\mu\alpha/\hbar^2}-1/2.)$$

答: (1) $E_{sl}=(2s+\tilde{l}+3/2)\hbar\omega$; (2) $E_{sl}=-\mu e^4/2\hbar^2(s+\tilde{l}+1)^2$ $(s,l=0,1,2,\cdots)$.

4–12 如图 4.3 所示, 设质量为 μ 的粒子受到的中心力势场为 $V(r) = -V_0/[\exp(r/a) - 1]$, ($V_0$, $a > 0$), 求证: 束缚定态能级 $E_n > -\mu V_0^2 a^2/2n^2\hbar^2$ ($n = 1,2,3,\cdots$).

(提示: $V(r) > -V_0 a/r$.)

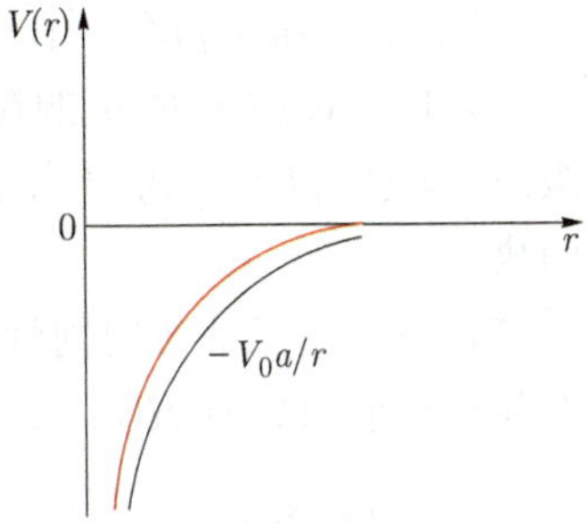

图 4.3

4–13 设质量为 μ, 带电量为 $-e$ 的电子处于以下势场中:

$$V(\boldsymbol{r}) = -e^2/r \ (z > 0); \quad V(\boldsymbol{r}) = +\infty \ (z < 0).$$

试求体系的能级、能级简并度、归一化的能量本征函数.

(提示: 球谐函数 $Y_{lm}(\pi/2,\varphi) = 0$ 的条件是 $(l-m)$ 为奇数. 答:

$$E_n = -\frac{\mu e^4}{2n^2\hbar^2}, \quad \psi_{nlm}(r,\theta,\varphi) = \begin{cases} R_{nl}(r)Y_{lm}(\theta,\varphi) & (0 \leqslant \theta \leqslant \pi/2) \\ 0 & (\pi/2 \leqslant \theta \leqslant \pi) \end{cases},$$

$$(n = 2,3,4,\cdots;\ l = 1,2,3,\cdots,n-1;\ m = -l+1,-l+3,\cdots,l-1).$$

其中 $R_{nl}(r)$ 为氢原子的归一化径向波函数, 能级简并度为

$$f_n = 1 + 2 + \cdots + (n-1) = n(n-1)/2.$$

4–14 设某原子的 (nl) 壳层填满了电子, 求证: 该满壳层的电荷密度是各向同性的.

4–15 设原子的 (ns) 壳层和 (np) 壳层的归一化定态波函数分别为

$$\psi_{ns}(\boldsymbol{r}) = \psi_{n00}(\boldsymbol{r}) = \sqrt{1/4\pi}R_{n0}(r), \quad \psi_{n1m}(\boldsymbol{r}) = R_{n1}(r)Y_{1m}(\theta,\varphi) \quad (m=0,\pm 1).$$

求证: (1) 子空间 $\mathcal{E}_{np}$ 的一组正交归一的基函数可取为实函数:

$$\psi_{np_\alpha}(\boldsymbol{r}) = \sqrt{3/4\pi}R_{n1}(r)\alpha/r \quad (\alpha = x,y,z).$$

(2) 直和空间 $\mathcal{E}_{ns} \oplus \mathcal{E}_{np}$ 是 4 维的, 它的一组正交归一的基函数可取为 ψ_{np_x}, ψ_{np_y} 及 2 个 sp 杂化轨道: $\sqrt{1/2}(\psi_{ns} \pm \psi_{np_z})$; 也可取为 ψ_{np_z} 和以下 3 个 sp^2 杂化轨道:

$$\sqrt{1/3}\psi_{ns} + \sqrt{2/3}\psi_{np_x}, \quad \sqrt{1/3}\psi_{ns} - \sqrt{1/6}\psi_{np_x} \pm \sqrt{1/2}\psi_{np_y}.$$

还可取为以下 4 个 sp^3 杂化轨道:

$$(1/2)(\psi_{ns} + \psi_{np_x} + \psi_{np_y} + \psi_{np_z}), \quad (1/2)(\psi_{ns} + \psi_{np_x} - \psi_{np_y} - \psi_{np_z}),$$

$$(1/2)(\psi_{ns} - \psi_{np_x} + \psi_{np_y} - \psi_{np_z}), \quad (1/2)(\psi_{ns} - \psi_{np_x} - \psi_{np_y} + \psi_{np_z}).$$

4–16 设质量为 μ 的粒子处于中心力势场 $V(r)$ 中, 当 $r \to \infty$ 时, $V(r) \to 0$, 已知某个定态波函数为 $\psi(r,\theta,\varphi) = Ar\exp(-r/a)$, 其中 A 和 a 均为实常数, 试求该定态能级 E 和势函数 $V(r)$.

答: $E=-\hbar^2/2\mu a^2$, $V(r)=(\hbar^2/\mu)(1/r^2-2/ar)$.

*4–17 设质量为 μ 的粒子受到的中心力势 $V(r)=fr,(f>0)$, 求证: s 波的能级 $E_n=(3x_n\hbar f/\sqrt{8\mu})^{2/3}$, 其中 x_n 是 $J_{1/3}(x)+J_{-1/3}(x)=0$ 的根, $J_\nu(x)$ 为贝塞尔函数.

*4–18 设三维各向同性谐振子的质量为 μ, 频率为 ω, 守恒量完全集 $\{\hat{H},\hat{l}^2,\hat{l}_z\}$ 的共同本征函数为 $R(r)Y_{lm}(\theta,\varphi)$, 令 $\chi(r)\equiv rR(r)$, 则有

$$-(\hbar^2/2\mu)\chi''(r)+[l(l+1)\hbar^2/2\mu r^2+\mu\omega^2r^2/2]\chi(r)=E\chi(r)\quad(E>0).$$

(1) 作变换: $\chi(r)\equiv\rho^{-1/4}u(\rho)$, $\rho\equiv r^2$, 求证: $u(\rho)$ 满足类氢离子的径向方程:

$$-(\hbar^2/2\mu)u''(\rho)+[\tilde{l}(\tilde{l}+1)\hbar^2/2\mu\rho^2-\tilde{e}^2/\rho]u(\rho)=\tilde{E}u(\rho)$$

$$(\tilde{l}\equiv l/2-1/4,\quad \tilde{e}^2\equiv E/4,\quad \tilde{E}\equiv-\mu\omega^2/8).$$

(2) 利用类氢离子的束缚定态结果导出谐振子的能级和分波定态波函数.

4–19 设氢原子的 l 分波的定态径向波函数为 $R_l(r)\equiv\chi_l(r)/r$, 其中 $\chi_l(r)$ 满足方程:

$$-\hbar^2\chi_l''/2\mu+V_l(r)\chi_l=E_l\chi_l\quad[V_l(r)=l(l+1)\hbar^2/2\mu r^2-e^2/r].$$

写出等效势 $V_l(r)$ 在极小点 r_l 附近的近似表达式, 求能级的近似解, 并指出近似成立的条件.

答: 设玻尔半径 $a=\hbar^2/\mu e^2$, 近似成立的条件为 $l(l+1)\gg1$,

$$V_l(r)\approx-e^2/2r_l+\mu\omega_l^2(r-r_l)^2/2\quad[r_l=l(l+1)a,\ \omega_l=(e^2/\mu r_l^3)^{1/2}].$$

$$E_{sl}\approx-\frac{e^2}{2r_l}+\left(s+\frac{1}{2}\right)\hbar\omega_l=-\frac{e^2}{2a}\left[\frac{1}{l(l+1)}-\frac{2s+1}{l^{3/2}(l+1)^{3/2}}\right]\quad(s=0,1,2,\cdots).$$

4–20 设质量为 m 的电子沿垂直于液氦表面的方向作一维运动, 所受势能场为

$$V(x)=-k/x\ (k>0,\ x>0);\quad V(x)=\infty\ (x<0).$$

求证: 束缚定态能级和归一化的定态波函数 (在 $x\geqslant0$ 区域) 分别为

$$E_n=-k/2n^2a\quad(a\equiv\hbar^2/mk,\ n=1,2,3,\cdots),$$

$$\psi_n(x)=2(na)^{-3/2}x\exp(-x/na)F(1-n,2;2x/na).$$

其中 $F(\alpha,\gamma;z)$ 为合流超几何函数. 基态波函数和第一激发态波函数分别为

$$\psi_1(x)=2a^{-3/2}x\exp(-x/a),\quad \psi_2(x)=(2a^3)^{-1/2}x(1-x/2a)\exp(-x/2a).$$

*4–21 设质量为 μ 的粒子被限制在半径为 a, 长度为 L 的圆筒内, 圆筒内势能为零, 试求粒子的能级.

答: 设 $J_m(x)$ 为贝塞尔函数, x_{ms} 为方程 $J_m(x)=0$ 的第 s 个根,

$$E_{smn}=(\hbar^2/2\mu)[(x_{ms}/a)^2+(2n\pi/L)^2]\quad(s,m,n=0,1,2,\cdots).$$

4–22 设氢原子处于基态, 约化质量为 μ,(1) 试利用维里定理证明: $\overline{p_x^2} = \hbar^2/3a^2$, 其中玻尔半径 $a = \hbar^2/\mu e^2$;(2) 求证: $\Delta x \cdot \Delta p_x = \hbar/\sqrt{3}$.

*4–23 设质量为 μ 的粒子处于中心力场 $V(r)$ 中, 径向动能算符 $\hat{T}_r \equiv \hat{p}_r^2/2\mu$, 离心势能算符 $\hat{W} \equiv \hat{l}^2/2\mu r^2$, 假设粒子处于束缚定态 $\psi_{slm}(r,\theta,\varphi)$.

(1) 对于频率为 ω 的三维各向同性谐振子, 能级为 $E_N,(N = 2s + l)$, 求证:

$$\overline{V} = E_N/2, \quad \overline{T}_r = E_N/2 - \overline{W}, \quad \overline{W} = [l(l+1)/(2l+1)]\hbar\omega.$$

(2) 对于氢原子, 能级为 $E_n,(n = s + l + 1)$, 求证:

$$\overline{V} = 2E_n, \quad \overline{T}_r = -E_n - \overline{W}, \quad \overline{W} = -[l(l+1)/(l+1/2)n]E_n.$$

第五章

电磁场中的带电粒子

带电粒子在电磁场中的运动涉及粒子和电磁场这两个客体. 严格来说, 应该用量子理论同时处理带电粒子和电磁场, 因而涉及电磁场的量子化问题. 这里我们采用一种半经典的办法, 即用量子力学描述带电粒子, 而用经典理论处理电磁场. 在电磁场的量子特性不是很突出的情形中, 这种半经典理论的预言与实验结果是一致的. 第 5.1 节讨论有电磁场的薛定谔方程, 第 5.2 节介绍几个严格可解的保守体系模型.

§ 5.1 有电磁场的薛定谔方程

若带电粒子处于矢量势描述的电磁场中, 则其哈密顿算符具有与标量势情形不同的特征. 本节先给出带电粒子体系存在矢量势情形下的薛定谔方程, 然后介绍粒子的速度算符, 并讨论规范不变性问题.

1. 薛定谔方程

经典电磁场可用矢量势 $\boldsymbol{A}(\boldsymbol{r},t)$ 和标量势 $\phi(\boldsymbol{r},t)$ 来描述, 它们均不是可观测的量. 有实际物理意义的动力学变量是电场强度和磁感应强度, 它们可分别表示为

$$\boldsymbol{E}(\boldsymbol{r},t) = -\dot{\boldsymbol{A}}/c - \nabla\phi, \quad \boldsymbol{B}(\boldsymbol{r},t) = \nabla \times \boldsymbol{A}.$$

设质量为 μ、带电量为 q 的粒子处于电磁场中, 其薛定谔方程可表示为

$$\mathrm{i}\hbar\dot{\psi} = \hat{H}\psi.$$

按照对应原理的要求, $\hat{H}$ 在形式上类似于经典理论中的哈密顿函数, 因而有

$$\boxed{\hat{H} = (\hat{\boldsymbol{p}} - q\boldsymbol{A}/c)^2/2\mu + q\phi \quad (\hat{\boldsymbol{p}} = -\mathrm{i}\hbar\nabla)} \tag{5.1.1}$$

选取常用规范 $\nabla\cdot\boldsymbol{A} = 0$, 并借助算符等式 (1.2.6) 式, 可将上述方程化为

$$\hat{H} = \hat{\boldsymbol{p}}^2/2\mu - q\boldsymbol{A}\cdot\hat{\boldsymbol{p}}/\mu c + q^2\boldsymbol{A}^2/2\mu c^2 + q\phi. \tag{5.1.2}$$

利用薛定谔方程容易证明, 概率守恒定理仍然成立, 即

$$\dot{\rho} + \nabla\cdot\boldsymbol{j} = 0.$$

其中概率密度 ρ 和概率流密度 $\boldsymbol{j}$ 分别表示为

$$\rho(\boldsymbol{r},t) = |\psi|^2, \quad \boxed{\boldsymbol{j}(\boldsymbol{r},t) = \mathrm{Re}(\psi^*\hat{\boldsymbol{p}}\psi)/\mu - q\rho\boldsymbol{A}/\mu c} \tag{5.1.3}$$

与 (1.3.6) 式相比较, 这里的 $\boldsymbol{j}$ 多出一项正比于矢量势 $\boldsymbol{A}$ 的项.

2. 速度算符

可引入速度算符 $\hat{\boldsymbol{v}}$, 并利用 (1.2.6) 式导出它的各分量之间的对易关系, 即

$$\boxed{\hat{\boldsymbol{v}} \equiv (\hat{\boldsymbol{p}} - q\boldsymbol{A}/c)/\mu} \quad \Rightarrow \quad \hat{\boldsymbol{v}}\times\hat{\boldsymbol{v}} = \mathrm{i}\hbar\boldsymbol{\omega}/\mu \quad (\boldsymbol{\omega} \equiv q\boldsymbol{B}/\mu c). \tag{5.1.4}$$

哈密顿算符 $\hat{H}$ 和概率流密度 $\boldsymbol{j}$ 均可用粒子的速度算符 $\hat{\boldsymbol{v}}$ 来表示, 即

$$\boxed{\hat{H}=\mu\hat{\boldsymbol{v}}^2/2+q\phi,\quad \boldsymbol{j}=\mathrm{Re}(\psi^*\hat{\boldsymbol{v}}\psi)} \tag{5.1.5}$$

结合 (5.1.4) 式和 (5.1.5) 式, 并利用算符恒等式 (3.2.6) 式, 容易证明:

$$[\hat{\boldsymbol{r}},\hat{H}]/\mathrm{i}\hbar=\hat{\boldsymbol{v}},\quad [\hat{\boldsymbol{v}},\hat{H}]/\mathrm{i}\hbar=(\hat{\boldsymbol{v}}\times\boldsymbol{\omega}-\boldsymbol{\omega}\times\hat{\boldsymbol{v}})/2-(q/\mu)\nabla\phi. \tag{5.1.6}$$

下面讨论电磁场中带电粒子波包中心 $\bar{\boldsymbol{r}}(t)$ 的运动. 由 (3.5.2) 式和 (5.1.6) 式可得

$$\dot{\bar{\boldsymbol{r}}}=\overline{[\hat{\boldsymbol{r}},\hat{H}]}/\mathrm{i}\hbar=\bar{\boldsymbol{v}}.$$

容易证明,**若电磁场是均匀的静场, 则 $\bar{r}(t)$ 的运动满足经典力学方程**, 即

$$\dot{\bar{\boldsymbol{v}}}=\overline{[\hat{\boldsymbol{v}},\hat{H}]}/\mathrm{i}\hbar=(\bar{\boldsymbol{v}}\times\boldsymbol{\omega}-\boldsymbol{\omega}\times\bar{\boldsymbol{v}})/2+q\boldsymbol{E}/\mu=q\bar{\boldsymbol{v}}\times\boldsymbol{B}/\mu c+q\boldsymbol{E}/\mu$$

$$\Rightarrow\quad \mu\ddot{\bar{\boldsymbol{r}}}=q\bar{\boldsymbol{v}}\times\boldsymbol{B}/c+q\boldsymbol{E}.$$

3. 规范不变性

矢势 $\boldsymbol{A}$, 标势 ϕ 和波函数 ψ 均不是可观测的物理量, 给定了一组场量 $\{\boldsymbol{A},\phi,\psi\}$, 就称选定了一种规范. 设 $\chi(\boldsymbol{r},t)$ 为一个任意的可微函数, 可作规范变换:

$$\boxed{\tilde{\boldsymbol{A}}=\boldsymbol{A}+\nabla\chi,\quad \tilde{\phi}=\phi-\dot{\chi}/c,\quad \tilde{\psi}=\psi\exp(\mathrm{i}q\chi/\hbar c)} \tag{5.1.7}$$

容易证明, **在上述规范变换下, 有实际物理意义的动力学变量保持不变**, 如

$$\tilde{\boldsymbol{E}}(\boldsymbol{r},t)=\boldsymbol{E}(\boldsymbol{r},t),\quad \tilde{\boldsymbol{B}}(\boldsymbol{r},t)=\boldsymbol{B}(\boldsymbol{r},t),\quad \tilde{\rho}(\boldsymbol{r},t)=\rho(\boldsymbol{r},t),\quad \tilde{\boldsymbol{j}}(\boldsymbol{r},t)=\boldsymbol{j}(\boldsymbol{r},t).$$

需要特别指出, 粒子的机械动量的平均值在上述规范变换下是保持不变, 即

$$\mu\bar{\tilde{\boldsymbol{v}}}(\boldsymbol{r},t)=\int \mathrm{d}\boldsymbol{r}\tilde{\psi}^*(\boldsymbol{r},t)\left[-\mathrm{i}\hbar\nabla-\frac{q}{c}\tilde{\boldsymbol{A}}(\boldsymbol{r},t)\right]\tilde{\psi}(\boldsymbol{r},t)=\mu\bar{\boldsymbol{v}}(\boldsymbol{r},t).$$

因此机械动量 $\mu\hat{\boldsymbol{v}}$ 是可观测的物理量, 而正则动量 $\hat{\boldsymbol{p}}=-\mathrm{i}\hbar\nabla$ 不是可观测的物理量.

还可证明, **薛定谔方程也具有规范不变性**, 即

$$\mathrm{i}\hbar\dot{\psi}=\hat{H}\psi\quad\Rightarrow\quad \mathrm{i}\hbar\dot{\tilde{\psi}}=\hat{\tilde{H}}\tilde{\psi}.$$

证明: 利用方程 (5.1.7) 及薛定谔方程 $\mathrm{i}\hbar\dot{\psi}=\hat{H}\psi$, 可得

$$\mathrm{i}\hbar\dot{\tilde{\psi}}=f(\chi)(\mathrm{i}\hbar\dot{\psi}-q\dot{\chi}\psi/c)=f(\chi)(\hat{H}-q\dot{\chi}/c)\psi,\quad f(\chi)\equiv\exp(\mathrm{i}q\chi/\hbar c).$$

将 $\hat{H}$ 的表达式 (5.1.1) 式代入上式, 得到

$$\mathrm{i}\hbar\dot{\tilde{\psi}}=f(\chi)[(-\mathrm{i}\hbar\nabla-qA/c)^2/2\mu+q\tilde{\phi}]\psi.$$

下面证明, $\hat{\tilde{H}}\tilde{\psi}$ 的表达式与上式的右边完全相同, 即

$$(-\mathrm{i}\hbar\nabla-q\tilde{\boldsymbol{A}}/c)\tilde{\psi}=f(\chi)(-\mathrm{i}\hbar\nabla-q\boldsymbol{A}/c)\psi,$$

$$(-\mathrm{i}\hbar\nabla - q\tilde{\boldsymbol{A}}/c)^2\tilde{\psi} = f(\chi)(-\mathrm{i}\hbar\nabla - q\boldsymbol{A}/c)^2\psi,$$

$$\hat{\tilde{H}}\tilde{\psi} = [(-\mathrm{i}\hbar\nabla - q\tilde{\boldsymbol{A}}/c)^2/2\mu + q\tilde{\phi}]\tilde{\psi} = f(\chi)[(-\mathrm{i}\hbar\nabla - q\boldsymbol{A}/c)^2/2\mu + q\tilde{\phi}]\psi.$$

§ 5.2 几个严格可解的保守体系

若带电粒子所处的电磁场是随时间变化的, 则相应的量子力学问题是比较复杂的, 下面仅研究静磁场的情形. 本节先研究磁通量对细圆环上的带电粒子定态能级的影响, 然后讨论均匀静磁场中二维带电粒子的定态问题.

1. 载有磁通的细圆环上的带电粒子

如图 5.2.1 所示, 设质量为 μ、带电量为 q 的粒子被限制在半径为 R 的细圆环上运动, 环心处通有一根垂直于圆环面的细长磁通管, 其磁通量为 Φ. 该体系仅有一个自由度, 可用绕圆环轴线运动的角度 φ 来描述粒子的位置, 对应的动量算符为 $\hat{p}_\varphi = -\mathrm{i}\hbar R^{-1}\partial_\varphi$. 圆环上的矢量势 $\boldsymbol{A}$ 沿圆环一周的线积分等于穿过圆环面的磁通量 Φ, 即

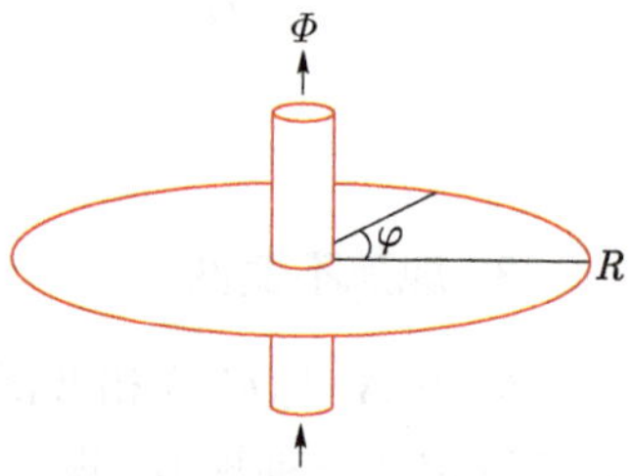

图 5.2.1　中心通有磁通管的细圆环

$$\oint \boldsymbol{A}\cdot\mathrm{d}\boldsymbol{l} = \Phi \quad \Rightarrow \quad A_\varphi = \frac{\Phi}{2\pi R}$$

由方程 (5.1.1) 可知, 体系的哈密顿算符为

$$\hat{H} = (\hat{p}_\varphi - qA_\varphi/c)^2/2\mu = (\hbar^2/2\mu R^2)(-\mathrm{i}\partial_\varphi - \Phi/\Phi_0)^2 \quad (\Phi_0 \equiv hc/q).$$

其中 Φ_0 表示电荷 q 对应的磁通量子. 容易求得 $\hat{H}$ 的本征函数 $\psi_m(\varphi)$ 和本征值 E_m, 即

$$\hat{H}\psi_m(\varphi) = E_m\psi_m(\varphi) \quad (m = 0, \pm1, \pm2, \cdots),$$

$$\psi_m(\varphi) = \sqrt{1/2\pi}\exp(\mathrm{i}m\varphi), \qquad \boxed{E_m = (\hbar^2/2\mu R^2)(m - \Phi/\Phi_0)^2}$$

周期性条件 $\psi_m(\varphi + 2\pi) = \psi_m(\varphi)$ 导致 m 只能取整数. 下面讨论能级简并度:

若 $\Phi/\Phi_0 = n$ (整数), 则基态 $(m = n)$ 是非简并的, 基态能 $E_n = 0$. 激发态 $(m \neq n)$ 是二重简并的, E_m 对应的两个线性独立的能量本征函数为 ψ_m 和 ψ_{2n-m}.

若 $\Phi/\Phi_0 = n + 1/2$, 则所有能级均是二重简并的, E_m 对应的两个线性独立的能量本征函数为 ψ_m 和 ψ_{2n+1-m}.

若 Φ/Φ_0 既不是整数, 也不是半奇数, 则所有能级均是非简并的.

从以上结果可以看出, 虽然圆环上的磁场为零, 粒子并不受到经典洛伦兹力的作用, 但圆环上的矢量势 $\boldsymbol{A}$ 不为零, 使得**穿过圆环的磁通量对粒子的能级有重要影响, 因此属于一种纯量子力学效应**.

2. 均匀磁场中的带电粒子 (朗道规范)

设 xy 平面内的粒子质量为 μ, 带电量为 q, 处于均匀静磁场 $\boldsymbol{B}=B\boldsymbol{e}_z$ 中, 可选取朗道规范 $\boldsymbol{A}=-By\boldsymbol{e}_x$, 将它代入 (5.1.1) 式, 得到朗道体系的哈密顿算符:

$$\hat{H}=(\hat{p}_x+qBy/c)^2/2\mu+\hat{p}_y^2/2\mu \quad \Rightarrow \quad [\hat{p}_x,\hat{H}]=0. \tag{5.2.1}$$

$\hat{p}_x$ 为守恒量, 体系的守恒量完备集可选为 $\{\hat{H},\hat{p}_x\}$, 其共同本征函数可表示为

$$\psi(x,y)=\exp(ip_xx/\hbar)f(y), \quad \Rightarrow \quad \hat{p}_x\psi=p_x\psi \quad (-\infty<p_x<+\infty).$$

为了确定待定函数 $f(y)$, 将上式和 (5.2.1) 式代入能量本征方程 $\hat{H}\psi=E\psi$, 可得

$$[\hat{p}_y^2/2\mu+\mu\omega^2(y-y_0)^2/2]f(y)=Ef(y) \quad (\omega\equiv qB/\mu c,\ y_0\equiv -p_x/\mu\omega).$$

该方程的解为一维谐振子的定态波函数 $\phi_n(y-y_0)$, 其中 y_0 为谐振子的平衡点. 因此, 完备集 $\{\hat{H},\hat{p}_x\}$ 的共同本征函数及定态能级分别为

$$\boxed{\psi_{np_x}(x,y)=\exp(ip_xx/\hbar)\phi_n(y-y_0)} \tag{5.2.2}$$

$$\boxed{E_n=(n+1/2)\hbar|\omega|,\ (n=0,1,2,\cdots)} \tag{5.2.3}$$

也可以将朗道体系的哈密顿算符改写为

$$\hat{H}=\hat{p}_y^2/2\mu+\mu\omega^2(y-\hat{y}_0)^2/2 \quad (\hat{y}_0\equiv -\hat{p}_x/\mu\omega).$$

从上式容易看出, $\{\hat{H},\hat{p}_x\}$ 的共同本征函数即为 (5.2.2) 式. 下面对结果进行讨论:

(1) 本征函数 $\psi_{np_x}(x,y)$ 沿 x 方向属于无限振荡的扩展型, 而沿 y 方向是局域型. 束缚态函数 $\phi_n(y-y_0)$ 的中心坐标 y_0 正比于 p_x, 空间延展尺度约为

$$R\equiv\sqrt{\hbar/\mu|\omega|}=\sqrt{\hbar c/|q|B}.$$

(2) 朗道能级 E_n 对应于定态波函数 ψ_{np_x}, 由于 p_x 可取任何实数, 因此**能级 E_n 的简并度为无穷大. 无穷大的简并度使得扩展态的能级是量子化的**, 而对于一般的量子体系, 扩展态的能级通常是连续的.

(3) 无穷大的简并度来源于粒子的运动区域为无限大的 xy 平面. 若粒子被限于面积 $S=L_xL_y$ 的矩形区, 且 $L_x,L_y\gg R$, 则 $p_x=n_xh/L_x$ 是量子化的, 两个相邻 p_x 的差值 $\delta p_x=h/L_x$, 而由 $y_0=-p_x/\mu\omega$ 可知, p_x 的取值范围 $\Delta p_x=\mu|\omega|\Delta y_0=\mu|\omega|L_y$, 能级简并度 f 成为有限值, 即

$$f=\Delta p_x/\delta p_x=S/2\pi R^2=\Phi/\Phi_0 \quad (\Phi\equiv SB,\ \Phi_0\equiv hc/|q|). \tag{5.2.4}$$

*3. 均匀磁场中的带电粒子 (对称规范)

设质量为 μ、带电量为 q 的粒子在 xy 平面内运动, 有均匀磁场 $\boldsymbol{B}=B\boldsymbol{e}_z$, 取对称规范:

$$\boldsymbol{A}=\boldsymbol{B}\times\boldsymbol{r}/2 \quad \Rightarrow \quad A_x=-By/2, \quad A_y=Bx/2, \quad A_z=0. \tag{5.2.5}$$

将上式代入方程 (5.1.1), 得到体系的哈密顿算符:

$$\hat{H} = \hat{\boldsymbol{p}}^2/2\mu + \mu\omega_{\rm L}^2 r^2/2 - \omega_{\rm L}\hat{l}_z \quad (\omega_{\rm L} \equiv qB/2\mu c = \omega/2).$$

其中 $\omega_{\rm L}$ 称为拉莫尔频率, 上式中正比于磁场 B 的第三项表示粒子的轨道磁矩与外磁场的相互作用, 而正比于 B^2 的第二项则为逆磁项.

体系的守恒量完备集可选为 $\{\hat{H}, \hat{l}_z\}$, 其共同本征态为二维各向同性谐振子的角动量定态, 利用 (4.6.14) 式可得

$$\psi_{sm}^{\pm}(r,\varphi) \propto (\alpha r)^m \exp(-\alpha^2 r^2/2) F(-s, m+1; \alpha^2 r^2) \exp(\pm {\rm i} m\varphi) \quad (s, m = 0, 1, 2, \cdots).$$

其中 $\alpha \equiv \sqrt{\mu|\omega_{\rm L}|/\hbar}$. 归一化的角动量定态波函数也可用拉盖尔 (Laguerre) 函数 $L_s^m(x)$ 表示为

$$\boxed{\psi_{sm}^{\pm}(r,\varphi) = (\alpha/\sqrt{\pi})\sqrt{s!/(s+m)!}(\alpha r)^m L_s^m(\alpha^2 r^2) \exp(-\alpha^2 r^2/2 \pm {\rm i} m\varphi)} \tag{5.2.6}$$

$$L_s^m(x) \equiv (e^x/s!x^m)\partial_x^s(e^{-x}x^{s+m}), \quad L_0^m(x) = 1.$$

体系的定态能级由 (4.6.13) 式给出, 所有能级的简并度均为无穷大, 即

$$E_{sm}^{\pm} = (2s + m + 1)\hbar|\omega_{\rm L}| \mp m\hbar\omega_{\rm L}.$$

$$\Rightarrow \quad E_{\pm} = (2n_{\pm} + 1)\hbar|\omega_{\rm L}|, \quad n_{\pm} \equiv s + m\theta(\mp q) = 0, 1, 2, \cdots. \tag{5.2.7}$$

由上可知, 体系的基态能 $E_0 = \hbar|\omega_{\rm L}|$, 基态波函数为

$$\phi_m(r,\varphi) = (\alpha/\sqrt{\pi m!})(\alpha r)^m \exp[-\alpha^2 r^2/2 + {\rm i} m {\rm sgn}(q)\varphi] \quad (m = 0, 1, 2, \cdots). \tag{5.2.8}$$

令 $z \equiv x + {\rm i}y = r\exp({\rm i}\varphi)$, 则归一化的基态波函数也可表示为

$$\boxed{\phi_m(z) = \left(\alpha^{m+1}/\sqrt{\pi m!}\right)\left[z^m\theta(q) + (z^*)^m\theta(-q)\right] \exp\left(-\alpha^2|z|^2/2\right) \quad (m = 0, 1, 2, \cdots)} \tag{5.2.9}$$

由于角动量量子数 m 有无穷多个取值, 所以基态的简并度为无穷大. 任何一个基态波函数均可表示为如下线性叠加的形式:

$$\psi_0(z) = \sum_m C_m \phi_m(z).$$

设 $f(z)$ 为任意解析函数, 则基态波函数的一般形式为

$$\boxed{\psi_0(z) = [f(z)\theta(q) + f(z^*)\theta(-q)] \exp(-\alpha^2|z|^2/2)} \tag{5.2.10}$$

这里的角动量定态属于束缚态, 由于能级简并度为无穷大, 因此, **无穷多个相互简并的束缚定态可以线性叠加成为朗道规范中的扩展型定态**, 因而这种扩展型定态的能级是量子化的, 而一般的散射定态能级是连续的. 如果能级简并度为有限的, 则由有限个相互简并的束缚定态不可能叠加成为扩展型定态.

习题

5–1 设质量为 μ、带电量为 q 的粒子处于矢量势 $\boldsymbol{A}(\boldsymbol{r},t)$ 和标量势 $\phi(\boldsymbol{r},t)$ 中, 在 t 时刻, 粒子的波函数为 $\psi(\boldsymbol{r},t)$, 概率密度为 $\rho(\boldsymbol{r},t)$, 概率波的相位场为 $\theta(\boldsymbol{r},t)$, 速度场为 $\boldsymbol{u}(\boldsymbol{r},t)$, 概率流密度为 $\boldsymbol{j}(\boldsymbol{r},t)$, 它们之间的关系可表示为

$$\psi=\sqrt{\rho}\exp(\mathrm{i}\theta),\quad \boldsymbol{j}=\rho\boldsymbol{u},\quad \mu\boldsymbol{u}=\hbar\nabla\theta-q\boldsymbol{A}/c.$$

(1) 试利用薛定谔方程证明:

$$\dot{\rho}=-\nabla\cdot\boldsymbol{j},\quad -\hbar\dot{\theta}=\mu\boldsymbol{u}^2/2+q\phi-(\hbar^2/2\mu\sqrt{\rho})(\nabla^2\sqrt{\rho}).$$

(2) 若 $\nabla\rho\approx 0$, 则可忽略上式中正比于 $\hbar^2$ 的纯量子效应项, 求证:

$$\mu(\dot{\boldsymbol{u}}+\boldsymbol{u}\cdot\nabla\boldsymbol{u})\approx q(\boldsymbol{E}+\boldsymbol{u}\times\boldsymbol{B}/c).$$

5–2 设质量为 μ、带电量为 q 的粒子处于矢势 $\boldsymbol{A}(\boldsymbol{r},t)$ 和标势 $\phi(\boldsymbol{r},t)$ 中, 哈密顿算符为

$$\hat{H}=\mu\hat{\boldsymbol{v}}^2/2+q\phi\quad(\mu\hat{\boldsymbol{v}}=\hat{\boldsymbol{p}}-q\boldsymbol{A}/c).$$

定义 $\hat{\boldsymbol{d}}=\mu\hat{\boldsymbol{r}}\times\hat{\boldsymbol{v}}$, $\hat{\boldsymbol{f}}=(q/2c)(\hat{\boldsymbol{v}}\times\boldsymbol{B}-\boldsymbol{B}\times\hat{\boldsymbol{v}})-q\nabla\phi=\hat{\boldsymbol{f}}^\dagger$, 求证:

$$(\mathrm{i}\hbar)^{-1}[\hat{\boldsymbol{d}},\hat{H}]=(1/2)(\hat{\boldsymbol{r}}\times\hat{\boldsymbol{f}}-\hat{\boldsymbol{f}}\times\hat{\boldsymbol{r}})\quad\Rightarrow\quad\partial_t\bar{\boldsymbol{d}}=(1/2)\overline{(\hat{\boldsymbol{r}}\times\hat{\boldsymbol{f}}-\hat{\boldsymbol{f}}\times\hat{\boldsymbol{r}})}.$$

5–3 设质量为 μ、带电量为 q 的粒子被限制在半径为 R 的细圆环上运动, 哈密顿算符为

$$\hat{H}_0=\hat{p}_\varphi^2/2\mu=-\hbar^2\partial_\varphi^2/2\mu R^2\quad(\hat{p}_\varphi=-\mathrm{i}\hbar\partial_\varphi/R).$$

(1) 试求定态的能级和磁偶极矩;

(2) 若外加一个垂直于圆环的均匀静磁场 B, 试求定态的能级.

答: (1) $E_m^{(0)}=m^2\hbar^2/2\mu R^2$, $\mu_m=m\hbar q/2\mu c\quad(n=0,\pm1,\pm2,\cdots)$;

(2) $E_m=E_m^{(0)}-\mu_m B+q^2R^2B^2/8\mu c^2$ (后两项分别为顺磁项和逆磁项).

5–4 设质量为 μ、带电量为 q 的粒子被限制在半径为 R 的双细圆环上运动, 因此波函数满足的周期性边界条件为 $\psi(\varphi+4\pi)=\psi(\varphi)$. 假设圆环中心处通有一根垂直于圆环面的细长磁通管, 其磁通量为 Φ. 试写出圆环上的矢量势 $\boldsymbol{A}$ 和哈密顿算符 $\hat{H}$, 并求能量本征函数 $\psi_m(\varphi)$、能级 E_m 及其简并度.

答: $A_\varphi=\Phi/2\pi R$, $\hat{H}=(\hbar^2/2\mu R^2)(-\mathrm{i}\partial_\varphi-\Phi/\Phi_0)^2$ $(\Phi_0\equiv hc/q)$.

$\psi_m(\varphi)=\sqrt{1/4\pi}\exp(\mathrm{i}m\varphi/2)$, $E_m=(\hbar^2/8\mu R^2)(m-2\Phi/\Phi_0)^2$ $(m=0,\pm1,\pm2,\cdots)$.

(1) 若 $2\Phi/\Phi_0=n$ (整数), 则基态 $(m=n)$ 是非简并的, 激发态 $(m\neq n)$ 是二重简并的, E_m 对应的线性独立的能量本征函数为 ψ_m 和 ψ_{2n-m}.

(2) 若 $2\Phi/\Phi_0=n+1/2$, 则所有能级均是二重简并的, E_m 对应的线性独立的能量本征函数为 ψ_m 和 ψ_{2n+1-m}.

(3) 若 $2\Phi/\Phi_0$ 既不是整数, 也不是半奇数, 则所有能级均是非简并的.

5–5 设质量为 μ、带电量为 q 的粒子作三维运动, 处于均匀静磁场 $\boldsymbol{B}=B\boldsymbol{e}_z$ 中, 选取朗道规范 $\boldsymbol{A}=-By\boldsymbol{e}_x$, 体系的哈密顿算符为

$$\hat{H}=(\hat{p}_x+qBy/c)^2/2\mu+\hat{p}_y^2/2\mu+\hat{p}_z^2/2\mu.$$

(1) 求证: $\hat{p}_x$ 和 $\hat{p}_z$ 均为守恒量, 且哈密顿算符可改写为

$$\hat{H}=\hat{p}_y^2/2\mu+\mu\omega^2(y-\hat{y}_0)^2/2+\hat{p}_z^2/2\mu \quad (\omega\equiv qB/\mu c,\ \hat{y}_0\equiv-\hat{p}_x/\mu\omega).$$

(2) 求证: 守恒量完备集 $\{\hat{H},\hat{p}_x,\hat{p}_z\}$ 的共同本征函数及能级分别为

$$\psi_{np_xp_z}(x,y,z)=\exp[\mathrm{i}(p_xx+p_zz)/\hbar]\phi_n(y-y_0),\quad E_{np_z}=(n+1/2)\hbar|\omega|+p_z^2/2\mu$$

$$(y_0\equiv-p_x/\mu\omega;\ -\infty<p_x,p_z<+\infty;\ n=0,1,2,\cdots).$$

其中 ϕ_n 为一维谐振子的能量本征函数.

(3) 若粒子被限制在体积为 $V=L_xL_yL_z$ 的空间区域, 且 $L_x,L_y,L_z\gg\sqrt{\hbar/\mu|\omega|}$, 单位体积内的态密度定义为

$$g(E)\equiv(1/V)\sum_{np_xp_z}\delta(E-E_{np_z}).$$

求证: 当 L_x、L_y、L_z 均趋近于无穷大时, 有

$$g(E)=\frac{(2\mu)^{3/2}|\omega|}{8\pi^2\hbar^2}\sum_{n=0}^{\infty}\frac{\theta[E-(n+1/2)\hbar|\omega|]}{\sqrt{E-(n+1/2)\hbar|\omega|}}.$$

5–6 设质量为 μ、带电量为 q 的粒子被限制在 xy 平面内运动, 处于静态均匀电磁场中, $\boldsymbol{E}=\mathcal{E}\boldsymbol{e}_y$, $\boldsymbol{B}=B\boldsymbol{e}_z$, 选取朗道规范 $\boldsymbol{A}=-By\boldsymbol{e}_x$, 体系的哈密顿算符为

$$\hat{H}=(\hat{p}_x+qBy/c)^2/2\mu+\hat{p}_y^2/2\mu-q\mathcal{E}y.$$

(1) 令 $\omega\equiv qB/\mu c$, $v_d\equiv c\mathcal{E}/B$, 求证: 哈密顿算符可改写为

$$H=\hat{p}_y^2/2\mu+\mu\omega^2(y-\hat{y}_0)^2/2-q\mathcal{E}\hat{y}_0+\mu v_d^2/2 \quad (\hat{y}_0\equiv v_d/\omega-\hat{p}_x/\mu\omega).$$

(2) 求证: 守恒量完备集 $\{\hat{H},\hat{p}_x\}$ 的共同本征函数和能级分别为

$$\psi_{np_x}(x,y)=\exp(\mathrm{i}p_xx/\hbar)\phi_n(y-y_0),\quad E_{np_x}=(n+1/2)\hbar|\omega|-q\mathcal{E}y_0+\mu v_d^2/2$$

$$(y_0\equiv v_d/\omega-p_x/\mu\omega;\ -\infty<p_x<+\infty;\ n=0,1,2,\cdots).$$

其中 ϕ_n 为一维谐振子的定态波函数. 群速度 $\partial E_{np_x}/\partial p_x=v_d$, 称为漂移速度.

5–7 设质量为 μ、带电量为 q 的粒子被限制在 xy 平面内, 受到一个沿 y 方向的谐振子势及均匀静磁场 $\boldsymbol{B}=B\boldsymbol{e}_z$, 选取朗道规范 $\boldsymbol{A}=-By\boldsymbol{e}_x$, 则哈密顿算符为

$$\hat{H}=(\hat{p}_x+qBy/c)^2/2\mu+\hat{p}_y^2/2\mu+\mu\omega_0^2y^2/2.$$

(1) 令 $\bar{\mu}\equiv\mu(\bar{\omega}/\omega_0)^2$, $\bar{\omega}\equiv(\omega^2+\omega_0^2)^{1/2}$, $\omega\equiv qB/\mu c$, 求证:

$$\hat{H} = \hat{p}_x^2/2\bar{\mu} + \hat{p}_y^2/2\mu + \mu\bar{\omega}^2(y - \hat{y}_0)^2/2 \quad (\hat{y}_0 \equiv -\omega\hat{p}_x/\mu\bar{\omega}^2).$$

(2) 求证: 守恒量完备集 $\{\hat{H}, \hat{p}_x\}$ 的共同本征函数和能级分别为

$$\psi_{np_x}(x, y) = \exp(\mathrm{i}p_x x/\hbar)\phi_n(y - y_0), \quad E_{np_x} = (n + 1/2)\hbar\bar{\omega} + p_x^2/2\bar{\mu}$$

$$(y_0 \equiv -\omega p_x/\mu\bar{\omega}^2;\ -\infty < p_x < +\infty;\ n = 0, 1, 2, \cdots).$$

其中 ϕ_n 为一维谐振子的能量本征函数.

(3) 求证: 若 $E_{np_x} = E_{n'p'_x}$, 则有

$$p'_x = \pm\sqrt{p_x^2 + 2(n - n')\hbar\bar{\omega}\bar{\mu}} \quad (n' = 0, 1, 2, \cdots, n, \cdots, N).$$

其中 N 是不大于 $(n + p_x^2/2\hbar\bar{\omega}\bar{\mu})$ 的最大整数, 能级 E_{np_x} 的简并度为 $2(N + 1)$.

*5–8 设 xy 平面内频率为 ω_0 的各向同性谐振子的质量为 μ, 带电量为 q, 受到均匀静磁场 $\boldsymbol{B} = B\boldsymbol{e}_z$ 的作用, 取规范 $\boldsymbol{A} = \boldsymbol{B} \times \boldsymbol{r}/2$, 则体系的哈密顿算符为

$$\hat{H} = (\hat{p}_x + qBy/2c)^2/2\mu + (\hat{p}_y - qBx/2c)^2/2\mu + \mu\omega_0^2(x^2 + y^2)/2.$$

求证: (1) 轨道角动量分量 $\hat{l}_z$ 为守恒量, 且哈密顿算符可改写为

$$\hat{H} = \hat{\boldsymbol{p}}^2/2\mu + \mu\tilde{\omega}^2 r^2/2 - \omega_{\mathrm{L}}\hat{l}_z \quad [\tilde{\omega} \equiv (\omega_{\mathrm{L}}^2 + \omega_0^2)^{1/2},\ \omega_{\mathrm{L}} \equiv qB/2\mu c].$$

(2) 守恒量完备集 $\{\hat{H}, \hat{l}_z\}$ 的共同本征函数和定态能级分别为

$$\psi_{sm}^{\pm}(r, \varphi) = (\tilde{\alpha}/\sqrt{\pi})\sqrt{s!/(s + m)!}(\tilde{\alpha}r)^m L_s^m(\tilde{\alpha}^2 r^2)\exp(-\tilde{\alpha}^2 r^2/2 \pm \mathrm{i}m\varphi),$$

$$E_{sm}^{\pm} = (2s + m + 1)\hbar\tilde{\omega} \mp m\hbar\omega_{\mathrm{L}} \quad (\tilde{\alpha} = \sqrt{\mu\tilde{\omega}/\hbar},\ s, m = 0, 1, 2, \cdots).$$

*5–9 设质量为 μ、带电量为 q 的粒子受到频率为 ω_0 的三维各向同性谐振子势场的作用, 且有均匀静磁场 $\boldsymbol{B} = B\boldsymbol{e}_z$, 取对称规范 $\boldsymbol{A} = \boldsymbol{B} \times \boldsymbol{r}/2$, 哈密顿算符为

$$\hat{H} = (\hat{p}_x + qBy/2c)^2/2\mu + (\hat{p}_y - qBx/2c)^2/2\mu + \hat{p}_z^2/2\mu + \mu\omega_0^2(x^2 + y^2 + z^2)/2.$$

(1) 令 $\tilde{\omega} \equiv (\omega_0^2 + \omega_{\mathrm{L}}^2)^{1/2}$, $\omega_L \equiv qB/2\mu c$, 求证: 哈密顿算符可改写为

$$\hat{H} = \hat{H}_{xy} + \hat{H}_z, \quad \hat{H}_{xy} = (\hat{p}_x^2 + \hat{p}_y^2)/2\mu + \mu\tilde{\omega}^2(x^2 + y^2)/2 - \omega_{\mathrm{L}}\hat{l}_z, \quad \hat{H}_z = \hat{p}_z^2/2\mu + \mu\omega_0^2 z^2/2.$$

(2) 求证: 守恒量完备集 $\{\hat{H}_{xy}, \hat{l}_z, \hat{H}_z\}$ 的共同本征函数和定态能级分别为

$$\Psi_{smn}^{\pm}(\boldsymbol{r}) = \psi_{sm}^{\pm}(x, y)\phi_n(z), \quad E_{smn}^{\pm} = (2s + m + 1)\hbar\tilde{\omega} \mp m\hbar\omega_{\mathrm{L}} + (n + 1/2)\hbar\omega_0.$$

其中 $s, m, n = 0, 1, 2, \cdots$, 而 $\psi_{sm}^{\pm}(x, y)$ 为二维各向同性谐振子的角动量定态波函数, $\phi_n(z)$ 为一维谐振子的定态波函数.

(3) 试求基态能 E_0 及基态磁化率 χ_0.

答: 基态量子数 $s = m = n = 0$,

$$E_0 = \hbar\tilde{\omega} + \hbar\omega_0/2, \quad \chi_0 = -(\partial_B^2 E_0)|_{B=0} = -\hbar q^2/4\omega_0\mu^2 c^2.$$

(4) 试求第一激发态能级 E_1.

答: 第一激发态波函数为 $\Psi_{010}^{+}(\boldsymbol{r})$, 且

$$E_1 - E_0 = \hbar\tilde{\omega} - \hbar\omega_{\mathrm{L}}.$$

(5) 在什么条件下, 抗磁效应远低于顺磁效应?

答: $\omega_L \ll \omega_0$, 此时有

$$\mu\omega_{\mathrm{L}}^2(x^2+y^2)/\omega_{\mathrm{L}}\hat{l}_z \sim \mu\omega_{\mathrm{L}}^2(\hbar/\mu\omega_0)/\hbar\omega_{\mathrm{L}} \sim \omega_L/\omega_0 \ll 1.$$

第二部分

量子力学的一般形式

第六章

线性代数的狄拉克表述

态叠加原理是量子理论的重要基础, 而线性空间是阐述态叠加原理的必要数学基础. 本章采用狄拉克符号介绍线性代数的基本概念和性质, 以便为量子力学的一般形式提供一个数学框架. 第 6.1 节介绍矢量与算符的概念, 第 6.2 节阐述矢量与算符的矩阵表示, 第 6.3 节介绍矩阵表示的变换. 本章中涉及的某些概念与结论与第一章和第三章中的完全类似, 因此不再重复给出详细的论述.

§ 6.1 矢量与算符

矢量空间是由矢量构成的线性空间, 算符相当于矢量空间上的线性变换. 本节介绍矢量空间与算符规则, 并介绍幺正算符与投影算符的概念.

1. 矢量空间

设 $\mathcal{E}$ 是一个复矢量空间, 狄拉克用右矢量 $|\psi\rangle$ (或称刃) 来表示其中的元素. 若 $|\varphi\rangle$ 和 $|\phi\rangle$ 为任意右矢量, a 和 b 为任意复数, 则 $(a|\varphi\rangle + b|\phi\rangle)$ 也为 $\mathcal{E}$ 中的右矢量.

每一个矢量空间 $\mathcal{E}$ 均与一个对偶空间 $\mathcal{E}^*$ 一一对应, $\mathcal{E}^*$ 中的元素记为左矢量 $\langle\psi|$ (或称刁), 它与右矢量 $|\psi\rangle$ 互为共轭, 这种共轭关系可表示为

$$\boxed{|\psi\rangle = a|\varphi\rangle + b|\phi\rangle \quad \Leftrightarrow \quad \langle\psi| = a^*\langle\varphi| + b^*\langle\phi|} \tag{6.1.1}$$

两个矢量 $|\psi\rangle$ 和 $|\varphi\rangle$ 的标积 (或称内积) 为一个复数, 定义为

$$\boxed{\langle\varphi|\psi\rangle \equiv \langle\psi|\varphi\rangle^*, \quad \langle\psi|\psi\rangle \geqslant 0} \tag{6.1.2}$$

根据以上定义, 矢量的标积具有如下性质:

(1) 标积 $\langle\varphi|\psi\rangle$ 关于 $|\psi\rangle$ 是线性的, 关于 $|\varphi\rangle$ 是反线性的, 即

$$|\psi\rangle = a|\psi_1\rangle + b|\psi_2\rangle \quad \Rightarrow \quad \langle\varphi|\psi\rangle = a\langle\varphi|\psi_1\rangle + b\langle\varphi|\psi_2\rangle.$$

$$|\varphi\rangle = a|\varphi_1\rangle + b|\varphi_2\rangle \quad \Rightarrow \quad \langle\varphi|\psi\rangle = a^*\langle\varphi_1|\psi\rangle + b^*\langle\varphi_2|\psi\rangle.$$

(2) 矢量 $|\psi\rangle$ 的模定义为 $\sqrt{\langle\psi|\psi\rangle}$, 模方为 $\langle\psi|\psi\rangle$. 当且仅当 $|\psi\rangle = 0$ (零矢量) 时, $\langle\psi|\psi\rangle = 0$.

(3) 若 $\langle\varphi|\psi\rangle = 0$, 则称矢量 $|\psi\rangle$ 与 $|\varphi\rangle$ 相互正交. 零矢量与任何矢量均正交.

这里定义的矢量空间与第一章介绍的波函数空间均为复线性空间, 它们具有完全相同的结构和性质, 如子空间、直和空间、直积空间等概念均完全相同.

设 $|\psi\rangle_1$ 和 $|\varphi\rangle_2$ 分别为空间 $\mathcal{E}_1$ 和 $\mathcal{E}_2$ 的矢量, 规定它们的直积关于和是分配的, 即

$$|\psi\varphi\rangle \equiv |\psi\rangle_1|\varphi\rangle_2 \equiv |\varphi\rangle_2|\psi\rangle_1,$$

$$|\psi\rangle_1 = a|\psi_a\rangle_1 + b|\psi_b\rangle_1 \quad \Rightarrow \quad |\psi\varphi\rangle = a|\psi_a\rangle_1|\varphi\rangle_2 + b|\psi_b\rangle_1|\varphi\rangle_2.$$

所有这些直积矢量的集合构成直积空间 $\mathcal{E} = \mathcal{E}_1 \otimes \mathcal{E}_2$. 若 $\mathcal{E}_1$ 和 $\mathcal{E}_2$ 的基矢量分别为

$\{|n\rangle\}$ 和 $\{|\alpha\rangle\}$, 则 $\mathcal{E}$ 的基矢量可选为 $\{|n\alpha\rangle\}$. 这些概念容易推广到多个矢量空间的直积.

2. 算符规则

矢量空间 $\mathcal{E}$ 上的算符 $\hat{A}$ 将 $\mathcal{E}$ 中的任意矢量 $|\psi\rangle$ 变换为另一矢量 $|\varphi\rangle = \hat{A}|\psi\rangle$. 线性算符的定义、性质及代数运算规则等与波函数空间上的线性算符是类似的.

设 $|\psi\rangle_1$ 和 $|\varphi\rangle_2$ 分别为矢量空间 $\mathcal{E}_1$ 和 $\mathcal{E}_2$ 中的矢量, $\hat{A}_1$ 和 $\hat{A}_2$ 分别为 $\mathcal{E}_1$ 和 $\mathcal{E}_2$ 上的线性算符, 则它们对直积矢量的作用定义为

$$\hat{A}_1|\psi\varphi\rangle = (\hat{A}_1|\psi\rangle_1)|\varphi\rangle_2, \quad \hat{A}_2|\psi\varphi\rangle = |\psi\rangle_1(\hat{A}_2|\varphi\rangle_2) \quad \Rightarrow \quad [\hat{A}_1, \hat{A}_2] = 0.$$

设 $|\phi\rangle$ 和 $|\varphi\rangle$ 是矢量空间 $\mathcal{E}$ 中的两个任意矢量, 我们将 $|\phi\rangle\langle\varphi|$ 定义为一个线性算符, 规定它对 $\mathcal{E}$ 中任意矢量 $|\psi\rangle$ 的作用为

$$\boxed{(|\phi\rangle\langle\varphi|)|\psi\rangle \equiv |\phi\rangle(\langle\varphi|\psi\rangle)} \tag{6.1.3}$$

设 $\hat{A}$ 是矢量空间 $\mathcal{E}$ 上的任意线性算符, 可用下式定义它的厄密共轭算符 $\hat{A}^\dagger$:

$$\boxed{\langle\psi|\hat{A}^\dagger|\varphi\rangle \equiv \langle\varphi|\hat{A}|\psi\rangle^*} \tag{6.1.4}$$

其中 $|\psi\rangle$ 和 $|\varphi\rangle$ 是 $\mathcal{E}$ 中的任意矢量, 因此可定义一个线性算符对左矢量的作用, 即

$$\boxed{\langle\phi| = \langle\varphi|\hat{A}, \quad \Leftrightarrow \quad |\phi\rangle = \hat{A}^\dagger|\varphi\rangle} \tag{6.1.5}$$

例如, 若 $|\varphi\rangle$ 是线性算符 $\hat{A}$ 的本征矢量, 本征值为 a, 则有

$$\hat{A}|\varphi\rangle = a|\varphi\rangle \quad \Leftrightarrow \quad \langle\varphi|\hat{A}^\dagger = a^*\langle\varphi|.$$

设 $|\phi\rangle$ 和 $|\chi\rangle$ 为 $\mathcal{E}$ 中的两个任意矢量, 根据定义式 (6.1.4) 式, 有

$$\langle\phi|(|\psi\rangle\langle\varphi|)^\dagger|\chi\rangle = \langle\chi|(|\psi\rangle\langle\varphi|)|\phi\rangle^* = \langle\chi|\psi\rangle^*\langle\varphi|\phi\rangle^* = \langle\phi|\varphi\rangle\langle\psi|\chi\rangle$$

$$\Rightarrow \quad \boxed{(|\psi\rangle\langle\varphi|)^\dagger = |\varphi\rangle\langle\psi|} \tag{6.1.6}$$

若 $\hat{A}$ 为一个正定厄密算符 (其本征值均为非负实数), 则对任意 $|\psi\rangle \in \mathcal{E}$, 均有

$$\boxed{\langle\psi|\hat{A}|\psi\rangle \geqslant 0}$$

当且仅当 $\hat{A}|\psi\rangle = 0$ 时, 上式取等号. 例如, $|\phi\rangle\langle\phi|$ 就是一个正定厄密算符, 因为对任意 $|\psi\rangle \in \mathcal{E}$, 均有

$$\langle\psi|(|\phi\rangle\langle\phi|)|\psi\rangle = |\langle\psi|\phi\rangle|^2 \geqslant 0.$$

狄拉克的符号规则使得我们很容易对任何代数表示式进行运算. 若将一个等式中的所有算符换为它的厄密共轭算符, 所有矢量换为它的共轭矢量, 所有复数换为它的复共轭, 并颠倒各种符号的排列次序, 则等式仍然成立. 例如:

$$\hat{A}=\hat{B}\hat{C}|\psi\rangle\langle\varphi|\hat{D} \quad \Leftrightarrow \quad \hat{A}^\dagger=\hat{D}^\dagger|\varphi\rangle\langle\psi|\hat{C}^\dagger\hat{B}^\dagger;$$

$$|\psi\rangle=\hat{A}\hat{B}|\varphi\rangle\langle\phi|\hat{C}|\chi\rangle \quad \Leftrightarrow \quad \langle\psi|=\langle\chi|\hat{C}^\dagger|\phi\rangle\langle\varphi|\hat{B}^\dagger\hat{A}^\dagger;$$

$$c=\langle\psi|\hat{A}\hat{B}|\varphi\rangle\langle\phi|\hat{C}|\chi\rangle \quad \Leftrightarrow \quad c^*=\langle\chi|\hat{C}^\dagger|\phi\rangle\langle\varphi|\hat{B}^\dagger\hat{A}^\dagger|\psi\rangle.$$

3. 幺正算符

满足以下条件的线性算符 $\hat{U}$ 称为幺正算符:

$$\boxed{\hat{U}\hat{U}^\dagger=\hat{U}^\dagger\hat{U}=1 \quad \Rightarrow \quad \hat{U}^{-1}=\hat{U}^\dagger} \tag{6.1.7}$$

两个幺正算符 $\hat{U}_1$ 和 $\hat{U}_2$ 之积 $\hat{U}_1\hat{U}_2$ 也为一个幺正算符, 因为

$$(\hat{U}_1\hat{U}_2)^{-1}=\hat{U}_2^{-1}\hat{U}_1^{-1}=\hat{U}_2^\dagger\hat{U}_1^\dagger=(\hat{U}_1\hat{U}_2)^\dagger.$$

幺正算符未必是厄密算符, 其本征值 (未必为实数) 的模必为 1, 即

$$\boxed{\hat{U}|\phi\rangle=u|\phi\rangle \quad \Rightarrow \quad |u|=1} \tag{6.1.8}$$

为了证明以上结果, 只需要利用 $\langle\phi|\hat{U}^\dagger=u^*\langle\phi|$, 可得

$$\langle\phi|\phi\rangle=\langle\phi|\hat{U}^\dagger\hat{U}|\phi\rangle=|u|^2\langle\phi|\phi\rangle \quad \Rightarrow \quad |u|^2=1.$$

利用一个幺正算符 $\hat{U}$ 可对任意矢量 $|\psi\rangle$ 和任意线性算符 $\hat{A}$ 作如下幺正变换:

$$\boxed{|\psi_U\rangle=\hat{U}|\psi\rangle, \quad \hat{A}_U=\hat{U}\hat{A}\hat{U}^\dagger} \tag{6.1.9}$$

容易证明, 上述幺正变换具有如下性质 (其中 $|\psi\rangle$ 和 $|\varphi\rangle$ 为任意矢量):

$$\boxed{\langle\psi_U|\hat{A}_U|\varphi_U\rangle=\langle\psi|\hat{A}|\varphi\rangle, \quad \langle\psi_U|\varphi_U\rangle=\langle\psi|\varphi\rangle} \tag{6.1.10}$$

同样容易证明, 算符 $\hat{A}_U$ 与 $\hat{A}$ 具有相同的本征值, 即

$$\boxed{\hat{A}|\psi\rangle=a|\psi\rangle \quad \Leftrightarrow \quad \hat{A}_U|\psi_U\rangle=a|\psi_U\rangle} \tag{6.1.11}$$

设函数 $F(x)$ 的任意阶导数均存在, $\hat{A}$ 为线性算符, $\hat{U}$ 为幺正算符, 则有

$$\boxed{\hat{U}F(\hat{A})\hat{U}^\dagger=F(\hat{A}_U)} \tag{6.1.12}$$

为了证明以上结果, 只需要将 $F(\hat{A})$ 展开为幂级数形式, 即

$$\hat{U}F(\hat{A})\hat{U}^\dagger=\sum_{n=0}^{\infty}\frac{F^{(n)}(0)}{n!}\hat{U}\hat{A}^n\hat{U}^\dagger=\sum_{n=0}^{\infty}\frac{F^{(n)}(0)}{n!}(\hat{A}_U)^n=F(\hat{A}_U).$$

幺正变换可分为非连续的幺正变换 (如空间反演等) 以及连续的幺正变换:

$$\boxed{\hat{U}_\varepsilon=\exp(-\mathrm{i}\varepsilon\hat{A}) \quad (\hat{A}^\dagger=\hat{A})} \tag{6.1.13}$$

其中 ε 为连续实参量. 一个有限的连续幺正变换总可以视为由无穷多个无穷小幺正变换的连续操作构成, 其中无穷小幺正变换对应于以下的幺正算符:

$$\boxed{\hat{U}_\varepsilon \approx 1 - \mathrm{i}\varepsilon\hat{A} \quad (\varepsilon \to 0)} \tag{6.1.14}$$

4. 投影算符

凡是满足以下条件的线性算符 $\hat{P}$ 称为投影算符:

$$\boxed{\hat{P}^2 = \hat{P} = \hat{P}^\dagger} \tag{6.1.15}$$

由于 $\hat{P}$ 的本征值只能取 1 或 0, 因此 $\hat{P}$ 为正定厄密算符, 即对任意矢量 $|\psi\rangle$, 均有

$$\boxed{\langle\psi|\hat{P}|\psi\rangle \geqslant 0} \tag{6.1.16}$$

当且仅当 $\hat{P}|\psi\rangle = 0$ 时, 上式取等号. 易证 $(1-\hat{P})$ 也为投影算符, 故对任意 $|\psi\rangle$, 有

$$\langle\psi|(1-\hat{P})|\psi\rangle \geqslant 0 \quad \Rightarrow \quad \boxed{\langle\psi|\psi\rangle \geqslant \langle\psi|\hat{P}|\psi\rangle} \tag{6.1.17}$$

当且仅当 $(1-\hat{P})|\psi\rangle = 0$, 即 $\hat{P}|\psi\rangle = |\psi\rangle$ 时, 上式取等号.

投影算符 $\hat{P}$ 是一个观测算符. 当 $|\psi\rangle$ 取遍矢量空间 $\mathcal{E}$ 中的所有矢量时, 矢量 $\hat{P}|\psi\rangle$ 的集合 $\mathcal{P}$ 称为 $\hat{P}$ 的**投影空间**, 它是 $\hat{P}$ 的本征值为 1 的本征子空间. $\mathcal{P}$ 的正交补空间 $\mathcal{P}^\times$ 是投影算符 $(1-\hat{P})$ 的投影空间, $\mathcal{P}^\times$ 也是 $\hat{P}$ 的本征值为 0 的本征子空间.

设 $\hat{P}_1$ 和 $\hat{P}_2$ 均为投影算符, 若 $\hat{P}_1\hat{P}_2 = 0$, 则称它们正交, 此时它们的投影空间也正交. 例如, 投影算符 $\hat{P}$ 与 $(1-\hat{P})$ 正交.

下面列举投影算符的几个简单例子:

(1) 实数 1 是一个投影算符, 其投影空间是整个空间 $\mathcal{E}$. 1 的逆算符也为 1, 它是唯一具有逆算符的投影算符, 其他投影算符均有本征值 0, 因而没有逆算符.

(2) 实数 0 也是一个投影算符, 它的投影空间仅含零矢量.

(3) 若 $|\phi\rangle$ 是矢量空间 $\mathcal{E}$ 中的一个归一化矢量, 即 $\langle\phi|\phi\rangle = 1$, 则 $|\phi\rangle\langle\phi|$ 是一个投影算符, 称为**基本投影算符**, 它的投影空间是 $|\phi\rangle$ 张成的一维空间.

§ 6.2 矢量与算符的矩阵表示

如果选定了矢量空间的一组基矢量, 则任何矢量和算符均可表示为矩阵形式, 相关的代数运算也可以借助于矩阵运算来实现. 本节先介绍矢量空间的基矢量, 然后研究矢量和算符的矩阵表示.

1. 基矢量组

设 $|1\rangle, |2\rangle, \cdots, |n\rangle$ 是矢量空间 $\mathcal{E}$ 中的一组正交归一的矢量, 矢量 $|k\rangle$ 张成一维空间 $\mathcal{E}_k$, 它是基本投影算符 $\hat{P}_k$ 的投影空间, 则有

$$\boxed{\hat{P}_k \equiv |k\rangle\langle k|, \quad \langle k|k'\rangle = \delta_{kk'} \quad \Rightarrow \quad \hat{P}_k\hat{P}_{k'} = \hat{P}_k\delta_{kk'}} \tag{6.2.1}$$

易证 $\sum_k \hat{P}_k$ 也为投影算符, 投影空间是 n 维直和空间 $\sum_k \oplus\mathcal{E}_k$. 若矢量空间 $\mathcal{E}$ 的维度正好为 n, 则有 $\mathcal{E} = \sum_k \oplus\mathcal{E}_k$, 称这 n 个基矢量是完备的, 完备性条件为

$$\boxed{\sum_k \hat{P}_k = 1} \tag{6.2.2}$$

上式表明, 矢量空间 $\mathcal{E}$ 中的任何矢量 $|\psi\rangle$ 均可表示为

$$|\psi\rangle = \sum_k |\psi_k\rangle, \quad |\psi_k\rangle \equiv \hat{P}_k|\psi\rangle \in \mathcal{E}_k.$$

假设 $\mathcal{E}$ 中的所有矢量 $|\psi\rangle$ 均具有有限的模, 即 $\langle\psi|\psi\rangle$ 收敛. 若 $\mathcal{E}$ 是无限维的, 有时也选取具有无限模的矢量 $|\xi\rangle$ (ξ 为连续实参量) 作为 $\mathcal{E}$ 的基矢量, 它们不属于 $\mathcal{E}$, 但具有 "广义正交归一性", 此时可引入 "广义投影算符", 即

$$\boxed{\hat{P}_\xi \equiv |\xi\rangle\langle\xi|, \quad \langle\xi|\xi'\rangle = \delta(\xi-\xi') \quad \Rightarrow \quad \hat{P}_\xi\hat{P}_{\xi'} = \hat{P}_\xi\delta(\xi-\xi')} \tag{6.2.3}$$

如果这组连续基矢量是完备的, 则有

$$\boxed{\int d\xi \hat{P}_\xi = 1} \tag{6.2.4}$$

如果一组完备的基矢量既包括分立基矢量, 也包括连续基矢量, 则有

$$\boxed{\langle k|\xi\rangle = 0, \quad \hat{P}_k\hat{P}_\xi = 0, \quad \sum_k \hat{P}_k + \int \mathrm{d}\xi\hat{P}_\xi = 1} \tag{6.2.5}$$

2. 矢量的矩阵表示

设 $|k\rangle(k=1,2,\cdots)$ 为矢量空间 $\mathcal{E}$ 的一组正交归一完备的基矢量, 由完备性条件 (6.2.2) 式可知, $\mathcal{E}$ 中的任何矢量 $|\psi\rangle$ 均可表示为这一组基矢量的线性叠加, 即

$$|\psi\rangle = \sum_k |k\rangle\langle k|\psi\rangle = \sum_k a_k|k\rangle, \quad a_k \equiv \langle k|\psi\rangle \quad \Rightarrow \quad \hat{P}_k|\psi\rangle = a_k|k\rangle.$$

由系数 $\{a_k\}$ 可组成列阵 a, 并可用它来表示 $|\psi\rangle$, 而用 a 的厄密共轭 $a^\dagger$ 表示 $\langle\psi|$, 即

$$\boxed{|\psi\rangle \to a, \quad \langle\psi| \to a^\dagger}, \quad a \equiv \begin{pmatrix} a_1 \\ a_2 \\ \vdots \\ a_n \end{pmatrix}, \quad a^\dagger \equiv (a_1^* \quad a_2^* \quad \cdots \quad a_n^*).$$

矢量 $|\psi\rangle$ 和 $|\varphi\rangle$ 的标积可表示为行阵与列阵的乘积, 即

$$\langle\psi|\varphi\rangle=\sum_k\langle\psi|k\rangle\langle k|\varphi\rangle=\sum_k a_k^* b_k, \quad \Rightarrow \quad \boxed{\langle\psi|\varphi\rangle=a^\dagger b}$$

值得指出, 对于 $\mathcal{E}$ 中的两个确定矢量 $|\psi\rangle$ 和 $|\varphi\rangle$, 标积 $\langle\psi|\varphi\rangle$ 的值不依赖于基矢量组的选取, 即借助于任何一组基矢量来计算 $\langle\psi|\varphi\rangle$, 均会得到同一个结果.

3. 算符的矩阵表示

一旦选定了矢量空间 $\mathcal{E}$ 的一组正交归一完备的基矢量 $\{|k\rangle\}$, 则每一个线性算符 $\hat{A}$ 均可用一个方阵 A 来表示, 其矩阵元 $A_{kk'}$ 的定义如下:

$$\boxed{\hat{A}\to A, \quad A_{kk'}\equiv\langle k|\hat{A}|k'\rangle}$$

借助于完备性条件 (6.2.2) 式, 可将算符 $\hat{A}$ 表示为

$$\boxed{\hat{A}=\sum_{kk'}\hat{P}_k\hat{A}\hat{P}_{k'}=\sum_{kk'}A_{kk'}|k\rangle\langle k'|} \tag{6.2.6}$$

若 $\hat{A}$ 为一个厄密算符, 则它对应的矩阵 A 为一个厄密矩阵, 即

$$A_{kk'}^*=\langle k|\hat{A}|k'\rangle^*=\langle k'|\hat{A}^\dagger|k\rangle=\langle k'|\hat{A}|k\rangle=A_{k'k}.$$

若基矢量 $|k\rangle$ 均为 $\hat{A}$ 的本征矢量, 本征值为 λ_k, 则矩阵 A 为对角矩阵, 即

$$A_{kk'}=\lambda_k\delta_{kk'} \quad \Rightarrow \quad \hat{A}=\sum_k\lambda_k|k\rangle\langle k|.$$

两个算符乘积的矩阵等于对应的矩阵乘积, 即

$$\boxed{\hat{C}=\hat{A}\hat{B} \quad \Rightarrow \quad C=AB}$$

上式很容易借助于完备性条件 (6.2.2) 来验证, 矩阵 C 的矩阵元为

$$C_{kk'}\equiv\langle k|\hat{C}|k'\rangle=\langle k|\hat{A}\hat{B}|k'\rangle=\sum_{k''}\langle k|\hat{A}|k''\rangle\langle k''|\hat{B}|k'\rangle=\sum_{k''}A_{kk''}B_{k''k'}.$$

算符对矢量的作用也可以表示为矩阵形式, 如

$$\boxed{|\varphi\rangle=\hat{A}|\psi\rangle \quad \Rightarrow \quad b=Aa}$$

上式同样可以借助于完备性条件 (6.2.2) 来验证, 即

$$b_k=\langle k|\varphi\rangle=\langle k|\hat{A}|\psi\rangle=\sum_{k'}\langle k|\hat{A}|k'\rangle\langle k'|\psi\rangle=\sum_{k'}A_{kk'}a_{k'}.$$

4. 算符的迹

设 $\{|k\rangle\}$ 为矢量空间 $\mathcal{E}$ 的一组正交归一完备的基矢量, 线性算符 $\hat{A}$ 的迹定义为

$$\boxed{\mathrm{Tr}\hat{A}\equiv\sum_k A_{kk}=\sum_k\langle k|\hat{A}|k\rangle} \tag{6.2.7}$$

算符的迹值不依赖于基矢量组的选取, 即借助于任何一组基矢量来计算算符的迹, 将得到同一结果. 为证明之, 设 $\{|\alpha\rangle\}$ 为另一组正交归一完备的基矢量, 则有

$$\sum_k \langle k|\hat{A}|k\rangle = \sum_{k\alpha} \langle k|\alpha\rangle\langle\alpha|\hat{A}|k\rangle$$
$$= \sum_{k\alpha} \langle\alpha|\hat{A}|k\rangle\langle k|\alpha\rangle = \sum_{\alpha} \langle\alpha|\hat{A}|\alpha\rangle.$$

此外, 对于有限维矢量空间上的两个任意线性算符 $\hat{A}$ 和 $\hat{B}$, 均有

$$\boxed{\mathrm{Tr}(\hat{A}\hat{B}) = \mathrm{Tr}(\hat{B}\hat{A})}$$

证明: 设 $\{|k\rangle\}$ 为矢量空间 $\mathcal{E}$ 的一组正交归一完备的基矢量, 则有

$$\mathrm{Tr}(\hat{A}\hat{B}) = \sum_k \langle k|\hat{A}\hat{B}|k\rangle = \sum_{kk'} \langle k|\hat{A}|k'\rangle\langle k'|\hat{B}|k\rangle$$
$$= \sum_{kk'} \langle k'|\hat{B}|k\rangle\langle k|\hat{A}|k'\rangle = \sum_{k'} \langle k'|\hat{B}\hat{A}|k'\rangle = \mathrm{Tr}(\hat{B}\hat{A}).$$

若 $\hat{A}$ 为正定厄密算符, 则 $\mathrm{Tr}\hat{A} \geqslant 0$, 仅当 $\hat{A} = 0$ 时, $\mathrm{Tr}\hat{A} = 0$ (参见习题 6.13).

下面考虑线性算符 $|\psi\rangle\langle\phi|$ 的迹, 按照定义式 (6.2.7), 有

$$\mathrm{Tr}(|\psi\rangle\langle\phi|) = \sum_k \langle k|\psi\rangle\langle\phi|k\rangle = \sum_k \langle\phi|k\rangle\langle k|\psi\rangle \quad \Rightarrow \quad \boxed{\mathrm{Tr}(|\psi\rangle\langle\phi|) = \langle\phi|\psi\rangle} \tag{6.2.8}$$

利用上式, 很容易计算投影算符的迹, 我们有以下两个结论:

(1) 设 $|\phi\rangle$ 为归一化的矢量, 则基本投影算符 $\hat{P}_\phi \equiv |\phi\rangle\langle\phi|$ 的迹为 1, 即

$$\boxed{\mathrm{Tr}\hat{P}_\phi = 1} \tag{6.2.9}$$

(2) 两个基本投影算符的乘积的迹不大于 1, 即

$$\boxed{\mathrm{Tr}(\hat{P}_\phi\hat{P}_\varphi) \leqslant 1} \tag{6.2.10}$$

当且仅当 $\hat{P}_\phi = \hat{P}_\varphi$ 时, 上式取等号. 利用施瓦茨不等式容易证明上述结论, 即

$$\mathrm{Tr}(\hat{P}_\phi\hat{P}_\varphi) = \mathrm{Tr}(|\phi\rangle\langle\phi|\varphi\rangle\langle\varphi|) = \langle\phi|\varphi\rangle\mathrm{Tr}(|\phi\rangle\langle\varphi|) = |\langle\phi|\varphi\rangle|^2 \leqslant \langle\phi|\phi\rangle\langle\varphi|\varphi\rangle = 1.$$

施瓦茨不等式取等号的充分必要条件为 $|\phi\rangle = c|\varphi\rangle$, 由于 $|\phi\rangle$ 与 $|\varphi\rangle$ 的模均为 1, 所以 c 为一个相位因子, 即 (6.2.10) 式取等号的条件为 $\hat{P}_\phi = \hat{P}_\varphi$.

§ 6.3 矩阵表示的变换

矢量与算符的表示矩阵依赖于所选取的基矢量, 如果基矢量改变了, 则相应的表示矩阵也随之改变. 本节先介绍矢量空间的基矢量变换, 然后讨论矢量与算符的表示矩阵随基矢量改变而如何变换.

1. 基矢量的变换

矢量空间可以有无穷多组基矢, 关于基矢组之间的变换, 有如下两个定理.

定理 1: 设 $\{|k\rangle\}$ 为矢量空间 $\mathcal{E}$ 的一组正交归一完备的基矢量, 令 $|\bar{k}\rangle \equiv \hat{U}|k\rangle$, 则 $\{|\bar{k}\rangle\}$ 也为 $\mathcal{E}$ 的一组正交归一完备的基矢量的充分必要条件是, $\hat{U}$ 为幺正算符.

证明: 先证充分性, 设 $\hat{U}$ 为幺正算符, 易证 $|\bar{k}\rangle$ 具有正交归一性和完备性, 即

$$\langle\bar{k}|\bar{k}'\rangle = \langle k|\hat{U}^\dagger\hat{U}|k'\rangle = \langle k|k'\rangle = \delta_{kk'}, \quad \sum_k |\bar{k}\rangle\langle\bar{k}| = \sum_k \hat{U}|k\rangle\langle k|\hat{U}^\dagger = \hat{U}\hat{U}^\dagger = 1.$$

再证必要性, 设 $|\bar{k}\rangle$ 具有正交归一性和完备性, 易证 $\hat{U}$ 是一个幺正算符, 即

$$\hat{U}^\dagger\hat{U} = \sum_{kk'} |k\rangle\langle k|\hat{U}^\dagger\hat{U}|k'\rangle\langle k'| = \sum_{kk'} |k\rangle\langle\bar{k}|\bar{k}'\rangle\langle k'| = \sum_{kk'} \delta_{kk'}|k\rangle\langle k'| = \sum_k |k\rangle\langle k| = 1,$$

$$\hat{U}\hat{U}^\dagger = \sum_{kk'} \hat{U}|k\rangle\langle k|k'\rangle\langle k'|\hat{U}^\dagger = \sum_{kk'} |\bar{k}\rangle\langle k|k'\rangle\langle\bar{k}'| = \sum_{kk'} \delta_{kk'}|\bar{k}\rangle\langle\bar{k}'| = \sum_k |\bar{k}\rangle\langle\bar{k}| = 1.$$

定理 2: 设 $\{|k\rangle\}$ 和 $\{|\alpha\rangle\}$ 为矢量空间 $\mathcal{E}$ 的两组正交归一完备的基矢量, 它们之间的变换矩阵元定义为 $S_{k\alpha} \equiv \langle k|\alpha\rangle$, 则变换矩阵 S 是一个幺正矩阵, 即

$$\boxed{S^\dagger S = SS^\dagger = 1} \tag{6.3.1}$$

证明: 利用基矢量的正交归一性和完备性, 可得

$$(S^\dagger S)_{\alpha\alpha'} = \sum_k (S^\dagger)_{\alpha k}S_{k\alpha'} = \sum_k S^*_{k\alpha}S_{k\alpha'} = \sum_k \langle\alpha|k\rangle\langle k|\alpha'\rangle = \langle\alpha|\alpha'\rangle = \delta_{\alpha\alpha'},$$

$$(SS^\dagger)_{kk'} = \sum_\alpha S_{k\alpha}(S^\dagger)_{\alpha k'} = \sum_\alpha S_{k\alpha}S^*_{k'\alpha} = \sum_\alpha \langle k|\alpha\rangle\langle\alpha|k'\rangle = \langle k|k'\rangle = \delta_{kk'}.$$

例如, 定理 1 中的两组基矢量之间的变换矩阵元为 $S_{k\bar{k}'} \equiv \langle k|\bar{k}'\rangle = \langle k|\hat{U}|k'\rangle$.

2. 矢量与算符的矩阵变换

矢量与算符的表示矩阵依赖于基矢量组的选取. 设基矢量组取为 $\{|\alpha\rangle\}$ 时, 矢量 $|\psi\rangle$ 对应于列阵 a; 基矢量组取为 $\{|k\rangle\}$ 时, 矢量 $|\psi\rangle$ 对应于列阵 $\tilde{a}$, 即

$$|\psi\rangle = \sum_\alpha a_\alpha|\alpha\rangle, \quad a_\alpha = \langle\alpha|\psi\rangle; \quad |\psi\rangle = \sum_k \tilde{a}_k|k\rangle, \quad \tilde{a}_k = \langle k|\psi\rangle.$$

容易证明, 这两个列阵通过变换矩阵 S 相联系, 即

$$\tilde{a}_k = \sum_\alpha \langle k|\alpha\rangle\langle\alpha|\psi\rangle = \sum_\alpha S_{k\alpha}a_\alpha \quad \Rightarrow \quad \boxed{\tilde{a} = Sa} \tag{6.3.2}$$

设基矢量组取为 $\{|\alpha\rangle\}$ 和 $\{|k\rangle\}$ 时, 线性算符 $\hat{A}$ 分别对应于方阵 A 和 $\tilde{A}$, 即

$$A_{\alpha\alpha'} = \langle\alpha|\hat{A}|\alpha'\rangle, \quad \tilde{A}_{kk'} = \langle k|\hat{A}|k'\rangle.$$

易证, 这两个矩阵之间的变换关系就是一种幺正变换, 即

$$\tilde{A}_{kk'} = \sum_{\alpha\alpha'} \langle k|\alpha\rangle\langle\alpha|\hat{A}|\alpha'\rangle\langle\alpha'|k'\rangle = \sum_{\alpha\alpha'} S_{k\alpha}A_{\alpha\alpha'}S^*_{k'\alpha'} = (SAS^\dagger)_{kk'} \quad \Rightarrow \quad \boxed{\tilde{A} = SAS^\dagger} \tag{6.3.3}$$

习　题

6–1　设 $|\psi_1\rangle$, $|\psi_2\rangle$, $|\psi_3\rangle$ 是线性独立的, 将它们线性叠加成 $|i\rangle(i = 1, 2, 3)$, 即

$$|1\rangle = |\psi_1\rangle/\sqrt{\langle\psi_1|\psi_1\rangle}; \quad |2\rangle = |\phi_2\rangle/\sqrt{\langle\phi_2|\phi_2\rangle}, \quad |\phi_2\rangle \equiv (1 - |1\rangle\langle 1|)|\psi_2\rangle;$$

$$|3\rangle = |\phi_3\rangle/\sqrt{\langle\phi_3|\phi_3\rangle}, \quad |\phi_3\rangle \equiv (1 - |1\rangle\langle 1| - |2\rangle\langle 2|)|\psi_3\rangle.$$

求证: $\langle i|j\rangle = \delta_{ij}$ $(i, j = 1, 2, 3)$.

6–2　设 $|\psi\rangle$ 和 $|\varphi\rangle$ 为两个任意的矢量, 求证:

(1) 施瓦茨不等式 (取等号的条件为 $|\psi\rangle = c|\varphi\rangle$, 其中 c 为复数):

$$\boxed{|\langle\psi|\varphi\rangle|^2 \leqslant \langle\psi|\psi\rangle\langle\varphi|\varphi\rangle}$$

(2) 三角不等式 (取等号的条件为 $|\psi\rangle = c|\varphi\rangle$, 其中 c 为正实数):

$$\boxed{\sqrt{(\langle\psi| + \langle\varphi|)(|\psi\rangle + |\varphi\rangle)} \leqslant \sqrt{\langle\psi|\psi\rangle} + \sqrt{\langle\varphi|\varphi\rangle}}$$

6–3　设 $\hat{A}$ 为正定厄密算符, $|\psi\rangle$ 和 $|\varphi\rangle$ 为两个任何的矢量, 求证广义施瓦茨不等式:

$$\boxed{|\langle\psi|\hat{A}|\varphi\rangle|^2 \leqslant \langle\psi|\hat{A}|\psi\rangle\langle\varphi|\hat{A}|\varphi\rangle}$$

上式取等号的条件为 $\hat{A}|\psi\rangle = c\hat{A}|\varphi\rangle$ (c 为复数).

6–4　试求非零算符 $|\phi\rangle\langle\varphi|$ 的本征值和本征矢量, 并讨论它的逆算符.

答: (1) 对于一维矢量空间, $|\phi\rangle\langle\varphi| = \langle\varphi|\phi\rangle$, 它的逆算符为 $\langle\varphi|\phi\rangle^{-1}$.

(2) 若空间维度大于 1, 则 $|\phi\rangle\langle\varphi|$ 的一个本征值为 $\langle\varphi|\phi\rangle$, 对应的本征矢量为 $|\psi\rangle$. 另一个本征值为 0, 对应的本征矢量与 $|\varphi\rangle$ 正交, 因此 $|\phi\rangle\langle\varphi|$ 没有逆算符.

6–5　设 $|\psi\rangle = |\phi\rangle + |\varphi\rangle$, 其中 $|\phi\rangle$ 是厄密算符 $\hat{A}$ 的本征矢, 且 $\mathrm{Re}\langle\phi|\varphi\rangle = 0$, 求证:

$$\langle\psi|\hat{A}|\psi\rangle = \langle\phi|\hat{A}|\phi\rangle + \langle\varphi|\hat{A}|\varphi\rangle.$$

6–6　设 $[\hat{A}, \hat{B}] = 0$, 其中 $\hat{A}^\dagger = \hat{A}$, 而 $|\psi_1\rangle$ 和 $|\psi_2\rangle$ 是 $\hat{A}$ 的属于不同本征值的本征矢量, 求证: $\langle\psi_1|\hat{B}|\psi_2\rangle = 0$.

6–7　设 $[\hat{A}, \hat{B}]_+ \equiv \hat{A}\hat{B} + \hat{B}\hat{A} = 0$, $\hat{A}|\psi\rangle = a|\psi\rangle$, 求证:

(1) 若 $\hat{B}|\psi\rangle \neq 0$, 则 $\hat{B}|\psi\rangle$ 也为 $\hat{A}$ 的本征矢, 对应的本征值为 $(-a)$.

(2) 若 $\hat{A}^\dagger = \hat{A}$, 且 $a \neq 0$, 则有 $\langle\psi|\hat{B}|\psi\rangle = 0$.

6–8　设 $[\hat{A}, \hat{B}]_+ = 0$, 且 $\hat{A}$ 和 $\hat{B}$ 存在一个非零的共同本征矢量 $|\psi\rangle$, 即 $\hat{A}|\psi\rangle = a|\psi\rangle$, $\hat{B}|\psi\rangle = b|\psi\rangle$, 求证: $ab = 0$.

6–9 设某个二维矢量空间的一组正交归一的基矢量为 $|1\rangle$ 和 $|2\rangle$, 定义

$$\hat{\sigma}_x = |1\rangle\langle 2| + |2\rangle\langle 1|, \quad \hat{\sigma}_y = \mathrm{i}|2\rangle\langle 1| - \mathrm{i}|1\rangle\langle 2|, \quad \hat{\sigma}_z = |1\rangle\langle 1| - |2\rangle\langle 2|.$$

以 $\epsilon_{\alpha\beta\gamma}$ 表示列维–齐维塔符号, 它是一个三阶反对称张量, 求证:

$$\hat{\sigma}_\alpha^\dagger = \hat{\sigma}_\alpha, \quad \hat{\sigma}_\alpha\hat{\sigma}_\beta = \delta_{\alpha\beta} + \mathrm{i}\epsilon_{\alpha\beta\gamma}\hat{\sigma}_\gamma \quad (\alpha, \beta, \gamma = x, y, z).$$

6–10 任何幺正算符 $\hat{U}$ 均可表示为两个厄密算符的线性叠加, 即

$$\hat{U} = \hat{A} + \mathrm{i}\hat{B}, \quad \hat{A} \equiv (\hat{U}^\dagger + \hat{U})/2 = \hat{A}^\dagger, \quad \hat{B} \equiv \mathrm{i}(\hat{U}^\dagger - \hat{U})/2 = \hat{B}^\dagger,$$

求证: (1) $[\hat{A}, \hat{B}] = 0$, $\hat{A}^2 + \hat{B}^2 = 1$;

(2) $\hat{A}$ 和 $\hat{B}$ 的共同本征矢量也为 $\hat{U}$ 的本征矢量, 且 $\hat{U}$ 的本征值 u 满足 $|u| = 1$.

6–11 求证: 幺正算符的属于不同本征值的本征矢量相互正交.

*6–12 设 $\hat{U}(t)$ 对实参量 t 可微, 且对某个特定的 t_0 值, $\hat{U}^\dagger(t_0) = \hat{U}^{-1}(t_0)$, 求证: $\hat{U}^\dagger(t) = \hat{U}^{-1}(t)$ 对任意 t 均成立的充分必要条件是: 存在厄密算符 $\hat{H}$, 使得 $\mathrm{i}\partial_t\hat{U} = \hat{H}\hat{U}$.

6–13 设 $\hat{A}$ 为正定厄密算符, 求证: $\mathrm{Tr}\hat{A} \geqslant 0$, 当且仅当 $\hat{A} = 0$ 时, $\mathrm{Tr}\hat{A} = 0$.

6–14 设 $\hat{A}$ 和 $\hat{B}$ 均为正定观测算符, 求证: $\mathrm{Tr}(\hat{A}\hat{B}) \geqslant 0$, 仅当 $\hat{A}\hat{B} = 0$ 时取等号.

6–15 设观测算符 $\hat{Q}$ 和 $\hat{P}$ 满足: $[\hat{Q}, \hat{P}] = \mathrm{i}\hbar$, 令 $\hat{S}(\lambda) = \exp(-\mathrm{i}\lambda\hat{P}/\hbar)$ (λ 为实数),

(1) 试利用 (3.2.4) 式证明: $[\hat{Q}, \hat{S}(\lambda)] = \lambda\hat{S}(\lambda)$;

(2) 设 $\hat{Q}|q\rangle = q|q\rangle$ (q 为实数), 试利用 (1) 的结果证明, $(q + \lambda)$ 也为 $\hat{Q}$ 的本征值, 因此 $\hat{Q}$ 的本征值为所有实数.

6–16 设 $\hat{A}^\dagger = \hat{A}$, $\hat{A}^2 = 1$, 令 $\hat{P}_\pm \equiv (1 \pm \hat{A})/2$, 求证: $\hat{P}_\pm$ 为相互正交的投影算符.

6–17 设算符 $\hat{A} = |\psi\rangle\langle\phi|$, 其中 $|\psi\rangle$ 和 $|\phi\rangle$ 均为非零矢量.

(1) 在什么条件下 $\hat{A}$ 为厄密算符? (2) 在什么条件下 $\hat{A}$ 为投影算符? (3) 求证: $\hat{A}$ 总可表示为 $\hat{A} = \lambda\hat{P}_1\hat{P}_2$, 其中 λ 为一个常数, $\hat{P}_1$ 和 $\hat{P}_2$ 为投影算符.

答: (1)$|\psi\rangle = c|\phi\rangle$ (c 为一个非零实常数); (2) $|\psi\rangle = c|\phi\rangle$, $c = \langle\phi|\phi\rangle^{-1}$;

(3) $\lambda = \dfrac{\langle\psi|\psi\rangle\langle\phi|\phi\rangle}{\langle\psi|\phi\rangle}$, $\quad \hat{P}_1 = \dfrac{|\psi\rangle\langle\psi|}{\langle\psi|\psi\rangle}$, $\quad \hat{P}_2 = \dfrac{|\phi\rangle\langle\phi|}{\langle\phi|\phi\rangle}$.

*6–18 设观测算符 $\hat{A}$ 共有 N 个有限数目的本征值 $a_n (n = 1, 2, \cdots, N)$, 定义函数

$$f(x) \equiv (x - a_1)(x - a_2)\cdots(x - a_N), \quad g_n(x) \equiv f(x)/(x - a_n).$$

求证: (1) $f(\hat{A}) = 0$, 即 $\hat{A}^N$ 可表示为 $1, \hat{A}, \hat{A}^2, \cdots, \hat{A}^{N-1}$ 的线性叠加.

(2) a_n 对应的本征子空间的投影算符为 $\hat{P}_n \equiv g_n(\hat{A})/g_n(a_n)$.

6–19 设 $\hat{P}_1$ 和 $\hat{P}_2$ 均为投影算符, 则 $\hat{P}_1\hat{P}_2$ 也为投影算符的充分必要条件是 $[\hat{P}_1, \hat{P}_2] = 0$, 此时 $\hat{P}_1\hat{P}_2$ 的投影空间为 $\hat{P}_1$ 的投影空间与 $\hat{P}_2$ 的投影空间的交空间.

*6–20　设 $\hat{P}_1$ 和 $\hat{P}_2$ 均为投影算符, 求证: $\hat{P}_1\hat{P}_2 = \hat{P}_1$ 的充分必要条件是, $(\hat{P}_2 - \hat{P}_1)$ 也为投影算符.

*6–21　设 $\hat{P} \equiv \sum_i \hat{P}_i$, 其中 $\hat{P}_1, \hat{P}_2, \cdots$ 均为投影算符, 求证以下三个条件相互等价: (a) $\hat{P}$ 为投影算符; (b) $\langle\psi|\psi\rangle \geqslant \langle\psi|\hat{P}|\psi\rangle$ 对任意 $|\psi\rangle$ 均成立; (c) 不同的 $\hat{P}_i$ 相互正交.

第七章

量子力学的形式理论

在波动力学中，量子体系的动力学状态可用坐标表象中的波函数来描述，量子态随时间的演化规律就是波函数所满足的薛定谔方程，每一个动力学变量都对应于一个观测算符，它在坐标表象中往往有具体的表示式. 波动力学的整个理论框架也可以完全等价地用动量表象来构建，甚至可以说，量子力学的理论框架可以借助于任何合适的表象来构建.

实际上，量子力学存在一种脱离具体表象的抽象理论形式，它比波动力学更简单和更精致，并且适合于没有经典模拟的量子体系，波动力学只不过是这种一般理论在坐标表象中的特殊形式. 本章将借助于上一章介绍的数学框架，阐述量子力学的这种一般理论形式. 第 7.1 和第 7.2 节分别介绍量子态与动力学变量的描述以及动力学方程；第 7.3 和第 7.4 节分别介绍矩阵力学与波动力学的概念以及表象变换；第 7.5 节介绍量子统计中的密度算符.

§ 7.1 量子态与动力学变量

量子理论需要解决的基本问题：(1) 在数学上如果描述量子态；(2) 对于给定的量子态，如何预言动力学变量的测量结果；(3) 量子态和动力学变量随时间如何演变. 本节介绍量子力学的一般形式中量子态的描述、动力学变量及测值原理，下一节阐述量子态和动力学变量随时间的演变规律.

1. 量子态的描述

根据态叠加原理，一个量子体系的任何两个量子态的线性叠加也是该体系的一个可能的量子态，因此量子态可用一个矢量空间 $\mathcal{E}$ 中的矢量 $|\psi\rangle$ 来表示，此时 $\mathcal{E}$ 称为该体系的态矢量空间 (简称态空间). 量子体系的态空间 $\mathcal{E}$ 的维度通常为无限大，因而属于希尔伯特空间.

在量子力学的这种脱离具体表象的抽象理论形式中，$|\psi\rangle$ 可以表示任何单粒子或多粒子体系的一个量子态，因而这种抽象理论涉及的一般概念和结论原则上适用于任何量子体系. 前面几章中涉及的波函数 $\psi(\boldsymbol{r}_1, \boldsymbol{r}_2, \cdots)$ 仅代表体系的态矢量 $|\psi\rangle$ 在坐标表象中的具体表示，与此相关的一些概念 (如概率密度和概率流密度) 和结论并不一定适用于任何量子体系.

多粒子体系的态矢量空间 $\mathcal{E}$ 是各单粒子态矢量空间 $\mathcal{E}_i$ 的直积空间，即

$$\mathcal{E} = \mathcal{E}_1 \otimes \mathcal{E}_2 \otimes \cdots .$$

为了正确地理解态矢量空间 $\mathcal{E}$，需要注意以下几点：

(1) $\mathcal{E}$ 中唯一不表示任何量子态的矢量是零矢量；

(2) $\mathcal{E}$ 中的非零矢量与体系的量子态之间并不是一一对应的关系，非零态矢量 $|\psi\rangle$ 与 $c|\psi\rangle$ (c 为任意非零复常数) 表示同一个量子态；

(3) $\mathcal{E}$ 中的所有矢量 $|\psi\rangle$ 均具有有限的模方，即 $\langle\psi|\psi\rangle$ 收敛.

2. 动力学变量及其本征态

要研究一个量子体系, 首先要列举体系的动力学变量, 而每一个动力学变量均对应于态矢量空间 $\mathcal{E}$ 上的一个观测算符. 量子体系的各种观测算符均可以表示为一些"基本观测算符"的函数, 只要明确了这些基本观测算符的对易关系, 也就定义了观测算符的代数学. 观测算符之间的对易关系决定了它们的本征值谱, 对易观测算符的完备集的共同本征矢量可以构成态矢量空间 $\mathcal{E}$ 的一组基矢量.

对于有经典类比的量子体系, 基本观测算符为位置算符 $\hat{\boldsymbol{r}}$ 和动量算符 $\hat{\boldsymbol{p}}$, 它们之间的对易关系是量子力学中的一个基本假设, 即

$$\boxed{[\hat{r}_\alpha, \hat{r}_\beta] = 0, \quad [\hat{p}_\alpha, \hat{p}_\beta] = 0, \quad [\hat{r}_\alpha, \hat{p}_\beta] = \mathrm{i}\hbar\delta_{\alpha\beta}\ (\alpha, \beta = x, y, z)} \tag{7.1.1}$$

设函数 $F(x)$ 的任意阶微分均存在, $F'(x)$ 表示它的一阶微分, 只要将 $F(x)$ 展开为幂级数, 并利用基本对易关系 (7.1.1), 可以证明

$$\boxed{[\hat{x}, F(\hat{p}_x)] = \mathrm{i}\hbar F'(\hat{p}_x), \quad [\hat{p}_x, F(\hat{x})] = -\mathrm{i}\hbar F'(\hat{x})} \tag{7.1.2}$$

$\hat{\boldsymbol{r}}$ 和 $\hat{\boldsymbol{p}}$ 的本征矢量分别记为 $|\boldsymbol{r}_0\rangle$ 和 $|\boldsymbol{p}_0\rangle$, 本征值 $\boldsymbol{r}_0$ 和 $\boldsymbol{p}_0$ 均可取任意实矢量, 即

$$\boxed{\hat{\boldsymbol{r}}|\boldsymbol{r}_0\rangle = \boldsymbol{r}_0|\boldsymbol{r}_0\rangle, \quad \hat{\boldsymbol{p}}|\boldsymbol{p}_0\rangle = \boldsymbol{p}_0|\boldsymbol{p}_0\rangle} \tag{7.1.3}$$

注意 $|\boldsymbol{r}_0\rangle$ 和 $|\boldsymbol{p}_0\rangle$ 不具有有限的模方, 因而不属于态空间 $\mathcal{E}$, 但可作为 $\mathcal{E}$ 的基矢量.

对于有经典对应物的动力学变量, 相应的观测算符均可表示为 $\hat{\boldsymbol{r}}$ 和 $\hat{\boldsymbol{p}}$ 的函数. 例如, 轨道角动量算符为 $\hat{\boldsymbol{l}} = \hat{\boldsymbol{r}} \times \hat{\boldsymbol{p}}$, 通常将 $\{\hat{\boldsymbol{l}}^2, \hat{l}_z\}$ 的共同本征矢量记为 $|lm\rangle$, 即有

$$\boxed{\hat{\boldsymbol{l}}^2|lm\rangle = l(l+1)\hbar^2|lm\rangle, \ \hat{l}_z|lm\rangle = m\hbar|lm\rangle \quad (l=0,1,2,\cdots;\ m=-l,-l+1,\cdots,l)} \tag{7.1.4}$$

若有经典对应的动力学变量不足以详细描述一个量子体系的所有物理性质, 则有必要引进一些量子力学中特有的动力学变量. 如何选择这些新的动力学变量以及如何规定它们之间的对易关系, 这在理论上是直觉问题, 但其理论预言必须符合实验的观测结果.

宇称就是一种量子力学中特有的动力学变量, 宇称算符 $\hat{P}$ 属于观测算符. 体系的所有偶宇称态 $|\psi_+\rangle$ 的集合 $\mathcal{E}_+$ 构成 $\hat{P}$ 的本征值为 $(+1)$ 的子空间, 所有奇宇称态 $|\psi_-\rangle$ 的集合 $\mathcal{E}_-$ 构成 $\hat{P}$ 的本征值为 (-1) 的子空间. 子空间 $\mathcal{E}_\pm$ 的投影算符为

$$\boxed{\hat{P}_\pm = (1 \pm \hat{P})/2, \quad \Rightarrow \quad \hat{P}_+ + \hat{P}_- = 1, \ \ \hat{P}_+\hat{P}_- = \hat{P}_-\hat{P}_+ = 0} \tag{7.1.5}$$

体系的任何态矢量 $|\psi\rangle$ 均可表示为 $\hat{P}$ 的本征矢量之和, 即

$$\boxed{|\psi\rangle = |\psi_+\rangle + |\psi_-\rangle, \quad |\psi_\pm\rangle \equiv \hat{P}_\pm|\psi\rangle} \tag{7.1.6}$$

能量是量子体系的一个特别重要的动力学变量, 对应的观测算符为哈密顿算符

$\hat{H}$, 它决定了体系的量子态随时间的演变规律. 关于保守体系的能量本征值和能量本征态, 有如下的**元激发定理**:

设保守体系的哈密顿算符为 $\hat{H}$, 对应于能量基态的归一化矢量为 $|0\rangle$, 相应的基态能为 E_0, 即 $\hat{H}|0\rangle = E_0|0\rangle$. 若线性算符 $\hat{A}$ 满足

$$\boxed{[\hat{H}, \hat{A}] = \epsilon \hat{A}, \quad (\epsilon > 0)} \tag{7.1.7}$$

则 $\hat{A}^n|0\rangle(n = 0, 1, 2, \cdots)$ 必为体系的激发态, 相应的激发能为 $n\epsilon$, 即

$$\boxed{\hat{H}|n\rangle = E_n|n\rangle, \quad |n\rangle = c_n\hat{A}^n|0\rangle, \quad E_n = E_0 + n\epsilon} \tag{7.1.8}$$

其中 c_n 为归一化系数. 通常称 $\hat{A}$ 为体系的一个元激发产生算符, ϵ 为元激发能量.

证明: 由 (7.1.7) 式可证, $[\hat{H}, \hat{A}^n] = n\epsilon\hat{A}^n$, 将其两边同时作用到基态上, 可得

$$\hat{H}\hat{A}^n|0\rangle - \hat{A}^n\hat{H}|0\rangle = n\epsilon\hat{A}^n|0\rangle, \quad \Rightarrow \quad \hat{H}\hat{A}^n|0\rangle = (E_0 + n\epsilon)\hat{A}^n|0\rangle.$$

上式表明, $\hat{A}^n|0\rangle$ 为 $\hat{H}$ 的本征矢量, 本征值为 $(E_0 + n\epsilon)$, 证毕.

需要指出, 即使找到一个满足 (7.1.7) 式的元激发算符 $\hat{A}$, 也不能断定 $\hat{A}^n|0\rangle$ 代表体系的所有能量本征态, 即不能排除体系还有其他能量本征态的可能性.

3. 动力学变量的测值原理

设动力学变量 A 对应的观测算符为 $\hat{A}$, 其本征值的集合为 $\{a_n\}$, 并设 a_n 的简并度为 f_n, 它对应于一个 f_n 维的本征子空间 $\mathcal{E}_n$, 其投影算符记为 $\hat{P}_n$. 包含 $\hat{A}$ 在内的一个观测算符完备集的共同本征矢量记为 $|\phi_{n\alpha}\rangle$ (确定到相差一个相位因子), 即

$$\hat{A}|\phi_{n\alpha}\rangle = a_n|\phi_{n\alpha}\rangle \quad (\alpha = 1, 2, \cdots, f_n).$$

设这组本征矢量具有正交归一性和完备性, 即

$$\langle\phi_{n\alpha}|\phi_{n'\alpha'}\rangle = \delta_{nn'}\delta_{\alpha\alpha'}, \quad \sum_n \hat{P}_n = 1, \quad \hat{P}_n \equiv \sum_\alpha \hat{P}_{n\alpha}, \quad \hat{P}_{n\alpha} \equiv |\phi_{n\alpha}\rangle\langle\phi_{n\alpha}|.$$

则体系的任意态矢量 $|\psi\rangle$ 均可表示为这组基矢量的线性叠加, 即

$$\boxed{|\psi\rangle = \sum_{n\alpha} \hat{P}_{n\alpha}|\psi\rangle = \sum_{n\alpha} c_{n\alpha}|\phi_{n\alpha}\rangle, \quad c_{n\alpha} = \langle\phi_{n\alpha}|\psi\rangle} \tag{7.1.9}$$

态矢量 $|\psi\rangle$ 的归一化条件可表示为

$$\langle\psi|\psi\rangle = 1 \quad \Rightarrow \quad \sum_{n\alpha} |c_{n\alpha}|^2 = 1.$$

量子力学的一个基本假设: 在归一化态矢量 $|\psi\rangle$ 描述的量子态下测量动力学变量 A, 测得的结果必为 $\hat{A}$ 的本征值之一, 出现本征值 a_n 的概率为

$$\boxed{P_n = \sum_\alpha |c_{n\alpha}|^2 = \langle\psi|\hat{P}_n|\psi\rangle} \tag{7.1.10}$$

因此动力学变量 A 在此量子态下的平均值为

$$\boxed{\overline{A} = \sum_n P_n a_n = \langle\psi|\hat{A}|\psi\rangle} \tag{7.1.11}$$

观测算符 $\hat{A}$ 的任何函数 $F(\hat{A})$ 均可表示为

$$F(\hat{A}) = \sum_n F(\hat{A})\hat{P}_n = \sum_n F(a_n)\hat{P}_n.$$

动力学变量 A 的函数 $F(A)$ 在归一化矢量 $|\psi\rangle$ 描述的量子态下的平均值为

$$\boxed{\overline{F(A)} = \sum_n P_n F(a_n) = \langle\psi|F(\hat{A})|\psi\rangle} \tag{7.1.12}$$

(7.1.11) 式显然为 (7.1.12) 式的特例. 此外, 观测算符 $\hat{A}$ 的所有本征矢量均为投影算符 $\hat{P}_n$ 的本征矢量, 本征值为 1 或 0, 即

$$\hat{P}_n|\phi_{n'\alpha}\rangle = \delta_{nn'}|\phi_{n'\alpha}\rangle.$$

由第 3.2 节中的定理 2 可知, $\hat{P}_n$ 为 $\hat{A}$ 的函数, 因此 (7.1.10) 式也为 (7.1.12) 式的特例.

§ 7.2 动力学方程

严格说来, 有无穷多种等价的图像可以用于描述量子态和动力学变量随时间的演变, 这些图像中的任意两个均可以通过一个含时间的幺正算符相联系. 在研究一个具体的量子力学问题时, 通常采用较为方便的一个图像. 这里我们介绍三种常用的图像: 薛定谔图像、海森伯图像、相互作用图像. 前几章介绍的波动力学实际上就是薛定谔图像在坐标表象中的表述.

1. 薛定谔图像

在薛定谔图像中, 态矢量 $|\psi(t)\rangle$ 是随时间 t 变化的, 而位置算符、动量算符、角动量算符、保守体系的哈密顿算符等观测算符均不随时间变化. 非保守体系的粒子受到随时间变化的外场的作用, 因此体系的哈密顿算符依赖于时间.

薛定谔图像中的动力学方程就是态矢量 $|\psi(t)\rangle$ 满足的微分方程, 该方程的建立是量子论的核心任务. 这个动力学方程应该具有以下两个性质: (1) 在不受到外界的干扰时, 体系的量子态随时间的变化符合严格的因果律. 也就是说, 只要知道了初始时刻的态矢量 $|\psi(t_0)\rangle$, 则由该动力学方程可以推算出以后任意时刻的态矢量 $|\psi(t)\rangle$, 因此这个动力学方程必然是关于时间 t 的一阶微分方程. (2) 根据态叠加原理, 如果态矢量 $|\psi(t)\rangle$ 和 $|\varphi(t)\rangle$ 均满足动力学方程, 则它们的任何线性组合也应满足该方程, 因此这个动力学方程应该是线性齐次的微分方程.

先考虑一个保守体系, 它的哈密顿算符 $\hat{H}$ 不显含时间 t. 若体系处于具有确定能

量 E 的定态, 则根据德布罗意关系 (1.1.1), 体系的态矢量 $|\psi(t)\rangle$ 将以一个固定的圆频率 $E/\hbar$ 随时间 t 变化, 即

$$|\psi(t)\rangle = |\psi(0)\rangle \exp(-\mathrm{i}Et/\hbar).$$

既然体系具有确定的能量, 它就应该处于 $\hat{H}$ 的本征态, 即

$$\hat{H}|\psi(t)\rangle = E|\psi(t)\rangle.$$

结合以上两个方程, 我们可以看出, 态矢量 $|\psi(t)\rangle$ 满足以下一阶微分方程:

$$\boxed{\mathrm{i}\hbar\partial_t|\psi(t)\rangle = \hat{H}|\psi(t)\rangle} \tag{7.2.1}$$

虽然上述方程是将德布罗意关系应用于保守体系的定态而得到的, 我们不妨将它推广到非定态和非保守体系, 这是**量子力学的一个基本假定**: 在非相对论领域, 动力学方程 (7.2.1) 适用于任何量子体系. 该方程也称为薛定谔方程, 第一章介绍的薛定谔方程仅仅是这个普遍方程在坐标表象中的特殊形式. 方程 (7.2.1) 的正确性只能通过实验来检验, 到目前为止的所有实验结果均与该方程的预言完全一致.

为了求得方程 (7.2.1) 的形式解, 引入演化算符 $\hat{U}$, 它满足以下微分方程:

$$\boxed{\mathrm{i}\hbar\partial_t\hat{U}(t,t_0) = \hat{H}(t)\hat{U}(t,t_0), \quad \hat{U}(t_0,t_0) = 1} \tag{7.2.2}$$

$$\Rightarrow \quad \boxed{\hat{U}(t,t_0) = 1 + \frac{1}{\mathrm{i}\hbar}\int_{t_0}^{t}\mathrm{d}t'\hat{H}(t')\hat{U}(t',t_0)} \tag{7.2.3}$$

若体系在初始时刻的态矢量为 $|\psi(t_0)\rangle$, 则由方程 (7.2.2) 立即得到方程 (7.2.1) 的解:

$$\boxed{|\psi(t)\rangle = \hat{U}(t,t_0)|\psi(t_0)\rangle} \tag{7.2.4}$$

利用上式容易证明, 演化算符具有传递性, 且存在逆算符, 即

$$|\psi(t)\rangle = \hat{U}(t,t_1)|\psi(t_1)\rangle = \hat{U}(t,t_1)\hat{U}(t_1,t_0)|\psi(t_0)\rangle, \quad |\psi(t_0)\rangle = \hat{U}(t_0,t)|\psi(t)\rangle$$

$$\Rightarrow \quad \boxed{\hat{U}(t,t_0) = \hat{U}(t,t_1)\hat{U}(t_1,t_0) = \hat{U}^{-1}(t_0,t)} \tag{7.2.5}$$

此外, 演化算符还具有幺正性, 即

$$\boxed{\hat{U}^{\dagger}(t,t_0) = \hat{U}^{-1}(t,t_0)} \tag{7.2.6}$$

上式的证明如下: 首先利用 $\hat{H}^{\dagger} = \hat{H}$ 及方程 (7.2.2), 可得到

$$-\mathrm{i}\hbar\partial_t\hat{U}^{\dagger}(t,t_0) = \hat{U}^{\dagger}(t,t_0)\hat{H}(t). \tag{7.2.7}$$

利用 (7.2.2) 式和 (7.2.7) 式, 可得

$$\begin{aligned}\mathrm{i}\hbar\partial_t[\hat{U}^{\dagger}(t,t_0)\hat{U}(t,t_0)] &= \hat{U}^{\dagger}(t,t_0)[\mathrm{i}\hbar\partial_t\hat{U}(t,t_0)] + [\mathrm{i}\hbar\partial_t\hat{U}^{\dagger}(t,t_0)]\hat{U}(t,t_0)\\ &= \hat{U}^{\dagger}(t,t_0)\hat{H}(t)\hat{U}(t,t_0) - \hat{U}^{\dagger}(t,t_0)\hat{H}(t)\hat{U}(t,t_0) = 0\\ \Rightarrow \quad & \hat{U}^{\dagger}(t,t_0)\hat{U}(t,t_0) = \hat{U}^{\dagger}(t_0,t_0)\hat{U}(t_0,t_0) = 1.\end{aligned} \tag{7.2.8}$$

同样利用 (7.2.2) 式和 (7.2.7) 式, 可得

$$\begin{aligned}
\mathrm{i}\hbar\partial_t[\hat{U}(t,t_0)\hat{U}^\dagger(t,t_0)] &= [\mathrm{i}\hbar\partial_t\hat{U}(t,t_0)]\hat{U}^\dagger(t,t_0) + \hat{U}(t,t_0)[\mathrm{i}\hbar\partial_t\hat{U}^\dagger(t,t_0)] \\
&= \hat{H}(t)\hat{U}(t,t_0)\hat{U}^\dagger(t,t_0) - \hat{U}(t,t_0)\hat{U}^\dagger(t,t_0)\hat{H}(t) \\
&= [\hat{H}(t), \hat{U}(t,t_0)\hat{U}^\dagger(t,t_0)].
\end{aligned}$$

设 ϵ 为无穷小实变量, 利用上式及 $\hat{U}(t_0,t_0)\hat{U}^\dagger(t_0,t_0)=1$, 可得

$$\begin{aligned}
&\mathrm{i}\hbar\partial_t[\hat{U}(t,t_0)\hat{U}^\dagger(t,t_0)]|_{t=t_0} = [\hat{H}(t), \hat{U}(t,t_0)\hat{U}^\dagger(t,t_0)]|_{t=t_0} = 0, \\
\Rightarrow\quad &\hat{U}(t_0+\epsilon,t_0)\hat{U}^\dagger(t_0+\epsilon,t_0) = \hat{U}(t_0,t_0)\hat{U}^\dagger(t_0,t_0) = 1.
\end{aligned}$$

同理可证 $\hat{U}(t_0+2\epsilon,t_0)\hat{U}^\dagger(t_0+2\epsilon,t_0)=1$, 依此类推, 可知对任意 t, 均有

$$\hat{U}(t,t_0)\hat{U}^\dagger(t,t_0) = 1. \tag{7.2.9}$$

结合 (7.2.8) 式和 (7.2.9) 式, 立即得到 (7.2.6) 式, 证毕.

从 (7.2.4) 式和 (7.2.6) 式可以看出, 不同时刻的态矢量通过一个幺正变换相联系. 若 $|\psi(t)\rangle$ 和 $|\varphi(t)\rangle$ 均为方程 (7.2.1) 的解, 则 $\hat{U}$ 的幺正性使得它们的标积不随 t 变化, 即

$$\boxed{\langle\psi(t)|\varphi(t)\rangle = \langle\psi(t_0)|\varphi(t_0)\rangle} \tag{7.2.10}$$

对于保守体系, $\partial_t\hat{H}=0$, 方程 (7.2.2) 有简单的形式解, 即

$$\boxed{\hat{U}(t,t_0) = \exp[-\mathrm{i}\hat{H}(t-t_0)/\hbar], \quad |\psi(t)\rangle = \exp[-\mathrm{i}\hat{H}(t-t_0)/\hbar]|\psi(t_0)\rangle} \tag{7.2.11}$$

设包括 $\hat{H}$ 在内的一个守恒量完备集的正交归一的共同本征矢量组为 $\{|n\alpha\rangle\}$, 即有 $\hat{H}|n\alpha\rangle = E_n|n\alpha\rangle$, 则初始时刻的态矢量 $|\psi(t_0)\rangle$ 可用这组能量本征态展开, 即

$$|\psi(t_0)\rangle = \sum_{n\alpha} C_{n\alpha}|n\alpha\rangle, \quad C_{n\alpha} = \langle n\alpha|\psi(t_0)\rangle.$$

将上式代入方程 (7.2.11), 得到以后任何 t 时刻的态矢量:

$$\boxed{|\psi(t)\rangle = \sum_{n\alpha} C_{n\alpha}\exp[-\mathrm{i}E_n(t-t_0)/\hbar]|n\alpha\rangle, \ (\partial_t\hat{H}=0)} \tag{7.2.12}$$

在薛定谔图像中, 由于观测算符 $\hat{A}$ 不显含时间 t, 因此其本征矢量 $|\phi_{n\alpha}\rangle$ 及基本投影算符 $\hat{P}_{n\alpha}$ 均不随 t 变化, 但由于态矢量 $|\psi(t)\rangle$ 随 t 变化, 因此在方程 (7.1.9)—(7.1.11) 中的展开系数 $c_{n\alpha}(t)$, 测值概率 $P_n(t)$, 及平均值 $\overline{A}(t)$ 均依赖于时间 t.

设某个保守体系的态空间 $\mathcal{E}$ 可表示为 N 个矢量空间 $\mathcal{E}_j$ 的直积, 且体系的哈密顿算符 $\hat{H}$ 可表示为作用在各矢量空间上的哈密顿算符 $\hat{H}_j$ 之和, 即

$$\mathcal{E} = \mathcal{E}_1 \otimes \mathcal{E}_2 \otimes \cdots \otimes \mathcal{E}_N, \quad \hat{H} = \hat{H}_1 + \hat{H}_2 + \cdots + \hat{H}_N.$$

若体系在初始时刻 t_0 的量子态为非纠缠态, 即

$$|\psi(t_0)\rangle = |\phi_1(t_0)\rangle \otimes |\phi_2(t_0)\rangle \otimes \cdots \otimes |\phi_N(t_0)\rangle.$$

则由 (7.2.11) 式可推断, 以后任何 t 时刻的量子态也是非纠缠态, 即

$$|\psi(t)\rangle = |\phi_1(t)\rangle \otimes |\phi_2(t)\rangle \otimes \cdots \otimes |\phi_N(t)\rangle, \quad |\phi_j(t)\rangle = \exp[-\mathrm{i}\hat{H}_j(t-t_0)/\hbar]|\phi_j(t_0)\rangle.$$

2. 海森伯图像

利用演化算符可对体系的态矢量和观测算符 $\hat{A}$ (可显含时间 t) 作幺正变换:

$$\boxed{|\psi_H\rangle \equiv \hat{U}^\dagger(t,0)|\psi(t)\rangle = |\psi(0)\rangle, \quad \hat{A}_H(t) \equiv \hat{U}^\dagger(t,0)\hat{A}\hat{U}(t,0)} \tag{7.2.13}$$

下面推导海森伯图像中的算符 $\hat{A}_H(t)$ 满足的微分方程, 由上式可得

$$\partial_t\hat{A}_H(t) = \hat{U}^\dagger(t,0)(\partial_t\hat{A})\hat{U}(t,0) + [\partial_t\hat{U}^\dagger(t,0)]\hat{A}\hat{U}(t,0) + \hat{U}^\dagger(t,0)\hat{A}[\partial_t\hat{U}(t,0)].$$

将 (7.2.2) 式和 (7.2.7) 式代入上式, 立即得到动力学方程, 即海森伯方程:

$$\boxed{\mathrm{i}\hbar\partial_t\hat{A}_H(t) = \mathrm{i}\hbar(\partial_t\hat{A})_H + [\hat{A}_H(t), \hat{H}_H(t)], \quad (\partial_t\hat{A})_H \equiv \hat{U}^\dagger(t,0)(\partial_t\hat{A})\hat{U}(t,0)} \tag{7.2.14}$$

海森伯图像中的态矢量 $|\psi_H\rangle$ 不随时间变化, 而观测算符 $\hat{A}_H(t)$ 随时间变化 (即使 $\hat{A}$ 本身不显含 t), 因而其本征矢量 $|\phi_{n\alpha}(t)\rangle$ 及投影算符 $\hat{P}_{n\alpha}(t)$ 均随 t 变化, 即

$$\hat{A}_H(t)|\psi_{n\alpha}(t)\rangle = a_n|\phi_{n\alpha}(t)\rangle, \quad |\phi_{n\alpha}(t)\rangle = \hat{U}^\dagger(t,0)|\phi_{n\alpha}(0)\rangle.$$

此时方程 (7.1.9) 中的展开系数为 $c_{n\alpha}(t) = \langle\phi_{n\alpha}(t)|\psi_H\rangle$, 动力学变量 A 的平均值为

$$\boxed{\overline{A}(t) = \langle\psi_H|\hat{A}_H(t)|\psi_H\rangle = \langle\psi(t)|\hat{A}|\psi(t)\rangle}$$

上式表明, 在薛定谔图像和海森伯图像中求得的平均值 $\overline{A}(t)$ 是相同的.

海森伯图像更能体现量子理论与经典理论在形式上的相似性. 事实上, 海森伯图像中观测算符随时间的变化, 类似于经典理论中动力学变量的运动. 例如, 若观测算符 $\hat{A}$ 代表一个不显含时间的守恒量, 则

$$[\hat{A}, \hat{H}] = 0 \quad \Rightarrow \quad \partial_t\hat{A}_H(t) = 0.$$

例

质量为 m 的自由粒子的哈密顿算符 $\hat{H} = \hat{\boldsymbol{p}}^2/2m$, 试求 $\hat{\boldsymbol{r}}_H(t)$ 和 $\hat{\boldsymbol{p}}_H(t)$.

解: 初始条件为 $\hat{\boldsymbol{r}}_H(0) = \hat{\boldsymbol{r}}$, $\hat{\boldsymbol{p}}_H(0) = \hat{\boldsymbol{p}}$, 由海森伯方程可得

$$\partial_t\hat{\boldsymbol{r}}_H(t) = \hat{\boldsymbol{p}}_H(t)/m, \quad \partial_t\hat{\boldsymbol{p}}_H(t) = 0.$$

通过求解上述微分方程组, 可知 $\hat{\boldsymbol{r}}_H(t)$ 和 $\hat{\boldsymbol{p}}_H(t)$ 的运动与经典运动相似, 即

$$\hat{\boldsymbol{r}}_H(t) = \hat{\boldsymbol{r}} + \hat{\boldsymbol{p}}t/m, \quad \hat{\boldsymbol{p}}_H(t) = \hat{\boldsymbol{p}}.$$

3. 相互作用图像

设体系的哈密顿算符为不显含时间 t 的 $\hat{H}_0$ 和可显含 t 的 $\hat{H}'(t)$ 之和, 即

$$\hat{H}(t) = \hat{H}_0 + \hat{H}'(t). \tag{7.2.15}$$

且 $\hat{H}_0$ 的本征方程容易求解, 则相互作用图像中的态矢量和算符分别定义为

$$\boxed{|\psi_I(t)\rangle \equiv \exp(\mathrm{i}\hat{H}_0 t/\hbar)|\psi(t)\rangle, \quad \hat{A}_I(t) \equiv \exp(\mathrm{i}\hat{H}_0 t/\hbar)\hat{A}\exp(-\mathrm{i}\hat{H}_0 t/\hbar)} \tag{7.2.16}$$

容易验证, 在相互作用图像和薛定谔图像中求得的动力学量平均值相同, 即

$$\boxed{\overline{A}(t) = \langle\psi_I(t)|\hat{A}_I(t)|\psi_I(t)\rangle = \langle\psi(t)|\hat{A}|\psi(t)\rangle}$$

容易证明, 态矢量 $|\psi_I(t)\rangle$ 和算符 $\hat{A}_I(t)$ 满足的动力学方程分别为

$$\boxed{\mathrm{i}\hbar\partial_t|\psi_I(t)\rangle = \hat{H}_I'(t)|\psi_I(t)\rangle, \quad \mathrm{i}\hbar\partial_t\hat{A}_I(t) = \mathrm{i}\hbar(\partial_t\hat{A})_I + [\hat{A}_I(t), \hat{H}_{0I}(t)]} \tag{7.2.17}$$

为了求解 $|\psi_I(t)\rangle$, 可在相互作用图像中引进演化算符 $\hat{U}_I(t,t_0)$, 它满足

$$\boxed{\mathrm{i}\hbar\partial_t\hat{U}_I(t,t_0) = \hat{H}_I'(t)\hat{U}_I(t,t_0), \quad \hat{U}_I(t_0,t_0) = 1} \tag{7.2.18}$$

$$\Rightarrow \quad \boxed{\hat{U}_I(t,t_0) = 1 + \frac{1}{\mathrm{i}\hbar}\int_{t_0}^{t}\mathrm{d}t'\hat{H}_I'(t')\hat{U}_I(t',t_0)} \tag{7.2.19}$$

若 $\hat{H}'$ 是一个微扰, 则 $\hat{U}_I(t,t_0)$ 可表示为一个收敛很快的级数, 便于求近似解, 这种方法将在第十二章中的量子跃迁理论中采用. 结合方程 (7.2.17) 和方程 (7.2.18), 可导出

$$\boxed{|\psi_I(t)\rangle = \hat{U}_I(t,t_0)|\psi_I(t_0)\rangle} \tag{7.2.20}$$

$$\boxed{\hat{U}_I(t,t_0) = \hat{U}_I(t,t_1)\hat{U}_I(t_1,t_0) = \hat{U}_I^{-1}(t_0,t) = \hat{U}_I^{\dagger}(t_0,t)} \tag{7.2.21}$$

结合 (7.2.4) 式、(7.2.16) 式及 (7.2.20) 式, 不难导出 $\hat{U}_I$ 与 $\hat{U}$ 的关系:

$$\hat{U}_I(t,t_0) = \exp(\mathrm{i}\hat{H}_0 t/\hbar)\hat{U}(t,t_0)\exp(-\mathrm{i}\hat{H}_0 t_0/\hbar). \tag{7.2.22}$$

对于保守体系, 将 (7.2.11) 式代入上式, 可得到 $\hat{U}_I$ 的一个明显表达式:

$$\hat{U}_I(t,t_0) = \exp(\mathrm{i}\hat{H}_0 t/\hbar)\exp[-\mathrm{i}\hat{H}(t-t_0)/\hbar]\exp(-\mathrm{i}\hat{H}_0 t_0/\hbar) \quad (\partial_t\hat{H} = 0). \tag{7.2.23}$$

§ 7.3 矩阵力学与波动力学

设体系的态矢量空间为 $\mathcal{E}$, 可选定体系的一个观测算符完备集的共同本征矢量作为 $\mathcal{E}$ 的一组基矢量, 它们具有正交归一性 (或广义的) 和完备性, 就称选定了体系的一个表象. 若基矢量是可数的, 相应的表象称为分离表象, 量子理论在分离表象中的形式称为矩阵力学. 如果基矢量是不可数的, 相应的表象就称为连续表象, 量子理论

在连续表象 (如坐标表象) 中的形式称为波动力学.

1. 分离表象

设体系的态矢量空间 $\mathcal{E}$ 的一组正交归一完备的基矢量为 $|k\rangle (k=1,2,3,\cdots)$, 借助于这样一个分离表象, 可以分别用列阵和方阵来表示体系的态矢量和线性算符, 因此量子力学的所有公式均可表示为矩阵的形式.

例如, 观测算符 $\hat{A}$ 的本征方程可表示为矩阵形式, 即

$$\boxed{\hat{A}|\psi\rangle=\lambda|\psi\rangle \quad \Rightarrow \quad Aa=\lambda a}$$

其中方阵 A 和列阵 a 分别对应于 $\hat{A}$ 和 $|\psi\rangle$. 设 I 为单位矩阵, 则本征值 λ 满足方程:

$$\boxed{\det(A-\lambda I)=0}$$

设态矢量 $|\psi\rangle$ 对应于列阵 a, 则归一化条件可表示为

$$\boxed{\langle\psi|\psi\rangle=a^{\dagger}a=1}$$

动力学变量 A 在此态下的平均值可表示为

$$\boxed{\overline{A}=\langle\psi|\hat{A}|\psi\rangle=a^{\dagger}Aa}$$

利用体系的哈密顿矩阵 H, 也可将薛定谔方程表示为矩阵形式, 即

$$\boxed{\mathrm{i}\hbar\partial_t|\psi(t)\rangle=\hat{H}|\psi(t)\rangle \quad \Rightarrow \quad \mathrm{i}\hbar\dot{a}(t)=Ha(t)}.$$

若态矢量空间 $\mathcal{E}$ 的基矢量取为哈密顿算符 $\hat{H}$ 的本征矢量 $\{|n\rangle\}$, 则称为能量表象, 这组基矢量满足正交归一性和完备性, 即

$$\hat{H}|n\rangle=E_n|n\rangle, \quad \langle m|n\rangle=\delta_{mn}, \quad \sum_n|n\rangle\langle n|=1.$$

在能量表象中, $\hat{H}$ 对应于一个对角矩阵, 对角元为体系的能量本征值, 即

$$H_{mn}=\langle m|\hat{H}|n\rangle=E_n\langle m|n\rangle=E_n\delta_{mn}.$$

其他线性算符对应的矩阵一般不是对角矩阵. 例如, 对于一维谐振子,

$$x_{mn}=(\sqrt{2}\alpha)^{-1}(\sqrt{n+1}\delta_{m,n+1}+\sqrt{n}\delta_{m,n-1}),$$

$$p_{mn}=\mathrm{i}\hbar(\alpha/\sqrt{2})(\sqrt{n+1}\delta_{m,n+1}-\sqrt{n}\delta_{m,n-1}).$$

例 1

任何线性算符 $\hat{A}$ 在能量表象中的矩阵元均满足以下求和公式:

$$\sum_n(E_n-E_m)(|A_{nm}|^2+|A_{mn}|^2)=\langle m|[\hat{A}^{\dagger},[\hat{H},\hat{A}]]|m\rangle, \tag{7.3.1}$$

$$\sum_n (E_n - E_m)^2 |A_{mn}|^2 = \langle m|[\hat{H},\hat{A}][\hat{H},\hat{A}]^\dagger|m\rangle. \tag{7.3.2}$$

证明: 令 $\hat{B} \equiv [\hat{H},\hat{A}]$, 则 (7.3.1) 式的右边可表示为

$$\langle m|[\hat{A}^\dagger,\hat{B}]|m\rangle = \langle m|\hat{A}^\dagger\hat{B}|m\rangle - \langle m|\hat{B}\hat{A}^\dagger|m\rangle, \tag{7.3.3}$$

$$\begin{aligned}\langle m|\hat{A}^\dagger\hat{B}|m\rangle &= \sum_n \langle m|\hat{A}^\dagger|n\rangle\langle n|(\hat{H}\hat{A}-\hat{A}\hat{H})|m\rangle \\ &= \sum_n (E_n - E_m)\langle m|\hat{A}^\dagger|n\rangle\langle n|\hat{A}|m\rangle \\ &= \sum_n (E_n - E_m)A^*_{nm}A_{nm} \\ &= \sum_n (E_n - E_m)|A_{nm}|^2.\end{aligned} \tag{7.3.4}$$

同理可证

$$\langle m|\hat{B}\hat{A}^\dagger|m\rangle = \sum_n (E_m - E_n)|A_{mn}|^2. \tag{7.3.5}$$

结合方程 (7.3.3) 式—(7.3.5) 式, 立即得到 (7.3.1) 式. 同理可证 (7.3.2) 式, 其右边为

$$\begin{aligned}\sum_n \langle m|\hat{B}|n\rangle\langle n|\hat{B}^\dagger|m\rangle &= \sum_n \langle m|(\hat{H}\hat{A}-\hat{A}\hat{H})|n\rangle\langle n|(\hat{A}^\dagger\hat{H}-\hat{H}\hat{A}^\dagger)|m\rangle \\ &= \sum_n (E_n - E_m)^2\langle m|\hat{A}|n\rangle\langle n|\hat{A}^\dagger|m\rangle \\ &= \sum_n (E_n - E_m)^2|A_{mn}|^2.\end{aligned}$$

2. 坐标表象

对于一个作三维运动的粒子, 若它的态矢量空间 $\mathcal{E}$ 的基矢量取为位置算符 $\hat{\boldsymbol{r}}$ 的本征矢量 $|\boldsymbol{r}\rangle$, 就称其为坐标表象. 由于本征值 $\boldsymbol{r}$ 的三个分量 x, y, z 均可取任意实数, 故坐标表象是一种连续表象. 基矢量 $|\boldsymbol{r}\rangle$ 是不可归一化的, 并不属于 $\mathcal{E}$, 它具有广义正交归一性和完备性, 即

$$\hat{\boldsymbol{r}}|\boldsymbol{r}\rangle = \boldsymbol{r}|\boldsymbol{r}\rangle, \quad \langle\boldsymbol{r}|\boldsymbol{r}'\rangle = \delta(\boldsymbol{r}-\boldsymbol{r}'), \quad \int \mathrm{d}\boldsymbol{r}|\boldsymbol{r}\rangle\langle\boldsymbol{r}| = 1.$$

体系的任意态矢量 $|\psi\rangle$ 均可用这一组基矢量展开, 即

$$\boxed{|\psi\rangle = \int \mathrm{d}\boldsymbol{r}\psi(\boldsymbol{r})|\boldsymbol{r}\rangle, \quad \psi(\boldsymbol{r}) \equiv \langle\boldsymbol{r}|\psi\rangle} \tag{7.3.6}$$

展开系数 $\psi(\boldsymbol{r})$ 就是态矢量 $|\psi\rangle$ 在坐标表象中的波函数, 可将它视为矩阵力学中的广义列阵. 例如, 动量本征矢量 $|\boldsymbol{p}\rangle$ 在坐标表象中的波函数是熟知的平面波函数:

$$\boxed{\langle\boldsymbol{r}|\boldsymbol{p}\rangle = h^{-3/2}\exp(\mathrm{i}\boldsymbol{p}\cdot\boldsymbol{r}/\hbar)} \tag{7.3.7}$$

两个态矢量的内积也可以表示为相应的波函数的内积, 即

$$\langle\phi|\psi\rangle = \int \mathrm{d}\boldsymbol{r}\langle\phi|\boldsymbol{r}\rangle\langle\boldsymbol{r}|\psi\rangle = \int \mathrm{d}\boldsymbol{r}\phi^*(\boldsymbol{r})\psi(\boldsymbol{r}).$$

坐标表象的基本投影算符就是粒子在空间 $\boldsymbol{r}$ 处的概率密度算符, 即

$$\hat{\rho}(\boldsymbol{r}) = |\boldsymbol{r}\rangle\langle\boldsymbol{r}|.$$

若粒子处于归一化矢量 $|\psi\rangle$ 描述的量子态, 则粒子在空间 $\boldsymbol{r}$ 处的概率密度为

$$\rho(\boldsymbol{r}) = \langle\psi|\hat{\rho}(\boldsymbol{r})|\psi\rangle = |\psi(\boldsymbol{r})|^2.$$

有必要特别指出, 态矢量空间上的线性算符 $\hat{A}$ 的作用对象是态矢量 $|\psi\rangle$、$|\boldsymbol{r}\rangle$ 等, 而不是波函数 $\psi(\boldsymbol{r})$(它是 $|\psi\rangle$ 在坐标表象中的"展开系数"), 因此

$$\hat{A}|\psi\rangle = \hat{A}\int d\boldsymbol{r}\psi(\boldsymbol{r})|\boldsymbol{r}\rangle = \int d\boldsymbol{r}\psi(\boldsymbol{r})\hat{A}|\boldsymbol{r}\rangle.$$

在坐标表象中, 位置算符和动量算符的矩阵元分别为

$$\boxed{\langle\boldsymbol{r}|\hat{\boldsymbol{r}}|\boldsymbol{r}'\rangle = \boldsymbol{r}\delta(\boldsymbol{r}-\boldsymbol{r}'), \quad \langle\boldsymbol{r}|\hat{\boldsymbol{p}}|\boldsymbol{r}'\rangle = -\mathrm{i}\hbar\nabla\delta(\boldsymbol{r}-\boldsymbol{r}')} \tag{7.3.8}$$

为了证明上述第二个等式, 利用动量本征态 $|\boldsymbol{p}\rangle$ 的完备性条件以及 (7.3.7) 式, 可得

$$\langle\boldsymbol{r}|\hat{\boldsymbol{p}}|\boldsymbol{r}'\rangle = \int \mathrm{d}\boldsymbol{p}\langle\boldsymbol{r}|\hat{\boldsymbol{p}}|\boldsymbol{p}\rangle\langle\boldsymbol{p}|\boldsymbol{r}'\rangle = \int \mathrm{d}\boldsymbol{p}\boldsymbol{p}\langle\boldsymbol{r}|\boldsymbol{p}\rangle\langle\boldsymbol{p}|\boldsymbol{r}'\rangle = h^{-3}\int \mathrm{d}\boldsymbol{p}\boldsymbol{p}\exp[\mathrm{i}\boldsymbol{p}\cdot(\boldsymbol{r}-\boldsymbol{r}')/\hbar]$$
$$= h^{-3}(-\mathrm{i}\hbar\nabla)\int \mathrm{d}\boldsymbol{p}\exp[\mathrm{i}\boldsymbol{p}\cdot(\boldsymbol{r}-\boldsymbol{r}')/\hbar] = -\mathrm{i}\hbar\nabla\delta(\boldsymbol{r}-\boldsymbol{r}').$$

可以将关于态矢量的等式表示为坐标表象中的波函数形式, 如

$$\boxed{|\phi\rangle = \hat{\boldsymbol{r}}|\psi\rangle \quad \Rightarrow \phi(\boldsymbol{r}) = \boldsymbol{r}\psi(\boldsymbol{r}); \quad |\varphi\rangle = \hat{\boldsymbol{p}}|\psi\rangle \quad \Rightarrow \varphi(\boldsymbol{r}) = -\mathrm{i}\hbar\nabla\psi(\boldsymbol{r})} \tag{7.3.9}$$

(7.3.9) 式的推导过程如下: 利用 (7.3.8) 式, 可得

$$\phi(\boldsymbol{r}) = \langle\boldsymbol{r}|\phi\rangle = \langle\boldsymbol{r}|\hat{\boldsymbol{r}}|\psi\rangle = \boldsymbol{r}\langle\boldsymbol{r}|\psi\rangle = \boldsymbol{r}\psi(\boldsymbol{r}),$$
$$\varphi(\boldsymbol{r}) = \langle\boldsymbol{r}|\hat{\boldsymbol{p}}|\psi\rangle = \int \mathrm{d}\boldsymbol{r}'\langle\boldsymbol{r}|\hat{\boldsymbol{p}}|\boldsymbol{r}'\rangle\langle\boldsymbol{r}'|\psi\rangle = -\mathrm{i}\hbar\nabla\int \mathrm{d}\boldsymbol{r}'\delta(\boldsymbol{r}-\boldsymbol{r}')\psi(\boldsymbol{r}') = -\mathrm{i}\hbar\nabla\psi(\boldsymbol{r}).$$

需要特别注意, 定义在态矢量空间上的算符 $\hat{\boldsymbol{r}}, \hat{\boldsymbol{p}}$ 等的作用对象是态矢量 $|\psi\rangle$ 等, 而定义在波函数空间上的算符 $\boldsymbol{r}, -\mathrm{i}\hbar\nabla$ 等的作用对象为波函数 $\psi(\boldsymbol{r})$ 等.

设质量为 m 的粒子处于势场 $V(\boldsymbol{r})$ 中, 体系的哈密顿算符为

$$\hat{H} = \hat{\boldsymbol{p}}^2/2m + V(\hat{\boldsymbol{r}}).$$

仿照上面的方法, 容易求得矩阵元:

$$\langle\boldsymbol{r}|\hat{\boldsymbol{p}}^2|\boldsymbol{r}'\rangle = -\hbar^2\nabla^2\delta(\boldsymbol{r}-\boldsymbol{r}'), \quad \langle\boldsymbol{r}|V(\hat{\boldsymbol{r}})|\boldsymbol{r}'\rangle = V(\boldsymbol{r})\delta(\boldsymbol{r}-\boldsymbol{r}')$$
$$\Rightarrow \boxed{\langle\boldsymbol{r}|\hat{H}|\boldsymbol{r}'\rangle = [-\hbar^2\nabla^2/2m + V(\boldsymbol{r})]\delta(\boldsymbol{r}-\boldsymbol{r}')} \tag{7.3.10}$$

下面推导薛定谔方程在坐标表象中的形式, 利用 $\mathrm{i}\hbar\partial_t|\psi(t)\rangle=\hat{H}|\psi(t)\rangle$, 可得

$$\mathrm{i}\hbar\partial_t\langle\boldsymbol{r}|\psi(t)\rangle=\langle\boldsymbol{r}|\hat{H}|\psi(t)\rangle=\int \mathrm{d}\boldsymbol{r}'\langle\boldsymbol{r}|\hat{H}|\hat{\boldsymbol{r}}'\rangle\langle\boldsymbol{r}'|\psi(t)\rangle.$$

将 (7.3.10) 式代入上式的右边, 并利用 $\psi(\boldsymbol{r},t)=\langle\boldsymbol{r}|\psi(t)\rangle$, 立即得到

$$\mathrm{i}\hbar\partial_t\psi(\boldsymbol{r},t)=[-\hbar^2\nabla^2/2m+V(\boldsymbol{r})]\psi(\boldsymbol{r},t).$$

3. 动量表象

对于一个作三维运动的粒子, 若态矢量空间 $\mathcal{E}$ 的基矢量取为动量算符 $\hat{\boldsymbol{p}}$ 的本征矢量 $|\boldsymbol{p}\rangle$, 就称为动量表象. 基矢量 $|\boldsymbol{p}\rangle$ 也具有广义正交归一性和完备性, 即

$$\hat{\boldsymbol{p}}|\boldsymbol{p}\rangle=\boldsymbol{p}|\boldsymbol{p}\rangle,\quad \langle\boldsymbol{p}|\boldsymbol{p}'\rangle=\delta(\boldsymbol{p}-\boldsymbol{p}'),\quad \int \mathrm{d}\boldsymbol{p}|\boldsymbol{p}\rangle\langle\boldsymbol{p}|=1.$$

体系的任意态矢量 $|\psi\rangle$ 均可用这一组基矢量展开, 即

$$\boxed{|\psi\rangle=\int \mathrm{d}\boldsymbol{p}\psi(\boldsymbol{p})|\boldsymbol{p}\rangle,\quad \psi(\boldsymbol{p})\equiv\langle\boldsymbol{p}|\psi\rangle}\tag{7.3.11}$$

其中 $\psi(\boldsymbol{p})$ 就是态矢量 $|\psi\rangle$ 在动量表象中的波函数, 它也为矩阵力学中的广义列阵. 例如, 位置本征矢量 $|\boldsymbol{r}\rangle$ 在动量表象中的波函数为

$$\langle\boldsymbol{p}|\boldsymbol{r}\rangle=\langle\boldsymbol{r}|\boldsymbol{p}\rangle^*=h^{-3/2}\exp(-\mathrm{i}\boldsymbol{p}\cdot\boldsymbol{r}/\hbar).$$

两个态矢量的内积也可以表示为相应的波函数的内积, 即

$$\langle\phi|\psi\rangle=\int \mathrm{d}\boldsymbol{p}\langle\phi|\boldsymbol{p}\rangle\langle\boldsymbol{p}|\psi\rangle=\int \mathrm{d}\boldsymbol{p}\phi^*(\boldsymbol{p})\psi(\boldsymbol{p}).$$

可以证明, 在动量表象中, 位置算符和动量算符的矩阵元分别为

$$\boxed{\langle\boldsymbol{p}|\hat{\boldsymbol{r}}|\boldsymbol{p}'\rangle=\mathrm{i}\hbar\nabla_{\boldsymbol{p}}\delta(\boldsymbol{p}-\boldsymbol{p}'),\quad \langle\boldsymbol{p}|\hat{\boldsymbol{p}}|\boldsymbol{p}'\rangle=\boldsymbol{p}\delta(\boldsymbol{p}-\boldsymbol{p}')}\tag{7.3.12}$$

我们同样可以将关于态矢量的等式用动量表象中的波函数表述出来, 如

$$\boxed{|\phi\rangle=\hat{\boldsymbol{p}}|\psi\rangle\quad\Rightarrow\phi(\boldsymbol{p})=\boldsymbol{p}\psi(\boldsymbol{p});\quad |\varphi\rangle=\hat{\boldsymbol{r}}|\psi\rangle\quad\Rightarrow\varphi(\boldsymbol{p})=\mathrm{i}\hbar\nabla_{\boldsymbol{p}}\psi(\boldsymbol{p})}\tag{7.3.13}$$

例 2

设 $\hat{x}|x\rangle=x|x\rangle$, $\hat{p}_x|p\rangle=p|p\rangle$, 求证:

$$\boxed{\hat{p}_x|x\rangle=\mathrm{i}\hbar\partial_x|x\rangle,\quad \exp(-\mathrm{i}\hat{p}_x x_0/\hbar)|x\rangle=|x+x_0\rangle}\tag{7.3.14}$$

$$\boxed{\hat{x}|p\rangle=-\mathrm{i}\hbar\partial_p|p\rangle,\quad \exp(\mathrm{i}p_0\hat{x}/\hbar)|p\rangle=|p+p_0\rangle}\tag{7.3.15}$$

证明: 以上两式的证明方法是类似的, 下面仅给出 (7.3.14) 式的证明:

$$\hat{p}_x|x\rangle=\int \mathrm{d}p\hat{p}_x|p\rangle\langle p|x\rangle=h^{-1/2}\int \mathrm{d}pp|p\rangle\exp(-\mathrm{i}px/\hbar)$$

$$
\begin{aligned}
&= h^{-1/2}(\mathrm{i}\hbar\partial_x)\int \mathrm{d}p|p\rangle\exp(-\mathrm{i}px/\hbar) \\
&= \mathrm{i}\hbar\partial_x\int \mathrm{d}p|p\rangle\langle p|x\rangle = \mathrm{i}\hbar\partial_x|x\rangle,
\end{aligned}
$$

$$
\begin{aligned}
\exp(-\mathrm{i}\hat{p}_x x_0/\hbar)|x\rangle &= \int \mathrm{d}p\exp(-\mathrm{i}\hat{p}_x x_0/\hbar)|p\rangle\langle p|x\rangle \\
&= h^{-1/2}\int \mathrm{d}p\exp(-\mathrm{i}px_0/\hbar)|p\rangle\exp(-\mathrm{i}px/\hbar) \\
&= \int \mathrm{d}p|p\rangle\langle p|x+x_0\rangle = |x+x_0\rangle.
\end{aligned}
$$

对于质量为 m 的粒子, 易知动能算符在动量表象中的矩阵元为

$$
\boxed{\langle \boldsymbol{p}|(\hat{\boldsymbol{p}}^2/2m)|\boldsymbol{p}'\rangle = (\boldsymbol{p}^2/2m)\delta(\boldsymbol{p}-\boldsymbol{p}')} \tag{7.3.16}
$$

若粒子处于势场 $V(\boldsymbol{r})$ 中, 则势能算符在动量表象中的矩阵元为

$$
\boxed{\langle \boldsymbol{p}|V(\hat{\boldsymbol{r}})|\boldsymbol{p}'\rangle = \tilde{V}(\boldsymbol{p}-\boldsymbol{p}') = V(\mathrm{i}\hbar\nabla_{\boldsymbol{p}})\delta(\boldsymbol{p}-\boldsymbol{p}')} \tag{7.3.17}
$$

其中 $\tilde{V}(\boldsymbol{p})$ 是 $V(\boldsymbol{r})$ 的傅里叶变换, 即

$$
\tilde{V}(\boldsymbol{p}) \equiv h^{-3}\int \mathrm{d}\boldsymbol{r}V(\boldsymbol{r})\exp(-\mathrm{i}\boldsymbol{p}\cdot\boldsymbol{r}/\hbar).
$$

证明: 利用坐标表象的完备性条件, 以及 (7.3.7) 式, 可得

$$
\begin{aligned}
\langle \boldsymbol{p}|V(\hat{\boldsymbol{r}})|\boldsymbol{p}'\rangle &= \int \mathrm{d}\boldsymbol{r}\langle \boldsymbol{p}|V(\hat{\boldsymbol{r}})|\boldsymbol{r}\rangle\langle \boldsymbol{r}|\boldsymbol{p}'\rangle = \int \mathrm{d}\boldsymbol{r}V(\boldsymbol{r})\langle \boldsymbol{p}|\boldsymbol{r}\rangle\langle \boldsymbol{r}|\boldsymbol{p}'\rangle \\
&= h^{-3}\int \mathrm{d}\boldsymbol{r}V(\boldsymbol{r})\exp[-\mathrm{i}(\boldsymbol{p}-\boldsymbol{p}')\cdot\boldsymbol{r}/\hbar].
\end{aligned}
$$

假设 $V(\boldsymbol{r})$ 的任意 n 阶微分 $V^{(n)}(\boldsymbol{r})$ 均存在, 将 $V(\boldsymbol{r})$ 展开为 $\boldsymbol{r}$ 的幂级数形式, 可得

$$
\begin{aligned}
h^{-3}\int \mathrm{d}\boldsymbol{r}V(\boldsymbol{r})\exp[-\mathrm{i}(\boldsymbol{p}-\boldsymbol{p}')\cdot\boldsymbol{r}/\hbar] &= h^{-3}\sum_{n=0}^{\infty}\frac{V^{(n)}(0)}{n!}\int \mathrm{d}\boldsymbol{r}\boldsymbol{r}^n\exp[-\mathrm{i}(\boldsymbol{p}-\boldsymbol{p}')\cdot\boldsymbol{r}/\hbar] \\
&= h^{-3}\sum_{n=0}^{\infty}\frac{V^{(n)}(0)}{n!}(\mathrm{i}\hbar\nabla_{\boldsymbol{p}})^n\int \mathrm{d}\boldsymbol{r}\exp[-\mathrm{i}(\boldsymbol{p}-\boldsymbol{p}')\cdot\boldsymbol{r}/\hbar] \\
&= V(\mathrm{i}\hbar\nabla_{\boldsymbol{p}})\delta(\boldsymbol{p}-\boldsymbol{p}').
\end{aligned}
$$

利用 (3.7.16) 式和 (3.7.17) 式, 容易导出动量表象中的薛定谔方程:

$$
\boxed{(\mathrm{i}\hbar\partial_t - \boldsymbol{p}^2/2m)\psi(\boldsymbol{p},t) = \int \mathrm{d}\boldsymbol{p}'\tilde{V}(\boldsymbol{p}-\boldsymbol{p}')\psi(\boldsymbol{p}',t) = V(\mathrm{i}\hbar\nabla_{\boldsymbol{p}})\psi(\boldsymbol{p},t)} \tag{7.3.18}
$$

同理可证, 动量表象中的定态薛定谔方程为

$$
\boxed{(E-\boldsymbol{p}^2/2m)\psi(\boldsymbol{p}) = \int \mathrm{d}\boldsymbol{p}'\tilde{V}(\boldsymbol{p}-\boldsymbol{p}')\psi(\boldsymbol{p}') = V(\mathrm{i}\hbar\nabla_{\boldsymbol{p}})\psi(\boldsymbol{p})} \tag{7.3.19}
$$

例 3

设质量为 m 的粒子所处的势阱为 $V(x)=-\gamma\delta(x)\ (\gamma>0)$, 试用动量表象中的能量本征方程求束缚定态能级.

解: 势能场 $V(x)$ 在动量表象中的矩阵元为

$$\tilde{V}(p-p')=\frac{1}{2\pi\hbar}\int_{-\infty}^{+\infty}dx(-\gamma)\delta(x)\exp[-\mathrm{i}(p-p')x/\hbar]=-\frac{\gamma}{2\pi\hbar}.$$

将上式代入 (7.3.19) 式, 可得

$$\left(E-\frac{p^2}{2m}\right)\psi(p)=-\frac{\gamma}{2\pi\hbar}C,\quad C\equiv\int_{-\infty}^{+\infty}\mathrm{d}p\psi(p).$$

其中束缚定态能级 $E<0$. 结合以上两式, 可得

$$C=\frac{\gamma C}{2\pi\hbar}\int_{-\infty}^{+\infty}\frac{\mathrm{d}p}{p^2/2m-E}=\frac{m\gamma C}{\hbar\sqrt{-2mE}},\quad\Rightarrow\quad E=-\frac{m\gamma^2}{2\hbar^2}.$$

§ 7.4 表象变换

严格说来, 任何量子体系都有无穷多个表象, 根据所要研究的具体问题的特征, 总是采用最方便的表象, 因此存在不同表象之间的变换问题.

1. 坐标表象与动量表象之间的变换

考虑单粒子体系, 坐标表象与动量表象之间的变换矩阵元为

$$S_{\boldsymbol{rp}}\equiv\langle\boldsymbol{r}|\boldsymbol{p}\rangle=h^{-3/2}\exp(\mathrm{i}\boldsymbol{p}\cdot\boldsymbol{r}/\hbar).\tag{7.4.1}$$

容易验证, 变换矩阵 S 确为广义幺正矩阵, 即

$$(S^\dagger S)_{\boldsymbol{pp}'}=\int\mathrm{d}\boldsymbol{r}(S^\dagger)_{\boldsymbol{pr}}S_{\boldsymbol{rp}'}=\int\mathrm{d}\boldsymbol{r}S^*_{\boldsymbol{rp}}S_{\boldsymbol{rp}'}=h^{-3}\int\mathrm{d}\boldsymbol{r}\exp[\mathrm{i}(\boldsymbol{p}'-\boldsymbol{p})\cdot\boldsymbol{r}/\hbar]=\delta(\boldsymbol{p}-\boldsymbol{p}'),$$

$$(SS^\dagger)_{\boldsymbol{rr}'}=\int\mathrm{d}\boldsymbol{p}S_{\boldsymbol{rp}}(S^\dagger)_{\boldsymbol{pr}'}=\int\mathrm{d}\boldsymbol{p}S_{\boldsymbol{rp}}S^*_{\boldsymbol{r}'\boldsymbol{p}}=h^{-3}\int\mathrm{d}\boldsymbol{r}\exp[\mathrm{i}\boldsymbol{p}\cdot(\boldsymbol{r}-\boldsymbol{r}')/\hbar]=\delta(\boldsymbol{r}-\boldsymbol{r}').$$

将 (6.3.2) 式推广到连续表象的情形, 可以证明, 坐标表象与动量表象之间的波函数变换就是熟知的傅里叶变换, 即

$$\psi(\boldsymbol{r})=\int\mathrm{d}\boldsymbol{p}\langle\boldsymbol{r}|\boldsymbol{p}\rangle\langle\boldsymbol{p}|\psi\rangle=\int\mathrm{d}\boldsymbol{p}S_{\boldsymbol{rp}}\psi(\boldsymbol{p})=h^{-3/2}\int\mathrm{d}\boldsymbol{p}\psi(\boldsymbol{p})\exp(\mathrm{i}\boldsymbol{p}\cdot\boldsymbol{r}/\hbar),$$

$$\psi(\boldsymbol{p})=\int\mathrm{d}\boldsymbol{r}\langle\boldsymbol{p}|\boldsymbol{r}\rangle\langle\boldsymbol{r}|\psi\rangle=\int\mathrm{d}\boldsymbol{r}S^*_{\boldsymbol{rp}}\psi(\boldsymbol{r})=h^{-3/2}\int\mathrm{d}\boldsymbol{r}\psi(\boldsymbol{r})\exp(-\mathrm{i}\boldsymbol{p}\cdot\boldsymbol{r}/\hbar).$$

(6.3.3) 式也可推广到连续表象的情形, 线性算符 $\hat{A}$ 在坐标表象与动量表象中的矩阵元之间的变换关系为

$$\langle\boldsymbol{p}|\hat{A}|\boldsymbol{p}'\rangle=\iint\mathrm{d}\boldsymbol{r}\mathrm{d}\boldsymbol{r}'\langle\boldsymbol{p}|\boldsymbol{r}\rangle\langle\boldsymbol{r}|\hat{A}|\boldsymbol{r}'\rangle\langle\boldsymbol{r}'|\boldsymbol{p}'\rangle=\iint\mathrm{d}\boldsymbol{r}\mathrm{d}\boldsymbol{r}'S^*_{\boldsymbol{rp}}\langle\boldsymbol{r}|\hat{A}|\boldsymbol{r}'\rangle S_{\boldsymbol{r}'\boldsymbol{p}'},$$

$$\Rightarrow \quad \langle \boldsymbol{p}|\hat{A}|\boldsymbol{p}'\rangle = h^{-3}\iint \mathrm{d}\boldsymbol{r}\mathrm{d}\boldsymbol{r}'\langle \boldsymbol{r}|\hat{A}|\boldsymbol{r}'\rangle \exp[\mathrm{i}(\boldsymbol{p}'\cdot\boldsymbol{r}'-\boldsymbol{p}\cdot\boldsymbol{r})/\hbar]. \tag{7.4.2}$$

同理可导出算符矩阵元之间的逆变换关系，即

$$\langle \boldsymbol{r}|\hat{A}|\boldsymbol{r}'\rangle = h^{-3}\iint \mathrm{d}\boldsymbol{p}\mathrm{d}\boldsymbol{p}'\langle \boldsymbol{p}|\hat{A}|\boldsymbol{p}'\rangle \exp[\mathrm{i}(\boldsymbol{p}\cdot\boldsymbol{r}-\boldsymbol{p}'\cdot\boldsymbol{r}')/\hbar]. \tag{7.4.3}$$

作为一个例子，利用 (7.3.8) 式和 (7.4.2) 式可以导出 (7.3.12) 式，即

$$\begin{aligned}
\langle \boldsymbol{p}|\hat{\boldsymbol{r}}|\boldsymbol{p}'\rangle &= h^{-3}\iint \mathrm{d}\boldsymbol{r}\mathrm{d}\boldsymbol{r}'\langle \boldsymbol{r}|\hat{\boldsymbol{r}}|\boldsymbol{r}'\rangle \exp[\mathrm{i}(\boldsymbol{p}'\cdot\boldsymbol{r}'-\boldsymbol{p}\cdot\boldsymbol{r})/\hbar]\\
&= h^{-3}\iint \mathrm{d}\boldsymbol{r}\mathrm{d}\boldsymbol{r}'\boldsymbol{r}\delta(\boldsymbol{r}-\boldsymbol{r}')\exp[\mathrm{i}(\boldsymbol{p}'\cdot\boldsymbol{r}'-\boldsymbol{p}\cdot\boldsymbol{r})/\hbar]\\
&= h^{-3}\int \mathrm{d}\boldsymbol{r}\boldsymbol{r}\exp[\mathrm{i}(\boldsymbol{p}'-\boldsymbol{p})\cdot\boldsymbol{r}/\hbar]\\
&= h^{-3}(\mathrm{i}\hbar\nabla_{\boldsymbol{p}})\int \mathrm{d}\boldsymbol{r}\exp[\mathrm{i}(\boldsymbol{p}'-\boldsymbol{p})\cdot\boldsymbol{r}/\hbar] = \mathrm{i}\hbar\nabla_{\boldsymbol{p}}\delta(\boldsymbol{p}-\boldsymbol{p}').
\end{aligned}$$

2. 坐标表象与分离表象之间的变换

仍然考虑单粒子体系，设分离表象的一组正交归一的基矢量为 $\{|k\rangle\}$，它与坐标表象之间的变换矩阵元为

$$S_{\boldsymbol{r}k} \equiv \langle \boldsymbol{r}|k\rangle \equiv \phi_k(\boldsymbol{r}). \tag{7.4.4}$$

该矩阵元就是分离表象的基矢量在坐标表象中的波函数，而变换矩阵的幺正性等价于这些基函数的正交归一性和完备性，即

$$\int \mathrm{d}\boldsymbol{r}(S^\dagger)_{k\boldsymbol{r}}S_{\boldsymbol{r}k'} = \int \mathrm{d}\boldsymbol{r}\phi_k^*(\boldsymbol{r})\phi_{k'}(\boldsymbol{r}) = \delta_{kk'},$$

$$\sum_k S_{\boldsymbol{r}k}(S^\dagger)_{k\boldsymbol{r}'} = \sum_k \phi_k(\boldsymbol{r})\phi_k^*(\boldsymbol{r}') = \delta(\boldsymbol{r}-\boldsymbol{r}').$$

类似于 (6.3.2) 式，态矢量 $|\psi\rangle$ 在这两个表象中的列阵之间的变换关系，等价于波函数 $\psi(\boldsymbol{r})$ 按照分离表象的基函数的展开式，即

$$\psi(\boldsymbol{r}) = \langle \boldsymbol{r}|\psi\rangle = \sum_k S_{\boldsymbol{r}k}\langle k|\psi\rangle = \sum_k a_k\phi_k(\boldsymbol{r}),$$

$$a_k = \langle k|\psi\rangle = \int \mathrm{d}\boldsymbol{r}S_{\boldsymbol{r}k}^*\langle \boldsymbol{r}|\psi\rangle = \int \mathrm{d}\boldsymbol{r}\phi_k^*(\boldsymbol{r})\psi(\boldsymbol{r}).$$

类似于 (6.3.3) 式，算符 $\hat{A}$ 在分离表象和坐标表象中的矩阵元的变换关系为

$$\langle \boldsymbol{r}|\hat{A}|\boldsymbol{r}'\rangle = \sum_{kk'}\langle \boldsymbol{r}|k\rangle\langle k|\hat{A}|k'\rangle\langle k'|\boldsymbol{r}'\rangle = \sum_{kk'}\phi_k(\boldsymbol{r})\langle k|\hat{A}|k'\rangle\phi_{k'}^*(\boldsymbol{r}'), \tag{7.4.5}$$

$$\langle k|\hat{A}|k'\rangle = \iint \mathrm{d}\boldsymbol{r}\mathrm{d}\boldsymbol{r}'\langle k|\boldsymbol{r}\rangle\langle \boldsymbol{r}|\hat{A}|\boldsymbol{r}'\rangle\langle \boldsymbol{r}'|k'\rangle = \iint \mathrm{d}\boldsymbol{r}\mathrm{d}\boldsymbol{r}'\phi_k^*(\boldsymbol{r})\langle \boldsymbol{r}|\hat{A}|\boldsymbol{r}'\rangle\phi_{k'}(\boldsymbol{r}'). \tag{7.4.6}$$

*§ 7.5 密度算符

对于由大量微观粒子组成的宏观体系，需要应用量子统计理论来研究其宏观性质.本节介绍密度算符的基本概念和基本性质，它在量子统计的系综理论中有重要应用.

1. 密度算符的定义与意义

若量子体系的状态可以用某个态矢量 $|\psi\rangle$ 来描述，就称这个体系处于**纯态**. 若体系不是处于某个确定的量子态，而是有一定的概率 $p_m(m=1,2,3,\cdots)$ 分别处于由归一化的各矢量 $|m\rangle$ 描述的量子态，就称它处于**混合态**，此时必须借助于统计方法来研究体系的性质. 混合态的密度算符 (或称统计算符) 定义为

$$\boxed{\hat{\rho}\equiv\sum_m p_m\hat{P}_m,\quad \mathrm{Tr}\hat{\rho}=\sum_m p_m=1} \tag{7.5.1}$$

其中投影算符 $\hat{P}_m\equiv|m\rangle\langle m|$，各矢量 $|m\rangle$ 不一定相互正交，Tr 表示求迹.

观测算符 $\hat{A}$ 对应的动力学变量在混合态下的统计平均值定义为

$$\boxed{\langle\hat{A}\rangle\equiv\sum_m p_m\langle m|\hat{A}|m\rangle=\mathrm{Tr}(\hat{\rho}\hat{A})} \tag{7.5.2}$$

为了证明上式的第二个等式，利用公式 $\mathrm{Tr}(|\psi\rangle\langle\varphi|)=\langle\varphi|\psi\rangle$，可得

$$\mathrm{Tr}(\hat{\rho}\hat{A})=\sum_m p_m\mathrm{Tr}(|m\rangle\langle m|\hat{A})=\sum_m p_m\langle m|\hat{A}|m\rangle.$$

若体系的密度算符为 (7.5.1) 式，则它处于归一化矢量 $|\phi\rangle$ 的量子态的概率为

$$\boxed{p_\phi\equiv\sum_m p_m|\langle m|\phi\rangle|^2=\langle\phi|\hat{\rho}|\phi\rangle=\mathrm{Tr}(\hat{\rho}\hat{P}_\phi)} \tag{7.5.3}$$

其中投影算符 $\hat{P}_\phi\equiv|\phi\rangle\langle\phi|$，上式的证明如下:

$$\sum_m p_m|\langle m|\phi\rangle|^2=\sum_m p_m\langle\phi|m\rangle\langle m|\phi\rangle=\sum_m p_m\langle\phi|\hat{P}_m|\phi\rangle=\langle\phi|\hat{\rho}|\phi\rangle,$$

$$\mathrm{Tr}(\hat{\rho}\hat{P}_\phi)=\sum_m p_m\mathrm{Tr}(|m\rangle\langle m|\phi\rangle\langle\phi|)=\sum_m p_m\langle m|\phi\rangle\mathrm{Tr}(|m\rangle\langle\phi|)=\sum_m p_m\langle m|\phi\rangle\langle\phi|m\rangle.$$

由于给定 $\hat{\rho}$ 之后，就足以计算动力学变量的平均值及测量的统计分布，因此**可将具有相同的密度算符的统计混合视为全同的**.

当哈密顿算符为 $\hat{H}$ 的体系处于温度为 T 的热力学平衡态时，密度算符为

$$\boxed{\hat{\rho}=Z^{-1}\exp(-\beta\hat{H}),\quad Z=\mathrm{Tr}\exp(-\beta\hat{H})\quad(\beta\equiv1/k_{\mathrm{B}}T)} \tag{7.5.4}$$

其中 Z 称为配分函数，k_{B} 为玻尔兹曼常数. 内能 U、熵 S 及自由能 F 分别为

$$U\equiv\langle\hat{H}\rangle=-\partial_\beta\ln Z,\quad S\equiv-k_{\mathrm{B}}\langle\ln\hat{\rho}\rangle=k_{\mathrm{B}}(1-\beta\partial_\beta)\ln Z,\quad F\equiv U-TS=-\beta^{-1}\ln Z.$$

2. 密度算符的特性

密度算符 $\hat{\rho}$ 为正定厄密算符, 因为对任意矢量 $|\psi\rangle$, 利用 (7.5.1) 式可得

$$\langle\psi|\hat{\rho}|\psi\rangle = \sum_m p_m|\langle m|\psi\rangle|^2 \geqslant 0.$$

$(1-\hat{\rho})$ **也为正定厄密算符**, 可借助施瓦茨不等式证明这一结论, 即

$$\langle\psi|(1-\hat{\rho})|\psi\rangle = \sum_m p_m\big(\langle\psi|\psi\rangle\langle m|m\rangle - |\langle m|\psi\rangle|^2\big) \geqslant 0.$$

在希尔伯特空间的一般理论中, 人们已经证明, **若一个正定厄密算符的迹为有限值, 则它必为观测算符, 且其本征值谱是完全分立的**. 既然密度算符 $\hat{\rho}$ 是一个迹为 1 的正定厄密算符, 因此 $\hat{\rho}$ **是一个观测算符, 它的本征值属于数域** $[0,1]$.

定理 1: 迹为 1 的任何正定厄密算符均可视为一个密度算符.

证明: 设正定厄密算符 $\hat{A}$ 的迹 $\mathrm{Tr}\hat{A}=1$, 它必为一个观测算符. 设 $\hat{A}$ 的归一化本征矢量集为 $\{|n\alpha\rangle\}$ (α 用于区分相互简并的本征矢), 对应的本征值为 $\{a_n\}$, 即

$$\hat{A}|n\alpha\rangle = a_n|n\alpha\rangle,\ (a_n \geqslant 0), \quad \langle n\alpha|n'\alpha'\rangle = \delta_{nn'}\delta_{\alpha\alpha'}.$$

引入投影算符 $\hat{P}_{n\alpha} \equiv |n\alpha\rangle\langle n\alpha|$, 由于 $\hat{A}$ 为观测算符, 所以 $\sum\limits_{n\alpha}\hat{P}_{n\alpha}=1$, 于是有

$$\boxed{\hat{A} = \hat{A}\sum_{n\alpha}\hat{P}_{n\alpha} = \sum_{n\alpha}a_n\hat{P}_{n\alpha}, \quad \mathrm{Tr}\hat{A} = \sum_{n\alpha}a_n = 1}$$

上式表明 $\hat{A}$ 为一个密度算符, 其中 a_n 代表体系处于 $|n\alpha\rangle$ 态的概率.

定理 2: 任何密度算符 $\hat{\rho}$ 均满足

$$\boxed{\mathrm{Tr}\hat{\rho}^2 \leqslant 1} \tag{7.5.5}$$

当且仅当体系处于一个纯态时 (即体系处于某一个确定量子态), 上式取等号.

证明: $\hat{\rho}$ 的表示式由 (7.5.1) 式给出, 利用 (6.2.10) 式可得

$$\mathrm{Tr}\hat{\rho}^2 = \sum_{mm'}p_m p_{m'}\mathrm{Tr}(\hat{P}_m\hat{P}_{m'}) \leqslant \sum_{mm'}p_m p_{m'} = 1.$$

上式取等号的充分必要条件是所有投影算符 $\hat{P}_m$ 均相等, 记为 $\hat{P}_\phi = |\phi\rangle\langle\phi|$, 因此

$$\hat{\rho} = \hat{P}_\phi\sum_m p_m = \hat{P}_\phi.$$

此时体系确定处于由归一化矢量 $|\phi\rangle$ 描述的量子态, 即为纯态.

3. 密度算符的运动方程

各归一化矢量 $|m(t)\rangle$ 随时间变化的规律满足薛定谔方程, 即

$$\mathrm{i}\hbar\partial_t|m(t)\rangle = \hat{H}(t)|m(t)\rangle \quad\Rightarrow\quad |m(t)\rangle = \hat{U}(t,0)|m(0)\rangle.$$

因此 $|m(t)\rangle$ 态的投影算符可表示为

$$\hat{P}_m(t) \equiv |m(t)\rangle\langle m(t)| = \hat{U}(t,0)\hat{P}_m(0)\hat{U}^\dagger(t,0).$$

设体系处于 $|m(t)\rangle$ 态的概率 p_m 不随时间变化, 因此 t 时刻的密度算符为

$$\boxed{\hat{\rho}(t) \equiv \sum_m p_m \hat{P}_m(t) = \hat{U}(t,0)\hat{\rho}(0)\hat{U}^\dagger(t,0)} \tag{7.5.6}$$

海森伯图像中的密度算符为

$$\hat{\rho}_H \equiv \hat{U}^\dagger(t,0)\hat{\rho}(t)\hat{U}(t,0) = \hat{\rho}(0).$$

结合 (7.2.2) 式、(7.2.6) 式及 (7.5.6) 式容易证明, 密度算符满足的运动方程为

$$\boxed{\mathrm{i}\hbar\partial_t\hat{\rho}(t) = [\hat{H}(t), \rho(t)]} \tag{7.5.7}$$

习　题

7–1　设 $\hat{P}$ 为宇称算符, $\hat{P}\hat{A}_\pm\hat{P} = \pm\hat{A}_\pm$, $\hat{P}|\psi_\pm\rangle = \pm|\psi_\pm\rangle$, $\hat{P}|\phi_\pm\rangle = \pm|\phi_\pm\rangle$, 求证:

$$\langle\psi_+|\hat{A}_+|\phi_-\rangle = \langle\psi_+|\hat{A}_-|\phi_+\rangle = \langle\psi_-|\hat{A}_-|\phi_-\rangle = 0.$$

7–2　设体系的哈密顿算符为 $\hat{H}$, 它的一组正交归一完备的本征矢为 $\{|n\rangle\}$, 即

$$\hat{H}|n\rangle = E_n|n\rangle \quad (n = 0,1,2,\cdots), \quad E_0 \leqslant E_1 \leqslant E_2 \leqslant \cdots.$$

设 $|\psi\rangle$ 为归一化矢量, 令 $\overline{H} \equiv \langle\psi|\hat{H}|\psi\rangle$, $\overline{H^2} \equiv \langle\psi|\hat{H}^2|\psi\rangle$, $\Delta H \equiv (\overline{H^2} - \overline{H}^2)^{1/2}$.

(1) 定义 $|\psi\rangle$ 对基态 $|0\rangle$ 的偏离为 $\epsilon \equiv 1 - |\langle 0|\psi\rangle|^2 = \sum\limits_{n\geqslant k} |\langle k|\psi\rangle|^2$, 其中 $|k\rangle$ 为满足 $\langle k|\psi\rangle \neq 0$ 的最低激发态, 求证: $\overline{H} - E_0 \geqslant (E_k - E_0)\epsilon$;

(2) 若 $|E_n - \overline{H}| \geqslant |E_0 - \overline{H}|$ 对所有 E_n 均成立, 求证: $\overline{H} - E_0 \leqslant \Delta H$.

7–3　设体系态空间的一组正交归一完备的基矢为 $|1\rangle, |2\rangle, \cdots, |N\rangle$, 哈密顿算符为

$$\hat{H} = \epsilon\sum_{n=1}^{N}\big(|n\rangle\langle n+1| + |n+1\rangle\langle n|\big) \quad (\epsilon^* = \epsilon).$$

其中定义 $|n+N\rangle \equiv |n\rangle$, 试求体系的能级和归一化能量本征矢量.

答: $E_k = 2\epsilon\cos\theta_k$; $|\psi_k\rangle = \dfrac{1}{\sqrt{N}}\sum\limits_{n=1}^{N}\exp(\mathrm{i}n\theta_k)|n\rangle$ $\left(\theta_k = \dfrac{2\pi k}{N},\ k = 1,2,\cdots,N\right)$.

7–4　设质量为 μ 的粒子作一维运动, 势能算符为 $V(\hat{x})$, 哈密顿算符 $\hat{H}$ 的一组正交归一完备的本征矢量为 $|n\rangle$ $(n = 1,2,\cdots)$, 即

$$\hat{H} = \hat{p}^2/2\mu + V(\hat{x}), \quad \hat{H}|n\rangle = E_n|n\rangle.$$

求证: 在以 $|n\rangle$ 为基矢量的能量表象中, 有如下求和公式:

$$\sum_n (E_n - E_m)|x_{nm}|^2 = \hbar^2/2\mu, \quad \sum_n (E_n - E_m)^2|x_{nm}|^2 = -2\hbar^2\partial_\mu E_m,$$

$$\sum_n (E_n - E_m)\left[|\langle n|\exp(\mathrm{i}k\hat{x})|m\rangle|^2 + |\langle m|\exp(\mathrm{i}k\hat{x})|n\rangle|^2\right] = \hbar^2k^2/\mu.$$

7–5 设体系的哈密顿算符为 $\hat{H}$, 动力学变量 $\hat{A}$ 的某个非简并本征值 a 对应的归一化本征矢量为 $|\phi\rangle$, 即 $\hat{A}|\phi\rangle = a|\phi\rangle$. 假设体系在 $t=0$ 时刻处于某个量子态 $|\psi\rangle$, 此时测量动力学变量 $\hat{A}$, 测得结果为 a 的概率 $P(0)$ 是多少? 测得 a 之后经过时间 t 再次测量 $\hat{A}$, 测得结果为 a 的概率 $P(t)$ 是多少?

答: $P(0) = |\langle\phi|\psi\rangle|^2$, $P(t) = |\langle\phi|\exp(-\mathrm{i}\hat{H}t/\hbar)|\phi\rangle|^2$.

7–6 设质量为 m, 频率为 ω 的各向同性谐振子的哈密顿算符为 $\hat{H} = \hat{\boldsymbol{p}}^2/2m + m\omega^2\hat{\boldsymbol{r}}^2/2$, 求证: 海森伯图像中的位矢算符和动量算符可分别表示为

$$\hat{\boldsymbol{r}}_H(t) = \hat{\boldsymbol{r}}\cos\omega t + (\hat{\boldsymbol{p}}/m\omega)\sin\omega t, \quad \hat{\boldsymbol{p}}_H(t) = \hat{\boldsymbol{p}}\cos\omega t - m\omega\hat{\boldsymbol{r}}\sin\omega t.$$

7–7 设粒子的质量为 m, 哈密顿算符为 $\hat{H} = \hat{\boldsymbol{p}}^2/2m + \omega\hat{l}_z$, 试求海森伯图像中的动量算符 $\hat{\boldsymbol{p}}_H(t)$ 和轨道角动量算符 $\hat{\boldsymbol{l}}_H(t)$.

答: $\hat{p}_{xH}(t) = \hat{p}_x\cos\omega t - \hat{p}_y\sin\omega t$, $\hat{p}_{yH}(t) = \hat{p}_x\sin\omega t + \hat{p}_y\cos\omega t$, $\hat{p}_{zH}(t) = \hat{p}_z$;
$\hat{l}_{xH}(t) = \hat{l}_x\cos\omega t - \hat{l}_y\sin\omega t$, $\hat{l}_{yH}(t) = \hat{l}_x\sin\omega t + \hat{l}_y\cos\omega t$, $\hat{l}_{zH}(t) = \hat{l}_z$.

7–8 设体系的态空间是 2 维的, 正交归一的基矢量为 $|1\rangle$ 和 $|2\rangle$, 哈密顿矩阵元为

$$H_{11} = \epsilon_1, \quad H_{22} = \epsilon_2, \quad H_{12} = \gamma\mathrm{e}^{-\mathrm{i}\alpha} \quad (\gamma \geqslant 0,\ \alpha^* = \alpha,\ 2\Delta \equiv \epsilon_1 - \epsilon_2 \geqslant 0).$$

(1) 试求能级 E 和定态 $|\phi\rangle$, 并讨论 $\gamma/\Delta \ll 1$ 和 $\gamma/\Delta \gg 1$ 这两种极限情形.

(2) 设 $t=0$ 时的态矢量为 $|\psi(0)\rangle = |1\rangle$, 试求 $t>0$ 时的态矢量 $|\psi(t)\rangle$.

答: (1) 令 $2\bar{\epsilon} \equiv \epsilon_1 + \epsilon_2$, $\hbar\omega \equiv (\Delta^2 + \gamma^2)^{1/2}$, $\tan\theta \equiv \gamma/\Delta$, 则 $E_\pm = \bar{\epsilon} \pm \hbar\omega$,

$$|\phi_+\rangle = \cos(\theta/2)|1\rangle + \sin(\theta/2)\mathrm{e}^{\mathrm{i}\alpha}|2\rangle, \quad |\phi_-\rangle = \sin(\theta/2)|1\rangle - \cos(\theta/2)\mathrm{e}^{\mathrm{i}\alpha}|2\rangle.$$

若 $\gamma/\Delta \ll 1$, 则有 $E_+ \approx \epsilon_1 + \gamma^2/2\Delta$, $E_- \approx \epsilon_2 - \gamma^2/2\Delta$, 以及

$$|\phi_+\rangle \approx |1\rangle + (\gamma/2\Delta)\mathrm{e}^{\mathrm{i}\alpha}|2\rangle, \quad |\phi_-\rangle \approx (\gamma/2\Delta)|1\rangle - \mathrm{e}^{\mathrm{i}\alpha}|2\rangle.$$

若 $\gamma/\Delta \gg 1$, 则有 $E_\pm \approx \bar{\epsilon} \pm \gamma$, $|\phi_\pm\rangle \approx (|1\rangle \pm \mathrm{e}^{\mathrm{i}\alpha}|2\rangle)/\sqrt{2}$.

(2) $|\psi(t)\rangle = \exp(-\mathrm{i}\bar{\epsilon}t/\hbar)[(\cos\omega t - \mathrm{i}\cos\theta\sin\omega t)|1\rangle - \mathrm{i}\sin\theta\sin\omega t\mathrm{e}^{\mathrm{i}\alpha}|2\rangle]$.

7–9 设某量子体系的态空间是三维的, 哈密顿矩阵 H、某动力学变量的矩阵 A 以及 $t=0$ 时刻的态矢量列阵 $\psi(0)$ 分别为

$$H = \hbar\omega\begin{pmatrix}1 & 0 & 0\\ 0 & 2 & 0\\ 0 & 0 & 2\end{pmatrix}, \quad A = \alpha\begin{pmatrix}0 & 1 & 0\\ 1 & 0 & 0\\ 0 & 0 & 1\end{pmatrix}, \quad \psi(0) = \frac{1}{2}\begin{pmatrix}\sqrt{2}\\ 1\\ 1\end{pmatrix}.$$

试求 t 时刻的以下各量: (1) 态矢量; (2) 能量的可能测量值、相应的概率及平均值; (3) 动力学变量 A 的可能测量值、相应的概率及平均值.

答: (1) $\psi(t)=\dfrac{1}{2}\begin{pmatrix}\sqrt{2}\exp(-\mathrm{i}\omega t)\\ \exp(-\mathrm{i}2\omega t)\\ \exp(-\mathrm{i}2\omega t)\end{pmatrix}$.

(2) 能量的可能测值为 $\hbar\omega$ 和 $2\hbar\omega$, 相应的概率均为 1/2, 平均值 $\overline{H}=3\hbar\omega/2$.

(3) 动力学变量 A 的可能测值为 $\pm\alpha$, 相应的概率及平均值分别为

$$P_+(t)=5/8+(\sqrt{2}/4)\cos\omega t,\quad P_-(t)=1-P_+(t),\quad \overline{A}(t)=\alpha(1/4+\sqrt{1/2}\cos\omega t).$$

7–10 设体系态空间的一组正交归一完备的基矢量为 $\{|n\rangle\}$, 哈密顿矩阵 $H(t)$ 是显含时间 t 的对角矩阵, 体系在 $t=0$ 时刻的态矢量为 $|\psi(0)\rangle$, 即

$$H_{nn'}(t)=\hbar\omega_n(t)\delta_{nn'},\quad |\psi(0)\rangle=\sum_n a_n(0)|n\rangle,\quad \sum_n|a_n(0)|^2=1.$$

试求 $t>0$ 时刻的态矢量 $|\psi(t)\rangle$.

答: $|\psi(t)\rangle=\displaystyle\sum_n a_n(0)|n\rangle\exp\left[-\mathrm{i}\int_0^t \mathrm{d}t'\omega_n(t')\right]$.

7–11 压缩算符对位置本征矢量的作用定义为 $\hat{M}_c|x\rangle\equiv\sqrt{c}|cx\rangle$ $(c>0)$, 求证:

$$\hat{M}_c^\dagger=\hat{M}_c^{-1}=\hat{M}_{1/c},\quad \langle x|\hat{M}_c|\psi\rangle=\sqrt{1/c}\,\psi(x/c).$$

7–12 设一维体系的投影算符 $\hat{P}=\displaystyle\int_0^\infty \mathrm{d}x|x\rangle\langle x|$, 求证: $\langle x|\hat{P}|\psi\rangle=\psi(x)\theta(x)$.

7–13 设单粒子体系的动力学变量 $\hat{A}$ 的本征矢 $|\psi_{n\alpha}\rangle$ 构成态空间的一组正交归一完备的基矢, $\hat{A}|\psi_{n\alpha}\rangle=a_n|\psi_{n\alpha}\rangle$, 试求算符函数 $f(\hat{A})$ 在坐标表象中的矩阵元.

答: $\langle\boldsymbol{r}|f(\hat{A})|\boldsymbol{r}'\rangle=\displaystyle\sum_{n\alpha}f(a_n)\psi_{n\alpha}(\boldsymbol{r})\psi_{n\alpha}^*(\boldsymbol{r}')$.

7–14 设 $\hat{\boldsymbol{r}}$ 为位矢算符, $\hat{\boldsymbol{p}}$ 为动量算符, 粒子的密度算符和流密度算符分别定义为

$$\hat{\rho}(\boldsymbol{r})=\delta(\boldsymbol{r}-\hat{\boldsymbol{r}}),\quad \hat{\boldsymbol{j}}(\boldsymbol{r})=(1/2m)[\hat{\rho}(\boldsymbol{r})\hat{\boldsymbol{p}}+\hat{\boldsymbol{p}}\hat{\rho}(\boldsymbol{r})].$$

(1) 求证: $\hat{\rho}(\boldsymbol{r})=|\boldsymbol{r}\rangle\langle\boldsymbol{r}|$;

(2) 若粒子处于归一化矢量 $|\psi\rangle$ 描述的量子态, 求证:

$$\langle\psi|\hat{\rho}(\boldsymbol{r})|\psi\rangle=|\psi(\boldsymbol{r})|^2,\quad \langle\psi|\hat{\boldsymbol{j}}(\boldsymbol{r})|\psi\rangle=(-\mathrm{i}\hbar/2m)[\psi^*(\boldsymbol{r})\nabla\psi(\boldsymbol{r})-\psi(\boldsymbol{r})\nabla\psi^*(\boldsymbol{r})].$$

7–15 令 $r=|\boldsymbol{r}|$, 试求算符 r^{-1} 和 r^{-2} 在动量表象中的矩阵元.

答: $\langle\boldsymbol{p}|r^{-1}|\boldsymbol{p}'\rangle=(2\pi^2\hbar|\boldsymbol{p}-\boldsymbol{p}'|^2)^{-1}$, $\langle\boldsymbol{p}|r^{-2}|\boldsymbol{p}'\rangle=(4\pi\hbar^2|\boldsymbol{p}-\boldsymbol{p}'|)^{-1}$.

7–16 设作一维运动的粒子处于线性势场中, 即 $V(x)=fx$, 以 $\rho(p,t)$ 表示 t 时刻动量空间的概率密度, 求证: $\partial_t\rho=f\partial_p\rho$.

*7–17 设一维谐振子的质量为 m, 频率为 ω, 坐标表象中的归一化定态波函数 $\psi_n(x)$ 与动量表象中的归一化定态波函数 $\bar{\psi}_n(p)$ 有如下关系:

$$\bar{\psi}_n(p)=\frac{1}{\sqrt{2\pi\hbar}}\int \mathrm{d}x\psi_n(x)\exp(-\mathrm{i}px/\hbar)\quad (n=0,1,2,\cdots).$$

已知 $\psi_n^*(x)=\psi_n(x)=(-1)^n\psi_n(-x)$, 且 $\bar{\psi}_1(p)=(-\mathrm{i}/\sqrt{m\omega})\psi_1(p/m\omega)$, 求证:

$$\bar{\psi}_n(p)=[(-\mathrm{i})^n/\sqrt{m\omega}]\psi_n(p/m\omega).$$

*7–18 设质量为 m 的粒子处于势场 $V(\boldsymbol{r})$ 中, 体系处于能级为 E 的束缚定态.

(1) 试在坐标表象中运用 HF 定理导出: $\partial_\hbar E=2\overline{T}/\hbar$.

(2) 试在动量表象中运用 HF 定理导出: $\partial_\hbar E=\overline{\boldsymbol{r}\cdot\nabla V(\boldsymbol{r})}/\hbar$.

(3) 试导出维里定理的以下结果: $2\overline{T}=\overline{\boldsymbol{r}\cdot\nabla V(\boldsymbol{r})}$.

*7–19 设单粒子坐标表象的波函数为 $\psi(\boldsymbol{r})$, 相应的维格纳函数定义为

$$W(\boldsymbol{R},\boldsymbol{P})=\frac{1}{h^3}\int \mathrm{d}\boldsymbol{r}\exp(-\mathrm{i}\boldsymbol{P}\cdot\boldsymbol{r}/\hbar)\psi^*(\boldsymbol{R}-\boldsymbol{r}/2)\psi(\boldsymbol{R}+\boldsymbol{r}/2)=W^*(\boldsymbol{R},\boldsymbol{P}).$$

(1) 设动量表象的波函数为 $\varphi(\boldsymbol{p})$, 求证:

$$W(\boldsymbol{R},\boldsymbol{P})=\frac{1}{h^3}\int \mathrm{d}\boldsymbol{p}\exp(\mathrm{i}\boldsymbol{p}\cdot\boldsymbol{R}/\hbar)\varphi^*(\boldsymbol{P}-\boldsymbol{p}/2)\varphi(\boldsymbol{P}+\boldsymbol{p}/2),$$

$$\int \mathrm{d}\boldsymbol{P}W(\boldsymbol{R},\boldsymbol{P})=|\psi(\boldsymbol{R})|^2,\quad \int \mathrm{d}\boldsymbol{R}W(\boldsymbol{R},\boldsymbol{P})=|\varphi(\boldsymbol{P})|^2.$$

(2) 设 $f(\boldsymbol{R})$ 和 $g(\boldsymbol{P})$ 分别为位置和动量的函数, 求证: 它们的平均值分别为

$$\bar{f}=\int \mathrm{d}\boldsymbol{R}\mathrm{d}\boldsymbol{P}W(\boldsymbol{R},\boldsymbol{P})f(\boldsymbol{R}),\quad \bar{g}=\int \mathrm{d}\boldsymbol{R}\mathrm{d}\boldsymbol{P}W(\boldsymbol{R},\boldsymbol{P})g(\boldsymbol{P}).$$

(3) 设 $\psi(\boldsymbol{r},t)$ 或 $\varphi(\boldsymbol{p},t)$ 随时间 t 变化, 求证: 自由粒子的维格纳函数满足

$$\partial_t W+(\boldsymbol{P}/m)\cdot\nabla_{\boldsymbol{R}}W=0.$$

第八章

角动量理论

与经典力学一样, 角动量也是量子力学中的一个极为重要的动力学变量, 与体系的转动对称性密切相关. 此外, 角动量还是描述微观粒子内禀自由度必不可少的动力学变量. 第 8.1 节介绍角动量的普遍性质, 由于轨道角动量的性质已在 3.3 节给出了详细的阐述, 因此第 8.2 节专门介绍 $s=1/2$ 的自旋角动量, 第 8.3 节研究角动量的耦合问题, 第 8.4 节介绍角动量理论的几个应用.

§ 8.1 角动量的普遍性质

量子力学中的角动量包括轨道角动量, 自旋角动量, 以及各种角动量之和, 本节仅涉及角动量的共性方面, 介绍了角动量算符的性质, 以及与它密切相关的标量算符和矢量算符的概念, 并求解角动量的本征值问题.

1. 角动量算符, 矢量算符与标量算符

如果算符 $\hat{\boldsymbol{j}}$ 的 3 个分量均为观测算符, 且满足以下对易关系:

$$\boxed{[\hat{j}_x,\hat{j}_y]=\mathrm{i}\hbar\hat{j}_z,\quad [\hat{j}_y,\hat{j}_z]=\mathrm{i}\hbar\hat{j}_x,\quad [\hat{j}_z,\hat{j}_x]=\mathrm{i}\hbar\hat{j}_y}$$

则称 $\hat{\boldsymbol{j}}$ 为角动量算符, 利用列维 – 齐维塔符号 $\epsilon_{\alpha\beta\gamma}$, 可将上式改写为

$$\boxed{[\hat{j}_\alpha,\hat{j}_\beta]=\mathrm{i}\hbar\epsilon_{\alpha\beta\gamma}\hat{j}_\gamma\ (\alpha,\beta,\gamma=x,y,z)\quad\Leftrightarrow\quad\hat{\boldsymbol{j}}\times\hat{\boldsymbol{j}}=\mathrm{i}\hbar\hat{\boldsymbol{j}}}\tag{8.1.1}$$

角动量的平方 $\hat{\boldsymbol{j}}^2$ 也是一个观测算符, 它与 $\hat{\boldsymbol{j}}$ 的任何一个分量均对易, 即

$$\boxed{\hat{\boldsymbol{j}}^2\equiv\hat{j}_x^2+\hat{j}_y^2+\hat{j}_z^2\quad\Rightarrow\quad[\hat{\boldsymbol{j}}^2,\hat{\boldsymbol{j}}]=0}$$

为了便于求解角动量的本征值, 通常引入角动量的**升降算符**, 它们定义为

$$\boxed{\hat{j}_\pm\equiv\hat{j}_x\pm\mathrm{i}\hat{j}_y=\hat{j}_\mp^\dagger\quad\Rightarrow\quad\hat{j}_x=(\hat{j}_++\hat{j}_-)/2,\ \hat{j}_y=(\hat{j}_+-\hat{j}_-)/2\mathrm{i}}\tag{8.1.2}$$

注意 $\hat{j}_\pm$ 是非厄密算符, 它们并不对应于任何可观测的物理量. 容易证明

$$\boxed{[\hat{j}_+,\hat{j}_-]=2\hbar\hat{j}_z,\quad[\hat{j}_z,\hat{j}_\pm]=\pm\hbar\hat{j}_\pm}\tag{8.1.3}$$

$$\boxed{\hat{\boldsymbol{j}}^2=(\hat{j}_+\hat{j}_-+\hat{j}_-\hat{j}_+)/2+\hat{j}_z^2=\hat{j}_\mp\hat{j}_\pm+\hat{j}_z(\hat{j}_z\pm\hbar)}\tag{8.1.4}$$

标量算符: 与角动量算符 $\hat{\boldsymbol{j}}$ 的所有分量均对易的算符 $\hat{S}$ 称为标量算符, 即

$$\boxed{[\hat{S},\hat{\boldsymbol{j}}]=0}$$

矢量算符: 若 $\hat{\boldsymbol{A}}$ 的 3 个分量与角动量 $\hat{\boldsymbol{j}}$ 之间有如下对易关系, 则 $\hat{\boldsymbol{A}}$ 称为矢量算符:

$$\boxed{[\hat{j}_\alpha,\hat{A}_\beta]=\mathrm{i}\hbar\epsilon_{\alpha\beta\gamma}\hat{A}_\gamma}\tag{8.1.5}$$

$\hat{\boldsymbol{j}}$ 本身就是一个矢量算符, 而经典矢量 $\boldsymbol{n}$ 不是矢量算符.

为了准确地理解标量算符和矢量算符的概念, 需要注意以下两点:

(1) **标量算符和矢量算符是相对于某个确定角动量定义的**. 例如, 位置算符 $\hat{\boldsymbol{r}}$、动量算符 $\hat{\boldsymbol{p}}$、轨道角动量算符 $\hat{\boldsymbol{l}}$ 均是相对于 $\hat{\boldsymbol{l}}$ 定义的矢量算符, 因而也称为轨道态空间上的矢量算符, 但它们的每一个分量均为自旋态空间的标量算符 (参见第 8.2 节).

(2) 标量算符和矢量算符也可以按照它们在态空间的转动变换规律来定义 (参见第 10.2 节), 例如, 标量算符可定义为在态空间转动变换下保持不变的算符, 这种定义与上述定义是完全等价的.

若 $\hat{\boldsymbol{A}}$ 是相对于角动量算符 $\hat{\boldsymbol{j}}$ 定义的矢量算符, 由 (8.1.5) 式容易导出

$$\boxed{\hat{\boldsymbol{j}}\cdot\hat{\boldsymbol{A}}=\hat{\boldsymbol{A}}\cdot\hat{\boldsymbol{j}}} \tag{8.1.6}$$

附录 E 列出了有关角动量算符和矢量算符的其他公式, 下面仅介绍一个基本定理.

定理: 若 $\hat{\boldsymbol{A}}$ 和 $\hat{\boldsymbol{B}}$ 均为矢量算符, 则 $\hat{\boldsymbol{A}}\cdot\hat{\boldsymbol{B}}$ 为标量算符, $\hat{\boldsymbol{A}}\times\hat{\boldsymbol{B}}$ 为矢量算符.

证明: 容易验证, $\hat{\boldsymbol{A}}\cdot\hat{\boldsymbol{B}}$ 与角动量 $\hat{\boldsymbol{j}}$ 的任意分量均对易, 即

$$[\hat{j}_\alpha,\hat{\boldsymbol{A}}\cdot\hat{\boldsymbol{B}}]=[\hat{j}_\alpha,\hat{A}_\beta\hat{B}_\beta]=[\hat{j}_\alpha,\hat{A}_\beta]\hat{B}_\beta+\hat{A}_\gamma[\hat{j}_\alpha,\hat{B}_\gamma]=\mathrm{i}\hbar(\epsilon_{\alpha\beta\gamma}+\epsilon_{\alpha\gamma\beta})\hat{A}_\gamma\hat{B}_\beta=0.$$

因此 $\hat{\boldsymbol{A}}\cdot\hat{\boldsymbol{B}}$ 为标量算符. 此外, 令 $\hat{\boldsymbol{C}}\equiv\hat{\boldsymbol{A}}\times\hat{\boldsymbol{B}}$, 则有 $\hat{C}_\beta=\epsilon_{\beta\gamma\delta}\hat{A}_\gamma\hat{B}_\delta$, 因此

$$\begin{aligned}
[\hat{j}_\alpha,\hat{C}_\beta]&=\epsilon_{\beta\gamma\delta}([\hat{j}_\alpha,\hat{A}_\gamma]\hat{B}_\delta+\hat{A}_\gamma[\hat{j}_\alpha,\hat{B}_\delta])\\
&=\mathrm{i}\hbar\epsilon_{\beta\gamma\delta}(\epsilon_{\alpha\gamma\lambda}\hat{A}_\lambda\hat{B}_\delta+\epsilon_{\alpha\delta\lambda}\hat{A}_\gamma\hat{B}_\lambda)\\
&=\mathrm{i}\hbar(\delta_{\beta\alpha}\delta_{\delta\lambda}-\delta_{\beta\lambda}\delta_{\alpha\delta})\hat{A}_\lambda\hat{B}_\delta+\mathrm{i}\hbar(\delta_{\beta\lambda}\delta_{\gamma\alpha}-\delta_{\beta\alpha}\delta_{\lambda\gamma})\hat{A}_\gamma\hat{B}_\lambda\\
&=\mathrm{i}\hbar(\hat{A}_\alpha\hat{B}_\beta-\hat{A}_\beta\hat{B}_\alpha),\\
\mathrm{i}\hbar\epsilon_{\alpha\beta\gamma}\hat{C}_\gamma&=\mathrm{i}\hbar\epsilon_{\alpha\beta\gamma}\epsilon_{\alpha'\beta'\gamma}\hat{A}_{\alpha'}\hat{B}_{\beta'}=\mathrm{i}\hbar(\hat{A}_\alpha\hat{B}_\beta-\hat{A}_\beta\hat{B}_\alpha).
\end{aligned}$$

以上结果表明, $[\hat{j}_\alpha,\hat{C}_\beta]=\mathrm{i}\hbar\epsilon_{\alpha\beta\gamma}\hat{C}_\gamma$, 因此 $\hat{C}$ 为矢量算符, 证毕.

2. 角动量的本征值与本征态

设 $\hat{\boldsymbol{j}}$ 为一个角动量算符, 则 $\hat{\boldsymbol{j}}^2$ 是一个正定厄密算符, 它的本征值为非负实数, 可记为 $j(j+1)\hbar^2$ $(j\geqslant 0)$, 因而可将 $\{\hat{\boldsymbol{j}}^2,\hat{j}_z\}$ 的归一化共同本征矢量记为 $|jm\rangle$, 满足

$$\boxed{\hat{\boldsymbol{j}}^2|jm\rangle=j(j+1)\hbar^2|jm\rangle,\quad \hat{j}_z|jm\rangle=m\hbar|jm\rangle,\quad \langle jm|j'm'\rangle=\delta_{jj'}\delta_{mm'}}$$

下面是角动量理论的一个**基本定理**, 它包括两个重要结论:

(1) 采用康登–肖特莱相位约定, 有递推关系:

$$\boxed{\hat{j}_\pm|jm\rangle=\hbar\sqrt{j(j+1)-m(m\pm1)}\,|j(m\pm1)\rangle} \tag{8.1.7}$$

(2) 量子数 j 和 m 的可能取值分别为

$$\boxed{j=0,1/2,1,3/2,2,\cdots;\quad m=-j,-(j-1),\cdots,(j-1),j} \tag{8.1.8}$$

证明: 第一步, 先证 $\hat{j}_\pm|jm\rangle$ 也是 $\{\hat{\boldsymbol{j}}^2, \hat{j}_z\}$ 的共同本征态. 由于 $[\hat{\boldsymbol{j}}^2, \hat{j}_\pm] = 0$, 故有

$$\hat{\boldsymbol{j}}^2 \hat{j}_\pm|jm\rangle = \hat{j}_\pm \hat{\boldsymbol{j}}^2|jm\rangle = j(j+1)\hbar^2 \hat{j}_\pm|jm\rangle.$$

因此 $\hat{j}_\pm|jm\rangle$ 是 $\hat{\boldsymbol{j}}^2$ 的本征态, 本征值为 $j(j+1)\hbar^2$. 此外, 由于 $[\hat{j}_z, \hat{j}_\pm] = \pm\hbar\hat{j}_\pm$, 可得

$$\hat{j}_z \hat{j}_\pm|jm\rangle = \hat{j}_\pm(\hat{j}_z \pm \hbar)|jm\rangle = (m \pm 1)\hbar \hat{j}_\pm|jm\rangle.$$

上式表明, $\hat{j}_\pm|jm\rangle$ 也是 $\hat{j}_z$ 的本征态, 本征值为 $(m\pm1)\hbar$. 结合以上两个结论, 可得

$$\hat{j}_\pm|jm\rangle = c_\pm|j(m\pm1)\rangle. \tag{8.1.9}$$

第二步, 推导递推关系 (8.1.7) 式. 对方程 (8.1.9) 的两边均取共轭矢量, 可得

$$\langle jm|\hat{j}_\mp = c_\pm^*\langle j(m\pm1)|.$$

将上式与 (8.1.9) 式相结合, 可知态矢量 $\hat{j}_\pm|jm\rangle$ 的模方可表示为

$$\langle jm|\hat{j}_\mp \hat{j}_\pm|jm\rangle = |c_\pm|^2\langle j(m\pm1)|j(m\pm1)\rangle = |c_\pm|^2.$$

另一方面, 这个模方也可以借助于 (8.1.4) 式求得, 即

$$\langle jm|\hat{j}_\mp \hat{j}_\pm|jm\rangle = \langle jm|[\hat{\boldsymbol{j}}^2 - \hat{j}_z(\hat{j}_z \pm \hbar)]|jm\rangle = [j(j+1) - m(m\pm1)]\hbar^2.$$

结合以上两个等式, 并取 $c_\pm$ 为非负实数 (康登–肖特莱相位约定), 可得

$$c_\pm = \hbar\sqrt{j(j+1) - m(m\pm1)} = \hbar\sqrt{(j\pm m+1)(j\mp m)}. \tag{8.1.10}$$

将上式代入 (8.1.9) 式, 立即得到 (8.1.7) 式.

第三步, 推断 j 和 m 的可能取值. 从递推关系 (8.1.7) 可以看出, 将升降算符 $\hat{j}_\pm$ 重复多次作用到某一个本征态 $|jm_0\rangle$, 可以得到一系列本征态 $|jm\rangle$, 其中

$$m = m_0 \pm 1, m_0 \pm 2, m_0 \pm 3, \cdots. \tag{8.1.11}$$

另一方面, (8.1.10) 式要求任何本征态 $|jm\rangle$ 必须满足

$$j(j+1) - m(m\pm1) \geqslant 0 \quad \Rightarrow \quad |m| \leqslant j. \tag{8.1.12}$$

这就要求 (8.1.11) 式中的数列中断为一个有限数列. 可以推断, m 的最大值为 j, 最小值为 $(-j)$, 因为由 (8.1.7) 式可得到 $\hat{j}_\pm|j,\pm j\rangle = 0$, 因此存在非负整数 p 和 q, 使得

$$m_0 + p = j, \quad m_0 - q = -j \quad \Rightarrow \quad 2j = p + q = 0, 1, 2, \cdots. \tag{8.1.13}$$

结合 (8.1.11) 式—(8.1.13) 式, 立即得到 (8.1.8) 式, 证毕.

上述定理十分重要, 需要注意几点:

(1) 在上述证明过程中, 我们只用到了角动量算符的厄密性和对易关系, 因而相关的结论具有普遍性, 适用于任何角动量, 包括轨道角动量、自旋角动量 (参见第 8.2 节) 以及多个角动量之和.

(2) (8.1.8) 式仅给出了 j 的可能取值, j 究竟取哪些整数或半奇数才是物理上合

理的? 这与所研究的具体问题有关. 例如, 轨道角动量量子数 l 只能取非负整数, 不能取半奇数, 而电子的自旋角动量量子数 s 只能取 1/2 (参见第 8.2 节).

(3) $\hat{\boldsymbol{j}}^2$ 的本征值 $j(j+1)\hbar^2$ 所对应的本征子空间 $\mathcal{E}_j$ 的维度为 $(2j+1)$, 它的一组正交归一完备的基矢量可取为 $|jm\rangle$ $(m=-j,-j+1,\cdots,j-1,j)$.

(4) 由递推关系 (8.1.7) 式可以得到

$$\boxed{\hat{j}_\pm|j,\pm j\rangle=0,\quad \hat{\boldsymbol{j}}|00\rangle=0}$$

(5) $|jm\rangle$ 并不是 $\hat{j}_x$ 和 $\hat{j}_y$ 的本征矢量. 由 (8.1.2) 式和 (8.1.7) 式可知, $\hat{j}_x|jm\rangle$ 和 $\hat{j}_y|jm\rangle$ 均为 $|j(m+1)\rangle$ 与 $|j(m-1)\rangle$ 的线性叠加态.

利用递推关系 (8.1.7) 式还可以导出以下有用公式:

$$\boxed{|jm\rangle=\sqrt{(j\mp m)!/(2j)!(j\pm m)!}\,\hat{j}_\pm^{(j\pm m)}|j(\mp j)\rangle} \tag{8.1.14}$$

下面运用数学归纳法证明这两个公式中的一个, 即

$$|jm\rangle=\sqrt{(j-m)!/(2j)!(j+m)!}\,\hat{j}_+^{(j+m)}|j(-j)\rangle. \tag{8.1.15}$$

当 $m=-j$ 时上式显然成立. 假设 $m=k$ 时上式成立, 则由递推关系 (8.1.7) 式可得

$$\begin{aligned}|j,k+1\rangle&=\sqrt{1/(j+k+1)(j-k)}\,\hat{j}_+|jk\rangle\\&=\sqrt{1/(j+k+1)(j-k)}\sqrt{(j-k)!/(2j)!(j+k)!}\,\hat{j}_+^{(j+k+1)}|j(-j)\rangle\\&=\sqrt{(j-k-1)!/(2j)!(j+k+1)!}\,\hat{j}_+^{(j+k+1)}|j(-j)\rangle.\end{aligned}$$

上式表明, (8.1.15) 式对 $m=k+1$ 也成立, 因此 (8.1.15) 式对任何 m 均成立, 证毕.

例

设 $|jm\rangle$ 为角动量 $\{\hat{\boldsymbol{j}}^2,\hat{j}_z\}$ 的归一化共同本征矢量, 求证:

$$\boxed{\langle jm|\hat{j}_x^2|jm\rangle=\langle jm|\hat{j}_y^2|jm\rangle=[j(j+1)-m^2]\hbar^2/2} \tag{8.1.16}$$

$$\boxed{\langle jm|\hat{j}_x^{2n+1}|jm\rangle=\langle jm|\hat{j}_y^{2n+1}|jm\rangle=0\quad(n=0,1,2,\cdots)} \tag{8.1.17}$$

证明: 利用 (8.1.2) 式和 (8.1.4) 式, 可得

$$\hat{j}_x^2=(1/4)(\hat{j}_+\hat{j}_-+\hat{j}_-\hat{j}_++\hat{j}_+^2+\hat{j}_-^2)=(1/2)(\hat{\boldsymbol{j}}^2-\hat{j}_z^2)+(1/4)(\hat{j}_+^2+\hat{j}_-^2).$$

利用上式以及 $\langle jm|\hat{j}_\pm^2|jm\rangle\propto\langle jm|j(m\pm2)\rangle=0$, 可得

$$\begin{aligned}\langle jm|\hat{j}_x^2|jm\rangle&=(1/2)\langle jm|(\hat{\boldsymbol{j}}^2-\hat{j}_z^2)|jm\rangle=[j(j+1)-m^2]\hbar^2/2,\\\langle jm|\hat{j}_y^2|jm\rangle&=\langle jm|(\hat{\boldsymbol{j}}^2-\hat{j}_z^2-\hat{j}_x^2)|jm\rangle=[j(j+1)-m^2]\hbar^2/2.\end{aligned}$$

此外, 由 (8.1.2) 式可知, $\hat{j}_x^{2n+1}$ 和 $\hat{j}_y^{2n+1}$ 均可表示为 $\hat{j}_\pm$ 的 $(2n+1)$ 次多项式, 对于其中任何一项, 算符 $\hat{j}_+$ 与 $\hat{j}_-$ 的幂次均不相等, 由递推关系 (8.1.7) 式可知, 它们在 $|jm\rangle$ 态下的平均值均为零, 例如

$$\langle jm|\hat{j}_+^{n-2}\hat{j}_-\hat{j}_+^2\hat{j}_-^n|jm\rangle\propto\langle jm|j(m-1)\rangle=0.$$

因此 (8.1.17) 式成立, 证毕.

下面研究标量算符和矢量算符对角动量本征态的作用, 有两个重要定理.

定理 1: 角动量平方 $\hat{\boldsymbol{j}}^2$ 的任一本征子空间 $\mathcal{E}_j$ 也是标量算符 $\hat{S}$ 的本征子空间, 也就是说, $\{\hat{\boldsymbol{j}}^2, \hat{j}_z\}$ 的共同本征态 $|jm\rangle$ 也是 $\hat{S}$ 的本征态, 且本征值与 m 无关, 即

$$\boxed{[\hat{S}, \hat{\boldsymbol{j}}] = 0 \quad \Rightarrow \quad \hat{S}|jm\rangle = S_j|jm\rangle} \tag{8.1.18}$$

证明: (1) 先证 $|jm\rangle$ 是 $\hat{S}$ 的本征态. 由于 $\hat{S}$ 与 $\hat{\boldsymbol{j}}^2, \hat{j}_z$ 均对易, 因此有

$$\hat{\boldsymbol{j}}^2\hat{S}|jm\rangle = \hat{S}\hat{\boldsymbol{j}}^2|jm\rangle = j(j+1)\hbar^2\hat{S}|jm\rangle, \quad \hat{j}_z\hat{S}|jm\rangle = \hat{S}\hat{j}_z|jm\rangle = m\hbar\hat{S}|jm\rangle.$$

上式表明, $\hat{S}|jm\rangle$ 是 $\{\hat{\boldsymbol{j}}^2, \hat{j}_z\}$ 的共同本征态, 本征值分别为 $j(j+1)\hbar^2$ 和 $m\hbar$, 因此

$$\hat{S}|jm\rangle = S_{jm}|jm\rangle.$$

(2) 再证本征值 S_{jm} 与 m 无关. 利用上式及递推关系 (8.1.7) 式, 可得

$$\hat{j}_+\hat{S}|jm\rangle = S_{jm}\hat{j}_+|jm\rangle = S_{jm}C_{jm}|j(m+1)\rangle, \quad [C_{jm} \equiv \hbar\sqrt{j(j+1)-m(m-1)}].$$

另一方面, 利用 $[\hat{S}, \hat{j}_+] = 0$ 及递推关系 (8.1.7) 式, 可得

$$\hat{j}_+\hat{S}|jm\rangle = \hat{S}\hat{j}_+|jm\rangle = C_{jm}\hat{S}|j(m+1)\rangle = C_{jm}S_{j,m+1}|j(m+1)\rangle.$$

以上两式表明, $S_{jm} = S_{j,m+1} \quad (-j \leqslant m \leqslant j-1)$, 故 S_{jm} 与 m 无关, 证毕.

***定理 2:** 设 $\hat{\boldsymbol{j}}$ 为角动量算符, $\hat{\boldsymbol{A}}$ 为一个矢量算符, 则在 $\hat{\boldsymbol{j}}^2$ 的本征子空间 $\mathcal{E}_j$ 中, $\hat{\boldsymbol{A}}$ 等同于 $\hat{\boldsymbol{j}}\langle\hat{\boldsymbol{j}}\cdot\hat{\boldsymbol{A}}\rangle_j/j(j+1)\hbar^2$, 其中 $\langle\hat{\boldsymbol{j}}\cdot\hat{\boldsymbol{A}}\rangle_j$ 为标量算符 $(\hat{\boldsymbol{j}}\cdot\hat{\boldsymbol{A}})$ 在 $\mathcal{E}_j$ 中的本征值, 即对于 $\{\hat{\boldsymbol{j}}^2, \hat{j}_z\}$ 的共同本征矢量 $|jm\rangle$, 有

$$\boxed{\langle jm|\hat{\boldsymbol{A}}|jm'\rangle = \langle jm|\hat{\boldsymbol{j}}|jm'\rangle\langle\hat{\boldsymbol{j}}\cdot\hat{\boldsymbol{A}}\rangle_j/j(j+1)\hbar^2} \tag{8.1.19}$$

证明: 利用附录 E 中的公式 (4):

$$\hat{\boldsymbol{j}}^2\hat{\boldsymbol{A}} + \hat{\boldsymbol{A}}\hat{\boldsymbol{j}}^2 - 2\hat{\boldsymbol{j}}(\hat{\boldsymbol{j}}\cdot\hat{\boldsymbol{A}}) = [\hat{\boldsymbol{j}}^2, [\hat{\boldsymbol{j}}^2, \hat{\boldsymbol{A}}]]$$
$$\Rightarrow \quad \langle jm|[\hat{\boldsymbol{j}}^2\hat{\boldsymbol{A}} + \hat{\boldsymbol{A}}\hat{\boldsymbol{j}}^2 - 2\hat{\boldsymbol{j}}(\hat{\boldsymbol{j}}\cdot\hat{\boldsymbol{A}})]|jm'\rangle = \langle jm|[\hat{\boldsymbol{j}}^2, [\hat{\boldsymbol{j}}^2, \hat{\boldsymbol{A}}]]|jm'\rangle/2\hbar^2.$$

注意到 $\hat{\boldsymbol{j}}\cdot\hat{\boldsymbol{A}}|jm'\rangle = \langle\hat{\boldsymbol{j}}\cdot\hat{\boldsymbol{A}}\rangle_j|jm'\rangle$, 而上式的右边为零, 故上式简化为 (8.1.19) 式, 即

$$2j(j+1)\hbar^2\langle jm|\hat{\boldsymbol{A}}|jm'\rangle - 2\langle\hat{\boldsymbol{j}}\cdot\hat{\boldsymbol{A}}\rangle_j\langle jm|\hat{\boldsymbol{j}}|jm'\rangle = 0.$$

§ 8.2 1/2 自旋角动量

1925 年, 乌伦贝克 (G. E. Uhlenbeck) 和哥德斯密特 (S. A. Goudsmit) 为解释碱金属原子光谱的双线结构和反常塞曼效应, 提出了电子自旋假设, 施特恩 – 格拉赫实验直接证实了电子自旋的存在, 大量实验表明所有基本粒子 (电子、质子、中子等) 均具有自旋.

关于自旋的严格理论涉及相对论量子力学, 在非相对论量子力学中, 自旋应被视

为一个唯象的概念. 电子自旋不是机械的自转, 而是一种内禀的动力学变量. 自旋是量子力学中特有的力学量, 经典力学中没有对应物. 总之, 电子除了轨道运动的 3 个自由度之外, 还有一个额外的内禀自由度, 即自旋自由度.

1. 自旋算符

自旋 $\hat{\boldsymbol{s}}$ 是自旋态空间上的一个观测算符, 它满足角动量算符的对易关系, 即

$$\boxed{\hat{\boldsymbol{s}}^\dagger = \hat{\boldsymbol{s}}, \quad [\hat{s}_\alpha, \hat{s}_\beta] = \mathrm{i}\hbar\epsilon_{\alpha\beta\gamma}\hat{s}_\gamma \quad (\alpha, \beta, \gamma = x, y, z)}$$

自旋具有角动量的普遍性质, 因此 $\hat{\boldsymbol{s}}^2$ 的本征值可表示为 $s(s+1)\hbar^2$. 自旋的独特之处是, 每一种粒子的自旋量子数 s 是一个固定的常数, 因此有

$$\boxed{\hat{\boldsymbol{s}}^2 = s(s+1)\hbar^2}$$

s 为非负整数的粒子称为玻色子, 而 s 为半奇数的粒子称为费米子. 实验表明, 电子、质子、中子均为 $s = 1/2$ 的费米子, 即有

$$\boxed{s = 1/2 \quad \Rightarrow \quad \hat{\boldsymbol{s}}^2 = 3\hbar^2/4}$$

常用无量纲的泡利算符 $\hat{\boldsymbol{\sigma}}$ 来描述 $s = 1/2$ 的自旋, 它的定义和性质如下:

$$\boxed{\hat{\boldsymbol{\sigma}} \equiv 2\hat{\boldsymbol{s}}/\hbar = \hat{\boldsymbol{\sigma}}^\dagger, \quad \hat{\sigma}_\alpha\hat{\sigma}_\beta = \delta_{\alpha\beta} + \mathrm{i}\epsilon_{\alpha\beta\gamma}\hat{\sigma}_\gamma \quad (\alpha, \beta, \gamma = x, y, z)} \tag{8.2.1}$$

$$\Rightarrow \quad \boxed{\hat{\sigma}_\alpha^2 = 1, \ \hat{\sigma}_x\hat{\sigma}_y = -\hat{\sigma}_y\hat{\sigma}_x = \mathrm{i}\hat{\sigma}_z, \ \hat{\sigma}_y\hat{\sigma}_z = -\hat{\sigma}_z\hat{\sigma}_y = \mathrm{i}\hat{\sigma}_x, \ \hat{\sigma}_z\hat{\sigma}_x = -\hat{\sigma}_x\hat{\sigma}_z = \mathrm{i}\hat{\sigma}_y}$$

方程 (8.2.1) 概括了 $\hat{\boldsymbol{\sigma}}$ 的全部代数性质, 下面给出其证明.

证明: 由于 $\hat{\sigma}_\alpha$ 的本征值只有 ± 1, 因此有 $\hat{\sigma}_\alpha^2 = 1$. 再利用自旋分量的对易关系,

$$\mathrm{i}\hbar\hat{s}_z = \hat{s}_x\hat{s}_y - \hat{s}_y\hat{s}_x \quad \Rightarrow \quad \mathrm{i}2\hat{\sigma}_z = \hat{\sigma}_x\hat{\sigma}_y - \hat{\sigma}_y\hat{\sigma}_x.$$

在以上方程两边同时左乘 $\hat{\sigma}_x$, 或者同时右乘 $\hat{\sigma}_x$, 分别得到

$$\mathrm{i}2\hat{\sigma}_x\hat{\sigma}_z = \hat{\sigma}_y - \hat{\sigma}_x\hat{\sigma}_y\hat{\sigma}_x, \quad \mathrm{i}2\hat{\sigma}_z\hat{\sigma}_x = \hat{\sigma}_x\hat{\sigma}_y\hat{\sigma}_x - \hat{\sigma}_y \quad \Rightarrow \quad \hat{\sigma}_x\hat{\sigma}_z = -\hat{\sigma}_z\hat{\sigma}_x.$$

将上式与 $\hat{\sigma}_z\hat{\sigma}_x - \hat{\sigma}_x\hat{\sigma}_z = \mathrm{i}2\hat{\sigma}_y$ 结合, 得 $\hat{\sigma}_z\hat{\sigma}_x = \mathrm{i}\hat{\sigma}_y$. 其他关系可用类似方式导出, 证毕.

自旋升降算符的定义和性质如下:

$$\boxed{\hat{\sigma}_\pm \equiv \hat{\sigma}_x \pm \mathrm{i}\hat{\sigma}_y \ \Rightarrow \ \hat{\sigma}_\pm^2 = 0, \ [\hat{\sigma}_+, \hat{\sigma}_-] = 4\hat{\sigma}_z, \ [\hat{\sigma}_z, \hat{\sigma}_\pm] = \pm 2\hat{\sigma}_\pm}$$

设单位向量 $\boldsymbol{n}$ 的方向角为 (θ, φ), 如图 8.2.1 所示, 则 $\hat{\boldsymbol{\sigma}}$ 沿 $\boldsymbol{n}$ 方向的分量为

$$\boxed{\hat{\sigma}_n \equiv \hat{\boldsymbol{\sigma}} \cdot \boldsymbol{n} = \hat{\sigma}_x \sin\theta\cos\varphi + \hat{\sigma}_y \sin\theta\sin\varphi + \hat{\sigma}_z \cos\theta \ \Rightarrow \ \hat{\sigma}_n^2 = 1} \tag{8.2.2}$$

上式表明, $\hat{\sigma}_n$ 的本征值为 ± 1, 即自旋在任何方向的投影值只能是 $\pm\hbar/2$.

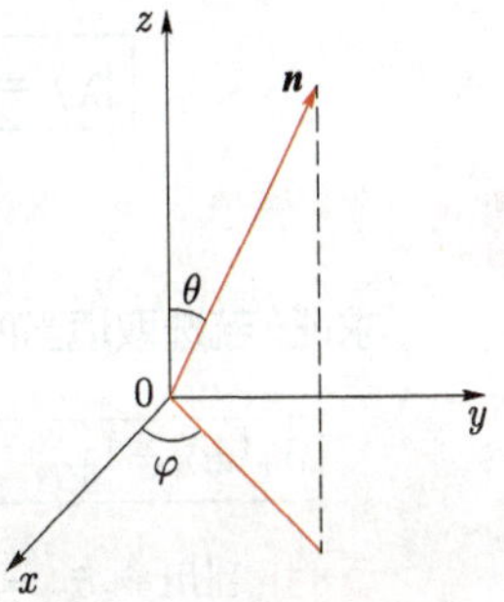

图 8.2.1 $\boldsymbol{n}$ 的方向角度

例 1

设算符 $\hat{A}$ 和 $\hat{B}$ 的任意分量均与 $\hat{\boldsymbol{\sigma}}$ 的任意分量对易，求证:

$$\boxed{\hat{\boldsymbol{\sigma}}(\hat{\boldsymbol{\sigma}}\cdot\hat{\boldsymbol{A}})-\hat{\boldsymbol{A}}=\hat{\boldsymbol{A}}-(\hat{\boldsymbol{A}}\cdot\hat{\boldsymbol{\sigma}})\hat{\boldsymbol{\sigma}}=\mathrm{i}\hat{\boldsymbol{A}}\times\hat{\boldsymbol{\sigma}}} \tag{8.2.3}$$

$$\boxed{(\hat{\boldsymbol{\sigma}}\cdot\hat{\boldsymbol{A}})(\hat{\boldsymbol{\sigma}}\cdot\hat{\boldsymbol{B}})=\hat{\boldsymbol{A}}\cdot\hat{\boldsymbol{B}}+i\hat{\boldsymbol{\sigma}}\cdot(\hat{\boldsymbol{A}}\times\hat{\boldsymbol{B}})} \tag{8.2.4}$$

证明: 利用方程 (8.2.1), 可得

$$\hat{\sigma}_\alpha(\hat{\boldsymbol{\sigma}}\cdot\hat{\boldsymbol{A}})-\hat{A}_\alpha=\hat{\sigma}_\alpha\hat{\sigma}_\beta\hat{A}_\beta-\hat{A}_\alpha=(\delta_{\alpha\beta}+\mathrm{i}\epsilon_{\alpha\beta\gamma}\hat{\sigma}_\gamma)\hat{A}_\beta-\hat{A}_\alpha=\mathrm{i}(\hat{\boldsymbol{A}}\times\hat{\boldsymbol{\sigma}})_\alpha,$$

$$\hat{A}_\alpha-(\hat{\boldsymbol{A}}\cdot\hat{\boldsymbol{\sigma}})\hat{\sigma}_\alpha=\hat{A}_\alpha-\hat{A}_\beta\hat{\sigma}_\beta\hat{\sigma}_\alpha=\hat{A}_\alpha-\hat{A}_\beta(\delta_{\beta\alpha}+\mathrm{i}\epsilon_{\beta\alpha\gamma}\hat{\sigma}_\gamma)=\mathrm{i}(\hat{\boldsymbol{A}}\times\hat{\boldsymbol{\sigma}})_\alpha,$$

$$(\hat{\boldsymbol{\sigma}}\cdot\hat{\boldsymbol{A}})(\hat{\boldsymbol{\sigma}}\cdot\hat{\boldsymbol{B}})=\hat{\sigma}_\alpha\hat{\sigma}_\beta\hat{A}_\alpha\hat{B}_\beta=(\delta_{\alpha\beta}+\mathrm{i}\epsilon_{\alpha\beta\gamma}\hat{\sigma}_\gamma)\hat{A}_\alpha\hat{B}_\beta=\hat{\boldsymbol{A}}\cdot\hat{\boldsymbol{B}}+\mathrm{i}\hat{\boldsymbol{\sigma}}\cdot(\hat{\boldsymbol{A}}\times\hat{\boldsymbol{B}}).$$

2. 自旋态空间

对于一个自旋量子数为 s 的粒子, 它的自旋态空间 $\mathcal{E}_s$ 的维度为 $(2s+1)$, 一组正交归一完备的基矢量可取为 $\hat{s}_z$ 的本征矢量 $|m_s\rangle(m_s=-s,-s+1,\cdots,s)$, 即

$$\boxed{\hat{s}_z|m_s\rangle=m_s\hbar|m_s\rangle,\quad\langle m_s|m_s'\rangle=\delta_{m_s m_s'},\quad\sum_{m_s}|m_s\rangle\langle m_s|=1}$$

粒子的任一个归一化自旋态矢量均可表示为

$$\boxed{|\chi\rangle=\sum_{m_s}c(m_s)|m_s\rangle,\quad\sum_{m_s}|c(m_s)|^2=1\quad\Rightarrow\quad\langle\chi|\chi\rangle=1}$$

电子的自旋态空间 $\mathcal{E}_s$ 是二维的, $\hat{\sigma}_z$ 的两个正交归一的本征矢量分别记为

$$|+1/2\rangle\equiv|+\rangle\equiv|\uparrow\rangle,\quad|-1/2\rangle\equiv|-\rangle\equiv|\downarrow\rangle,\quad\boxed{\hat{\sigma}_z|\pm\rangle=\pm|\pm\rangle} \tag{8.2.5}$$

这两个矢量的正交归一性和完备性可分别表示为

$$\boxed{\langle\uparrow|\uparrow\rangle=\langle\downarrow|\downarrow\rangle=1,\quad\langle\uparrow|\downarrow\rangle=0;\quad|\uparrow\rangle\langle\uparrow|+|\downarrow\rangle\langle\downarrow|=1}$$

电子的任一个归一化自旋态矢量均可表示为

$$\boxed{|\chi\rangle=a|\uparrow\rangle+b|\downarrow\rangle\quad|a|^2+|b|^2=1\quad\Rightarrow\quad\langle\chi|\chi\rangle=1}$$

例 2

求证: 若选取适当的相位, 则可得到以下重要关系:

$$\boxed{\hat{\sigma}_x|\pm\rangle=|\mp\rangle,\quad\hat{\sigma}_y|\pm\rangle=\pm\mathrm{i}|\mp\rangle\quad\Rightarrow\quad\hat{\sigma}_\pm|\pm\rangle=0,\quad\hat{\sigma}_\pm|\mp\rangle=2|\pm\rangle} \tag{8.2.6}$$

证明: 利用 $\hat{\sigma}_z\hat{\sigma}_x=-\hat{\sigma}_x\hat{\sigma}_z$, 可得

$$\hat{\sigma}_z\hat{\sigma}_x|+\rangle=-\hat{\sigma}_x\hat{\sigma}_z|+\rangle=-\hat{\sigma}_x|+\rangle.$$

上式表明, $\hat{\sigma}_x|+\rangle$ 也是 $\hat{\sigma}_z$ 的本征态, 本征值为 (-1), 因此有

$$\hat{\sigma}_x|+\rangle = c|-\rangle, \quad \Rightarrow \quad \langle+|\hat{\sigma}_x = c^*\langle-|.$$

其中 c 为一个常数. 结合以上两式, 可得

$$\langle+|\hat{\sigma}_x^2|+\rangle = |c|^2\langle-|-\rangle, \quad \hat{\sigma}_x^2 = 1, \quad \Rightarrow \quad |c|^2 = 1.$$

选取适当的相位, 可取 $c = 1$, 得到 $\hat{\sigma}_x|+\rangle = |-\rangle$. 利用此关系可得

$$\hat{\sigma}_x|-\rangle = \hat{\sigma}_x^2|+\rangle = |+\rangle, \quad \hat{\sigma}_y|\pm\rangle = \hat{\sigma}_y\hat{\sigma}_x|\mp\rangle = -\mathrm{i}\hat{\sigma}_z|\mp\rangle = \pm\mathrm{i}|\mp\rangle.$$

利用上述结果及 $\hat{\sigma}_\pm$ 的定义, 容易导出 $\hat{\sigma}_\pm$ 对 $|\pm\rangle$ 的作用结果, 证毕.

例 3

试用 $\hat{\sigma}_z$ 的本征矢量表示沿 $\boldsymbol{n}$ 方向的泡利算符 $\hat{\sigma}_n$ 的归一化本征矢量.

解: 设 $\hat{\sigma}_n$ 的本征值 λ 对应的本征矢量为

$$|\lambda\rangle_n = a|\uparrow\rangle + b|\downarrow\rangle, \quad \hat{\sigma}_n|\lambda\rangle_n = \lambda|\lambda\rangle_n.$$

将 (8.2.2) 式代入以上本征方程, 并利用 (8.2.5) 和 (8.2.6) 式, 可得

$$\begin{aligned}&[a\cos\theta + b\sin\theta\exp(-\mathrm{i}\varphi)]|\uparrow\rangle + [a\sin\theta\exp(\mathrm{i}\varphi) - b\cos\theta]|\downarrow\rangle = \lambda(a|\uparrow\rangle + b|\downarrow\rangle),\\ \Rightarrow \quad &(\cos\theta - \lambda)a + \sin\theta\exp(-\mathrm{i}\varphi)b = 0, \quad \sin\theta\exp(\mathrm{i}\varphi)a - (\cos\theta + \lambda)b = 0.\end{aligned}$$

上述方程组有非零解的条件为 $\lambda = \pm 1$, 对应的两个解分别为

$$a_+ = \cos(\theta/2), \quad b_+ = \sin(\theta/2)\exp(\mathrm{i}\varphi); \quad a_- = \sin(\theta/2), \quad b_- = -\cos(\theta/2)\exp(\mathrm{i}\varphi).$$

因此, $\hat{\sigma}_n$ 的两个正交归一的本征矢量可分别表示为

$$\boxed{\begin{array}{l}|+\rangle_n = \cos(\theta/2)|\uparrow\rangle + \sin(\theta/2)\exp(\mathrm{i}\varphi)|\downarrow\rangle\\ |-\rangle_n = \sin(\theta/2)|\uparrow\rangle - \cos(\theta/2)\exp(\mathrm{i}\varphi)|\downarrow\rangle\end{array} \quad \Rightarrow \quad \hat{\sigma}_n|\pm\rangle_n = \pm|\pm\rangle_n} \tag{8.2.7}$$

x 轴方向的角度为 $\theta = \pi/2$, $\varphi = 0$, 而 y 轴方向的角度为 $\theta = \varphi = \pi/2$, 上式给出

$$\boxed{\begin{array}{ll}|\pm\rangle_x = (|\uparrow\rangle \pm |\downarrow\rangle)/\sqrt{2}, & \hat{\sigma}_x|\pm\rangle_x = \pm|\pm\rangle_x\\ |\pm\rangle_y = (|\uparrow\rangle \pm \mathrm{i}|\downarrow\rangle)/\sqrt{2}, & \hat{\sigma}_y|\pm\rangle_y = \pm|\pm\rangle_y\end{array}} \tag{8.2.8}$$

以 $|\pm\rangle$ 为基矢量的表象称为 σ_z 表象, 此时自旋态 $|\chi\rangle$ 用旋量 χ 表示为

$$\boxed{\chi = a\chi_+ + b\chi_- = \begin{pmatrix}a\\b\end{pmatrix}, \quad \chi_+ = \begin{pmatrix}1\\0\end{pmatrix}, \quad \chi_- = \begin{pmatrix}0\\1\end{pmatrix}, \quad \chi^\dagger\chi = |a|^2 + |b|^2 = 1}$$

例如, $\hat{\sigma}_n$ 的两个本征矢量 $|\pm\rangle_n$ 所对应的旋量分别为

$$\boxed{\chi_{n+} = \begin{pmatrix}\cos(\theta/2)\\ \sin(\theta/2)\exp(\mathrm{i}\varphi)\end{pmatrix}, \quad \chi_{n-} = \begin{pmatrix}\sin(\theta/2)\\ -\cos(\theta/2)\exp(\mathrm{i}\varphi)\end{pmatrix}}$$

在 σ_z 表象中, $\hat{\sigma}_x, \hat{\sigma}_y, \hat{\sigma}_z$ 分别对应于 3 个泡利矩阵, 利用 (8.2.5) 式和 (8.2.6) 式易证:

$$\boxed{\sigma_x = \begin{pmatrix} 0 & 1 \\ 1 & 0 \end{pmatrix}, \quad \sigma_y = \begin{pmatrix} 0 & -\mathrm{i} \\ \mathrm{i} & 0 \end{pmatrix}, \quad \sigma_z = \begin{pmatrix} 1 & 0 \\ 0 & -1 \end{pmatrix}} \tag{8.2.9}$$

由于 $\hat{\sigma}_x\hat{\sigma}_y\hat{\sigma}_z = \mathrm{i}$, 所以在任何表象中, $\hat{\sigma}_x, \hat{\sigma}_y, \hat{\sigma}_z$ 不可能全对应于实矩阵; 若其中两个对应于实矩阵, 另一个必对应于纯虚矩阵. 容易验证, $\hat{\sigma}_n$ 对应于以下矩阵:

$$\boxed{\sigma_n = \begin{pmatrix} \cos\theta & \sin\theta \mathrm{e}^{-\mathrm{i}\varphi} \\ \sin\theta \mathrm{e}^{\mathrm{i}\varphi} & -\cos\theta \end{pmatrix} \quad \Rightarrow \quad \mathrm{Tr}\,\sigma_n = 0, \quad \det\sigma_n = -1} \tag{8.2.10}$$

其中 Tr 表示对二维自旋态空间求迹.

若算符 $\hat{\boldsymbol{A}}$ 和 $\hat{\boldsymbol{B}}$ 的任意分量均与 $\hat{\boldsymbol{\sigma}}$ 的任意分量对易, 则有

$$\mathrm{Tr}(\hat{\boldsymbol{\sigma}} \cdot \hat{\boldsymbol{A}}) = (\mathrm{Tr}\,\sigma_\alpha)\hat{A}_\alpha = 0, \tag{8.2.11}$$

$$\mathrm{Tr}[(\hat{\boldsymbol{\sigma}} \cdot \hat{\boldsymbol{A}})(\hat{\boldsymbol{\sigma}} \cdot \hat{\boldsymbol{B}})] = (\mathrm{Tr}\,\sigma_0)\hat{\boldsymbol{A}} \cdot \hat{\boldsymbol{B}} = 2\hat{\boldsymbol{A}} \cdot \hat{\boldsymbol{B}}. \tag{8.2.12}$$

其中 σ_0 表示 2×2 的单位矩阵, 并利用了 (8.2.4) 式.

容易证明, 1/2 自旋态空间上的任何线性算符 $\hat{A}$ 均可表示为 $\hat{\sigma}_0$(单位算符) 和 $\hat{\sigma}_x$, $\hat{\sigma}_y$, $\hat{\sigma}_z$ 的线性叠加, 即

$$\boxed{\hat{A} = \sum_\mu c_\mu \hat{\sigma}_\mu, \quad c_\mu = (1/2)\mathrm{Tr}(\hat{A}\hat{\sigma}_\mu) \quad (\mu = 0, x, y, z)}$$

易知 $\hat{A}$ 与 $\hat{\sigma}_x$, $\hat{\sigma}_y$, $\hat{\sigma}_z$ 均对易的充分必要条件是 $\hat{A} = c_0$ (常数), 而 $\hat{A}$ 与 $\hat{\sigma}_x$, $\hat{\sigma}_y$, $\hat{\sigma}_z$ 均反对易的充分必要条件是 $\hat{A} = 0$.

3. 自旋磁矩

实验表明, 自旋不为零的微观粒子通常具有自旋磁矩, 它是一种动力学变量, 对应的观测算符 $\hat{\boldsymbol{\mu}}_s$ 与粒子的自旋算符 $\hat{\boldsymbol{s}}$ 成比例, 即

$$\boxed{\hat{\boldsymbol{\mu}}_s = g_s \hat{\boldsymbol{s}}}$$

其中 g_s 可由实验结果推算出来. 设电子的质量为 μ, 则电子的自旋磁矩算符为

$$\boxed{\hat{\boldsymbol{\mu}}_s^{\mathrm{e}} = -\mu_{\mathrm{B}}\hat{\boldsymbol{\sigma}} \quad (\mu_{\mathrm{B}} \equiv e\hbar/2\mu c)}$$

设质子的质量为 μ_{p}, 则质子和中子的自旋磁矩算符分别为

$$\hat{\boldsymbol{\mu}}_s^{\mathrm{p}} = 2.793\mu_{\mathrm{N}}\hat{\boldsymbol{\sigma}}, \quad \hat{\boldsymbol{\mu}}_s^{\mathrm{n}} = -1.913\mu_N\hat{\boldsymbol{\sigma}} \quad (\mu_{\mathrm{N}} \equiv e\hbar/2\mu_{\mathrm{p}}c).$$

当一个电子处于矢量势 $\boldsymbol{A}(\boldsymbol{r})$ 中, 磁场 $\boldsymbol{B} = \nabla \times \boldsymbol{A}$, 电子的自旋磁矩与磁场之间存在相互作用, 体系的哈密顿算符为

$$\boxed{\hat{H} = (\hat{\boldsymbol{p}} + e\boldsymbol{A}/c)^2/2\mu - \hat{\boldsymbol{\mu}}_s \cdot \boldsymbol{B} = \mu\hat{\boldsymbol{v}}^2/2 - \hat{\boldsymbol{\mu}}_s \cdot \boldsymbol{B}} \tag{8.2.13}$$

例 4

设电子处于沿 (θ,φ) 方向的均匀磁场 $\boldsymbol{B}$ 中, 不计轨道运动, 哈密顿算符为

$$\hat{H}=-\hat{\boldsymbol{\mu}}_s\cdot\boldsymbol{B}=\hbar\omega\hat{\sigma}_n\quad(\omega=eB/2\mu c,\ \hat{\sigma}_n=\hat{\sigma}_x\sin\theta\cos\varphi+\hat{\sigma}_y\sin\theta\sin\varphi+\hat{\sigma}_z\cos\theta).$$

设 $t=0$ 时的自旋态 $|\chi(0)\rangle=|\uparrow\rangle$, 试求 $t>0$ 时的 $|\chi(t)\rangle$ 及平均值 $\bar{\sigma}_\alpha(t)(\alpha=n,x,y,z)$.

解: 电子的能级为 $E_\pm=\pm\hbar\omega$, 对应的定态 $|\pm\rangle_n$ 由 (8.2.7) 式给出. 初始条件为

$$|\chi(0)\rangle=|\uparrow\rangle=\cos(\theta/2)|+\rangle_n+\sin(\theta/2)|-\rangle_n.$$

满足含时薛定谔方程及初始条件的解为

$$\begin{aligned}|\chi(t)\rangle&=\cos(\theta/2)\exp(-\mathrm{i}E_+t/\hbar)|+\rangle_n+\sin(\theta/2)\exp(-\mathrm{i}E_-t/\hbar)|-\rangle_n\\&=(\cos\omega t-\mathrm{i}\cos\theta\sin\omega t)|\uparrow\rangle-\mathrm{i}\sin\theta\sin\omega t\mathrm{e}^{\mathrm{i}\varphi}|\downarrow\rangle.\end{aligned}$$

将上式代入 $\bar{\sigma}_\alpha(t)=\langle\chi(t)|\hat{\sigma}_\alpha|\chi(t)\rangle$, 并利用 (8.2.5) 式和 (8.2.6) 式, 得到

$$\bar{\sigma}_n(t)=\cos\theta,\quad \bar{\sigma}_x(t)=\cos\varphi\sin2\theta\sin^2\omega t+\sin\varphi\sin\theta\sin2\omega t,$$

$$\bar{\sigma}_y(t)=\sin\varphi\sin2\theta\sin^2\omega t-\cos\varphi\sin\theta\sin2\omega t,\quad \bar{\sigma}_z(t)=\cos^2\theta+\sin^2\theta\cos2\omega t.$$

由以上结果容易验证: $\bar{\boldsymbol{\sigma}}\cdot\boldsymbol{n}=\overline{\boldsymbol{\sigma}\cdot\boldsymbol{n}}$, 即

$$\bar{\sigma}_x(t)\sin\theta\cos\varphi+\bar{\sigma}_y(t)\sin\theta\sin\varphi+\bar{\sigma}_z(t)\cos\theta=\bar{\sigma}_n(t).$$

§ 8.3 角动量的耦合

在量子理论中, 经常涉及对应于不同自由度的两个角动量相加的问题, 本节先介绍两个角动量态空间的耦合表象和非耦合表象, 然后研究两个自旋均为 1/2 的角动量之和以及轨道角动量与自旋角动量之和, 接下来介绍耦合表象和非耦合表象的变换矩阵元, 即 CG 系数, 最后简单介绍多粒子体系的角动量.

1. 耦合表象与非耦合表象

设角动量算符 $\hat{j}_1$ 和 $\hat{j}_2$ 分别对应于两个不同的自由度, 因而有

$$\boxed{[\hat{j}_{1\alpha},\hat{j}_{2\beta}]=0\quad(\alpha,\beta=x,y,z)}$$

体系的角动量态空间 $\mathcal{E}$ 可视为两个角动量态空间的直积空间, 即

$$\boxed{\mathcal{E}=\mathcal{E}^{(1)}\otimes\mathcal{E}^{(2)}}$$

态空间 $\mathcal{E}$ 的一组正交归一的基矢量可选为 $\{\hat{j}_1^2,\hat{j}_{1z},\hat{j}_2^2,\hat{j}_{2z}\}$ 的共同本征态, 即

$$\boxed{|j_1m_1j_2m_2\rangle\equiv|j_1m_1\rangle_1|j_2m_2\rangle_2}$$

以上矢量称为非耦合表象的基矢量. 算符 $\{\hat{j}_1^2,\hat{j}_{1z},\hat{j}_2^2,\hat{j}_{2z}\}$ 的本征值分别为

$$j_1(j_1+1)\hbar^2,\quad m_1\hbar,\quad j_2(j_2+1)\hbar^2,\quad m_2\hbar.$$

容易验证, 上述两个角动量之合仍然满足角动量的对易关系, 即

$$\boxed{\hat{\boldsymbol{j}}\equiv\hat{\boldsymbol{j}}_1+\hat{\boldsymbol{j}}_2\quad\Rightarrow\quad\hat{\boldsymbol{j}}\times\hat{\boldsymbol{j}}=\mathrm{i}\hbar\hat{\boldsymbol{j}}}$$

因此 $\hat{\boldsymbol{j}}$ 具有第 8.1 节中介绍的角动量的普遍性质. 此外, 容易证明

$$[\hat{\boldsymbol{j}}_1^2,\hat{\boldsymbol{j}}]=[\hat{\boldsymbol{j}}_2^2,\hat{\boldsymbol{j}}]=0.$$

态空间 $\mathcal{E}$ 的正交归一的基矢量也可以选为 $\{\hat{\boldsymbol{j}}_1^2,\hat{\boldsymbol{j}}_2^2,\hat{\boldsymbol{j}}^2,\hat{j}_z\}$ 的共同本征态, 即

$$\boxed{|j_1j_2jm\rangle\quad(j=|j_1-j_2|,|j_1-j_2|+1,\cdots,j_1+j_2;\ m=-j,-j+1,\cdots,j)}$$

以上矢量称为耦合表象的基矢量. 算符 $\{\hat{\boldsymbol{j}}_1^2,\hat{\boldsymbol{j}}_2^2,\hat{\boldsymbol{j}}^2,\hat{j}_z\}$ 对应的本征值分别为

$$j_1(j_1+1)\hbar^2,\quad j_2(j_2+1)\hbar^2,\quad j(j+1)\hbar^2,\quad m\hbar.$$

下面给出耦合基矢量中量子数 j 和 m 取值范围的证明.

在 $\{\hat{\boldsymbol{j}}_1^2,\hat{\boldsymbol{j}}_2^2\}$ 的共同本征子空间 $\mathcal{E}_{j_1j_2}$ 中, 非耦合基矢量 $|j_1m_1j_2m_2\rangle$ 简单记为 $|m_1m_2\rangle$, 耦合基矢量 $|j_1j_2jm\rangle$ 简单记为 $|jm\rangle$, 后者总可以表示为前者的线性叠加, 即

$$|jm\rangle=\sum_{m_1m_2}C_{m_1m_2}|m_1m_2\rangle,\qquad\sum_{m_1m_2}|C_{m_1m_2}|^2=1.$$

利用 $\hat{j}_z=\hat{j}_{1z}+\hat{j}_{2z}$ 以及 $|m_1m_2\rangle$ 的正交归一性, 可得

$$m=\langle jm|\hat{j}_z|jm\rangle=\sum_{m_1m_2}|C_{m_1m_2}|^2(m_1+m_2)\leqslant\sum_{m_1m_2}|C_{m_1m_2}|^2(j_1+j_2)=j_1+j_2.$$

因此 j 的最大值为 (j_1+j_2). 设 j 的最小值为 $j_{\min}$, 由于每一个确定的 j 对应于 $(2j+1)$ 个矢量 $|jm\rangle$, 因此子空间 $\mathcal{E}_{j_1j_2}$ 中相互正交的耦合基矢量 $|jm\rangle$ 的总数目为

$$\sum_{j=j_{\min}}^{j_1+j_2}(2j+1)=(j_1+j_2+j_{\min}+1)(j_1+j_2-j_{\min}+1).$$

它应等于 $\mathcal{E}_{j_1j_2}$ 的维度 $(2j_1+1)(2j_2+1)$, 由此可推断 $j_{\min}=|j_1-j_2|$, 证毕.

容易证明, 耦合基矢量 $|j_1j_2jm\rangle$ 也是算符 $(\hat{\boldsymbol{j}}_1\cdot\hat{\boldsymbol{j}}_2)$ 的本征态, 即

$$\boxed{\hat{\boldsymbol{j}}_1\cdot\hat{\boldsymbol{j}}_2=(1/2)(\hat{\boldsymbol{j}}^2-\hat{\boldsymbol{j}}_1^2-\hat{\boldsymbol{j}}_2^2)}$$

$$\Rightarrow\quad\boxed{\hat{\boldsymbol{j}}_1\cdot\hat{\boldsymbol{j}}_2|j_1j_2jm\rangle=(\hbar^2/2)[j(j+1)-j_1(j_1+1)-j_2(j_2+1)]|j_1j_2jm\rangle}\qquad(8.3.1)$$

***定理:** 设 $\{\hat{\boldsymbol{j}}_1^2,\hat{\boldsymbol{j}}_2^2,\hat{\boldsymbol{j}}^2\}$ 的共同本征子空间为 $\mathcal{E}_{j_1j_2j}$, 它的 $(2j+1)$ 个基矢量记为

$$|j_1j_2jm\rangle\equiv|m\rangle\quad(m=-j,-j+1,\cdots,j).$$

则矢量算符 $\hat{\boldsymbol{j}}_1$ 和 $\hat{\boldsymbol{j}}$ 在子空间 $\mathcal{E}_{j_1j_2j}$ 中的矩阵元满足

$$\boxed{\langle m|\hat{\boldsymbol{j}}_1|m'\rangle = \langle m|\hat{\boldsymbol{j}}|m'\rangle[j(j+1)+j_1(j_1+1)-j_2(j_2+1)]/2j(j+1)} \tag{8.3.2}$$

证明: 由于矢量算符 $\hat{\boldsymbol{j}}_1$ 满足 $[\hat{j}_\alpha, \hat{j}_{1\beta}] = \mathrm{i}\hbar\epsilon_{\alpha\beta\gamma}\hat{j}_{1\gamma}$, 利用 (8.1.19) 式, 可得

$$j(j+1)\hbar^2\langle m|\hat{\boldsymbol{j}}_1|m'\rangle = \langle m|\hat{\boldsymbol{j}}|m'\rangle\langle m|\hat{\boldsymbol{j}}\cdot\hat{\boldsymbol{j}}_1|m\rangle = \langle m|\hat{\boldsymbol{j}}|m'\rangle\langle m|(\hat{\boldsymbol{j}}_1^2+\hat{\boldsymbol{j}}_1\cdot\hat{\boldsymbol{j}}_2)|m\rangle.$$

将 (8.3.1) 式代入上式, 并利用 $\hat{\boldsymbol{j}}_1^2|m\rangle = j_1(j_1+1)\hbar^2|m\rangle$, 立即得到 (8.3.2) 式, 证毕.

2. 两个 1/2 自旋的耦合

考虑由两个 $s=1/2$ 的粒子构成的体系, 自旋态空间是一个 4 维空间, 两个粒子的自旋 $\hat{\boldsymbol{s}}_1$ 和 $\hat{\boldsymbol{s}}_2$ 是相互对易的, 非耦合表象的基矢量为 $\{\hat{s}_{1z}, \hat{s}_{2z}\}$ 的共同本征态, 即

$$\boxed{|m_1m_2\rangle = |\uparrow\uparrow\rangle,\quad |\downarrow\downarrow\rangle,\quad |\uparrow\downarrow\rangle,\quad |\downarrow\uparrow\rangle}$$

其中 $|m_1m_2\rangle \equiv |m_1\rangle_1|m_2\rangle_2$, 例如, $\hat{s}_{2z}|\uparrow\downarrow\rangle = -(\hbar/2)|\uparrow\downarrow\rangle$.

两个粒子的总自旋 $\hat{\boldsymbol{S}}$ 满足角动量的普遍对易关系, 即

$$\boxed{\hat{\boldsymbol{S}} \equiv \hat{\boldsymbol{s}}_1 + \hat{\boldsymbol{s}}_2 \quad\Rightarrow\quad \hat{\boldsymbol{S}}\times\hat{\boldsymbol{S}} = \mathrm{i}\hbar\hat{\boldsymbol{S}}}$$

耦合表象的基矢量为 $\{\hat{\boldsymbol{S}}^2, \hat{S}_z\}$ 的共同本征态 $|SM\rangle(S=0,1)$, 其中 $|1M\rangle(M=0,\pm1)$ 称为**自旋三重态**, 而 $|00\rangle$ 称为**自旋单态**, 它们分别满足:

$$\boxed{\hat{\boldsymbol{S}}^2|1M\rangle = 2\hbar^2|1M\rangle,\quad \hat{S}_z|1M\rangle = M\hbar|1M\rangle,\quad \hat{\boldsymbol{S}}|00\rangle = 0}$$

耦合表象与非耦合表象之间的变换关系为

$$\boxed{\begin{aligned} &|1,+1\rangle = |\uparrow\uparrow\rangle, \quad |10\rangle = (|\uparrow\downarrow\rangle + |\downarrow\uparrow\rangle)/\sqrt{2} \\ &|1,-1\rangle = |\downarrow\downarrow\rangle, \quad |00\rangle = (|\uparrow\downarrow\rangle - |\downarrow\uparrow\rangle)/\sqrt{2} \end{aligned}} \tag{8.3.3}$$

下面简单介绍上式的推导过程. 耦合基矢量 $|SM\rangle$ 可用非耦合基矢量展开为

$$|SM\rangle = \sum_{m_1m_2} C_{m_1m_2}|m_1m_2\rangle.$$

其中 $C_{m_1m_2}$ 为待定系数. 将算符 $\hat{S}_z = \hat{s}_{1z} + \hat{s}_{2z}$ 同时作用到以上方程的两边, 得到

$$M|SM\rangle = \sum_{m_1m_2} C_{m_1m_2}(m_1+m_2)|m_1m_2\rangle.$$

将 $|SM\rangle$ 的展开式代入上式, 可得

$$\sum_{m_1m_2} C_{m_1m_2}(M-m_1-m_2)|m_1m_2\rangle = 0 \quad\Rightarrow\quad C_{m_1m_2}(M-m_1-m_2) = 0.$$

上式表明: $C_{m_1m_2} \propto \delta_{M,m_1+m_2}$. 例如, $|10\rangle$ 可表示为 (a, b 为待定系数)

$$|10\rangle = a|\uparrow\downarrow\rangle + b|\downarrow\uparrow\rangle \quad (|a|^2+|b|^2=1). \tag{8.3.4}$$

显然有 $\hat{S}_z|10\rangle = 0$. 此外, $|10\rangle$ 还应满足本征方程 $\hat{\boldsymbol{S}}^2|10\rangle = 2\hbar^2|10\rangle$, 即

$$(\hbar^2/2)\big(3+\hat{\sigma}_{1x}\hat{\sigma}_{2x}+\hat{\sigma}_{1y}\hat{\sigma}_{2y}+\hat{\sigma}_{1z}\hat{\sigma}_{2z}\big)|10\rangle = 2\hbar^2|10\rangle. \tag{8.3.5}$$

将 (8.3.4) 式代入 (8.3.5) 式, 并利用 (8.2.5) 式和 (8.2.6) 式, 可得

$$(a-b)(|\uparrow\downarrow\rangle - |\downarrow\uparrow\rangle) = 0 \quad \Rightarrow \quad a = b.$$

利用归一化条件, 可取 $a = b = 1/\sqrt{2}$. 同理可求其他耦合基矢量的变换式.

由 (8.3.3) 式可以看出, 自旋三重态 $|1M\rangle$ 具有对两个粒子的交换对称性, 而自旋单态 $|00\rangle$ 具有对两个粒子的交换反对称性. 设 $\hat{P}_{12}$ 表示两粒子的交换算符, 则有

$$\boxed{\hat{P}_{12}|1M\rangle = |1M\rangle, \quad \hat{P}_{12}|00\rangle = -|00\rangle}$$

耦合基矢量也是算符 $\hat{\boldsymbol{\sigma}}_1\cdot\hat{\boldsymbol{\sigma}}_2$ 的本征态. 利用 (8.2.4) 式, 以及 $\hat{\boldsymbol{\sigma}}\times\hat{\boldsymbol{\sigma}} = 2\mathrm{i}\hat{\boldsymbol{\sigma}}$, 可得

$$\boxed{(\hat{\boldsymbol{\sigma}}_1\cdot\hat{\boldsymbol{\sigma}}_2+1)^2 = 4, \quad \hat{\boldsymbol{\sigma}}_1\cdot\hat{\boldsymbol{\sigma}}_2 = 2\hat{\boldsymbol{S}}^2/\hbar^2 - 3} \tag{8.3.6}$$

$$\boxed{\hat{\boldsymbol{\sigma}}_1\cdot\hat{\boldsymbol{\sigma}}_2|1M\rangle = |1M\rangle, \quad \hat{\boldsymbol{\sigma}}_1\cdot\hat{\boldsymbol{\sigma}}_2|00\rangle = -3|00\rangle} \tag{8.3.7}$$

例 1

考虑自旋为 1/2 的两粒子体系, 哈密顿算符和 $t=0$ 时刻的自旋态分别为

$$\hat{H} = (\hbar\omega/2)\hat{\boldsymbol{\sigma}}_1\cdot\hat{\boldsymbol{\sigma}}_2, \quad |\chi(0)\rangle = |\uparrow\downarrow\rangle.$$

试求 t 时刻的自旋态 $|\chi(t)\rangle$, $\hat{\boldsymbol{S}}^2$ 和 $\hat{\sigma}_{1z}$ 的测值概率及平均值 $\bar{\boldsymbol{\sigma}}_1(t)$.

解: 由 (8.3.7) 式可知, 体系的能量本征态为 $|1M\rangle$ 和 $|00\rangle$, 对应的能级分别为 $E_1 = \hbar\omega/2$, $E_0 = -3\hbar\omega/2$. 为了求 $|\chi(t)\rangle$, 可将初态用能量本征态展开, 即

$$|\chi(t)\rangle = \exp(-\mathrm{i}\hat{H}t/\hbar)|\chi(0)\rangle, \quad |\chi(0)\rangle = (1/\sqrt{2})(|10\rangle + |00\rangle)$$

$$\Rightarrow \quad |\chi(t)\rangle = (1/\sqrt{2})[|10\rangle\exp(-\mathrm{i}E_1t/\hbar) + |00\rangle\exp(-\mathrm{i}E_0t/\hbar)].$$

上式表明, $\hat{\boldsymbol{S}}^2$ 的可能测量值为 $2\hbar^2$ 和 0, 测值概率均为 1/2. $|\chi(t)\rangle$ 也可表示为

$$|\chi(t)\rangle = \exp(\mathrm{i}\omega t/2)[\cos(\omega t)|\uparrow\downarrow\rangle - \mathrm{i}\sin(\omega t)|\downarrow\uparrow\rangle].$$

故 $\hat{\sigma}_{1z}$ 的测量值为 ±1, 概率分别为 $\cos^2(\omega t)$ 和 $\sin^2(\omega t)$. 利用上式及 (8.2.5) 式、(8.2.6) 式得

$$\bar{\boldsymbol{\sigma}}_1(t) = \langle\chi(t)|\hat{\boldsymbol{\sigma}}_1|\chi(t)\rangle = \cos(2\omega t)\boldsymbol{e}_z.$$

3. 轨道角动量与 1/2 自旋的耦合

电子的角动量态空间 $\tilde{\mathcal{E}}$ 是轨道角动量态空间 $\tilde{\mathcal{E}}_o$ 与自旋态空间 $\mathcal{E}_s$ 的直积, 即

$$\boxed{\tilde{\mathcal{E}} = \tilde{\mathcal{E}}_o\otimes\mathcal{E}_s}$$

轨道角动量算符 $\hat{\boldsymbol{l}}$ 和自旋算符 $\hat{\boldsymbol{s}}$ 分别作用在 $\tilde{\mathcal{E}}_o$ 和 $\mathcal{E}_s$ 上, 它们属于不同的自由度, 故

$$\boxed{[\hat{l}_\alpha, \hat{s}_\beta] = 0 \quad (\alpha,\beta = x,y,z)}$$

态空间 $\tilde{\mathcal{E}}$ 的非耦合表象基矢量为 $\{\hat{\boldsymbol{l}}^2, \hat{l}_z, \hat{s}_z\}$ 的共同本征矢量:

$$\boxed{|lm_lm_s\rangle \equiv |lm_l\rangle|m_s\rangle \quad (l=0,1,2,\cdots;\ m_l=-l,-l+1,\cdots,l;\ m_s=\pm 1/2)}$$

相应的本征值分别为: $l(l+1)\hbar^2$, $m_l\hbar$, $m_s\hbar$.

电子的总角动量算符 $\hat{\boldsymbol{j}}$ 也是一个观测算符, 它满足角动量的对易关系, 即

$$\boxed{\hat{\boldsymbol{j}} \equiv \hat{\boldsymbol{l}} + \hat{\boldsymbol{s}} \quad \Rightarrow \quad \hat{\boldsymbol{j}} \times \hat{\boldsymbol{j}} = \mathrm{i}\hbar\hat{\boldsymbol{j}}}$$

态空间 $\tilde{\mathcal{E}}$ 的耦合表象基矢量为 $\{\hat{\boldsymbol{l}}^2, \hat{\boldsymbol{j}}^2, \hat{j}_z\}$ 的共同本征矢量:

$$\boxed{|ljm_j\rangle \quad (j=l\pm 1/2 \geqslant 1/2;\ m_j=-j,-j+1,\cdots,j)}$$

相应的本征值分别为 $l(l+1)\hbar^2$, $j(j+1)\hbar^2$, $m_j\hbar$. 易知 $|ljm_j\rangle$ 也是 $\hat{\boldsymbol{s}}\cdot\hat{\boldsymbol{l}}$ 的本征态,

$$\boxed{\hat{\boldsymbol{s}}\cdot\hat{\boldsymbol{l}} = (1/2)(\hat{\boldsymbol{j}}^2 - \hat{\boldsymbol{l}}^2 - 3\hbar^2/4)}$$

$$\Rightarrow \quad \boxed{\hat{\boldsymbol{s}}\cdot\hat{\boldsymbol{l}}|ljm_j\rangle = (1/2)[j(j+1)-l(l+1)-3/4]\hbar^2|ljm_j\rangle} \tag{8.3.8}$$

耦合表象与非耦合表象之间的变换关系为

$$\boxed{\begin{gathered}|ljm_j\rangle = \begin{cases} +c_+|lm_-\rangle|\uparrow\rangle + c_-|lm_+\rangle|\downarrow\rangle & (j=l+1/2) \\ -c_-|lm_-\rangle|\uparrow\rangle + c_+|lm_+\rangle|\downarrow\rangle & (j=l-1/2)\end{cases} \\ \left[m_\pm \equiv m_j \pm 1/2,\ c_\pm \equiv \sqrt{1/2 \pm m_j/(2l+1)}\right]\end{gathered}} \tag{8.3.9}$$

当 $l=0$ 时, 总角动量等于自旋角动量, 即 $j=1/2$, 上式给出

$$\boxed{|0(1/2)(\pm 1/2)\rangle = |00\rangle|\pm\rangle}$$

下面以 $j=l+1/2$ 为例推导 (8.3.9) 式. 耦合基矢可用非耦合基矢展开为

$$|ljm_j\rangle = \sum_{m_lm_s} C_{m_lm_s}|lm_l\rangle|m_s\rangle.$$

其中系数 $C_{m_lm_s} \propto \delta_{m_j, m_l+m_s}$, 因此可将 $|ljm_j\rangle$ 重新表示为 (a, b 为待定系数)

$$|ljm_j\rangle = a|lm_-\rangle|\uparrow\rangle + b|lm_+\rangle|\downarrow\rangle \quad (m_\pm \equiv m_j \pm 1/2,\ |a|^2+|b|^2=1). \tag{8.3.10}$$

它显然是 $\{\hat{\boldsymbol{l}}^2, \hat{j}_z\}$ 的共同本征态. 此外, 它还应满足本征方程:

$$\hat{\boldsymbol{j}}^2|ljm_j\rangle = j(j+1)\hbar^2|ljm_j\rangle, \quad [\hat{\boldsymbol{j}}^2 = \hat{\boldsymbol{l}}^2 + 3\hbar^2/4 + (\hat{l}_+\hat{\sigma}_- + \hat{l}_-\hat{\sigma}_+)\hbar/2 + \hbar\hat{l}_z\hat{\sigma}_z].$$

将 (8.3.10) 式代入上述本征方程, 并利用递推公式 (8.1.7) 式和 (8.2.6) 式, 可得到

$$(\xi a - b)(\xi|lm_-\rangle|\uparrow\rangle - |lm_+\rangle|\downarrow\rangle) = 0, \quad \xi \equiv [(j-m_j)/(j+m_j)]^{1/2}.$$

上式给出 $\xi a = b$, 再结合归一化条件, 并取适当相位, 可求得

$$a=(1+\xi^2)^{-1/2}=[(j+m_j)/2j]^{1/2}, \quad b=\xi(1+\xi^2)^{-1/2}=[(j-m_j)/2j]^{1/2}.$$

这一结果与 (8.3.9) 式中 $j=l+1/2$ 的情形完全一致, 证毕.

利用 (8.1.19) 式, 或者结合 (8.2.5) 式、(8.2.6) 式及 (8.3.9) 式, 容易证明

$$\boxed{\begin{aligned}\langle ljm_j|\hat{s}_z|ljm_j\rangle &= m_j\hbar[j(j+1)-l(l+1)+3/4]/2j(j+1)\\ &=\pm m_j\hbar/(2l+1)\quad (j=l\pm 1/2)\end{aligned}} \tag{8.3.11}$$

粒子的总磁矩算符为轨道磁矩算符与自旋磁矩算符之和, 即

$$\boxed{\hat{\boldsymbol{\mu}}=g_l\hat{\boldsymbol{l}}+g_s\hat{\boldsymbol{s}}=g_l\hat{\boldsymbol{j}}+(g_s-g_l)\hat{\boldsymbol{s}}}$$

$$\Rightarrow \quad \boxed{\langle ljm_j|\hat{\mu}_z|ljm_j\rangle=m_j\hbar[g_l\pm(g_s-g_l)/(2l+1)]\quad (j=l\pm 1/2)} \tag{8.3.12}$$

实验上能测量的磁矩为 $\langle ljj|\hat{\mu}_z|ljj\rangle$. 对于电子, $g_s=2g_l=-2\mu_{\rm B}/\hbar$, 因此

$$\langle ljj|\hat{\mu}_z|ljj\rangle=-\mu_{\rm B}\times\begin{cases}j+1/2 & (j=l+1/2)\\ j-j/2(j+1) & (j=l-1/2)\end{cases}.$$

*4. CG 系数的基本性质

设角动量 $\hat{\boldsymbol{j}}_1$ 与 $\hat{\boldsymbol{j}}_2$ 分别属于不同的自由度, $\hat{\boldsymbol{j}}=\hat{\boldsymbol{j}}_1+\hat{\boldsymbol{j}}_2$, 则 $\{\hat{\boldsymbol{j}}_1^2,\hat{\boldsymbol{j}}_2^2\}$ 的共同本征子空间 $\mathcal{E}_{j_1j_2}$ 是一个维度为 $(2j_1+1)(2j_2+1)$ 的直积空间, 即

$$\boxed{\mathcal{E}_{j_1j_2}=\mathcal{E}_{j_1}^{(1)}\otimes\mathcal{E}_{j_2}^{(2)}}$$

在此子空间中, 非耦合表象的基矢量具有正交归一性和完备性, 即

$$\langle j_1m_1j_2m_2|j_1m_1'j_2m_2'\rangle=\delta_{m_1m_1'}\delta_{m_2m_2'}, \qquad \sum_{m_1m_2}|j_1m_1j_2m_2\rangle\langle j_1m_1j_2m_2|=1.$$

同样地, 耦合表象的基矢量也具有正交归一性和完备性, 即

$$\langle j_1j_2jm|j_1j_2j'm'\rangle=\delta_{jj'}\delta_{mm'}, \qquad \sum_{jm}|j_1j_2jm\rangle\langle j_1j_2jm|=1.$$

上述两个表象之间的变换矩阵元称为克莱布希–戈登系数 (CG 系数), 记为

$$\boxed{\langle j_1m_1j_2m_2|jm\rangle\equiv\langle j_1m_1j_2m_2|j_1j_2jm\rangle}$$

采用适当的相位约定, 可以使得所有 CG 系数均为实数, 并且

$$\boxed{\langle j_1j_1j_2j_2|(j_1+j_2)(j_1+j_2)\rangle=1, \quad \langle j_1j_1j_2(j-j_1)|jj\rangle\geqslant 0} \tag{8.3.13}$$

CG 系数具有如下性质:

(1) 由于 $|j_1m_1j_2m_2\rangle$ 和 $|j_1j_2jm\rangle$ 均为厄密算符 $\hat{j}_z$ 的本征矢量, 相应的本征值分别为 $(m_1+m_2)\hbar$ 和 $m\hbar$, 因此 CG 系数满足

$$\boxed{\langle j_1m_1j_2m_2|jm\rangle \propto \delta_{m,m_1+m_2}} \tag{8.3.14}$$

利用非耦合基矢的完备性, 可将耦合基矢表示为非耦合基矢的线性叠加, 即

$$\boxed{|j_1j_2jm\rangle = \sum_{m_1}|j_1m_1j_2(m-m_1)\rangle\langle j_1m_1j_2(m-m_1)|jm\rangle} \tag{8.3.15}$$

(2) 由于 CG 系数是表象变换矩阵元, 因此具有如下**幺正性**:

$$\sum_{m_1}\langle j_1m_1j_2(m-m_1)|jm\rangle\langle j_1m_1j_2(m-m_1)|j'm\rangle = \delta_{jj'}, \tag{8.3.16}$$

$$\sum_{jm}\langle j_1m_1j_2(m-m_1)|jm\rangle\langle j_1m_1'j_2(m-m_1')|jm\rangle = \delta_{m_1m_1'}. \tag{8.3.17}$$

(3) 拉卡求得了 CG 系数的普遍公式, 并导出了 CG 系数的以下**对称性质**:

$$\langle j_1m_1j_2m_2|jm\rangle = (-1)^{j_1+j_2-j}\langle j_2m_2j_1m_1|jm\rangle, \tag{8.3.18}$$

$$\langle j_1m_1j_2m_2|jm\rangle = (-1)^{j_1+j_2-j}\langle j_1(-m_1)j_2(-m_2)|j(-m)\rangle, \tag{8.3.19}$$

$$\langle j_1m_1j_2m_2|jm\rangle = (-1)^{j_2+m_2}\sqrt{(2j+1)/(2j_1+1)}\langle j_2(-m_2)jm|j_1m_1\rangle, \tag{8.3.20}$$

$$\langle j_1m_1j_2m_2|jm\rangle = (-1)^{j_1-m_1}\sqrt{(2j+1)/(2j_2+1)}\langle jmj_1(-m_1)|j_2m_2\rangle. \tag{8.3.21}$$

例如, 已知 $\langle jm00|jm\rangle = 1$, 利用方程 (8.3.21), 可得

$$\langle jmj(-m)|00\rangle = (-1)^{j-m}/\sqrt{2j+1}. \tag{8.3.22}$$

例 2

考虑一个两粒子体系的角动量态空间, 设 $|jjJM\rangle$ 表示这个态空间的一个角动量耦合基矢量, 而 $\hat{P}_{12}$ 表示这两粒子的交换算符, 求证:

$$\boxed{\hat{P}_{12}|jjJM\rangle = (-1)^{2j-J}|jjJM\rangle} \tag{8.3.23}$$

当 $(2j-J)$ 取偶数和奇数时, $|jjJM\rangle$ 分别具有交换对称性和交换反对称性.

证明: 借助于 CG 系数, 可将 $|jjJM\rangle$ 表示为非耦合基矢量的线性叠加.

$$|jjJM\rangle = \sum_m |jmj(M-m)\rangle\langle jmj(M-m)|JM\rangle \tag{8.3.24}$$

$$\begin{aligned}
\Rightarrow\quad \hat{P}_{12}|jjJM\rangle &= \sum_m[\hat{P}_{12}|jmj(M-m)\rangle]\langle jmj(M-m)|JM\rangle \\
&= \sum_m |j(M-m)jm\rangle\langle jmj(M-m)|JM\rangle \\
&= \sum_m |jmj(M-m)\rangle\langle j(M-m)jm|JM\rangle.
\end{aligned} \tag{8.3.25}$$

根据 CG 系数的对称性 (8.3.18) 式, 可得

$$\langle j(M-m)jm|JM\rangle = (-1)^{2j-J}\langle jmj(M-m)|JM\rangle.$$

将上式代入 (8.3.25) 式, 可得

$$\hat{P}_{12}|jjJM\rangle = (-1)^{2j-J}\sum_{m}|jmj(M-m)\rangle\langle jmj(M-m)|JM\rangle. \tag{8.3.26}$$

比较 (8.3.24) 式和 (8.3.26) 式, 立即得到 (8.3.23) 式, 证毕.

*5. CG 系数的计算方法

利用递推关系 (8.1.7) 式以及上述相位约定, 可计算出所有的 CG 系数.

我们先计算 $j=j_1+j_2$ 时的 CG 系数. 当 $m=j_1+j_2$ 时, 有

$$|j_1j_2(j_1+j_2)(j_1+j_2)\rangle=|j_1j_1j_2j_2\rangle \quad \Rightarrow \quad \langle j_1j_1j_2j_2|(j_1+j_2)(j_1+j_2)\rangle=1. \tag{8.3.27}$$

为了求得 $m=j_1+j_2-1$ 时的 CG 系数, 将 $\hat{j}_-=\hat{j}_{1-}+\hat{j}_{2-}$ 作用到方程 (8.3.27) 的两边:

$$\hat{j}_-|j_1j_2(j_1+j_2)(j_1+j_2)\rangle = (\hat{j}_{1-}+\hat{j}_{2-})|j_1j_1j_2j_2\rangle$$

$$\Rightarrow \quad \sqrt{j_1+j_2}|j_1j_2(j_1+j_2)(j_1+j_2-1)\rangle = \sqrt{j_1}|j_1(j_1-1)j_2j_2\rangle + \sqrt{j_2}|j_1j_1j_2(j_2-1)\rangle. \tag{8.3.28}$$

这里已利用了递推关系 (8.1.7). 由上式直接得到两个 CG 系数:

$$\langle j_1(j_1-1)j_2j_2|(j_1+j_2)(j_1+j_2-1)\rangle = \sqrt{j_1/(j_1+j_2)}, \tag{8.3.29}$$

$$\langle j_1j_1j_2(j_2-1)|(j_1+j_2)(j_1+j_2-1)\rangle = \sqrt{j_2/(j_1+j_2)}. \tag{8.3.30}$$

仿照以上方法, 将算符等式 $\hat{j}_-=\hat{j}_{1-}+\hat{j}_{2-}$ 重复多次作用到 (8.3.27) 式的两边, 可求得 $j=j_1+j_2$ 时的以下所有 CG 系数:

$$\langle j_1m_1j_2(m-m_1)|(j_1+j_2)m\rangle \quad (|m_1|\leqslant j_1,\ |m|\leqslant j_1+j_2).$$

再计算 $j=j_1+j_2-1$ 时的 CG 系数. 显然有以下耦合基矢量的展开式:

$$|j_1j_2(j_1+j_2-1)(j_1+j_2-1)\rangle = a|j_1j_1j_2(j_2-1)\rangle + b|j_1(j_1-1)j_2j_2\rangle. \tag{8.3.31}$$

方程 (8.3.28) 和方程 (8.3.31) 的右边代表的矢量是相互正交的, 再结合归一化条件, 可得

$$\sqrt{j_2}a+\sqrt{j_1}b=0, \quad a^2+b^2=1.$$

解上述方程组, 并结合相位约定 (8.3.13) 式, 可求得两个 CG 系数:

$$a=\langle j_1j_1j_2(j_2-1)|(j_1+j_2-1)(j_1+j_2-1)\rangle = \sqrt{j_1/(j_1+j_2)}, \tag{8.3.32}$$

$$b=\langle j_1(j_1-1)j_2j_2|(j_1+j_2-1)(j_1+j_2-1)\rangle = -\sqrt{j_2/(j_1+j_2)}. \tag{8.3.33}$$

将算符等式 $\hat{j}_-=\hat{j}_{1-}+\hat{j}_{2-}$ 重复多次作用到 (8.3.31) 式的两边, 可求得 $j=j_1+j_2-1$ 时的以下所有 CG 系数:

$$\langle j_1m_1j_2(m-m_1)|(j_1+j_2-1)m\rangle \quad (|m_1|\leqslant j_1,\ |m|\leqslant j_1+j_2-1).$$

仿照上述方法, 可以求得所有其他 CG 系数.

*6. 多粒子体系的角动量

考虑由 N 个电子构成的体系, 计入自旋自由度, 体系的总自由度数目为 $4N$. 设第 i 个电子的轨道角动量算符为 $\hat{\boldsymbol{l}}_i$, 自旋角动量算符为 $\hat{\boldsymbol{s}}_i$. 定义

$$\hat{\boldsymbol{L}} \equiv \sum_i \hat{\boldsymbol{l}}_i, \quad \hat{\boldsymbol{S}} \equiv \sum_i \hat{\boldsymbol{s}}_i, \quad \hat{\boldsymbol{J}} \equiv \hat{\boldsymbol{L}} + \hat{\boldsymbol{S}} = \sum_i \hat{\boldsymbol{j}}_i, \quad \hat{\boldsymbol{j}}_i \equiv \hat{\boldsymbol{l}}_i + \hat{\boldsymbol{s}}_i.$$

它们都满足角动量的对易关系, 因而具有角动量的普遍性质.

易知 $\{\hat{\boldsymbol{l}}_1^2, \hat{\boldsymbol{l}}_2^2, \cdots, \hat{\boldsymbol{l}}_N^2, \hat{\boldsymbol{L}}^2, \hat{\boldsymbol{S}}^2, \hat{\boldsymbol{J}}^2, \hat{J}_z\}$ 中的算符两两对易, 它们有共同本征矢量:

$$\boxed{|l_1 l_2 \cdots l_N LSJM\rangle \quad (J=|L-S|, |L-S|+1, \cdots, L+S;\ M=-J, -J+1, \cdots, J)}$$

集合 $\{\hat{\boldsymbol{l}}_1^2, \hat{\boldsymbol{l}}_2^2, \cdots, \hat{\boldsymbol{l}}_N^2, \hat{\boldsymbol{j}}_1^2, \hat{\boldsymbol{j}}_2^2, \cdots, \hat{\boldsymbol{j}}_N^2, \hat{\boldsymbol{J}}^2, \hat{J}_z\}$ 中的算符也两两对易, 其共同本征矢量为

$$\boxed{|l_1 l_2 \cdots l_N j_1 j_2 \cdots j_N JM\rangle \quad (j_i = l_i \pm 1/2,\ M = -J, -J+1, \cdots, J)}$$

对于由两个电子构成的体系, 其角动量态空间的一组相容变量完备集可以选为 $\{\hat{\boldsymbol{l}}_1^2, \hat{\boldsymbol{l}}_2^2, \hat{\boldsymbol{L}}^2, \hat{\boldsymbol{S}}^2, \hat{\boldsymbol{J}}^2, \hat{J}_z\}$, 其共同本征矢量为 $|l_1 l_2 LSJM\rangle$, 其中

$$L = |l_1 - l_2|, \quad |l_1 - l_2| + 1, \quad \cdots, \quad l_1 + l_2; \quad S = 0, 1.$$

相容变量完备集也可选为 $\{\hat{\boldsymbol{l}}_1^2, \hat{\boldsymbol{l}}_2^2, \hat{\boldsymbol{j}}_1^2, \hat{\boldsymbol{j}}_2^2, \hat{\boldsymbol{J}}^2, \hat{J}_z\}$, 其共同本征矢量为 $|l_1 l_2 j_1 j_2 JM\rangle$, 且

$$J = |j_1 - j_2|, \quad |j_1 - j_2| + 1, \quad \cdots, \quad j_1 + j_2.$$

例如, 原子中所有电子的总磁矩算符为

$$\hat{\boldsymbol{\mu}} = -(e/2\mu c)(\hat{\boldsymbol{L}} + 2\hat{\boldsymbol{S}}) = -\mu_{\mathrm{B}}(\hat{\boldsymbol{J}} + \hat{\boldsymbol{S}})/\hbar$$

$$\Rightarrow \boxed{\begin{gathered}\langle LSJM|\hat{\mu}_z|LSJM\rangle = -gM\mu_{\mathrm{B}}, \\ g = 1 + [J(J+1) + S(S+1) - L(L+1)]/2J(J+1)\end{gathered}}$$

其中利用了 (8.3.2) 式, g 称为原子的朗德因子.

§ 8.4 角动量理论的应用

角动量理论在量力学中有广泛的应用, 本节主要涉及单电子的角动量问题, 介绍电子的旋量波函数、碱金属原子的精细结构和正常塞曼效应等, 此外介绍氘核的磁矩和氢原子能级的代数解法.

1. 电子的旋量波函数

要想完整地描述电子的量子态, 需要涉及 3 个轨道自由度和 1 个自旋自由度, 电子的整体态空间 $\mathcal{E}$ 是轨道态空间 $\mathcal{E}_o$ 与自旋态空间 $\mathcal{E}_s$ 的直积空间, 即

$$\boxed{\mathcal{E} = \mathcal{E}_o \otimes \mathcal{E}_s}$$

态空间 $\mathcal{E}$ 上的观测算符完备集可取为 $\{\hat{x}, \hat{y}, \hat{z}, \hat{s}_z\}$, 其共同本征态 $|\boldsymbol{r}m_s\rangle$ 具有广义正交归一性和完备性:

$$\langle \boldsymbol{r}m_s|\boldsymbol{r}'m_s'\rangle = \delta(\boldsymbol{r}-\boldsymbol{r}')\delta_{m_s m_s'}, \quad \sum_{m_s=\pm}\int \mathrm{d}\boldsymbol{r}|\boldsymbol{r}m_s\rangle\langle \boldsymbol{r}m_s| = 1.$$

体系的任意量子态 $|\Psi\rangle$ 均可用这一组基矢量展开, 即

$$|\Psi\rangle = \sum_{m_s}\int \mathrm{d}\boldsymbol{r}\psi_{m_s}(\boldsymbol{r})|\boldsymbol{r}m_s\rangle, \quad \psi_{m_s}(\boldsymbol{r}) = \langle \boldsymbol{r}m_s|\Psi\rangle.$$

其中 $|\psi_\uparrow(\boldsymbol{r})|^2$ 表示电子自旋 s_z 取 $+\hbar/2$, 且处于轨道空间中 $\boldsymbol{r}$ 点附近的概率密度. 在上述 $\{\hat{\boldsymbol{r}}\hat{s}_z\}$ **表象**中, 电子的波函数是一个二分量的波函数 (也称旋量波函数), 即

$$\boxed{\Psi(\boldsymbol{r}) = \begin{pmatrix}\psi_\uparrow(\boldsymbol{r})\\ \psi_\downarrow(\boldsymbol{r})\end{pmatrix}, \quad \Psi^\dagger(\boldsymbol{r}) = \begin{pmatrix}\psi_\uparrow^*(\boldsymbol{r}) & \psi_\downarrow^*(\boldsymbol{r})\end{pmatrix}}$$

量子态 $|\Psi\rangle$ 的归一化条件可表示为

$$\langle\Psi|\Psi\rangle = \sum_{m_s}\int \mathrm{d}\boldsymbol{r}|\psi_{m_s}(\boldsymbol{r})|^2 = \int \mathrm{d}\boldsymbol{r}\Psi^\dagger(\boldsymbol{r})\Psi(\boldsymbol{r}) = 1.$$

设电子的观测算符完备集 $\{\hat{A}, \hat{\boldsymbol{l}}^2, \hat{\boldsymbol{j}}^2, \hat{j}_z\}$ 的共同本征态为 $|\tau l j m_j\rangle$, 它在 $\{\hat{\boldsymbol{r}}\hat{s}_z\}$ 表象中的波函数可用球坐标表示为

$$\boxed{\Psi_{\tau l j m_j}(r,\theta,\varphi) = R_{\tau l j m_j}(r)\Phi_{l j m_j}(\theta,\varphi)}$$

其中 $R_{\tau l j m_j}(r)$ 为径向波函数, 而 $\Phi_{l j m_j}(\theta,\varphi)$ 为旋量波函数, 由 (8.3.9) 式可得

$$\Phi_{l j m_j} = \begin{pmatrix}c_+ Y_{l m_-}(\theta,\varphi)\\ c_- Y_{l m_+}(\theta,\varphi)\end{pmatrix} \ \left(j = l + \frac{1}{2}\right); \quad \Phi_{l j m_j} = \begin{pmatrix}-c_- Y_{l m_-}(\theta,\varphi)\\ c_+ Y_{l m_+}(\theta,\varphi)\end{pmatrix} \ \left(j = l - \frac{1}{2}\right).$$

对于 $l=0$ 的态, 必有 $j=1/2$, $m_j = \pm 1/2$, 因此上述第一个等式简化为

$$\Phi_{0(1/2)(1/2)} = \begin{pmatrix}Y_{00}\\ 0\end{pmatrix}, \quad \Phi_{0(1/2)(-1/2)} = \begin{pmatrix}0\\ Y_{00}\end{pmatrix}, \quad \left(Y_{00} = \frac{1}{\sqrt{4\pi}}\right).$$

2. 原子光谱的精细结构

碱金属原子有一个最外层的价电子, 而内层满壳电子与原子核构成一个离子实, 它为价电子提供一个屏蔽库仑势 $V(r)$. 若用相对论波动力学处理中心力场中的电子, 当过渡到非相对论极限时, 哈密顿算符中会出现含 $\hat{\boldsymbol{s}}\cdot\hat{\boldsymbol{l}}$ 的项, 它代表**自旋–轨道耦合 (SOC) 效应**, 因此碱金属原子的价电子哈密顿算符可表示为

$$\boxed{\hat{H}=\hat{\boldsymbol{p}}^2/2\mu+V(r)+\xi(r)\hat{\boldsymbol{s}}\cdot\hat{\boldsymbol{l}}\quad[\xi(r)=(2\mu^2c^2r)^{-1}\mathrm{d}V(r)/\mathrm{d}r]}$$

$$\Rightarrow\quad \hat{H}=\hat{p}_r^2/2\mu+\hat{\boldsymbol{l}}^2/2\mu r^2+V(r)+\xi(r)(\hat{\boldsymbol{j}}^2-\hat{\boldsymbol{l}}^2-3\hbar^2/4)/2\quad(\hat{\boldsymbol{j}}\equiv\hat{\boldsymbol{l}}+\hat{\boldsymbol{s}}).$$

SOC 效应使得轨道角动量 $\hat{\boldsymbol{l}}$ 和自旋角动量 $\hat{\boldsymbol{s}}$ 均不再是体系的守恒量, 而 $\hat{\boldsymbol{l}}^2$ 和总角动量 $\hat{\boldsymbol{j}}$ 均为守恒量, 守恒量完备集可选为 $\{\hat{H},\hat{\boldsymbol{l}}^2,\hat{\boldsymbol{j}}^2,\hat{j}_z\}$, 其共同本征函数可表示为

$$\Psi_{ljm_j}(r,\theta,\varphi)=R_{lj}(r)\Phi_{ljm_j}(\theta,\varphi).$$

其中 Φ_{ljm_j} 为 $\{\hat{\boldsymbol{l}}^2,\hat{\boldsymbol{j}}^2,\hat{j}_z\}$ 的共同本征函数, 将上式代入 $\hat{H}\Psi_{ljm_j}=E_{lj}\Psi_{ljm_j}$, 可得

$$\left\{\frac{\hat{p}_r^2}{2\mu}+\frac{l(l+1)\hbar^2}{2\mu r^2}+V(r)+\frac{\hbar^2}{2}\left[j(j+1)-l(l+1)-\frac{3}{4}\right]\xi(r)\right\}R_{lj}(r)=E_{lj}R_{lj}(r).$$

在束缚定态边界条件下求解以上微分方程, 得到量子化能级 E_{nlj} 和相应的束缚定态径向波函数 $R_{nlj}(r)$, 其中 n 为主量子数. 完整的束缚定态波函数为

$$\boxed{\begin{gathered}\Psi_{nljm_j}(r,\theta,\varphi)=R_{nlj}(r)\Phi_{ljm_j}(\theta,\varphi)\\(n=0,1,2,\cdots;\ l=0,1,2,\cdots,n-1;\ j=l\pm1/2;\ m_j=-j,-j+1,\cdots,j)\end{gathered}}$$

由于计入了自旋自由度, 电子的束缚定态要用 $(nljm_j)$ 这 4 个量子数来确定, 但束缚定态能级 E_{nlj} 仅依赖于 (nlj) 这 3 个量子数, 因此能级简并度为 $(2j+1)$.

当 $l\neq0$ 时, SOC 效应导致能级 E_{nl} 分裂为两条能级 $E_{nl(l\pm1/2)}$, 相应的光谱学符号:

$$E_{n0(1/2)}:\ ns_{1/2},\quad E_{n1(1/2)}:\ np_{1/2},\quad E_{n1(3/2)}:\ np_{3/2},\ \cdots.$$

由于 $\xi(r)>0$, 使得 $E_{nl(l+1/2)}>E_{nl(l-1/2)}$. SOC 效应导致的能级分裂为

$$E_{\mathrm{soc}}=E_{nl(l+1/2)}-E_{nl(l-1/2)}\sim\xi(r)\hat{\boldsymbol{s}}\cdot\hat{\boldsymbol{l}}\sim V(r)(\hbar/\mu ca)^2,\quad V(r)\sim e^2/a$$

$$\Rightarrow\quad\boxed{E_{\mathrm{soc}}\sim\alpha^2(e^2/a)\quad(\alpha\equiv e^2/\hbar c\approx1/137,\ a=\hbar^2/\mu e^2)}$$

其中 α 称为精细结构常数. 上式表明, SOC 导致的能级分裂远小于电子组态激发能 e^2/a, 因此相应的光谱线分裂只能用分辨率很高的光谱仪才能观测到.

这种能级分裂随原子序数增大而增大, 如锂的能级分裂不易观测, 而钠的能级分裂相对容易观测到. 钠原子基态的电子组态为 $1s^22s^22p^63s^1$, 价电子处于 3s 能级. 若不计 SOC 效应, 价电子的第一激发态能级为 3p, 钠黄线 (波长 $\lambda=5\,893$ Å) 对应于价电子的跃迁过程: 3p → 3s. 若计入 SOC 效应, 则 3s 能级不变, 改记为 $3s_{1/2}$, 但 3p 能级分裂为 $3p_{1/2}$ 和 $3p_{3/2}$, 因此钠黄线分裂为两条靠得很近的谱线, 如图 8.4.1 所示.

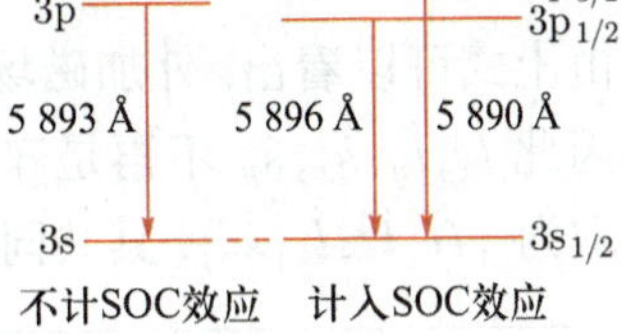

图 8.4.1 钠黄线的精细结构

3. 正常塞曼效应

若碱金属原子处于外磁场中, $\boldsymbol{B}=\nabla\times\boldsymbol{A}$, 则价电子的哈密顿算符为

$$\boxed{\hat{H}=(\hat{\boldsymbol{p}}+e\boldsymbol{A}/c)^2/2\mu+V(r)+\xi(r)\hat{\boldsymbol{s}}\cdot\hat{\boldsymbol{l}}-\hat{\boldsymbol{\mu}}_s\cdot\boldsymbol{B}}$$

其中电子自旋磁矩 $\hat{\boldsymbol{\mu}}_s=-\mu_B\hat{\boldsymbol{\sigma}}$ ($\mu_{\rm B}$ 为玻尔磁子). 设 $\boldsymbol{B}=B\boldsymbol{e}_z$, 取对称规范:

$$\boldsymbol{A}=\boldsymbol{B}\times\boldsymbol{r}/2,\quad\Rightarrow\quad A_x=-By/2,\quad A_y=Bx/2,\quad A_z=0.$$

将上式代入 $\hat{H}$ 的表达式, 可得

$$\boxed{\hat{H}=\hat{\boldsymbol{p}}^2/2\mu+V(r)+\xi(r)\hat{\boldsymbol{s}}\cdot\hat{\boldsymbol{l}}+\omega_{\rm L}(\hat{l}_z+2\hat{s}_z)+\mu\omega_{\rm L}^2(x^2+y^2)/2}$$

$$(\omega_{\rm L}\equiv eB/2\mu c,\ \hbar\omega_{\rm L}=\mu_{\rm B}B).$$

一般不能严格求解此哈密顿算符的本征方程, 只能采用近似办法.

在上述 $\hat{H}$ 的表达式中, 正比于 ω_L 的项称为顺磁项, 正比于 $\omega_{\rm L}^2$ 的项称为逆磁项. 由于价电子束缚在原子内, 即 $|x|\sim|y|\sim a$ (玻尔半径), 因此有

$$\mu\omega_{\rm L}^2(x^2+y^2)\sim\mu\omega_{\rm L}^2a^2\sim(\hbar\omega_{\rm L})^2a/e^2.$$

归纳起来, 上述 $\hat{H}$ 中部分项的数量级为

$$\boxed{\xi(r)\hat{\boldsymbol{s}}\cdot\hat{\boldsymbol{l}}\sim\alpha^2(e^2/a),\quad\omega_{\rm L}(\hat{l}_z+2\hat{s}_z)\sim\mu_{\rm B}B,\quad\mu\omega_{\rm L}^2(x^2+y^2)/2\sim(\mu_{\rm B}B)^2/(e^2/a)}$$

实验室中的磁场一般满足 $\mu_BB\ll e^2/a$, 因此逆磁项可忽略, 于是有

$$\boxed{\hat{H}\approx\hat{\boldsymbol{p}}^2/2\mu+V(r)+\xi(r)\hat{\boldsymbol{s}}\cdot\hat{\boldsymbol{l}}+\omega_{\rm L}(\hat{l}_z+2\hat{s}_z)\quad(\mu_{\rm B}B\ll e^2/a)}\tag{8.4.1}$$

如果磁场非常弱, 使得 $\mu_{\rm B}B\ll E_{\rm soc}$, 则可将顺磁项作为微扰处理, 从而可得到反常塞曼效应的结果 (参见第 11.1 节).

这里仅研究磁场比较强的情形, 此时 $\mu_{\rm B}B\gg E_{\rm soc}$, 因而 $E_{\rm soc}$ 可以忽略, 从而得到描述正常塞曼效应的以下哈密顿算符:

$$\boxed{\hat{H}\approx\hat{\boldsymbol{p}}^2/2\mu+V(r)+\omega_{\rm L}(\hat{l}_z+2\hat{s}_z)\quad(E_{\rm soc}\ll\mu_{\rm B}B\ll e^2/a)}\tag{8.4.2}$$

由上式可以看出, 外加磁场破坏了体系的球对称性, 但保留了绕 z 轴的转动对称性. 因此 $\hat{l}_x,\hat{l}_y,\hat{s}_x,\hat{s}_y$ 不再是守恒量, 但 $\hat{\boldsymbol{l}}^2,\hat{l}_z,\hat{s}_z$ 仍然为守恒量. 体系的守恒量完备集可取为 $\{\hat{H},\hat{\boldsymbol{l}}^2,\hat{l}_z,\hat{s}_z\}$, 其共同的束缚定态本征函数和定态能级分别为

$$\boxed{\begin{gathered}\Psi_{nlm_lm_s}=R_{nl}(r)Y_{lm_l}(\theta,\varphi)\chi_{m_s},\quad E_{nlm_lm_s}=E_{nl}+(m_l+2m_s)\hbar\omega_{\rm L}\\(n=0,1,2,\cdots;\ l=0,1,2,\cdots,n-1;\ m_l=0,\pm1,\cdots,\pm l;\ m_s=\pm1/2)\end{gathered}}\tag{8.4.3}$$

其中 $R_{nl}(r)$ 为无磁场时的束缚定态径向波函数, E_{nl} 为无磁场时的能级. 磁场对波函数没有影响, 但轨道磁矩和自旋磁矩与外磁场的作用会导致能级分裂.

钠原子在定态之间的跃迁遵循以下选择定则 (参见第 12.2 节):

$$|l-l'|=1,\quad |m_l-m_l'|=0,1,\quad |m_s-m_s'|=0.$$

上式表明, 在正常塞曼效应中, 由于价电子的自旋状态在跃迁过程中保持不变, 因此光谱线的频率不受自旋自由度的影响.

无磁场时, 钠黄线对应于价电子在 3p 与 3s 态之间的跃迁, 光子能量为

$$E_{31}-E_{30}\equiv\hbar\omega_0.$$

有磁场时, 钠黄线分裂为 3 条, 相应的光子能量为 (如图 8.4.2 所示)

$$E_{310m_s}-E_{300m_s}=\hbar\omega_0,$$

$$E_{31(\pm1)m_s}-E_{300m_s}=\hbar\omega_0\pm\hbar\omega_{\rm L}.$$

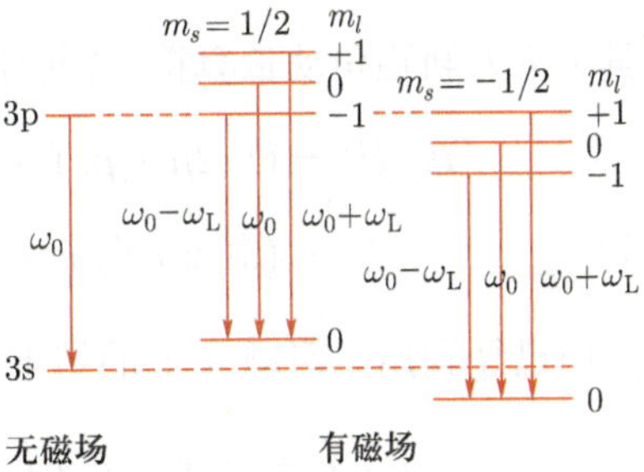

图 8.4.2 钠黄线的正常塞曼效应

*4. 氘核的磁矩

氘核由一个质子和一个中子构成, 它们的质量相等, 自旋均为 1/2. 设在质心系中, 质子和中子的位置算符分别为 $\hat{\boldsymbol r}_{\rm p}$ 和 $\hat{\boldsymbol r}_{\rm n}$, 动量算符分别为 $\hat{\boldsymbol p}_{\rm p}$ 和 $\hat{\boldsymbol p}_{\rm n}$, 轨道角动量算符分别为 $\hat{\boldsymbol l}_{\rm p}$ 和 $\hat{\boldsymbol l}_{\rm n}$, 自旋算符分别为 $\hat{\boldsymbol s}_{\rm p}$ 和 $\hat{\boldsymbol s}_{\rm n}$, 氘核的总角动量算符为 $\hat{\boldsymbol J}$, 则

$$\hat{\boldsymbol r}_{\rm p}=-\hat{\boldsymbol r}_{\rm n},\quad \hat{\boldsymbol p}_{\rm p}=-\hat{\boldsymbol p}_{\rm n},\quad \hat{\boldsymbol l}_{\rm p}=\hat{\boldsymbol r}_{\rm p}\times\hat{\boldsymbol p}_{\rm p}=\hat{\boldsymbol r}_{\rm n}\times\hat{\boldsymbol p}_{\rm n}=\hat{\boldsymbol l}_{\rm n},$$

$$\hat{\boldsymbol J}\equiv\hat{\boldsymbol L}+\hat{\boldsymbol S},\quad \hat{\boldsymbol L}\equiv\hat{\boldsymbol l}_{\rm p}+\hat{\boldsymbol l}_{\rm n}=2\hat{\boldsymbol l}_{\rm p},\quad \hat{\boldsymbol S}\equiv\hat{\boldsymbol s}_{\rm p}+\hat{\boldsymbol s}_{\rm n}.$$

由于中子不带电, 因此它没有轨道磁矩, 但具有自旋磁矩. 氘核的总磁矩算符为

$$\hat{\boldsymbol\mu}=(\mu_{\rm N}/\hbar)\hat{\boldsymbol l}_{\rm p}+g_{\rm p}\hat{\boldsymbol s}_{\rm p}+g_{\rm n}\hat{\boldsymbol s}_{\rm n}=(\mu_{\rm N}/\hbar)(\hat{\boldsymbol l}_{\rm p}+\tilde g_{\rm p}\hat{\boldsymbol s}_{\rm p}+\tilde g_{\rm n}\hat{\boldsymbol s}_{\rm n}),$$
$$(\mu_{\rm N}\equiv e\hbar/2\mu_{\rm p}c,\ \tilde g_{\rm p}\equiv g_{\rm p}\hbar/\mu_{\rm N},\ \tilde g_{\rm n}\equiv g_{\rm n}\hbar/\mu_{\rm N}).\tag{8.4.4}$$

设体系处于 $\{\hat{\boldsymbol L}^2,\hat{\boldsymbol S}^2,\hat{\boldsymbol J}^2,\hat J_z\}$ 的共同本征态 $|LSJM\rangle$, 则有 $\bar{\boldsymbol s}_{\rm p}=\bar{\boldsymbol s}_{\rm n}$, 因此

$$\bar{\boldsymbol\mu}=(\mu_{\rm N}/2\hbar)[\bar{\boldsymbol L}+(\tilde g_{\rm p}+\tilde g_{\rm n})\bar{\boldsymbol S}]=(\mu_{\rm N}/2\hbar)[\bar{\boldsymbol J}+(\tilde g_{\rm p}+\tilde g_{\rm n}-1)\bar{\boldsymbol S}].\tag{8.4.5}$$

其中 $\bar J_z=M\hbar$, 而 $\bar S_z$ 可由 (8.3.2) 式求得, 因此氘核磁矩的平均值为

$$\boxed{\begin{gathered}\langle LSJM|\hat\mu_z|LSJM\rangle=gM\mu_{\rm N},\\ g=1/2+(\tilde g_{\rm p}+\tilde g_{\rm n}-1)[J(J+1)+S(S+1)-L(L+1)]/4J(J+1)\end{gathered}}\tag{8.4.6}$$

*5. 氢原子能级的代数解法

在第四章中, 我们通过求解坐标表象中的能量本征方程, 得到了氢原子的能级公式, 这里介绍借助于角动量理论来求解氢原子能级的代数方法.

设氢原子的约化质量为 μ, 电子电荷为 $(-e)$, 质心系中的哈密顿算符为

$$\hat{H} = \hat{\boldsymbol{p}}^2/2\mu - e^2/r.$$

下面分几步来求解体系的束缚定态能级:

(1) 引入无量纲的龙格–楞次矢量算符:

$$\boxed{\hat{\boldsymbol{K}} \equiv (\hat{\boldsymbol{l}} \times \hat{\boldsymbol{p}} - \hat{\boldsymbol{p}} \times \hat{\boldsymbol{l}})/2\mu e^2 + \hat{\boldsymbol{e}}_r = \hat{\boldsymbol{K}}^\dagger \quad (\hat{\boldsymbol{e}}_r \equiv \hat{\boldsymbol{r}}/r)} \tag{8.4.7}$$

其中 $\hat{\boldsymbol{l}}$ 为轨道角动量算符. 先证明 $\hat{\boldsymbol{K}}$ 为守恒量, 由于 $\hat{\boldsymbol{l}}$ 与 $\hat{\boldsymbol{p}}^2$ 和 r 均对易, 所以

$$\begin{aligned}[\hat{\boldsymbol{K}}, \hat{H}] &= (1/2\mu)([\hat{\boldsymbol{p}}, 1/r] \times \hat{\boldsymbol{l}} - \hat{\boldsymbol{l}} \times [\hat{\boldsymbol{p}}, 1/r] - [\hat{\boldsymbol{p}}^2, \hat{\boldsymbol{e}}_r]) \\ &= (\mathrm{i}\hbar/2\mu r^3)[\hat{\boldsymbol{r}} \times \hat{\boldsymbol{l}} - \hat{\boldsymbol{l}} \times \hat{\boldsymbol{r}} - 2\hat{\boldsymbol{r}}(\hat{\boldsymbol{r}} \cdot \hat{\boldsymbol{p}}) + 2r^2\hat{\boldsymbol{p}} + 2\mathrm{i}\hbar\hat{\boldsymbol{r}}].\end{aligned} \tag{8.4.8}$$

其中已经利用了习题 4–1 的结果. 再利用附录 E 的公式 (1), 可得

$$\hat{\boldsymbol{l}} \times \hat{\boldsymbol{r}} = 2\mathrm{i}\hbar\hat{\boldsymbol{r}} - \hat{\boldsymbol{r}} \times \hat{\boldsymbol{l}}, \quad \hat{\boldsymbol{r}} \times \hat{\boldsymbol{l}} = \hat{\boldsymbol{r}} \times (\hat{\boldsymbol{r}} \times \hat{\boldsymbol{p}}) = \hat{\boldsymbol{r}}(\hat{\boldsymbol{r}} \cdot \hat{\boldsymbol{p}}) - r^2\hat{\boldsymbol{p}}.$$

将上式代入 (8.4.8) 式, 立即得到

$$\boxed{[\hat{\boldsymbol{K}}, \hat{H}] = 0} \tag{8.4.9}$$

再研究矢量 $\hat{\boldsymbol{K}}$ 的性质. 容易证明

$$\hat{\boldsymbol{l}} \cdot (\hat{\boldsymbol{l}} \times \hat{\boldsymbol{p}}) = \hat{\boldsymbol{l}} \cdot (\hat{\boldsymbol{p}} \times \hat{\boldsymbol{l}}) = (\hat{\boldsymbol{l}} \times \hat{\boldsymbol{p}}) \cdot \hat{\boldsymbol{l}} = (\hat{\boldsymbol{p}} \times \hat{\boldsymbol{l}}) \cdot \hat{\boldsymbol{l}} = \mathrm{i}\hbar\hat{\boldsymbol{l}} \cdot \hat{\boldsymbol{p}} = 0.$$

利用上述结果, 并注意到 $\hat{\boldsymbol{l}} \cdot \hat{\boldsymbol{r}} = \hat{\boldsymbol{r}} \cdot \hat{\boldsymbol{l}} = 0$, 容易证明

$$\boxed{\hat{\boldsymbol{K}} \cdot \hat{\boldsymbol{l}} = \hat{\boldsymbol{l}} \cdot \hat{\boldsymbol{K}} = 0} \tag{8.4.10}$$

此外, 利用矢量 $\hat{\boldsymbol{K}}$ 的定义式 (8.4.7) 式, 可得

$$\begin{aligned}\hat{\boldsymbol{K}} \times \hat{\boldsymbol{K}} = &(1/4\mu^2e^4)[(\hat{\boldsymbol{l}} \times \hat{\boldsymbol{p}}) \times (\hat{\boldsymbol{l}} \times \hat{\boldsymbol{p}}) + (\hat{\boldsymbol{p}} \times \hat{\boldsymbol{l}}) \times (\hat{\boldsymbol{p}} \times \hat{\boldsymbol{l}}) - (\hat{\boldsymbol{l}} \times \hat{\boldsymbol{p}}) \times (\hat{\boldsymbol{p}} \times \hat{\boldsymbol{l}}) - (\hat{\boldsymbol{p}} \times \hat{\boldsymbol{l}}) \times (\hat{\boldsymbol{l}} \times \hat{\boldsymbol{p}})] \\ &+ (1/2\mu e^2)[(\hat{\boldsymbol{l}} \times \hat{\boldsymbol{p}}) \times \hat{\boldsymbol{e}}_r + \hat{\boldsymbol{e}}_r \times (\hat{\boldsymbol{l}} \times \hat{\boldsymbol{p}}) - (\hat{\boldsymbol{p}} \times \hat{\boldsymbol{l}}) \times \hat{\boldsymbol{e}}_r - \hat{\boldsymbol{e}}_r \times (\hat{\boldsymbol{p}} \times \hat{\boldsymbol{l}})].\end{aligned}$$

利用附录 E 的公式 (6) 和 (8), 可得

$$\boxed{\hat{\boldsymbol{K}} \times \hat{\boldsymbol{K}} = -\mathrm{i}\hat{H}\hat{\boldsymbol{l}}/\hbar\epsilon \quad (\epsilon \equiv \mu e^4/2\hbar^2)} \tag{8.4.11}$$

最后, 我们利用矢量 $\hat{\boldsymbol{K}}$ 来表示哈密顿算符. 由定义式 (8.4.7) 式可得

$$\begin{aligned}\hat{\boldsymbol{K}}^2 = &(1/4\mu^2e^4)[(\hat{\boldsymbol{l}} \times \hat{\boldsymbol{p}})^2 + (\hat{\boldsymbol{p}} \times \hat{\boldsymbol{l}})^2 - (\hat{\boldsymbol{l}} \times \hat{\boldsymbol{p}}) \cdot (\hat{\boldsymbol{p}} \times \hat{\boldsymbol{l}}) - (\hat{\boldsymbol{p}} \times \hat{\boldsymbol{l}}) \cdot (\hat{\boldsymbol{l}} \times \hat{\boldsymbol{p}})] \\ &+ (1/2\mu e^2)[(\hat{\boldsymbol{l}} \times \hat{\boldsymbol{p}}) \cdot \hat{\boldsymbol{e}}_r + \hat{\boldsymbol{e}}_r \cdot (\hat{\boldsymbol{l}} \times \hat{\boldsymbol{p}}) - (\hat{\boldsymbol{p}} \times \hat{\boldsymbol{l}}) \cdot \hat{\boldsymbol{e}}_r - \hat{\boldsymbol{e}}_r \cdot (\hat{\boldsymbol{p}} \times \hat{\boldsymbol{l}})] + 1.\end{aligned}$$

利用附录 E 的公式 (5) 和公式 (7), 可得

$$\boxed{\hat{H} = \epsilon(\hat{\boldsymbol{K}}^2 - 1)(\hat{\boldsymbol{l}}^2/\hbar^2 + 1)^{-1}} \tag{8.4.12}$$

(2) 下面仅考虑束缚态子空间. 引入矢量算符 $\hat{\boldsymbol{S}}$, 它也是一个守恒量,

$$\boxed{\hat{\boldsymbol{S}} \equiv \hbar \hat{\boldsymbol{K}}(-\hat{H}/\epsilon)^{-1/2} = \hat{\boldsymbol{S}}^{\dagger} \quad \Rightarrow \quad [\hat{\boldsymbol{S}}, \hat{H}] = 0} \tag{8.4.13}$$

显然, $\hat{\boldsymbol{S}}$ 具有角动量的量纲. 利用 (8.4.10) 式、(8.4.11) 式和 (8.4.13) 式, 容易证明

$$\boxed{\hat{\boldsymbol{S}} \cdot \hat{\boldsymbol{l}} = \hat{\boldsymbol{l}} \cdot \hat{\boldsymbol{S}} = 0, \quad \hat{\boldsymbol{S}} \times \hat{\boldsymbol{S}} = \mathrm{i}\hbar \hat{\boldsymbol{l}}} \tag{8.4.14}$$

此外, 结合 (8.4.12) 式和 (8.4.13) 式, 也可以用矢量 $\hat{\boldsymbol{S}}$ 来表示哈密顿算符, 即

$$\boxed{\hat{H} = -\epsilon(\hat{\boldsymbol{S}}^2/\hbar^2 + \hat{\boldsymbol{l}}^2/\hbar^2 + 1)^{-1}} \tag{8.4.15}$$

(3) 在束缚态子空间中引入赝角动量算符 $\hat{\boldsymbol{J}}$ 和 $\hat{\tilde{\boldsymbol{J}}}$, 它们均为守恒量,

$$\boxed{\hat{\boldsymbol{J}} \equiv (\hat{\boldsymbol{l}} + \hat{\boldsymbol{S}})/2, \quad \hat{\tilde{\boldsymbol{J}}} \equiv (\hat{\boldsymbol{l}} - \hat{\boldsymbol{S}})/2 \quad \Rightarrow \quad [\hat{\boldsymbol{J}}, \hat{H}] = [\hat{\tilde{\boldsymbol{J}}}, \hat{H}] = 0} \tag{8.4.16}$$

算符 $\hat{\boldsymbol{J}}$ 和 $\hat{\tilde{\boldsymbol{J}}}$ 均满足角动量的对易关系, 即

$$\boxed{\hat{\boldsymbol{J}} \times \hat{\boldsymbol{J}} = \mathrm{i}\hbar \hat{\boldsymbol{J}}, \quad \hat{\tilde{\boldsymbol{J}}} \times \hat{\tilde{\boldsymbol{J}}} = \mathrm{i}\hbar \hat{\tilde{\boldsymbol{J}}}} \tag{8.4.17}$$

作为例子, 下面给出上述第一个等式的证明, 显然

$$\hat{\boldsymbol{J}} \times \hat{\boldsymbol{J}} = (1/4)(\hat{\boldsymbol{l}} \times \hat{\boldsymbol{l}} + \hat{\boldsymbol{S}} \times \hat{\boldsymbol{S}} + \hat{\boldsymbol{l}} \times \hat{\boldsymbol{S}} + \hat{\boldsymbol{S}} \times \hat{\boldsymbol{l}}).$$

利用 (8.4.14) 式, 可得

$$\hat{\boldsymbol{J}} \times \hat{\boldsymbol{J}} = (1/4)(\mathrm{i}\hbar \hat{\boldsymbol{l}} + \mathrm{i}\hbar \hat{\boldsymbol{l}} + 2\mathrm{i}\hbar \hat{\boldsymbol{S}}) = (\mathrm{i}\hbar/2)(\hat{\boldsymbol{l}} + \hat{\boldsymbol{S}}) = \mathrm{i}\hbar \hat{\boldsymbol{J}}.$$

此外, 赝角动量算符 $\hat{\boldsymbol{J}}$ 和 $\hat{\tilde{\boldsymbol{J}}}$ 是相互对易的, 即

$$\boxed{[\hat{J}_\alpha, \hat{\tilde{J}}_\beta] = 0} \tag{8.4.18}$$

为了证明以上等式, 可利用 (8.4.14) 式, 并注意到 $\hat{\boldsymbol{S}}$ 为矢量算符, 因此

$$\begin{aligned}
[\hat{J}_\alpha, \hat{\tilde{J}}_\beta] &= (1/4)\{[\hat{l}_\alpha, \hat{l}_\beta] - [\hat{S}_\alpha, \hat{S}_\beta] - [\hat{l}_\alpha, \hat{S}_\beta] - [\hat{l}_\beta, \hat{S}_\alpha]\} \\
&= (1/4)(\mathrm{i}\hbar\epsilon_{\alpha\beta\gamma}\hat{l}_\gamma - \mathrm{i}\hbar\epsilon_{\alpha\beta\gamma}\hat{l}_\gamma - \mathrm{i}\hbar\epsilon_{\alpha\beta\gamma}\hat{S}_\gamma - \mathrm{i}\hbar\epsilon_{\beta\alpha\gamma}\hat{S}_\gamma) = 0.
\end{aligned}$$

赝角动量算符 $\hat{\boldsymbol{J}}$ 和 $\hat{\tilde{\boldsymbol{J}}}$ 并不是相互独立的, 结合 (8.4.14) 式和 (8.4.16) 式, 可得

$$\boxed{\hat{\boldsymbol{J}}^2 = \hat{\tilde{\boldsymbol{J}}}^2 = (\hat{\boldsymbol{l}}^2 + \hat{\boldsymbol{S}}^2)/4} \tag{8.4.19}$$

将上式代入 (8.4.15) 式, 可知束缚态子空间上的哈密顿算符也可表示为

$$\boxed{\hat{H} = -\epsilon(4\hat{\boldsymbol{J}}^2/\hbar^2 + 1)^{-1}} \tag{8.4.20}$$

(4) 束缚态子空间的守恒量完备集可取为 $\{\hat{\boldsymbol{J}}^2, \hat{J}_z, \hat{\tilde{J}}_z\}$, 它们的共同本征矢量可以记为 $|JM\tilde{M}\rangle$, 相应的本征值分别为

$$J(J+1)\hbar^2,\quad M\hbar,\quad \tilde{M}\hbar\quad (J=0,1/2,1,3/2,2,\cdots;\ M,\tilde{M}=-J,-J+1,\cdots,J).$$

矢量 $|JM\tilde{M}\rangle$ 也代表 $\hat{H}$ 的束缚定态, 束缚定态能级及其简并度分别为

$$\boxed{E_n=-\epsilon/n^2\ (n\equiv 2J+1=0,1,2,\cdots),\quad f_n=(2S+1)^2=n^2} \tag{8.4.21}$$

需要注意, 矢量 $|JM\tilde{M}\rangle$ 也是 $\hat{l}_z$ 和 $\hat{S}_z$ 的共同本征矢量, 相应的本征值分别为

$$m\hbar=(M+\tilde{M})\hbar,\quad \tilde{m}\hbar=(M-\tilde{M})\hbar.$$

(5) 束缚态子空间的守恒量完备集也可取为 $\{\hat{H},\hat{\boldsymbol{l}}^2,\hat{l}_z\}$, 其共同本征矢量可表示为基矢量 $|JM\tilde{M}\rangle$ 的线性叠加, 即

$$\boxed{|nlm\rangle=\sum_{M=-J}^{J}C_M|JM(m-M)\rangle\quad [J=(n-1)/2]} \tag{8.4.22}$$

上式代表束缚态子空间的两套基矢量之间的变换关系. 对于一定的 n(也就是一定的 J), (8.4.22) 式中的 m 的最大取值为 $2J=n-1$, 因此 l 的可能取值为

$$l=0,1,2,\cdots,(n-1).$$

将 (8.4.22) 式代入本征方程 $\hat{\boldsymbol{l}}^2|nlm\rangle=l(l+1)\hbar^2|nlm\rangle$, 可求解出变换系数 C_M.

习 题

8–1 设 $\hat{\boldsymbol{j}}$ 为角动量算符, $\hat{\boldsymbol{A}}$ 为矢量算符, $\boldsymbol{n}$ 和 $\boldsymbol{m}$ 均为经典矢量, 求证:

$$\boxed{[\boldsymbol{n}\cdot\hat{\boldsymbol{j}},\hat{\boldsymbol{A}}]=\mathrm{i}\hbar\hat{\boldsymbol{A}}\times\boldsymbol{n},\quad [\hat{\boldsymbol{j}},\boldsymbol{m}\cdot\hat{\boldsymbol{A}}]=\mathrm{i}\hbar\boldsymbol{m}\times\hat{\boldsymbol{A}},\quad [\boldsymbol{n}\cdot\hat{\boldsymbol{j}},\boldsymbol{m}\cdot\hat{\boldsymbol{A}}]=\mathrm{i}\hbar(\boldsymbol{n}\times\boldsymbol{m})\cdot\hat{\boldsymbol{A}}}$$

8–2 设 $\hat{\boldsymbol{A}}$ 和 $\hat{\boldsymbol{B}}$ 均为相对于角动量算符 $\hat{\boldsymbol{j}}$ 定义的矢量算符, 且 $\hat{\boldsymbol{A}}$ 的任一分量均与 $\hat{\boldsymbol{B}}$ 的任一分量对易, 求证: $[\hat{\boldsymbol{A}}\cdot\hat{\boldsymbol{j}},\hat{\boldsymbol{B}}\cdot\hat{\boldsymbol{j}}]=-\mathrm{i}\hbar(\hat{\boldsymbol{A}}\times\hat{\boldsymbol{B}})\cdot\hat{\boldsymbol{j}}$.

8–3 设 $\hat{\boldsymbol{j}}$ 为角动量算符, $\boldsymbol{n}$ 为沿 (θ,φ) 方向的单位向量, 令

$$\hat{j}_n=\hat{\boldsymbol{j}}\cdot\boldsymbol{n}=\hat{j}_x\sin\theta\cos\varphi+\hat{j}_y\sin\theta\sin\varphi+\hat{j}_z\cos\theta.$$

体系处于 $\{\hat{\boldsymbol{j}}^2,\hat{j}_z\}$ 的共同本征态 $|jm\rangle$, 试求 $\bar{j}_n$ 及 $\overline{j_n^2}$.

答: $\bar{j}_n=m\hbar\cos\theta$, $\overline{j_n^2}=(1/2)[j(j+1)-m^2]\hbar^2\sin^2\theta+m^2\hbar^2\cos^2\theta$.

8–4 设角动量 $\{\hat{\boldsymbol{j}}^2,\hat{j}_z\}$ 的归一化本征矢量为 $|jm\rangle$, 而 $\{\hat{\boldsymbol{j}}^2,\hat{j}_x\}$ 的归一化本征矢量为 $|jm\rangle_x$, 令 $C_{mm'}=\langle jm|jm'\rangle_x$, 求证:

$$2m'C_{mm'}=\sqrt{j(j+1)-m(m+1)}C_{m+1,m'}+\sqrt{j(j+1)-m(m-1)}C_{m-1,m'}.$$

8–5 设体系处于归一化矢量 $|\psi\rangle$ 描述的量子态, 角动量算符为 $\hat{\boldsymbol{J}}$.

(1) 求证:

$$(\Delta J_x)^2+(\Delta J_y)^2\geqslant 2\Delta J_x\cdot\Delta J_y\geqslant\hbar|\bar{J}_z|.$$

(2) 设 $\bar{J}_x = \bar{J}_y = 0,\ \bar{J}_z > 0$, 求证: 上式取等号的充分必要条件为 $\hat{J}_+|\psi\rangle = 0$.

8–6 设自旋 $s = 1$ 的粒子处于 $\hat{s}_z$ 的本征态 $|m\rangle (m = 0, \pm 1)$, 求证: $\hat{s}_x^3 = \hat{s}_x$ (取 $\hbar = 1$), 并求 $\overline{s_x^n}$.

答: 当 n 为正奇数时, $\overline{s_x^n} = 0$, 当 n 为正偶数时, $\overline{s_x^n} = 1 - m^2/2$.

8–7 设粒子自旋为 1, 自旋分量 $\hat{s}_\alpha$ 的归一化本征矢为 $|m\rangle_\alpha (m = 0, \pm 1)$, 取 $\hbar = 1$.

(1) 求证: $|m\rangle_x$ 与 $|m\rangle_z$ 之间的变换关系为

$$|0\rangle_x = \sqrt{1/2}(|1\rangle_z - |-1\rangle_z), \quad |\pm 1\rangle_x = (1/2)(|1\rangle_z + |-1\rangle_z) \pm \sqrt{1/2}|0\rangle_z.$$

(2) 选 $|1\rangle_z, |0\rangle_z, |-1\rangle_z$ 为自旋空间的基矢, 试求 $|m\rangle_x$ 和 $\hat{s}_x$ 的矩阵形式.

答: $|0\rangle_x \to \dfrac{1}{\sqrt{2}}\begin{pmatrix}1\\0\\-1\end{pmatrix}, |\pm 1\rangle_x \to \dfrac{1}{2}\begin{pmatrix}1\\ \pm\sqrt{2}\\1\end{pmatrix}, \hat{s}_x \to \dfrac{1}{\sqrt{2}}\begin{pmatrix}0&1&0\\1&0&1\\0&1&0\end{pmatrix}$.

*8–8 以下算符是否存在? 若存在, 将它们表示为 3 个泡利算符和 1 的线性叠加,

$$(1+\hat{\sigma}_z)^{-1}, \quad (1+\hat{\sigma}_x)^{1/2}, \quad (1+\hat{\sigma}_+)^{1/2} \quad (\hat{\sigma}_+ = \hat{\sigma}_x + \mathrm{i}\hat{\sigma}_y).$$

答: $(1+\hat{\sigma}_z)^{-1}$ 不存在, $(1+\hat{\sigma}_x)^{1/2} = (1+\hat{\sigma}_x)/\sqrt{2}$, $(1+\hat{\sigma}_+)^{1/2} = 1 + \hat{\sigma}_+/2$.

8–9 设算符 $\hat{\boldsymbol{a}}, \hat{\boldsymbol{b}}, \hat{\boldsymbol{c}}$ 的任意分量与泡利算符 $\hat{\boldsymbol{\sigma}}$ 的任意分量均对易, 求证:

$$\boxed{(\hat{\boldsymbol{\sigma}}\cdot\hat{\boldsymbol{a}})(\hat{\boldsymbol{\sigma}}\cdot\hat{\boldsymbol{b}})(\hat{\boldsymbol{\sigma}}\cdot\hat{\boldsymbol{c}}) = \mathrm{i}\hat{\boldsymbol{a}}\cdot(\hat{\boldsymbol{b}}\times\hat{\boldsymbol{c}}) + (\hat{\boldsymbol{\sigma}}\cdot\hat{\boldsymbol{a}})(\hat{\boldsymbol{b}}\cdot\hat{\boldsymbol{c}}) + (\hat{\boldsymbol{a}}\cdot\hat{\boldsymbol{b}})(\hat{\boldsymbol{\sigma}}\cdot\hat{\boldsymbol{c}}) - \hat{a}_\alpha(\hat{\boldsymbol{\sigma}}\cdot\hat{\boldsymbol{b}})\hat{c}_\alpha}$$

$$\boxed{\mathrm{Tr}[(\hat{\boldsymbol{\sigma}}\cdot\hat{\boldsymbol{a}})(\hat{\boldsymbol{\sigma}}\cdot\hat{\boldsymbol{b}})(\hat{\boldsymbol{\sigma}}\cdot\hat{\boldsymbol{c}})] = 2\mathrm{i}\hat{\boldsymbol{a}}\cdot(\hat{\boldsymbol{b}}\times\hat{\boldsymbol{c}})}$$

其中约定对重复指标求和, Tr 表示对二维自旋空间求迹.

8–10 设泡利算符沿单位向量 $\boldsymbol{n}$ 方向的分量为 $\hat{\sigma}_n = \hat{\boldsymbol{\sigma}}\cdot\boldsymbol{n}$, 它的归一化本征矢为 $|\pm\rangle_n$, 即 $\hat{\sigma}_n|\pm\rangle_n = \pm|\pm\rangle_n$, 定义相互正交的投影算符 $\hat{P}_\pm \equiv |\pm\rangle_{nn}\langle\pm|$, 求证:

$$\boxed{\hat{P}_\pm = (1 \pm \hat{\sigma}_n)/2}$$

8–11 设沿 (θ, φ) 方向的泡利算符为 $\hat{\sigma}_n = \hat{\sigma}_x \sin\theta\cos\varphi + \hat{\sigma}_y \sin\theta\sin\varphi + \hat{\sigma}_z\cos\theta$.

(1) 若粒子处于 $\hat{\sigma}_z$ 的本征态 $|+\rangle_z$, 求 $\hat{\sigma}_n$ 的测值概率及平均值.

(2) 若粒子处于 $\hat{\sigma}_n$ 的本征态 $|+\rangle_n$, 求 $\hat{\boldsymbol{\sigma}}$ 的测值概率及平均值.

答: (1) $\hat{\sigma}_n$ 测值为 ± 1, 概率 $P_+^n = \cos^2(\theta/2)$, $P_-^n = \sin^2(\theta/2)$, 平均值 $\bar{\sigma}_n = \cos\theta$.

(2) $\hat{\sigma}_x$ 的测值为 ± 1, 概率 $P_\pm^x = (1 \pm \sin\theta\cos\varphi)/2$, 平均值 $\bar{\sigma}_x = \sin\theta\cos\varphi$;

$\hat{\sigma}_y$ 的测值为 ± 1, 概率 $P_\pm^y = (1 \pm \sin\theta\sin\varphi)/2$, 平均值 $\bar{\sigma}_y = \sin\theta\sin\varphi$;

$\hat{\sigma}_z$ 的测值为 ± 1, 概率 $P_+^z = \cos^2(\theta/2)$, $P_-^z = \sin^2(\theta/2)$, 平均值 $\bar{\sigma}_z = \cos\theta$.

8–12 设电子的自旋态为 $|\chi\rangle$, 测量自旋分量 $\hat{s}_z$ 得到 $\hbar/2$ 的概率为 1/3, 测量 $\hat{s}_x$ 得到 $\hbar/2$ 的概率为 1/6, 试求 $|\chi\rangle$.

答: $|\chi\rangle = \sqrt{1/3}|\uparrow\rangle + \sqrt{2/3}\exp(\pm\mathrm{i}3\pi/4)|\downarrow\rangle$.

8–13 电子内禀磁矩的严格理论属于相对论范畴, 但也可以用非相对论理论给出一个简单说明. 设质量为 μ 的电子处于矢量势 $\boldsymbol{A}(\boldsymbol{r})$ 中, 假设哈密顿算符为

$$\boxed{\hat{H} = [\hat{\boldsymbol{\sigma}} \cdot (\hat{\boldsymbol{p}} + e\boldsymbol{A}/c)]^2/2\mu}$$

其中 $\hat{\boldsymbol{p}}$ 为动量算符, $\hat{\boldsymbol{\sigma}}$ 为泡利算符, 磁场 $\boldsymbol{B} = \nabla \times \boldsymbol{A}$, 求证:

$$\hat{H} = (\hat{\boldsymbol{p}} + e\boldsymbol{A}/c)^2/2\mu - \hat{\boldsymbol{\mu}}_s \cdot \boldsymbol{B} \quad (\hat{\boldsymbol{\mu}}_s = -\mu_{\rm B}\hat{\boldsymbol{\sigma}},\ \mu_{\rm B} = e\hbar/2\mu c).$$

8–14 考虑电子的自旋运动, 假设在 σ_z 表象中, 体系的哈密顿矩阵为 $H = \hbar\omega\sigma_x$, 薛定谔方程为 $\mathrm{i}\hbar\dot{\chi}(t) = H\chi(t)$, 它的矩阵形式以及初始自旋态分别为

$$\mathrm{i}\hbar \begin{pmatrix} \dot{a}(t) \\ \dot{b}(t) \end{pmatrix} = \hbar\omega \begin{pmatrix} 0 & 1 \\ 1 & 0 \end{pmatrix} \begin{pmatrix} a(t) \\ b(t) \end{pmatrix}, \quad \begin{pmatrix} a(0) \\ b(0) \end{pmatrix} = \begin{pmatrix} 1 \\ 0 \end{pmatrix}.$$

试求 $a(t), b(t)$ 以及自旋平均值 $\bar{\boldsymbol{\sigma}}(t) = \chi^\dagger(t)\boldsymbol{\sigma}\chi(t)$.

答: $a(t) = \cos(\omega t)$, $b(t) = -\mathrm{i}\sin(\omega t)$, $\bar{\boldsymbol{\sigma}}(t) = -\sin(2\omega t)\boldsymbol{e}_y + \cos(2\omega t)\boldsymbol{e}_z$.

8–15 设电子处于均匀磁场 $(B_0\boldsymbol{e}_z + B_1\boldsymbol{e}_x)$ 中, 不计轨道运动, 哈密顿算符为

$$\hat{H} = \mu(B_0\hat{\sigma}_z + B_1\hat{\sigma}_x) = \hbar\omega(\cos\theta\hat{\sigma}_z + \sin\theta\hat{\sigma}_x) \quad (\hbar\omega\cos\theta \equiv \mu B_0,\ \tan\theta \equiv B_1/B_0).$$

设 $t = 0$ 时电子处于 $\hat{\sigma}_z$ 的本征态 $|\uparrow\rangle$, 试求 $t > 0$ 时电子的自旋态 $|\chi(t)\rangle$.

答: $|\chi(t)\rangle = (\cos\omega t - \mathrm{i}\cos\theta\sin\omega t)|\uparrow\rangle - \mathrm{i}\sin\theta\sin\omega t|\downarrow\rangle$.

8–16 设粒子处于均匀静磁场 $\boldsymbol{B}$ 中, 不计粒子的轨道运动, 自旋哈密顿算符为

$$\hat{H} = -\hat{\boldsymbol{\mu}}_s \cdot \boldsymbol{B} = -g_s\hat{\boldsymbol{s}} \cdot \boldsymbol{B}.$$

(1) 海森伯图像的自旋算符 $\hat{\boldsymbol{s}}_H(t) \equiv \exp(\mathrm{i}\hat{H}t/\hbar)\hat{\boldsymbol{s}}\exp(-\mathrm{i}\hat{H}t/\hbar)$, 求证:

$$\partial_t\hat{\boldsymbol{s}}_H(t) = g_s\hat{\boldsymbol{s}}_H(t) \times \boldsymbol{B}.$$

(2) 设 t 时刻的自旋态为 $|\chi(t)\rangle$, 自旋平均值 $\bar{\boldsymbol{s}}(t) = \langle\chi(t)|\hat{\boldsymbol{s}}|\chi(t)\rangle$, 求证:

$$\boxed{\partial_t\bar{\boldsymbol{s}}(t) = g_s\bar{\boldsymbol{s}}(t) \times \boldsymbol{B}}$$

(3) 若 $\boldsymbol{B} = B\boldsymbol{e}_z$, 令 $\omega = g_sB$, 求证: $\bar{\boldsymbol{s}}(t)$ 围绕磁场方向作如下进动:

$$\bar{s}_x(t) = \bar{s}_x(0)\cos\omega t + \bar{s}_y(0)\sin\omega t,$$

$$\bar{s}_y(t) = \bar{s}_y(0)\cos\omega t - \bar{s}_x(0)\sin\omega t,$$

$$\bar{s}_z(t) = \bar{s}_z(0).$$

*8–17 设粒子质量为 m, 带电量为 q, 自旋磁矩 $\hat{\boldsymbol{\mu}}_s = g(q/2mc)\hat{\boldsymbol{s}}$, 处于均匀静磁场 $\boldsymbol{B}$ 中, 海森伯图像的速度算符和自旋算符分别为 $\hat{\boldsymbol{v}}_H(t)$ 和 $\hat{\boldsymbol{s}}_H(t)$, 哈密顿算符为

$$\hat{H} = m\hat{\boldsymbol{v}}^2/2 - \hat{\boldsymbol{\mu}}_s \cdot \boldsymbol{B}, \quad [\hat{\boldsymbol{v}} = (\hat{\boldsymbol{p}} - q\hat{\boldsymbol{A}}/c)/m,\ \boldsymbol{B} = \nabla \times \boldsymbol{A}(\boldsymbol{r})].$$

求证: (1) $\hat{\boldsymbol{v}}_H(t)$ 和 $\hat{\boldsymbol{s}}_H(t)$ 绕 $\boldsymbol{B}$ 进动的角频率分别为 ω 和 $g\omega/2$, 即

$$\partial_t\hat{\boldsymbol{v}}_H(t) = \hat{\boldsymbol{v}}_H(t) \times \boldsymbol{\omega}, \quad \partial_t\hat{\boldsymbol{s}}_H(t) = \hat{\boldsymbol{s}}_H(t) \times (g\boldsymbol{\omega}/2) \quad (\boldsymbol{\omega} \equiv q\boldsymbol{B}/mc).$$

(2) 当 $g=2$ 时, $\hat{\boldsymbol{s}}\cdot\hat{\boldsymbol{v}}$ 为守恒量.

*8–18 设质量为 m, 自旋 $s=1/2$ 的电中性粒子处于 $|x|<a$ 的一维无限深方势阱中.

(1) 求证: 体系的能级和归一化的能量本征函数分别为

$$E_n^{(0)}=n^2\pi^2\hbar^2/8ma^2,\quad |\psi_{n\pm}^{(0)}(x)\rangle=\sqrt{1/a}\sin[n\pi(x+a)/2a]|\pm\rangle_z\quad(n=1,2,\cdots).$$

其中 $|\pm\rangle_z$ 为泡利算符 $\hat{\sigma}_z$ 的归一化本征矢量, 即 $\hat{\sigma}_z|\pm\rangle_z=\pm|\pm\rangle_z$.

(2) 设粒子自旋磁矩算符为 $\hat{\boldsymbol{\mu}}=\mu_0\hat{\boldsymbol{\sigma}}$, 处于一个分区均匀的外加静磁场中:

$$\boldsymbol{B}(x)=B_0\boldsymbol{e}_z\ (-a<x<0);\quad \boldsymbol{B}(x)=B_0\boldsymbol{e}_x\ (0<x<a).$$

令 $k_\pm\equiv\sqrt{2m(E\pm\mu_0B_0)}/\hbar$ (E 为束缚定态能级), 求证: 能谱方程为

$$[k_+\sin(k_-a)\cos(k_+a)+k_-\sin(k_+a)\cos(k_-a)]^2+k_+k_-\sin(2k_+a)\sin(2k_-a)=0.$$

(3) 若 $\mu_0B_0\ll\hbar^2/ma^2$, 试求基态能.

答: $E_1\approx\pi^2\hbar^2/8ma^2-|\mu_0B_0|/\sqrt{2}$.

*8–19 设粒子自旋为 1/2, 自旋态的密度算符 $\hat{\rho}$ 与极化向量 π 和泡利算符 $\hat{\boldsymbol{\sigma}}$ 的关系为

$$\boxed{\hat{\rho}=(1+\pi\cdot\hat{\boldsymbol{\sigma}})/2\quad(0\leqslant|\pi|\leqslant1)}$$

$|\pi|=1$ 表示纯态, $\pi=0$ 表示完全非极化态 (自旋取向是无规的). 求证:

(1) $\hat{\rho}^2=\hat{\rho}+(\pi^2-1)/4$;

(2) $\hat{\rho}$ 的本征值为 $(1\pm|\pi|)/2$;

(3) $\hat{\boldsymbol{\sigma}}$ 的统计平均值为 $\langle\hat{\boldsymbol{\sigma}}\rangle=\pi$;

(4) $\hat{\boldsymbol{\sigma}}$ 沿单位向量 $\boldsymbol{n}$ 方向的分量 $\hat{\sigma}_n=\boldsymbol{n}\cdot\hat{\boldsymbol{\sigma}}$, 则 $\hat{\sigma}_n$ 的测值为 ±1 的概率分别为 $P_\pm=(1\pm\pi\cdot\boldsymbol{n})/2$.

*8–20 设自旋为 1/2 的粒子处于均匀静磁场 $\boldsymbol{B}$ 中, 自旋运动的哈密顿算符为 $\hat{H}=-\mu\hat{\boldsymbol{\sigma}}\cdot\boldsymbol{B}$, 在 $t=0$ 时的密度算符为 $\hat{\rho}(0)=(1+\pi_0\cdot\hat{\boldsymbol{\sigma}})/2$, 求证: 极化向量 $\pi(t)\equiv\langle\hat{\boldsymbol{\sigma}}\rangle$ 满足

$$\pi(t)=\boldsymbol{n}\boldsymbol{n}\cdot\pi_0+(\pi_0-\boldsymbol{n}\boldsymbol{n}\cdot\pi_0)\cos\omega t+\pi_0\times\boldsymbol{n}\sin\omega t\quad(\boldsymbol{n}\equiv\boldsymbol{B}/B,\ \omega\equiv2\mu B/\hbar).$$

8–21 设两个粒子的自旋均为 1/2, 它们的泡利算符分别为 $\hat{\boldsymbol{\sigma}}_1$ 和 $\hat{\boldsymbol{\sigma}}_2$, 令

$$\boxed{\hat{P}_{12}\equiv(1+\hat{\boldsymbol{\sigma}}_1\cdot\hat{\boldsymbol{\sigma}}_2)/2;\quad \hat{P}_3\equiv(1+\hat{P}_{12})/2,\quad \hat{P}_1\equiv(1-\hat{P}_{12})/2}$$

求证: $\hat{P}_{12}$ 表示两粒子的交换算符, 而 $\hat{P}_3$ 和 $\hat{P}_1$ 分别表示自旋三重态子空间和自旋单态子空间的投影算符.

8–22 设两个粒子的自旋均为 1/2, 它们的泡利算符分别为 $\hat{\boldsymbol{\sigma}}_1$ 和 $\hat{\boldsymbol{\sigma}}_2$, 求证:

$$\exp(\mathrm{i}\theta\hat{P}_{12})=\cos\theta+\mathrm{i}\sin\theta\hat{P}_{12}\quad[\hat{P}_{12}=(1+\hat{\boldsymbol{\sigma}}_1\cdot\hat{\boldsymbol{\sigma}}_2)/2].$$

8–23 设 $\hat{\sigma}_n$ 为泡利算符沿 (θ,φ) 方向的分量, 它的归一化本征态记为 $|\pm\rangle_n$, 即 $\hat{\sigma}_n|\pm\rangle_n = \pm|\pm\rangle_n$, 求证: 对于自旋均为 1/2 的两粒子体系, 自旋单态可表示为

$$|00\rangle = \sqrt{1/2}(|+\rangle_{1n}|-\rangle_{2n} - |-\rangle_{1n}|+\rangle_{2n}).$$

8–24 设自旋为 1/2 的两个粒子的总自旋 $\hat{\boldsymbol{S}} = (\hat{\boldsymbol{\sigma}}_1 + \hat{\boldsymbol{\sigma}}_2)\hbar/2$, 体系的自旋态为

$$|\chi\rangle = |+\rangle_{1z}|+\rangle_{2x}, \quad \hat{\sigma}_{i\alpha}|\pm\rangle_{i\alpha} = \pm|\pm\rangle_{i\alpha} \quad (i=1,2;\ \alpha=x,y,z).$$

试求 $\hat{\boldsymbol{S}}^2$ 的可能测值和概率.

答: 测值为 $0, 2\hbar^2$, 概率分别为 1/4, 3/4.

8–25 设两个粒子的自旋均为 1/2, 它们的泡利算符分别为 $\hat{\boldsymbol{\sigma}}_1$ 和 $\hat{\boldsymbol{\sigma}}_2$, 求证:

$$(\hat{\boldsymbol{\sigma}}_1 + \hat{\boldsymbol{\sigma}}_2)\cdot(\hat{\boldsymbol{\sigma}}_1 \times \hat{\boldsymbol{\sigma}}_2) = (\hat{\boldsymbol{\sigma}}_1 \times \hat{\boldsymbol{\sigma}}_2)\cdot(\hat{\boldsymbol{\sigma}}_1 + \hat{\boldsymbol{\sigma}}_2) = 0.$$

8–26 设两个粒子的自旋均为 1/2, 它们的泡利算符分别为 $\hat{\boldsymbol{\sigma}}_1$ 和 $\hat{\boldsymbol{\sigma}}_2$, 求证:

$$(\hat{\boldsymbol{\sigma}}_1\cdot\hat{\boldsymbol{\sigma}}_2)\hat{\boldsymbol{\sigma}}_1 - \hat{\boldsymbol{\sigma}}_2 = \hat{\boldsymbol{\sigma}}_2 - \hat{\boldsymbol{\sigma}}_1(\hat{\boldsymbol{\sigma}}_1\cdot\hat{\boldsymbol{\sigma}}_2) = \mathrm{i}\hat{\boldsymbol{\sigma}}_1 \times \hat{\boldsymbol{\sigma}}_2$$

$$(\hat{\boldsymbol{\sigma}}_1 + \hat{\boldsymbol{\sigma}}_2)(\hat{\boldsymbol{\sigma}}_1\cdot\hat{\boldsymbol{\sigma}}_2) = (\hat{\boldsymbol{\sigma}}_1\cdot\hat{\boldsymbol{\sigma}}_2)(\hat{\boldsymbol{\sigma}}_1 + \hat{\boldsymbol{\sigma}}_2) = \hat{\boldsymbol{\sigma}}_1 + \hat{\boldsymbol{\sigma}}_2,$$

$$\hat{\boldsymbol{\sigma}}_1 \times (\hat{\boldsymbol{\sigma}}_1 \times \hat{\boldsymbol{\sigma}}_2) + 2\hat{\boldsymbol{\sigma}}_2 = (\hat{\boldsymbol{\sigma}}_1 \times \hat{\boldsymbol{\sigma}}_2)\times\hat{\boldsymbol{\sigma}}_1 - 2\hat{\boldsymbol{\sigma}}_2 = \mathrm{i}\hat{\boldsymbol{\sigma}}_1 \times \hat{\boldsymbol{\sigma}}_2.$$

*8–27 设两个粒子的自旋均为 1/2, 它们的泡利算符分别为 $\hat{\boldsymbol{\sigma}}_1$ 和 $\hat{\boldsymbol{\sigma}}_2$, 总自旋 $\hat{\boldsymbol{S}} = (\hat{\boldsymbol{\sigma}}_1 + \hat{\boldsymbol{\sigma}}_2)/2$ (取 $\hbar = 1$), 令 $\hat{S}_n \equiv \hat{\boldsymbol{S}}\cdot\boldsymbol{n}$, 其中 $\boldsymbol{n}$ 为单位向量, 求证:

$$\hat{\boldsymbol{S}}(\hat{\boldsymbol{S}}^2 - 2) = 0, \quad \hat{\boldsymbol{S}}^2(\hat{\boldsymbol{S}}^2 - 2) = 0, \quad \hat{S}_n^2(\hat{\boldsymbol{S}}^2 - 2) = 0, \quad \hat{S}_n^4 = \hat{S}_n^2 = (1 + \hat{\sigma}_{1n}\hat{\sigma}_{2n})/2.$$

*8–28 体系由两个自旋均为 1/2 的粒子构成, 总自旋 $\hat{\boldsymbol{S}} = (\hat{\boldsymbol{\sigma}}_1 + \hat{\boldsymbol{\sigma}}_2)/2$ (取 $\hbar = 1$), 两粒子相对位矢 $\boldsymbol{r} \equiv \boldsymbol{r}_1 - \boldsymbol{r}_2$, 令 $\hat{\sigma}_{ir} \equiv \hat{\boldsymbol{\sigma}}_i\cdot\boldsymbol{r}/r (i = 1, 2)$, 质心系中的哈密顿量为

$$\hat{H} = \hat{\boldsymbol{p}}^2/2\mu + V_1(r) + V_2(r)\hat{T} \quad (\hat{T} = 3\hat{\sigma}_{1r}\hat{\sigma}_{2r} - \hat{\boldsymbol{\sigma}}_1\cdot\hat{\boldsymbol{\sigma}}_2).$$

(1) 试证明以下关系式, 并求 $\hat{T}$ 的本征值,

$$\hat{T} = 6\hat{S}_r^2 - 2\hat{\boldsymbol{S}}^2, \quad \hat{T}^2 + 2\hat{T} = 4\hat{\boldsymbol{S}}^2, \quad \hat{T}^3 + 2\hat{T}^2 - 8\hat{T} = 0.$$

(2) 设 $\hat{P}$ 为宇称算符, $\hat{\boldsymbol{l}}$ 为轨道角动量算符, 总角动量算符 $\hat{\boldsymbol{J}} \equiv \hat{\boldsymbol{l}} + \hat{\boldsymbol{S}}$, 以下动力学变量中哪些是守恒量? $\hat{P}, \hat{\boldsymbol{l}}, \hat{\boldsymbol{l}}^2, \hat{\boldsymbol{S}}, \hat{\boldsymbol{S}}^2, \hat{\boldsymbol{J}}$.

答: (1) $\hat{T}$ 的本征值为 $0, 2, -4$, 本征矢量为 $\hat{S}_r$ 和 $\hat{\boldsymbol{S}}^2$ 的共同本征矢量, 即

$$\hat{T}|00\rangle_r = 0, \quad \hat{T}|1,\pm1\rangle_r = 2|1,\pm1\rangle_r, \quad \hat{T}|10\rangle_r = -4|10\rangle_r.$$

(2) 守恒量: $\hat{P}, \hat{\boldsymbol{S}}^2, \hat{\boldsymbol{J}}$.

8–29 设两个粒子的自旋均为 1/2, 自旋单态为 $|00\rangle$, 求证:

$$\langle 00|\hat{\boldsymbol{\sigma}}_1|00\rangle = 0, \quad \langle 00|(\hat{\sigma}_{1n}\hat{\sigma}_{2m})|00\rangle = -\boldsymbol{n}\cdot\boldsymbol{m} \quad (\hat{\sigma}_{1n} \equiv \hat{\boldsymbol{\sigma}}_1\cdot\boldsymbol{n},\ \hat{\sigma}_{2m} \equiv \hat{\boldsymbol{\sigma}}_2\cdot\boldsymbol{m}).$$

8–30 考虑两电子体系的自旋态, 贝尔基矢定义为非耦合基矢的线性组合:

$$|\psi_\pm\rangle \equiv (|\uparrow\downarrow\rangle \pm |\downarrow\uparrow\rangle)/\sqrt{2}, \quad |\phi_\pm\rangle \equiv (|\uparrow\uparrow\rangle \pm |\downarrow\downarrow\rangle)/\sqrt{2}.$$

求证: 它们均为 $\hat{\sigma}_{1\alpha}\hat{\sigma}_{2\alpha}(\alpha = x, y, z)$ 的本征矢量, 即

$$\hat{\sigma}_{1x}\hat{\sigma}_{2x}|\psi_\pm\rangle = \pm|\psi_\pm\rangle, \quad \hat{\sigma}_{1y}\hat{\sigma}_{2y}|\psi_\pm\rangle = \pm|\psi_\pm\rangle, \quad \hat{\sigma}_{1z}\hat{\sigma}_{2z}|\psi_\pm\rangle = -|\psi_\pm\rangle,$$

$$\hat{\sigma}_{1x}\hat{\sigma}_{2x}|\phi_\pm\rangle = \pm|\phi_\pm\rangle, \quad \hat{\sigma}_{1y}\hat{\sigma}_{2y}|\phi_\pm\rangle = \mp|\phi_\pm\rangle, \quad \hat{\sigma}_{1z}\hat{\sigma}_{2z}|\phi_\pm\rangle = |\phi_\pm\rangle.$$

8–31 一个体系由两个自旋为 1/2 的粒子构成, 假设哈密顿算符为

$$\hat{H} = \epsilon(\hat{\sigma}_{1x}\hat{\sigma}_{2x} + \hat{\sigma}_{1y}\hat{\sigma}_{2y}).$$

其中 $\hat{\boldsymbol{\sigma}}_1$ 和 $\hat{\boldsymbol{\sigma}}_2$ 是两个粒子的泡利算符, 求体系的能级和能量本征态.

答: 体系的能量本征态是自旋三重态 $|1M\rangle$ 和自旋单态 $|00\rangle$, 即

$$\hat{H}|1,\pm 1\rangle = 0, \quad \hat{H}|10\rangle = 2\epsilon|10\rangle, \quad \hat{H}|00\rangle = -2\epsilon|00\rangle.$$

8–32 一个体系由两个自旋为 1/2 的粒子构成, 假设哈密顿算符为

$$\hat{H} = \epsilon\hat{\boldsymbol{\sigma}}_1 \cdot \hat{\boldsymbol{\sigma}}_2 + \epsilon_1\hat{\sigma}_{1z} + \epsilon_2\hat{\sigma}_{2z}.$$

其中 $\hat{\boldsymbol{\sigma}}_1$ 和 $\hat{\boldsymbol{\sigma}}_2$ 是两个粒子的泡利算符, 求体系的能级和能量本征态.

答: $E_{1,2} = \epsilon \pm 2\bar{\epsilon}, \quad E_{3,4} = -\epsilon \pm 2\sqrt{\epsilon^2 + \Delta^2}, \quad (2\bar{\epsilon} \equiv \epsilon_1 + \epsilon_2,\ 2\Delta \equiv \epsilon_1 - \epsilon_2);$

$|\psi_1\rangle = |\uparrow\uparrow\rangle, \quad |\psi_2\rangle = |\downarrow\downarrow\rangle, \quad |\psi_{3,4}\rangle = \dfrac{\epsilon|\uparrow\downarrow\rangle + \varepsilon_\pm|\downarrow\uparrow\rangle}{(\epsilon^2 + \varepsilon_\pm^2)^{1/2}}, \quad (\varepsilon_\pm \equiv -\Delta \pm \sqrt{\epsilon^2 + \Delta^2}).$

8–33 设两个质子处于自旋三重态, 现外加一个沿 z 轴方向的磁场 B, 哈密顿算符为 $\hat{H} = -\mu B\hat{S}_z/\hbar$, 其中 $\hat{\boldsymbol{S}}$ 表示两个质子的总自旋算符. 若 $t = 0$ 时体系处于 $\hat{S}_x$ 的本征态 $|1\rangle_x$ (本征值为 $\hbar$), 试求 $t > 0$ 时体系处于 $|M\rangle_x(M = 0, \pm 1)$ 态的概率.

答: $P_1 = \cos^4(\omega t/2)$, $P_{-1} = \sin^4(\omega t/2)$, $P_0 = (1/2)\sin^2(\omega t)$.

8–34 考虑自旋均为 1/2 的 3 个粒子构成的体系, 假设哈密顿算符为

$$\hat{H} = (4\epsilon/\hbar^2)\hat{\boldsymbol{s}}_1 \cdot \hat{\boldsymbol{s}}_2 + (4\tilde{\epsilon}/\hbar^2)(\hat{\boldsymbol{s}}_1 + \hat{\boldsymbol{s}}_2) \cdot \hat{\boldsymbol{s}}_3.$$

(1) 令 $\hat{\boldsymbol{S}}_{12} \equiv \hat{\boldsymbol{s}}_1 + \hat{\boldsymbol{s}}_2$, $\hat{\boldsymbol{S}} \equiv \hat{\boldsymbol{S}}_{12} + \hat{\boldsymbol{s}}_3$, 求证: 哈密顿算符可改写为

$$\hat{H} = [2(\epsilon - \tilde{\epsilon})/\hbar^2]\hat{\boldsymbol{S}}_{12}^2 + (2\tilde{\epsilon}/\hbar^2)\hat{\boldsymbol{S}}^2 - 3(\epsilon + \tilde{\epsilon}/2).$$

(2) 求证: $\hat{\boldsymbol{S}}$ 和 $\hat{\boldsymbol{S}}_{12}^2$ 均为守恒量, 体系的能级 E 及对应的简并度 f 为

$$E = -3\epsilon\ (f = 2); \quad E = \epsilon - 4\tilde{\epsilon}\ (f = 2); \quad E = \epsilon + 2\tilde{\epsilon}\ (f = 4).$$

(3) 在 $\tilde{\epsilon} = \epsilon$ 和 $\tilde{\epsilon} = -2\epsilon$ 这两种情形下, 能级简并度有何变化?

*8–35 设体系由 N 个自旋 1/2 的粒子构成, 第 i 个粒子的泡利算符为 $\hat{\boldsymbol{\sigma}}_i$, 哈密顿量为

$$\hat{H} = -(J/2)(\hat{\boldsymbol{\sigma}}_1 \cdot \hat{\boldsymbol{\sigma}}_2 + \hat{\boldsymbol{\sigma}}_2 \cdot \hat{\boldsymbol{\sigma}}_3 + \cdots + \hat{\boldsymbol{\sigma}}_{N-1} \cdot \hat{\boldsymbol{\sigma}}_N + \hat{\boldsymbol{\sigma}}_N \cdot \hat{\boldsymbol{\sigma}}_1) \quad (J > 0).$$

(1) 设基态下所有粒子均处于 $\hat{\sigma}_z$ 的本征态 $|\uparrow\rangle$, 求证: 基态能 $E_0=-NJ/2$;

(2) 设 $|\phi_n\rangle$ 表示仅第 n 个粒子处于 $|\downarrow\rangle$ 态, 其余粒子均处于 $|\uparrow\rangle$ 态, 求证:

$$\hat{\boldsymbol{\sigma}}_j\cdot\hat{\boldsymbol{\sigma}}_{j+1}|\phi_n\rangle=|\phi_n\rangle,(n\neq j,j+1);\quad \hat{\boldsymbol{\sigma}}_j\cdot\hat{\boldsymbol{\sigma}}_{j+1}|\phi_j\rangle=2|\phi_{j+1}\rangle-|\phi_j\rangle.$$

(3) 求证: 以下 $|\psi_k\rangle$ 表示体系的一个定态, 能级为 $E_k=E_0+2J(1-\cos\theta_k)$,

$$|\psi_k\rangle=\sqrt{1/N}\sum_n \exp(\mathrm{i}n\theta_k)|\phi_n\rangle\quad(\theta_k=2\pi k/N,\ k=1,2,3,\cdots).$$

8–36 (1) 设 $\hat{\boldsymbol{j}}_1$ 和 $\hat{\boldsymbol{j}}_2$ 为两个相互对易的角动量算符, 求证:

$$\boxed{\hat{\boldsymbol{j}}_1\cdot\hat{\boldsymbol{j}}_2=(1/2)(\hat{j}_{1+}\hat{j}_{2-}+\hat{j}_{1-}\hat{j}_{2+})+\hat{j}_{1z}\hat{j}_{2z}}$$

(2) 设电子的总角动量 $\hat{\boldsymbol{j}}=\hat{\boldsymbol{l}}+\hat{\boldsymbol{s}}$, 试写出 $\hat{\boldsymbol{j}}^2$ 在 $\hat{\sigma}_z$ 表象中的矩阵形式.

答: $\begin{pmatrix}\hat{\boldsymbol{l}}^2+3\hbar^2/4+\hbar\hat{l}_z & \hbar\hat{l}_-\\ \hbar\hat{l}_+ & \hat{\boldsymbol{l}}^2+3\hbar^2/4-\hbar\hat{l}_z\end{pmatrix}\quad(\hat{l}_\pm\equiv\hat{l}_x\pm\mathrm{i}\hat{l}_y).$

8–37 设 $\hat{\boldsymbol{\sigma}}$ 为泡利算符, $\hat{\boldsymbol{l}}$ 为轨道角动量算符, (1) 求证:

$$\hat{\boldsymbol{\sigma}}(\hat{\boldsymbol{\sigma}}\cdot\hat{\boldsymbol{l}})+(\hat{\boldsymbol{\sigma}}\cdot\hat{\boldsymbol{l}})\hat{\boldsymbol{\sigma}}=2\hat{\boldsymbol{l}},\quad(\hat{\boldsymbol{\sigma}}\cdot\hat{\boldsymbol{l}})^2+\hbar\hat{\boldsymbol{\sigma}}\cdot\hat{\boldsymbol{l}}=\hat{\boldsymbol{l}}^2.$$

(2) 由于 $[\hat{\boldsymbol{l}}^2,\hat{\boldsymbol{\sigma}}\cdot\hat{\boldsymbol{l}}]=0$, 因此它们有共同本征态 $|l\lambda\rangle$, 对应的本征值分别记为 $l(l+1)\hbar^2$ 和 $\lambda\hbar$, 求证: $\lambda=l,-(l+1)$.

8–38 考虑自旋为 1/2 的粒子, 轨道角动量算符为 $\hat{\boldsymbol{l}}$, 自旋算符为 $\hat{\boldsymbol{s}}=(\hbar/2)\hat{\boldsymbol{\sigma}}$, 总角动量算符为 $\hat{\boldsymbol{j}}=\hat{\boldsymbol{l}}+\hat{\boldsymbol{s}}$, 算符 $\hat{\boldsymbol{l}}^2$ 的本征值 $l(l+1)\hbar^2$ 所对应的本征子空间可表示为

$$\mathcal{E}^{(l)}=\mathcal{E}_+^{(l)}\oplus\mathcal{E}_-^{(l)}.$$

$\mathcal{E}_\pm^{(l)}$ 是 $\{\hat{\boldsymbol{l}}^2,\hat{\boldsymbol{j}}^2\}$ 的共同本征子空间, 分别对应 $j=l\pm1/2$. 定义 $\mathcal{E}^{(l)}$ 上的算符:

$$\hat{P}_+\equiv(l+1+\hat{\boldsymbol{\sigma}}\cdot\hat{\boldsymbol{l}}/\hbar)/(2l+1),\quad \hat{P}_-\equiv(l-\hat{\boldsymbol{\sigma}}\cdot\hat{\boldsymbol{l}}/\hbar)/(2l+1).$$

求证: $\hat{P}_\pm$ 是相互正交的投影算符, 其投影空间分别为 $\mathcal{E}_\pm^{(l)}$.

*8–39 设 $\hat{\boldsymbol{r}}$ 和 $\hat{\boldsymbol{l}}$ 分别表示电子的位置和轨道角动量, $\hat{\boldsymbol{j}}=\hat{\boldsymbol{l}}+\hat{\boldsymbol{s}}$, 宇称算符记为 $\hat{P}$.

(1) 令 $\hat{\sigma}_r\equiv\hat{\boldsymbol{\sigma}}\cdot\hat{\boldsymbol{r}}/r$, 求证: $\hat{\sigma}_r$ 是奇宇称标量 (赝标量), 即

$$\hat{P}\hat{\sigma}_r\hat{P}=-\hat{\sigma}_r,\quad[\hat{\boldsymbol{j}},\hat{\sigma}_r]=0.$$

(2) 设 $\{\hat{\boldsymbol{l}}^2,\hat{\boldsymbol{j}}^2,\hat{j}_z\}$ 的共同本征矢量为 $|ljm_j\rangle$, 求证: 选取适当相位, 可有

$$\hat{\sigma}_r|(j\pm1/2)jm_j\rangle=-|(j\mp1/2)jm_j\rangle.$$

第九章

玻色算符方法及其应用

玻色算符方法是一种求解观测算符的本征值的常用代数方法，它具有一定的简洁性和普适性，在现代理论物理中的应用日益广泛，本章介绍玻色算符方法及其在角动量本征值问题、谐振子体系、相干态、压缩态中的应用.

§ 9.1 玻色算符方法

本节先引入玻色算符的定义，研究玻色子数本征态的性质，然后用玻色算符方法求解角动量的本征值和耦合玻色子体系的元激发.

1. 玻色算符的定义与性质

凡是满足以下玻色对易关系的线性算符 $\hat{a}$ 和 $\hat{a}^\dagger$，统称为玻色算符：

$$\boxed{[\hat{a},\hat{a}^\dagger]=1} \tag{9.1.1}$$

算符 $\hat{a}^\dagger\hat{a}$ 称为**玻色子数算符**，易知它是一个正定厄密算符，其本征值 n 称为玻色子数. 下面是一个重要定理：玻色子数必为非负整数，即

$$\boxed{\hat{a}^\dagger\hat{a}|n\rangle=n|n\rangle\quad(n=0,1,2,\cdots)} \tag{9.1.2}$$

证明： 令 $\hat{N}\equiv\hat{a}^\dagger\hat{a}$，利用 (3.2.5) 式和 (9.1.1) 式，可以导出以下对易关系：

$$[\hat{N},(\hat{a}^\dagger)^k]=k(\hat{a}^\dagger)^k,\quad[\hat{N},\hat{a}^k]=-k\hat{a}^k\quad(k=0,1,2,\cdots). \tag{9.1.3}$$

设 $|n\rangle$ 是 $\hat{N}$ 的某个本征矢量，本征值为 n，即 $\hat{N}|n\rangle=n|n\rangle$，将对易式 (9.1.3) 的两边同时作用到 $|n\rangle$ 态上，可得

$$\hat{N}\big[(\hat{a}^\dagger)^k|n\rangle\big]=(n+k)\big[(\hat{a}^\dagger)^k|n\rangle\big],\quad\hat{N}\big(\hat{a}^k|n\rangle\big)=(n-k)\big(\hat{a}^k|n\rangle\big). \tag{9.1.4}$$

上式表明，若 $(\hat{a}^\dagger)^k|n\rangle\neq0,\hat{a}^k|n\rangle\neq0$，则它们均为 $\hat{N}$ 的本征态，本征值分别为 $(n\pm k)$. 但正定厄密算符 $\hat{N}$ 有最小本征值 $n_0\geqslant0$，对应的本征态记为 $|n_0\rangle$，则有 $\hat{a}|n_0\rangle=0$，否则由 (9.1.4) 式可断言 $\hat{a}|n_0\rangle$ 也是 $\hat{N}$ 的本征态，其本征值 (n_0-1) 比最小本征值 n_0 更小，这就出现了矛盾. 由 $\hat{a}|n_0\rangle=0$ 可得到

$$\hat{N}|n_0\rangle=0\times|n_0\rangle\quad\Rightarrow\quad n_0=0.$$

玻色子数为零的态 $|0\rangle$ 称为**玻色子真空态**. 由 (9.1.4) 式的第一个等式可知，玻色子数算符 $\hat{N}$ 的任一本征态可表示为 $(\hat{a}^\dagger)^n|0\rangle$，对应的本征值 n 只能取非负整数，证毕.

值得注意，上述定理成立的唯一条件是算符 $\hat{a}$ 满足玻色对易关系 (9.1.1) 式. 此外，由于 $\hat{a}$ 有本征值 0，因此 **$\hat{a}$ 和 $\hat{a}^\dagger$ 均没有逆算符**.

设 $|n\rangle$ 为玻色子数算符 $\hat{a}^\dagger\hat{a}$ 的归一化本征矢量，由于 $\hat{a}^\dagger\hat{a}$ 是厄密算符，因此它的不同本征值对应的本征态是相互正交的，即

$$\boxed{\langle n|n'\rangle=\delta_{nn'}}$$

此外, 归一化本征矢量 $|n\rangle$ 满足以下递推关系:

$$\boxed{\hat{a}^\dagger|n\rangle = \sqrt{n+1}|n+1\rangle, \quad \hat{a}|n\rangle = \sqrt{n}|n-1\rangle} \tag{9.1.5}$$

因此 $\hat{a}^\dagger$ 和 $\hat{a}$ 分别称为玻色子的**产生算符和湮灭算符**. 上式的证明如下:

由 (9.1.4) 式可知 $\hat{a}^\dagger|n\rangle$ 为 $\hat{a}^\dagger\hat{a}$ 的本征态, 本征值为 $(n+1)$, 因此

$$|n+1\rangle = c_n\hat{a}^\dagger|n\rangle \quad \Rightarrow \quad \langle n+1| = c_n^*\langle n|\hat{a}.$$

其中系数 c_n 应满足归一化条件 $\langle n|n\rangle = 1$ (对任意本征值 n), 因此由上式可得

$$1 = \langle n+1|n+1\rangle = |c_n|^2\langle n|\hat{a}\hat{a}^\dagger|n\rangle = |c_n|^2\langle n|(\hat{a}^\dagger\hat{a}+1)|n\rangle = |c_n|^2(n+1).$$

选取适当的相位, 可得 $c_n = 1/\sqrt{n+1}$, 因此 (9.1.5) 式中的第一个等式成立. 利用第一个等式可得 $|n\rangle = (1/\sqrt{n})\hat{a}^\dagger|n-1\rangle$, 由此可导出第二个等式, 即

$$\hat{a}|n\rangle = \sqrt{1/n}\hat{a}\hat{a}^\dagger|n-1\rangle = \sqrt{1/n}(\hat{a}^\dagger\hat{a}+1)|n-1\rangle = \sqrt{1/n}n|n-1\rangle = \sqrt{n}|n-1\rangle.$$

利用 (9.1.5) 式容易导出归一化矢量 $|n\rangle$ 与玻色子真空态 $|0\rangle$ 之间的关系:

$$\boxed{|n\rangle = (n!)^{-1/2}(\hat{a}^\dagger)^n|0\rangle} \tag{9.1.6}$$

*2. 在角动量本征值问题中的应用

角动量算符可用相互独立的两种玻色算符表示, 此即**施温格表象**:

$$\boxed{\hat{j}_x = (\hat{a}_1^\dagger\hat{a}_2 + \hat{a}_2^\dagger\hat{a}_1)/2, \quad \hat{j}_y = (\hat{a}_1^\dagger\hat{a}_2 - \hat{a}_2^\dagger\hat{a}_1)/2i, \quad \hat{j}_z = (\hat{a}_1^\dagger\hat{a}_1 - \hat{a}_2^\dagger\hat{a}_2)/2} \tag{9.1.7}$$

$$[\hat{a}_k, \hat{a}_{k'}^\dagger] = \delta_{kk'}, \quad [\hat{a}_k, \hat{a}_{k'}] = 0 \quad (k, k' = 1, 2). \tag{9.1.8}$$

利用 (9.1.8) 式可验证, (9.1.7) 式中的 $\hat{j}_x, \hat{j}_y, \hat{j}_z$ 的确满足角动量的对易关系, 即

$$[\hat{j}_\alpha, \hat{j}_\beta] = i\epsilon_{\alpha\beta\gamma}\hat{j}_\gamma \quad (\hbar = 1;\ \alpha, \beta, \gamma = x, y, z).$$

利用 (9.1.7) 式容易导出角动量升降算符和角动量平方算符的表达式, 即

$$\boxed{\hat{j}_+ = \hat{j}_-^\dagger = \hat{a}_1^\dagger\hat{a}_2, \quad \hat{\boldsymbol{j}}^2 = \hat{j}(\hat{j}+1), \quad \hat{j} = (\hat{a}_1^\dagger\hat{a}_1 + \hat{a}_2^\dagger\hat{a}_2)/2} \tag{9.1.9}$$

用玻色算符来表示角动量算符的重要意义在于可借助于玻色子数的本征态来求得角动量算符的本征值. 用 $|00\rangle$ 表示玻色子真空态, 则 $\{\hat{a}_1^\dagger\hat{a}_1, \hat{a}_2^\dagger\hat{a}_2\}$ 的归一化共同本征矢量为

$$|n_1\rangle|n_2\rangle = (n_1!n_2!)^{-1/2}(\hat{a}_1^\dagger)^{n_1}(\hat{a}_2^\dagger)^{n_2}|00\rangle \quad (n_1, n_2 = 0, 1, 2, \cdots).$$

令 $n_1 = j+m$, $n_2 = j-m$, 可将上述本征矢量重新记为

$$\boxed{|jm\rangle = [(j+m)!(j-m)!]^{-1/2}(\hat{a}_1^\dagger)^{j+m}(\hat{a}_2^\dagger)^{j-m}|00\rangle} \tag{9.1.10}$$

$$j = (n_1+n_2)/2 = 0, 1/2, 1, 3/2, 2, \cdots; \quad m = (n_1-n_2)/2 = -j, -j+1, \cdots, j.$$

利用 (9.1.7) 式、(9.1.9) 式及 (9.1.10) 式容易证明, $|jm\rangle$ 也是 $\{\hat{\boldsymbol{j}}^2, \hat{j}_z\}$ 的共同本征矢量, 即

$$\hat{\boldsymbol{j}}^2|jm\rangle = j(j+1)|jm\rangle, \quad \hat{j}_z|jm\rangle = m|jm\rangle.$$

上式表明, $\hat{\boldsymbol{j}}^2$ 和 $\hat{j}_z$ 的本征值分别为 $j(j+1)$ 和 m, 它们的取值范围与第八章的结果完全一致.

*3. 两种玻色子的耦合系统

某些量子体系包含两种相互耦合的玻色子, 为了求得此类体系的元激发和能级, 可以通过算符变换引入新的玻色算符, 从而将体系视为由两种相互独立的新玻色子构成的系统, 且新的玻色子之间没有耦合, 此即**博戈留波夫 (Bogoliubov) 变换**方法, 此方法在量子理论中有广泛的应用, 下面列举两个典型的例子.

例 1

试求以下哈密顿算符描述的量子体系的元激发和能级:

$$\hat{H} = \epsilon_a \hat{a}^\dagger \hat{a} + \epsilon_b \hat{b}^\dagger \hat{b} + \gamma(\hat{a}^\dagger \hat{b} + \hat{b}^\dagger \hat{a}), \tag{9.1.11}$$

其中 $\epsilon_a, \epsilon_b, \gamma$ 均为实数, 而 $\hat{a}$ 和 $\hat{b}$ 分别为两种玻色子的湮灭算符, 它们满足

$$[\hat{a}, \hat{a}^\dagger] = [\hat{b}, \hat{b}^\dagger] = 1, \quad [\hat{a}, \hat{b}] = [\hat{a}, \hat{b}^\dagger] = 0. \tag{9.1.12}$$

解: $\hat{H}$ 的表达式中的 $\hat{a}^\dagger\hat{a}$ 和 $\hat{b}^\dagger\hat{b}$ 均为玻色子数算符, 称为哈密顿算符的 “对角项”, 而耦合项 $\hat{a}^\dagger\hat{b}$ 和 $\hat{b}^\dagger\hat{a}$ 均不是玻色子数算符, 称为 “非对角项”. 注意到

$$[\hat{a}, \hat{H}] = \epsilon_a \hat{a} + \gamma\hat{b}, \quad [\hat{b}, \hat{H}] = \epsilon_b \hat{b} + \gamma\hat{a}.$$

上式表明, 正是由于非对角项的存在, 使得 $\hat{a}$ 和 $\hat{b}$ 均不满足元激发算符的条件 (7.1.7) 式, 因此它们均不是元激发算符, 即 ϵ_a 和 ϵ_b 均不是体系的元激发能.

为了消除这种耦合项, 可将 $\hat{a}$ 和 $\hat{b}$ 线性叠加成相互独立的两种新玻色算符, 设

$$\hat{\alpha} = u\hat{a} + v\hat{b}, \quad \hat{\beta} = u'\hat{b} + v'\hat{a}. \tag{9.1.13}$$

假设上述待定系数 u, v, u', v' 均为实数, 要求它们满足以下条件:

$$\boxed{[\hat{\alpha}, \hat{\alpha}^\dagger] = [\hat{\beta}, \hat{\beta}^\dagger] = 1, \quad [\hat{\alpha}, \hat{\beta}] = [\hat{\alpha}, \hat{\beta}^\dagger] = 0} \tag{9.1.14}$$

将 (9.1.13) 式代入 (9.1.14) 式, 并利用对易关系 (9.1.12) 式, 可得

$$u^2 + v^2 = u'^2 + v'^2 = 1, \quad uv' + vu' = 0. \tag{9.1.15}$$

可选取 $u' = u$, $v' = -v$, 代入 (9.1.13) 式, 可得算符变换和逆变换表达式:

$$\hat{\alpha} = u\hat{a} + v\hat{b}, \quad \hat{\beta} = u\hat{b} - v\hat{a} \quad \Rightarrow \quad \hat{a} = u\hat{\alpha} - v\hat{\beta}, \quad \hat{b} = v\hat{\alpha} + u\hat{\beta}.$$

利用上述算符变换式, 可将 $\hat{H}$ 用新的玻色算符表示出来, 即

$$\hat{H} = (\epsilon_a u^2 + \epsilon_b v^2 + 2\gamma uv)\hat{\alpha}^\dagger\hat{\alpha} + (\epsilon_a v^2 + \epsilon_b u^2 - 2\gamma uv)\hat{\beta}^\dagger\hat{\beta} + [\gamma(u^2 - v^2) - (\epsilon_a - \epsilon_b)uv](\hat{\alpha}^\dagger\hat{\beta} + \hat{\beta}^\dagger\hat{\alpha}).$$

令上式中的耦合项 $\hat{\alpha}^\dagger\hat{\beta}$ 和 $\hat{\beta}^\dagger\hat{\alpha}$ 的系数为零, 可得

$$\gamma(u^2-v^2)-(\epsilon_a-\epsilon_b)uv=0.$$

将上式与 (9.1.15) 式相结合, 可求得

$$u=[(1/2)(1+\Delta/\sqrt{\Delta^2+\gamma^2})]^{1/2},\quad v=[(1/2)(1-\Delta/\sqrt{\Delta^2+\gamma^2})]^{1/2}.$$

其中 $\Delta\equiv(\epsilon_a-\epsilon_b)/2$. 将 u 和 v 的上述结果代入 $\hat{H}$ 的表达式中, 可得

$$\boxed{\hat{H}=E_+\hat{\alpha}^\dagger\hat{\alpha}+E_-\hat{\beta}^\dagger\hat{\beta}},\quad E_\pm=(\epsilon_a+\epsilon_b)/2\pm\sqrt{\Delta^2+\gamma^2}. \tag{9.1.16}$$

上式表明, $\hat{\alpha}$ 和 $\hat{\beta}$ 描述的两种玻色子之间不存在耦合, 此时 $\hat{\alpha}^\dagger$ 和 $\hat{\beta}^\dagger$ 均满足元激发产生算符的条件 (7.1.7) 式, 相应的元激发称为玻色型元激发,

$$[\hat{H},\hat{\alpha}^\dagger]=E_+\hat{\alpha}^\dagger,\quad [\hat{H},\hat{\beta}^\dagger]=E_-\hat{\beta}^\dagger\quad\Rightarrow\quad[\hat{\alpha},\hat{H}]=E_+\hat{\alpha},\quad[\hat{\beta},\hat{H}]=E_-\hat{\beta}.$$

体系的定态为元激发数算符 $\hat{\alpha}^\dagger\hat{\alpha}$ 和 $\hat{\beta}^\dagger\hat{\beta}$ 的共同本征态 $|n_\alpha n_\beta\rangle$, 对应的能级为

$$E(n_\alpha,n_\beta)=n_\alpha E_++n_\beta E_-\quad(n_\alpha,n_\beta=0,1,2,\cdots).$$

本征态 $|n_\alpha n_\beta\rangle$ 可视为在基态 $|00\rangle$ 上激发了 n_α 个 α 型玻色子和 n_β 个 β 型玻色子, 每个玻色子的能量就是元激发能量, 分别为 E_+ 和 E_-.

本征矢量 $|n_\alpha n_\beta\rangle$ 的集合构成体系态空间的一组完备的正交归一基矢量, 在此表象中, 哈密顿算符 $\hat{H}$ 对应的矩阵是对角化的, 即

$$\langle n'_\alpha n'_\beta|\hat{H}|n_\alpha n_\beta\rangle=E(n_\alpha,n_\beta)\delta_{n'_\alpha n_\alpha}\delta_{n'_\beta n_\beta}.$$

因此 (9.1.16) 式称为 $\hat{H}$ 的对角化形式.

玻色子数算符 $\hat{a}^\dagger\hat{a}$ 和 $\hat{b}^\dagger\hat{b}$ 的共同本征矢量 $|n_a n_b\rangle$ 的集合也构成体系态空间的一组完备的正交归一基矢量, 但它们不是 $\hat{H}$ 的本征矢量, 在此表象中, 哈密顿算符 $\hat{H}$ 对应的矩阵不是对角化的, 即

$$\begin{aligned}\langle n'_a n'_b|\hat{H}|n_a n_b\rangle=&(n_a\epsilon_a+n_b\epsilon_b)\delta_{n'_a n_a}\delta_{n'_b n_b}\\&+\gamma\sqrt{n_b(n_a+1)}\delta_{n'_a,n_a+1}\delta_{n'_b,n_b-1}+\gamma\sqrt{n_a(n_b+1)}\delta_{n'_a,n_a-1}\delta_{n'_b,n_b+1}.\end{aligned}$$

因此 (9.1.11) 式称为 $\hat{H}$ 的非对角化形式.

综上所述, 求体系的元激发和能级的关键是进行合适的博戈留波夫变换, 即新算符必须满足玻色对易关系, 且用新玻色算符表示的 $\hat{H}$ 必须是对角化的.

例 2

试求以下哈密顿算符描述的量子体系的元激发和能级:

$$\hat{H}=\epsilon(\hat{a}^\dagger\hat{a}+\hat{b}^\dagger\hat{b})+\epsilon\lambda(\hat{a}\hat{b}+\hat{a}^\dagger\hat{b}^\dagger), \tag{9.1.17}$$

其中 ϵ, λ 均为实数, 而 $\hat{a}$ 和 $\hat{b}$ 分别为两种玻色子的湮灭算符, 它们满足

$$[\hat{a},\hat{a}^\dagger]=[\hat{b},\hat{b}^\dagger]=1,\quad[\hat{a},\hat{b}]=[\hat{a},\hat{b}^\dagger]=0. \tag{9.1.18}$$

解: 由于 $\hat{H}$ 中存在耦合项 $\hat{a}\hat{b}$ 和 $\hat{a}^\dagger\hat{b}^\dagger$, 因此 $\hat{a}$ 和 $\hat{b}$ 均不是元激发算符. 注意到

$$[\hat{a},\hat{H}]=\epsilon\hat{a}+\epsilon\lambda\hat{b}^\dagger,\quad [\hat{b},\hat{H}]=\epsilon\hat{b}+\epsilon\lambda\hat{a}^\dagger.$$

$\hat{a}$ 和 $\hat{b}$ 在 $\hat{H}$ 中是对称的, 上式表明, 通过以下线性叠加有可能找到元激发算符:

$$\hat{\alpha}=u\hat{a}+v\hat{b}^\dagger,\quad \hat{\beta}=u\hat{b}+v\hat{a}^\dagger. \tag{9.1.19}$$

假设上述待定系数 u, v 均为实数, 将上式代入 (9.1.14) 式, 可得

$$u^2-v^2=1. \tag{9.1.20}$$

结合 (9.1.19) 式和 (9.1.20) 式, 可导出算符的逆变换公式:

$$\hat{a}=u\hat{\alpha}-v\hat{\beta}^\dagger,\quad \hat{b}=u\hat{\beta}-v\hat{\alpha}^\dagger.$$

将上式代入 (9.1.17) 式, 可用新玻色算符来表示 $\hat{H}$, 即

$$\hat{H}=\epsilon(u^2+v^2-2\lambda uv)(\hat{\alpha}^\dagger\hat{\alpha}+\hat{\beta}^\dagger\hat{\beta})+\epsilon(\lambda u^2+\lambda v^2-2uv)(\hat{\alpha}\hat{\beta}+\hat{\alpha}^\dagger\hat{\beta}^\dagger)+2\epsilon v(v-\lambda u)=0.$$

令上式中的耦合项 $\hat{\alpha}\hat{\beta}$ 和 $\hat{\alpha}^\dagger\hat{\beta}^\dagger$ 的系数为零, 可得

$$\lambda(u^2+v^2)-2uv=0.$$

将上式与 (9.1.20) 式相结合, 可求得

$$u=\{(1/2)[(1-\lambda^2)^{-1/2}+1]\}^{1/2},\quad v=\{(1/2)[(1-\lambda^2)^{-1/2}-1]\}^{1/2}.$$

将上述结果代入 $\hat{H}$ 的表达式, 可得到对角化的哈密顿算符.

$$\hat{H}=\varepsilon(\hat{\alpha}^\dagger\hat{\alpha}+\hat{\beta}^\dagger\hat{\beta}+1)-\epsilon,\quad \varepsilon=\epsilon(1-\lambda^2)^{1/2}. \tag{9.1.21}$$

上式表明, 体系存在两支相互简并的元激发, 元激发能量为 ε. 体系的定态为元激发数算符 $\hat{\alpha}^\dagger\hat{\alpha}$ 和 $\hat{\beta}^\dagger\hat{\beta}$ 的共同本征态 $|n_\alpha n_\beta\rangle$, 相应的能级为

$$E(n_\alpha,n_\beta)=\varepsilon(n_\alpha+n_\beta+1)-\epsilon\quad (n_\alpha,n_\beta=0,1,2,\cdots).$$

§ 9.2 玻色算符方法在一维谐振子中的应用

用玻色算符方法可求解一维谐振子的定态问题, 这一方法也称为占据数表象方法. 本节先介绍一维量子体系中的玻色算符与位置、动量算符之间的变换关系, 以及玻色子数算符在坐标表象中的本征函数, 然后利用玻色算符方法求解一维谐振子和磁场中带电粒子的定态能级.

1. 玻色算符与位置、动量算符之间的关系

对于一维量子体系, 位置算符 $\hat{x}$ 和动量算符 $\hat{p}$ 是一对基本的观测算符, 可以将它们表示为玻色算符的线性叠加, 即

$$\boxed{\begin{cases}\hat{x}=(1/\sqrt{2}\alpha)(\hat{a}^\dagger+\hat{a})\\ \hat{p}=(\mathrm{i}\hbar\alpha/\sqrt{2})(\hat{a}^\dagger-\hat{a})\end{cases}\Leftrightarrow\begin{cases}\hat{a}=\sqrt{1/2}(\alpha\hat{x}+\mathrm{i}\hat{p}/\hbar\alpha)\\ \hat{a}^\dagger=\sqrt{1/2}(\alpha\hat{x}-\mathrm{i}\hat{p}/\hbar\alpha)\end{cases}} \tag{9.2.1}$$

其中 α 是一个具有 [长度 $]^{-1}$ 量纲的实参量. 容易验证, 对于任意实参量 α, 上述变换关系使得以下两个对易式相互等价:

$$[\hat{a},\hat{a}^\dagger]=1\quad\Leftrightarrow\quad[\hat{x},\hat{p}]=\mathrm{i}\hbar.$$

玻色子数算符 $\hat{a}^\dagger\hat{a}$ 可视为一个观测算符, 因为一维体系仅有 1 个自由度, 故 $\hat{a}^\dagger\hat{a}$ 本身就构成一个观测算符完备集, 其本征矢量 $|n\rangle$ 可作为态矢量空间的一组正交归一完备的基矢量, 体系的任何一个态矢量 $|\psi\rangle$ 均可用这一组基矢量展开, 即

$$\langle n|n'\rangle=\delta_{nn'},\quad\sum_{n=0}^{\infty}|n\rangle\langle n|=1\quad\Rightarrow\quad|\psi\rangle=\sum_{n=0}^{\infty}c_n|n\rangle,\quad c_n=\langle n|\psi\rangle.$$

利用递推关系 (9.1.5) 式和算符变换式 (9.2.1) 式, 可以导出以下重要公式:

$$\boxed{\begin{aligned}\hat{x}|n\rangle&=(1/\sqrt{2}\alpha)(\sqrt{n+1}|n+1\rangle+\sqrt{n}|n-1\rangle)\\ \hat{p}|n\rangle&=(\mathrm{i}\hbar\alpha/\sqrt{2})(\sqrt{n+1}|n+1\rangle-\sqrt{n}|n-1\rangle)\end{aligned}} \tag{9.2.2}$$

由此容易求得动力学变量在 $|n\rangle$ 态下的平均值及其涨落, 如

$$\langle n|\hat{x}|n\rangle=0,\quad\langle n|\hat{p}|n\rangle=0;\quad\langle n|\hat{x}^2|n\rangle=(n+1/2)/\alpha^2,\quad\langle n|\hat{p}^2|n\rangle=(n+1/2)\hbar^2\alpha^2$$

$$\Rightarrow\quad\boxed{\Delta x=\alpha^{-1}\sqrt{n+1/2},\quad\Delta p=\hbar\alpha\sqrt{n+1/2},\quad\Delta x\cdot\Delta p=(n+1/2)\hbar} \tag{9.2.3}$$

当 $n=0$ 时, $\Delta x\cdot\Delta p=\hbar/2$, 因此玻色子真空态 $|0\rangle$ 是 "最小波包" 的量子态.

2. 玻色子数的本征函数

下面研究玻色子数的本征态在坐标表象中的波函数 $\psi_n(x)=\langle x|n\rangle$. 先求玻色子真空态波函数 $\psi_0(x)$, 结合 (7.3.8) 式和 (9.2.1) 式, 可得玻色算符在坐标表象中的矩阵元:

$$\langle x|\hat{a}|x'\rangle=\sqrt{1/2}(\alpha x+\alpha^{-1}\partial_x)\delta(x-x'), \tag{9.2.4}$$

$$\langle x|\hat{a}^\dagger|x'\rangle=\sqrt{1/2}(\alpha x-\alpha^{-1}\partial_x)\delta(x-x'). \tag{9.2.5}$$

注意玻色子真空态满足条件: $\hat{a}|0\rangle=0,\Rightarrow\langle x|\hat{a}|0\rangle=0$, 因此有

$$\int dx'\langle x|\hat{a}|x'\rangle\langle x'|0\rangle=0.$$

将 (9.2.4) 式代入上式, 可得到玻色子真空态波函数满足的微分方程:

$$(\alpha x+\alpha^{-1}\partial_x)\psi_0(x)=0.$$

结合归一化条件求解上述方程, 即可得到玻色子真空态波函数:

$$\boxed{\psi_0(x) = (\alpha^2/\pi)^{1/4}\exp(-\alpha^2 x^2/2)} \tag{9.2.6}$$

下面推导 $\psi_n(x)$ 的递推公式, 由方程 (9.1.5) 可得

$$|n\rangle = \frac{1}{\sqrt{n}}\hat{a}^\dagger|n-1\rangle \quad \Rightarrow \quad \langle x|n\rangle = \frac{1}{\sqrt{n}}\int \mathrm{d}x'\langle x|\hat{a}^\dagger|x'\rangle\langle x'|n-1\rangle.$$

将 (9.2.5) 式代入上式, 可得到玻色子数本征函数的递推公式:

$$\boxed{\psi_n(x) = \sqrt{1/2n}(\alpha x - \alpha^{-1}\partial_x)\psi_{n-1}(x) = \sqrt{1/2^n n!}(\alpha x - \alpha^{-1}\partial_x)^n\psi_0(x)} \tag{9.2.7}$$

3. 一维谐振子的能级

下面应用玻色算符方法求一维谐振子的能级, 体系的哈密顿算符为

$$\hat{H} = \hat{p}^2/2m + m\omega^2\hat{x}^2/2, \quad [\hat{x},\hat{p}] = \mathrm{i}\hbar.$$

借助于算符变换式 (9.2.1) 式, 可用玻色算符来表示哈密顿算符, 即

$$\hat{H} = \epsilon_+(\hat{a}^\dagger\hat{a} + 1/2) + (\epsilon_-/2)[(\hat{a}^\dagger)^2 + \hat{a}^2] \quad (\epsilon_\pm = m\omega^2/2\alpha^2 \pm \hbar^2\alpha^2/2m).$$

令 $\epsilon_- = 0$, 即将算符变换式 (9.2.1) 式中的实参量 α 取为 $\alpha = \sqrt{m\omega/\hbar}$, 可得

$$\boxed{\hat{H} = (\hat{a}^\dagger\hat{a} + 1/2)\hbar\omega} \tag{9.2.8}$$

上式表明, **玻色子数算符 $\hat{a}^\dagger\hat{a}$ 的本征态 $|n\rangle$ 就是一维谐振子的定态**, 即

$$\hat{H}|n\rangle = E_n|n\rangle, \quad E_n = (n+1/2)\hbar\omega \quad (n = 0,1,2,\cdots).$$

上述能级 E_n 完全等同于第二章求得的谐振子能级. 可以验证, 玻色子数本征函数 $\psi_n(x)$ 也完全等同于谐振子的定态波函数. 此外, 玻色产生算符 $\hat{a}^\dagger$ 就是一维谐振子的元激发产生算符, 它满足元激发算符的对易关系 (7.1.7) 式, 即

$$[\hat{H}, \hat{a}^\dagger] = \hbar\omega\hat{a}^\dagger.$$

因此, **一维谐振子的元激发就是玻色子, 元激发能量为 $\hbar\omega$.**

*4. 带电自由粒子在磁场中的能级

带电粒子在均匀磁场中的运动可转化为一维谐振子问题. 设质量为 μ, 带电荷为 q 的粒子被限制在 xy 平面内运动, 外加一个均匀静磁场, $\boldsymbol{B} = \nabla\times\boldsymbol{A} = B\boldsymbol{e}_z$, 定义速度算符 $\hat{\boldsymbol{v}} \equiv (\hat{\boldsymbol{p}} - q\boldsymbol{A}/c)/\mu$, 则体系的哈密顿算符为

$$\hat{H} = \mu(\hat{v}_x^2 + \hat{v}_y^2)/2, \quad [\hat{v}_x, \hat{v}_y] = \mathrm{i}\hbar\omega/\mu \quad (\omega \equiv qB/\mu c).$$

令 $\hat{q} \equiv \hat{v}_x/\omega$, $\hat{p} \equiv \mu\hat{v}_y$, 可将 $\hat{H}$ 表示为一维谐振子的哈密顿算符:

$$\hat{H} = \hat{p}^2/2\mu + \mu\omega^2\hat{q}^2/2, \quad [\hat{q},\hat{p}] = \mathrm{i}\hbar.$$

可借助于变换式 (9.2.1) 引入元激发算符 $\hat{a}$, 即

$$\hat{a}=(\alpha\hat{q}+\mathrm{i}\hat{p}/\hbar\alpha)/\sqrt{2},\ (\alpha\equiv\sqrt{\mu|\omega|/\hbar})\quad\Rightarrow\quad\hat{H}=(\hat{a}^{\dagger}\hat{a}+1/2)\hbar|\omega|.$$

体系的定态即为 $\hat{a}^{\dagger}\hat{a}$ 的本征态 $|n\rangle$, 相应的能级为

$$E_n=(n+1/2)\hbar|\omega|\quad(n=0,1,2,\cdots).$$

轨道磁矩算符定义为 $\hat{\mu}_z\equiv-\partial\hat{H}/\partial B$, 由 HF 定理可求得定态的平均磁矩:

$$\langle n|\hat{\mu}_z|n\rangle=-\partial\langle n|\hat{H}|n\rangle/\partial B=-\partial E_n/\partial B=-(n+1/2)(\hbar|q|/\mu c).\tag{9.2.9}$$

上式表明, 定态具有逆磁性.

下面讨论能级简并度, 引入两个算符 $\hat{\pi}_x$ 和 $\hat{\pi}_y$, 其定义为

$$\hat{\pi}_x\equiv\mu(\hat{v}_x-\omega\hat{y}),\quad\hat{\pi}_y\equiv\mu(\hat{v}_y+\omega\hat{x})\quad\Rightarrow\quad[\hat{v}_\alpha,\hat{\pi}_\beta]=0,\quad[\hat{r}_\alpha,\hat{\pi}_\beta]=\mathrm{i}\hbar\delta_{\alpha\beta}.\tag{9.2.10}$$

容易证明, $\hat{\pi}_x$ 和 $\hat{\pi}_y$ 是两个不对易的守恒量, 即

$$[\hat{\pi}_x,\hat{H}]=[\hat{\pi}_y,\hat{H}]=0,\quad[\hat{\pi}_x,\hat{\pi}_y]=-\mathrm{i}\hbar\omega\mu.$$

由第 3.5 节中的定理 3 可知, 由于体系存在两个不对易的守恒量 $\hat{\pi}_x$ 和 $\hat{\pi}_y$, 所以能级简并度为无穷大.

§ 9.3 玻色算符方法在多维谐振子中的应用

上一节介绍的玻色算符方法很容易推广至多维谐振子的情况, 本节运用玻色算符方法求解多维谐振子和磁场中带电二维谐振子的能级.

1. 多维谐振子的能级

考虑由多个相互独立的一维谐振子构成的体系, 哈密顿算符为

$$\hat{H}=\sum_k(\hat{p}_k^2/2m_k+m_k\omega_k^2\hat{x}_k^2/2),\quad[\hat{x}_k,\hat{p}_{k'}]=\mathrm{i}\delta_{kk'}.$$

对每个一维谐振子均引入相应的玻色算符, 它们是相互对易的, 即

$$\hat{a}_k=(\alpha_k\hat{x}_k+\mathrm{i}\hat{p}_k/\hbar\alpha_k)/\sqrt{2},\quad(\alpha_k\equiv\sqrt{m_k\omega_k/\hbar})$$

$$\Rightarrow\quad\boxed{[\hat{a}_k,\hat{a}_{k'}^{\dagger}]=\delta_{kk'},\quad[\hat{a}_k,\hat{a}_{k'}]=0}\tag{9.3.1}$$

体系的哈密顿算符可用玻色算符表示为

$$\boxed{\hat{H}=\sum_k(\hat{a}_k^{\dagger}\hat{a}_k+1/2)\hbar\omega_k}\tag{9.3.2}$$

上式表明, 体系的守恒量完备集可取为 $\{\hat{a}_1^{\dagger}\hat{a}_1,\hat{a}_2^{\dagger}\hat{a}_2,\cdots\}$, 其共同本征矢量为

$$|n_1n_2\cdots\rangle \equiv |n_1\rangle_1|n_2\rangle_2\cdots \quad (n_k=0,1,2,\cdots). \tag{9.3.3}$$

此共同本征态也是体系的定态, 即

$$\boxed{\hat{H}|n_1n_2\cdots\rangle = E\{n_k\}|n_1n_2\cdots\rangle, \quad E\{n_k\} = \sum_k (n_k+1/2)\hbar\omega_k} \tag{9.3.4}$$

上式表明, 体系的能级 E 依赖于玻色子数组 $\{n_1,n_2,\cdots\}$. 体系的基态就是所有 $n_k=0$ 的玻色子真空态 $|00\cdots\rangle$, 基态能为所有一维谐振子的零点能之和, 即

$$E_0 = (1/2)\sum_k \hbar\omega_k.$$

从 (9.3.2) 式可以看出, 所有玻色子产生算符 $\hat{a}_k^\dagger$ 均为体系的元激发算符, 即

$$[\hat{H},\hat{a}_k^\dagger] = \hbar\omega_k\hat{a}_k^\dagger.$$

体系的元激发为玻色子, 元激发能为 $\hbar\omega_k$, 各种玻色子相互独立, 没有耦合.

(9.3.3) 式中的本征矢量可作为态矢量空间的一组正交归一完备的基矢量,

$$\boxed{\langle n_1n_2\cdots|n_1'n_2'\cdots\rangle = \delta_{n_1n_1'}\delta_{n_2n_2'}\cdots, \quad \sum_{n_1n_2\cdots}|n_1n_2\cdots\rangle\langle n_1n_2\cdots| = 1} \tag{9.3.5}$$

体系的任何一个态矢量 $|\psi\rangle$ 均可用这组基矢量展开, 即

$$|\psi\rangle = \sum_{n_1n_2\cdots} C_{n_1n_2\cdots}|n_1n_2\cdots\rangle, \quad C_{n_1n_2\cdots} = \langle n_1n_2\cdots|\psi\rangle.$$

*2. 带电二维谐振子在磁场中的能级

设质量为 μ、带电量为 q 的粒子处于频率为 ω_0 的二维各向同性谐振子势场中, 外加均匀静磁场 $\boldsymbol{B}=B\boldsymbol{e}_z$, 选取对称规范 $\boldsymbol{A}=\boldsymbol{B}\times\boldsymbol{r}/2$, 则体系的哈密顿算符为

$$\hat{H} = [(\hat{p}_x+qB\hat{y}/2c)^2+(\hat{p}_y-qB\hat{x}/2c)^2]/2\mu+\mu\omega_0^2(\hat{x}^2+\hat{y}^2)/2.$$

令 $\omega\equiv(\omega_1^2+\omega_0^2)^{1/2}$, $\omega_1\equiv qB/2\mu c$, 可将哈密顿算符重新表示为

$$\hat{H} = (\hat{p}_x^2+\hat{p}_y^2)/2\mu+\mu\omega^2(\hat{x}^2+\hat{y}^2)/2-\omega_1\hat{l}_z \quad (\hat{l}_z=\hat{x}\hat{p}_y-\hat{y}\hat{p}_x). \tag{9.3.6}$$

由于体系具有两个自由度, 因此可引入两种相互对易的玻色算符, 即

$$\hat{a}_k \equiv (\alpha\hat{r}_k+\mathrm{i}\hat{p}_k/\hbar\alpha)/\sqrt{2} \quad\Rightarrow\quad [\hat{a}_k,\hat{a}_{k'}^\dagger]=\delta_{kk'}, \quad [\hat{a}_k,\hat{a}_{k'}]=0 \quad (k,k'=x,y).$$

其中 $\alpha\equiv\sqrt{\mu\omega/\hbar}$. 以上变换的逆变换为

$$\hat{r}_k = (\hat{a}_k^\dagger+\hat{a}_k)/\sqrt{2}\alpha, \quad \hat{p}_k = \mathrm{i}\hbar\alpha(\hat{a}_k^\dagger-\hat{a}_k)/\sqrt{2}.$$

将上式代入 (9.3.6) 式, 可得

$$\hat{H} = \hbar\omega(\hat{a}_x^\dagger\hat{a}_x+\hat{a}_y^\dagger\hat{a}_y+1)+\mathrm{i}\hbar\omega_1(\hat{a}_x^\dagger\hat{a}_y-\hat{a}_y^\dagger\hat{a}_x).$$

为了消去上式中的耦合项 $\hat{a}_x^\dagger\hat{a}_y$ 和 $\hat{a}_y^\dagger\hat{a}_x$, 可引进两种新的玻色算符:

$$\hat{b}_\pm \equiv (\hat{a}_x \pm \mathrm{i}\hat{a}_y)/\sqrt{2} \quad \Rightarrow \quad \hat{a}_x = (\hat{b}_+ + \hat{b}_-)/\sqrt{2}, \quad \hat{a}_y = (\hat{b}_+ - \hat{b}_-)/\mathrm{i}\sqrt{2},$$
$$[\hat{b}_\mu, \hat{b}_\nu^\dagger] = \delta_{\mu\nu}, \quad [\hat{b}_\mu, \hat{b}_\nu] = 0 \quad (\mu, \nu = \pm).$$

利用以上变换, 可用新的玻色算符表示哈密顿算符, 即

$$\hat{H} = \sum_{\mu=\pm} \hbar\omega_\mu(\hat{b}_\mu^\dagger\hat{b}_\mu + 1/2) \quad (\omega_\pm \equiv \omega \pm \omega_1).$$

上式表明, $\hat{b}_\mu$ 为元激发算符, 对应的元激发能量为 $\hbar\omega_\mu$. 体系的守恒量完备集可取为 $\{\hat{b}_+^\dagger\hat{b}_+, \hat{b}_-^\dagger\hat{b}_-\}$, 其共同本征态 $|n_+n_-\rangle$ 就是体系的定态, 相应的能级为

$$E(n_+, n_-) = \sum_{\mu=\pm} \hbar\omega_\mu(n_\mu + 1/2) \quad (n_\mu = 0, 1, 2, \cdots).$$

*§ 9.4 相干态与压缩态

由玻色算符描述的相干态在物理学中的应用极其广泛, 如量子场论和量子光学领域. 压缩态在精密测量或通信中减低噪声可能有重要应用. 本节对相干态与压缩态的基本概念和基本性质作简单介绍.

1. 位移变换

设 $\hat{a}$ 为玻色子湮灭算符, 即 $[\hat{a}, \hat{a}^\dagger] = 1$, 对任意复常数 λ, 定义位移算符:

$$\boxed{\hat{U}_\lambda \equiv \exp(\lambda\hat{a}^\dagger - \lambda^*\hat{a}) = f_\lambda \exp(\lambda\hat{a}^\dagger)\exp(-\lambda^*\hat{a}) \quad [f_\lambda \equiv \exp(-|\lambda|^2/2)]} \tag{9.4.1}$$

其中利用了附录 D 中的格拉伯 (Glauber) 公式. 容易证明, $\hat{U}_\lambda$ 为幺正算符, 即

$$\boxed{\hat{U}_\lambda^\dagger = \hat{U}_\lambda^{-1} = \hat{U}_{-\lambda}} \tag{9.4.2}$$

利用附录 D 中的贝克–豪斯多夫 (Baker-Hausdorff) 公式容易证明, $\hat{a}$ 在位移变换下的结果为

$$\boxed{\hat{U}_\lambda\hat{a}\hat{U}_\lambda^\dagger = \hat{a} - \lambda} \tag{9.4.3}$$

对于一维体系, $\hat{a}$ 与位置 $\hat{x}$ 和动量 $\hat{p}$ 的变换关系由 (9.2.1) 式给出, 即

$$\hat{a} = (\alpha\hat{x} + \mathrm{i}\hat{p}/\hbar\alpha)/\sqrt{2}, \quad \hat{a}^\dagger = (\alpha\hat{x} - \mathrm{i}\hat{p}/\hbar\alpha)/\sqrt{2}. \tag{9.4.4}$$

将上式代入 (9.4.1) 式, 并利用格拉伯公式, 可得到位移算符的另一个表达式:

$$\boxed{\hat{U}_\lambda = \exp[\mathrm{i}(p_0\hat{x} - \hat{p}x_0)/\hbar] = \exp[\mathrm{i}p_0(\hat{x} - x_0/2)/\hbar]\exp(-\mathrm{i}\hat{p}x_0/\hbar)} \tag{9.4.5}$$
$$[x_0 \equiv (\sqrt{2}/\alpha)\mathrm{Re}\,\lambda, \quad p_0 \equiv (\sqrt{2}\hbar\alpha)\mathrm{Im}\,\lambda].$$

将变换式 (9.4.4) 式代入 (9.4.3) 式, 可得位置算符和动量算符的位移变换结果:

$$\boxed{\hat{U}_\lambda\hat{x}\hat{U}_\lambda^\dagger=\hat{x}-x_0,\quad \hat{U}_\lambda\hat{p}\hat{U}_\lambda^\dagger=\hat{p}-p_0}\tag{9.4.6}$$

下面研究一维量子态的位移变换. 设 $|x\rangle$ 为位置本征矢, 由 (9.4.5) 式可得

$$\hat{U}_\lambda^\dagger|x\rangle=\exp(\mathrm{i}\hat{p}x_0/\hbar)\exp[-\mathrm{i}p_0(\hat{x}-x_0/2)/\hbar]|x\rangle=\exp[-\mathrm{i}p_0(x-x_0/2)/\hbar]\exp(\mathrm{i}\hat{p}x_0/\hbar)|x\rangle$$

利用 (7.3.14) 式可得 $\exp(\mathrm{i}\hat{p}x_0/\hbar)|x\rangle=|x-x_0\rangle$, 因此有

$$\boxed{\hat{U}_\lambda^\dagger|x\rangle=\exp[-\mathrm{i}p_0(x-x_0/2)/\hbar]|x-x_0\rangle}\tag{9.4.7}$$

态矢量 $|\psi\rangle$ 的波函数为 $\psi(x)\equiv\langle x|\psi\rangle$, 对应的位移态为 $|\psi_\lambda\rangle\equiv\hat{U}_\lambda|\psi\rangle$, 波函数为

$$\psi_\lambda(x)\equiv\langle x|\psi_\lambda\rangle=\langle x|\hat{U}_\lambda|\psi\rangle=\exp[\mathrm{i}p_0(x-x_0/2)/\hbar]\langle x-x_0|\psi\rangle.$$

以上最后一个等式利用了 (9.4.7) 式, 因此位移态的波函数为

$$\boxed{\psi_\lambda(x)=\exp[\mathrm{i}p_0(x-x_0/2)/\hbar]\psi(x-x_0)}\tag{9.4.8}$$

设 $|\psi\rangle$ 为归一化矢量, 利用 (9.4.6) 式可计算 $|\psi_\lambda\rangle$ 态下的位置平均值, 即

$$\bar{x}_\lambda\equiv\langle\psi_\lambda|\hat{x}|\psi_\lambda\rangle=\langle\psi|\hat{U}_\lambda^\dagger\hat{x}\hat{U}_\lambda|\psi\rangle=\langle\psi|\hat{U}_{-\lambda}\hat{x}\hat{U}_{-\lambda}^\dagger|\psi\rangle=\langle\psi|(\hat{x}+x_0)|\psi\rangle=\bar{x}+x_0.$$

同理可证动量平均值 $\bar{p}_\lambda=\bar{p}+p_0$, 因此有

$$\boxed{\bar{x}_\lambda=\bar{x}+x_0,\quad \bar{p}_\lambda=\bar{p}+p_0}\tag{9.4.9}$$

在 $|\psi_\lambda\rangle$ 态下的位置涨落定义为 $\Delta x_\lambda\equiv\left(\overline{x_\lambda^2}-\bar{x}_\lambda^2\right)^{1/2}$, 其中

$$\overline{x_\lambda^2}\equiv\langle\psi_\lambda|\hat{x}^2|\psi_\lambda\rangle=\langle\psi|\hat{U}_\lambda^\dagger\hat{x}^2\hat{U}_\lambda|\psi\rangle=\langle\psi|(\hat{x}+x_0)^2|\psi\rangle=\overline{x^2}+2\bar{x}x_0+x_0^2,$$

$$\bar{x}_\lambda^2=(\bar{x}+x_0)^2=\bar{x}^2+2\bar{x}x_0+x_0.$$

同理可计算动量涨落, 结果表明, 位移变换保持位置和动量的涨落均不变, 即

$$\boxed{\Delta x_\lambda=\Delta x,\quad \Delta p_\lambda=\Delta p}\tag{9.4.10}$$

2. 玻色相干态

设玻色子数算符 $\hat{a}^\dagger\hat{a}$ 的归一化本征矢为 $|n\rangle(n=0,1,2,\cdots)$, 玻色相干态定义为玻色真空态 $|0\rangle$ 的位移变换态, 即

$$\boxed{|\phi_\lambda\rangle\equiv\hat{U}_\lambda|0\rangle=f_\lambda\sum_{n=0}^{\infty}(\lambda^n/\sqrt{n!})|n\rangle}\tag{9.4.11}$$

为了证明上述第二个等式, 可将 (9.4.1) 式中的 $\exp(\lambda\hat{a}^\dagger)$ 展开为幂级数, 得到

$$\hat{U}_\lambda|0\rangle=f_\lambda\sum_{n=0}^{\infty}\frac{\lambda^n}{n!}(\hat{a}^\dagger)^n\exp(-\lambda^*\hat{a})|0\rangle=f_\lambda\sum_{n=0}^{\infty}\frac{\lambda^n}{n!}(\hat{a}^\dagger)^n|0\rangle.$$

将 (9.1.6) 式代入上式, 即可得 (9.4.11) 式的第二个等式.

相干态是玻色子数本征态 $|n\rangle$ 的线性叠加态, 它具有以下几个重要性质:

(1) 利用 (9.4.3) 式容易证明, 相干态 $|\phi_\lambda\rangle$ 是 $\hat{a}$ 的本征态, 本征值为复数 λ, 即

$$\boxed{\hat{a}|\phi_\lambda\rangle = \lambda|\phi_\lambda\rangle} \tag{9.4.12}$$

(2) 具有不同本征值 λ 的相干态不正交, 利用 (9.4.11) 式可以证明

$$\boxed{\langle\phi_\lambda|\phi_{\lambda'}\rangle = f_\lambda f_{\lambda'}\exp(\lambda^*\lambda') \quad \Rightarrow \quad |\langle\phi_\lambda|\phi_{\lambda'}\rangle| = f_{\lambda-\lambda'}} \tag{9.4.13}$$

(3) 相干态具有超完备性, 设 $\displaystyle\int \mathrm{d}^2\lambda$ 表示复 λ 平面上的二重积分, 则

$$\boxed{\pi^{-1}\int \mathrm{d}^2\lambda|\phi_\lambda\rangle\langle\phi_\lambda| = 1} \tag{9.4.14}$$

证明: 令 $\lambda \equiv \rho\exp(\mathrm{i}\theta)$, 利用 (9.4.11) 式可得

$$\begin{aligned}\frac{1}{\pi}\int \mathrm{d}^2\lambda|\phi_\lambda\rangle\langle\phi_\lambda| &= \frac{1}{\pi}\sum_{n=0}^{\infty}\sum_{m=0}^{\infty}\frac{|m\rangle\langle n|}{\sqrt{m!n!}}\int_0^\infty \rho\mathrm{d}\rho\int_0^{2\pi}\mathrm{d}\theta\rho^{m+n}\exp[\mathrm{i}(m-n)\theta-\rho^2]\\ &= \sum_{n=0}^{\infty}\frac{|n\rangle\langle n|}{n!}\int_0^\infty x^n e^{-x}\mathrm{d}x = \sum_{n=0}^{\infty}|n\rangle\langle n| = 1.\end{aligned}$$

其中最后一个等式利用了观测算符 $\hat{a}^\dagger\hat{a}$ 的本征矢 $|n\rangle$ 的完备性条件, 证毕.

对于一维量子体系, 玻色子真空态 $|0\rangle$ 下的位置平均值 $\bar{x}$ 和动量平均值 $\bar{p}$ 均为零, 由 (9.4.9) 式可知, 在相干态 $|\phi_\lambda\rangle$ 下这两个平均值分别正比于 λ 的实部和虚部, 即有

$$\boxed{\bar{x}_\lambda = (\sqrt{2}/\alpha)\mathrm{Re}\lambda, \quad \bar{p}_\lambda = (\sqrt{2}\hbar\alpha)\mathrm{Im}\lambda} \tag{9.4.15}$$

此外, 由 (9.4.10) 式可知, 相干态 $|\phi_\lambda\rangle$ 下的位置涨落和动量涨落均不依赖于 λ, 与玻色真空态 $|0\rangle$ 下的涨落相同, 因此相干态波包也是 "最小波包", 即

$$\boxed{\Delta x_\lambda = 1/\sqrt{2}\alpha, \quad \Delta p_\lambda = \hbar\alpha/\sqrt{2} \quad \Rightarrow \quad \Delta x_\lambda\cdot\Delta p_\lambda = \hbar/2} \tag{9.4.16}$$

实际上, 利用 (9.4.12) 式很容易直接计算动力学变量在相干态下的平均值, 从而验证 (9.4.15) 式和 (9.4.16) 式. 例如, 由 (9.4.12) 式可得 $\langle\phi_\lambda|\hat{a}^\dagger = \langle\phi_\lambda|\lambda^*$, 因此有

$$\begin{aligned}\bar{x}_\lambda &\equiv \langle\phi_\lambda|\hat{x}|\phi_\lambda\rangle = (1/\sqrt{2}\alpha)\langle\phi_\lambda|(\hat{a}^\dagger+\hat{a})|\phi_\lambda\rangle = (1/\sqrt{2}\alpha)(\lambda^*+\lambda) = (\sqrt{2}/\alpha)\mathrm{Re}\lambda,\\ \overline{x^2_\lambda} &\equiv \langle\phi_\lambda|\hat{x}^2|\phi_\lambda\rangle = (1/2\alpha^2)\langle\phi_\lambda|[(\hat{a}^\dagger)^2+\hat{a}^2+2\hat{a}^\dagger\hat{a}+1]|\phi_\lambda\rangle\\ &= (1/2\alpha^2)[(\lambda^*)^2+\lambda^2+2\lambda^*\lambda+1] = (2/\alpha^2)(\mathrm{Re}\lambda)^2+1/2\alpha^2.\end{aligned}$$

设 $\psi_0(x) \equiv \langle x|0\rangle$ 为玻色子真空态波函数, 由 (9.2.6) 式和 (9.4.8) 式可知, 相干态的波函数为

$$\boxed{\phi_\lambda(x) \equiv \langle x|\phi_\lambda\rangle = (\alpha^2/\pi)^{1/4}\exp[-\alpha^2(x-x_0)^2/2+\mathrm{i}p_0(x-x_0/2)/\hbar]} \tag{9.4.17}$$

3. 谐振子势场中的相干态

考虑质量为 m, 频率为 ω 的一维谐振子, 哈密顿算符为

$$\hat{H} = \hat{p}^2/2m + m\omega^2\hat{x}^2/2 = (\hat{a}^\dagger\hat{a} + 1/2)\hbar\omega.$$

其中玻色算符 $\hat{a}$, $\hat{a}^\dagger$ 与 $\hat{x}$, $\hat{p}$ 的变换关系由 (9.2.1) 式给出, 且 $\alpha = \sqrt{m\omega/\hbar}$.

可以引入位移振子, 其哈密顿算符是由 $\hat{H}$ 经过位移变换得到的, 即

$$\hat{H}_\lambda \equiv \hat{U}_\lambda\hat{H}\hat{U}_\lambda^\dagger = (\hat{p} - p_0)^2/2m + m\omega^2(\hat{x} - x_0)^2/2 = (\hat{b}^\dagger\hat{b} + 1/2)\hbar\omega \tag{9.4.18}$$

$$[x_0 = (\sqrt{2}/\alpha)\mathrm{Re}\lambda, \quad p_0 = (\sqrt{2}\hbar\alpha)\mathrm{Im}\lambda, \quad \hat{b} = \hat{a} - \lambda].$$

由于 $[\hat{b}, \hat{b}^\dagger] = 1$, 所以 $\hat{b}$ 也为玻色算符.

相干态 $|\phi_\lambda\rangle$ 是玻色子数本征态 $|n\rangle$ 的线性叠加态, 因而不是 $\hat{H}$ 的本征态. 容易验证, 相干态是位移振子的基态, 即

$$\boxed{\hat{H}_\lambda|\phi_\lambda\rangle = (\hbar\omega/2)|\phi_\lambda\rangle} \tag{9.4.19}$$

下面研究相干态在一维谐振子势场中的运动. 设一维谐振子在 $t = 0$ 时处于相干态, 即 $|\psi(0)\rangle = |\phi_\lambda\rangle$, 它随时间的变化遵循含时薛定谔方程, 由 (9.4.11) 式可知, 体系在 t 时刻的态矢量为

$$|\psi(t)\rangle = \exp(-\mathrm{i}\hat{H}t/\hbar)|\phi_\lambda\rangle = f_\lambda\sum_{n=0}^{\infty}\frac{\lambda^n}{\sqrt{n!}}\exp(-\mathrm{i}\hat{H}t/\hbar)|n\rangle.$$

其中 $|n\rangle$ 是体系的定态, 对应的能级为 $E_n = (n + 1/2)\hbar\omega$, 因此有

$$|\psi(t)\rangle = f_\lambda\sum_{n=0}^{\infty}\frac{\lambda^n}{\sqrt{n!}}\exp(-\mathrm{i}E_nt/\hbar)|n\rangle = f_{\lambda_t}\sum_{n=0}^{\infty}\frac{\lambda_t^n}{\sqrt{n!}}|n\rangle\exp(-\mathrm{i}\omega t/2).$$

其中 $\lambda_t \equiv \lambda\exp(-\mathrm{i}\omega t)$. 显然, $|\psi(t)\rangle$ 可用含时参量 λ_t 对应的相干态表示为

$$\boxed{|\psi(t)\rangle = |\phi_{\lambda_t}\rangle\exp(-\mathrm{i}\omega t/2) \quad [\lambda_t \equiv \lambda\exp(-\mathrm{i}\omega t)]} \tag{9.4.20}$$

容易证明, 位置和动量的平均值均以频率 ω 随时间振荡, 即

$$\bar{x}(t) \equiv \langle\psi(t)|\hat{x}|\psi(t)\rangle = \langle\phi_{\lambda_t}|\hat{x}|\phi_{\lambda_t}\rangle = (\sqrt{2}/\alpha)\mathrm{Re}\,\lambda_t, \quad \bar{p}(t) = (\sqrt{2}\hbar\alpha)\mathrm{Im}\,\lambda_t.$$

位置和动量的涨落仍由 (9.4.16) 式给出, 它们均不依赖于 λ_t, 因而不随时间变化.

4. 压缩变换

设 $\hat{a}$ 为玻色子湮灭算符, 即 $[\hat{a}, \hat{a}^\dagger] = 1$, 对任意实数 r, 定义压缩算符:

$$\boxed{\hat{S}_r \equiv \exp\{(r/2)[(\hat{a}^\dagger)^2 - \hat{a}^2]\} \quad \Rightarrow \quad \hat{S}_r^\dagger = \hat{S}_r^{-1} = \hat{S}_{-r}} \tag{9.4.21}$$

压缩算符属于幺正算符, 可利用它对玻色算符进行幺正变换:

$$\boxed{\hat{S}_r\hat{a}\hat{S}_r^\dagger = \hat{a}\cosh r - \hat{a}^\dagger\sinh r} \tag{9.4.22}$$

证明: 令 $\hat{B} \equiv (r/2)[\hat{a}^2 - (\hat{a}^\dagger)^2]$, 利用贝克–豪斯多夫公式可得

$$\begin{aligned}
\hat{S}_r\hat{a}\hat{S}_r^\dagger &= e^{-\hat{B}}\hat{a}e^{\hat{B}} = \hat{a} + [\hat{a},\hat{B}] + (1/2!)[[\hat{a},\hat{B}],\hat{B}] + (1/3!)[[\hat{a},\hat{B},\hat{B}],\hat{B}] + \cdots \\
&= \hat{a} - r\hat{a}^\dagger + (1/2!)r^2\hat{a} - (1/3!)r^3\hat{a}^\dagger + (1/4!)r^4\hat{a} + \cdots \\
&= \hat{a}(1 + r^2/2! + r^4/4! + \cdots) - \hat{a}^\dagger(r + r^3/3! + r^5/5! + \cdots) \\
&= \hat{a}\cosh r - \hat{a}^\dagger\sinh r.
\end{aligned}$$

对于一维体系, 令 $\hat{a} = \sqrt{1/2}(\alpha\hat{x} + \mathrm{i}\hat{p}/\hbar\alpha)$, 则 $\hat{S}_r$ 可用位置 $\hat{x}$ 和动量 $\hat{p}$ 表示为

$$\boxed{\hat{S}_r = \exp(-r/2 - \mathrm{i}r\hat{x}\hat{p}/\hbar)} \tag{9.4.23}$$

利用 (9.4.22) 式, 可得到位置算符和动量算符在压缩变换下的结果:

$$\boxed{\hat{S}_r\hat{x}\hat{S}_r^\dagger = \hat{x}\mathrm{e}^{-r}, \quad \hat{S}_r\hat{p}\hat{S}_r^\dagger = \hat{p}\mathrm{e}^{r}} \tag{9.4.24}$$

下面研究一维量子态的压缩变换. 压缩算符对位置本征矢的作用结果为

$$\boxed{\hat{S}_r^\dagger|x\rangle = \mathrm{e}^{-r/2}|x\mathrm{e}^{-r}\rangle} \tag{9.4.25}$$

证明: 将 (9.4.24) 式的第一个等式的两边同时作用到位置本征矢 $|x\rangle$ 上, 可得

$$\hat{S}_r\hat{x}\hat{S}_r^\dagger|x\rangle = \hat{x}\mathrm{e}^{-r}|x\rangle = x\mathrm{e}^{-r}|x\rangle \quad \Rightarrow \quad \hat{x}\hat{S}_r^\dagger|x\rangle = x\mathrm{e}^{-r}\hat{S}_r^\dagger|x\rangle.$$

上式表明, $\hat{S}_r^\dagger|x\rangle$ 也为 $\hat{x}$ 的本征矢, 对应的本征值为 $x\mathrm{e}^{-r}$, 因此有

$$\hat{S}_r^\dagger|x\rangle = C_x|x\mathrm{e}^{-r}\rangle \quad \Rightarrow \quad \langle x'|\hat{S}_r = C_{x'}^*\langle x'\mathrm{e}^{-r}|.$$

将以上两个等式的两边分别相乘, 并利用压缩算符的幺正性, 可得

$$\langle x'|x\rangle = C_{x'}^*C_x\langle x'\mathrm{e}^{-r}|x\mathrm{e}^{-r}\rangle \quad \Rightarrow \quad \delta(x-x') = C_{x'}^*C_x\delta(x\mathrm{e}^{-r} - x'\mathrm{e}^{-r}) = |C_x|^2\mathrm{e}^r\delta(x-x').$$

上式表明, 可选取适当相位使得 $C_x = \mathrm{e}^{-r/2}$, 因此得到 (9.4.25) 式, 证毕.

态矢量 $|\psi\rangle$ 的波函数为 $\psi(x) \equiv \langle x|\psi\rangle$, 对应的压缩态为 $|\psi_r\rangle \equiv \hat{S}_r|\psi\rangle$. 利用 (9.4.25) 式可得 $\langle x|\hat{S}_r = \mathrm{e}^{-r/2}\langle x\mathrm{e}^{-r}|$, 因此压缩态的波函数为

$$\psi_r(x) \equiv \langle x|\psi_r\rangle = \langle x|\hat{S}_r|\psi\rangle = \mathrm{e}^{-r/2}\langle x\mathrm{e}^{-r}|\psi\rangle = \mathrm{e}^{-r/2}\psi(x\mathrm{e}^{-r})$$

$$\Rightarrow \quad \boxed{\psi_r(x) = \mathrm{e}^{-r/2}\psi(x\mathrm{e}^{-r})} \tag{9.4.26}$$

设 $|\psi\rangle$ 为归一化矢量, 由 (9.4.24) 式可计算动力学变量在压缩态的平均值, 如

$$\begin{aligned}
\bar{x}_r &\equiv \langle\psi_r|\hat{x}|\psi_r\rangle = \langle\psi|\hat{S}_r^\dagger\hat{x}\hat{S}_r|\psi\rangle = \langle\psi|\hat{S}_{-r}\hat{x}\hat{S}_{-r}^\dagger|\psi\rangle = \langle\psi|\hat{x}|\psi\rangle\mathrm{e}^r = \bar{x}\mathrm{e}^r, \\
\overline{x_r^2} &\equiv \langle\psi_r|\hat{x}^2|\psi_r\rangle = \langle\psi|\hat{S}_r^\dagger\hat{x}^2\hat{S}_r|\psi\rangle = \langle\psi|\hat{x}^2|\psi\rangle\mathrm{e}^{2r} = \overline{x^2}\mathrm{e}^{2r}.
\end{aligned}$$

容易证明, 在压缩态下, 位置和动量的平均值及其涨落分别为

$$\boxed{\bar{x}_r = \bar{x}\mathrm{e}^r, \quad \bar{p}_r = \bar{p}\mathrm{e}^{-r}; \quad \Delta x_r = (\Delta x)\mathrm{e}^r, \quad \Delta p_r = (\Delta p)\mathrm{e}^{-r}} \tag{9.4.27}$$

5. 压缩态的例子

将压缩算符作用到各种量子态上, 可得到相应的压缩态, 下面列举几例:

(1) 玻色子真空态 $|0\rangle$ 经过压缩变换后变为 $|\varphi_r\rangle \equiv \hat{S}_r|0\rangle$, 利用 (9.4.27) 式容易求得, 在 $|\varphi_r\rangle$ 态下位置和动量的平均值, 以及相应的涨落:

$$\bar{x}_r = 0, \quad \bar{p}_r = 0; \quad \Delta x_r = (1/\sqrt{2}\alpha)\mathrm{e}^r, \quad \Delta p_r = (\hbar\alpha/\sqrt{2})\mathrm{e}^{-r}, \quad \Delta x_r \Delta p_r = \hbar/2. \tag{9.4.28}$$

上式表明, $\varphi_r(x)$ 仍然是 "最小波包". 由 (9.4.26) 式可知,

$$\varphi_r(x) = \mathrm{e}^{-r/2}(\alpha^2/\pi)^{1/4}\exp[-(\alpha x\mathrm{e}^{-r})^2/2] \tag{9.4.29}$$

(2) 压缩相干态定义为 $|\Phi_{r\lambda}\rangle \equiv \hat{S}_r|\phi_\lambda\rangle = \hat{S}_r\hat{U}_\lambda|0\rangle$, 利用 (9.4.15) 式和 (9.4.27) 式可求得, 在 $|\Phi_{r\lambda}\rangle$ 下的位置和动量的平均值 [以下 $x_0 = (\sqrt{2}/\alpha)\mathrm{Re}\,\lambda$, $p_0 = (\sqrt{2}\hbar\alpha)\mathrm{Im}\,\lambda$]:

$$\bar{x}_{r\lambda} = \bar{x}_\lambda\mathrm{e}^r = x_0\mathrm{e}^r, \quad \bar{p}_{r\lambda} = \bar{p}_\lambda\mathrm{e}^{-r} = p_0\mathrm{e}^{-r}. \tag{9.4.30}$$

利用 (9.4.16) 式和 (9.4.27) 式可求得, 在 $|\Phi_{r\lambda}\rangle$ 下的位置和动量的涨落:

$$\Delta x_{r\lambda} = \Delta x_\lambda\mathrm{e}^r = (1/\sqrt{2}\alpha)\mathrm{e}^r, \quad \Delta p_{r\lambda} = \Delta p_\lambda\mathrm{e}^{-r} = (\hbar\alpha/\sqrt{2})\mathrm{e}^{-r} \tag{9.4.31}$$

$$\Rightarrow \quad \Delta x_{r\lambda}\cdot\Delta p_{r\lambda} = \hbar/2. \tag{9.4.32}$$

上式表明, $\Phi_{r\lambda}(x)$ 仍然是 "最小波包". 由 (9.4.17) 式和 (9.4.26) 式可知,

$$\begin{aligned}\Phi_{r\lambda}(x) &= \mathrm{e}^{-r/2}\phi_\lambda(x\mathrm{e}^{-r}) \\ &= \mathrm{e}^{-r/2}(\alpha^2/\pi)^{1/4}\exp[-\alpha^2(x\mathrm{e}^{-r} - x_0)^2/2 + \mathrm{i}p_0(x\mathrm{e}^{-r} - x_0/2)/\hbar].\end{aligned} \tag{9.4.33}$$

(3) 也可以定义压缩态的平移态 $|\tilde{\Phi}_{\lambda r}\rangle \equiv \hat{U}_\lambda|\varphi_r\rangle = \hat{U}_\lambda\hat{S}_r|0\rangle$, 则有

$$\bar{x}_{\lambda r} = \bar{x}_r + x_0 = x_0, \quad \bar{p}_{\lambda r} = \bar{p}_r + p_0 = p_0,$$

$$\Delta x_{\lambda r} = \Delta x_r = (1/\sqrt{2}\alpha)\mathrm{e}^r, \quad \Delta p_{\lambda r} = \Delta p_r = (\hbar\alpha/\sqrt{2})\mathrm{e}^{-r}, \quad \Delta x_{\lambda r}\cdot\Delta p_{\lambda r} = \hbar/2.$$

上式表明, $\tilde{\Phi}_{\lambda r}(x)$ 仍然是 "最小波包", 其波函数为

$$\begin{aligned}\tilde{\Phi}_{\lambda r}(x) &= \exp[\mathrm{i}p_0(x - x_0/2)/\hbar]\varphi_r(x - x_0) \\ &= \mathrm{e}^{-r/2}(\alpha^2/\pi)^{1/4}\exp[-\alpha^2(x - x_0)^2\mathrm{e}^{-2r}/2 + \mathrm{i}p_0(x - x_0/2)/\hbar].\end{aligned}$$

习　题

9-1　设 $[\hat{a}, \hat{a}^\dagger] = 1$, 函数 $F(x)$ 的任意阶导数均存在, 其一阶导数为 $F'(x)$, 求证:

$$\boxed{[\hat{a}, F(\hat{a}^\dagger)] = F'(\hat{a}^\dagger), \quad [\hat{a}^\dagger, F(\hat{a})] = -F'(\hat{a})}$$

9–2 设 $[\hat{a},\hat{a}^\dagger]=1$, 令 $\hat{n}=\hat{a}^\dagger\hat{a}$, 对于复常数 s, 作霍斯坦因–普里马可夫 (Holstein-Primakoff) 变换:

$$\boxed{\hat{s}_+=(2s-\hat{n})^{1/2}\hat{a},\quad \hat{s}_-=\hat{a}^\dagger(2s-\hat{n})^{1/2},\quad \hat{s}_z=s-\hat{n}}$$

求证: $(\hat{s}_+\hat{s}_-+\hat{s}_-\hat{s}_+)/2+\hat{s}_z^2=s(s+1)$, $[\hat{s}_+,\hat{s}_-]=2\hat{s}_z$, $[\hat{s}_z,\hat{s}_\pm]=\pm\hat{s}_\pm$.

9–3 设 $[\hat{a},\hat{a}^\dagger]=1$, 令 $\hat{n}=\hat{a}^\dagger\hat{a}$, 求证: 对于任意复常数 λ, 均有

$$\boxed{\exp(-\lambda\hat{n})\hat{a}\exp(\lambda\hat{n})=\mathrm{e}^\lambda\hat{a},\quad \exp(\lambda\hat{n})\hat{a}^\dagger\exp(-\lambda\hat{n})=\mathrm{e}^\lambda\hat{a}^\dagger}$$

*9–4 设 $[\hat{a},\,\hat{a}^\dagger]=1$, 令 $\hat{n}=\hat{a}^\dagger\hat{a}$, $\hat{x}=(1/\sqrt{2}\alpha)(\hat{a}^\dagger+\hat{a})$, $\hat{p}=(\mathrm{i}\hbar\alpha/\sqrt{2})(\hat{a}^\dagger-\hat{a})$, 其中 α 为实常数, 求证: 对于任意复常数 λ, 均有

$$[\hat{p},\mathrm{e}^{-\lambda\hat{n}}]=i\hbar\alpha^2\tanh(\lambda/2)[\hat{x},\mathrm{e}^{-\lambda\hat{n}}]_+,\quad [\hat{x},\mathrm{e}^{-\lambda\hat{n}}]=(\mathrm{i}\hbar\alpha^2)^{-1}\tanh(\lambda/2)[\hat{p},\mathrm{e}^{-\lambda\hat{n}}]_+.$$

9–5 设 $|n\rangle$ 为玻色子数算符 $\hat{a}^\dagger\hat{a}$ 的归一化本征矢量, 求证:

$$\boxed{\hat{a}^m|n\rangle=\sqrt{n!/(n-m)!}|n-m\rangle,\quad (\hat{a}^\dagger)^m|n\rangle=\sqrt{(n+m)!/n!}|n+m\rangle}$$

9–6 设 $[\hat{a},\hat{a}^\dagger]=1$, 令 $\hat{x}=(1/\sqrt{2}\alpha)(\hat{a}^\dagger+\hat{a})$, $\hat{p}=(\mathrm{i}\hbar\alpha/\sqrt{2})(\hat{a}^\dagger-\hat{a})$, 其中 α 为实常数, 求证: 若体系处于 $\hat{a}^\dagger\hat{a}$ 的本征态, 则对于任意复数 β 和 γ, 及正整数 m, 均有

$$\overline{xp}=-\overline{px}=\mathrm{i}\hbar/2,\quad \overline{(\beta x+\gamma p)^2}=\beta^2\overline{x^2}+\gamma^2\overline{p^2},\quad \overline{(\beta x+\gamma p)^{2m-1}}=0.$$

9–7 设带电量为 q 的一维谐振子处于沿 x 轴方向的均匀静电场 $\mathcal{E}$ 中, 哈密顿算符为

$$\hat{H}=\hat{p}^2/2m+m\omega^2\hat{x}^2/2-q\mathcal{E}\hat{x}.$$

(1) 引入玻色湮灭算符 $\hat{a}=(\alpha\hat{x}+\mathrm{i}\hat{p}/\hbar\alpha)/\sqrt{2}$ $(\alpha\equiv\sqrt{m\omega/\hbar})$, 求证:

$$\hat{H}=(\hat{a}^\dagger\hat{a}+1/2-\lambda\hat{a}^\dagger-\lambda\hat{a})\hbar\omega\quad (\lambda\equiv q\mathcal{E}/\sqrt{2}\alpha\hbar\omega).$$

(2) 作变换 $\hat{b}=\hat{a}-\lambda$, 求证: $\hat{H}=(\hat{b}^\dagger\hat{b}+1/2-\lambda^2)\hbar\omega$, $[\hat{b},\hat{b}^\dagger]=1$.

(3) 试求体系的能级.

答: $E_n=(n+1/2-\lambda^2)\hbar\omega$ $(n=0,1,2\cdots)$.

9–8 设带电量为 q 的一维谐振子处于沿 x 轴方向的均匀动态电场 $\mathcal{E}(t)$ 中, 哈密顿算符为

$$\hat{H}(t)=\hat{H}_0+\hat{H}'(t),\quad \hat{H}_0=\hat{p}^2/2m+m\omega^2\hat{x}^2/2=(\hat{a}^\dagger\hat{a}+1/2)\hbar\omega,$$

$$\hat{H}'(t)=-q\mathcal{E}(t)\hat{x}=-[\lambda(t)\hat{a}^\dagger+\lambda(t)\hat{a}]\hbar\omega\quad [\lambda(t)\equiv q\mathcal{E}(t)/\omega\sqrt{2m\hbar\omega}].$$

(1) 设 t 时刻粒子的归一化态矢量为 $|\psi(t)\rangle$, 令 $\bar{a}(t)=\langle\psi(t)|\hat{a}|\psi(t)\rangle$, 求证:

$$\dot{\bar{a}}(t)=-\mathrm{i}\omega[\bar{a}(t)-\lambda(t)]\quad\Rightarrow\quad \bar{a}(t)=\left[\bar{a}(0)+\mathrm{i}\omega\int_0^t dt'\lambda(t')\mathrm{e}^{\mathrm{i}\omega t'}\right]\mathrm{e}^{-\mathrm{i}\omega t}.$$

(2) 求证: t 时刻的位置平均值为

$$\bar{x}(t)=\bar{x}(0)\cos\omega t+\frac{q}{m\omega}\int_0^t \mathrm{d}t'\mathcal{E}(t')\sin[\omega(t-t')].$$

(3) 令 $|\varphi(t)\rangle=[\hat{a}-\bar{a}(t)]|\psi(t)\rangle$, 求证:

$$\mathrm{i}\hbar|\dot{\varphi}(t)\rangle=[\hat{H}(t)+\hbar\omega]|\varphi(t)\rangle \quad\Rightarrow\quad \partial_t\langle\varphi(t)|\varphi(t)\rangle=0.$$

(4) 设 $\hat{a}|\psi(0)\rangle=\bar{a}(0)|\psi(0)\rangle$, 求证: $\hat{a}|\psi(t)\rangle=\bar{a}(t)|\psi(t)\rangle$, 以及

$$\overline{H}_0(t)=\left[|\bar{a}(t)|^2+1/2\right]\hbar\omega,\quad \overline{x^2}(t)=(\hbar/2m\omega)\left\{[\bar{a}(t)+\bar{a}(t)^*]^2+1\right\}.$$

9–9　设一维谐振子的质量为 m, 算符 $\hat{A}$ 在海森伯图像中的形式定义为

$$\hat{A}_H(t)=\hat{U}^\dagger(t,0)\hat{A}\hat{U}(t,0),\quad \hat{U}(t,0)=\exp(-\mathrm{i}\hat{H}t/\hbar),\quad \hat{H}=(\hat{a}^\dagger\hat{a}+1/2)\hbar\omega.$$

(1) 求证: $\hat{a}_H(t)=\hat{a}\exp(-\mathrm{i}\omega t)$, $\hat{a}_H^\dagger(t)=\hat{a}^\dagger\exp(\mathrm{i}\omega t)$, 并由此导出

$$\hat{x}_H(t)=\hat{x}\cos\omega t+(\hat{p}/m\omega)\sin\omega t,\quad \hat{p}_H(t)=\hat{p}\cos\omega t-m\omega\hat{x}\sin\omega t.$$

(2) 设 $\hat{x}|x\rangle=x|x\rangle$, $\hat{p}|p\rangle=p|p\rangle$, 令 $\hat{u}\equiv\hat{U}(\pi/2\omega,0)$, 求证: $\hat{u}|x\rangle$ 和 $\hat{u}|p\rangle$ 分别为 $\hat{p}$ 和 $\hat{x}$ 的本征矢, 相应的本征值分别为 $-m\omega x$ 和 $p/m\omega$.

9–10　二维各向同性谐振子的哈密顿算符和角动量算符的 z 分量分别为

$$\hat{H}=(\hat{a}_x^\dagger\hat{a}_x+\hat{a}_y^\dagger\hat{a}_y+1)\hbar\omega,\quad \hat{l}_z=\mathrm{i}\hbar(\hat{a}_x\hat{a}_y^\dagger-\hat{a}_y\hat{a}_x^\dagger),\quad [\hat{a}_j,\hat{a}_k^\dagger]=\delta_{jk},\quad [\hat{a}_j,\hat{a}_k]=0.$$

作变换 $\hat{b}_\pm=\sqrt{1/2}(\hat{a}_x\pm i\hat{a}_y)$.

(1) 求证: $\hat{b}_\pm$ 为两种相互独立的玻色算符, 且

$$\hat{H}=(\hat{n}_++\hat{n}_-+1)\hbar\omega,\quad \hat{l}_z=\hbar(\hat{n}_+-\hat{n}_-),\quad (\hat{n}_\pm=\hat{b}_\pm^\dagger\hat{b}_\pm).$$

(2) 试求能级及简并度.

答: $E_n=(n+1)\hbar\omega$ $(n=0,1,2,\cdots)$, 简并度 $f_n=n+1$

9–11　设体系由 d 种相互独立的玻色子构成, 玻色子总数算符为

$$\hat{N}=\hat{a}_1^\dagger\hat{a}_1+\hat{a}_2^\dagger\hat{a}_2+\cdots+\hat{a}_d^\dagger\hat{a}_d,\quad [\hat{a}_i,\hat{a}_j]=0,\quad [\hat{a}_i,\hat{a}_j^\dagger]=\delta_{ij}.$$

求证: $[\hat{a}_i\hat{a}_j^\dagger,\hat{N}]=[\hat{a}_j^\dagger\hat{a}_i,\hat{N}]=0$, 且 $\hat{N}$ 的本征值 $n=0,1,2,\cdots$, 简并度为

$$f_n=(n+d-1)!/n!(d-1)!.$$

9–12　一维晶格的原子总数为 N, 相邻原子间距为 a, 晶格振动哈密顿算符为

$$\hat{H}=\sum_k(\hat{a}_k^\dagger\hat{a}_k+1/2)\hbar\omega_k,\quad [\hat{a}_k,\hat{a}_{k'}]=0,\quad [\hat{a}_k,\hat{a}_{k'}^\dagger]=\delta_{kk'},$$

$$\omega_k=\bar{\omega}\sin(ka/2),\quad k=2\pi n/Na\quad (n=0,1,2,\cdots,N-1).$$

(1) 求证: 体系的能级为 $E=\sum_k(n_k+1/2)\hbar\omega_k$ $(n_k=0,1,2,\cdots)$.

(2) 设基态能为 E_0, 态密度为 $g(\omega)\equiv(Na)^{-1}\sum_k\delta(\omega-\omega_k)$, 求证: 当 $N\to\infty$ 时,

$$E_0=N\hbar\bar{\omega}/\pi,\quad g(\omega)=(2/\pi a)(\bar{\omega}^2-\omega^2)^{-1/2}\theta(\bar{\omega}-\omega).$$

9–13 设位移算符为 $\hat{U}_\lambda=\exp(\lambda\hat{a}^\dagger-\lambda^*\hat{a})$, $[\hat{a},\hat{a}^\dagger]=1$, 求证:

$$\boxed{\hat{U}_\lambda\hat{U}_\rho=\hat{U}_{\lambda+\rho}\exp[\mathrm{i}\mathrm{Im}(\lambda\rho^*)]}$$

9–14 设 $|n\rangle$ 为玻色子数算符 $\hat{a}^\dagger\hat{a}$ 的归一化本征矢量, 位移算符为

$$\hat{U}_\lambda=f_\lambda\exp(\lambda\hat{a}^\dagger)\exp(-\lambda^*\hat{a}),\quad f_\lambda=\exp(-|\lambda|^2/2).$$

求证: 算符 $\hat{U}_\lambda$ 在 $|n\rangle$ 态下的平均值可用拉盖尔多项式表示为

$$\langle n|\hat{U}_\lambda|n\rangle=\frac{f_\lambda}{n!}L_n(|\lambda|^2),\quad L_n(x)\equiv\sum_{m=0}^{n}\frac{(n!)^2(-x)^m}{(m!)^2(n-m)!}.$$

9–15 设玻色子数算符 $\hat{N}=\hat{a}^\dagger\hat{a}$, 试求相干态 $|\phi_\lambda\rangle$ 下的相对涨落 $\Delta N/\bar{N}$.

答: $1/|\lambda|$.

9–16 设 $|n\rangle$ 为玻色子数算符 $\hat{a}^\dagger\hat{a}$ 的归一化本征矢, 偶相干态和奇相干态分别定义为

$$|\phi_\lambda^{\mathrm{e}}\rangle\equiv\frac{1}{\sqrt{\cosh|\lambda|^2}}\sum_{n=0}^{\infty}\frac{\lambda^{2n}}{\sqrt{(2n)!}}|2n\rangle,\quad |\phi_\lambda^{\mathrm{o}}\rangle\equiv\frac{1}{\sqrt{\sinh|\lambda|^2}}\sum_{n=0}^{\infty}\frac{\lambda^{2n+1}}{\sqrt{(2n+1)!}}|2n+1\rangle.$$

求证: (1) $|\phi_\lambda^{\mathrm{e}}\rangle$ 和 $|\phi_\lambda^{\mathrm{o}}\rangle$ 具有正交归一性, 它们均为 $\hat{a}^2$ 的本征矢, 本征值均为 λ^2.

(2) 相干态 $|\phi_\lambda\rangle$ 可表示为 $|\phi_\lambda^{\mathrm{e}}\rangle$ 和 $|\phi_\lambda^{\mathrm{o}}\rangle$ 的线性叠加, 即

$$|\phi_\lambda\rangle=\exp(-|\lambda|^2/2)(\sqrt{\cosh|\lambda|^2}|\phi_\lambda^{\mathrm{e}}\rangle+\sqrt{\sinh|\lambda|^2}|\phi_\lambda^{\mathrm{o}}\rangle).$$

9–17 设粒子的位矢算符为 $\hat{\boldsymbol{r}}$, 动量算符为 $\hat{\boldsymbol{p}}$, 轨道角动量算符为 $\hat{\boldsymbol{l}}$, 定义

$$\hat{a}_j=\sqrt{1/2}(\alpha\hat{r}_j+\mathrm{i}\hat{p}_j/\hbar\alpha)\quad(\alpha=\alpha^*,j=x,y,z).$$

(1) 求证: $\hat{a}_x,\hat{a}_y,\hat{a}_z$ 为 3 种相互独立的玻色算符, 且有

$$\hat{l}_x=\mathrm{i}\hbar(\hat{a}_y\hat{a}_z^\dagger-\hat{a}_z\hat{a}_y^\dagger),\quad \hat{l}_y=\mathrm{i}\hbar(\hat{a}_z\hat{a}_x^\dagger-\hat{a}_x\hat{a}_z^\dagger),\quad \hat{l}_z=\mathrm{i}\hbar(\hat{a}_x\hat{a}_y^\dagger-\hat{a}_y\hat{a}_x^\dagger).$$

(2) 设体系处于相干态 $|\psi\rangle=|\lambda_x\rangle\otimes|\lambda_y\rangle\otimes|\lambda_z\rangle$, 即 $\hat{a}_j|\psi\rangle=\lambda_j|\psi\rangle$, 求证:

$$\bar{l}_x=\mathrm{i}\hbar(\lambda_y\lambda_z^*-\lambda_y^*\lambda_z),\quad \bar{l}_y=\mathrm{i}\hbar(\lambda_z\lambda_x^*-\lambda_z^*\lambda_x),\quad \bar{l}_z=\mathrm{i}\hbar(\lambda_x\lambda_y^*-\lambda_x^*\lambda_y);$$

$$\Delta l_x=\hbar(|\lambda_y|^2+|\lambda_z|^2)^{1/2},\quad \Delta l_y=\hbar(|\lambda_z|^2+|\lambda_x|^2)^{1/2},\quad \Delta l_z=\hbar(|\lambda_x|^2+|\lambda_y|^2)^{1/2}.$$

(3) 假设 $\bar{l}_x=\bar{l}_y=0$, $\bar{l}_z\neq0$, 求证: $\lambda_z=0$.

*9–18 设质量为 m、带电量为 q、频率为 ω 的一维谐振子处于基态 $|0\rangle$, 在 $t=0$ 时外加一个沿 x 轴方向的均匀静电场 $\mathcal{E}$, 令 $\lambda \equiv q\mathcal{E}/\omega\sqrt{2m\hbar\omega}$, 求证: 当 $t>0$ 时,

(1) 体系的态矢量可用相干态 $|\phi_\rho\rangle$ 表示为

$$|\psi(t)\rangle = |\phi_\rho\rangle \exp(\mathrm{i}\varphi) \quad [\rho(t) = \lambda - \lambda \exp(-\mathrm{i}\omega t), \varphi(t) = \lambda^2(\omega t - \sin\omega t) - \omega t/2].$$

(2) 粒子的位置平均值以 x_0 为中心作频率为 ω 的周期性运动, 即

$$\bar{x}(t) = x_0(1-\cos\omega t) \quad (x_0 = q\mathcal{E}/m\omega^2).$$

(3) 体系处于谐振子的任一个本征态 $|n\rangle$ 的概率为

$$P_n(t) = \exp(-|\rho|^2)|\rho|^{2n}/n! \quad [|\rho| = 2\lambda|\sin(\omega t/2)|].$$

若 $\lambda \ll 1$, 近似到 λ 的二级项, 有

$$P_0(t) \approx 1-|\rho|^2, \quad P_1(t) \approx |\rho|^2, \quad P_n(t) \approx 0 \quad (n \geqslant 2).$$

*9–19 设质量为 m 的一维谐振子处于温度为 $T = 1/k_{\mathrm{B}}\beta$ 的热平衡态, 密度算符为

$$\hat{\rho} = Z^{-1}\exp(-\beta\hat{H}), \quad Z = \mathrm{Tr}\exp(-\beta\hat{H}), \quad \hat{H} = (\hat{n}+1/2)\hbar\omega \quad (\hat{n} = \hat{a}^\dagger\hat{a}).$$

(1) 求证: 配分函数 Z 和玻色数的统计平均值 $\langle\hat{n}\rangle$ 分别为

$$Z = [2\sinh(\lambda/2)]^{-1}, \quad \langle\hat{n}\rangle = (e^\lambda - 1)^{-1} \quad (\lambda = \beta\hbar\omega).$$

(2) 设 $\hat{x}|x\rangle = x|x\rangle$, 求证: 坐标空间的概率密度为 $\rho(x) = \langle x|\hat{\rho}|x\rangle$.

(3) 动量算符 $\hat{p}$ 满足 $\hat{p}|x\rangle = \mathrm{i}\hbar\partial_x|x\rangle$, 令 $\xi = \sqrt{(\hbar/m\omega)\coth(\lambda/2)}$, 求证:

$$\rho'(x) + (2x/\xi^2)\rho(x) = 0 \quad \Rightarrow \quad \rho(x) = (\sqrt{\pi}\xi)^{-1}\exp(-x^2/\xi^2).$$

(4) 坐标表象的归一化定态波函数 $\psi_n(x)$ 与动量表象的归一化定态波函数 $\bar{\psi}_n(p)$ 的关系为 $\bar{\psi}_n(p) = [(-1)^n/\sqrt{m\omega}]\psi_n(p/m\omega)$, 求证: 动量空间的概率密度为

$$\bar{\rho}(p) = (m\omega)^{-1}\rho(p/m\omega) = (\sqrt{\pi}\eta)^{-1}\exp(-p^2/\eta^2) \quad (\eta = m\omega\xi).$$

(5) 设 a 和 b 均为实数, 求证:

$$\langle\exp(-\mathrm{i}a\hat{x})\rangle = \exp(-a^2\langle\hat{x}^2\rangle/2), \quad \langle\exp(-\mathrm{i}b\hat{p})\rangle = \exp(-b^2\langle\hat{p}^2\rangle/2).$$

第十章

对称性理论

许多量子体系具有对于某种变换的动力学对称性, 常常导致某个动力学变量守恒或能级简并, 因此对称性理论在量子力学中显得十分重要. 本章主要涉及时空变换, 包括空间平移、空间转动、空间反演、时间平移、时间反演等. 此外, 本章还将介绍量子力学中特有的一种变换对称性, 即全同粒子的交换对称性.

§ 10.1 空间反演与时空平移

本节先介绍在空间反演、空间平移、时间平移等变换下, 体系的量子态和动力学变量的变换特性, 然后讨论粒子波函数在作相对运动的两个惯性系中的变换, 它与空间平移变换相关.

1. 空间反演

空间反演属于非连续的幺正变换, 用宇称算符 $\hat{P}$ 表示. 宇称是量子力学特有的一个动力学变量, $\hat{P}$ 既是幺正算符, 也是观测算符, 即

$$\boxed{\hat{P} = \hat{P}^\dagger = \hat{P}^{-1}} \tag{10.1.1}$$

粒子的基本动力学变量有位置 $\hat{\boldsymbol{r}}$, 动量 $\hat{\boldsymbol{p}}$, 自旋 $\hat{\boldsymbol{s}}$, 根据空间反演的定义, 有

$$\boxed{\hat{P}\hat{\boldsymbol{r}}\hat{P} = -\hat{\boldsymbol{r}}, \quad \hat{P}\hat{\boldsymbol{p}}\hat{P} = -\hat{\boldsymbol{p}}, \quad \hat{P}\hat{\boldsymbol{s}}\hat{P} = \hat{\boldsymbol{s}}} \tag{10.1.2}$$

由上式易证, 轨道角动量算符 $\hat{\boldsymbol{l}}$ 在空间反演下保持不变, 即

$$\hat{P}\hat{\boldsymbol{l}}\hat{P} = \hat{P}(\hat{\boldsymbol{r}} \times \hat{\boldsymbol{p}})\hat{P} = (\hat{P}\hat{\boldsymbol{r}}\hat{P}) \times (\hat{P}\hat{\boldsymbol{p}}\hat{P}) = (-\hat{\boldsymbol{r}}) \times (-\hat{\boldsymbol{p}}) \quad \Rightarrow \quad \boxed{\hat{P}\hat{\boldsymbol{l}}\hat{P} = \hat{\boldsymbol{l}}} \tag{10.1.3}$$

以上是观测算符的空间反演变换, 下面研究态矢量的空间反演. 设 $\hat{\boldsymbol{r}}$, $\hat{\boldsymbol{p}}$, $\hat{s}_z$ 的本征矢量分别为 $|\boldsymbol{r}\rangle$, $|\boldsymbol{p}\rangle$, $|m_s\rangle$, 选取适当的相位, 可以导出

$$\boxed{\hat{P}|\boldsymbol{r}\rangle = |-\boldsymbol{r}\rangle, \quad \hat{P}|\boldsymbol{p}\rangle = |-\boldsymbol{p}\rangle, \quad \hat{P}|m_s\rangle = |m_s\rangle} \tag{10.1.4}$$

证明: 利用 (10.1.1) 式和 (10.1.2) 式可得 $\hat{\boldsymbol{r}}\hat{P} = -\hat{P}\hat{\boldsymbol{r}}$, 因此有

$$\hat{\boldsymbol{r}}(\hat{P}|\boldsymbol{r}\rangle) = -\hat{P}\hat{\boldsymbol{r}}|\boldsymbol{r}\rangle = -\boldsymbol{r}(\hat{P}|\boldsymbol{r}\rangle).$$

上式表明, $\hat{P}|\boldsymbol{r}\rangle$ 也是 $\hat{\boldsymbol{r}}$ 的本征矢量, 对应的本征值为 $(-\boldsymbol{r})$, 因此有

$$\hat{P}|\boldsymbol{r}\rangle = c|-\boldsymbol{r}\rangle.$$

由于 $\hat{P}$ 为幺正算符, 所以 $|c| = 1$, 选取 $c = 1$, 可得 $\hat{P}|\boldsymbol{r}\rangle = |-\boldsymbol{r}\rangle$. 同理可证 (10.1.4) 式的其他等式. 此外, 利用 $\langle\boldsymbol{r}|\boldsymbol{p}\rangle = h^{-3/2}\exp(\mathrm{i}\boldsymbol{p}\cdot\boldsymbol{r}/\hbar)$, 也可导出 $\hat{P}|\boldsymbol{p}\rangle = |-\boldsymbol{p}\rangle$, 即

$$\begin{aligned}
\hat{P}|\boldsymbol{p}\rangle &= \int \mathrm{d}\boldsymbol{r}\hat{P}|\boldsymbol{r}\rangle\langle\boldsymbol{r}|\boldsymbol{p}\rangle = \int \mathrm{d}\boldsymbol{r}|-\boldsymbol{r}\rangle\langle\boldsymbol{r}|\boldsymbol{p}\rangle \\
&= \int \mathrm{d}\boldsymbol{r}|\boldsymbol{r}\rangle\langle-\boldsymbol{r}|\boldsymbol{p}\rangle = \int \mathrm{d}\boldsymbol{r}|\boldsymbol{r}\rangle\langle\boldsymbol{r}|-\boldsymbol{p}\rangle = |-\boldsymbol{p}\rangle.
\end{aligned}$$

下面研究 $\{\hat{\boldsymbol{l}}^2, \hat{l}_z\}$ 的共同本征态 $|lm\rangle$ 的空间反演态, 利用 (10.1.3) 式可得

$$\hat{\boldsymbol{l}}^2\hat{P}|lm\rangle = \hat{P}\hat{\boldsymbol{l}}^2|lm\rangle = l(l+1)\hbar^2\hat{P}|lm\rangle, \quad \hat{l}_z\hat{P}|lm\rangle = \hat{P}\hat{l}_z|lm\rangle = m\hbar\hat{P}|lm\rangle.$$

即 $\hat{P}|lm\rangle$ 也是 $\{\hat{\boldsymbol{l}}^2, \hat{l}_z\}$ 的共同本征态, 对应的本征值分别为 $l(l+1)\hbar^2$ 和 $m\hbar$, 因此

$$\hat{P}|lm\rangle = c_{lm}|lm\rangle, \quad (|c_{lm}| = 1) \quad \Rightarrow \quad \boxed{\hat{P}|lm\rangle = (-1)^l|lm\rangle} \tag{10.1.5}$$

其中选取了 $c_{lm} = (-1)^l$, 这与球谐函数的定义一致. 空间反演下的球坐标变换为

$$r \to r, \quad \theta \to \pi - \theta, \quad \varphi \to \pi + \varphi.$$

而球谐函数满足 $Y_{lm}(\pi - \theta, \pi + \varphi) = (-1)^l Y_{lm}(\theta, \varphi)$, 这与 (10.1.5) 式一致.

以上仅涉及一些特殊量子态的空间反演性质, 对于一个任意的量子态 $|\psi\rangle$, 其空间反演态为 $|\psi_P\rangle \equiv \hat{P}|\psi\rangle$, 它在 $\{\hat{\boldsymbol{r}}, \hat{s}_z\}$ 表象和 $\{\hat{\boldsymbol{p}}, \hat{s}_z\}$ 表象中的波函数分别为

$$\psi_P(\boldsymbol{r}, m_s) \equiv \langle \boldsymbol{r} m_s|\psi_P\rangle, \quad \psi_P(\boldsymbol{p}, m_s) \equiv \langle \boldsymbol{p} m_s|\psi_P\rangle.$$

它们与变换前的波函数有如下关系:

$$\boxed{\psi_P(\boldsymbol{r}, m_s) = \psi(-\boldsymbol{r}, m_s), \quad \psi_P(\boldsymbol{p}, m_s) = \psi(-\boldsymbol{p}, m_s)} \tag{10.1.6}$$

以上两个等式的证明过程是类似的, 下面仅给出前者的证明, 利用 (10.1.4) 式可得

$$\hat{P}|\boldsymbol{r} m_s\rangle = |-\boldsymbol{r}, m_s\rangle \quad \Rightarrow \quad \langle \boldsymbol{r} m_s|\hat{P} = \langle -\boldsymbol{r}, m_s|$$

$$\Rightarrow \quad \psi_P(\boldsymbol{r}, m_s) = \langle \boldsymbol{r} m_s|\hat{P}|\psi\rangle = \langle -\boldsymbol{r}, m_s|\psi\rangle = \psi(-\boldsymbol{r}, m_s).$$

以上结果容易推广到多粒子体系, 设第 k 个粒子的位置算符为 $\hat{\boldsymbol{r}}_k$, 动量算符为 $\hat{\boldsymbol{p}}_k$, 自旋算符为 $\hat{\boldsymbol{s}}_k$, 轨道角动量算符为 $\hat{\boldsymbol{l}}_k$, 则它们的空间反演变换为

$$\hat{P}\hat{\boldsymbol{r}}_k\hat{P} = -\hat{\boldsymbol{r}}_k, \quad \hat{P}\hat{\boldsymbol{p}}_k\hat{P} = -\hat{\boldsymbol{p}}_k, \quad \hat{P}\hat{\boldsymbol{s}}_k\hat{P} = \hat{\boldsymbol{s}}_k, \quad \hat{P}\hat{\boldsymbol{l}}_k\hat{P} = \hat{\boldsymbol{l}}_k.$$

态空间的基矢量的空间反演变换为

$$\hat{P}|\boldsymbol{r}_1\boldsymbol{r}_2\cdots\rangle = |-\boldsymbol{r}_1, -\boldsymbol{r}_2\cdots\rangle, \quad \hat{P}|\boldsymbol{p}_1\boldsymbol{p}_2\cdots\rangle = |-\boldsymbol{p}_1, -\boldsymbol{p}_2\cdots\rangle,$$

$$\hat{P}|m_{1s}m_{2s}\cdots\rangle = |m_{1s}m_{2s}\cdots\rangle.$$

态矢量 $|\psi\rangle$ 的空间反演态 $|\psi_P\rangle \equiv \hat{P}|\psi\rangle$ 的波函数为

$$\psi_P(\boldsymbol{r}_1, m_{1s}; \boldsymbol{r}_2, m_{2s}; \cdots) = \psi(-\boldsymbol{r}_1, m_{1s}; -\boldsymbol{r}_2, m_{2s}; \cdots),$$

$$\psi_P(\boldsymbol{p}_1, m_{1s}; \boldsymbol{p}_2, m_{2s}; \cdots) = \psi(-\boldsymbol{p}_1, m_{1s}; -\boldsymbol{p}_2, m_{2s}; \cdots).$$

2. 空间平移

空间平移属于连续的幺正变换, 空间平移算符 $\hat{D}_{\boldsymbol{a}}$ 定义为动量算符 $\hat{\boldsymbol{p}}$ 的函数:

$$\boxed{\hat{D}_{\boldsymbol{a}} \equiv \exp(-\mathrm{i}\hat{\boldsymbol{p}}\cdot\boldsymbol{a}/\hbar) \quad \Rightarrow \quad \hat{D}_{\boldsymbol{a}}^\dagger = \hat{D}_{\boldsymbol{a}}^{-1} = \hat{D}_{-\boldsymbol{a}}} \tag{10.1.7}$$

其中 $\boldsymbol{a}$ 为平移矢量. 利用附录 D 中贝克–豪斯多夫公式, 易证位置算符 $\hat{\boldsymbol{r}}$ 的变换为

$$\boxed{\hat{D}_{\boldsymbol{a}}\hat{\boldsymbol{r}}\hat{D}_{\boldsymbol{a}}^{\dagger}=\hat{\boldsymbol{r}}-\boldsymbol{a}} \tag{10.1.8}$$

设 $\hat{\boldsymbol{r}}$ 的本征矢量为 $|\boldsymbol{r}\rangle$, 利用 (7.3.14) 式容易导出

$$\boxed{\hat{D}_{\boldsymbol{a}}|\boldsymbol{r}\rangle=|\boldsymbol{r}+\boldsymbol{a}\rangle} \tag{10.1.9}$$

利用 (10.1.7) 式和 (10.1.9) 式可得

$$\hat{D}_{\boldsymbol{a}}^{\dagger}|\boldsymbol{r}\rangle=\hat{D}_{-\boldsymbol{a}}|\boldsymbol{r}\rangle=|\boldsymbol{r}-\boldsymbol{a}\rangle \quad \Rightarrow \quad \langle\boldsymbol{r}|\hat{D}_{\boldsymbol{a}}=\langle\boldsymbol{r}-\boldsymbol{a}|.$$

态矢量 $|\psi\rangle$ 的空间平移态为 $|\psi_D^{(\boldsymbol{a})}\rangle\equiv\hat{D}_{\boldsymbol{a}}|\psi\rangle$, 由上式可得坐标表象中的波函数:

$$\boxed{\psi_D^{(\boldsymbol{a})}(\boldsymbol{r})=\langle\boldsymbol{r}|\hat{D}_{\boldsymbol{a}}|\psi\rangle=\psi(\boldsymbol{r}-\boldsymbol{a})} \tag{10.1.10}$$

空间平移算符 $\hat{D}_{\boldsymbol{a}}$ 是幺正算符, 其本征值 λ 满足 $|\lambda|=1$, 可设 $\lambda=\exp(-\mathrm{i}\boldsymbol{k}\cdot\boldsymbol{a})$, 与此对应的本征态称为布洛赫态, 记为 $|\psi_{\boldsymbol{k}}\rangle$, 其波函数 $\psi_{\boldsymbol{k}}(\boldsymbol{r})$ 称为布洛赫函数, 即

$$\boxed{\hat{D}_{\boldsymbol{a}}|\psi_{\boldsymbol{k}}\rangle=\exp(-\mathrm{i}\boldsymbol{k}\cdot\boldsymbol{a})|\psi_{\boldsymbol{k}}\rangle \quad \Rightarrow \quad \psi_{\boldsymbol{k}}(\boldsymbol{r}+\boldsymbol{a})=\exp(\mathrm{i}\boldsymbol{k}\cdot\boldsymbol{a})\psi_{\boldsymbol{k}}(\boldsymbol{r})} \tag{10.1.11}$$

容易验证, 布洛赫函数可表示为一个周期函数与平面波函数的乘积, 即

$$\boxed{\psi_{\boldsymbol{k}}(\boldsymbol{r})=\phi_{\boldsymbol{k}}(\boldsymbol{r})\exp(\mathrm{i}\boldsymbol{k}\cdot\boldsymbol{r}), \quad \phi_{\boldsymbol{k}}(\boldsymbol{r}+\boldsymbol{a})=\phi_{\boldsymbol{k}}(\boldsymbol{r})} \tag{10.1.12}$$

对于多粒子体系, 空间平移算符 $\hat{D}_{\boldsymbol{a}}$ 是总动量算符 $\hat{\boldsymbol{P}}$ 的函数, 即

$$\boxed{\hat{D}_{\boldsymbol{a}}\equiv\exp(-\mathrm{i}\hat{\boldsymbol{P}}\cdot\boldsymbol{a}/\hbar), \quad \hat{\boldsymbol{P}}\equiv\sum\nolimits_k\hat{\boldsymbol{p}}_k} \tag{10.1.13}$$

利用上式可以导出类似于 (10.1.8) 式和 (10.1.9) 式的结果:

$$\hat{D}_{\boldsymbol{a}}\hat{\boldsymbol{r}}_k\hat{D}_{\boldsymbol{a}}^{\dagger}=\hat{\boldsymbol{r}}_k-\boldsymbol{a}, \quad \hat{D}_{\boldsymbol{a}}|\boldsymbol{r}_1\boldsymbol{r}_2\cdots\rangle=|\boldsymbol{r}_1+\boldsymbol{a},\boldsymbol{r}_2+\boldsymbol{a},\cdots\rangle. \tag{10.1.14}$$

类似于 (10.1.10) 式, 空间平移态 $|\psi_D^{(\boldsymbol{a})}\rangle$ 在坐标表象中的波函数为

$$\psi_D^{(\boldsymbol{a})}(\boldsymbol{r}_1,\boldsymbol{r}_2,\cdots)=\psi(\boldsymbol{r}_1-\boldsymbol{a},\boldsymbol{r}_2-\boldsymbol{a},\cdots). \tag{10.1.15}$$

3. 时间平移

时间平移算符就是 (7.2.2) 式定义的时间演化算符 $\hat{U}(t,t_0)$, 它将 t_0 时刻的量子态 $|\psi(t_0)\rangle$ 变换为 t 时刻的量子态 $|\psi(t)\rangle$, 即

$$\boxed{|\psi(t)\rangle=\hat{U}(t,t_0)|\psi(t_0)\rangle} \tag{10.1.16}$$

对于非保守体系, 哈密顿算符 $\hat{H}(t)$ 随 t 变化, 当 $(t-t_0)$ 为有限值时, $\hat{U}(t,t_0)$ 并不能表示为 (7.2.11) 式. 当 $t\to t_0$ 时, $\hat{U}(t,t_0)$ 描述无穷小幺正变换, 即

$$\hat{U}(t,t_0) \approx 1 - \mathrm{i}\hat{H}(t_0)(t-t_0)/\hbar \quad (t \to t_0).$$

对于保守体系，哈密顿算符 $\hat{H}$ 不含 t，时间平移算符 $\hat{U}(t,t_0)$ 可表示为

$$\hat{U}(t-t_0) = \exp[-\mathrm{i}\hat{H}(t-t_0)/\hbar].$$

*4. 伽利略变换

下面考虑单粒子态在作相对运动的两个惯性系中的变换. 设惯性系 K' 以固定速度 $\boldsymbol{v}$ 相对于惯性系 K 运动，如图 10.1.1 所示，时空坐标的伽利略变换关系为

$$\boldsymbol{r} = \boldsymbol{r}' + \boldsymbol{v}t', \quad t = t' \quad \Rightarrow \quad \partial_{t'} = \partial_t + \boldsymbol{v}\cdot\nabla, \quad \nabla' = \nabla. \tag{10.1.17}$$

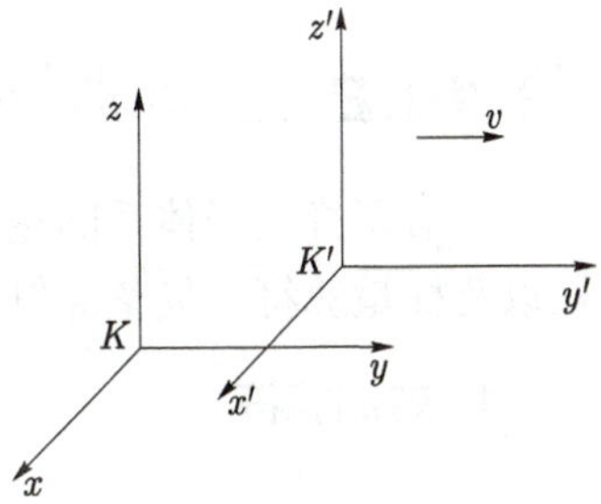

图 10.1.1　两个惯性系的相对运动

设质量为 m 的粒子在惯性系 K 中所受到的势能函数为 $V(\boldsymbol{r},t)$，则它在惯性系 K' 中受到的势能函数为 $\tilde{V}(\boldsymbol{r}',t') = V(\boldsymbol{r},t)$. 容易验证，如果粒子在两个惯性系中的波函数满足如下变换关系:

$$\boxed{\tilde{\psi}(\boldsymbol{r}',t') = \psi(\boldsymbol{r},t)\exp[\mathrm{i}m(\boldsymbol{v}^2t/2 - \boldsymbol{v}\cdot\boldsymbol{r})/\hbar]} \tag{10.1.18}$$

则这两个惯性系中的薛定谔方程具有完全相同的形式，即

$$\mathrm{i}\hbar\partial_t\psi(\boldsymbol{r},t) = [-\hbar^2\nabla^2/2m + V(\boldsymbol{r},t)]\psi(\boldsymbol{r},t),$$
$$\mathrm{i}\hbar\partial_{t'}\tilde{\psi}(\boldsymbol{r}',t') = [-\hbar^2\nabla'^2/2m + \tilde{V}(\boldsymbol{r}',t')]\tilde{\psi}(\boldsymbol{r}',t').$$

设惯性系 K 和 K' 中的概率密度分别为 $\rho(\boldsymbol{r},t)$ 和 $\tilde{\rho}(\boldsymbol{r}',t')$，则 (10.1.18) 式给出

$$\tilde{\rho}(\boldsymbol{r}',t') = |\tilde{\psi}(\boldsymbol{r}',t')|^2 = |\psi(\boldsymbol{r},t)|^2 = \rho(\boldsymbol{r},t).$$

设惯性系 K 和 K' 中的位置平均值分别为 $\bar{\boldsymbol{r}}$ 和 $\bar{\boldsymbol{r}}'$，则有

$$\bar{\boldsymbol{r}}' \equiv \int \mathrm{d}\boldsymbol{r}'\tilde{\rho}(\boldsymbol{r}',t')\boldsymbol{r}' = \bar{\boldsymbol{r}} - \boldsymbol{v}t.$$

容易验证，两个惯性系中的动量平均值具有如下关系:

$$\bar{\boldsymbol{p}}' \equiv -\mathrm{i}\hbar\int \mathrm{d}\boldsymbol{r}'\tilde{\psi}^*(\boldsymbol{r}',t')\nabla'\tilde{\psi}(\boldsymbol{r}',t') = \bar{\boldsymbol{p}} - m\boldsymbol{v}.$$

下面证明，波函数的变换式 (10.1.18) 式等效于以下幺正变换:

$$\boxed{|\tilde{\psi}(t)\rangle = \hat{G}_{\boldsymbol{v}}(t)|\psi(t)\rangle, \quad \hat{G}_{\boldsymbol{v}}(t) \equiv \exp[\mathrm{i}(\hat{\boldsymbol{p}}t - m\hat{\boldsymbol{r}})\cdot\boldsymbol{v}/\hbar]} \tag{10.1.19}$$

证明: 利用附录 D 中的格拉伯公式，可将上式中的幺正算符 $\hat{G}_{\boldsymbol{v}}(t)$ 重新表示为

$$\hat{G}_{\boldsymbol{v}}(t) = \exp[-\mathrm{i}(m\boldsymbol{v}\cdot\hat{\boldsymbol{r}} + \epsilon t)/\hbar]\exp(\mathrm{i}\hat{\boldsymbol{p}}\cdot\boldsymbol{v}t/\hbar) \quad (\epsilon \equiv m\boldsymbol{v}^2/2). \tag{10.1.20}$$

结合 (10.1.19) 式和 (10.1.20) 式，可得

$$\tilde{\psi}(\boldsymbol{r},t) = \langle \boldsymbol{r}|\hat{G}_{\boldsymbol{v}}(t)|\psi(t)\rangle = \langle \boldsymbol{r}|\exp(\mathrm{i}\hat{\boldsymbol{p}}\cdot\boldsymbol{v}t/\hbar)|\psi(t)\rangle \exp[-\mathrm{i}(m\boldsymbol{v}\cdot\boldsymbol{r}+\epsilon t)/\hbar].$$

空间平移算符 $\exp(\mathrm{i}\hat{\boldsymbol{p}}\cdot\boldsymbol{v}t/\hbar)$ 导致 $\langle \boldsymbol{r}|\exp(\mathrm{i}\hat{\boldsymbol{p}}\cdot\boldsymbol{v}t/\hbar) = \langle(\boldsymbol{r}+\boldsymbol{v}t)|$, 将它代入上式, 可得

$$\tilde{\psi}(\boldsymbol{r},t) = \langle(\boldsymbol{r}+\boldsymbol{v}t)|\psi(t)\rangle \exp[-\mathrm{i}(m\boldsymbol{v}\cdot\boldsymbol{r}+\epsilon t)/\hbar] = \psi(\boldsymbol{r}+\boldsymbol{v}t,t)\exp[-\mathrm{i}(m\boldsymbol{v}\cdot\boldsymbol{r}+\epsilon t)/\hbar].$$

将时空坐标变换式 (10.1.17) 代入上式, 立即得到 (10.1.18) 式, 证毕.

*§ 10.2 空间转动

本节研究量子体系的空间转动变换, 包括转动算符的定义和性质、转动算符的乘积以及标量算符、矢量算符、态矢量的空间转动等.

1. 转动算符

空间转动属于连续的幺正变换, 空间转动算符定义为角动量算符 $\hat{\boldsymbol{j}}$ 的函数:

$$\boxed{\hat{R}_{\boldsymbol{n}}(\phi) \equiv \exp(-\mathrm{i}\phi\hat{j}_n/\hbar) \quad\Rightarrow\quad \hat{R}^{\dagger}_{\boldsymbol{n}}(\phi) = \hat{R}^{-1}_{\boldsymbol{n}}(\phi) = \hat{R}_{\boldsymbol{n}}(-\phi)} \tag{10.2.1}$$

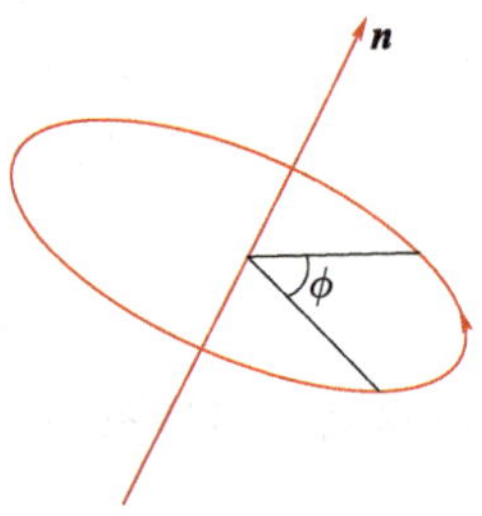

图 10.2.1 空间转动

其中 $\hat{j}_n \equiv \boldsymbol{n}\cdot\hat{\boldsymbol{j}}$, 而 $\boldsymbol{n}$ 为转轴方向的单位向量, ϕ 为转动角度, 如图 10.2.1 所示. 值得注意, $\hat{R}_{\boldsymbol{n}}(\phi)$ 和 $\hat{\boldsymbol{j}}$ 定义在同一空间上. 例如, 若 $\hat{\boldsymbol{j}}$ 为自旋算符, 则 $\hat{R}_{\boldsymbol{n}}(\phi)$ 就表示自旋空间的转动算符.

在 $s=1/2$ 的自旋空间中, 若转动角度 $\phi = 2\alpha$, 则相应的转动算符为

$$\exp(-\mathrm{i}\alpha\hat{\sigma}_n) = \sum_{k=0}^{\infty}\frac{(-\mathrm{i}\alpha\hat{\sigma}_n)^k}{k!} = \left(1-\frac{\alpha^2}{2!}+\frac{\alpha^4}{4!}-\cdots\right) - \mathrm{i}\hat{\sigma}_n\left(\alpha-\frac{\alpha^3}{3!}+\frac{\alpha^5}{5!}-\cdots\right).$$

其中已利用 $\hat{\sigma}_n^2 = 1$. 再利用 $\cos\alpha$ 和 $\sin\alpha$ 的幂级数展开式, 可将上式表示为

$$\boxed{\exp(-\mathrm{i}\alpha\hat{\sigma}_n) = \cos\alpha - \mathrm{i}\hat{\sigma}_n\sin\alpha} \tag{10.2.2}$$

设 Tr 表示在二维自旋空间中求迹, 若选取 $\hat{\sigma}_z$ 表象, 则有

$$\mathrm{Tr}\exp(\mathrm{i}\alpha\hat{\sigma}_n) = \mathrm{Tr}\,\sigma_0\cos\alpha - \mathrm{i}\,\mathrm{Tr}\,\sigma_n\sin\alpha.$$

其中 σ_0 为 2×2 的单位矩阵, $\sigma_n = \boldsymbol{n}\cdot\boldsymbol{\sigma}$ 为 $\boldsymbol{n}$ 方向的泡利矩阵, 利用 $\mathrm{Tr}\,\sigma_n = 0$, 可得

$$\boxed{\mathrm{Tr}\exp(\mathrm{i}\alpha\hat{\sigma}_n) = 2\cos\alpha} \tag{10.2.3}$$

转角为 2π 的转动算符具有一些特殊性质. 设 $\{\hat{\boldsymbol{j}}^2, \hat{j}_n, \hat{A}, \cdots\}$ 为体系的一组相容变量完备集, 其共同本征矢量为 $|jm\tau\rangle_n$ $(m=-j,-j+1,\cdots,j)$, 则有

$$\hat{R}_{\boldsymbol{n}}(2\pi)|jm\tau\rangle_n = \exp(-\mathrm{i}2\pi m)|jm\tau\rangle_n = (-1)^{2j}|jm\tau\rangle_n. \tag{10.2.4}$$

令 $\hat{P}_{\pm}$ 分别表示 j 为整数和半奇数的子空间投影算符, 则有

$$\hat{P}_+ + \hat{P}_- = 1, \quad \hat{P}_+\hat{P}_- = \hat{P}_-\hat{P}_+ = 0,$$
$$(\hat{P}_+ - \hat{P}_-)|jm\tau\rangle_n = (-1)^{2j}|jm\tau\rangle_n. \tag{10.2.5}$$

结合 (10.2.4) 式和 (10.2.5) 式可知, $\hat{R}_{\boldsymbol{n}}(2\pi)$ 的作用实际上与 $\boldsymbol{n}$ 的方向无关, 且有

$$\boxed{\hat{R}(2\pi) = \hat{P}_+ - \hat{P}_-, \quad \hat{R}(4\pi) = [\hat{R}(2\pi)]^2 = 1} \tag{10.2.6}$$

2. 标量算符与矢量算符的转动变换

按照定义, 标量算符 $\hat{S}$ 与角动量算符 $\hat{\boldsymbol{j}}$ 的任意分量均对易, 因而它与任意转动算符 $\hat{R}$ 均对易, 因此 $\hat{S}$ 在任意转动下保持不变, 即

$$\boxed{\hat{R}\hat{S}\hat{R}^\dagger = \hat{S}} \tag{10.2.7}$$

设 $\hat{\boldsymbol{A}}$ 为矢量算符, 即它满足对易式 (8.1.5) 式, 则 $\hat{\boldsymbol{A}}$ 的转动变换为

$$\boxed{\hat{R}_{\boldsymbol{n}}(\phi)\hat{\boldsymbol{A}}\hat{R}^\dagger_{\boldsymbol{n}}(\phi) = \boldsymbol{n}(\boldsymbol{n}\cdot\hat{\boldsymbol{A}}) + [\hat{\boldsymbol{A}} - \boldsymbol{n}(\boldsymbol{n}\cdot\hat{\boldsymbol{A}})]\cos\phi + (\hat{\boldsymbol{A}}\times\boldsymbol{n})\sin\phi} \tag{10.2.8}$$

证明: 由 (10.2.1) 式可得 $\partial_\phi \hat{R}_{\boldsymbol{n}}(\phi) = (i\hbar)^{-1}\hat{j}_n\hat{R}_{\boldsymbol{n}}(\phi)$, 令 $\hat{\boldsymbol{B}} \equiv \hat{R}_{\boldsymbol{n}}(\phi)\hat{\boldsymbol{A}}\hat{R}^\dagger_{\boldsymbol{n}}(\phi)$, 则

$$\partial_\phi\hat{\boldsymbol{B}} = [\partial_\phi\hat{R}_{\boldsymbol{n}}(\phi)]\hat{\boldsymbol{A}}\hat{R}^\dagger_{\boldsymbol{n}}(\phi) + \hat{R}_{\boldsymbol{n}}(\phi)\hat{\boldsymbol{A}}[\partial_\phi\hat{R}^\dagger_{\boldsymbol{n}}(\phi)] = (\mathrm{i}\hbar)^{-1}\hat{R}_{\boldsymbol{n}}(\phi)[\boldsymbol{n}\cdot\hat{\boldsymbol{j}}, \hat{\boldsymbol{A}}]\hat{R}^\dagger_{\boldsymbol{n}}(\phi).$$

将习题 8–1 的结果代入上式, 可得

$$\partial_\phi\hat{\boldsymbol{B}} = \hat{R}_{\boldsymbol{n}}(\phi)(\hat{\boldsymbol{A}}\times\boldsymbol{n})\hat{R}^\dagger_{\boldsymbol{n}}(\phi) = \hat{\boldsymbol{B}}\times\boldsymbol{n}$$
$$\Rightarrow \quad \partial^2_\phi\hat{\boldsymbol{B}} = (\partial_\phi\hat{\boldsymbol{B}})\times\boldsymbol{n} = (\hat{\boldsymbol{B}}\times\boldsymbol{n})\times\boldsymbol{n} = \boldsymbol{n}(\boldsymbol{n}\cdot\hat{\boldsymbol{B}}) - \hat{\boldsymbol{B}}. \tag{10.2.9}$$

由 (8.1.5) 式可知 $[\boldsymbol{n}\cdot\hat{\boldsymbol{A}}, \boldsymbol{n}\cdot\hat{\boldsymbol{j}}] = 0$, 因此 $[\boldsymbol{n}\cdot\hat{\boldsymbol{A}}, \hat{R}_{\boldsymbol{n}}(\phi)] = 0$, 可得

$$\boldsymbol{n}\cdot\hat{\boldsymbol{B}} = \hat{R}_{\boldsymbol{n}}(\phi)\boldsymbol{n}\cdot\hat{\boldsymbol{A}}\hat{R}^\dagger_{\boldsymbol{n}}(\phi) = \boldsymbol{n}\cdot\hat{\boldsymbol{A}}\hat{R}_{\boldsymbol{n}}(\phi)\hat{R}^\dagger_{\boldsymbol{n}}(\phi) = \boldsymbol{n}\cdot\hat{\boldsymbol{A}}.$$

将上式代入 (10.2.9) 式, 得到一个关于 $\hat{\boldsymbol{B}}(\phi)$ 的二阶微分方程:

$$\partial^2_\phi\hat{\boldsymbol{B}} + \hat{\boldsymbol{B}} = \boldsymbol{n}(\boldsymbol{n}\cdot\hat{\boldsymbol{A}}).$$

容易验证, (10.2.8) 式即为上述微分方程的解, 证毕.

若转角 ϕ 很小, 则 $\hat{R}_{\boldsymbol{n}}(\phi) \approx 1 - \mathrm{i}\phi\hat{j}_n/\hbar$, 此时 (10.2.8) 式的近似表达式为

$$\boxed{\hat{R}_{\boldsymbol{n}}(\phi)\hat{\boldsymbol{A}}\hat{R}^\dagger_{\boldsymbol{n}}(\phi) \approx \hat{\boldsymbol{A}} + \hat{\boldsymbol{A}}\times\boldsymbol{n}\phi \quad (|\phi| \ll 1)} \tag{10.2.10}$$

设 $\hat{R}_\alpha(\phi)$ $(\alpha = x, y, z)$ 表示绕 α 轴转动 ϕ 角的转动算符, 则由 (10.2.8) 式可得

$$\boxed{\begin{aligned}
&\hat{R}_z(\phi)\hat{A}_x\hat{R}^\dagger_z(\phi) = \hat{A}_x\cos\phi + \hat{A}_y\sin\phi, \quad \hat{R}_z(\phi)\hat{A}_y\hat{R}^\dagger_z(\phi) = \hat{A}_y\cos\phi - \hat{A}_x\sin\phi\\
&\hat{R}_y(\phi)\hat{A}_z\hat{R}^\dagger_y(\phi) = \hat{A}_z\cos\phi + \hat{A}_x\sin\phi, \quad \hat{R}_y(\phi)\hat{A}_x\hat{R}^\dagger_y(\phi) = \hat{A}_x\cos\phi - \hat{A}_z\sin\phi\\
&\hat{R}_x(\phi)\hat{A}_y\hat{R}^\dagger_x(\phi) = \hat{A}_y\cos\phi + \hat{A}_z\sin\phi, \quad \hat{R}_x(\phi)\hat{A}_z\hat{R}^\dagger_x(\phi) = \hat{A}_z\cos\phi - \hat{A}_y\sin\phi
\end{aligned}}$$
(10.2.11)

这些等式非常有用，它们描述了矢量算符 $\hat{\boldsymbol{A}}$ 的各分量在常见转动下的变换关系. 例如，设单位向量 $\boldsymbol{n}$ 的方向角度为 (θ,φ), 见图 10.2.2, 并令 $\hat{A}_n\equiv\boldsymbol{n}\cdot\hat{\boldsymbol{A}}$, 利用以上公式可得

$$\boxed{\hat{R}_z(\varphi)\hat{R}_y(\theta)\hat{A}_z\hat{R}_y^\dagger(\theta)\hat{R}_z^\dagger(\varphi)=(\hat{A}_x\cos\varphi+\hat{A}_y\sin\varphi)\sin\theta+\hat{A}_z\cos\theta=\hat{A}_n} \tag{10.2.12}$$

又如，当转角 ϕ 等于 π 或 $\pi/2$ 时，(10.2.11) 式分别简化为

$$\boxed{\begin{aligned}\hat{R}_z(\pi)\hat{A}_x\hat{R}_z^\dagger(\pi)&=\hat{R}_y(\pi)\hat{A}_x\hat{R}_y^\dagger(\pi)=-\hat{A}_x\\ \hat{R}_x(\pi)\hat{A}_y\hat{R}_x^\dagger(\pi)&=\hat{R}_z(\pi)\hat{A}_y\hat{R}_z^\dagger(\pi)=-\hat{A}_y\\ \hat{R}_y(\pi)\hat{A}_z\hat{R}_y^\dagger(\pi)&=\hat{R}_x(\pi)\hat{A}_z\hat{R}_x^\dagger(\pi)=-\hat{A}_z\end{aligned}} \tag{10.2.13}$$

$$\boxed{\begin{aligned}\hat{R}_y(\pi/2)\hat{A}_z\hat{R}_y^\dagger(\pi/2)&=-\hat{R}_z(\pi/2)\hat{A}_y\hat{R}_z^\dagger(\pi/2)=\hat{A}_x\\ \hat{R}_z(\pi/2)\hat{A}_x\hat{R}_z^\dagger(\pi/2)&=-\hat{R}_x(\pi/2)\hat{A}_z\hat{R}_x^\dagger(\pi/2)=\hat{A}_y\\ \hat{R}_x(\pi/2)\hat{A}_y\hat{R}_x^\dagger(\pi/2)&=-\hat{R}_y(\pi/2)\hat{A}_x\hat{R}_y^\dagger(\pi/2)=\hat{A}_z\end{aligned}} \tag{10.2.14}$$

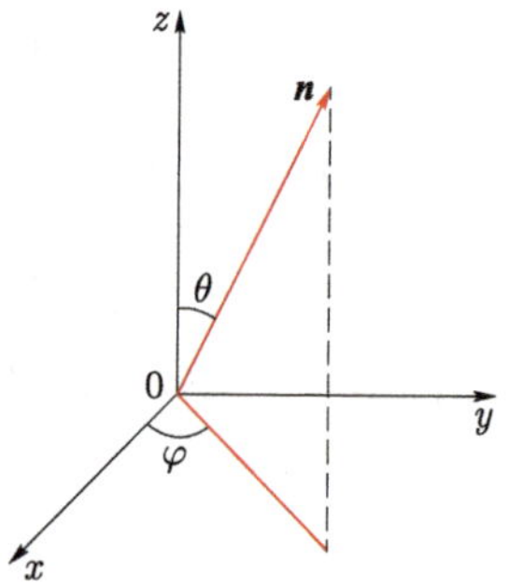

图 10.2.2　$\boldsymbol{n}$ 的方向角度

3. 转动算符的乘积

在 (10.2.8) 式—(10.2.14) 式中令 $\hat{\boldsymbol{A}}=\hat{\boldsymbol{j}}$, 就得到角动量算符 $\hat{\boldsymbol{j}}$ 的转动变换公式，由此可以导出一些转动算符的乘积公式.

设单位向量 $\boldsymbol{n}$ 的方向角度为 (θ,φ), 则有

$$\boxed{\hat{R}_z(\varphi)\hat{R}_y(\theta)\hat{R}_z(\phi)\hat{R}_y^\dagger(\theta)\hat{R}_z^\dagger(\varphi)=\hat{R}_{\boldsymbol{n}}(\phi)} \tag{10.2.15}$$

证明: 注意到 $\hat{R}_z(\phi)$ 和 $\hat{R}_{\boldsymbol{n}}(\phi)$ 可分别表示为 $\hat{j}_z$ 和 $\hat{j}_n$ 的幂级数形式，即

$$\hat{R}_z(\phi)=\sum_{k=0}^{\infty}\frac{(-\mathrm{i}\phi/\hbar)^k}{k!}\hat{j}_z^k,\quad \hat{R}_{\boldsymbol{n}}(\phi)=\sum_{k=0}^{\infty}\frac{(-\mathrm{i}\phi/\hbar)^k}{k!}\hat{j}_n^k.$$

在 (10.2.12) 式中，令 $\hat{\boldsymbol{A}}=\hat{\boldsymbol{j}}$, 容易导出

$$\hat{R}_z(\varphi)\hat{R}_y(\theta)\hat{j}_z^k\hat{R}_y^\dagger(\theta)\hat{R}_z^\dagger(\varphi)=\hat{j}_n^k.$$

结合以上两式，立即得到 (10.2.15) 式，证毕.

仿照上述方法，利用 (10.2.13) 式和 (10.2.14) 式，可以导出

$$\boxed{\begin{aligned}\hat{R}_z(\pi)\hat{R}_x(\phi)\hat{R}_z^\dagger(\pi)&=\hat{R}_y(\pi)\hat{R}_x(\phi)\hat{R}_y^\dagger(\pi)=\hat{R}_x^\dagger(\phi)\\ \hat{R}_x(\pi)\hat{R}_y(\phi)\hat{R}_x^\dagger(\pi)&=\hat{R}_z(\pi)\hat{R}_y(\phi)\hat{R}_z^\dagger(\pi)=\hat{R}_y^\dagger(\phi)\\ \hat{R}_y(\pi)\hat{R}_z(\phi)\hat{R}_y^\dagger(\pi)&=\hat{R}_x(\pi)\hat{R}_z(\phi)\hat{R}_x^\dagger(\pi)=\hat{R}_z^\dagger(\phi)\end{aligned}} \tag{10.2.16}$$

$$\boxed{\begin{aligned}\hat{R}_y(\pi/2)\hat{R}_z(\phi)\hat{R}_y^\dagger(\pi/2)&=\hat{R}_z(\pi/2)\hat{R}_y^\dagger(\phi)\hat{R}_z^\dagger(\pi/2)=\hat{R}_x(\phi)\\ \hat{R}_z(\pi/2)\hat{R}_x(\phi)\hat{R}_z^\dagger(\pi/2)&=\hat{R}_x(\pi/2)\hat{R}_z^\dagger(\phi)\hat{R}_x^\dagger(\pi/2)=\hat{R}_y(\phi)\\ \hat{R}_x(\pi/2)\hat{R}_y(\phi)\hat{R}_x^\dagger(\pi/2)&=\hat{R}_y(\pi/2)\hat{R}_x^\dagger(\phi)\hat{R}_y^\dagger(\pi/2)=\hat{R}_z(\phi)\end{aligned}} \tag{10.2.17}$$

例 1

设 $\hat{R}_\alpha(\pi), (\alpha=x,y,z)$ 表示绕 α 轴转动 π 角的转动算符, 则有

$$\boxed{\hat{R}_x(\pi)\hat{R}_y(\pi)=\hat{R}_z(\pi)} \tag{10.2.18}$$

证明: 由 (10.2.17) 式可得 $\hat{R}_x(\pi)=\hat{R}_y(\pi/2)\hat{R}_z(\pi)\hat{R}_y^\dagger(\pi/2)$, 因此有

$$\begin{aligned}\hat{R}_x(\pi)\hat{R}_y(\pi)&=[\hat{R}_y(\pi/2)\hat{R}_z(\pi)\hat{R}_y^\dagger(\pi/2)]\hat{R}_y(\pi)\\&=\hat{R}_y(\pi/2)\hat{R}_z(\pi)\hat{R}_y(\pi/2)=\hat{R}_y(\pi/2)[\hat{R}_z(\pi)\hat{R}_y(\pi/2)\hat{R}_z^\dagger(\pi)]\hat{R}_z(\pi).\end{aligned}$$

由 (10.2.16) 式可得 $\hat{R}_z(\pi)\hat{R}_y(\pi/2)\hat{R}_z^\dagger(\pi)=\hat{R}_y^\dagger(\pi/2)$, 代入上式, 可得

$$\hat{R}_x(\pi)\hat{R}_y(\pi)=\hat{R}_y(\pi/2)\hat{R}_y^\dagger(\pi/2)\hat{R}_z(\pi)=\hat{R}_z(\pi).$$

4. 态矢量的转动

考虑角动量本征态的转动. 设单位向量 $\boldsymbol{n}$ 的方向为 (θ,φ), 由 (10.2.12) 式可得

$$\hat{j}_n=\hat{R}_z(\varphi)\hat{R}_y(\theta)\hat{j}_z\hat{R}_y^\dagger(\theta)\hat{R}_z^\dagger(\varphi).$$

设 $\{\hat{\boldsymbol{j}}^2,\hat{j}_z\}$ 的共同本征态为 $|jm\rangle_z\equiv|jm\rangle$, 利用上式, 可得

$$\hat{j}_n[\hat{R}_z(\varphi)\hat{R}_y(\theta)|jm\rangle]=\hat{R}_z(\varphi)\hat{R}_y(\theta)\hat{j}_z|jm\rangle=m\hbar[\hat{R}_z(\varphi)\hat{R}_y(\theta)|jm\rangle]. \tag{10.2.19}$$

此外, 注意到 $\hat{\boldsymbol{j}}^2$ 与所有转动算符均对易, 因此

$$\hat{\boldsymbol{j}}^2[\hat{R}_z(\varphi)\hat{R}_y(\theta)|jm\rangle]=\hat{R}_z(\varphi)\hat{R}_y(\theta)\hat{\boldsymbol{j}}^2|jm\rangle=j(j+1)\hbar^2[\hat{R}_z(\varphi)\hat{R}_y(\theta)|jm\rangle]. \tag{10.2.20}$$

结合 (10.2.19) 式和 (10.2.20) 式可知, $\hat{R}_z(\varphi)\hat{R}_y(\theta)|jm\rangle$ 是 $\{\hat{\boldsymbol{j}}^2,\hat{j}_n\}$ 的共同本征态, 本征值分别为 $j(j+1)\hbar^2$ 和 $m\hbar$, 因此可将它记为 $|jm\rangle_n$, 即

$$\boxed{|jm\rangle_n=\hat{R}_z(\varphi)\hat{R}_y(\theta)|jm\rangle} \tag{10.2.21}$$

上式表明, 矢量 $|jm\rangle$ 相继经过 $\hat{R}_y(\theta)$ 和 $\hat{R}_z(\varphi)$ 这两次转动后, 得到矢量 $|jm\rangle_n$.

例 2

$\{\hat{\boldsymbol{j}}^2,\hat{j}_x\}$ 和 $\{\hat{\boldsymbol{j}}^2,\hat{j}_y\}$ 的共同本征矢量可分别表示为

$$\boxed{|jm\rangle_x=\hat{R}_y(\pi/2)|jm\rangle,\quad |jm\rangle_y=\hat{R}_z(\pi/2)|jm\rangle_x=\mathrm{e}^{-\mathrm{i}m\pi/2}\hat{R}_x^\dagger(\pi/2)|jm\rangle} \tag{10.2.22}$$

证明: x 轴的方向角为 $\theta=\pi/2$, $\varphi=0$, 将它们代入 (10.2.21) 式, 立即得到上述第一个等式. y 轴的方向角为 $\theta=\varphi=\pi/2$, 将它们代入 (10.2.21) 式, 可得

$$|jm\rangle_y=\hat{R}_z(\pi/2)\hat{R}_y(\pi/2)|jm\rangle=[\hat{R}_z(\pi/2)\hat{R}_y(\pi/2)\hat{R}_z^\dagger(\pi/2)]\hat{R}_z(\pi/2)|jm\rangle. \tag{10.2.23}$$

由 (10.2.17) 式可得

$$\hat{R}_z(\pi/2)\hat{R}_y(\pi/2)\hat{R}_z^\dagger(\pi/2)=\hat{R}_x^\dagger(\pi/2).$$

将上式代入 (10.2.23) 式, 立即得到 (10.2.22) 式的第二个等式, 证毕.

例 3

选取适当的相位, 可得

$$\boxed{\hat{R}_x(\pi)|jm\rangle = \exp(-\mathrm{i}j\pi)|j(-m)\rangle, \quad \hat{R}_y(\pi)|jm\rangle = (-1)^{j-m}|j(-m)\rangle} \tag{10.2.24}$$

证明: 利用 (10.2.13) 式, 可得 $\hat{j}_z\hat{R}_x(\pi) = -\hat{R}_x(\pi)\hat{j}_z$, 因此有

$$\hat{j}_z\hat{R}_x(\pi)|jm\rangle = -\hat{R}_x(\pi)\hat{j}_z|jm\rangle = -m\hbar\hat{R}_x(\pi)|jm\rangle.$$

上式表明,$\hat{R}_x(\pi)|jm\rangle$ 为 $\hat{j}_z$ 的本征态, 本征值为 $(-m\hbar)$, 选取适当的相位, 可得 (10.2.24) 式的第一个等式. 此外, 结合 (10.2.6) 式和 (10.2.18) 式, 可得

$$\hat{R}_y(\pi)|jm\rangle = \hat{R}_x^\dagger(\pi)\hat{R}_z(\pi)|jm\rangle = \exp(-\mathrm{i}m\pi)\hat{R}_x(\pi)\hat{R}_x^\dagger(2\pi)|jm\rangle.$$

利用 (10.2.6) 式以及 (10.2.24) 式的第一个等式, 上式可化为

$$\hat{R}_y(\pi)|jm\rangle = \exp(-\mathrm{i}m\pi)\exp(-\mathrm{i}j\pi)(-1)^{2j}|j(-m)\rangle = (-1)^{j-m}|j(-m)\rangle.$$

§ 10.3 幺正变换对称性

若体系具有某种幺正变换下的对称性, 则其量子态通常具有一些特殊性质, 并且某些动力学变量会成为守恒量, 下面分别给予阐述.

1. 对称性对量子态的影响

(1) **时间平移对称性**. 若体系的哈密顿算符 $\hat{H}$ 不显含时间 t, 即时间对于体系来说是均匀的, 则称该体系具有时间平移对称性, 此即保守体系, 其态矢量随时间的演化具有如下特性:

$$|\psi(t)\rangle = \exp[-\mathrm{i}\hat{H}(t-t_0)/\hbar]|\psi(t_0)\rangle. \tag{10.3.1}$$

若 $|\psi_E(t_0)\rangle$ 是 $\hat{H}$ 的本征矢量, 即 $\hat{H}|\psi_E(t_0)\rangle = E|\psi_E(t_0)\rangle$, 则该体系处于定态, 即有

$$|\psi_E(t)\rangle = \exp[-\mathrm{i}E(t-t_0)/\hbar]|\psi_E(t_0)\rangle.$$

(2) **不含时间的幺正变换对称性**. 设幺正算符 $\hat{U}$ 不含时间 t, 且与体系的哈密顿算符 $\hat{H}$ 对易, 即

$$\boxed{[\hat{U},\hat{H}] = 0} \tag{10.3.2}$$

则称体系具有相应的幺正变换对称性, 此时体系的量子态具有如下性质:

(a) 若 $|\psi(t)\rangle$ 为 t 时刻的态矢量, 则 $|\psi_U(t)\rangle \equiv \hat{U}|\psi(t)\rangle$ 也满足薛定谔方程,

$$\boxed{i\hbar\partial_t|\psi(t)\rangle = \hat{H}|\psi(t)\rangle \quad \Rightarrow \quad \mathrm{i}\hbar\partial_t|\psi_U(t)\rangle = \hat{H}|\psi_U(t)\rangle} \tag{10.3.3}$$

(b) 若 $|\psi\rangle$ 是能量本征态, 则 $|\psi_U\rangle \equiv \hat{U}|\psi\rangle$ 也是同一能级对应的本征态, 即

$$\boxed{\hat{H}|\psi\rangle = E|\psi\rangle \quad \Rightarrow \quad \hat{H}|\psi_U\rangle = E|\psi_U\rangle} \tag{10.3.4}$$

2. 对称性导致的守恒定律

如果体系具有某种幺正变换对称性，常常会导致一个守恒定律.

(1) 非连续幺正变换对称性. 例如，若宇称算符 $\hat{P}$ 与哈密顿算符 $\hat{H}$ 对易，即

$$[\hat{P}, \hat{H}] = 0.$$

则体系具有**空间反演对称性，导致宇称守恒**，此时 $\hat{P}$ 与 $\hat{H}$ 存在共同本征态.

(2) 连续幺正变换对称性. 连续的幺正算符依赖于一个连续实参量 ϵ，即

$$\hat{U}_\epsilon = \exp(-\mathrm{i}\epsilon\hat{A}) \quad (\hat{A}^\dagger = \hat{A}).$$

若对任意 ε，体系均具有 $\hat{U}_\varepsilon$ 描述的幺正变换对称性，则变量 $\hat{A}$ 必为守恒量，即

$$\boxed{[\hat{U}_\varepsilon, \hat{H}] = 0, \ (\forall\varepsilon) \quad \Rightarrow \quad [\hat{A}, \hat{H}] = 0} \tag{10.3.5}$$

需要特别指出，如果 $[\hat{U}_\varepsilon, \hat{H}] = 0$ 仅对某个固定的 ε 成立，则不能导出 $[\hat{A}, \hat{H}] = 0$，因此 $\hat{A}$ 未必是守恒量. 下面讨论几种连续的时空变换对称性：

(a) **时间平移对称性导致能量守恒**，即保守体系的能量是守恒的.

(b) **空间平移对称性导致动量守恒**. 空间平移算符可表示为

$$\hat{D}_{a\boldsymbol{n}} = \exp(-\mathrm{i}a\boldsymbol{n} \cdot \hat{\boldsymbol{P}}/\hbar).$$

其中 $\hat{\boldsymbol{P}}$ 为总动量算符，$\boldsymbol{n}$ 为单位向量，a 为平移长度.

若沿某个确定方向的任意空间平移算符 $\hat{D}_{a\boldsymbol{n}}$ ($\boldsymbol{n}$ 是固定的，a 为任意实数) 均与哈密顿算符 $\hat{H}$ 对易，则称该体系具有沿 $\boldsymbol{n}$ 方向的空间平移对称性，即 $\boldsymbol{n}$ 方向的空间对于体系来说是均匀的，此时体系的动量沿该方向的分量 $\hat{P}_n$ 是守恒量，即

$$\boxed{[\hat{D}_{a\boldsymbol{n}}, \hat{H}] = 0, \ (\forall a) \quad \Rightarrow \quad [\hat{P}_n, \hat{H}] = 0} \tag{10.3.6}$$

若任意空间平移算符 $\hat{D}_{\boldsymbol{a}}$ ($\boldsymbol{a}$ 为任意的三维向量) 均与哈密顿算符 $\hat{H}$ 对易，则称体系具有全空间平移对称性，即全空间对于体系来说是均匀的，因此体系的总动量 $\hat{\boldsymbol{P}}$ 是守恒的. 由于 $\hat{\boldsymbol{P}}$ 的不同分量是对易的，因此 $\{\hat{P}_x, \hat{P}_y, \hat{P}_z, \hat{H}\}$ 有共同本征态.

(c) **空间转动对称性导致角动量守恒**. 空间转动算符可表示为

$$\hat{R}_{\boldsymbol{n}}(\phi) = \exp(-\mathrm{i}\phi\boldsymbol{n} \cdot \hat{\boldsymbol{j}}/\hbar).$$

其中 $\hat{\boldsymbol{j}}$ 为角动量算符，$\boldsymbol{n}$ 为单位向量，ϕ 为转动角度.

若绕某个确定轴的任意空间转动算符 $\hat{R}_{\boldsymbol{n}}(\phi)$ ($\boldsymbol{n}$ 是固定的，ϕ 为任意实数) 均与哈密顿算符 $\hat{H}$ 对易，则称该体系具有绕 $\boldsymbol{n}$ 轴的空间转动对称性，此时体系的角动量沿该方向的分量 $\hat{j}_n$ 是守恒量，即

$$\boxed{[\hat{R}_{\boldsymbol{n}}(\phi), \hat{H}] = 0, \ (\forall\phi) \quad \Rightarrow \quad [\hat{j}_n, \hat{H}] = 0} \tag{10.3.7}$$

若任意空间转动算符 $\hat{R}_{\boldsymbol{n}}(\phi)$ ($\boldsymbol{n}$ 为任意单位向量，ϕ 为任意实数) 均与哈密顿算

符 $\hat{H}$ 对易, 则称该体系具有全空间的转动对称性, 即全空间对于体系来说是各项同性的, 因此体系的角动量 $\hat{j}$ 是守恒的. 由于 $\hat{j}$ 的不同分量是不对易的, 因此观测算符完备集中不能同时含有 $\hat{j}$ 的不同分量.

值得指出, 不同空间的转动对称性会导致不同的角动量守恒, 即轨道空间、自旋空间、整体态空间的转动对称性分别导致轨道角动量守恒、自旋角动量守恒、总角动量守恒.

§ 10.4 全同粒子体系的交换对称性

全同粒子及其交换对称性是量子力学中特有的概念, 经典力学中没有对应物. 本节介绍全同粒子体系的动力学变量和量子态的特性, 并将相关原理应用于原子角动量、理想费米气体、原子核的同位旋等问题.

1. 全同粒子体系的特性

在量子力学中, 将静质量、电荷、自旋、寿命等内秉属性完全相同的微观粒子称为全同粒子. 全同粒子的物理性质严格相同, 不可能用实验观测来区分它们. 例如, 所有的电子都是全同粒子, 所有的质子也都是全同粒子. 由基本粒子组成的复合粒子, 若在涉及的问题中内部状态保持不变, 即内部自由度被冻结, 也可当作全同粒子. 例如, 处于基态的所有氢原子是全同粒子.

在经典力学中, 每一个粒子在运动过程中都有一个精确的轨道, 即在任何时刻都有确定的位置和速度. 因此, 尽管两个粒子的固有性质完全相同, 我们仍然可以根据它们的运动轨道来判断哪个是第一个粒子, 哪个是第二个粒子, 也就是说, 固有性质完全相同的粒子在经典力学中是可以区分的.

在量子力学中, 由于微观粒子具有波粒二象性, 粒子的位置和动量不能同时具有确定值, 因此微观粒子没有一个精确的轨道. 当两个全同粒子出现在同一个区域时, 我们无法区分它们. 也就是说, **在量子力学中, 全同粒子是不可区分的. 但是当两个全同粒子的波函数完全不重叠时, 它们是可区分的**

考虑一个由 N 个全同粒子组成的体系, 设第 i 个粒子的态矢量空间为 $\mathcal{F}_i$ $(i=1,2,\cdots,N)$, 可定义直积空间

$$\mathcal{E}_N=\mathcal{F}_1\otimes\mathcal{F}_2\otimes\cdots\otimes\mathcal{F}_N.$$

由于所有 $\mathcal{F}_i$ 具有完全相同的结构, 可用单粒子态空间 $\mathcal{F}$ 表示其中的任一个. 设 $\mathcal{F}$ 的一组完备基矢量为 $|1\rangle,|2\rangle,\cdots$, 则 $\mathcal{E}_N$ 的一组完备基矢量可表示为

$$|\alpha\beta\cdots\tau\rangle\equiv|\alpha\rangle_1|\beta\rangle_2\cdots|\tau\rangle_N\quad(\alpha,\beta,\cdots,\tau=1,2,\cdots).$$

它表示第 1 个粒子处于单粒子态 $|\alpha\rangle$, 第 2 个粒子处于单粒子态 $|\beta\rangle$ 等.

交换算符 $\hat{P}_{ij}$ 是定义在直积空间 $\mathcal{E}_N$ 上的一种线性算符, 它的作用是将第 i 个粒子与第 j 个粒子进行交换, 因此有

$$\boxed{\hat{P}_{ij}|\alpha\rangle_1|\beta\rangle_2\cdots|\gamma\rangle_i\cdots|\delta\rangle_j\cdots|\tau\rangle_N \equiv |\alpha\rangle_1|\beta\rangle_2\cdots|\gamma\rangle_j\cdots|\delta\rangle_i\cdots|\tau\rangle_N} \tag{10.4.1}$$

由以上定义容易证明, 交换算符 $\hat{P}_{ij}$ 既是厄密算符, 也为幺正算符, 即

$$\boxed{\hat{P}_{ij}^{\dagger} = \hat{P}_{ij}^{-1} = \hat{P}_{ij}} \tag{10.4.2}$$

由于 $\hat{P}_{ij}^2 = 1$, 所以 **$\hat{P}_{ij}$ 的本征值为 ± 1**.

为了准确理解交换算符的概念, 需要注意以下几点:

(1) 两个不同的交换算符一般不对易, 即 $\hat{P}_{ij}\hat{P}_{i'j'}$ 未必等于 $\hat{P}_{i'j'}\hat{P}_{ij}$.

(2) 交换算符对由单粒子态矢量直积得到的矢量的作用类似于对基矢量的作用, 即将 (10.4.1) 式中的 $|\alpha\rangle, |\beta\rangle, \cdots$ 均换成任意单粒子态, 等式仍然成立.

(3) 交换算符对态矢量的作用, 等价于对波函数中两个粒子的坐标变量进行交换. 以两粒子体系的轨道态矢量 $|\varPhi\rangle$ 为例, 设 $|\tilde{\varPhi}\rangle = \hat{P}_{12}|\varPhi\rangle$, 则有

$$\tilde{\varPhi}(\boldsymbol{r}_1, \boldsymbol{r}_2) \equiv \langle \boldsymbol{r}_1\boldsymbol{r}_2|\tilde{\varPhi}\rangle = \langle \boldsymbol{r}_1\boldsymbol{r}_2|\hat{P}_{12}|\varPhi\rangle = \langle \boldsymbol{r}_2\boldsymbol{r}_1|\varPhi\rangle \equiv \varPhi(\boldsymbol{r}_2, \boldsymbol{r}_1).$$

全同粒子的不可区分性, 使得全同粒子体系中的任何两个粒子的交换都不会导致物理状态的改变, 这就是全同性原理, 它是量子力学中的一个基本原理.

根据全同性原理, 全同粒子体系的任何一个可观测量 $\hat{Q}$ 对于任何两个粒子的交换均应具有对称性, 即

$$\hat{P}_{ij}\hat{Q}\hat{P}_{ij} = \hat{Q} \quad \Rightarrow \quad \boxed{[\hat{P}_{ij}, \hat{Q}] = 0} \tag{10.4.3}$$

例如, 假设全同粒子体系中的第 i 个粒子受到的势能场为 $U(\hat{\boldsymbol{r}}_i, t)$, 第 i 个粒子与第 j 个粒子的相互作用能为 $V(\hat{\boldsymbol{r}}_i, \hat{\boldsymbol{r}}_j)$, 则体系的哈密顿算符为

$$\hat{H} = \sum_i [\hat{\boldsymbol{p}}_i^2/2m + U(\hat{\boldsymbol{r}}_i, t)] + (1/2)\sum_{i\neq j} V(\hat{\boldsymbol{r}}_i, \hat{\boldsymbol{r}}_j) \quad \Rightarrow \quad [\hat{P}_{ij}, \hat{H}] = 0.$$

又如, 全同粒子体系的粒子密度算符和粒子流密度算符分别为

$$\hat{\rho}(\boldsymbol{r}) = \sum_i \delta(\boldsymbol{r} - \hat{\boldsymbol{r}}_i), \quad \hat{\boldsymbol{j}}(\boldsymbol{r}) = (1/2m)\sum_i [\hat{\boldsymbol{p}}_i\delta(\boldsymbol{r} - \hat{\boldsymbol{r}}_i) + \delta(\boldsymbol{r} - \hat{\boldsymbol{r}}_i)\hat{\boldsymbol{p}}_i]$$

$$\Rightarrow \quad [\hat{P}_{ij}, \hat{\rho}(\boldsymbol{r})] = 0, \quad [\hat{P}_{ij}, \hat{\boldsymbol{j}}(\boldsymbol{r})] = 0.$$

根据全同性原理, 全同粒子体系的态矢量 $\hat{P}_{ij}|\varPsi\rangle$ 与 $|\varPsi\rangle$ 描述同一个量子态, 故

$$\hat{P}_{ij}|\varPsi\rangle = \lambda|\varPsi\rangle.$$

即 $|\varPsi\rangle$ 为 $\hat{P}_{ij}$ 的本征矢量, 本征值 $\lambda = \pm 1$, 因此全同粒子体系的态矢量对于任意两个粒子的交换, 要么具有对称性, 要么具有反对称性. 因 $[\hat{P}_{ij}, \hat{H}] = 0$, 因此交换算符 **$\hat{P}_{ij}$ 代表一个守恒量, 即态矢量的交换对称性或交换反对称性不随时间变化**.

自旋 s 为整数的粒子称为玻色子, 如 π 介子、光子等. 自旋 s 为半奇数的粒子称为费米子, 如电子、质子、中子等. 实验表明: 全同玻色系统的态矢量 $|\varPsi_{\mathrm{B}}\rangle$ 具有交换

对称性, 这类粒子服从玻色–爱因斯坦统计; 而全同费米系统的态矢量 $|\Psi_{\mathrm{F}}\rangle$ 具有交换反对称性, 这类粒子服从费米–狄拉克统计, 因此有

$$\boxed{\hat{P}_{ij}|\Psi_{\mathrm{B}}\rangle=|\Psi_{\mathrm{B}}\rangle,\quad \hat{P}_{ij}|\Psi_{\mathrm{F}}\rangle=-|\Psi_{\mathrm{F}}\rangle} \tag{10.4.4}$$

需要注意, 上式中的 $|\Psi_{\mathrm{B}}\rangle$ 和 $|\Psi_{\mathrm{F}}\rangle$ 均是全同粒子体系的总体态矢量 (即同时描述了轨道状态和自旋状态). 如果将具有交换对称性和交换反对称性的轨道态矢量分别记为 $|\Phi_S\rangle$ 和 $|\Phi_A\rangle$, 具有交换对称性和交换反对称性的自旋态矢量分别记为 $|\chi_S\rangle$ 和 $|\chi_A\rangle$, 则满足对称性条件 (10.4.4) 式的总体态矢量有

$$\boxed{|\Psi_{\mathrm{B}}\rangle\sim|\Phi_S\rangle|\chi_S\rangle,\quad |\Phi_A\rangle|\chi_A\rangle;\quad |\Psi_{\mathrm{F}}\rangle\sim|\Phi_S\rangle|\chi_A\rangle,\quad |\Phi_A\rangle|\chi_S\rangle} \tag{10.4.5}$$

值得强调, 直积空间 $\mathcal{E}_N$ 中的某些态矢量既不具有交换对称性, 也不具有交换反对称性, 因而这类矢量并不能表示全同粒子体系的任何量子态, **只有那些具有交换对称性或交换反对称性的态矢量才能代表全同粒子体系的真实量子态**.

2. 两个全同粒子构成的体系

两个全同粒子的直积空间为 $\mathcal{E}_2=\mathcal{F}_1\otimes\mathcal{F}_2$, 设 $\hat{P}_{12}$ 表示两个粒子的交换算符, 可引入 $\mathcal{E}_2$ 上的**对称化投影算符 $\hat{S}$** 和**反对称化投影算符 $\hat{A}$**, 它们的定义及性质如下:

$$\boxed{\begin{matrix}\hat{S}\equiv(1+\hat{P}_{12})/2=\hat{S}^\dagger=\hat{S}^2,\quad \hat{P}_{12}\hat{S}=\hat{S}\hat{P}_{12}=\hat{S}\\ \hat{A}\equiv(1-\hat{P}_{12})/2=\hat{A}^\dagger=\hat{A}^2,\quad \hat{P}_{12}\hat{A}=\hat{A}\hat{P}_{12}=-\hat{A}\end{matrix},\quad \begin{bmatrix}\hat{S}\hat{A}=\hat{A}\hat{S}=0\\ \hat{S}+\hat{A}=1\end{bmatrix}} \tag{10.4.6}$$

$\hat{S}$ 的投影空间 $\mathcal{E}_S$ 称为**对称子空间**, 它的所有矢量均具有交换对称性, 即

$$|\Psi_S\rangle\equiv\hat{S}|\Psi\rangle,\quad (|\Psi\rangle\in\mathcal{E}_2)\quad\Rightarrow\quad \hat{P}_{12}|\Psi_S\rangle=\hat{P}_{12}\hat{S}|\Psi\rangle=\hat{S}|\Psi\rangle=|\Psi_S\rangle.$$

$\hat{A}$ 的投影空间 $\mathcal{E}_A$ 称为**反对称子空间**, 它的所有矢量均具有交换反对称性, 即

$$|\Psi_A\rangle\equiv\hat{A}|\Psi\rangle,\quad (|\Psi\rangle\in\mathcal{E}_2)\quad\Rightarrow\quad \hat{P}_{12}|\Psi_A\rangle=\hat{P}_{12}\hat{A}|\Psi\rangle=-\hat{A}|\Psi\rangle=-|\Psi_A\rangle.$$

(10.4.6) 式表明, 对称子空间 $\mathcal{E}_S$ 和反对称子空间 $\mathcal{E}_A$ 是相互正交的, 并且有

$$\boxed{\mathcal{E}_2=\mathcal{E}_S\oplus\mathcal{E}_A} \tag{10.4.7}$$

下面讨论子空间 $\mathcal{E}_S$ 和 $\mathcal{E}_A$ 的基矢量. 设单粒子态空间 $\mathcal{F}$ 的一组正交归一的基矢量为 $|1\rangle,|2\rangle,\cdots$, 则直积空间 $\mathcal{E}_2=\mathcal{F}_1\otimes\mathcal{F}_2$ 的一组正交归一的基矢量可取为

$$|\alpha\alpha'\rangle\equiv|\alpha\rangle_1|\alpha'\rangle_2\quad(\alpha,\alpha'=1,2,\cdots).$$

对称子空间 $\mathcal{E}_S$ 的基矢量可取为 $\hat{S}|\alpha\alpha'\rangle$, 因此正交归一的基矢量有两种类型:

$$\boxed{|\alpha\alpha\rangle,\quad |\alpha\alpha'\rangle_S\equiv(|\alpha\alpha'\rangle+|\alpha'\alpha\rangle)/\sqrt{2}\quad(\alpha\neq\alpha')} \tag{10.4.8}$$

而反对称子空间 $\mathcal{E}_A$ 的基矢量可取为 $\hat{A}|\alpha\alpha'\rangle$, 因此正交归一的基矢量可取为

$$\boxed{|\alpha\alpha'\rangle_A \equiv (|\alpha\alpha'\rangle - |\alpha'\alpha\rangle)/\sqrt{2} \quad (\alpha \neq \alpha')} \tag{10.4.9}$$

如果单粒子态空间 $\mathcal{F}$ 具有有限的维度 f, 则子空间 $\mathcal{E}_S$ 和 $\mathcal{E}_A$ 的维度分别为

$$\boxed{d_S = f(f+1)/2, \quad d_A = f(f-1)/2} \tag{10.4.10}$$

例如, 自旋为 s 的单粒子自旋算符 $\hat{s}_z$ 的正交本征态的数目为 $f = 2s+1$, 即

$$\hat{s}_z|m\rangle = m\hbar|m\rangle \quad (m = -s, -s+1, \cdots, s-1, s).$$

由 (10.4.10) 式可知, 对于两粒子体系的自旋态, 子空间 $\mathcal{E}_S$ 和 $\mathcal{E}_A$ 的维度分别为

$$\boxed{d_S = (s+1)(2s+1), \quad d_A = s(2s+1)} \tag{10.4.11}$$

例 1

设自旋均为 s 的两个无相互作用全同粒子处于一维谐振子势场中,

$$\hat{H} = \hat{h}_1 + \hat{h}_2, \quad \hat{h}_i = \hat{p}_i^2/2\mu + \mu\omega^2\hat{x}_i^2/2 \quad (i = 1, 2).$$

试求体系的能量本征态、能级及简并度.

解: 由于 $\hat{H}$ 不含自旋算符, 因此体系的能级仅决定于轨道自由度, 但能级简并度是与自旋自由度相关的. 设单粒子哈密顿算符 $\hat{h}$ 的本征矢为 $|n\rangle$, 则有

$$\hat{h}|n\rangle = (n+1/2)\hbar\omega|n\rangle \quad (n = 0, 1, 2, \cdots).$$

易知 $\{\hat{h}_1, \hat{h}_2\}$ 的共同本征矢 $|nn'\rangle$ 也是 $\hat{H}$ 的本征矢, 即

$$\hat{H}|nn'\rangle = E_N|nn'\rangle, \quad E_N = (N+1)\hbar\omega \quad (N = n + n' = 0, 1, 2, \cdots).$$

代表体系真实量子态的任何矢量均应具有交换对称性或反对称性. 利用 (10.4.8) 式和 (10.4.9) 式可求得与能级 E_N 对应的轨道对称态和轨道反对称态的数目:

	$\hat{S}\|nn'\rangle$ 的数目	$\hat{A}\|nn'\rangle$ 的数目
N 为偶数	$N/2+1$	$N/2$
N 为奇数	$(N+1)/2$	$(N+1)/2$

自旋对称态 $\hat{S}|mm'\rangle$ 和自旋反对称态 $\hat{A}|mm'\rangle$ 的数目由 (10.4.11) 式给出.

(1) 对于玻色体系, 与能级 E_N 对应的线性独立的本征态有以下两种类型:

$$\hat{S}|nn'\rangle \otimes \hat{S}|mm'\rangle, \quad \hat{A}|nn'\rangle \otimes \hat{A}|mm'\rangle. \tag{10.4.12}$$

当 N 为偶数时, 能级 E_N 的简并度为

$$f_N = (N/2+1)(s+1)(2s+1) + (N/2)s(2s+1) = (2s+1)[(2s+1)N/2 + s + 1].$$

当 N 为奇数时, 能级 E_N 的简并度为

$$f_N = [(N+1)/2](s+1)(2s+1) + [(N+1)/2]s(2s+1) = (2s+1)^2(N+1)/2.$$

(2) 对于费米体系, 与能级 E_N 对应的线性独立的本征态有以下两种类型:

$$\hat{S}|nn'\rangle \otimes \hat{A}|mm'\rangle, \quad \hat{A}|nn'\rangle \otimes \hat{S}|mm'\rangle. \tag{10.4.13}$$

当 N 为偶数时, 能级 E_N 的简并度为

$$f_N = (N/2+1)s(2s+1) + (N/2)(s+1)(2s+1) = (2s+1)[(2s+1)N/2+s].$$

当 N 为奇数时, 能级 E_N 的简并度为

$$f_N = [(N+1)/2]s(2s+1) + [(N+1)/2](s+1)(2s+1) = (2s+1)^2(N+1)/2.$$

顺便指出, 若粒子之间存在相互作用, 则 (10.4.12) 式和 (10.4.13) 式中的矢量并不代表能量本征态, 但可作为全同粒子体系态空间的一组基矢量.

例 2

设质量相同的两个粒子分别处于波矢为 $\boldsymbol{k}_1$ 和 $\boldsymbol{k}_2$ 的动量本征态, 将动量本征函数取为 $\psi_{\boldsymbol{k}}(\boldsymbol{r}) = \exp(\mathrm{i}\boldsymbol{k}\cdot\boldsymbol{r})$, 试求两粒子距离的概率分布函数.

解: 若粒子 1 和粒子 2 的波矢分别为 $\boldsymbol{k}_1$ 和 $\boldsymbol{k}_2$, 则体系的轨道波函数为

$$\Psi(\boldsymbol{r}_1,\boldsymbol{r}_2) = \psi_{\boldsymbol{k}_1}(\boldsymbol{r}_1)\psi_{\boldsymbol{k}_2}(\boldsymbol{r}_2) = \psi_{\boldsymbol{k}}(\boldsymbol{r})\psi_{\boldsymbol{K}}(\boldsymbol{R}),$$
$$[\boldsymbol{r} \equiv \boldsymbol{r}_1 - \boldsymbol{r}_2, \quad \boldsymbol{R} \equiv (\boldsymbol{r}_1+\boldsymbol{r}_2)/2, \quad \boldsymbol{k} \equiv (\boldsymbol{k}_1-\boldsymbol{k}_2)/2, \quad \boldsymbol{K} \equiv \boldsymbol{k}_1+\boldsymbol{k}_2].$$

其中 $\boldsymbol{r}$ 和 $\boldsymbol{R}$ 分别为相对位矢和质心位矢,$\hbar\boldsymbol{k}$ 和 $\hbar\boldsymbol{K}$ 分别为相对动量和总动量. 易知

$$\hat{P}_{12}\Psi(\boldsymbol{r}_1,\boldsymbol{r}_2) = \psi_{\boldsymbol{k}_1}(\boldsymbol{r}_2)\psi_{\boldsymbol{k}_2}(\boldsymbol{r}_1) = \psi_{\boldsymbol{k}}(-\boldsymbol{r})\psi_{\boldsymbol{K}}(\boldsymbol{R}).$$

其中 $\hat{P}_{12}$ 为两粒子的交换算符. 上式表明, 波函数 $\Psi(\boldsymbol{r}_1,\boldsymbol{r}_2)$ 既不具备交换对称性, 也不具备交换反对称性, 此时两粒子距离 r 的概率分布函数为常数, 即

$$P(r) \equiv \int \frac{\mathrm{d}\Omega}{4\pi}|\psi_{\boldsymbol{k}}(\boldsymbol{r})|^2 = \frac{1}{4\pi}\int_0^{\pi}\sin\theta\mathrm{d}\theta\int_0^{2\pi}\mathrm{d}\varphi|\psi_{\boldsymbol{k}}(\boldsymbol{r})|^2 = 1.$$

由上述 $\Psi(\boldsymbol{r}_1,\boldsymbol{r}_2)$ 可构建具有交换对称性和交换反对称性的轨道波函数:

$$\Psi_S(\boldsymbol{r}_1,\boldsymbol{r}_2) = \sqrt{1/2}(1+\hat{P}_{12})\Psi(\boldsymbol{r}_1,\boldsymbol{r}_2) = \sqrt{2}\cos(\boldsymbol{k}\cdot\boldsymbol{r})\psi_{\boldsymbol{K}}(\boldsymbol{R}),$$
$$\Psi_A(\boldsymbol{r}_1,\boldsymbol{r}_2) = \sqrt{1/2}(1-\hat{P}_{12})\Psi(\boldsymbol{r}_1,\boldsymbol{r}_2) = \mathrm{i}\sqrt{2}\sin(\boldsymbol{k}\cdot\boldsymbol{r})\psi_{\boldsymbol{K}}(\boldsymbol{R}).$$

在这两个状态下, 两个粒子距离 r 的概率分布函数分别为 (图 10.4.1)

$$P_S(r) = \int\frac{\mathrm{d}\Omega}{4\pi}|\sqrt{2}\cos(\boldsymbol{k}\cdot\boldsymbol{r})|^2$$
$$= 1 + \frac{\sin(2kr)}{2kr} \to \begin{cases} 2, & (r\to 0) \\ 1, & (r\to\infty) \end{cases},$$
$$P_A(r) = \int\frac{\mathrm{d}\Omega}{4\pi}|i\sqrt{2}\sin(\boldsymbol{k}\cdot\boldsymbol{r})|^2$$
$$= 1 - \frac{\sin(2kr)}{2kr} \to \begin{cases} 0, & (r\to 0) \\ 1, & (r\to\infty) \end{cases}.$$

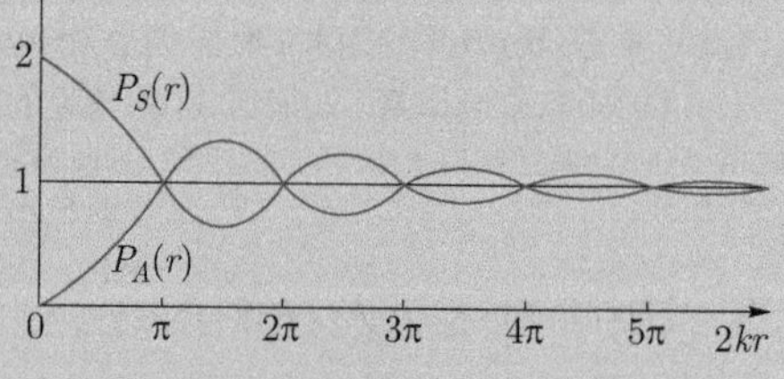

图 10.4.1　概率分布函数

由上可知, 虽然两粒子相距无穷远的概率不受轨道波函数的对称性的影响, 但两粒子靠近的概率明显依赖于轨道波函数的对称性, 这是一种可观测的效应.

两个全同粒子相互靠近 (即 $r \to 0$) 时的概率大小与体系波函数的关系如下表所示 (其中 χ_S 和 χ_A 分别表示具有交换对称性和反对称性的自旋波函数):

	玻色体系的波函数	费米体系的波函数
两个粒子靠近的概率较大	$\Psi_S\chi_S$	$\Psi_S\chi_A$
两个粒子靠近的概率较小	$\Psi_A\chi_A$	$\Psi_A\chi_S$

*3. 有 2 个价电子的原子

通常用原子束缚定态的主量子数 n 和轨道角动量量子数 l 构成的一个数组 (nl) 来表示原子的一个壳层, 占据在外壳层上的电子称为价电子, 价电子在外壳层上的分布称为价电子组态. 原子的所有价电子构成一个全同费米体系, 它的任何量子态均应满足交换反对称性, 因此价电子体系的量子态空间是反对称矢量空间, 记为 $\mathcal{E}^A$, 它的维度 f 是有限值.

设原子仅有 2 个价电子, 第 i 个电子的轨道角动量算符为 $\hat{\boldsymbol{l}}_i$, 自旋算符为 $\hat{\boldsymbol{s}}_i$, 令

$$\hat{\boldsymbol{L}} \equiv \hat{\boldsymbol{l}}_1 + \hat{\boldsymbol{l}}_2, \quad \hat{\boldsymbol{S}} \equiv \hat{\boldsymbol{s}}_1 + \hat{\boldsymbol{s}}_2, \quad \hat{\boldsymbol{J}} \equiv \hat{\boldsymbol{L}} + \hat{\boldsymbol{S}} = \hat{\boldsymbol{j}}_1 + \hat{\boldsymbol{j}}_2, \quad \hat{\boldsymbol{j}}_i \equiv \hat{\boldsymbol{l}}_i + \hat{\boldsymbol{s}}_i \quad (i = 1, 2).$$

在求解原子能级时需要利用态空间 $\mathcal{E}^A$ 的基矢量, 下面介绍几种常见的基矢量.

(1) **非耦合基矢量**.

这是由单粒子态直接构建的基矢量, 这种基矢量便于求态空间 $\mathcal{E}^A$ 的维度 f. 注意到 (nl) 壳层的单粒子态可取为 $\{\hat{l}_z, \hat{s}_z\}$ 的共同本征态:

$$|nlm_lm_s\rangle \quad (m_l = -l, -l+1, \cdots, l; \quad m_s = \pm 1/2).$$

也可以取为 $\{\hat{\boldsymbol{j}}^2, \hat{j}_z\}$ 的共同本征态:

$$|nljm_j\rangle \quad (j = l \pm 1/2; \quad m_j = -j, -j+1, \cdots, j).$$

以上两类单粒子态的数目均为 $2(2l+1)$. 下面研究两种电子组态:

(a) 若两个价电子分别占据 (nl) 和 $(n'l')$ 这两个不同的壳层, 可以从这两个壳层的单粒子态中各取一个构成一个反对称态, 如

$$\hat{A}|nlm_lm_s\rangle_1|n'l'm_l'm_s'\rangle_2, \quad \hat{A}|nljm_j\rangle_1|n'l'j'm_j'\rangle_2.$$

其中 $\hat{A}$ 为反对称投影算符. 以上两组反对称矢量中的任何一组均可作为态空间 $\mathcal{E}^A$ 的正交完备的基矢量组, 这两组基矢量的数目均等于态空间 $\mathcal{E}^A$ 的维度:

$$f = 2(2l+1) \times 2(2l'+1), \quad \Rightarrow \quad \boxed{f = 4(2l+1)(2l'+1)} \tag{10.4.14}$$

(b) 若两个价电子均占据 nl 壳层, 可从 nl 壳层的 $2(2l+1)$ 个单粒子态中任选两个构建一个反对称态, 如

$$\hat{A}|nlm_lm_s\rangle_1|nlm_l'm_s'\rangle_2, \quad \hat{A}|nljm_j\rangle_1|nlj'm_j'\rangle_2.$$

这两组反对称矢量均可作为态空间 $\mathcal{E}^A$ 的正交完备的基矢组, 态空间 $\mathcal{E}^A$ 的维度为

$$f = (1/2) \times [2(2l+1)][2(2l+1)-1] \quad \Rightarrow \quad \boxed{f = 8l^2 + 6l + 1} \tag{10.4.15}$$

(2) $L-S$ **耦合基矢量**.

设轨道态空间中 $\{\hat{\boldsymbol{L}}^2, \hat{L}_z\}$ 的对称本征矢为 $|LM_L\rangle^S$, 反对称本征矢为 $|LM_L\rangle^A$, 而自旋态空间中 $\{\hat{\boldsymbol{S}}^2, \hat{S}_z\}$ 的本征矢为 $|SM_S\rangle$, 则 $\{\hat{\boldsymbol{L}}^2, \hat{L}_z, \hat{\boldsymbol{S}}^2, \hat{S}_z\}$ 的反对称本征矢为

$$|LM_LSM_S\rangle^A = \begin{cases} |LM_L\rangle^S|00\rangle, & (S=0) \\ |LM_L\rangle^A|1M_S\rangle, & (S=1) \end{cases}, \quad \begin{pmatrix} M_L = -L, -L+1, \cdots, L \\ M_S = -S, -S+1, \cdots, S \end{pmatrix}.$$

矢量组 $|LM_LSM_S\rangle^A$ 可作为态空间 $\mathcal{E}^A$ 的一组正交完备的基矢量, 通常将它们线性叠加为 $\{\hat{\boldsymbol{L}}^2, \hat{\boldsymbol{S}}^2, \hat{\boldsymbol{J}}^2, \hat{J}_z\}$ 的反对称本征矢 (称为 $L-S$ 耦合基矢量):

$$|LSJM_J\rangle^A = \sum_{M_L} |LM_LS(M_J - M_L)\rangle^A \langle LM_LS(M_J-M_L)|JM_J\rangle,$$

其中 $\langle LM_LS(M_J-M_L)|JM_J\rangle$ 为 CG 系数, 量子数 J 和 M_J 的取值分别为

$$\boxed{J = |L-S|, |L-S|+1, \cdots, L+S; \quad M_J = -J, -J+1, \cdots, J} \tag{10.4.16}$$

矢量组 $|LSJM_J\rangle^A$ 也是正交完备的, 设 $\{\hat{\boldsymbol{L}}^2, \hat{\boldsymbol{S}}^2, \hat{\boldsymbol{J}}^2\}$ 的反对称本征子空间为 $\mathcal{E}_{LSJ}^A$, 则

$$\boxed{\mathcal{E}^A = \sum_{LSJ} \oplus \mathcal{E}_{LSJ}^A} \tag{10.4.17}$$

总轨道角动量量子数 L 的取值依赖于价电子组态, 同样分以下两种情形讨论:

(a) 若两个价电子分别占据 (nl) 和 $(n'l')$ 这两个不同的壳层, 则有

$$|LM_L\rangle^S = \hat{S}|nl, n'l'; LM_L\rangle, \quad |LM_L\rangle^A = \hat{A}|nl, n'l'; LM_L\rangle.$$

其中 $\hat{S}$ 为对称投影算符, 而 $|nl, n'l'; LM_L\rangle$ 为 $\{\hat{\boldsymbol{l}}_1^2, \hat{\boldsymbol{l}}_2^2, \hat{\boldsymbol{L}}^2, \hat{L}_z\}$ 的一个共同本征矢量:

$$|nl, n'l'; LM_L\rangle = \sum_{m_l} |nlm_l\rangle_1 |n'l'(M_L - m_l)\rangle_2 \langle lm_l l'(M_L - m_l)|LM_L\rangle.$$

其中 $\langle lm_l l'(M_L - m_l)|LM_L\rangle$ 为 CG 系数, 因此量子数 L 和 S 的取值分别为

$$\boxed{L = |l-l'|, |l-l'|+1, \cdots, (l+l'); \quad S = 0, 1} \tag{10.4.18}$$

通常用光谱学符号 $^{2S+1}L_J$ 来表示子空间 $\mathcal{E}_{LSJ}^A$. 如对于电子组态 $2s^12p^1$, 有 $l = 0$, $l' = 1$, 由 (10.4.14) 式求得态空间 $\mathcal{E}^A$ 的维度 $f = 12$, 由 (10.4.16) 式和 (10.4.18) 式得

$$L = 1, \ S = 0, \ J = 1; \quad L = 1, \ S = 1, \ J = 0, 1, 2.$$

各子空间 $\mathcal{E}_{LSJ}^A$ 对应的光谱学符号为 $^1P_1$, $^3P_0$, $^3P_1$, $^3P_2$.

又如, 对于电子组态 $2p^1 3p^1$, 有 $l = l' = 1, \Rightarrow f = 36$, 子空间 $\mathcal{E}^A_{LSJ}$ 为

$$ {}^1\mathrm{S}_0, \quad {}^1\mathrm{P}_1, \quad {}^1\mathrm{D}_2, \quad {}^3\mathrm{S}_1, \quad {}^3\mathrm{P}_0, \quad {}^3\mathrm{P}_1, \quad {}^3\mathrm{P}_2, \quad {}^3\mathrm{D}_1, \quad {}^3\mathrm{D}_2, \quad {}^3\mathrm{D}_3. $$

(b) 若两个价电子均占据 nl 壳层, 由 (8.3.23) 式可知 $\{\hat{\boldsymbol{L}}^2, \hat{L}_z\}$ 的本征矢满足:

$$ \hat{P}_{12}|llLM_L\rangle = (-1)^{2l-L}|llLM_L\rangle = (-1)^{-L}|llLM_L\rangle. $$

其中 $\hat{P}_{12}$ 为交换算符. 上式表明, 当 L 为偶数或奇数时, $|llLM_L\rangle$ 分别代表 $|LM_L\rangle^S$ 和 $|LM_L\rangle^A$, 因此 $\mathcal{E}^A_{LSJ}$ 中的 $(L+S)$ 必须为偶数, 即

$$ \boxed{S = 0, \quad L = 0, 2, 4, \cdots, 2l; \quad S = 1, \quad L = 1, 3, 5, \cdots, (2l-1)} \tag{10.4.19} $$

例如, 对于电子组态 $2p^2$, 有 $l = 1$, 态空间 $\mathcal{E}^A$ 的维度 $f = 15$, 子空间 $\mathcal{E}^A_{LSJ}$ 为

$$ {}^1\mathrm{S}_0, \quad {}^1\mathrm{D}_2, \quad {}^3\mathrm{P}_0, \quad {}^3\mathrm{P}_1, \quad {}^3\mathrm{P}_2. $$

(3) **$j-j$ 耦合基矢量.**

这种基矢量是通过将两个电子的 $\hat{\boldsymbol{j}}^2$ 本征态耦合成 $\hat{\boldsymbol{J}}^2$ 本征态而形成的.

(a) 若两个价电子分别占据 (nl) 和 $(n'l')$ 这两个不同的壳层, 则态空间 $\mathcal{E}^A$ 的一组正交完备的基矢量也可取为 $\{\hat{\boldsymbol{J}}^2, \hat{J}_z\}$ 的以下反对称本征矢:

$$ |jj'JM_J\rangle^A = \hat{A}\sum_{m_j} |nljm_j\rangle_1 |n'l'j'(M_J - m_j)\rangle_2 \langle jm_j j'(M_J - m_j)|JM_J\rangle. $$

其中 $\langle jm_j j'(M_J - m_j)|JM_J\rangle$ 为 CG 系数, 各量子数的取值为

$$ \boxed{\begin{gathered} j = l \pm 1/2; \quad j' = l' \pm 1/2; \\ J = |j - j'|, |j - j'| + 1, \cdots, j + j'; \quad M_J = -J, -J+1, \cdots, J \end{gathered}} \tag{10.4.20} $$

设 $(jj'J)$ 相同而 M_J 不同的各矢量 $|jj'JM_J\rangle^A$ 张成子空间 $\mathcal{E}^A_{jj'J}$, 则有

$$ \boxed{\mathcal{E}^A = \sum_{jj'J} \oplus \mathcal{E}^A_{jj'J}} \tag{10.4.21} $$

(b) 若两个价电子均占据 nl 壳层, 设 $\{\hat{\boldsymbol{j}}_1^2, \hat{\boldsymbol{j}}_2^2, \hat{\boldsymbol{J}}^2, \hat{J}_z\}$ 的共同本征矢量为 $|jj'JM_J\rangle$, 则由 (8.3.23) 式可得

$$ \hat{P}_{12}|jjJM_J\rangle = (-1)^{2j-J}|jjJM_J\rangle = (-1)^{1-J}|jjJM_J\rangle \quad (j = l \pm 1/2). $$

上式表明, 当 J 为奇数或偶数时, $|jjJM_J\rangle$ 分别具有交换对称性和反对称性. 因此态空间 $\mathcal{E}^A$ 存在一组正交完备的基矢量, 它们是 $\{\hat{\boldsymbol{J}}^2, \hat{J}_z\}$ 的以下反对称本征矢:

$$ \boxed{\begin{gathered} |JM_J\rangle^A_{++} \equiv |l+1/2, l+1/2, J, M_J\rangle \quad (J = 0, 2, 4, \cdots, 2l); \\ |JM_J\rangle^A_{--} \equiv |l-1/2, l-1/2, J, M_J\rangle \quad (J = 0, 2, 4, \cdots, 2l-2); \\ |JM_J\rangle^A_{+-} \equiv \hat{A}|l+1/2, l-1/2, J, M_J\rangle \quad (J = 1, 2, \cdots, 2l) \end{gathered}} \tag{10.4.22} $$

设它们分别张成 $\hat{\boldsymbol{J}}^2$ 的本征子空间 $\mathcal{E}^A_{++J}, \mathcal{E}^A_{--J}, \mathcal{E}^A_{+-J}$, 则有

$$\boxed{\mathcal{E}^A = \sum_J \oplus(\mathcal{E}^A_{++J} \oplus \mathcal{E}^A_{--J} \oplus \mathcal{E}^A_{+-J})} \tag{10.4.23}$$

4. N 个全同粒子构成的体系

类似于两个粒子的交换算符, 可定义直积空间 $\mathcal{E}_N$ 上的 N 个粒子的置换算符 $\hat{P}$, 它对 $\mathcal{E}_N$ 的基矢量的作用定义为

$$\boxed{\hat{P}|\alpha\rangle_1|\beta\rangle_2\cdots|\gamma\rangle_N = |\alpha\rangle_i|\beta\rangle_j\cdots|\gamma\rangle_k} \tag{10.4.24}$$

其中有序数组 $(i, j, \cdots, k)$ 是有序数组 $(1, 2, \cdots, N)$ 的某个全排列. 上式右边表明, 第 i 个粒子占据了原来被第 1 个粒子所占据的单粒子态 $|\alpha\rangle$, 第 j 个粒子占据了原来被第 2 个粒子所占据的单粒子态 $|\beta\rangle$ 等, 这样的置换算符共有 $N!$ 个. 将 (10.4.24) 式中的 $|\alpha\rangle, |\beta\rangle, \cdots$ 换成任意的单粒子态, 等式仍然成立.

置换算符 $\hat{P}$ 是幺正算符, 但一般不是厄密算符 (除非 $\hat{P}^{-1} = \hat{P}$), 即

$$\boxed{\hat{P}^\dagger = \hat{P}^{-1}} \tag{10.4.25}$$

证明: 设 $|\alpha\rangle_1|\beta\rangle_2\cdots|\gamma\rangle_N$ 和 $|\alpha'\rangle_1|\beta'\rangle_2\cdots|\gamma'\rangle_N$ 为两个任意的基矢, 由 (10.4.24) 式可得

$$\begin{aligned} &{}_1\langle\alpha|_2\langle\beta|\cdots{}_N\langle\gamma|\hat{P}^\dagger = {}_i\langle\alpha|_j\langle\beta|\cdots{}_k\langle\gamma| \\ \Rightarrow\quad &\big({}_1\langle\alpha|_2\langle\beta|\cdots{}_N\langle\gamma|\big)\hat{P}^\dagger\big(|\alpha'\rangle_i|\beta'\rangle_j\cdots|\gamma'\rangle_k\big) = \delta_{\alpha\alpha'}\delta_{\beta\beta'}\cdots\delta_{\gamma\gamma'}. \end{aligned}$$

此外, 由 (10.4.24) 式还可以得到

$$\begin{aligned} &\hat{P}^{-1}|\alpha'\rangle_i|\beta'\rangle_j\cdots|\gamma'\rangle_k = |\alpha'\rangle_1|\beta'\rangle_2\cdots|\gamma'\rangle_N \\ \Rightarrow\quad &\big({}_1\langle\alpha|_2\langle\beta|\cdots{}_N\langle\gamma|\big)\hat{P}^{-1}\big(|\alpha'\rangle_i|\beta'\rangle_j\cdots|\gamma'\rangle_k\big) = \delta_{\alpha\alpha'}\delta_{\beta\beta'}\cdots\delta_{\gamma\gamma'}. \end{aligned}$$

结合以上结果, 立即得到 (10.4.25) 式, 证毕.

置换算符还具有以下几个值得注意的代数性质:

(1) 两个不同的置换算符一般不对易.

(2) 用任一个置换算符左乘或右乘所有 $N!$ 个不同的置换算符, 仍然得到 $N!$ 个不同的置换算符.

(3) 任何置换算符 $\hat{P}$ 均可表示为若干个交换算符 $\hat{P}_{ij}$ 的乘积. 对于同一个 $\hat{P}$, 通常有多种这样的乘积, 但这些乘积包含的交换算符的个数 p 是相同的.

由于全同粒子体系的任何一个可观测量 $\hat{Q}$ 均与所有的交换算符 $\hat{P}_{ij}$ 对易, 因此它也与任何一个置换算符 $\hat{P}$ 对易, 即

$$\boxed{[\hat{P}, \hat{Q}] = 0} \tag{10.4.26}$$

引入直积空间 $\mathcal{E}_N$ 上的对称化投影算符 $\hat{S}$ 和反对称化投影算符 $\hat{A}$:

$$\boxed{\begin{aligned}\hat{S}&\equiv(1/N!)\sum\hat{P}=\hat{S}^\dagger=\hat{S}^2,\quad \hat{P}\hat{S}=\hat{S}\hat{P}=\hat{S};\\ \hat{A}&\equiv(1/N!)\sum(-1)^p\hat{P}=\hat{A}^\dagger=\hat{A}^2,\quad \hat{P}\hat{A}=\hat{A}\hat{P}=(-1)^p\hat{A}\end{aligned}} \tag{10.4.27}$$

其中 $\sum$ 表示对所有 $N!$ 个置换算符 $\hat{P}$ 求和, 而 p 为置换算符 $\hat{P}$ 包含的交换算符 $\hat{P}_{ij}$ 的乘积因子数目. 容易证明,$\hat{S}$ 和 $\hat{A}$ 有如下关系:

$$\boxed{\hat{S}\hat{A}=\hat{A}\hat{S}=0,\quad \hat{S}+\hat{A}=1\quad(N=2),\quad \hat{S}+\hat{A}\neq 1\quad(N>2)} \tag{10.4.28}$$

$\hat{S}$ 和 $\hat{A}$ 的投影空间分别称为对称子空间 $\mathcal{E}_S$ 和反对称子空间 $\mathcal{E}_A$, 它们相互正交. 对于直积空间 $\mathcal{E}_N$ 中的任意矢量 $|\Psi\rangle$, 均有

$$\hat{S}|\Psi\rangle\in\mathcal{E}_S,\quad \hat{A}|\Psi\rangle\in\mathcal{E}_A.$$

当 $N>2$ 时, 直积空间 $\mathcal{E}_N\neq\mathcal{E}_S\oplus\mathcal{E}_A$, 且空间 $\mathcal{E}_N$ 不存在由满足 (10.4.3) 式的对称可观测量构成的完备集 $\{\hat{Q}_1,\hat{Q}_2,\cdots\}$, 否则它们的任一共同本征态均为所有对换 $\hat{P}_{ij}$ 的本征态, 即 $\hat{P}_{ij}$ 是所有 $\hat{Q}_\alpha$ 的函数, 导致所有 $\hat{P}_{ij}$ 相互对易, 必有 $N=2$. 玻色体系和费米体系的态空间分别为 $\mathcal{E}_S$ 和 $\mathcal{E}_A$, 它们存在由对称可观测量构成的完备集.

设单粒子态空间 $\mathcal{F}$ 的正交归一基矢为 $|1\rangle,|2\rangle,\cdots$, 则 $\mathcal{E}_N$ 的基矢可简记为

$$|\alpha^n\beta^m\cdots\rangle\quad(n+m+\cdots=N,\quad \alpha,\beta,\cdots=1,2,\cdots).$$

它代表最前的 n 个粒子处于单粒子态 $|\alpha\rangle$, 此后的 m 个粒子处于单粒子态 $|\beta\rangle$ 等.

采用以上记号, 对称子空间 $\mathcal{E}_S$ 的归一化基矢量可表示为

$$\boxed{\sqrt{N!/n!m!\cdots}\,\hat{S}|\alpha^n\beta^m\cdots\rangle=\sqrt{n!m!\cdots/N!}\sum\hat{P}'|\alpha^n\beta^m\cdots\rangle} \tag{10.4.29}$$

其中 $\hat{P}'$ 仅限于恒等置换及满足 $\hat{P}'|\alpha^n\beta^m\cdots\rangle\neq|\alpha^n\beta^m\cdots\rangle$ 的置换.

设 $|\alpha\rangle,|\beta\rangle,\cdots,|\gamma\rangle$ 为单粒子态空间 $\mathcal{F}$ 的 N 个不同的归一化基矢量, 则反对称子空间 $\mathcal{E}_A$ 的归一化基矢量可表示为斯莱特行列式的形式:

$$\boxed{\sqrt{N!}\hat{A}|\alpha\beta\cdots\gamma\rangle=\frac{1}{\sqrt{N!}}\begin{vmatrix}|\alpha\rangle_1 & |\alpha\rangle_2 & \cdots & |\alpha\rangle_N\\ |\beta\rangle_1 & |\beta\rangle_2 & \cdots & |\beta\rangle_N\\ \cdots & \cdots & \cdots & \cdots\\ |\gamma\rangle_1 & |\gamma\rangle_2 & \cdots & |\gamma\rangle_N\end{vmatrix}} \tag{10.4.30}$$

如果这 N 个单粒子态中有两个是相同的, 则上述行列式为零. 也就是说, 两个全同费米子不能占据同一个单粒子态, 此即**泡利不相容原理**.

假设由 N 个全同粒子构成的体系始终处于区域 D 内, 且我们所关心的物理性质仅与 D 内的测量相对应. 如果其他全同粒子始终处于区域 D 之外, 并且它们与 D 内的粒子之间的相互作用可以忽略, 则可以忽略 D 外粒子的存在, 仅需要将区域 D

内的全同粒子的态矢量对称化或反对称化 (参见习题 10.22).

5. 理想费米气体的基态

考虑由 N (很大) 个 $s=1/2$ 的全同自由费米子构成的理想气体 (粒子间无互作用), 设粒子限制在体积为 $V=L^d$ $(d=1,2,3)$ 的区域内, 单粒子哈密顿算符为

$$\hat{h}=\hat{\boldsymbol{p}}^2/2m.$$

单粒子态空间 $\mathcal{F}$ 的基矢可取为动量 $\hat{\boldsymbol{p}}$ 和自旋 $\hat{s}_z$ 的共同本征矢量 $|\boldsymbol{p}\alpha\rangle$ $(\alpha=\uparrow,\downarrow)$, 其中动量本征值 $\boldsymbol{p}$ 是量子化的, 由 (3.3.8) 式给出. $|\boldsymbol{p}\alpha\rangle$ 也是 $\hat{h}$ 的本征矢量, 单粒子能级为

$$\epsilon_{\boldsymbol{p}}=\boldsymbol{p}^2/2m.$$

单粒子态密度 $g(\epsilon)$ 定义为单位体积、单位能量区域内本征态 $|\boldsymbol{p}\alpha\rangle$ 的数目, 即

$$\boxed{g(\epsilon)\equiv(2/V)\sum_{\boldsymbol{p}}\delta(\epsilon-\epsilon_{\boldsymbol{p}})} \tag{10.4.31}$$

假设 L 很大, 能级 $\epsilon_{\boldsymbol{p}}$ 是准连续的, 因此上式中的求和可以化为积分, 即

$$g(\epsilon)=\frac{2}{h^d}\int \mathrm{d}^d p\,\delta(\epsilon-\epsilon_{\boldsymbol{p}})=\frac{2}{h^d}\int_0^\infty \lambda_d p^{d-1}\mathrm{d}p\,\delta\left(\epsilon-\frac{p^2}{2m}\right).$$

其中 $\lambda_1=2$, $\lambda_2=2\pi$, $\lambda_3=4\pi$, 容易求得

$$\boxed{g(\epsilon)=\lambda_d(2m/h^2)^{d/2}\epsilon^{d/2-1}\quad(\epsilon>0)} \tag{10.4.32}$$

因此, 一维、二维、三维体系的单粒子态密度分别为

$$\boxed{g(\epsilon)\overset{\text{1D}}{=}(\sqrt{2m}/\pi\hbar)\epsilon^{-1/2},\quad g(\epsilon)\overset{\text{2D}}{=}m/\pi\hbar^2,\quad g(\epsilon)\overset{\text{3D}}{=}[(2m)^{3/2}/2\pi^2\hbar^3]\epsilon^{1/2}} \tag{10.4.33}$$

体系的基态是能级最低的 N 个单粒子态 $|\boldsymbol{p}\alpha\rangle$ 均被占据, 而其他单粒子态未被粒子占据的状态, 相应的态矢量是由这 N 个单粒子态矢量组成的斯莱特行列式. 这些被占据的单粒子态的最大动量本征值 $p_f=\hbar k_f$ 称为**费米动量**, k_f 称为费米波矢, 能级 $\epsilon_f=p_f^2/2m$ 称为**费米能量**.

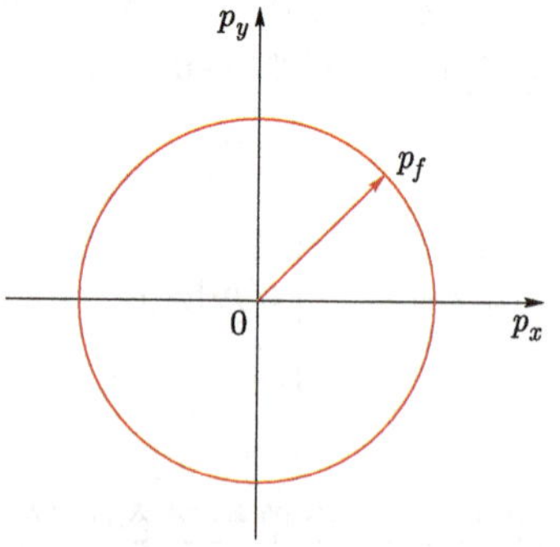

图 10.4.2 费米球

在动量空间中, 每一个点代表两个单粒子态 $|\boldsymbol{p}\alpha\rangle$ $(\alpha=\uparrow,\downarrow)$, 对应于 ϵ_f 的所有点构成一个封闭的球面, 称为**费米面**, 它围成的球体称为**费米球**, 如图 10.4.2 所示, 常称理想费米气体的基态就是费米球状态.

粒子密度 $n\equiv N/V$ 与费米动量 p_f 的关系可表示为

$$n=\frac{2}{V}\sum_{\boldsymbol{p}}\theta(p_f-|\boldsymbol{p}|)=\frac{2}{h^d}\int_0^{p_f}\mathrm{d}^d p=\frac{2}{h^d}\int_0^{p_f}\lambda_d p^{d-1}\mathrm{d}p,$$

$$\Rightarrow \boxed{n = 2\lambda_d p_f^d/\mathrm{d}h^d; \quad n \overset{\mathrm{1D}}{=} 2k_f/\pi, \quad n \overset{\mathrm{2D}}{=} k_f^2/2\pi, \quad n \overset{\mathrm{3D}}{=} k_f^3/3\pi^2} \tag{10.4.34}$$

粒子密度 n 也可视为费米能级 ϵ_f 的函数 $n(\epsilon_f)$, 即

$$\boxed{n = \int_0^{\epsilon_f} \mathrm{d}\epsilon g(\epsilon) = (2/d)\epsilon_f g(\epsilon_f) \quad \Rightarrow \quad g(\epsilon_f) = \partial n/\partial \epsilon_f} \tag{10.4.35}$$

体系的基态能 E_0 是所有被占据的单粒子能级之和, 基态能密度为

$$\frac{E_0}{V} = \frac{2}{V}\sum_{\boldsymbol{p}} \theta(p_f - |\boldsymbol{p}|)\epsilon_{\boldsymbol{p}} = \int_0^{\epsilon_f} \mathrm{d}\epsilon g(\epsilon)\epsilon = \frac{2}{d+2}\epsilon_f^2 g(\epsilon_f). \tag{10.4.36}$$

平均每个粒子的基态能定义为 $u_0 \equiv E_0/N$, 结合 (10.4.35) 式和 (10.4.36) 式, 容易求得

$$\boxed{u_0 = [d/(d+2)]\epsilon_f; \quad u_0 \overset{\mathrm{1D}}{=} \epsilon_f/3, \quad u_0 \overset{\mathrm{2D}}{=} \epsilon_f/2, \quad u_0 \overset{\mathrm{3D}}{=} 3\epsilon_f/5} \tag{10.4.37}$$

*6. 核子的同位旋

设原子核的核子数 $\mathcal{N} \equiv Z + N$, 第 $1 \sim Z$ 个核子为质子, 其余为中子. 设 $\hat{P}_{ij}$ 为第 i 个核子与第 j 个核子的交换算符, 则原子核态空间 $\mathcal{E}$ 中的任意矢量 $|\psi\rangle$ 应满足

$$\hat{P}_{ij}|\psi\rangle = -|\psi\rangle \quad (i, j \leqslant Z; \quad i, j \geqslant Z+1). \tag{10.4.38}$$

设 $\hat{A}_Z$ 为 Z 个质子系统的反对称投影算符, $\hat{A}_N$ 为 N 个中子系统的反对称投影算符, 则上式描述的交换反对称性也可表示为

$$\hat{A}_Z|\psi\rangle = \hat{A}_N|\psi\rangle = |\psi\rangle. \tag{10.4.39}$$

还有一种等价的描述方式是将 $\mathcal{N}$ 个核子视为全同费米子, 质子和中子仅为核子的两种不同状态, 此时需要赋予核子一个新的自由度: 同位旋, 它可视为一个动力学变量, 对应的观测算符 $\hat{\boldsymbol{t}}$ 与 $s = 1/2$ 的角动量算符有类似的对易关系, 即

$$\boxed{\hat{\boldsymbol{t}} \times \hat{\boldsymbol{t}} = \mathrm{i}\hat{\boldsymbol{t}}, \quad \hat{\boldsymbol{t}}^\dagger = \hat{\boldsymbol{t}} = \hat{\boldsymbol{\tau}}/2, \quad \hat{\boldsymbol{\tau}}^2 = 3} \tag{10.4.40}$$

同位旋分量 $\hat{t}_z$ 的两个本征态为质子态 $|p\rangle$ 和中子态 $|n\rangle$, 即

$$\boxed{\hat{\tau}_z|p\rangle = |p\rangle, \quad \hat{\tau}_z|n\rangle = -|n\rangle} \tag{10.4.41}$$

在二维同位旋空间 $\mathcal{E}_c$ 中, $|p\rangle$ 和 $|n\rangle$ 分别张成一维子空间, 对应的投影算符分别为

$$\hat{P}_p \equiv (1 + \hat{\tau}_z)/2, \quad \hat{P}_n \equiv (1 - \hat{\tau}_z)/2.$$

易知核子的电荷算符和原子核的电荷算符分别为

$$\hat{c} \equiv e\hat{P}_p = e(1 + \hat{\tau}_z)/2, \quad \hat{C} \equiv \sum_i \hat{c}_i = e(\mathcal{N}/2 + \hat{T}_z) \quad \left(\hat{\boldsymbol{T}} \equiv \sum_i \hat{\boldsymbol{t}}_i\right).$$

引入同位旋自由度之后, 核子体系的态空间可表示为

$$\boxed{\tilde{\mathcal{E}} = \mathcal{E} \otimes \mathcal{E}_c}$$

设 $\hat{P}$ 表示 $\mathcal{N}$ 个核子的任意一个置换算符, 则核子体系的反对称投影算符为

$$\hat{A}_{\mathcal{N}} = (1/\mathcal{N}!)\sum(-1)^p \hat{P}.$$

对于总电荷为 Ze 的核子体系, 态空间 $\tilde{\mathcal{E}}$ 中的矢量 $|\tilde{\psi}\rangle$ 应该满足

$$\boxed{\hat{T}_z|\tilde{\psi}\rangle = (1/2)(Z-N)|\tilde{\psi}\rangle, \quad \hat{A}_{\mathcal{N}}|\tilde{\psi}\rangle = |\tilde{\psi}\rangle} \tag{10.4.42}$$

在通常的描述方式中, 原子核的量子态用 $\mathcal{E}$ 中的矢量 $|\psi\rangle$ 表示, 设此量子态在新的描述方式中对应于 $\tilde{\mathcal{E}}$ 中的矢量 $|\tilde{\psi}\rangle$, 则有

$$\boxed{|\tilde{\psi}\rangle = \sqrt{\mathcal{N}!/Z!N!}\hat{A}_{\mathcal{N}}|\psi\rangle|p^Z n^N\rangle \quad \Rightarrow \quad |\psi\rangle = \sqrt{\mathcal{N}!/Z!N!}\langle p^Z n^N|\tilde{\psi}\rangle} \tag{10.4.43}$$

其中 $\mathcal{E}_c$ 中的矢量 $|p^Z n^N\rangle$ 表示前 Z 个核子处于质子态 $|p\rangle$, 而后 N 个核子处于中子态 $|n\rangle$. 利用 $[\hat{T}_z, \hat{A}_{\mathcal{N}}] = 0$ 及 $\hat{A}_{\mathcal{N}}^2 = \hat{A}_{\mathcal{N}}$, 易知 (10.4.43) 式中的 $|\tilde{\psi}\rangle$ 满足 (10.4.42) 式. 下面推导 (10.4.43) 式中的第二个等式, 将 $|\tilde{\psi}\rangle$ 的表达式代入第二个等式的右边, 可得

$$\begin{aligned}\sqrt{\mathcal{N}!/Z!N!}\langle p^Z n^N|\tilde{\psi}\rangle &= (\mathcal{N}!/Z!N!)\langle p^Z n^N|\hat{A}_{\mathcal{N}}|\psi\rangle|p^Z n^N\rangle \\ &= (Z!N!)^{-1}\sum_P(-1)^p\langle p^Z n^N|\hat{P}|\psi\rangle|p^Z n^N\rangle.\end{aligned}$$

设 $\hat{P}_Z$ 表示前 Z 个核子的任一个置换, $\hat{P}_N$ 表示后 N 个核子的任一个置换, 则在上式的求和项中, 仅 $\hat{P} = \hat{P}_Z\hat{P}_N$ 的那些项才有非零贡献, 因此上式可改写为

$$\sqrt{\mathcal{N}!/Z!N!}\langle p^Z n^N|\tilde{\psi}\rangle = (Z!N!)^{-1}\sum_{P_Z P_N}(-1)^{p_Z+p_N}|\hat{P}_Z\hat{P}_N|\psi\rangle = \hat{A}_Z\hat{A}_N|\psi\rangle = |\psi\rangle.$$

其中利用了 (10.4.39) 式. 以上结果表明, (10.4.43) 式中的逆变换是正确的. 同理可证, (10.4.43) 式的变换保持矢量的内积不变, 即

$$\boxed{\langle\tilde{\psi}|\tilde{\phi}\rangle = \langle\psi|\phi\rangle} \tag{10.4.44}$$

通常描述方式中的观测算符 $\hat{Q}$, 在新的描述方式中对应于 $\tilde{\mathcal{E}}$ 中的观测算符 $\hat{\tilde{Q}}$, 它对 $\mathcal{N}$ 个核子是对称的, 并且与 $\hat{Q}$ 有相同的本征值, 其矩阵元满足

$$\boxed{\langle\tilde{\psi}|\hat{\tilde{Q}}|\tilde{\phi}\rangle = \langle\psi|\hat{Q}|\phi\rangle} \tag{10.4.45}$$

设 $\hat{k}_p^{(i)}$ 和 $\hat{k}_n^{(j)}$ 分别表示第 i 个质子和第 j 个中子的动能, 原子核的动能算符为

$$\hat{K} = \sum_{i\leqslant Z}\hat{k}_p^{(i)} + \sum_{j>Z}\hat{k}_n^{(j)} \quad \Rightarrow \quad \boxed{\hat{\tilde{K}} = \sum_{1\leqslant i\leqslant\mathcal{N}}\left[\hat{k}_p^{(i)}\hat{P}_p^{(i)} + \hat{k}_n^{(i)}\hat{P}_n^{(i)}\right]} \tag{10.4.46}$$

$\hat{\hat{K}}$ 显然是关于 $\mathcal{N}$ 个核子对称的, 下面证明 $\hat{\hat{K}}$ 满足 (10.4.45) 式. 由 (10.4.43) 式可得

$$\langle\tilde{\psi}|\hat{\hat{K}}|\tilde{\phi}\rangle = \sqrt{\mathcal{N}!/Z!N!}\langle p^Z n^N|\langle\psi|\hat{A}_{\mathcal{N}}\hat{\hat{K}}|\tilde{\phi}\rangle = \sqrt{\mathcal{N}!/Z!N!}\langle p^Z n^N|\langle\psi|\hat{\hat{K}}|\tilde{\phi}\rangle. \quad (10.4.47)$$

其中利用了 $[\hat{\hat{K}}, \hat{A}_{\mathcal{N}}] = 0$ 及 $\hat{A}_{\mathcal{N}}|\tilde{\phi}\rangle = |\tilde{\phi}\rangle$. 再由 (10.4.46) 式可得

$$(\langle p^Z n^N|\langle\psi|)\hat{\hat{K}} = \langle p^Z n^N|(\langle\psi|\hat{K}).$$

将上式代入 (10.4.47) 式, 并利用 (10.4.43) 式, 立即得到

$$\langle\tilde{\psi}|\hat{\hat{K}}|\tilde{\phi}\rangle = \sqrt{\mathcal{N}!/Z!N!}\langle\psi|\hat{K}(\langle p^Z n^N|\tilde{\phi}\rangle) = \langle\psi|\hat{K}|\phi\rangle.$$

设 $\hat{v}_{pp}^{(ij)}$, $\hat{v}_{nn}^{(ij)}$, $\hat{v}_{pn}^{(ij)}$ 分别表示质子与质子、中子与中子、质子与中子的相互作用能, 则核子体系的总相互作用能算符可表示为

$$\hat{V} = \sum_{i<j\leqslant Z} \hat{v}_{pp}^{(ij)} + \sum_{Z<i<j} \hat{v}_{nn}^{(ij)} + \sum_{i\leqslant Z<j} \hat{v}_{pn}^{(ij)}, \quad (10.4.48)$$

$$\boxed{\hat{\hat{V}} = \sum_{i<j\leqslant\mathcal{N}} \left[\hat{v}_{pp}^{(ij)}\hat{P}_p^{(i)}\hat{P}_p^{(j)} + \hat{v}_{nn}^{(ij)}\hat{P}_n^{(i)}\hat{P}_n^{(j)} + \hat{v}_{pn}^{(ij)}(\hat{P}_p^{(i)}\hat{P}_n^{(j)} + \hat{P}_n^{(i)}\hat{P}_p^{(j)})\right]} \quad (10.4.49)$$

电荷无关性近似: 若忽略质子与中子之间微小的质量差别, 并忽略纯电磁相互作用, 则核子的动能以及核子之间的相互作用能均与电荷无关, 即

$$\hat{k}_p = \hat{k}_n = \hat{k}, \quad \hat{v}_{pp} = \hat{v}_{nn} = \hat{v}_{pn} = \hat{v}, \quad \Rightarrow \quad \hat{\hat{H}} = \hat{H} = \sum_{i\leqslant\mathcal{N}} \hat{k}^{(i)} + \sum_{i<j\leqslant\mathcal{N}} \hat{v}^{(ij)}.$$

电荷无关性与同位旋空间的转动不变性等价, 即

$$[\hat{\hat{H}}, \hat{\boldsymbol{T}}] = 0.$$

以上结果表明, 在电荷无关性近似下, 同位旋的引入可以大大简化核子体系的哈密顿算符, 且总同位旋是一个守恒量, 这有利于简化核子体系的理论处理.

*§ 10.5 时间反演

量子体系的对称性变换包括幺正变换和反幺正变换, 连续的对称性变换必为幺正变换, 时间反演属于反幺正变换. 时间反演并不意味着时间倒流, 而是运动方向的逆转. 量子体系的时间反演对称性并不会导致某种守恒定律, 但可以导致某些选择定则和能级简并. 本节先补充反线性算符和反幺正变换等数学基础, 然后介绍量子体系的时间反演变换, 以及时间反演对称性对量子态和能级简并度产生的效应.

1. 反线性算符

矢量空间 $\mathcal{E}$ 上的反线性算符 $\hat{A}$ 对任意右矢量 $|\psi\rangle$ 的作用结果 $\hat{A}|\psi\rangle$ 仍然为一个右矢量, 且对 $\mathcal{E}$ 中的任意右矢量 $|\psi\rangle$ 和 $|\phi\rangle$, 及任意复数 a 和 b, 均有

$$\boxed{\hat{A}(a|\psi\rangle + b|\phi\rangle) = a^*\hat{A}|\psi\rangle + b^*\hat{A}|\phi\rangle} \tag{10.5.1}$$

反线性算符的代数运算规则如下:

(1) 复数 c 与反线性算符 $\hat{A}$ 的乘积仍然为一个反线性算符, 且满足

$$\boxed{\hat{A}c = c^*\hat{A}} \tag{10.5.2}$$

(2) 两个反线性算符 $\hat{A}$ 和 $\hat{B}$ 之合 $(\hat{A}+\hat{B})$ 仍然为一个反线性算符.

(3) 一个反线性算符与一个线性算符的乘积为一个反线性算符, 两个反线性算符 $\hat{A}$ 和 $\hat{B}$ 的乘积 $(\hat{A}\hat{B})$ 为一个线性算符, 且有

$$(\hat{A}\hat{B})|\psi\rangle = \hat{A}(\hat{B}|\psi\rangle).$$

这些算符乘积均满足结合律, 但一般不对易.

(4) 若反线性算符 $\hat{A}$ 和 $\hat{B}$ 满足 $\hat{A}\hat{B} = \hat{B}\hat{A} = 1$, 则称它们彼此互逆, 记为 $\hat{A}^{-1} = \hat{B}$. 若 $\hat{A}, \hat{B}, \cdots, \hat{C}$ 中的算符不是线性的, 就是反线性的, 且其逆算符均存在, 则有

$$(\hat{A}\hat{B}\cdots\hat{C})^{-1} = \hat{C}^{-1}\cdots\hat{B}^{-1}\hat{A}^{-1}.$$

我们规定, 反线性算符 $\hat{A}$ 对左矢量 $\langle\psi|$ 的作用结果 $\langle\psi|\hat{A}$ 也为一个左矢量, 且

$$\boxed{(a\langle\psi| + b\langle\phi|)\hat{A} = a^*(\langle\psi|\hat{A}) + b^*(\langle\phi|\hat{A})} \tag{10.5.3}$$

若 $\hat{A}$ 和 $\hat{B}$ 均为反线性算符, 则有

$$\langle\psi|(\hat{A}\hat{B}) = (\langle\psi|\hat{A})\hat{B}.$$

按照以上规定, 反线性算符 $\hat{A}$ 对左矢量的作用可用以下恒等式来定义:

$$\boxed{(\langle\phi|\hat{A})|\psi\rangle \equiv [\langle\phi|(\hat{A}|\psi\rangle)]^*} \tag{10.5.4}$$

需要强调, 必须使用圆括号指明反线性算符 $\hat{A}$ 是作用在左矢量上, 还是作用在右矢量上. 例如, 对于反线性算符 $\hat{A}$ 和 $\hat{B}$, 以下等式成立:

$$\langle\psi|(\hat{A}\hat{B})|\phi\rangle = (\langle\psi|\hat{A}\hat{B})|\phi\rangle = \langle\psi|(\hat{A}\hat{B}|\phi\rangle) = [(\langle\psi|\hat{A})(\hat{B}|\phi\rangle)]^*,$$

$$(\hat{A}|\psi\rangle\langle\phi|)|\varphi\rangle = \hat{A}(|\psi\rangle\langle\phi|\varphi\rangle) = (\hat{A}|\psi\rangle)\langle\phi|\varphi\rangle^*,$$

$$\langle\varphi|(\hat{A}|\psi\rangle\langle\phi|) = (\langle\varphi|\hat{A})|\psi\rangle\langle\phi| = [\langle\varphi|(\hat{A}|\psi\rangle)]^*\langle\phi|.$$

不能使用 $\langle\phi|\hat{A}|\psi\rangle$, $\langle\phi|\hat{A}\hat{B}|\psi\rangle$, $\hat{A}|\psi\rangle\langle\phi|\varphi\rangle$, $\langle\varphi|\hat{A}|\psi\rangle\langle\phi|$ 等表达式, 因其含义不明确.

反线性算符 $\hat{A}$ 的厄密共轭算符 $\hat{A}^\dagger$ 也定义为一个反线性算符, 将右矢量 $\hat{A}^\dagger|\phi\rangle$ 所对应的左矢量定义为 $\langle\phi|\hat{A}$. 也就是说, 以下两个等式是等价的:

$$|\varphi\rangle = \hat{A}^\dagger|\phi\rangle \quad \Leftrightarrow \quad \langle\varphi| = \langle\phi|\hat{A}.$$

根据这一定义, 容易证明关于反线性算符 $\hat{A}$ 的恒等式:

$$\boxed{\langle\psi|(\hat{A}^{\dagger}|\phi\rangle) = \langle\phi|(\hat{A}|\psi\rangle)} \tag{10.5.5}$$

若 $\hat{A}, \hat{B}, \cdots, \hat{C}$ 中的算符不是线性的, 就是反线性的, 则有

$$(\hat{A}\hat{B}\cdots\hat{C})^{\dagger} = \hat{C}^{\dagger}\cdots\hat{B}^{\dagger}\hat{A}^{\dagger}.$$

2. 反幺正变换

若反线性算符 $\hat{K}$ 满足 $\hat{K}^{\dagger}\hat{K} = \hat{K}\hat{K}^{\dagger} = 1$, 则称 $\hat{K}$ 为一个反幺正算符. 易证:

(1) 两个反幺正算符之积为一个幺正算符;

(2) 一个反幺正算符与一个幺正算符之积为一个反幺正算符.

设 $\hat{K}$ 为一个反幺正算符, 而 $\hat{A}$ 为一个线性算符, 则反幺正变换定义为

$$\boxed{|\psi_K\rangle \equiv \hat{K}|\psi\rangle, \quad \hat{A}_K \equiv \hat{K}\hat{A}\hat{K}^{\dagger}} \tag{10.5.6}$$

按照以上定义, 反幺正变换将线性算符的矩阵元变换为它的复共轭, 即

$$\langle\psi_K|\hat{A}_K|\phi_K\rangle = ((\langle\psi|\hat{K}^{\dagger})(\hat{K}\hat{A}\hat{K}^{\dagger})(\hat{K}|\phi\rangle) = \langle\psi|(\hat{K}^{\dagger}\hat{K}\hat{A}\hat{K}^{\dagger}\hat{K})|\phi\rangle^{*}$$

$$\Rightarrow \quad \boxed{\langle\psi_K|\hat{A}_K|\phi_K\rangle = \langle\psi|\hat{A}|\phi\rangle^{*}} \tag{10.5.7}$$

作为上式的一个特例, 令 $\hat{A} = 1$, 得到

$$\boxed{\langle\psi_K|\phi_K\rangle = \langle\phi|\psi\rangle} \tag{10.5.8}$$

若 $|\psi\rangle$ 是厄密算符 $\hat{A}$ 的本征矢量, 对应的本征值为 a, 则有

$$\hat{A}|\psi\rangle = a|\psi\rangle \quad \Rightarrow \quad \hat{A}_K|\psi_K\rangle = a|\psi_K\rangle. \tag{10.5.9}$$

定理: 任一个反幺正变换将矢量空间的一组正交归一的完备基矢量仍然变换为一组正交归一的完备基矢量.

证明: 设 $\{|\alpha\rangle\}$ 表示矢量空间的一组正交归一的完备基矢量, 则有

$$\langle\alpha|\alpha'\rangle = \delta_{\alpha\alpha'}, \quad \sum_{\alpha}|\alpha\rangle\langle\alpha| = 1.$$

设 $\hat{K}$ 为一个反幺正算符, 由 (10.5.8) 式可知, 变换后的基矢量也满足正交归一性,

$$\langle\alpha_K|\alpha'_K\rangle = \langle\alpha'|\alpha\rangle = \delta_{\alpha\alpha'}.$$

此外, 对于两个任意的矢量 $|\psi\rangle$ 和 $|\phi\rangle$, 有

$$\begin{aligned}
\sum_{\alpha}\langle\psi|\alpha_K\rangle\langle\alpha_K|\phi\rangle &= \sum_{\alpha}\langle\psi|(\hat{K}|\alpha\rangle)((\langle\alpha|\hat{K}^{\dagger})|\phi\rangle = \sum_{\alpha}[((\langle\psi|\hat{K})|\alpha\rangle\langle\alpha|(\hat{K}^{\dagger}|\phi\rangle)]^{*} \\
&= [((\langle\psi|\hat{K})(\hat{K}^{\dagger}|\phi\rangle)]^{*} = \langle\psi|(\hat{K}\hat{K}^{\dagger})|\phi\rangle = \langle\psi|\phi\rangle \\
&\Rightarrow \quad \sum_{\alpha}|\alpha_K\rangle\langle\alpha_K| = 1.
\end{aligned}$$

以上结果表明, $\{\alpha_K\}$ 也是一组正交归一的完备基矢量, 证毕.

设矢量空间 $\mathcal{E}$ 的一组正交归一的完备基矢量为 $|n\rangle(n=1,2,\cdots)$, 若 $\mathcal{E}$ 上的反线性算符 $\hat{C}$ 满足 $\hat{C}|n\rangle=|n\rangle$, 即对 $\mathcal{E}$ 中的任意矢量 $|\psi\rangle$, 均有

$$|\psi\rangle=\sum_n a_n|n\rangle,(a_n=\langle n|\psi\rangle) \quad \Rightarrow \quad \hat{C}|\psi\rangle=\sum_n a_n^*|n\rangle.$$

则称 $\hat{C}$ 为与这组基矢量对应的**复共轭算符**, 它具有以下两个性质:

(1) 复共轭算符 $\hat{C}$ 是一个反幺正算符, 且 $\hat{C}^\dagger=\hat{C}^{-1}=\hat{C}$.

(2) 任何一个反线性算符均可视为复共轭算符与一个线性算符的乘积; 任何一个反幺正算符均可视为复共轭算符与一个幺正算符的乘积.

证明: (1) 对于这组基矢量中的任意两个基矢量 $|n\rangle$ 和 $|n'\rangle$, 均有

$$\langle n|(\hat{C}^\dagger|n'\rangle)=\langle n'|(\hat{C}|n\rangle)=\langle n'|n\rangle=\langle n|n'\rangle=\langle n|(\hat{C}|n'\rangle) \quad \Rightarrow \quad \hat{C}^\dagger=\hat{C}.$$

此外, 对任意矢量 $|\psi\rangle$, 均有 $\hat{C}^2|\psi\rangle=|\psi\rangle$, 因此 $\hat{C}^2=1$, 即有 $\hat{C}^{-1}=\hat{C}$.

(2) 设 $\hat{A}$ 为一个反线性算符, 则 $\hat{A}\hat{C}$ 和 $\hat{C}\hat{A}$ 均为线性算符, 且有

$$\hat{A}=(\hat{A}\hat{C})\hat{C}=\hat{C}(\hat{C}\hat{A}).$$

若 $\hat{A}$ 为反幺正算符, 则 $\hat{A}\hat{C}$ 和 $\hat{C}\hat{A}$ 均为幺正算符, 证毕.

3. 时间反演变换

时间反演算符 $\hat{T}$ 是一个反幺正算符, 位置算符和动量算符的时间反演定义为

$$\boxed{\hat{T}\hat{\boldsymbol{r}}\hat{T}^\dagger=\hat{\boldsymbol{r}}, \quad \hat{T}\hat{\boldsymbol{p}}\hat{T}^\dagger=-\hat{\boldsymbol{p}}} \tag{10.5.10}$$

由上式可导出轨道角动量算符的时间反演变换:

$$\hat{T}\hat{\boldsymbol{l}}\hat{T}^\dagger=\hat{T}(\hat{\boldsymbol{r}}\times\hat{\boldsymbol{p}})\hat{T}^\dagger=(\hat{T}\hat{\boldsymbol{r}}\hat{T}^\dagger)\times(\hat{T}\hat{\boldsymbol{p}}\hat{T}^\dagger)=\hat{\boldsymbol{r}}\times(-\hat{\boldsymbol{p}})=-\hat{\boldsymbol{l}}.$$

类似地, 可将自旋算符的时间反演变换定义为 $\hat{T}\hat{\boldsymbol{s}}\hat{T}^\dagger=-\hat{\boldsymbol{s}}$, 因此, 任何角动量算符 $\hat{\boldsymbol{j}}$ 的时间反演变换均可表示为

$$\boxed{\hat{T}\hat{\boldsymbol{j}}\hat{T}^\dagger=-\hat{\boldsymbol{j}}} \tag{10.5.11}$$

此外, 宇称算符 $\hat{P}$ 的时间反演变换为

$$\boxed{\hat{T}\hat{P}\hat{T}^\dagger=\hat{P}} \tag{10.5.12}$$

凡是满足以下条件的线性算符 $\hat{A}$, 称为**实算符**:

$$\boxed{\hat{T}\hat{A}\hat{T}^\dagger=\hat{A} \quad \Leftrightarrow \quad \hat{T}^\dagger\hat{A}\hat{T}=\hat{A}} \tag{10.5.13}$$

凡是满足以下条件的线性算符 $\hat{A}$, 称为**纯虚算符**:

$$\boxed{\hat{T}\hat{A}\hat{T}^\dagger=-\hat{A} \quad \Leftrightarrow \quad \hat{T}^\dagger\hat{A}\hat{T}=-\hat{A}} \tag{10.5.14}$$

例如, 任意实数, 位置 $\hat{\boldsymbol{r}}$、势能 $V(\hat{\boldsymbol{r}})$、动能 $\hat{\boldsymbol{p}}^2/2m$、角动量平方 $\hat{\boldsymbol{j}}^2$、宇称 $\hat{P}$、空间平移 $\exp(-\mathrm{i}\hat{\boldsymbol{p}}\cdot\hat{\boldsymbol{a}}/\hbar)$、空间转动 $\exp(-\mathrm{i}\hat{\boldsymbol{j}}\cdot\boldsymbol{n}\varphi/\hbar)$ 等算符均属于实算符; 而任意纯虚数, 动量 $\hat{\boldsymbol{p}}$、角动量 $\hat{\boldsymbol{j}}$ 等算符均属于纯虚算符.

量子态 $|\psi\rangle$ 的**时间反演态**定义为 $|\psi_T\rangle \equiv \hat{T}|\psi\rangle$, 对于实算符或纯虚算符 $\hat{A}$, 易证

$$\boxed{\hat{T}\hat{A}\hat{T}^{\dagger} = \pm\hat{A} \quad \Rightarrow \quad \langle\psi_T|\hat{A}|\phi_T\rangle = \pm\langle\psi|\hat{A}|\phi\rangle^*} \tag{10.5.15}$$

进一步, 若 $\hat{A}$ 是实的或纯虚的厄密算符, 则 $\langle\psi|\hat{A}|\psi\rangle$ 为实数, 因此

$$\boxed{\hat{T}\hat{A}\hat{T}^{\dagger} = \pm\hat{A} = \pm\hat{A}^{\dagger} \quad \Rightarrow \quad \langle\psi_T|\hat{A}|\psi_T\rangle = \pm\langle\psi|\hat{A}|\psi\rangle} \tag{10.5.16}$$

设位置本征矢量为 $|\boldsymbol{r}\rangle$, 动量本征矢量为 $|\boldsymbol{p}\rangle$, 则由 (10.5.10) 式容易导出

$$\hat{\boldsymbol{r}}(\hat{T}|\boldsymbol{r}\rangle) = \boldsymbol{r}(\hat{T}|\boldsymbol{r}\rangle), \quad \hat{\boldsymbol{p}}(\hat{T}|\boldsymbol{p}\rangle) = -\boldsymbol{p}(\hat{T}|\boldsymbol{p}\rangle).$$

即 $\hat{T}|\boldsymbol{r}\rangle$ 也为位置本征矢量,$\hat{T}|\boldsymbol{p}\rangle$ 也为动量本征矢量, 选取适当的相位, 可得

$$\boxed{\hat{T}|\boldsymbol{r}\rangle = |\boldsymbol{r}\rangle, \quad \hat{T}|\boldsymbol{p}\rangle = |-\boldsymbol{p}\rangle} \tag{10.5.17}$$

由上式中的第一个等式可导出第二个等式, 因坐标表象与动量表象之间的变换为

$$|\boldsymbol{p}\rangle = \int \mathrm{d}\boldsymbol{r}|\boldsymbol{r}\rangle\langle\boldsymbol{r}|\boldsymbol{p}\rangle, \quad \langle\boldsymbol{r}|\boldsymbol{p}\rangle = (2\pi\hbar)^{-3/2}\exp(\mathrm{i}\boldsymbol{p}\cdot\boldsymbol{r}/\hbar)$$

$$\Rightarrow \quad \hat{T}|\boldsymbol{p}\rangle = \int \mathrm{d}\boldsymbol{r}\big(\hat{T}|\boldsymbol{r}\rangle\big)\langle\boldsymbol{r}|\boldsymbol{p}\rangle^* = \int \mathrm{d}\boldsymbol{r}|\boldsymbol{r}\rangle\langle\boldsymbol{r}|-\boldsymbol{p}\rangle = |-\boldsymbol{p}\rangle.$$

设轨道空间的观测算符完备集 $\{\hat{A}, \hat{\boldsymbol{l}}^2, \hat{l}_z\}$ 的共同本征矢量为 $|\tau l m_l\rangle$, 选取适当的相位, 可将球坐标系中的波函数表示为

$$\langle\boldsymbol{r}|\tau l m_l\rangle = i^l R_{\tau l m_l}(r) Y_{l m_l}(\theta,\varphi), \quad R^*_{\tau l m_l} = R_{\tau l(-m_l)}, \quad Y^*_{l m_l} = (-1)^{m_l} Y_{l(-m_l)}.$$

$$\Rightarrow \hat{T}|\tau l m_l\rangle = \int \mathrm{d}\boldsymbol{r}\hat{T}\big(|\boldsymbol{r}\rangle\langle\boldsymbol{r}|\tau l m_l\rangle\big) = \int \mathrm{d}\boldsymbol{r}|\boldsymbol{r}\rangle\langle\boldsymbol{r}|\tau l m_l\rangle^* = (-1)^{l-m_l}\int \mathrm{d}\boldsymbol{r}|\boldsymbol{r}\rangle\langle\boldsymbol{r}|\tau l(-m_l)\rangle.$$

因此轨道角动量本征矢量的时间反演态可取为

$$\boxed{\hat{T}|\tau l m_l\rangle = (-1)^{l-m_l}|\tau l(-m_l)\rangle} \tag{10.5.18}$$

设粒子的自旋为 s, 根据 (10.5.11) 式的要求, 选取适当的相位, 可将 $\hat{s}_z$ 的本征矢量 $|m_s\rangle$ 的时间反演态表示为与 (10.5.18) 式相类似的形式, 即

$$\boxed{\hat{T}|m_s\rangle = (-1)^{s-m_s}|-m_s\rangle} \tag{10.5.19}$$

例 设自旋为 s 的粒子的总角动量算符为 $\hat{\boldsymbol{j}} \equiv \hat{\boldsymbol{l}} + \hat{\boldsymbol{s}}$, 且态空间的一个观测算符完备集为 $\{\hat{A}, \hat{\boldsymbol{l}}^2, \hat{\boldsymbol{j}}^2, \hat{j}_z\}$, 求证: 角动量耦合基矢量 $|\tau l j m\rangle$ 的时间反演态可表示为

$$\boxed{\hat{T}|\tau l j m\rangle = (-1)^{j-m}|\tau l j(-m)\rangle} \tag{10.5.20}$$

证明: 角动量耦合基矢量可用非耦合基矢量展开, 且 CG 系数为实数, 因此有

$$
\begin{aligned}
&|\tau ljm\rangle=\sum_{m_s}|\tau l(m-m_s)m_s\rangle\langle l(m-m_s)sm_s|jm\rangle\\
\Rightarrow\quad &\hat{T}|\tau ljm\rangle=\sum_{m_s}(-1)^{l-(m-m_s)+s-m_s}|\tau l(-m+m_s)(-m_s)\rangle\langle l(m-m_s)sm_s|jm\rangle\\
&\qquad=(-1)^{l+s-m}\sum_{m_s}|\tau l(-m-m_s)m_s\rangle\langle l(m+m_s)s(-m_s)|jm\rangle.
\end{aligned}
$$

利用 CG 系数的对称性 (8.3.19) 式, 有

$$
\langle l(m+m_s)s(-m_s)|jm\rangle=(-1)^{j-l-s}\langle l(-m-m_s)sm_s|j(-m)\rangle.
$$

结合以上两式, 立即得到 (10.5.20) 式, 证毕.

设粒子自旋为 s, 由 (10.5.17) 式和 (10.5.19) 式可得 $\hat{T}^2|\boldsymbol{r}m_s\rangle=(-1)^{2s}|\boldsymbol{r}m_s\rangle$, 因此

$$
\boxed{\hat{T}^2=(-1)^{2s}\quad\Rightarrow\quad\hat{T}^\dagger=\hat{T}^{-1}=(-1)^{2s}\hat{T}}\tag{10.5.21}
$$

$$
\Rightarrow\quad\boxed{\text{玻色子: }\hat{T}^\dagger=\hat{T}^{-1}=\hat{T};\quad\text{费米子: }\hat{T}^\dagger=\hat{T}^{-1}=-\hat{T}}\tag{10.5.22}
$$

设 $\hat{C}$ 是与 $\{\hat{\boldsymbol{r}}\hat{s}_z\}$ 表象对应的复共轭算符, 即 $\hat{C}|\boldsymbol{r}m_s\rangle=|\boldsymbol{r}m_s\rangle$, 并注意到

$$
\exp(-\mathrm{i}\pi\hat{s}_y/\hbar)|m_s\rangle=(-1)^{s-m_s}|-m_s\rangle.
$$

因此对于自旋为 s 的单粒子体系, 可将时间反演算符表示为

$$
\boxed{\hat{T}=\exp(-\mathrm{i}\pi\hat{s}_y/\hbar)\hat{C}=\hat{C}\exp(-\mathrm{i}\pi\hat{s}_y/\hbar)}\tag{10.5.23}
$$

若 $s=1/2$, 则有

$$
\boxed{\hat{T}=-\mathrm{i}\hat{\sigma}_y\hat{C}=\mathrm{i}\hat{C}\hat{\sigma}_y\quad(s=1/2)}\tag{10.5.24}
$$

时间反演态 $|\psi_T\rangle\equiv\hat{T}|\psi\rangle$ 在 $\{\hat{\boldsymbol{r}}\hat{s}_z\}$ 表象和 $\{\hat{\boldsymbol{p}}\hat{s}_z\}$ 表象的波函数可分别表示为

$$
\boxed{\psi_T(\boldsymbol{r},m_s)=(-1)^{s+m_s}\psi^*(\boldsymbol{r},-m_s),\quad\psi_T(\boldsymbol{p},m_s)=(-1)^{s+m_s}\psi^*(-\boldsymbol{p},-m_s)}\tag{10.5.25}
$$

下面给出上述第一个等式的证明. 利用 (10.5.17) 式、(10.5.19) 式和 (10.5.21) 式, 可得

$$
\begin{aligned}
\psi_T(\boldsymbol{r},m_s)&\equiv\langle\boldsymbol{r}m_s|\psi_T\rangle=\langle\boldsymbol{r}m_s|(\hat{T}|\psi\rangle)=(\langle\boldsymbol{r}m_s|\hat{T})|\psi\rangle)^*\\
&=(-1)^{2s}(\langle\boldsymbol{r}m_s|\hat{T}^\dagger)|\psi\rangle^*=(-1)^{2s-s+m_s}\langle\boldsymbol{r}(-m_s)|\psi\rangle^*=(-1)^{s+m_s}\psi^*(\boldsymbol{r},-m_s).
\end{aligned}
$$

4. 多粒子体系的时间反演变换

对于由多个粒子构成的体系, 第 i 个粒子的位置和动量的时间反演定义为

$$
\hat{T}\hat{\boldsymbol{r}}_i\hat{T}^\dagger=\hat{\boldsymbol{r}}_i,\quad\hat{T}\hat{\boldsymbol{p}}_i\hat{T}^\dagger=-\hat{\boldsymbol{p}}_i.
$$

而体系的任何角动量 (包括单粒子自旋) 的时间反演均由 (10.5.11) 式是给出.

类似于单粒子情形, $\{\hat{\boldsymbol{r}}_1\hat{s}_{1z}\hat{\boldsymbol{r}}_2\hat{s}_{2z}\cdots\}$ 表象的基矢量的时间反演态为

$$\hat{T}|\boldsymbol{r}_1 m_{1s}\boldsymbol{r}_2 m_{2s}\cdots\rangle = (-1)^{(s_1-m_{1s})+(s_2-m_{2s})\cdots}|\boldsymbol{r}_1(-m_{1s})\boldsymbol{r}_2(-m_{2s})\cdots\rangle.$$

而时间反演态 $|\psi_T\rangle$ 在 $\{\hat{\boldsymbol{r}}_1\hat{s}_{1z}\hat{\boldsymbol{r}}_2\hat{s}_{2z}\cdots\}$ 表象中的波函数为

$$\psi_T(\boldsymbol{r}_1, m_{1s}; \boldsymbol{r}_2, m_{2s}; \cdots) = (-1)^{(s_1+m_{1s})+(s_2+m_{2s})\cdots}\psi^*(\boldsymbol{r}_1, -m_{1s}; \boldsymbol{r}_2, -m_{2s}; \cdots).$$

设 $\hat{C}$ 是与 $\{\hat{\boldsymbol{r}}_1\hat{s}_{1z}\hat{\boldsymbol{r}}_2\hat{s}_{2z}\cdots\}$ 表象对应的复共轭算符, 即

$$\hat{C}|\boldsymbol{r}_1 m_{1s}\boldsymbol{r}_2 m_{2s}\cdots\rangle = |\boldsymbol{r}_1 m_{1s}\boldsymbol{r}_2 m_{2s}\cdots\rangle.$$

则可将多粒子体系的时间反演算符表示为

$$\boxed{\hat{T} = \exp(-\mathrm{i}\pi\hat{S}_y/\hbar)\hat{C} = \hat{C}\exp(-\mathrm{i}\pi\hat{S}_y/\hbar) \quad (\hat{\boldsymbol{S}} \equiv \hat{\boldsymbol{s}}_1 + \hat{\boldsymbol{s}}_2 + \cdots)} \tag{10.5.26}$$

若体系中的费米子总数为 n, 则由 (10.5.21) 式可得

$$\boxed{\hat{T}^2 = (-1)^n \quad \Rightarrow \hat{T}^\dagger = \hat{T}^{-1} = (-1)^n\hat{T}} \tag{10.5.27}$$

由此可得到以下**重要定理**:

(1) 若体系中的费米子总数 n 为偶数, 则有 $\hat{T}^\dagger = \hat{T}$, 此时体系的态空间必存在一个**实表象**, 即它的所有基矢量 $|\alpha\rangle$ 均满足 $|\alpha_T\rangle = |\alpha\rangle$.

(2) 若体系中的费米子总数 n 为奇数, 则 $\hat{T}^\dagger = -\hat{T}$, 此时任意矢量 $|\psi\rangle$ 均满足 $\langle\psi|\psi_T\rangle = 0$, 体系的态空间必存在基矢量全由对偶 $\{|\psi\rangle, |\psi_T\rangle\}$ 构成的表象.

证明: (1) 若 n 为偶数, 体系的实表象可以按照以下方式来构造: 任选一个矢量 $|\psi\rangle$, 令 $|\alpha\rangle = |\psi\rangle + |\psi_T\rangle$, 显然有 $|\alpha_T\rangle = |\alpha\rangle$. 再选一个与 $|\alpha\rangle$ 正交的矢量 $|\phi\rangle$, 则 $|\phi_T\rangle$ 也与 $|\alpha\rangle$ 正交, 这是因为

$$\langle\alpha|\phi_T\rangle = \langle\alpha|(\hat{T}|\phi\rangle) = \langle\phi|(\hat{T}^\dagger|\alpha\rangle) = \langle\phi|(\hat{T}|\alpha\rangle) = \langle\phi|\alpha\rangle = 0.$$

令 $|\beta\rangle = |\phi\rangle + |\phi_T\rangle$, 则有 $|\beta_T\rangle = |\beta\rangle, \langle\alpha|\beta\rangle = 0$. 再选一个与 $|\alpha\rangle$ 和 $|\beta\rangle$ 均正交的矢量 $|\varphi\rangle$, 令 $|\gamma\rangle = |\varphi\rangle + |\varphi_T\rangle$, 如此持续下去, 就可得到一组完备的基矢量 $\{|\alpha\rangle, |\beta\rangle, |\gamma\rangle, \cdots\}$, 它是一个实表象的基矢量.

(2) 若 n 为奇数, 则 $\hat{T}^\dagger = -\hat{T}$, 因此对任意矢量 $|\psi\rangle$, 均有

$$\langle\psi|\psi_T\rangle \equiv \langle\psi|(\hat{T}|\psi\rangle) = \langle\psi|(\hat{T}^\dagger|\psi\rangle) = -\langle\psi|(\hat{T}|\psi\rangle) = -\langle\psi|\psi_T\rangle \quad \Rightarrow \quad \langle\psi|\psi_T\rangle = 0.$$

此时体系的表象可以按照以下方式来构造: 选取一个与 $|\psi\rangle$ 和 $|\psi_T\rangle$ 均正交的矢量 $|\phi\rangle$, 易证 $|\phi_T\rangle$ 也与 $|\psi\rangle$ 和 $|\psi_T\rangle$ 均正交, 因为

$$\langle\psi|\phi_T\rangle \equiv \langle\psi|(\hat{T}|\phi\rangle) = \langle\phi|(\hat{T}^\dagger|\psi\rangle) = -\langle\phi|(\hat{T}|\psi\rangle) = -\langle\phi|\psi_T\rangle = 0,$$

$$\langle\psi_T|\phi_T\rangle = (\langle\psi|\hat{T}^\dagger)(\hat{T}|\phi\rangle) = \langle\psi|(\hat{T}^\dagger\hat{T})|\phi\rangle^* = \langle\psi|\phi\rangle^* = 0.$$

再选取一个与 $|\psi\rangle$ 和 $|\phi\rangle$ 均正交的矢量 $|\varphi\rangle$, 如此持续下去, 可得到一组完备基矢量

$\{|\psi\rangle, |\psi_T\rangle; |\phi\rangle, |\phi_T\rangle; \cdots\}$, 证毕.

作为以上定理的例子, 单电子自旋空间的基矢可取为 $|\uparrow\rangle$ 和 $\hat{T}|\uparrow\rangle = |\downarrow\rangle$, 而对于两个电子的自旋态空间, 实表象的基矢量可取为

$$|\uparrow\uparrow\rangle + |\downarrow\downarrow\rangle, \quad \mathrm{i}(|\uparrow\uparrow\rangle - |\downarrow\downarrow\rangle), \quad |\uparrow\downarrow\rangle - |\downarrow\uparrow\rangle, \quad \mathrm{i}(|\uparrow\downarrow\rangle + |\downarrow\uparrow\rangle).$$

5. 时间反演对称性

若保守体系的哈密顿算符 $\hat{H}$ 在时间反演 $\hat{T}$ 变换下保持不变, 即

$$\boxed{[\hat{T}, \hat{H}] = 0 \quad \Leftrightarrow \quad \hat{T}\hat{H}\hat{T}^\dagger = \hat{H}} \tag{10.5.28}$$

则称该体系具有时间反演对称性. 无外场或静电场中的量子体系通常均具有时间反演对称性, 但外磁场会破坏时间反演对称性.

若体系具有时间反演对称性, 则 $\hat{H}$ 的任何一个本征子空间均是 $\hat{T}$ 不变, 即

$$\boxed{\hat{H}|\phi\rangle = E|\phi\rangle \quad \Rightarrow \quad \hat{H}|\phi_T\rangle = E|\phi_T\rangle} \tag{10.5.29}$$

只要利用 (10.5.28) 式及能量本征方程, 很容易证明这一结论, 即

$$\hat{H}|\phi_T\rangle = \hat{H}\hat{T}|\phi\rangle = \hat{T}\hat{H}|\phi\rangle = E\hat{T}|\phi\rangle = E|\phi_T\rangle.$$

若 n 个费米子构成的体系具有时间反演对称性, 则由 (10.5.29) 式可知:

(1) 若 n 为偶数, 则体系的任何一个能量本征子空间均存在实表象.

(2) 若 n 为奇数, 则任一个能量本征态 $|\phi\rangle$ 与它的时间反演态 $|\phi_T\rangle$ 是相互正交的, 而后者也是属于同一能级的能量本征态, 因此体系的任一能级的简并度至少为 2, 即能级简并度必为偶数, 此即**克喇末 (Kramers) 简并**.

当体系具有时间反演对称性时, 量子态 $|\psi(t)\rangle$ 随时间 t 的变化具有以下性质:

$$\boxed{\mathrm{i}\hbar\partial_t|\psi(t)\rangle = \hat{H}|\psi(t)\rangle \quad \Rightarrow \quad \mathrm{i}\hbar\partial_t|\psi_T(-t)\rangle = \hat{H}|\psi_T(-t)\rangle} \tag{10.5.30}$$

只要将 $\hat{T}$ 同时作用到薛定谔方程的两边, 即可证实以上结果, 即

$$\hat{T}[\mathrm{i}\hbar\partial_t|\psi(t)\rangle] = \hat{T}\hat{H}|\psi(t)\rangle \quad \Rightarrow \quad -\mathrm{i}\hbar\partial_t\hat{T}|\psi(t)\rangle = \hat{H}\hat{T}|\psi(t)\rangle.$$

时间反演对称性等价于**微观可逆性原理**: 当保守体系在初始时刻 t_0 处于 $|\psi\rangle$ 态时, 发现它在 t 时刻处于 $|\phi\rangle$ 态的概率记为 w; 当体系在初始时刻 t_0 处于 $|\phi_T\rangle$ 态时, 发现它在 t 时刻处于 $|\psi_T\rangle$ 态的概率记为 $\tilde{w}$, 若体系具有时间反演对称性, 则 $w = \tilde{w}$.

证明: 设体系的哈密顿算符为 $\hat{H}$, 则体系的时间演化算符为

$$\hat{U}(t, t_0) = \exp[-\mathrm{i}\hat{H}(t - t_0)/\hbar].$$

若体系在初始时刻 t_0 处于 $|\psi\rangle$ 态, 则它在 t 时刻的量子态为 $\hat{U}(t, t_0)|\psi\rangle$, 因此

$$w = |\langle\phi|\hat{U}(t, t_0)|\psi\rangle|^2.$$

若体系在初始时刻 t_0 处于 $|\phi_T\rangle$ 态, 则它在 t 时刻的量子态为 $\hat{U}(t,t_0)|\phi_T\rangle$, 因此

$$\tilde{w}=|\langle\psi_T|\hat{U}(t,t_0)|\phi_T\rangle|^2=|\langle\phi_T|\hat{U}^\dagger(t,t_0)|\psi_T\rangle|^2=|\langle\phi|[\hat{T}^\dagger\hat{U}^\dagger(t,t_0)\hat{T}]|\psi\rangle|^2.$$

若体系具有时间反演对称性, 则有 $\hat{T}^\dagger\hat{H}\hat{T}=\hat{H}$, 容易证明:

$$\hat{T}^\dagger\hat{U}^\dagger(t,t_0)\hat{T}=\hat{U}(t,t_0).$$

结合以上结果, 立即得到 $w=\tilde{w}$, 证毕.

习　题

10–1　设质量为 μ, 带电荷为 q 的粒子被限制于 xy 平面内运动, 外加均匀静磁场, $\boldsymbol{B}=\nabla\times\boldsymbol{A}=B\boldsymbol{e}_z$, 定义速度算符 $\hat{\boldsymbol{v}}\equiv(\hat{\boldsymbol{p}}-q\boldsymbol{A}/c)/\mu$, 则体系的哈密顿算符为

$$\hat{H}=\mu(\hat{v}_x^2+\hat{v}_y^2)/2,\quad [\hat{v}_x,\hat{v}_y]=\mathrm{i}\hbar\omega/\mu\quad(\omega\equiv qB/\mu c).$$

(1) 令 $\hat{\pi}_x\equiv\mu(\hat{v}_x-\omega\hat{y})$, $\hat{\pi}_y\equiv\mu(\hat{v}_y+\omega\hat{x})$, 求证: 它们是不对易的守恒量, 且

$$[\hat{r}_\alpha,\hat{\pi}_\beta]=\mathrm{i}\hbar\delta_{\alpha\beta},\quad [\hat{v}_\alpha,\hat{\pi}_\beta]=0,\quad [\hat{\pi}_x,\hat{\pi}_y]=-\mathrm{i}\hbar\omega\mu.$$

(2) 定义磁平移算符 $\hat{D}(\boldsymbol{a})\equiv\exp(-i\hat{\pi}\cdot\boldsymbol{a}/\hbar)$, $(\boldsymbol{a}\equiv\boldsymbol{a}_x+\boldsymbol{a}_y)$, 求证:

$$\hat{D}(\boldsymbol{a})\hat{\boldsymbol{r}}\hat{D}^\dagger(\boldsymbol{a})=\hat{\boldsymbol{r}}-\boldsymbol{a},\ [\hat{D}(\boldsymbol{a}_x),\hat{D}(\boldsymbol{a}_y)]=2i\sin\varphi\hat{D}(\boldsymbol{a}),(\varphi\equiv\pi a_xa_yB/\varPhi_0,\varPhi_0\equiv hc/q).$$

(3) 设 $\{\hat{H},\hat{\pi}_x\}$ 的共同本征矢量为 $|nk_x\rangle$, 本征值分别为 E_n 和 $\hbar k_x$, 求证:

$$[\hat{\pi}_x,\hat{D}(\boldsymbol{a}_y)]=-(hBa_y/\varPhi_0)\hat{D}(\boldsymbol{a}_y),\quad \hat{D}(\boldsymbol{a}_y)|n,k_x\rangle=|n,(k_x-2\pi Ba_y/\varPhi_0)\rangle.$$

(4) 对面积 $S=L_xL_y$ 的体系, 求证: 所有能级的简并度均为 $f=BS/\varPhi_0$.

*10–2　设处于基态 $|1\mathrm{s}\rangle$ 的氢原子在极短的时间内受到冲击, 使得原子核具有速度 $\boldsymbol{v}$, 而波函数来不及改变, 试求此时氢原子仍然保留在基态的概率.

答: $P_0=[1+(mva/2\hbar)^2]^{-4}$.

*10–3　设质量为 m, 频率为 ω 的一维谐振子处于基态 $|0\rangle$, 受冲力 $mv\delta(t)$ 的作用, 在极短时间内获得沿 x 轴方向的速度 v, 试求粒子跃迁至定态 $|n\rangle$ 的概率 P_n.

答: $P_n=\lambda^n\exp(-\lambda)/n!$, $(\lambda\equiv mv^2/2\hbar\omega)$.

10–4　设 $\hat{\sigma}_\alpha(\alpha=x,y,z)$ 为泡利算符, 已知 $\exp(-\mathrm{i}\phi\hat{\sigma}_z)=\cos\phi-\mathrm{i}\hat{\sigma}_z\sin\phi$, 求证:

$$\exp(-\mathrm{i}\phi\hat{\sigma}_z)\hat{\sigma}_x\exp(\mathrm{i}\phi\hat{\sigma}_z)=\hat{\sigma}_x\cos(2\phi)+\hat{\sigma}_y\sin(2\phi),$$
$$\exp(-\mathrm{i}\phi\hat{\sigma}_z)\hat{\sigma}_y\exp(\mathrm{i}\phi\hat{\sigma}_z)=\hat{\sigma}_y\cos(2\phi)-\hat{\sigma}_x\sin(2\phi).$$

10–5　设 $\boldsymbol{A}$ 和 $\boldsymbol{B}$ 均为实常数矢量, $\hat{\boldsymbol{\sigma}}$ 为泡利算符, Tr 表示在自旋态空间求迹, 求证:

$$\mathrm{Tr}[\exp(\mathrm{i}\hat{\boldsymbol{\sigma}}\cdot\boldsymbol{A})\exp(\mathrm{i}\hat{\boldsymbol{\sigma}}\cdot\boldsymbol{B})]=2\cos A\cos B-2(\boldsymbol{A}\cdot\boldsymbol{B}/AB)\sin A\sin B.$$

10–6 设粒子的自旋为 1, 则自旋算符的任意分量满足 $\hat{s}_\alpha^3 = \hat{s}_\alpha$ (取 $\hbar = 1$), 求证:

$$\exp(-\mathrm{i}\phi\hat{s}_\alpha) = 1 - \mathrm{i}\hat{s}_\alpha \sin\phi - \hat{s}_\alpha^2(1-\cos\phi).$$

10–7 设 $\hat{\boldsymbol{j}}$ 为角动量算符, $\hat{\boldsymbol{A}}$ 为矢量算符, 令 $\hat{A}_\pm \equiv \hat{A}_x \pm i\hat{A}_y, \hat{R}_z(\phi) \equiv \exp(-\mathrm{i}\phi\hat{j}_z/\hbar)$.

(1) 求证: $\hat{j}_z^n \hat{A}_\pm = \hat{A}_\pm(\hat{j}_z \pm \hbar)^n \quad (n = 0, 1, 2, \cdots)$.

(2) 将 $\hat{R}_z(\phi)$ 展开为 $\hat{j}_z$ 的幂级数形式, 求证: $\hat{R}_z(\phi)\hat{A}_\pm\hat{R}_z^\dagger(\phi) = \hat{A}_\pm \exp(\mp\mathrm{i}\phi)$.

*10–8 设 $\hat{j}_n$ 表示角动量算符 $\hat{\boldsymbol{j}}$ 沿 (θ, φ) 方向的分量, 体系处于 $\{\hat{\boldsymbol{j}}^2, \hat{j}_z\}$ 的共同本征态 $|jm\rangle$, 测量 $\hat{j}_n$ 得到 $m'\hbar$ 的概率记为 $P(\theta, \varphi, m')$, 求证: (1) 测值概率不依赖于 φ, 因此可记为 $P(\theta, m')$; (2) $P(\pi/2, m') = P(\pi/2, -m')$.

*10–9 设氢原子处于均匀静磁场 $\boldsymbol{B} = B\boldsymbol{e}_z$ 中, 满足 $E_{\mathrm{SOC}} \ll \mu_{\mathrm{B}}B \ll e^2/a$ (E_{SOC} 为自旋–轨道耦合能, μ_{B} 为玻尔磁子, a 为玻尔半径), 因此自旋–轨道耦合效应和逆磁效应均可忽略, 体系的哈密顿算符可近似表示为

$$\hat{H} = \hat{H}_o + \hat{H}_s, \quad \hat{H}_o = \hat{\boldsymbol{p}}^2/2\mu - e^2/r + \omega_L \hat{l}_z, \quad \hat{H}_s = 2\omega_{\mathrm{L}}\hat{s}_z \quad (\omega_{\mathrm{L}} = eB/2\mu c = \mu_{\mathrm{B}}B/\hbar).$$

设 $t = 0$ 时体系处于非纠缠态 $|211\rangle_x \otimes |\chi\rangle$, 其中 $|\chi\rangle$ 为自旋态, 而 2p 态 $|211\rangle_x$ 为 $\hat{l}_x$ 的本征态, 本征值为 $\hbar$. 试求 $\hat{l}_x$ 在 t 时刻的平均值.

答: $\bar{l}_x(t) = \hbar\cos(\omega_{\mathrm{L}}t)$.

*10–10 设自旋为 1/2 的粒子的自旋算符为 $\hat{\boldsymbol{s}} = \hat{\boldsymbol{\sigma}}\hbar/2$, 令 $\hat{s}_r \equiv \hat{\boldsymbol{s}} \cdot \boldsymbol{e}_r$, 其中 $\boldsymbol{e}_r \equiv \boldsymbol{r}/r$ 表示径向单位向量, 在自旋空间中绕 $\boldsymbol{e}_r$ 方向转动 π 角的变换定义为

$$\hat{R} \equiv \exp(-\mathrm{i}\pi\hat{s}_r/\hbar) = \exp(-\mathrm{i}\pi\hat{\sigma}_r/2) = -\mathrm{i}\hat{\sigma}_r, \quad \hat{\hat{A}} = \hat{R}\hat{A}\hat{R}^\dagger = \hat{\sigma}_r\hat{A}\hat{\sigma}_r = \hat{A} + \hat{\sigma}_r[\hat{A}, \hat{\sigma}_r].$$

粒子的总角动量算符为 $\hat{\boldsymbol{j}} = \hat{\boldsymbol{l}} + \hat{\boldsymbol{s}}$, 其中 $\hat{\boldsymbol{l}}$ 为轨道角动量算符. 求证:

$$\hat{\hat{\boldsymbol{s}}} = 2\hat{s}_r\boldsymbol{e}_r - \hat{\boldsymbol{s}}, \quad \hat{\hat{\boldsymbol{l}}} = \hat{\boldsymbol{l}} + 2\hat{\boldsymbol{s}} - 2\hat{s}_r\boldsymbol{e}_r$$

$$\Rightarrow \quad \hat{\hat{\boldsymbol{j}}} = \hat{\boldsymbol{j}}, \quad \hat{\hat{\boldsymbol{l}}} \cdot \hat{\hat{\boldsymbol{s}}} = -\hat{\boldsymbol{l}} \cdot \hat{\boldsymbol{s}} - \hbar^2, \quad \hat{\hat{\boldsymbol{l}}}^2 = \hat{\boldsymbol{l}}^2 + 4\hat{\boldsymbol{l}} \cdot \hat{\boldsymbol{s}} + 2\hbar^2.$$

*10–11 设两个粒子的自旋均为 1/2, 总自旋 $\hat{\boldsymbol{S}} = \hat{\boldsymbol{s}}_1 + \hat{\boldsymbol{s}}_2$, 自旋空间的转动算符 $\hat{R}_x(\pi) = \exp(-\mathrm{i}\pi\hat{S}_x/\hbar)$, 贝尔基矢量定义为自旋态空间的非耦合基矢的以下线性组合:

$$|\psi_\pm\rangle \equiv (|\uparrow\downarrow\rangle \pm |\downarrow\uparrow\rangle)/\sqrt{2}, \quad |\phi_\pm\rangle \equiv (|\uparrow\uparrow\rangle \pm |\downarrow\downarrow\rangle)/\sqrt{2}.$$

求证: (1) $[\hat{S}_z^2, \hat{R}_x(\pi)] = 0$; (2) 4 个贝尔基矢均为 $\hat{S}_z^2$ 和 $\hat{R}_x(\pi)$ 的共同本征态.

*10–12 试用数学归纳法证明: 转动算符 $\exp(-\mathrm{i}2\phi\hat{j}_n/\hbar)$ 在 $\hat{\boldsymbol{j}}^2$ 的本征子空间 $\mathcal{E}_j$ 中的矩阵元是 $\sin\phi$ 与 $\cos\phi$ 的 $2j$ 次齐次多项式, 即对于 $\{\hat{\boldsymbol{j}}^2, \hat{j}_z\}$ 的共同本征矢量 $|jm\rangle$, 有

$$\langle jm|\exp(-\mathrm{i}2\phi\hat{j}_n/\hbar)|jm'\rangle = \sum_{k=0}^{2j} C_n(j, m, m')(\sin\phi)^k(\cos\phi)^{2j-k}.$$

10–13 设体系由 2 个粒子构成, 每个粒子可处于 3 个不同的单粒子态 $|\alpha\rangle, |\beta\rangle,$

$|\gamma\rangle$ 中的任一个, 分以下三种情况写出体系可能的线性独立的量子态: (1) 非全同粒子体系; (2) 全同玻色体系; (3) 全同费米体系.

答: (1) $|\alpha^2\rangle, |\beta^2\rangle, |\gamma^2\rangle, |\alpha\beta\rangle, |\beta\alpha\rangle, |\beta\gamma\rangle, |\gamma\beta\rangle, |\gamma\alpha\rangle, |\alpha\gamma\rangle$, 其中 $|\alpha^2\rangle \equiv |\alpha\alpha\rangle$;
(2) $|\alpha^2\rangle, |\beta^2\rangle, |\gamma^2\rangle, |\alpha\beta\rangle_S, |\beta\gamma\rangle_S, |\gamma\alpha\rangle_S$, 其中 $|\alpha\beta\rangle_S \equiv \sqrt{1/2}(|\alpha\beta\rangle + |\beta\alpha\rangle)$;
(3) $|\alpha\beta\rangle_A, |\beta\gamma\rangle_A, |\gamma\alpha\rangle_A$, 其中 $|\alpha\beta\rangle_A \equiv \sqrt{1/2}(|\alpha\beta\rangle - |\beta\alpha\rangle)$.

10–14 设体系由 3 个粒子构成, 每个粒子可处于 3 个不同的单粒子态 $|\alpha\rangle, |\beta\rangle, |\gamma\rangle$ 中的任一个, 分以下三种情况写出体系可能的线性独立的量子态: (1) 非全同粒子体系; (2) 全同玻色体系; (3) 全同费米体系.

答: (1) 共有 27 个: $|uvw\rangle$ $(u=\alpha,\beta,\gamma;\ v=\alpha,\beta,\gamma;\ w=\alpha,\beta,\gamma)$.
(2) $|\alpha^3\rangle, |\beta^3\rangle, |\gamma^3\rangle, |\alpha^2\beta\rangle_S, |\alpha^2\gamma\rangle_S, |\beta^2\alpha\rangle_S, |\beta^2\gamma\rangle_S, |\gamma^2\alpha\rangle_S, |\gamma^2\beta\rangle_S, |\alpha\beta\gamma\rangle_S$, 其中

$$|\alpha^2\beta\rangle_S \equiv \sqrt{1/3}(|\alpha\alpha\beta\rangle + |\alpha\beta\alpha\rangle + |\beta\alpha\alpha\rangle),$$

$$|\alpha\beta\gamma\rangle_S \equiv \sqrt{1/6}(|\alpha\beta\gamma\rangle + |\beta\gamma\alpha\rangle + |\gamma\alpha\beta\rangle + |\alpha\gamma\beta\rangle + |\beta\alpha\gamma\rangle + |\gamma\beta\alpha\rangle).$$

(3) 仅有 1 个: $|\alpha\beta\gamma\rangle_A \equiv \sqrt{1/6}(|\alpha\beta\gamma\rangle + |\beta\gamma\alpha\rangle + |\gamma\alpha\beta\rangle - |\alpha\gamma\beta\rangle - |\beta\alpha\gamma\rangle - |\gamma\beta\alpha\rangle)$.

10–15 设体系由 2 个粒子构成, 它们可分别占据以下两组单粒子态中的任一个态:

$$|\alpha\rangle \quad (\alpha = 1, 2, \cdots, m); \quad |\beta\rangle \quad (\beta = m+1, m+2, \cdots, m+n).$$

分以下三种情况写出体系可能的线性独立的量子态: (1) 非全同粒子体系; (2) 全同玻色体系; (3) 全同费米体系.

答: (1) 有 $2mn$ 个: $|\alpha\beta\rangle, |\beta\alpha\rangle$; (2) 有 mn 个: $|\alpha\beta\rangle_S$; (3) 有 mn 个: $|\alpha\beta\rangle_A$.

*10–16 设原子中价电子的总轨道角动量为 $\hat{\boldsymbol{L}}$, 总自旋为 $\hat{\boldsymbol{S}}$, 总角动量为 $\hat{\boldsymbol{J}} = \hat{\boldsymbol{L}} + \hat{\boldsymbol{S}}$, 价电子态空间为 $\{\hat{\boldsymbol{L}}^2, \hat{\boldsymbol{S}}^2, \hat{\boldsymbol{J}}^2\}$ 的反对称本征子空间的直和, 即 $\mathcal{E}^A = \sum\limits_{\tau LSJ} \oplus \mathcal{E}^A_{\tau LSJ}$.

(1) 若某原子的外壳层 (nl) 上的电子数为 $(4l+2)$ (满壳层), 试求 L, S, J 的值;

(2) 若某原子的外壳层 (nl) 上的电子数为 $(4l+1)$, 试求 L, S, J 的值;

(3) 对于价电子组态 $3d^{10}$ 和 $3d^9$, 分别写出子空间 $\mathcal{E}^A_{\tau LSJ}$ 的光谱学符号 $^{2S+1}L_J$.

答: (1) $L=S=J=0$; (2) $L=l, S=1/2, J=l\pm 1/2$; (3) 对于 $3d^{10}$, 有 $^1\mathrm{S}_0$, 对于 $3d^9$, 有 $^2\mathrm{D}_{3/2}, ^2\mathrm{D}_{5/2}$.

10–17 设质量均为 m 的两个无相互作用粒子处于一维无限方深势阱中 $(0 \leqslant x \leqslant a)$, 单粒子能量本征函数和能级分别为

$$\phi_n(x) = \sqrt{2/a}\sin(n\pi x/a) \quad (0 \leqslant x \leqslant a), \quad \epsilon_n = n^2\pi^2\hbar^2/2ma^2 \quad (n=1,2,\cdots).$$

分以下三种情形求体系的两个最低能级、对应的能量本征函数和简并度: (1) 无自旋的非全同粒子; (2) 自旋为 s 的全同玻色体系; (3) 自旋为 s 的全同费米体系.

答: 设 χ_S 和 χ_A 分别表示具有交换对称性和交换反对称性的自旋波函数, 令

$$\psi_{nn'} \equiv \phi_n(x_1)\phi_{n'}(x_2), \quad \psi^{(\pm)}_{12} \equiv (\psi_{12} \pm \psi_{21})/\sqrt{2}.$$

则基态能 $E_{11} = 2\epsilon_1$, 第一激发态能级 $E_{12} = \epsilon_1 + \epsilon_2$, 定态波函数和简并度:

	非全同粒子	全同玻色体系	全同费米体系
基态波函数	ψ_{11}	$\psi_{11}\chi_S$	$\psi_{11}\chi_A$
基态简并度	1	$(s+1)(2s+1)$	$s(2s+1)$
第一激发态波函数	ψ_{12},ψ_{21}	$\psi_{12}^{(+)}\chi_S,\psi_{12}^{(-)}\chi_A$	$\psi_{12}^{(+)}\chi_A,\psi_{12}^{(-)}\chi_S$
第一激发态简并度	2	$(2s+1)^2$	$(2s+1)^2$

10–18 对于频率为 ω 的三维各向同性谐振子, 归一化定态波函数和能级分别为

$$\psi_{n_xn_yn_z}(\boldsymbol{r})=\phi_{n_x}(x)\phi_{n_y}(y)\phi_{n_z}(z),\quad \epsilon_N=(N+3/2)\hbar\omega\quad (N=n_x+n_y+n_z).$$

设质量均为 m 的两个粒子处于上述势阱中, 分以下三种情形求体系的两个最低能级及简并度: (1) 无自旋的非全同粒子; (2) 自旋为 s 的全同玻色体系; (3) 自旋为 s 的全同费米体系.

答: 基态能 $E_0=3\hbar\omega$, 第一激发态能级 $E_1=4\hbar\omega$,

	非全同粒子	全同玻色体系	全同费米体系
基态简并度	1	$(s+1)(2s+1)$	$s(2s+1)$
第一激发态简并度	6	$3(2s+1)^2$	$3(2s+1)^2$

*10–19 设质量为 m、自旋为 s 的两个全同粒子均处于频率为 ω 的一维谐振子势场中, 相互作用能为 $V=\lambda m\omega^2(x_1-x_2)^2/4\ (\lambda>-1)$, 求体系的能级及简并度.

答: $E_{nl}=(n+1/2)\hbar\omega+(l+1/2)\hbar\tilde{\omega}$, $(\tilde{\omega}=\omega\sqrt{1+\lambda},\ n,l=0,1,2,\cdots)$.

	玻色体系的能级简并度	费米体系的能级简并度
l 取偶数	$(s+1)(2s+1)$	$s(2s+1)$
l 取奇数	$s(2s+1)$	$(s+1)(2s+1)$

*10–20 考虑一个假想的原子, 外壳层 ns 态有两个带负电、自旋 $s=1$ 的全同粒子, 若总自旋 $\hat{\boldsymbol{S}}=\hat{\boldsymbol{s}}_1+\hat{\boldsymbol{s}}_2$ 为守恒量, 试求体系的定态.

答: 定态可取为 $\hat{\boldsymbol{S}}^2$ 和 $\hat{S}_z$ 的共同本征态 $|SM\rangle$, 设 $\hat{P}_{12}$ 为两个粒子的交换算符, 则

$$\hat{P}_{12}|SM\rangle=(-1)^{2s-S}|SM\rangle=(-1)^S|SM\rangle\quad (s=1).$$

由于轨道波函数具有交换对称性, 所以自旋态也应该具有交换对称性, 定态:

$$|00\rangle,\quad |2M\rangle\quad (M=0,\pm1,\pm2).$$

*10–21 考虑由 N 个全同粒子构成的体系,$\hat{S}_N$ 表示对称化算符, $\hat{A}_N$ 表示反对称化算符, $\hat{P}_{ij}$ 表示第 i 个粒子与第 j 个粒子的交换算符, 令 $\hat{Q}_\pm\equiv\left(1\pm\sum\limits_{i\leqslant N-1}\hat{P}_{iN}\right)\Big/N$, 求证: $\hat{S}_N=\hat{Q}_+\hat{S}_{N-1}$, $\hat{A}_N=\hat{Q}_-\hat{A}_{N-1}$.

*10–22 设 N 个全同费米子中有 m 个始终处于区域 I 中, 其余 $n=N-m$ 个始终处于区域 II 中, 且这两个区域的粒子间没有相互作用, 即子系统 I 和子系统 II 是

相互独立的, 其态空间的正交归一完备的反对称基矢量组分别为 $\{|\alpha\rangle\}$ 和 $\{|\beta\rangle\}$. 设 $\hat{A}_N$ 为 N 个粒子的反对称投影算符, $\hat{Q}_I$ 表示体系 I 的任意对称可观测量, $|\psi\rangle$ 表示体系 II 的任一个反对称归一化矢量.

(1) 令 $|\alpha\beta\rangle_A \equiv \sqrt{N!/m!n!}\hat{A}_N|\alpha\beta\rangle$, 求证: ${}_A\langle\alpha\beta|\hat{Q}_I|\alpha'\beta'\rangle_A = \langle\alpha|\hat{Q}_I|\alpha'\rangle\delta_{\beta\beta'}$;

(2) 令 $|\alpha\psi\rangle_A \equiv \sqrt{N!/m!n!}\hat{A}_N|\alpha\psi\rangle$, 求证: ${}_A\langle\alpha\psi|\hat{Q}_I|\alpha'\psi\rangle_A = \langle\alpha|\hat{Q}_I|\alpha'\rangle$.

*10–23 设 N 个电子的总自旋为 $\hat{\boldsymbol{S}} \equiv \hat{\boldsymbol{s}}^{(1)} + \hat{\boldsymbol{s}}^{(2)} + \cdots + \hat{\boldsymbol{s}}^{(N)}$, 归一化自旋态矢量 $|\chi\rangle$ 满足

$$\hat{s}_z^{(i)}|\chi\rangle = (\hbar/2)|\chi\rangle\ (i \leqslant m);\quad \hat{s}_z^{(i)}|\chi\rangle = -(\hbar/2)|\chi\rangle\ (i \geqslant m+1), (m+n=N).$$

设 $\hat{A}_+$ 为前 m 个电子的反对称算符, $\hat{A}_-$ 为其余 n 个电子的反对称算符, 而 $\hat{A}$ 为所有 N 个电子的反对称算符, 轨道态矢量 $|\psi\rangle$ 满足: $\hat{A}_\pm|\psi\rangle = |\psi\rangle$. 令

$$|\Psi\rangle = \sqrt{N!/m!n!}\hat{A}|\psi\chi\rangle \quad (|\psi\chi\rangle \equiv |\psi\rangle \otimes |\chi\rangle).$$

(1) 求证: $\hat{A}|\Psi\rangle = |\Psi\rangle$, $\hat{S}_z|\Psi\rangle = (m-n)(\hbar/2)|\Psi\rangle$, $\langle\Psi|\Psi\rangle = \langle\psi|\psi\rangle$.

(2) 若哈密顿算符 $\hat{H}$ 与自旋无关, 且 $\hat{H}|\Psi\rangle = E|\Psi\rangle$, 求证: $\hat{H}|\psi\rangle = E|\psi\rangle$.

*10–24 设体系有 r 种自旋相同的费米子, 其数目之和为 $\sum\limits_{k=1}^{r} n_k = N$. 体系的态矢量 $|\psi\rangle$ 应满足交换反对称性: $\hat{A}_k|\psi\rangle = |\psi\rangle$, 其中 $\hat{A}_k$ 为第 k 种费米子系统的反对称投影算符. 若将 N 个费米子视为全同粒子, 并引入同位旋 $\hat{\boldsymbol{t}}$, 即

$$\hat{\boldsymbol{t}}^2 = t(t+1),\ [t=(r-1)/2],\quad \hat{t}_z|\mu\rangle = \mu|\mu\rangle,\ (\mu = t, t-1, \cdots, -t).$$

则体系的态矢量 $|\tilde{\psi}\rangle$ 应满足 $\hat{A}|\tilde{\psi}\rangle = |\tilde{\psi}\rangle$, 其中 $\hat{A}$ 为 N 粒子系统的反对称投影算符. 试求 $|\psi\rangle$ 与 $|\tilde{\psi}\rangle$ 的关系. 对于玻色系统, 回答同样的问题.

答: 设同位旋态矢量 $|\chi\rangle$ 表示前 n_1 个粒子处于 $\mu = t$ 的态, 此后的 n_2 个粒子处于 $\mu = t-1$ 的态, 以此类推, 最后 n_r 个粒子处于 $\mu = -t$ 的态, 则有

$$|\tilde{\psi}\rangle = \sqrt{N!/n_1!n_2!\cdots n_r!}\hat{A}|\psi\rangle|\chi\rangle,\ |\psi\rangle = \sqrt{N!/n_1!n_2!\cdots n_r!}\langle\chi|\tilde{\psi}\rangle,\ \langle\tilde{\psi}|\tilde{\psi}\rangle = \langle\psi|\psi\rangle.$$

设 $\hat{S}_k$ 和 $\hat{S}$ 为玻色系统对应的对称投影算符, 则 $\hat{S}_k|\psi\rangle = |\psi\rangle, \hat{S}|\tilde{\psi}\rangle = |\tilde{\psi}\rangle$, 且

$$|\tilde{\psi}\rangle = \sqrt{N!/n_1!n_2!\cdots n_r!}\hat{S}|\psi\rangle|\chi\rangle,\ |\psi\rangle = \sqrt{N!/n_1!n_2!\cdots n_r!}\langle\chi|\tilde{\psi}\rangle,\ \langle\tilde{\psi}|\tilde{\psi}\rangle = \langle\psi|\psi\rangle.$$

10–25 设 $\hat{A}$ 为线性算符, $\hat{B}$ 和 $\hat{C}$ 为反线性算符, 求证:

$$(\hat{A}\hat{B})^\dagger = \hat{B}^\dagger\hat{A}^\dagger,\ (\hat{B}\hat{C})^\dagger = \hat{C}^\dagger\hat{B}^\dagger.$$

10–26 设反幺正算符 $\hat{K}$ 满足 $\hat{K}^2 = c$ (复常数), 求证:

(1) 对任意矢量 $|\psi\rangle$ 和 $|\phi\rangle$, 均有 $\langle\phi_K|\psi\rangle = c\langle\psi_K|\phi\rangle$, 其中 $|\psi_K\rangle \equiv \hat{K}|\psi\rangle$;

(2) 必有 $c^2 = 1$, 因此 c 只可能取 1 或 -1.

10–27 考虑无自旋单粒子体系, 设 $\hat{P}$ 为宇称算符, 而 $\hat{C}_{\boldsymbol{r}}$ 和 $\hat{C}_{\boldsymbol{p}}$ 分别为与 $\hat{\boldsymbol{r}}$ 表象和 $\hat{\boldsymbol{p}}$ 表象对应的复共轭算符, 即 $\hat{C}_{\boldsymbol{r}}|\boldsymbol{r}\rangle = |\boldsymbol{r}\rangle$, $\hat{C}_{\boldsymbol{p}}|\boldsymbol{p}\rangle = |\boldsymbol{p}\rangle$, 求证: $\hat{C}_{\boldsymbol{r}} = \hat{P}\hat{C}_{\boldsymbol{p}} = \hat{C}_{\boldsymbol{p}}\hat{P}$.

10–28 求证: 宇称算符 $\hat{P}$ 是实算符, 即 $\hat{T}\hat{P}\hat{T}^\dagger = \hat{P}$, 其中 $\hat{T}$ 为时间反演算符.

10–29 设体系具有时间反演对称性, $[\hat{H}, \hat{T}] = 0$, 能级 E 对应于有限维本征子空间 $\mathcal{E}_E$, 而 $\hat{A}$ 为纯虚厄密算符, 即 $\hat{A}^\dagger = \hat{A}, \hat{T}^\dagger\hat{A}\hat{T} = -\hat{A}$, 求证: $\hat{A}$ 在 $\mathcal{E}_E$ 中的迹为零.

*10–30 设体系由 n 个费米子组成, $\hat{T}$ 为时间反演算符, $|\psi\rangle$ 和 $|\phi\rangle$ 为任意态矢量, 求证:

(1) 若 $\hat{A}$ 为实算符, 即 $\hat{T}^\dagger\hat{A}\hat{T} = \hat{A}$, 则有 $\langle\psi_T|\hat{A}|\phi\rangle = (-1)^n\langle\psi|\hat{A}|\phi_T\rangle^*$;

(2) 若 $\hat{A}$ 为纯虚算符, 即 $\hat{T}^\dagger\hat{A}\hat{T} = -\hat{A}$, 则有 $\langle\psi_T|\hat{A}|\phi\rangle = (-1)^{n+1}\langle\psi|\hat{A}|\phi_T\rangle^*$.

第三部分

量子力学的近似方法

第十一章

束缚定态的近似方法

除了少数特殊情况外，严格求解一个保守体系的束缚定态问题，在数学上通常很困难，因此人们发展了多种近似方案，本章仅介绍几种常用的近似方法.

§ 11.1 束缚定态微扰论

假设一个保守体系的哈密顿算符由主要部分 $\hat{H}_0$ 和微扰项 $\hat{H}'$ 两部分组成，即

$$\hat{H} = \hat{H}_0 + \hat{H}'.$$

且 $\hat{H}_0$ 的本征矢 $|n\rangle$ 是已知的，它们构成体系态空间 $\mathcal{E}$ 的一组正交归一完备基，即

$$\hat{H}_0|n\rangle = \epsilon_n|n\rangle, \quad \langle n|n'\rangle = \delta_{nn'}, \quad \sum_n |n\rangle\langle n| = 1.$$

我们可以将 ϵ_n 和 $|n\rangle$ 作为出发点，按照微扰级别逐级求解体系的能量本征方程:

$$\hat{H}|\psi\rangle = E|\psi\rangle. \tag{11.1.1}$$

从而得到束缚定态 $|\psi\rangle$ 及能级 E 的近似结果，此即定态微扰论的基本思想. 定态微扰论分为非简并态微扰论和简并态微扰论，下面逐一介绍.

1. 非简并态微扰论

设 ϵ_k 为 $\hat{H}_0$ 的一个非简并本征值，对应的本征矢量为 $|k\rangle$. 由于 $\hat{H}'$ 很小，所以 $\hat{H}$ 必有一个本征值 E_k 非常接近于 ϵ_k，对应的本征矢量 $|\psi_k\rangle$ 非常接近于 $|k\rangle$. 非简并态微扰论的目标就是求出 $(E_k - \epsilon_k)$ 和 $(|\psi_k\rangle - |k\rangle)$ 的近似结果.

将 $\hat{H}'$ 视为一级小量，可将 E_k 和 $|\psi_k\rangle$ 表示为微扰级数的形式，即

$$E_k = \sum_{l=0}^{\infty} E_k^{(l)}, \ [E_k^{(0)} \equiv \epsilon_k]; \quad |\psi_k\rangle = \sum_{l=0}^{\infty} |\psi_k^{(l)}\rangle, \ [|\psi_k^{(0)}\rangle \equiv |k\rangle]. \tag{11.1.2}$$

其中 $E_k^{(l)}$ 和 $|\psi_k^{(l)}\rangle$ 分别为 ϵ_k 和 $|k\rangle$ 的 l 级小量修正，它们均正比于 $(\hat{H}')^l$.

我们不要求 $|\psi_k\rangle$ 是归一化的，因此可取 $\langle k|\psi_k\rangle = 1$，即可设

$$\langle k|\psi_k^{(l)}\rangle = 0, \quad (l \geqslant 1). \tag{11.1.3}$$

将 (11.1.2) 式代入方程 (11.1.1)，方程两边的 l 级小量应相等，由此得到

$$(\epsilon_k - \hat{H}_0)|\psi_k^{(l)}\rangle = (\hat{H}' - E_k^{(1)})|\psi_k^{(l-1)}\rangle - E_k^{(2)}|\psi_k^{(l-2)}\rangle - \cdots - E_k^{(l-1)}|\psi_k^{(1)}\rangle - E_k^{(l)}|k\rangle. \tag{11.1.4}$$

用 $\langle k|$ 左乘上述方程的两边，并利用 $\langle k|\hat{H}_0 = \epsilon_k\langle k|$，以及 (11.1.3) 式，可得

$$\boxed{E_k^{(l)} = \langle k|\hat{H}'|\psi_k^{(l-1)}\rangle} \tag{11.1.5}$$

为了从 (11.1.4) 式求得 $|\psi_k^{(l)}\rangle$ 的表达式，我们引入一个有用的算符:

$$\hat{g}_k \equiv \sum_{n\neq k}(\epsilon_k - \epsilon_n)^{-1}|n\rangle\langle n|. \tag{11.1.6}$$

利用 $|n\rangle$ 的正交归一性和完备性, 可以导出 $\hat{g}_k$ 的两个有用的性质:

$$\hat{g}_k|k\rangle = 0, \quad \hat{g}_k(\epsilon_k - \hat{H}_0) = \sum_{n\neq k}|n\rangle\langle n| = 1 - |k\rangle\langle k|. \tag{11.1.7}$$

将 $\hat{g}_k$ 作用到方程 (11.1.4) 的两边, 并利用 (11.1.3) 式和 (11.1.7) 式, 可得

$$\boxed{|\psi_k^{(l)}\rangle = \hat{g}_k(\hat{H}' - E_k^{(1)})|\psi_k^{(l-1)}\rangle - E_k^{(2)}\hat{g}_k|\psi_k^{(l-2)}\rangle - \cdots - E_k^{(l-1)}\hat{g}_k|\psi_k^{(1)}\rangle} \tag{11.1.8}$$

递推公式 (11.1.5) 和 (11.1.8) 表明, 利用能级和定态的低级修正可以导出它们的高级修正. 高级修正通常是可以忽略的, 因此常用的公式为

$$\boxed{E_k^{(1)} = H'_{kk}, \quad |\psi_k^{(1)}\rangle = \hat{g}_k\hat{H}'|k\rangle = \sum_{n\neq k}[H'_{nk}/(\epsilon_k - \epsilon_n)]|n\rangle} \tag{11.1.9}$$

$$\boxed{E_k^{(2)} = \langle k|\hat{H}'\hat{g}_k\hat{H}'|k\rangle = \sum_{n\neq k}|H'_{nk}|^2/(\epsilon_k - \epsilon_n)} \tag{11.1.10}$$

其中微扰矩阵元 $H'_{nk} \equiv \langle n|\hat{H}'|k\rangle$, 它代表微扰导致的 $|n\rangle$ 和 $|k\rangle$ 之间的耦合.

为了准确地理解以上非简并态微扰论的结果, 需要注意以下几点:

(1) 当 $|k\rangle$ 为 $\hat{H}_0$ 的基态时, 由于激发态能级 $\epsilon_n > \epsilon_k$, 从 (11.1.10) 式可以看出 $E_k^{(2)} \leqslant 0$. 所以若基态能的一级修正 $E_k^{(1)} = 0$, 且二级修正 $E_k^{(2)} \neq 0$, 则微扰 $\hat{H}'$ 总是导致体系的基态能降低.

(2) 仅当能级和定态的修正非常小时, 微扰论才是一个好的近似方法. 从 (11.1.9) 式和 (11.1.10) 式可以得到微扰论的适用条件: $|k\rangle$ 态与其他 $|n\rangle$ 态的耦合足够弱, 使得

$$\boxed{|H'_{nk}| \ll |\epsilon_k - \epsilon_n|, \quad (n \neq k)} \tag{11.1.11}$$

(3) 若 $|k\rangle$ 是 $\hat{H}_0$ 的简并本征态, 则 $\hat{H}_0$ 至少还有一个与 $|k\rangle$ 线性独立的本征态 $|n\rangle$, 对应的本征值 $\epsilon_n = \epsilon_k$, 此时 (11.1.11) 式不成立, 即上述微扰论失效. 因此为了研究微扰 $\hat{H}'$ 对 $\hat{H}_0$ 的简并态的影响, 必须建立简并态微扰论, 这将在后面加以介绍.

例 1

设一维谐振子的质量为 m, 频率为 ω, 定态 $|n\rangle$ 对应的能级为

$$\epsilon_n = (n + 1/2)\hbar\omega \quad (n = 0, 1, 2, \cdots).$$

若谐振子的带电量为 q, 且处于均匀静态弱电场 $\mathcal{E}$ 中, 则微扰哈密顿算符为

$$\hat{H}' = -q\mathcal{E}\hat{x} \quad (\lambda \equiv q\mathcal{E}/\sqrt{2m\hbar\omega^3} \ll 1).$$

试求能级 ϵ_k 的一级修正 $E_k^{(1)}$、二级修正 $E_k^{(2)}$ 及定态 $|k\rangle$ 的一级修正 $|\psi_k^{(1)}\rangle$.

解: 微扰哈密顿矩阵元为 $H'_{nk} = -q\mathcal{E}x_{nk}$, 其中 x_{nk} 可由 (9.2.2) 式求得:

$$x_{nk} = \langle n|\hat{x}|k\rangle = \sqrt{\hbar/2m\omega}(\sqrt{k+1}\delta_{n,k+1} + \sqrt{k}\delta_{n,k-1}).$$

利用 (11.1.9) 式和 (11.1.10) 式可求得

$$E_k^{(1)} = -q\mathcal{E}x_{kk} = 0, \quad E_k^{(2)} = q^2\mathcal{E}^2 \sum_{n=k\pm1} |x_{nk}|^2/(\epsilon_k - \epsilon_n) = -\lambda^2\hbar\omega,$$

$$|\psi_k^{(1)}\rangle = -q\mathcal{E} \sum_{n=k\pm1} [x_{nk}/(\epsilon_k - \epsilon_n)]|n\rangle = \lambda\sqrt{k+1}|k+1\rangle - \lambda\sqrt{k}|k-1\rangle.$$

将以上结果与第 2.2 节的例题比较, 可知微扰论二级近似下的能级与精确值恰巧相等, 但一级近似下的定态与精确结果不同.

例 2

类氦离子核外两个电子的哈密顿算符可表示为 $\hat{H} = \hat{H}_0 + \hat{H}'$, 其中

$$\hat{H}_0 = -(\hbar^2/2\mu)(\nabla_1^2 + \nabla_2^2) - ze^2(r_1^{-1} + r_2^{-1}), \quad \hat{H}' = e^2/|\boldsymbol{r}_1 - \boldsymbol{r}_2|.$$

将电子间的库仑排斥能 $\hat{H}'$ 视为微扰, 试求基态能的一级修正.

解: $\hat{H}_0$ 的基态 $|\Phi\rangle$ 是两个电子的轨道基态 $|\Psi\rangle$ 与自旋单态 $|00\rangle$ 的直积, 即

$$|\Phi\rangle = |\Psi\rangle|00\rangle, \quad |\Psi\rangle = |1\mathrm{s}\rangle_1|1\mathrm{s}\rangle_2.$$

其中 $|1\mathrm{s}\rangle$ 表示类氢离子的 1s 态, 相应的波函数为

$$\psi_{1\mathrm{s}}^z(\boldsymbol{r}) = (z^3/\pi a^3)^{1/2}\exp(-zr/a) \quad (a = \hbar^2/\mu e^2).$$

由于 $|\Psi\rangle$ 和 $|00\rangle$ 对于两个电子的交换分别具有对称性和反对称性, 从而确保了 $|\Phi\rangle$ 具有交换反对称性. 设 $\hat{H}_0$ 的基态能为 ϵ_0, 则有

$$\hat{H}_0|\Phi\rangle = \epsilon_0|\Phi\rangle, \quad \epsilon_0 = 2\times(-z^2e^2/2a).$$

由 (11.1.9) 式可知, 基态能的一级修正为 $E_0^{(1)} = \langle\Phi|\hat{H}'|\Phi\rangle = \langle\Psi|\hat{H}'|\Psi\rangle$, 即

$$E_0^{(1)} = e^2 \iint \mathrm{d}\boldsymbol{r}_1\mathrm{d}\boldsymbol{r}_2 \frac{|\psi_{1\mathrm{s}}^z(\boldsymbol{r}_1)\psi_{1\mathrm{s}}^z(\boldsymbol{r}_2)|^2}{|\boldsymbol{r}_1 - \boldsymbol{r}_2|} = \frac{z^6e^2}{\pi^2a^6}\iint \mathrm{d}\boldsymbol{r}_1\mathrm{d}\boldsymbol{r}_2 \frac{\exp[-2z(r_1+r_2)/a]}{|\boldsymbol{r}_1 - \boldsymbol{r}_2|} = \frac{5ze^2}{8a}.$$

此处微扰论适用的条件为 $|E_0^{(1)}/\epsilon_0| \ll 1$, 即 $z \gg 5/8$.

2. 简并态一级微扰论

设量子体系的哈密顿算符为 $\hat{H} = \hat{H}_0 + \hat{H}'$, 简并态微扰论的目标是研究微扰 $\hat{H}'$ 对 $\hat{H}_0$ 的简并态的影响, 为此先考察严格求解能量本征方程会遇到什么困难.

为了求解 $\hat{H}$ 的本征态, 通常选取 $\hat{H}_0$ 的一组完备本征态 $|n\rangle$ 作为表象的基矢量, 使问题转化为求解哈密顿矩阵 H 的本征方程, 即

$$\hat{H}|\psi\rangle = E|\psi\rangle, \quad |\psi\rangle = \sum_n c_n|n\rangle \quad \Rightarrow \quad \sum_{n'} H_{nn'}c_{n'} = Ec_n.$$

由于矩阵 H 的维度通常是无穷大, 所以严格求解以上方程会遇到很大的困难.

为了建立简并态微扰论, 我们将 $\hat{H}_0$ 的本征态 $|n\rangle$ 分为两组, 其中一组是 $\hat{H}_0$ 的某个 f 重简并能级 ϵ 对应的本征态 $|k\rangle$ $(k=1,2,\cdots,f)$, 它们张成 f 维子空间 $\mathcal{E}_\epsilon$, 另一组是 $\hat{H}_0$ 的其他本征值 ϵ_m 对应的本征态 $|m\rangle$, **假设这两组态之间的耦合足够弱**,

$$\boxed{|H'_{mk}| \ll |\epsilon_m - \epsilon| \quad (k=1,2,\cdots,f; \quad m=f+1,f+2,\cdots)} \tag{11.1.12}$$

由于 $\hat{H}'$ 很小, 所以 $\hat{H}$ 有一些本征值 E 非常接近于 ϵ, 设 ϵ 的一级修正为 $E^{(1)}$, 则有

$$E \approx \epsilon + E^{(1)}, \quad |\psi\rangle \approx c_1|1\rangle + c_2|2\rangle + \cdots c_f|f\rangle.$$

其中忽略了子空间 $\mathcal{E}_\epsilon$ 之外的那些 $|m\rangle$ 态对 $|\psi\rangle$ 态的贡献, 从 (11.1.9) 式容易看出, 满足弱耦合条件 (11.1.12) 式的那些 $|m\rangle$ 态对 $|\psi\rangle$ 态的贡献实际上是非常小的.

将以上表达式代入本征方程 $(\hat{H}_0+\hat{H}')|\psi\rangle = E|\psi\rangle$, 得到

$$\boxed{\hat{H}'|\psi\rangle = E^{(1)}|\psi\rangle \quad \Rightarrow \quad \sum_{k'} H'_{kk'}c_{k'} = E^{(1)}c_k} \tag{11.1.13}$$

这实际上是一个 f 维矩阵 H' 的本征方程, 它有非零解的充分必要条件为

$$\det(H' - E^{(1)}I) = 0. \tag{11.1.14}$$

其中 I 为 f 维单位矩阵. 求解此方程可得到本征值 $E^{(1)}_\alpha$ $(\alpha=1,2,\cdots,f)$ 及对应的展开系数 $c_k^{(\alpha)}$ $(k=1,2,\cdots,f)$, 因此一级近似下的能级和新的零级定态分别为

$$\boxed{E_\alpha \approx \epsilon + E^{(1)}_\alpha, \quad |\psi_\alpha\rangle \approx c_1^{(\alpha)}|1\rangle + c_2^{(\alpha)}|2\rangle + \cdots c_f^{(\alpha)}|f\rangle \quad (\alpha=1,2,\cdots,f)} \tag{11.1.15}$$

以上是简并态一级微扰论的主要内容, 它的适用条件为 (11.1.12) 式. 此近似方法避免了求解无穷维矩阵的本征方程, 仅需在 f 维子空间 $\mathcal{E}_\epsilon$ 中将微扰哈密顿算符 $\hat{H}'$ 对角化. 若将 $\mathcal{E}_\epsilon$ 的基矢量取为新的零级定态 $|\psi_\alpha\rangle$, 则矩阵 H' 是对角的, 即

$$\langle\psi_\alpha|\hat{H}'|\psi_{\alpha'}\rangle = E^{(1)}_\alpha \delta_{\alpha\alpha'} \quad (\alpha,\alpha'=1,2,\cdots,f).$$

若 $H'_{kk'} = H'_{kk}\delta_{kk'}$, 则 H'_{kk} 就是能级的一级修正, 此时 (11.1.15) 式简化为

$$\boxed{E_k \approx \epsilon + H'_{kk}, \quad |\psi_k\rangle \approx |k\rangle \quad (k=1,2,\cdots,f)} \tag{11.1.16}$$

下面考虑一个最简单的情形, 假设 ϵ 的简并度 $f=2$, 则方程 (11.1.13) 简化为

$$\begin{pmatrix} H'_{11}-E^{(1)} & H'_{12} \\ H'_{21} & H'_{22}-E^{(1)} \end{pmatrix} \begin{pmatrix} c_1 \\ c_2 \end{pmatrix} = 0 \quad \left(|c_1|^2+|c_2|^2=1\right). \tag{11.1.17}$$

以上方程有非零解的充分必要条件为

$$\begin{vmatrix} H'_{11}-E^{(1)} & H'_{12} \\ H'_{21} & H'_{22}-E^{(1)} \end{vmatrix} = 0 \quad \Rightarrow \quad (H'_{11}-E^{(1)})(H'_{22}-E^{(1)}) - |H'_{12}|^2 = 0.$$

求解以上方程, 可得到能级 ϵ 的一级修正:

$$E_{\pm}^{(1)} = \alpha \pm \sqrt{\beta^2 + |\gamma|^2} \quad [\alpha \equiv (H'_{11} + H'_{22})/2, \beta \equiv (H'_{22} - H'_{11})/2, \gamma \equiv H'_{12}]. \tag{11.1.18}$$

将 $E_{\pm}^{(1)}$ 的表达式代入 (11.1.17) 式, 可求得 (选取适当的相位使得 $c_1^{\pm} > 0$):

$$c_1^{\pm} = 1/\sqrt{1 + |\lambda_{\pm}|^2}, \quad c_2^{\pm} = \lambda_{\pm}/\sqrt{1 + |\lambda_{\pm}|^2}, \quad [\lambda_{\pm} \equiv (\beta \pm \sqrt{\beta^2 + |\gamma|^2})/\gamma].$$

因此, 与能级修正 $E_{\pm}^{(1)}$ 对应的零级定态分别为

$$|\psi_{\pm}\rangle \approx (|1\rangle + \lambda_{\pm}|2\rangle)/\sqrt{1 + |\lambda_{\pm}|^2}. \tag{11.1.19}$$

若 $H'_{11} = H'_{22}$, 设 $H'_{12} = |H'_{12}|\mathrm{e}^{\mathrm{i}\theta}$, 则一级近似下的能级及对应的零级定态分别为

$$E_{\pm} \approx \epsilon + H'_{11} \pm |H'_{12}|, \quad |\psi_{\pm}\rangle \approx (|1\rangle \pm \mathrm{e}^{-\mathrm{i}\theta}|2\rangle)/\sqrt{2}. \tag{11.1.20}$$

3. 氢原子的斯塔克效应

当原子处于外电场中, 原子中的电子与外电场之间的相互作用会导致原子能级发生分裂, 从而引起原子光谱线的分裂, 此即斯塔克效应. 原子能级一般都是简并的, 需要利用简并态微扰论计算能级的修正, 下面以碱金属为例加以阐述.

设碱金属原子处于 z 方向的均匀弱电场 $\mathcal{E}$ 中, 则价电子的微扰哈密顿算符为

$$\hat{H}' = e\mathcal{E}z = e\mathcal{E}r\cos\theta.$$

由于 $\hat{H}'$ 不含自旋算符, 因而在研究斯塔克效应时可以不计自旋自由度. 对于除氢原子之外的碱金属原子, 原子能级 ϵ_{nl} 的简并空间 $\mathcal{E}_{nl}$ 的基矢可取为 $(2l+1)$ 个定态 $|nlm\rangle$, 它们具有相同的宇称 $(-1)^l$, 而微扰哈密顿算符 $\hat{H}'$ 是奇宇称算符, 即

$$\hat{P}|nlm\rangle = (-1)^l|nlm\rangle, \quad \hat{P}\hat{H}'\hat{P} = -\hat{H}'.$$

其中 $\hat{P}$ 为宇称算符. 易证空间 $\mathcal{E}_{nl}$ 中的任何两个态之间均不存在耦合, 即

$$\langle nlm|\hat{H}'|nlm'\rangle = \langle nlm|\hat{P}(\hat{P}\hat{H}'\hat{P})\hat{P}|nlm'\rangle = (-1)^{2l+1}\langle nlm|\hat{H}'|nlm'\rangle = -\langle nlm|\hat{H}'|nlm'\rangle$$
$$\Rightarrow \quad \langle nlm|\hat{H}'|nlm'\rangle = 0.$$

由 (11.1.14) 式可知 ϵ_{nl} 的一级修正为零, 即**一般的碱金属原子没有一级斯塔克效应**.

由于氢原子的对称性比其他碱金属原子的高, 它是存在一级斯塔克效应的, 下面给出详细论证. 氢原子的基态能和第一激发态能级分别为 (以下 a 为玻尔半径)

$$\epsilon_1 = -e^2/2a, \quad \epsilon_2 = -e^2/8a \quad (a = \hbar^2/\mu e^2).$$

无外电场时, 氢原子从第一激发态跃迁到基态的光谱线频率为

$$\omega_0 = (\epsilon_2 - \epsilon_1)/\hbar = 3e^2/8\hbar a.$$

基态为非简并的 1s 态 $|100\rangle$, 易知外电场导致的基态能的一级修正为

$$E_1^{(1)} = \langle 100|\hat{H}'|100\rangle = 0.$$

第一激发态空间 $\mathcal{E}_2$ 是 4 维的, 基矢量可取为 2s 态 $|200\rangle$ 和 2p 态 $|21m\rangle$ $(m=0,\pm1)$. 设态 $|200\rangle$ 和 $|210\rangle$ 张成子空间 $\tilde{\mathcal{E}}_0$, 而态 $|211\rangle$ 和 $|2,1,-1\rangle$ 张成子空间 $\tilde{\mathcal{E}}_1$, 则有

$$\mathcal{E}_2 = \tilde{\mathcal{E}}_0 \oplus \tilde{\mathcal{E}}_1.$$

易证微扰 $\hat{H}'$ 不会导致子空间 $\tilde{\mathcal{E}}_0$ 和 $\tilde{\mathcal{E}}_1$ 之间的耦合, 且 $\hat{H}'$ 在 $\tilde{\mathcal{E}}_1$ 中的矩阵元均为零, 而在 $\tilde{\mathcal{E}}_0$ 中的非零矩阵元仅为 (以下 $\omega_1 \equiv 3e\mathcal{E}a/\hbar$)

$$\langle 200|\hat{H}'|210\rangle = e\mathcal{E}\int_0^\infty r^2\mathrm{d}rR_{20}^*(r)rR_{21}(r)\int \mathrm{d}\varOmega Y_{00}^*(\theta,\varphi)\cos\theta Y_{10}(\theta,\varphi) = -\hbar\omega_1.$$

由 (11.1.16) 式和 (11.1.20) 式可知, 第一激发态能级分裂为 3 条 (图 11.1.1): 其中 2 重简并能级 ϵ_2 对应于定态 $|2,1,\pm1\rangle$, 而非简并能级 $(\epsilon_2 \pm \hbar\omega_1)$ 分别对应于定态 $(|200\rangle \mp |210\rangle)/\sqrt{2}$.

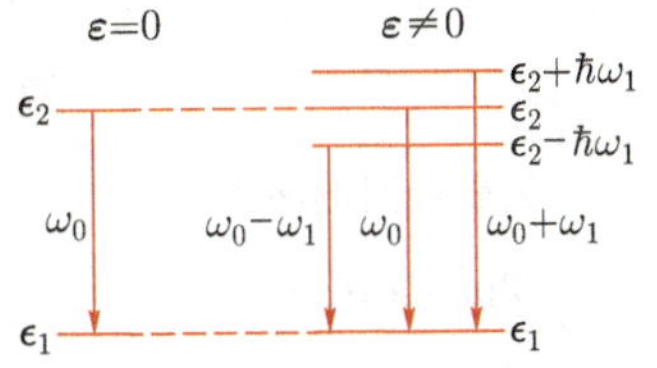

图 11.1.1　氢原子的斯塔克效应

有外电场时, 电子从第一激发态跃迁到基态的光谱线分裂为 3 条, 频率为

$$\omega = (\epsilon_2 + E_2^{(1)} - \epsilon_1)/\hbar = \omega_0, \omega_0 \pm \omega_1.$$

此处微扰论的适用条件为 $\omega_1/\omega_0 \ll 1$, 即 $\mathcal{E} \ll e/a^2$.

4. 反常塞曼效应

当原子处于弱磁场中时, 原子光谱线会分裂为偶数条, 此即反常塞曼效应. 此效应的理论解释涉及简并态微扰论, 下面以碱金属原子为例加以阐述.

无磁场时, 碱金属原子中价电子的哈密顿算符为

$$\hat{H}_0 = \hat{p}_r^2/2\mu + \hat{\boldsymbol{l}}^2/2\mu r^2 + V(r) + (1/2)\xi(r)(\hat{\boldsymbol{j}}^2 - \hat{\boldsymbol{l}}^2 - 3\hbar^2/4) \quad (\hat{\boldsymbol{j}} \equiv \hat{\boldsymbol{l}} + \hat{\boldsymbol{s}}).$$

体系的守恒量完备集可选为 $\{\hat{H}_0, \hat{\boldsymbol{l}}^2, \hat{\boldsymbol{j}}^2, \hat{j}_z\}$, 其共同本征态 (束缚态) 记为 $|nljm_j\rangle$, 对应的能级记为 ϵ_{nlj}, 能级简并度为 $(2j+1)$.

让我们考虑钠原子, 基态价电子处于 $3\mathrm{s}_{1/2}$ 能级, 自旋–轨道耦合 (SOC) 效应导致 3p 能级分裂为 $3\mathrm{p}_{3/2}$ 和 $3\mathrm{p}_{1/2}$ 两个能级, 钠黄线由两条很靠近的谱线构成 (精细结构), 相应的跃迁过程和光谱频率分别为

$$3\mathrm{p}_{3/2} \to 3\mathrm{s}_{1/2}, \quad \hbar\omega_1 = \epsilon_{31(3/2)} - \epsilon_{30(1/2)} \quad (\lambda = 5\,890\ \text{Å});$$

$$3\mathrm{p}_{1/2} \to 3\mathrm{s}_{1/2}, \quad \hbar\omega_2 = \epsilon_{31(1/2)} - \epsilon_{30(1/2)} \quad (\lambda = 5\,896\ \text{Å}).$$

若碱金属原子处于沿 z 轴方向的均匀静磁场 $\boldsymbol{B}$ 中, 则价电子的哈密顿算符为

$$\hat{H} = \hat{H}_0 + \hat{H}', \quad \hat{H}' = -\hat{\mu}_j^z B.$$

其中 $\hat{\boldsymbol{\mu}}_j$ 为价电子的总磁矩算符, 它是轨道磁矩与自旋磁矩之和, 即

$$\hat{\boldsymbol{\mu}}_j \equiv \hat{\boldsymbol{\mu}}_l + \hat{\boldsymbol{\mu}}_s = -e(\hat{\boldsymbol{l}} + 2\hat{\boldsymbol{s}})/2\mu c = -e(\hat{\boldsymbol{j}} + \hat{\boldsymbol{s}})/2\mu c.$$

假设磁场很弱, 因而可将 $\hat{H}'$ 视为微扰, 下面计算简并能级 ϵ_{nlj} 的一级修正. 利用 (8.3.11) 式可以证明, 子空间 $\mathcal{E}_{nlj}$ 中的微扰哈密顿矩阵 H'_{nlj} 是对角的, 即

$$\begin{aligned}&\langle nljm_j|\hat{H}'|nljm'_j\rangle = \omega_L\langle nljm_j|(\hat{j}_z + \hat{s}_z)|nljm'_j\rangle\\ =\ &m_j[1 \pm 1/(2l+1)]\hbar\omega_{\mathrm{L}}\delta_{m_j m'_j} \quad (j = l \pm 1/2, \omega_{\mathrm{L}} = eB/2\mu c).\end{aligned}$$

利用 (11.1.16) 式, 得到有磁场时的能级:

$$\boxed{E_{nljm_j} \approx \epsilon_{nlj} + m_j[1 \pm 1/(2l+1)]\hbar\omega_{\mathrm{L}} \quad (j = l \pm 1/2)}$$

表 11.1.1 所示为弱磁场导致部分能级的分裂情况.

表 11.1.1　弱磁场导致的能级分裂情况

无磁场时的能级	弱磁场导致的能级分裂
$3\mathrm{p}_{3/2}[\epsilon_{31(3/2)}]$	$3\mathrm{p}_{3/2}^{\pm 3/2}[\epsilon_{31(3/2)} \pm 2\hbar\omega_{\mathrm{L}}]$,　$3\mathrm{p}_{3/2}^{\pm 1/2}[\epsilon_{31(3/2)} \pm 2\hbar\omega_{\mathrm{L}}/3]$
$3\mathrm{p}_{1/2}[\epsilon_{31(1/2)}]$	$3\mathrm{p}_{1/2}^{\pm 1/2}[\epsilon_{31(1/2)} \pm \hbar\omega_{\mathrm{L}}/3]$
$3\mathrm{s}_{1/2}[\epsilon_{30(1/2)}]$	$3\mathrm{s}_{1/2}^{\pm 1/2}[\epsilon_{30(1/2)} \pm \hbar\omega_{\mathrm{L}}]$

价电子在 $|nljm_j\rangle$ 态与 $|n'l'j'm'_j\rangle$ 态之间跃迁的选择定则为 (参见第 12.2 节)

$$|l - l'| = 1, \quad |j - j'| = 0, 1, \quad |m_j - m'_j| = 0, 1.$$

因此波长为 5 890 Å 的钠黄线分裂为 6 条 (图 11.1.2), 跃迁过程及相应的谱线频率分别为

$$\begin{aligned}&3\mathrm{p}_{3/2}^{1/2} \to 3\mathrm{s}_{1/2}^{-1/2}\ (\omega_1 + 5\omega_{\mathrm{L}}/3); \quad 3\mathrm{p}_{3/2}^{3/2} \to 3\mathrm{s}_{1/2}^{1/2}\ (\omega_1 + \omega_{\mathrm{L}});\\ &3\mathrm{p}_{3/2}^{-1/2} \to 3\mathrm{s}_{1/2}^{-1/2}\ (\omega_1 + \omega_{\mathrm{L}}/3); \quad 3\mathrm{p}_{3/2}^{1/2} \to 3\mathrm{s}_{1/2}^{1/2}\ (\omega_1 - \omega_{\mathrm{L}}/3);\\ &3\mathrm{p}_{3/2}^{-3/2} \to 3\mathrm{s}_{1/2}^{-1/2}\ (\omega_1 - \omega_{\mathrm{L}}); \quad 3\mathrm{p}_{3/2}^{-1/2} \to 3\mathrm{s}_{1/2}^{1/2}\ (\omega_1 - 5\omega_{\mathrm{L}}/3).\end{aligned}$$

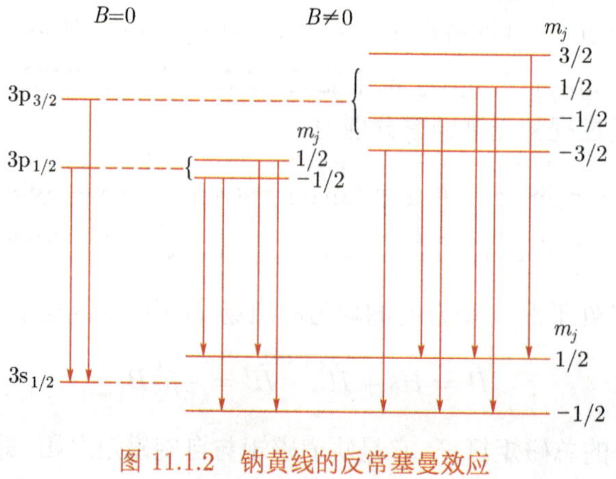

图 11.1.2　钠黄线的反常塞曼效应

而波长为 5 896 Å 的钠黄线分裂为 4 条, 跃迁过程及相应的谱线频率分别为

$$3\mathrm{p}_{1/2}^{1/2} \to 3\mathrm{s}_{1/2}^{-1/2}\ (\omega_2 + 4\omega_\mathrm{L}/3); \quad 3\mathrm{p}_{1/2}^{-1/2} \to 3\mathrm{s}_{1/2}^{-1/2}\ (\omega_2 + 2\omega_\mathrm{L}/3);$$

$$3\mathrm{p}_{1/2}^{1/2} \to 3\mathrm{s}_{1/2}^{1/2}\ (\omega_2 - 2\omega_\mathrm{L}/3); \quad 3\mathrm{p}_{1/2}^{-1/2} \to 3\mathrm{s}_{1/2}^{1/2}\ (\omega_2 - 4\omega_\mathrm{L}/3).$$

由 (11.1.12) 式可知, 这里的简并态微扰论的适用条件为

$$|\langle nljm_j|\hat{H}'|nlj'm_j'\rangle| \ll |\epsilon_{nlj} - \epsilon_{nlj'}|\ (j \neq j') \quad \Rightarrow \quad \omega_\mathrm{L} \ll \omega_1 - \omega_2.$$

*5. 简并态二级微扰论

如果简并态能级的一级修正为零, 就需要计算二级修正. 这种情形会出现在一些有重要实际意义的量子体系中, 因此有必要建立简并态的二级微扰论.

设体系的哈密顿算符为 $\hat{H} = \hat{H}_0 + \hat{H}'$. 仿照简并态一级微扰论的做法, 我们将 $\hat{H}_0$ 的一套正交归一完备的本征矢分为两组, 其中一组是 $\hat{H}_0$ 的某个简并能级 ϵ 对应的本征矢 $|k\rangle(k = 1, 2, \cdots, f)$, 它们张成 f 维子空间 $\mathcal{E}_\epsilon$, 另一组是 $\hat{H}_0$ 的其他本征值 ϵ_m 对应的本征矢 $|m\rangle(m = f, f+1, f+2, \cdots)$, 并假设微扰 $\hat{H}'$ 满足 (11.1.12) 式.

为了求解 $\hat{H}$ 的本征态 $|\psi\rangle$, 可将它用 $\hat{H}_0$ 的完备本征态展开, 即

$$|\psi\rangle = \sum_{k \leqslant f} a_k|k\rangle + \sum_{m \geqslant f+1} b_m|m\rangle. \tag{11.1.21}$$

将上式代入本征方程 $\hat{H}|\psi\rangle = E|\psi\rangle$, 可得到方程组:

$$\sum_{k' \leqslant f} H_{kk'}a_{k'} + \sum_{m \geqslant f+1} H'_{km}b_m = Ea_k \quad (k = 1, 2, \cdots, f); \tag{11.1.22}$$

$$\sum_{k \leqslant f} H'_{mk}a_k + \sum_{m' \geqslant f+1} H'_{mm'}b_{m'} = (E - \epsilon_m)b_m \quad (m = f, f+1, f+2, \cdots). \tag{11.1.23}$$

下面仅研究 E 非常接近 ϵ 的情形, 此时 a_k 不是小量, 而 b_m 为一级小量, 可在方程 (11.1.23) 中略去二级小量 $H'_{mm'}b_{m'}$, 并将此式中的 E 近似取为 ϵ, 得到

$$b_m \approx \sum_{k \leqslant f} H'_{mk}a_k/(\epsilon - \epsilon_m). \tag{11.1.24}$$

将 (11.1.24) 式代入方程 (11.1.22), 可得到二级近似下的能量本征方程:

$$\boxed{\sum_{k' \leqslant f} \mathcal{H}_{kk'}a_{k'} \approx Ea_k, \quad \mathcal{H}_{kk'} \equiv H_{kk'} + \sum_{m \geqslant f+1} H'_{km}H'_{mk'}/(\epsilon - \epsilon_m)} \tag{11.1.25}$$

由于计入了 $\hat{H}_0$ 的其他本征态 $|m\rangle$ 对简并态的影响, 因此在 $\mathcal{H}_{kk'}$ 中出现了 H' 矩阵元的二次项. 以 $\mathcal{H}_{kk'}$ 为矩阵元构成一个 f 维的**有效哈密顿**矩阵 $\mathcal{H}$, 设子空间 $\mathcal{E}_\epsilon$ 的投影算符为 $\hat{P}$, 容易证明, 对应的有效哈密顿算符为

$$\boxed{\hat{\mathcal{H}} = \hat{P}(\hat{H} + \hat{H}'\hat{g}\hat{H}')\hat{P}, \quad \hat{P} \equiv \sum_{k \leqslant f} |k\rangle\langle k|, \quad \hat{g} \equiv \sum_{m \geqslant f+1} (\epsilon - \epsilon_m)^{-1}|m\rangle\langle m|} \tag{11.1.26}$$

求解本征方程 (11.1.25), 得到二级近似下的能级 $E_\alpha(\alpha=1,2,\cdots,f)$ 及系数 $a_k^{(\alpha)}(k=1,2,\cdots,f)$, 将后者代入 (11.1.21) 式和 (11.1.24) 式, 得到一级近似下的定态:

$$|\psi_\alpha\rangle \approx \sum_{k\leqslant f} a_k^{(\alpha)}|k\rangle + \sum_{m\geqslant f+1}\sum_{k\leqslant f}[H'_{mk}a_k^{(\alpha)}/(\epsilon-\epsilon_m)]|m\rangle \tag{11.1.27}$$

若 $\mathcal{H}_{kk'}=\mathcal{H}_{kk}\delta_{kk'}$, 则方程 (11.1.25) 非常容易求解, 结果为

$$E_k \approx H_{kk} + \sum_{m\geqslant f+1}|H'_{mk}|^2/(\epsilon-\epsilon_m), \quad |\psi_k\rangle \approx |k\rangle + \sum_{m\geqslant f+1}[H'_{mk}/(\epsilon-\epsilon_m)]|m\rangle \tag{11.1.28}$$

值得指出, 非简并态微扰论公式 (11.1.9) 式和 (11.1.10) 式是上式在 $f=1$ 时的特例.

也可采用幺正变换的方式来阐述简并态二级微扰论. 设算符 $\hat{S}$ 满足 $\hat{S}^\dagger=-\hat{S}$, 则 $\mathrm{e}^{-\hat{S}}$ 为一个幺正算符, 对体系的哈密顿算符 $\hat{H}$ 作如下幺正变换:

$$\hat{\bar{H}} \equiv \mathrm{e}^{-\hat{S}}\hat{H}e^{\hat{S}} \quad (\hat{S}^\dagger=-\hat{S}) \tag{11.1.29}$$

设 $\hat{S}$ 与微扰 $\hat{H}'$ 为同一级的小量, 即 $\hat{S}\sim\hat{H}'$, 由附录 D 中的贝克–豪斯多夫公式可得

$$\hat{\bar{H}} \approx \hat{H}+[\hat{H},\hat{S}]+[[\hat{H},\hat{S}],\hat{S}]/2! \approx \hat{H}+[\hat{H}_0,\hat{S}]+[\hat{H}',\hat{S}]+[[\hat{H}_0,\hat{S}],\hat{S}]/2. \tag{11.1.30}$$

上式右边仅保留至二级小量. 此外, 要求所选的算符 $\hat{S}$ 满足条件:

$$S_{kk'}=0, \quad S_{km}=H'_{km}/(\epsilon_m-\epsilon)=-S^*_{mk} \tag{11.1.31}$$

利用上式可计算 (11.1.30) 式右边的每一项在子空间 $\mathcal{E}_\epsilon$ 中的矩阵元, 即

$$\begin{aligned}
\langle k|[\hat{H}_0,\hat{S}]|k'\rangle &= \langle k|(\hat{H}_0\hat{S}-\hat{S}\hat{H}_0)|k'\rangle = (\epsilon-\epsilon)S_{kk'}=0,\\
\langle k|[\hat{H}',\hat{S}]|k'\rangle &= \langle k|(\hat{H}'\hat{S}-\hat{S}\hat{H}')|k'\rangle = \sum_m (H'_{km}S_{mk'}-S_{km}H'_{mk'})\\
&= -2\sum_m \frac{H'_{km}H'_{mk'}}{\epsilon-\epsilon_m},\\
\langle k|[[\hat{H}_0,\hat{S}],\hat{S}]|k'\rangle &= \sum_m(\langle k|[\hat{H}_0,\hat{S}]|m\rangle S_{mk'}-S_{km}\langle m|[\hat{H}_0,\hat{S}]|k'\rangle)\\
&= 2\sum_m(\epsilon-\epsilon_m)S_{km}S_{mk'} = -2\sum_m\frac{H'_{km}H'_{mk'}}{\epsilon-\epsilon_m}.
\end{aligned}$$

由以上结果易证, $\hat{\bar{H}}$ 在 $\mathcal{E}_\epsilon$ 中的矩阵元等于 (11.1.25) 式中的有效哈密顿矩阵元:

$$\bar{H}_{kk'} \approx H_{kk'}+\langle k|[\hat{H}',\hat{S}]|k'\rangle/2=\mathcal{H}_{kk'}.$$

上式表明, (11.1.26) 式中的有效哈密顿算符也可表示为

$$\hat{\mathcal{H}}=\hat{P}\{\hat{H}+[\hat{H}',\hat{S}]/2\}\hat{P} \tag{11.1.32}$$

注意到 $\hat{\hat{H}}$ 与 $\hat{H}$ 有相同的本征值, 它们的本征态通过一个幺正变换相联系, 即

$$\hat{\hat{H}}|\phi\rangle = E|\phi\rangle, \quad |\psi\rangle \equiv \mathrm{e}^{\hat{S}}|\phi\rangle \quad \Rightarrow \quad \hat{H}|\psi\rangle = E|\psi\rangle.$$

$\hat{\mathcal{H}}$ 的本征态就是 $\hat{\hat{H}}$ 在子空间 $\mathcal{E}_\epsilon$ 中的近似本征态, 可表示为

$$|\phi\rangle = \sum_k a_k|k\rangle.$$

因此 $\hat{H}$ 的一级近似本征态为

$$|\psi\rangle \approx (1+\hat{S})|\phi\rangle = (1+\hat{S})\sum_k a_k|k\rangle = \sum_k a_k|k\rangle + \sum_{km} a_k S_{mk}|m\rangle.$$

将 (11.1.31) 式代入上式, 可得到与 (11.1.27) 式相同的结果.

值得指出, 若体系存在满足以下条件的算符 $\hat{S}$:

$$[\hat{S}, \hat{H}_0] = \hat{H}' \quad \Rightarrow \quad H'_{kk'} = 0, \quad H'_{km} = S_{km}(\epsilon_m - \epsilon). \tag{11.1.33}$$

则能级 ϵ 的一级修正为零, 而有效哈密顿算符简化为

$$\boxed{\hat{\mathcal{H}} = \hat{P}\{\hat{H}_0 + [\hat{H}', \hat{S}]/2\}\hat{P}} \tag{11.1.34}$$

例 3

设平面转子被限制在 xy 平面内转动, 转动惯量为 I, 电偶极矩为 d, 转子处于沿 x 方向的均匀静电场 $\mathcal{E}$ 中, 转子与 x 轴的夹角为 θ, 哈密顿算符为

$$\hat{H} = \hat{H}_0 + \hat{H}', \quad \hat{H}_0 = -\hbar^2\partial_\theta^2/2I, \quad \hat{H}' = -d\mathcal{E}\cos\theta.$$

令 $\lambda \equiv Id\mathcal{E}/\hbar^2$, 已知算符 $\hat{H}_0$ 的归一化本征函数和本征值分别为

$$\phi_n(\theta) = \sqrt{1/2\pi}\exp(\mathrm{i}n\theta), \quad \epsilon_n = n^2\hbar^2/2I \quad (n = 0, \pm1, \pm2, \cdots).$$

(1) 若 $\lambda \ll 1$, 试求一级近似下的能量本征函数和二级近似下的能级.

(2) 若 $\lambda \gg 1$, 试求转子的近似能级.

解: (1) 可将 $\hat{H}'$ 视为微扰, 在以 $\phi_n(\theta)$ 为基函数的表象中, $\hat{H}'$ 的矩阵元为

$$H'_{nn'} = \int_{-\pi}^{\pi} \mathrm{d}\theta\phi_n^*(\theta)\hat{H}'\phi_{n'}(\theta) = -\frac{d\mathcal{E}}{2}(\delta_{n,n'+1} + \delta_{n,n'-1}).$$

基态 $(n=0)$ 是非简并的, 激发态 $(n \neq 0)$ 是二重简并的. 设能级 ϵ_k 对应的子空间为 $\mathcal{E}_{|k|}$, 基函数可选为 $\phi_{\pm k}(\theta)$, 易知子空间 $\mathcal{E}_{|k|}$ 中的微扰哈密顿矩阵元均为零, 即

$$H'_{kk} = H'_{-k,-k} = H'_{k,-k} = H'_{-k,k} = 0.$$

因此所有能级的一级修正均为零.

当 $|k| \neq 1$ 时, 子空间 $\mathcal{E}_{|k|}$ 中的有效哈密顿矩阵是对角矩阵, 即

$$\mathcal{H}_{kk'} = H_{kk'} + \sum_{n=k\pm1} H'_{kn}H'_{nk'}/(\epsilon_k - \epsilon_n) = E_k\delta_{kk'}, \quad E_k = \epsilon_k + [2\lambda^2/(4k^2-1)]\epsilon_1.$$

上式中的 E_k 即为二级近似下的能级, 对应的一级近似本征函数为

$$\psi_k \approx \phi_k + \sum_{n=k\pm1} [H'_{nk}/(\epsilon_k - \epsilon_n)]\phi_n = \phi_k + [\lambda/(2k+1)]\phi_{k+1} - [\lambda/(2k-1)]\phi_{k-1}.$$

下面计算 ϵ_1 的二级修正, 子空间 $\mathcal{E}_1$ 中的有效哈密顿矩阵是非对角矩阵, 即

$$\begin{aligned}
\mathcal{H}_{11} &= H_{11} + H'_{10}H'_{01}/(\epsilon_1 - \epsilon_0) + H'_{12}H'_{21}/(\epsilon_1 - \epsilon_2) = (1 + 2\lambda^2/3)\epsilon_1, \\
\mathcal{H}_{-1,-1} &= H_{-1,-1} + H'_{-1,0}H'_{0,-1}/(\epsilon_1 - \epsilon_0) + H'_{-1,-2}H'_{-2,-1}/(\epsilon_1 - \epsilon_2) = (1 + 2\lambda^2/3)\epsilon_1, \\
\mathcal{H}_{1,-1} &= H_{1,-1} + H'_{10}H'_{0,-1}/(\epsilon_1 - \epsilon_0) = \lambda^2\epsilon_1 = \mathcal{H}_{-1,1}.
\end{aligned}$$

子空间 $\mathcal{E}_1$ 中的有效哈密顿矩阵的本征方程为

$$\epsilon_1 \begin{pmatrix} 1 + 2\lambda^2/3 & \lambda^2 \\ \lambda^2 & 1 + 2\lambda^2/3 \end{pmatrix} \begin{pmatrix} a_1 \\ a_{-1} \end{pmatrix} = E_1 \begin{pmatrix} a_1 \\ a_{-1} \end{pmatrix} \quad (|a_1|^2 + |a_{-1}|^2 = 1).$$

求解以上方程, 得到 $\hat{H}$ 的两个二级近似本征值 $E_1^{(\pm)}$ 和对应的展开系数:

$$\begin{aligned}
E_1^{(+)} &= (1 + 5\lambda^2/3)\epsilon_1, \quad a_1^{(+)} = a_{-1}^{(+)} = 1/\sqrt{2}, \\
E_1^{(-)} &= (1 - \lambda^2/3)\epsilon_1, \quad a_1^{(-)} = -a_{-1}^{(-)} = 1/\sqrt{2}.
\end{aligned}$$

利用 (11.1.27) 式, 可知能级 $E_1^{(\pm)}$ 对应的一级近似本征函数为

$$\begin{aligned}
\psi_1^{(\pm)} &\approx a_1^{(\pm)}\phi_1 + a_{-1}^{(\pm)}\phi_{-1} + \frac{H'_{01}a_1^{(\pm)}}{\epsilon_1 - \epsilon_0}\phi_0 + \frac{H'_{21}a_1^{(\pm)}}{\epsilon_1 - \epsilon_2}\phi_2 + \frac{H'_{0,-1}a_{-1}^{(\pm)}}{\epsilon_1 - \epsilon_0}\phi_0 + \frac{H'_{-2,-1}a_{-1}^{(\pm)}}{\epsilon_1 - \epsilon_{-2}}\phi_{-2} \\
\Rightarrow \quad \psi_1^{(+)} &= (1/\sqrt{2})(\phi_1 + \phi_{-1}) + (\lambda/3\sqrt{2})(\phi_2 + \phi_{-2} - 6\phi_0), \\
\psi_1^{(-)} &= (1/\sqrt{2})(\phi_1 - \phi_{-1}) + (\lambda/3\sqrt{2})(\phi_2 - \phi_{-2}).
\end{aligned}$$

(2) 若 $\lambda \gg 1$, 则 $\hat{H}'$ 不能视为微扰, 微扰论不适用. 处于强电场下的转子只能在平衡位置 $(\theta = 0)$ 附近作微小转动 $(|\theta| \ll \pi)$, 哈密顿算符可近似为

$$\hat{H} \approx -\hbar^2\partial_\theta^2/2I + I\omega^2\theta^2/2 - d\mathcal{E} \quad (\omega \equiv \sqrt{d\mathcal{E}/I}).$$

因此可将它近似视为一个质量为 I, 频率为 ω 的一维谐振子, 其能级近似为

$$E_n \approx (n + 1/2)\hbar\omega - d\mathcal{E} \quad (n = 0, 1, 2, \cdots).$$

§ 11.2 变分法

虽然定态微扰论是求解许多量子体系的束缚定态的常用近似方法, 但它对某些量子体系并不适用, 特别是当微扰级数收敛较慢时, 需要计算能级和定态的高阶修正, 因而很不方便. 对某些量子体系而言, 变分法是求解束缚定态的一个行之有效的近似方法, 它基于量子力学中的变分原理.

1. 变分原理

变分原理是关于厄密算符的本征值和本征矢的一个严格定理, 内容如下:
设 $\hat{A}$ 为矢量空间 $\mathcal{E}$ 上的一个厄密算符, 而 $|\psi\rangle$ 为 $\mathcal{E}$ 中的态矢量, 定义泛函:

$$\overline{A}\{\psi\} \equiv \langle\psi|\hat{A}|\psi\rangle / \langle\psi|\psi\rangle.$$

则 $\overline{A}\{\psi\}$ 取极值的充分必要条件: $|\psi\rangle$ 为 $\hat{A}$ 的本征态, 相应的极值 $\overline{A}$ 为 $\hat{A}$ 的本征值.

证明: 以上泛函的变分定义为 $\delta\overline{A} \equiv \overline{A}\{\psi+\delta\psi\} - \overline{A}\{\psi\}$, 可得

$$\delta\overline{A} = (\langle\delta\psi|\hat{A}|\psi\rangle + \langle\psi|\hat{A}|\delta\psi\rangle)/\langle\psi|\psi\rangle - \langle\psi|\hat{A}|\psi\rangle(\langle\delta\psi|\psi\rangle + \langle\psi|\delta\psi\rangle)/\langle\psi|\psi\rangle^2$$

$$\Rightarrow \quad \langle\psi|\psi\rangle\delta\overline{A} = \langle\delta\psi|(\hat{A}-\overline{A})|\psi\rangle + \langle\psi|(\hat{A}-\overline{A})|\delta\psi\rangle.$$

其中 $|\delta\psi\rangle$ 和 $\langle\delta\psi|$ 可视为相互独立的任意变分, 故 $\overline{A}\{\psi\}$ 取极值的充分必要条件为

$$\boxed{\delta\overline{A} = 0 \quad \Rightarrow \quad \hat{A}|\psi\rangle = \overline{A}|\psi\rangle} \tag{11.2.1}$$

即 $|\psi\rangle$ 为厄密算符 $\hat{A}$ 的本征矢, 相应的极值 $\overline{A}$ 即为 $\hat{A}$ 的本征值, 证毕.

以上变分原理通常被用来研究体系的定态, 即在体系的态空间 $\mathcal{E}$ 中寻找使得能量泛函 $\overline{H}\{\psi\}$ 取极值的量子态 $|\psi\rangle$, 它就是体系的定态.

例 1

设粒子受到的势能 $V(\boldsymbol{r})$ 是 x, y, z 的 n 次齐次函数, 即 $V(\lambda\boldsymbol{r}) = \lambda^n V(\boldsymbol{r})$, 试用变分原理证明: 束缚定态的动能平均值 $\overline{T}$ 与势能平均值 $\overline{V}$ 满足维里定理的推论:

$$2\overline{T} = n\overline{V}.$$

证明: 设粒子质量为 m, 体系的一个束缚定态的归一化波函数为 $\psi(\boldsymbol{r})$, 则有

$$\overline{T} = \int \mathrm{d}\boldsymbol{r}\psi^*(\boldsymbol{r})\left(-\frac{\hbar^2}{2m}\nabla^2\right)\psi(\boldsymbol{r}), \quad \overline{V} = \int \mathrm{d}\boldsymbol{r}\psi^*(\boldsymbol{r})V(\boldsymbol{r})\psi(\boldsymbol{r}).$$

引入波函数 $\psi_\lambda(\boldsymbol{r}) \equiv \lambda^{3/2}\psi(\lambda\boldsymbol{r})$ (λ 为连续实参量), 它显然满足归一化条件, 即

$$\int \mathrm{d}\boldsymbol{r}|\psi_\lambda(\boldsymbol{r})|^2 = \int \mathrm{d}\boldsymbol{r}|\psi(\boldsymbol{r})|^2 = 1.$$

体系在量子态 $\psi_\lambda(\boldsymbol{r})$ 下的能量平均值为

$$\begin{aligned}\overline{H}(\lambda) &= \int \mathrm{d}\boldsymbol{r}\psi_\lambda^*(\boldsymbol{r})\left[-\frac{\hbar^2}{2m}\nabla^2 + V(\boldsymbol{r})\right]\psi_\lambda(\boldsymbol{r}) = \lambda^3\int \mathrm{d}\boldsymbol{r}\psi^*(\lambda\boldsymbol{r})\left[-\frac{\hbar^2}{2m}\nabla^2 + V(\boldsymbol{r})\right]\psi(\lambda\boldsymbol{r}) \\ &= \int \mathrm{d}\boldsymbol{r}\psi^*(\boldsymbol{r})\left[-\lambda^2\frac{\hbar^2}{2m}\nabla^2 + V(\boldsymbol{r}/\lambda)\right]\psi(\boldsymbol{r}).\end{aligned}$$

注意到 $V(\boldsymbol{r}/\lambda) = \lambda^{-n}V(\boldsymbol{r})$, 将它代入上式, 可得

$$\overline{H}(\lambda) = \lambda^2\overline{T} + \lambda^{-n}\overline{V}.$$

由于 $\psi_{\lambda=1}(\boldsymbol{r})$ 是体系的定态波函数, 根据变分原理, $\lambda = 1$ 是 $\overline{H}(\lambda)$ 的极值点, 即

$$\partial_\lambda\overline{H}|_{\lambda=1} = 0 \quad \Rightarrow \quad 2\overline{T} - n\overline{V} = 0.$$

2. 变分法

虽然变分原理本身是严格的, 然而对于一般的量子体系, 没有一个切实可行的途径能够严格求解能量泛函的极值问题, 通常需要采取某种形式的近似方法, 这就是变

分法, 其具体形式依赖于所研究体系的特征, 下面简述其主要思想.

变分法的关键是根据体系的具体特征, 选取物理上合理而数学上较简单的试探态矢量 $|\psi\rangle$, 然后求出体系在 $|\psi\rangle$ 态下的能量平均值 $\overline{H}\{\psi\}$, 再根据 $\overline{H}$ 的极值条件定出所取试探形式下的最佳量子态, 作为体系定态的一个近似解. 此方法相当于局限在态空间 $\mathcal{E}$ 的某个子集 $\mathcal{E}'$ 中求解能量泛函 $\overline{H}\{\psi\}$ 的极值问题.

用变分法研究体系的基态比较方便, 而处理激发态比较麻烦, 且一般说来精确度也较低. 例如, 在选取第一激发态的试探形式时, 应要求它与已求得的基态正交, 然后再按照处理基态的办法求第一激发态的最佳结果.

一个体系在任意量子态下的能量平均值 $\overline{H}$ 总是不低于严格的基态能 E_0, 即

$$\boxed{\overline{H} \geqslant E_0} \tag{11.2.2}$$

因此**用变分法求得的近似基态能必不低于严格基态能**. 下面给出上式的证明.

设体系的能级均取分立值, $\{|n\rangle\}$ 表示一组正交归一完备的定态, 即

$$\hat{H}|n\rangle = E_n|n\rangle, \quad \langle n|n'\rangle = \delta_{nn'}, \quad \sum_n |n\rangle\langle n| = 1.$$

其中 $E_n \geqslant E_0$ (基态能). 设 $|\psi\rangle$ 为体系的任一个归一化态矢量, 则有

$$|\psi\rangle = \sum_n a_n|n\rangle, \quad a_n = \langle n|\psi\rangle, \quad \sum_n |a_n|^2 = 1.$$

$$\overline{H} = \langle\psi|\hat{H}|\psi\rangle = \sum_n E_n|a_n|^2 \geqslant E_0\sum_n |a_n|^2 = E_0.$$

方程 (11.2.2) 表明, 变分法求得的近似基态能给出了体系基态能的一个上限, 因此**基态能的近似值越低, 则相应的近似结果越精确**.

变分法有多种形式, **里兹变分法**是其中较为简单的一种, 它所选取的归一化试探态矢量 $|\psi(\lambda)\rangle$ 依赖于一个 (或一组) 连续实参量 λ , 相当于将能量泛函的极值问题转化为能量平均值 $\overline{H}(\lambda)$ 函数的极值问题, 即

$$\boxed{\overline{H}(\lambda) = \langle\psi(\lambda)|\hat{H}|\psi(\lambda)\rangle, \quad \partial_\lambda\overline{H} = 0} \tag{11.2.3}$$

由上述方程解出 λ 的最优值 λ_0, 此最优值对应的 $|\psi(\lambda_0)\rangle$ 可作为 $\hat{H}$ 的近似本征态, 而 $\overline{H}(\lambda_0)$ 可作为 $\hat{H}$ 的近似本征值.

设质量为 μ 的无自旋单粒子处于势场 $V(\boldsymbol{r})$ 中, 如果所选取的归一化试探波函数为 $\psi_\lambda(\boldsymbol{r})$, 则在此态下的能量平均值为

$$\overline{H}(\lambda) = \int \mathrm{d}\boldsymbol{r}\psi_\lambda^*(\boldsymbol{r})\left[-\frac{\hbar^2}{2\mu}\nabla^2 + V(\boldsymbol{r})\right]\psi_\lambda(\boldsymbol{r}).$$

对上式右边的第一项作一次分部积分, 可得到一个有用的公式:

$$\boxed{\overline{H}(\lambda) = \int \mathrm{d}\boldsymbol{r}[(\hbar^2/2\mu)|\nabla\psi_\lambda(\boldsymbol{r})|^2 + V(\boldsymbol{r})|\psi_\lambda(\boldsymbol{r})|^2]} \tag{11.2.4}$$

例 2

设氢原子基态的归一化试探波函数取为 $\psi_\lambda(\boldsymbol{r})=(\lambda^3/\pi)^{1/2}\exp(-\lambda r)$, 试求 λ 的最优值 λ_0 及基态能的近似值 $\overline{H}(\lambda_0)$.

解: 将 $\psi_\lambda(\boldsymbol{r})$ 的表达式及 $V(\boldsymbol{r})=-e^2/r$ 代入 (11.2.4) 式, 可得

$$\overline{H}(\lambda)=\frac{\lambda^3}{\pi}\int_0^\infty 4\pi r^2\mathrm{d}r\left[\frac{\hbar^2}{2\mu}\left(\partial_r\mathrm{e}^{-\lambda r}\right)^2-\frac{e^2}{r}\left(\mathrm{e}^{-\lambda r}\right)^2\right]=e^2\lambda\left(\frac{a\lambda}{2}-1\right).$$

其中玻尔半径 $a=\hbar^2/\mu e^2$. 最优值 λ_0 由以下极值条件决定:

$$\partial_\lambda\overline{H}=0\quad\Rightarrow\quad\lambda_0=1/a,\quad\overline{H}(\lambda_0)=-e^2/2a.$$

以上基态能 $\overline{H}(\lambda_0)$ 恰好等于基态能的精确值 (参见第 4.5 节).

例 3

设类氦离子的核电荷数为 z, 核外两个电子的哈密顿算符为

$$\hat{H}=\hat{h}_1^z+\hat{h}_2^z+e^2/|\boldsymbol{r}_1-\boldsymbol{r}_2|,\quad\hat{h}_i^z=-\hbar^2\nabla_i^2/2\mu-ze^2/r_i\quad(i=1,2).$$

考虑到一个电子对另一个电子有屏蔽作用, 基态的归一化试探波函数可取为

$$\Phi_\lambda(\boldsymbol{r}_1,\boldsymbol{r}_2)=\psi_\lambda(\boldsymbol{r}_1)\psi_\lambda(\boldsymbol{r}_2)\chi_{00},\quad\psi_\lambda(\boldsymbol{r})=(\lambda^3/\pi a^3)^{1/2}\exp(-\lambda r/a)\quad(a=\hbar^2/\mu e^2).$$

其中 χ_{00} 表示两个电子的自旋单态. 试求 λ 的最优值 λ_0 及基态能的近似值 $\overline{H}(\lambda_0)$.

解: 对于给定的试探波函数 $\Phi_\lambda(\boldsymbol{r}_1,\boldsymbol{r}_2)$, 体系的能量平均值为

$$\overline{H}(\lambda)=\iint\mathrm{d}\boldsymbol{r}_1\mathrm{d}\boldsymbol{r}_2\Phi_\lambda^\dagger\hat{H}\Phi_\lambda=\iint\mathrm{d}\boldsymbol{r}_1\mathrm{d}\boldsymbol{r}_2\psi_\lambda^*(\boldsymbol{r}_1)\psi_\lambda^*(\boldsymbol{r}_2)\hat{H}[\psi_\lambda(\boldsymbol{r}_1)\psi_\lambda(\boldsymbol{r}_2)].$$

注意到 $\psi_\lambda(\boldsymbol{r}_i)$ 是 $\hat{h}_i^\lambda$ 的基态波函数, 为了简化上式中的积分, 将 $\hat{H}$ 改写为

$$\hat{H}=\hat{h}_1^\lambda+\hat{h}_2^\lambda+(\lambda-z)(e^2/r_1+e^2/r_2)+e^2/|\boldsymbol{r}_1-\boldsymbol{r}_2|,\quad\hat{h}_i^\lambda\psi_\lambda(\boldsymbol{r}_i)=(-\lambda^2e^2/2a)\psi_\lambda(\boldsymbol{r}_i).$$

将以上结果代入 $\overline{H}(\lambda)$ 的表达式中, 可得

$$\begin{aligned}\overline{H}(\lambda)&=-\frac{\lambda^2e^2}{a}+e^2\iint\mathrm{d}\boldsymbol{r}_1\mathrm{d}\boldsymbol{r}_2\psi_\lambda^2(\boldsymbol{r}_1)\psi_\lambda^2(\boldsymbol{r}_2)\left[(\lambda-z)\left(\frac{1}{r_1}+\frac{1}{r_2}\right)+\frac{1}{|\boldsymbol{r}_1-\boldsymbol{r}_2|}\right]\\&=-\frac{\lambda^2e^2}{a}+2(\lambda-z)\frac{\lambda^3e^2}{\pi a^3}\int\mathrm{d}\boldsymbol{r}\frac{\exp(-2\lambda r/a)}{r}+\left(\frac{e\lambda^3}{\pi a^3}\right)^2\iint\mathrm{d}\boldsymbol{r}_1\mathrm{d}\boldsymbol{r}_2\frac{\exp[-2\lambda(r_1+r_2)/a]}{|\boldsymbol{r}_1-\boldsymbol{r}_2|}.\end{aligned}$$

上式中的第一个积分很容易计算, 第二个积分由第 11.1 节中的例 2 给出, 可得

$$\overline{H}(\lambda)=(\lambda e^2/a)(\lambda-2\tilde{z}),\quad(\tilde{z}\equiv z-5/16).$$

利用 $\partial_\lambda\overline{H}=0$, 可求得 $\lambda_0=\tilde{z}$, 因此基态能为

$$\overline{H}(\lambda_0)=-\tilde{z}^2e^2/a=(-z^2+5z/8-25/256)e^2/a.$$

以上基态能低于微扰论的一级近似结果 (参见第 11.1 节中的例 2), 因此变分法的结果更加精确. 其原因是变分法计入了一个电子对另一个电子的屏蔽作用, 而这种屏蔽效应在微扰论中没有被考虑进去.

*3. 全同费米体系的哈特里–福克近似

考虑一个由 N 个全同费米子构成的体系, 设哈密顿算符为

$$\hat{H} = \sum_i \hat{h}_i + (1/2)\sum_{i\neq j} \hat{V}_{ij}.$$

其中 $\hat{h}_i$ 表示第 i 个粒子的哈密顿算符, 而 $\hat{V}_{ij}$ 表示第 i 个粒子与第 j 个粒子的相互作用. 一般情况下很难求解该体系的严格定态解, 需要采取适当的近似方案.

注意到体系中的任何一个粒子均受到所有其他粒子施加的作用力, 哈特里–福克近似就是将这种来源于其他粒子的相互作用近似地用一个平均势场来代替, 并且要求这种平均场满足某种自洽性条件, 因而也称为**自洽平均场近似**. 在这种近似下, 体系存在相互正交的单粒子态, 可以通过变分原理导出这些单粒子态满足的方程, 并得到用单粒子态表示的基态能公式, 下面简述这种近似方案.

假设在自洽平均场近似下, N 个最低能级的正交归一的单粒子态为 $|\alpha\rangle(\alpha = 1, 2, \cdots, N)$, 因体系的量子态应满足交换反对称性, 故基态的试探形式可取为

$$\boxed{|\psi\rangle = \sqrt{1/N!}\sum_P (-1)^p \hat{P}|1\rangle_1|2\rangle_2\cdots|N\rangle_N}$$

其中 $\hat{P}$ 表示 N 个粒子的一个置换, 它是 p 个对换的乘积. 以上 $|\psi\rangle$ 态的能量平均值为

$$\overline{H}\{\psi\} = \langle\psi|\hat{H}|\psi\rangle = \sum_\alpha \langle\alpha|\hat{h}|\alpha\rangle + (1/2)\sum_{\alpha\neq\beta}\left(\langle\alpha\beta|\hat{V}_{12}|\alpha\beta\rangle - \langle\alpha\beta|\hat{V}_{12}|\beta\alpha\rangle\right). \quad (11.2.5)$$

其中 $|\alpha\beta\rangle \equiv |\alpha\rangle_1|\beta\rangle_2$, 上式中的最后两项分别称为直接作用能和交换作用能.

根据变分原理, 上述 $|\psi\rangle$ 代表最优基态矢量的充分必要条件是, 能量泛函 $\overline{H}\{\psi\}$ 在约束条件 $\langle\alpha|\alpha\rangle = 1$ 下取极值, 即

$$\delta\overline{H}\{\psi\} - \sum_\alpha \epsilon_\alpha \delta\langle\alpha|\alpha\rangle = 0.$$

其中 ϵ_α 为拉格朗日乘子. 利用 (11.2.5) 式可将以上方程化为

$$\sum_\alpha (\delta_1\langle\alpha|)[(\hat{h}_1 - \epsilon_\alpha)|\alpha\rangle_1 + \sum_{\beta\neq\alpha} {}_2\langle\beta|\hat{V}_{12}(|\alpha\beta\rangle - |\beta\alpha\rangle)] + \text{c.c.} = 0.$$

其中 c.c. 表示前一项的复共轭. 注意到上式中的 $\delta_1\langle\alpha|$ 和 $\delta|\alpha\rangle_1$ 可视为相互独立的任意变分, 由上式可得到单粒子态满足的方程组:

$$\boxed{\hat{h}_1|\alpha\rangle_1 + \sum_{\beta\neq\alpha} {}_2\langle\beta|\hat{V}_{12}(|\alpha\beta\rangle - |\beta\alpha\rangle) = \epsilon_\alpha|\alpha\rangle_1 \quad (\alpha = 1, 2, \cdots, N)} \quad (11.2.6)$$

一般需要通过数值计算才能求解以上方程组, 从而得到 N 个最低的单粒子能级 ϵ_α 和对应的单粒子态 $|\alpha\rangle$. 将 (11.2.6) 式代入 (11.2.5) 式, 可得基态能的表达式:

$$\boxed{E=\sum_{\alpha}\epsilon_{\alpha}-(1/2)\sum_{\alpha\neq\beta}\langle\alpha\beta|\hat{V}_{12}(|\alpha\beta\rangle-|\beta\alpha\rangle)} \tag{11.2.7}$$

§ 11.3 分子定态的近似方法

分子一般包含两个或两个以上的原子核以及多个电子, 因此分子的定态问题既涉及原子核之间的相对运动, 又涉及电子的运动, 本节介绍求解这类复杂体系的定态的基本近似方法.

1. 玻恩–奥本海默近似

分子是由若干个原子核和若干个电子构成的带电粒子体系, 由于所有粒子之间均存在库仑相互作用, 所以分子的定态薛定谔方程比较复杂, 一般情况下无法严格求解, 通常需要采用近似方法. 玻恩–奥本海默近似是处理此类多粒子体系的重要基础, 将它与变分法等近似方法相结合, 可求得分子的定态解.

先从半经典图像定性分析分子中的电子与原子核的不同运动特征:

(1) 电子的质量 m 远小于原子核的典型质量 m', 一般有 $m'/m\sim10^4$;

(2) 在分子的质心系中, 电子的运动速率 $v_{\rm e}$ 远大于原子核的运动速率 $v_{\rm n}$;

(3) 电子运动的空间尺度约为玻尔半径 a, 而原子核只能围绕平衡位置作微振动, 振幅 $\delta\ll a$, 各原子核的平衡位置在空间的分布决定了分子的构形.

总之, 分子中电子与原子核的不同运动特征可以简单地概括为

$$\boxed{m\ll m',\quad v_{\rm e}\gg v_{\rm n},\quad a\gg\delta}$$

可采用半定量的方法来估算分子运动的几个重要特征能量.

(1) **电子激发能**. 电子的特征能量 $E_{\rm e}\sim p^2/2m$, 其中 p 为电子的特征动量. 根据不确定度关系, $p\sim\hbar/a$, 其中玻尔半径 $a=\hbar^2/me^2$, 因此有

$$\boxed{E_{\rm e}\sim\hbar^2/ma^2\sim e^2/a} \tag{11.3.1}$$

这个特征能量大致等于原子中电子的相邻定态能级之差, 称为电子激发能.

(2) **分子振动激发能**. 分子中的各原子核之间存在类似于弹性力的相互作用, 使得原子核围绕平衡位置作微振动. 为了估算振动频率 $\omega_{\rm v}$, 设想当原子核的振幅达到玻尔半径 a 的数量级时 (实际上不可能, 否则分子将失去稳定性), 振动能量才能达到电子激发能 $E_{\rm e}$ 的数量级, 即

$$m'\omega_{\rm v}^2a^2/2\sim\hbar^2/ma^2\quad\Rightarrow\quad\omega_{\rm v}\sim\hbar/a^2\sqrt{m'm}.$$

因此分子振动的激发能约为

$$\boxed{E_{\rm v}\sim\hbar\omega_{\rm v}\sim\hbar^2/a^2\sqrt{m'm}} \tag{11.3.2}$$

利用上式可以估算原子核的实际振幅 δ 的数量级, 即

$$m'\omega_{\mathrm{v}}^2\delta^2/2 \sim \hbar\omega_{\mathrm{v}} \quad \Rightarrow \quad \boxed{\delta/a \sim (m/m')^{1/4} \sim 10^{-1}}$$

(3) **分子转动激发能**. 分子可以绕两个原子核的连线作整体转动, 分子的转动惯量 $I \sim m'a^2$, 角动量 $J \sim \hbar$, 因此分子的转动激发能约为

$$\boxed{E_{\mathrm{r}} \sim J^2/2I \sim \hbar^2/m'a^2} \tag{11.3.3}$$

结合方程 (11.3.1)—(11.3.3), 可知上述三种激发能相差很大, 即

$$\boxed{E_{\mathrm{e}}:E_{\mathrm{v}}:E_{\mathrm{r}} \sim (m'/m):\sqrt{m'/m}:1 \sim 10^4:10^2:1} \tag{11.3.4}$$

基于以上分析, 在求解分子的定态问题时, 可近似地将电子的运动和原子核的运动分开来处理, 此即玻恩–奥本海默近似, 下面简要说明这种近似方案.

首先考虑电子的运动. 由于原子核的运动速率远小于电子的运动速率, 因此**在研究电子的运动时, 可忽略原子核的动能**, 即假设原子核不动, 各原子核的位置矢量 $\boldsymbol{R}_\alpha$ 不再是动力学变量, 而是经典参量, 电子的哈密顿算符可表示为

$$\boxed{\hat{H}_{\mathrm{e}} \approx \hat{T}_{\mathrm{e}} + \hat{V}_{\mathrm{ee}} + \hat{V}_{\mathrm{en}} + V_{\mathrm{nn}}} \tag{11.3.5}$$

其中 $\hat{T}_{\mathrm{e}}$ 表示分子中所有电子的动能之和, $\hat{V}_{\mathrm{ee}}$ 表示电子之间的库仑排斥能, 即

$$\hat{T}_{\mathrm{e}} = \sum_i \frac{\hat{\boldsymbol{p}}_i^2}{2m}, \quad \hat{V}_{\mathrm{ee}} = \frac{1}{2}\sum_{i\neq j}\frac{e^2}{|\hat{\boldsymbol{r}}_i - \hat{\boldsymbol{r}}_j|}.$$

$\hat{V}_{\mathrm{en}}$ 表示电子与原子核的库仑吸引能, V_{nn} 表示原子核之间的库仑排斥能,

$$\hat{V}_{\mathrm{en}} = -\sum_{i\alpha}\frac{z_\alpha e^2}{|\hat{\boldsymbol{r}}_i - \boldsymbol{R}_\alpha|}, \quad V_{\mathrm{nn}} = \frac{1}{2}\sum_{\alpha\neq\beta}\frac{z_\alpha z_\beta e^2}{|\boldsymbol{R}_\alpha - \boldsymbol{R}_\beta|}.$$

其中 z_α 为第 α 个原子核的电荷数, V_{nn} 为能量常数, 它依赖于原子核的空间分布. 可采用变分法求解 $\hat{H}_{\mathrm{e}}$ 的本征方程, 所求得的电子能级 $E(\boldsymbol{R}_1, \boldsymbol{R}_2, \cdots)$ 必为各原子核的位置矢量 $\boldsymbol{R}_\alpha$ 的函数.

再考虑原子核的运动. 由 (11.3.4) 式可知, 分子的振动和转动一般不会导致电子激发, 因此**在研究原子核的运动时, 可以认为电子组态保持不变** (并非电子不动). 可设想各原子核均沉浸在 "电子云" 中, 使得原子核之间具有某种依赖于电子组态的有效互作用 $V(\hat{\boldsymbol{R}}_1, \hat{\boldsymbol{R}}_2, \cdots)$, 它并不是原子核之间 "裸" 的库仑排斥能, 而是计入了 "电子云" 的屏蔽效应后的互作用. $V(\hat{\boldsymbol{R}}_1, \hat{\boldsymbol{R}}_2, \cdots)$ 可取为通过变分原理等理论方法得到的电子能级 $E(\boldsymbol{R}_1, \boldsymbol{R}_2, \cdots)$, 也可以选为某种唯像的函数形式. 总之, 原子核的哈密顿算符可近似地表示为

$$\boxed{\hat{H}_n \approx \sum_\alpha \hat{\boldsymbol{P}}_\alpha^2/2m'_\alpha + V(\hat{\boldsymbol{R}}_1, \hat{\boldsymbol{R}}_2, \cdots)} \tag{11.3.6}$$

综上所述, 对于分子这种多自由度体系, 由于不同自由度的特征能量相差很大, 可以

将它们近似地分开来处理, 这就是玻恩–奥本海默近似的基本思想. 下面按照以上近似方案求解几个简单分子的定态问题.

2. 氢分子离子与氢分子的基态

氢分子离子 H_2^+ 和氢分子 H_2 属于最简单的分子, 下面在玻恩–奥本海默近似的基本上, 利用变分法研究这两种分子的基态.

(1) 先考虑 H_2^+, 它只有一个电子, 如图 11.3.1 所示, 设两个原子核的位置矢量分别为 $\pm\boldsymbol{R}/2$, 它们的距离为 $R=|\boldsymbol{R}|$. 由 (11.3.5) 式可知, 电子的哈密顿算符可表示为

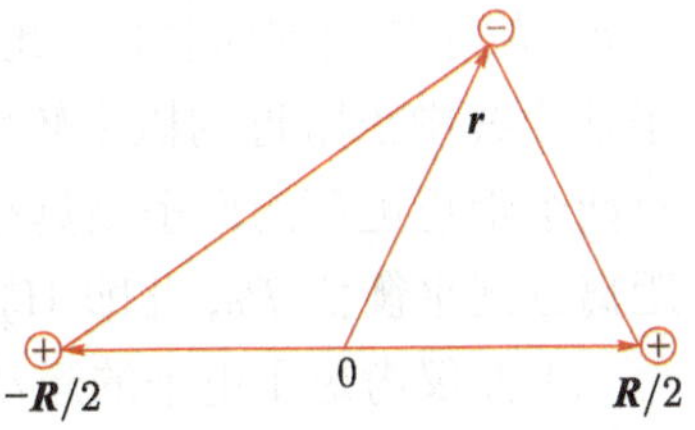

图 11.3.1　H_2^+ 的构形

$$\hat{H}_e=-\hbar^2\nabla_{\boldsymbol{r}}^2/2m-e^2/|\boldsymbol{r}+\boldsymbol{R}/2|-e^2/|\boldsymbol{r}-\boldsymbol{R}/2|+e^2/R.$$

先选取合理的基态试探波函数. 由于电子同时受到两个质子的库仑吸引作用, 因此可将试探波函数取为两个类氢离子基态波函数的线性叠加, 即

$$\psi^\lambda(\boldsymbol{r})=c_1\phi_\lambda(\boldsymbol{r}+\boldsymbol{R}/2)+c_2\phi_\lambda(\boldsymbol{r}-\boldsymbol{R}/2),\quad \phi_\lambda(\boldsymbol{r})=(\lambda^3/\pi a^3)^{1/2}\exp(-\lambda r/a).$$

其中 λ 为变分参量, a 为玻尔半径. 此外, 考虑到体系具有中心反演对称性, 因此体系的定态可分为偶宇称态和奇宇称态, 即 $c_1=\pm c_2$, 再利用波函数的归一化条件, 可将偶宇称态和奇宇称态的试探波函数分别表示为

$$\boxed{\psi_\pm^\lambda(\boldsymbol{r})=\sqrt{1/(2\pm 2J)}[\phi_\lambda(\boldsymbol{r}+\boldsymbol{R}/2)\pm\phi_\lambda(\boldsymbol{r}-\boldsymbol{R}/2)]}$$

$$J(R)=\int \mathrm{d}\boldsymbol{r}\phi_\lambda(\boldsymbol{r})\phi_\lambda(\boldsymbol{r}-\boldsymbol{R})=\left(1+\lambda x+\frac{1}{3}\lambda^2x^2\right)\exp(-\lambda x)\quad\left(x\equiv\frac{R}{a}\right).$$

其中 $J(R)$ 称为重叠积分. 可以证明, 在上述试探波函数下, 体系的能量平均值为

$$\overline{H}_\pm(\lambda)=\int \mathrm{d}\boldsymbol{r}\psi_\pm^\lambda(\boldsymbol{r})^*\hat{H}\psi_\pm^\lambda(\boldsymbol{r})=\frac{e^2}{a}\left[\frac{1}{x}-\frac{\lambda^2}{2}+\frac{\lambda(\lambda-1)-K\pm(\lambda-2)T}{1\pm J}\right].$$

其中 $K(R)$ 为库仑直接积分, $T(R)$ 为库仑交换积分, 它们的表达式分别为

$$K(R)\equiv a\int \mathrm{d}\boldsymbol{r}\frac{\phi_\lambda^2(\boldsymbol{r})}{|\boldsymbol{r}-\boldsymbol{R}|}=\frac{1}{x}-\left(\frac{1}{x}+\lambda\right)\exp(-2\lambda x),$$

$$T(R)\equiv a\int \mathrm{d}\boldsymbol{r}\frac{\phi_\lambda(\boldsymbol{r})\phi_\lambda(\boldsymbol{r}-\boldsymbol{R})}{r}=\lambda(1+\lambda x)\exp(-\lambda x).$$

通过求解方程: $\partial_\lambda\overline{H}_\pm=0$, 可以得到最佳变分参量 λ_0 与 R 的函数关系 $\lambda_0(R)$, 将它代入 $\overline{H}_\pm(\lambda)$, 即可得到偶宇称态和奇宇称态的能级与 R 的函数关系 (图 11.3.2):

$$E_\pm(R)=\overline{H}_\pm(\lambda_0).$$

能量函数 $E_\pm(R)$ 的具体形式需要通过数值计算才能得到, 结果表明, 奇宇称态

能级 $E_-(R)$ 是单调递减函数, 不能形成束缚态, 所以 H_2^+ 的基态不是奇宇称态. 这一点也可以从奇宇称波函数的性质来理解, 由于 $\psi_-(0)=0$, 电子出现在两个原子核连线中点附近的概率很小, 两个原子核之间具有排斥力.

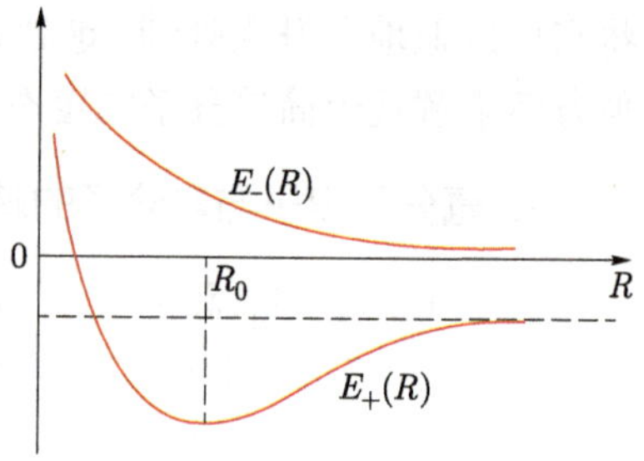

图 11.3.2　能量函数 $E_\pm(R)$ 的曲线图

能量函数 $E_+(R)$ 具有极小点 R_0, 使 H_2^+ 保持稳定, 故**基态为偶宇称态**, 此时电子出现在两个原子核连线中点附近的概率较大, 形成负电荷云, 它对两个带正电荷的原子核具有吸引作用, 使它们的距离达到平衡值 R_0, 此即 H_2^+ 的键长.

上面仅考虑了电子的运动, 要想得到 H_2^+ 的基态能, 还需要利用 (11.3.6) 式研究原子核的运动. 可以将 $E_+(R)$ 视为两个原子核之间的有效互作用能, 因此两个原子核在质心系中的哈密顿算符可表示为

$$\boxed{\hat{H}_\text{n}=-\hbar^2\nabla_{\boldsymbol{R}}^2/2\mu+E_+(R)\quad(\mu=m_\text{p}/2)}$$

其中 m_p 为质子质量. 当 $|R-R_0|\ll R_0$ 时, 有

$$E_+(R)\approx E_+(R_0)+\mu\omega_\text{v}^2(R-R_0)^2/2,\quad\{\omega_\text{v}\equiv[E_+''(R_0)/\mu]^{1/2}\}.$$

利用以上近似可以证明 (参见下一小节), H_2^+ 的基态能为

$$\boxed{E_0=E_+(R_0)+\hbar\omega_\text{v}/2<0}$$

其中 $\hbar\omega_\text{v}/2$ 为两个原子核之间作相对振动的零点能.

当 $R\to\infty$ 时, 电子与其中一个原子核形成氢原子, 因此有

$$E_+(\infty)=-e^2/2a.$$

要想使得处于基态的 H_2^+ 完全解体 (即两个原子核相距无穷远), 外界所需要提供的最低能量 U 称为**离解能**, 因此有

$$\boxed{U=E_+(\infty)-E_0=-e^2/2a-E_0>0}$$

R_0 的计算值为 1.10 Å, 实验值为 1.06 Å. U 的计算值为 2.24 eV, 实验值为 2.56 eV.

(2) 下面研究 H_2 的基态, 它有两个电子, 设一个原子核位于坐标系的原点, 另一个原子核的位置矢量为 $\boldsymbol{R}$. 由 (11.3.5) 式可知, 电子的哈密顿算符可表示为 (图 11.3.3)

$$\hat{H}_\text{e}=\sum_{i=1,2}\left(-\frac{\hbar^2}{2m}\nabla_i^2-\frac{e^2}{r_i}-\frac{e^2}{|\boldsymbol{r}_i-\boldsymbol{R}|}\right)+\frac{e^2}{|\boldsymbol{r}_1-\boldsymbol{r}_2|}+\frac{e^2}{R}.$$

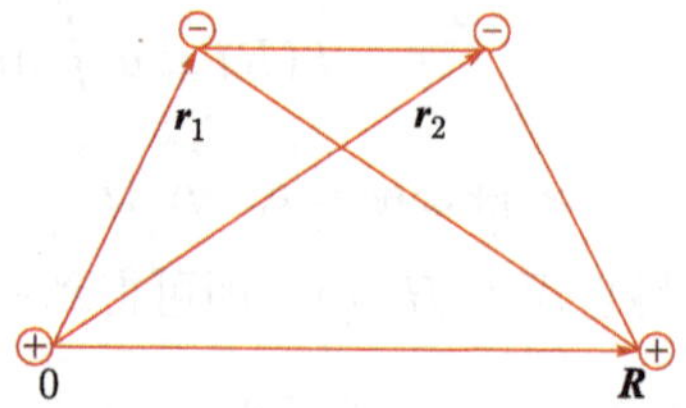

图 11.3.3　H_2 的构形

体系的总体波函数应对于两个电子的交换具有反对称性. 若体系处于两个电子

的自旋单态 χ_{00} (具有交换反对称性), 则轨道波函数应具有交换对称性. 若体系处于两个电子的自旋三重态 χ_{1M} (具有交换对称性), 则轨道波函数应具有交换反对称性. 因此基态试探波函数可选为以下两种可能的形式:

$$\boxed{\begin{aligned}\Psi_+^\lambda &\sim [\phi_\lambda(\boldsymbol{r}_1)\phi_\lambda(\boldsymbol{r}_2-\boldsymbol{R})+\phi_\lambda(\boldsymbol{r}_2)\phi_\lambda(\boldsymbol{r}_1-\boldsymbol{R})]\chi_{00}\\ \Psi_-^\lambda &\sim [\phi_\lambda(\boldsymbol{r}_1)\phi_\lambda(\boldsymbol{r}_2-\boldsymbol{R})-\phi_\lambda(\boldsymbol{r}_2)\phi_\lambda(\boldsymbol{r}_1-\boldsymbol{R})]\chi_{1M}\end{aligned}}$$

其中 $\phi_\lambda(\boldsymbol{r})$ 为类氢离子的基态波函数. 同样用变分法和数值计算可求得电子的能级函数 $E_\pm(R)$, 其结果类似于 H_2^+ 的结果, 即 $E_-(R)$ 为单调递减函数, 而 $E_+(R)$ 具有极小点 R_0, 因此 Ψ_+^λ **为基态波函数**, 对应有基态能 E_0.

当 $R\to\infty$ 时, H_2 解体为两个处于基态的氢原子, 因此有

$$E_+(\infty)=2\times(-e^2/2a)=-e^2/a.$$

H_2 的离解能为

$$\boxed{U=E_+(\infty)-E_0=-e^2/a-E_0>0}.$$

R_0 的计算值为 0.77 Å, 实验值为 0.742 Å. U 的计算值为 3.54 eV, 实验值为 4.45 eV. 若选取包含多个变分参量的更合理的试探波函数, 则计算结果更加接近实验值.

3. 双原子分子中原子核的运动

下面研究双原子分子中原子核的运动. 采用玻恩–奥本海默近似, 假设在原子核的运动过程中电子组态保持不变, 因此两个原子核之间存在一个由该电子组态决定的有效相互作用 $V(R)$, 它是两个原子核的距离 R 的函数. 由 (11.3.6) 式可知, 在两个原子核的质心参考系中, 哈密顿算符可表示为

$$\boxed{\hat{H}=\hat{\boldsymbol{p}}^2/2\mu+V(R)=\hat{p}_R^2/2\mu+\hat{\boldsymbol{l}}^2/2\mu R^2+V(R)}$$

其中 μ 为两个原子核的约化质量, $\hat{\boldsymbol{p}}$ 为相对动量算符, $\hat{p}_R$ 为径向动量算符, $\hat{\boldsymbol{l}}$ 为轨道角动量算符. 采用球坐标系, $\{\hat{H},\hat{\boldsymbol{l}}^2,\hat{l}_z\}$ 的共同本征函数可表示为

$$\psi(R,\theta,\varphi)=[\chi(R)/R]Y_{lm}(\theta,\varphi)\quad(l=0,1,2,\cdots;\quad m=0,\pm1,\cdots,\pm l).\quad(11.3.7)$$

其中径向函数 $\chi(R)$ 满足以下微分方程:

$$-[\hbar^2\partial_R^2/2\mu+U_l(R)]\chi(R)=E\chi(R),\quad[U_l(R)\equiv l(l+1)\hbar^2/2\mu R^2+V(R)].\quad(11.3.8)$$

下面求解以上径向方程的近似解. 如图 11.3.4 所示, 对于一般的双原子分子, 函数 $U_l(R)$ 总是存在一个极小点 $R_0(l)$, 它满足 $U_l'(R_0)=0$, 因此在 $|R-R_0|\ll R_0$ 的区域, 有

$$U_l(R)\approx U_l(R_0)+\mu\omega_v^2(R-R_0)^2/2\quad\{\omega_v\equiv[U_l''(R_0)/\mu]^{1/2}\}\quad(11.3.9)$$

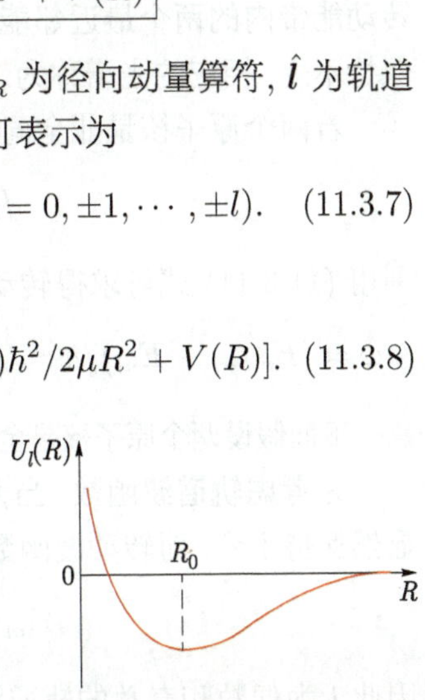

图 11.3.4　有效势能的曲线图

其中 R_0 和 $\omega_{\rm v}$ 一般均为 l 的缓变函数, 因此可假设它们近似与 l 无关. 将 (11.3.9) 式代入 (11.3.8) 式, 可知在 $R \approx R_0$ 的邻域, 径向方程近似为

$$-[\hbar^2\partial_R^2/2\mu + \mu\omega_{\rm v}^2(R-R_0)^2/2]\chi(R) \approx [E - U_l(R_0)]\chi(R).$$

这是一个平衡点为 R_0 的一维谐振子的定态方程, 它的束缚定态解为

$$\chi(R) = \phi_n(R-R_0), \quad E = (n+1/2)\hbar\omega_{\rm v} + U_l(R_0) \quad (n = 0, 1, 2, \cdots).$$

其中 $\phi_n(x)$ 为一维谐振子的定态波函数. 以上定态解显然满足束缚定态的边界条件 $\chi(\infty) = 0$, 这个解也近似满足原点处的条件 $\chi(0) = 0$, 这是因为 R_0 远大于束缚定态波函数的空间延展尺度, 因此 $\chi(0) = \phi_n(-R_0) \approx \phi_n(-\infty) = 0$.

设 η 表示两个原子核的自旋波函数, 则体系的束缚定态波函数一般可取为

$$\boxed{\Psi_{nlm}(R,\theta,\varphi) = \psi_{nlm}\eta, \quad \psi_{nlm}(R,\theta,\varphi) \sim \phi_n(R-R_0)Y_{lm}(\theta,\varphi)} \tag{11.3.10}$$

$$(n = 0, 1, 2, \cdots; \quad l = 0, 1, 2, \cdots; \quad m = 0, \pm1, \pm2, \cdots, \pm l).$$

由于 $\hat{H}$ 不含原子核的自旋算符, 所以体系的定态能级仅决定于轨道自由度, 即

$$\boxed{E_{nl} \approx (n+1/2)\hbar\omega_{\rm v} + l(l+1)\hbar^2/2I + V(R_0)} \tag{11.3.11}$$

其中 $I \equiv \mu R_0^2$ 为转动惯量, 轨道空间的转动对称性使能级 E_{nl} 有 $(2l+1)$ 重简并性.

以上结果表明, **两个原子核的相对运动可近似分解为相互独立的振动与转动**. 由于转动激发能 $(\hbar^2/I)$ 远小于振动激发能 $\hbar\omega_{\rm v}$, 所以具有相同的振动量子数 n 和不同的转动量子数 l 的所有能级 E_{nl} 构成一个准连续的能带, 称为**转动能带**, 每一个振动量子数 n 均对应于一个转动能带 (图 11.3.5). 当体系在同一个转动能带内的两个最近邻能级态之间发生光致跃迁时, 自旋态 η 保持不变, 相应的光谱称为**转动光谱**.

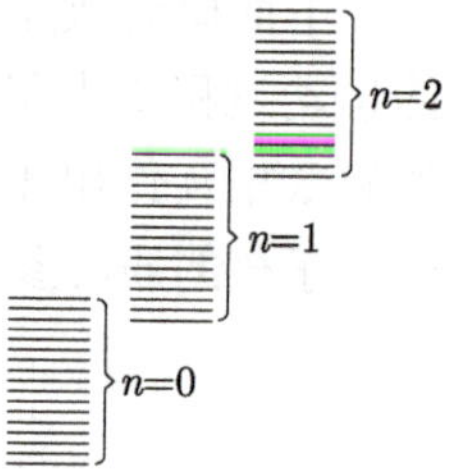

图 11.3.5 转动能带

若两个原子核是非全同粒子, 自旋分别为 s_1 和 s_2, 则能级 E_{nl} 的简并度为

$$f_l = (2l+1)(2s_1+1)(2s_2+1).$$

利用 (11.3.11) 式可求得转动光谱的频率:

$$\omega = (E_{n,l+1} - E_{nl})/\hbar = (l+1)\omega_{\rm r} = \omega_{\rm r}, 2\omega_{\rm r}, 3\omega_{\rm r}, \cdots \quad (\omega_{\rm r} \equiv \hbar/I, l = 0, 1, 2, \cdots).$$

下面假设两个原子核是全同粒子, 因此必须考虑波函数的交换对称性问题 (图 11.3.6).

先考虑轨道波函数, 当两个原子核交换时 ($\boldsymbol{R} \to -\boldsymbol{R}$), 振动波函数 $\phi_n(R-R_0)$ 显然保持不变, 而转动波函数 $Y_{lm}(\theta,\varphi)$ 变为

$$Y_{lm}(\pi-\theta, \pi+\varphi) = (-1)^l Y_{lm}(\theta,\varphi).$$

因此 l 为偶数和奇数的轨道波函数分别具有交换对称性和反对称性, 分别记为

$$\psi_{nlm}^S \ (l = 0, 2, 4, \cdots), \quad \psi_{nlm}^A \ (l = 1, 3, 5, \cdots).$$

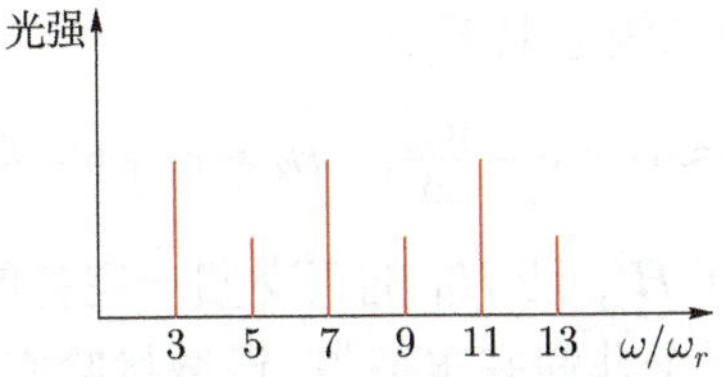

(a) 全同玻色子($s\neq0$)

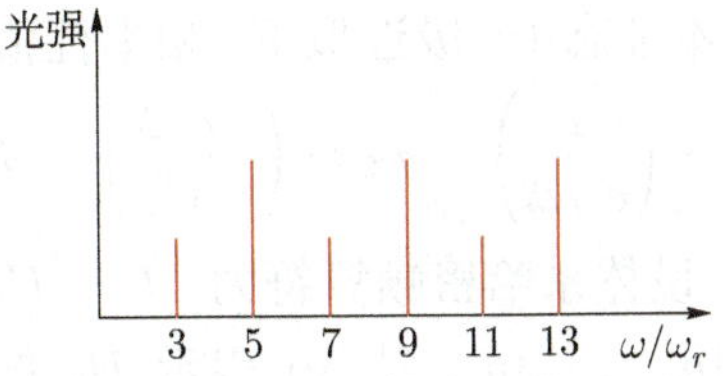

(b) 全同费米子

图 11.3.6 双原子分子的转动光谱

再考虑自旋波函数, 设两个原子核的自旋均为 s, 则在自旋态空间中, 具有交换对称性的基函数 η_S 和交换反对称性的基函数 η_A 的数目分别为

$$d_S=(s+1)(2s+1),\quad d_A=s(2s+1).$$

(1) 若两个原子核是全同玻色子 (如 D_2 分子, $s=1$), 则体系的定态波函数 Ψ_{nlm} 应具有交换对称性, 它可分为以下两种类型 (f_l 表示能级简并度):

$$\psi_{nlm}^S\eta_S\quad [f_l=(2l+1)d_S];\quad \psi_{nlm}^A\eta_A\quad [f_l=(2l+1)d_A].$$

转动光谱仅涉及同一类型的定态之间的跃迁, 因此光谱频率的一般公式为

$$\omega_l=(E_{n,l+2}-E_{nl})/\hbar=(2l+3)\omega_{\rm r}\quad (\omega_{\rm r}\equiv\hbar/I).$$

以上两类定态的转动光谱频率分别为

$$\omega_{\rm even}=3\omega_{\rm r},7\omega_{\rm r},11\omega_{\rm r},\cdots\quad (l=0,2,4,\cdots);$$
$$\omega_{\rm odd}=5\omega_{\rm r},9\omega_{\rm r},13\omega_{\rm r},\cdots\quad (l=1,3,5,\cdots).$$

设体系处于各种自旋态的概率相同, 因 $d_S>d_A$, 故第一种光谱线的强度大于第二种光谱线的强度, 即**转动光谱线强度随频率的分布呈现出强弱交替现象**.

若 $s=0$ (如 O_2 分子), 则定态波函数仅为 ψ_{nlm}^S, 转动光谱频率仅为 $\omega_{\rm even}$.

(2) 若两个原子核是全同费米子 (如 H_2 分子, $s=1/2$), 则体系的定态波函数 Ψ_{nlm} 应具有交换反对称性, 因此定态的类型有以下两种 (f_l 表示能级简并度):

$$\psi_{nlm}^S\eta_A\quad [f_l=(2l+1)d_A];\quad \psi_{nlm}^A\eta_S\quad [f_l=(2l+1)d_S].$$

第一种定态的转动光谱频率为 $\omega_{\rm even}$, 光强较小, 第二种定态的转动光谱频率为 $\omega_{\rm odd}$, 光强较大, 因此光谱线强度随频率的分布也呈现出强弱交替现象.

习　题

11–1　设体系的哈密顿算符为 $\hat H=\hat H_0+\hat H'$, 其中 $\hat H'$ 为微扰, 在 $\hat H_0$ 的能量表象中,

$$H_0=\begin{pmatrix}\epsilon_1 & 0\\ 0 & \epsilon_2\end{pmatrix},\quad H'=\begin{pmatrix}a & c\\ c^* & b\end{pmatrix}\quad (|c|\ll|\varDelta|,\ \varDelta\equiv\epsilon_1-\epsilon_2).$$

试求 H 的本征态 (一级近似下) 和本征值 (二级近似下).

答: $\psi_1 \approx \begin{pmatrix} 1 \\ c^*/\varDelta \end{pmatrix}$, $\psi_2 \approx \begin{pmatrix} -c/\varDelta \\ 1 \end{pmatrix}$; $E_1 \approx \epsilon_1 + a + \dfrac{|c|^2}{\varDelta}$, $E_2 \approx \epsilon_2 + b - \dfrac{|c|^2}{\varDelta}$.

11–2 设体系哈密顿算符为 $\hat{H} = \hat{H}_0 + \hat{H}'$, 且 $\hat{H}_0$ 的正交归一完备的本征矢为 $|n\rangle$, 即 $\hat{H}_0|n\rangle = \epsilon_n|n\rangle$, 以 $|k\rangle$ 表示 $\hat{H}_0$ 的一个非简并本征矢, 设微扰哈密顿算符 $\hat{H}'$ 满足:

$$\hat{H}' = \mathrm{i}[\hat{A}, \hat{H}_0], (\hat{A}^\dagger = \hat{A}), \quad |A_{kk}| \equiv |\langle k|\hat{A}|k\rangle| \ll 1.$$

求证: (1) 与 $|k\rangle$ 态对应的一级近似定态和二级近似能级分别为

$$|\psi_k\rangle \approx (1 + \mathrm{i}\hat{A} - \mathrm{i}A_{kk})|k\rangle, \quad E_k \approx \epsilon_k + \mathrm{i}\langle k|\hat{H}'\hat{A}|k\rangle.$$

(2) 对于体系的任意算符 $\hat{B}$, 有 $\langle\psi_k|\hat{B}|\psi_k\rangle \approx B_{kk} + \mathrm{i}\langle k|[\hat{B}, \hat{A}]|k\rangle$.

11–3 设质量为 m 的粒子处于一维无限深方势阱中, 能级和能量本征函数分别为

$$\epsilon_n = n^2\pi^2\hbar^2/2ma^2 \quad (n = 1, 2, \cdots), \quad \psi_n(x) = \sqrt{2/a}\sin(n\pi x/a) \ (0 \leqslant x \leqslant a).$$

假设粒子分别受到以下两种微扰势的作用:

$$\hat{H}_1' = V_0\theta(a/2 - x), \quad \hat{H}_2' = V_0 x/a \quad (|V_0| \ll \pi^2\hbar^2/2ma^2).$$

试求能级 ϵ_n 的一级修正.

答: 均为 $V_0/2$.

11–4 设一维谐振子的质量为 m, 频率为 ω, 定态 $|n\rangle$ 对应于能级 $\epsilon_n = (n + 1/2)\hbar\omega$, 其中 $n=0, 1, 2, \cdots$, 位置算符可表示为 $\hat{x}= \sqrt{\hbar/2m\omega}(\hat{a}^\dagger+\hat{a})$, 其中 $[\hat{a}, \hat{a}^\dagger] = 1$.

(1) 设微扰哈密顿算符为 $\hat{H}' = \beta\hat{x}^3$ ($\lambda \equiv \beta\sqrt{\hbar/8m^3\omega^5} \ll 1$), 求证:

$$\hat{H}' = \lambda\hbar\omega(\hat{A} + \hat{A}^\dagger), \quad \hat{A} = \hat{a}^3 + \hat{a}^2\hat{a}^\dagger + \hat{a}^\dagger\hat{a}^2 + \hat{a}\hat{a}^\dagger\hat{a}.$$

并求一级近似下的能量本征态 $|\psi_n\rangle$ 和二级近似下的能级 E_n.

(2) 设微扰哈密顿算符为 $\hat{H}' = \gamma\hat{x}^4$, ($\rho \equiv \hbar\gamma/4m^2\omega^3 \ll 1$), 求证:

$$\hat{H}' = \rho\hbar\omega(\hat{B} + \hat{B}^\dagger + \hat{C}), \quad \hat{B} = \hat{a}^4 + \hat{a}^3\hat{a}^\dagger + \hat{a}^2\hat{a}^\dagger\hat{a} + \hat{a}\hat{a}^\dagger\hat{a}^2 + \hat{a}^\dagger\hat{a}^3, \quad \hat{C} = 6\hat{n}^2 + 6\hat{n} + 3.$$

其中 $\hat{n} = \hat{a}^\dagger\hat{a}$, 并求一级近似下的能级 E_n.

答: (1) $E_n \approx (n + 1/2)\hbar\omega - (30n^2 + 30n + 11)\lambda^2\hbar\omega$, 对应的能量本征态为

$$|\psi_n\rangle \approx |n\rangle + (\lambda/3)[\sqrt{n(n-1)(n-2)}|n-3\rangle + 9n\sqrt{n}|n-1\rangle$$
$$- 9(n+1)\sqrt{n+1}|n+1\rangle - \sqrt{(n+1)(n+2)(n+3)}|n+3\rangle].$$

(2) $E_n \approx (n + 1/2)\hbar\omega + (6n^2 + 6n + 3)\rho\hbar\omega$.

11–5 长度为 l 的轻绳子的一端固定, 另一端系有一个质量为 m 的粒子, 它因重力作用在竖直平面内作周期性微小摆动, 设绳子与竖直线的夹角为 θ, 粒子势能为

$$V(\theta) = mgl(1 - \cos\theta) \approx mgl(\theta^2/2 - \theta^4/24) \quad (|\theta| \ll 1).$$

(1) 令 $x \equiv l\theta$, $\omega \equiv \sqrt{g/l}$, 求证: 体系的哈密顿算符为

$$\hat{H} \approx \hat{H}_0 + \hat{H}', \quad \hat{H}_0 = -\hbar^2\partial_x^2/2m + m\omega^2 x^2/2, \quad \hat{H}' = -m\omega^2 x^4/24l^2.$$

(2) 令 $\lambda \equiv \hbar/96m\omega l^2 \ll 1$, 试求体系的能级 (近似到 λ 的一级项).

答: $E_n \approx (n+1/2)\hbar\omega - (6n^2+6n+3)\lambda\hbar\omega$ $(n=0,1,2,\cdots)$.

11–6　考虑静止质量为 m, 频率为 ω 的相对论一维谐振子, 低速下的哈密顿算符为

$$\hat{H} = \sqrt{m^2c^4 + \hat{p}^2c^2} - mc^2 + m\omega^2\hat{x}^2/2 \approx \hat{H}_0 + \hat{H}',$$
$$\hat{H}_0 = \hat{p}^2/2m + m\omega^2\hat{x}^2/2, \quad \hat{H}' = -\hat{p}^4/8m^3c^2.$$

(1) 设玻色子数算符为 $\hat{n} = \hat{a}^\dagger\hat{a}$, 作变换 $\hat{p} = i\sqrt{m\hbar\omega/2}(\hat{a}^\dagger - \hat{a})$, 求证:

$$\hat{H}' = -\lambda\hbar\omega(\hat{A} + \hat{A}^\dagger + \hat{B}), \quad (\lambda \equiv \hbar\omega/32mc^2),$$
$$\hat{A} \equiv \hat{a}^4 - \hat{a}^3\hat{a}^\dagger - \hat{a}^2\hat{a}^\dagger\hat{a} - \hat{a}\hat{a}^\dagger\hat{a}^2 - \hat{a}^\dagger\hat{a}^3, \quad \hat{B} \equiv 6\hat{n}^2 + 6\hat{n} + 3.$$

(2) 设 $\lambda \ll 1$, 试求粒子的能级 (近似到 λ 的一级项).

答: $E_n \approx (n+1/2)\hbar\omega - (6n^2+6n+3)\lambda\hbar\omega$ $(n=0,1,2,\cdots)$.

11–7　设质量均为 m 的两个非全同粒子处于频率为 ω 的一维谐振子势阱中, 它们之间存在弱的相互作用: $\hat{H}' = \epsilon\exp[-\beta^2(x_1-x_2)^2/2]$, 试求体系基态能的一级修正 $E_0^{(1)}$.

答: $E_0^{(1)} = \epsilon\alpha/\sqrt{\alpha^2+\beta^2}$ $(\alpha = \sqrt{m\omega/\hbar})$.

11–8　考虑质量为 m, 频率为 ω 的三维各向同性谐振子, 微扰哈密顿算符为

$$\hat{H}' = \lambda\hat{x}\hat{y}\hat{z} + (\lambda^2/\hbar\omega)\hat{x}^2\hat{y}^2\hat{z}^2 \quad (\lambda \ll \sqrt{m^3\omega^5/\hbar}).$$

试求基态能的最低级修正.

答: $\Delta E_0 \approx \lambda^2\hbar^2/12m^3\omega^4$.

11–9　若类氢离子的全部核电荷 ze 集中在一点, 体系的哈密顿算符记为 $\hat{H}_0$. 核的实际体积是有限的, 假设核电荷均匀分布在半径为 r_0 的球体内, 产生的电势为 $\phi(r)$, 这种非点电荷效应导致的微扰哈密顿算符为 $\hat{H}' = -e[\phi(r) - ze/r]$, 即

$$\hat{H}' = (ze^2/2r_0)(r^2/r_0^2 + 2r_0/r - 3)\ (r \leqslant r_0), \quad \hat{H}' = 0\ (r > r_0).$$

设玻尔半径 $a \gg r_0$, 试求基态能级的一级修正 $E_1^{(1)}$.

答: $E_1^{(1)} \approx 2z^4e^2r_0^2/5a^3$.

11–10　设 π^+ 和 π^- 介子的质量分别为 m_+ 和 m_-, 分别带电荷 e 和 $(-e)$, 它们通过库仑势形成 π 原子, 基态 (1s 态) 的能级和径向波函数分别为

$$E_1 = -e^2/2a, \quad R_{10}(r) = 2a^{-3/2}\exp(-r/a), \quad [a = \hbar^2/\mu e^2, \mu = m_+m_-/(m_+ + m_-)].$$

若 π^+ 的全部电荷均匀分布在半径为 r_0 的球壳上, 它对点电荷 π^- 产生的电势为 $\phi(r)$, 这种非点电荷效应导致的微扰哈密顿算符为 $\hat{H}' = -e[\phi(r) - e/r]$, 即

$$\hat{H}' = e^2/r - e^2/r_0, (r \leqslant r_0), \quad \hat{H}' = 0 \quad (r > r_0).$$

设 $a \gg r_0$, 试求基态能级的一级修正 $E_1^{(1)}$.

答: $E_1^{(1)} \approx 2e^2r_0^2/3a^3$.

*11–11 设质量为 m、带电量为 q 的粒子处于半径为 a 的无限深球方势阱中, 哈密顿算符为 $\hat{H}_0$. 现外加一个沿 z 轴方向的均匀静磁场 B, 则体系的哈密顿算符变为

$$\hat{H} = \hat{H}_0 + \hat{H}', \quad \hat{H}' = m\omega^2(x^2+y^2)/2 - \omega\hat{l}_z \quad (\omega \equiv qB/2mc).$$

在 $ma^2|\omega| \ll \hbar$ 和 $ma^2|\omega| \gg \hbar$ 这两种情形下, 分别求基态能的近似值.

答: $E_0 \approx \pi^2\hbar^2/2ma^2 + (1/9 - 1/6\pi^2)m\omega^2a^2$ $(ma^2|\omega| \ll \hbar)$; $E_0 \approx \hbar|\omega|$ $(ma^2|\omega| \gg \hbar)$.

11–12 设碱金属原子处于 z 方向的均匀磁场 $\boldsymbol{B}$ 中, 价电子的微扰哈密顿算符为

$$\hat{H}' = \omega_L\hat{l}_z + m\omega_L^2(x^2+y^2)/2 \quad (\omega_L \equiv eB/2mc \ll e^2/\hbar a,\ a \equiv \hbar^2/me^2).$$

其中 a 为玻尔半径, 求证: 基态能的最低级修正和基态磁化率分别为

$$E_1^{(1)} = m\omega_{\rm L}^2\overline{x^2}, \quad \chi \equiv -\partial^2E_1^{(1)}/\partial B^2|_{B=0} = -(e^2/2mc^2)\overline{x^2}.$$

11–13 氢原子能级 ϵ_n 对应的定态波函数为 $\psi_{nlm}(r,\theta,\varphi) = R_{nl}(r)Y_{lm}(\theta,\varphi)$, 假设微扰哈密顿 $H'(r)$ 仅依赖于径向坐标 r, 求证: 能级 ϵ_n 的一级修正为

$$\boxed{E_{nl}^{(1)} = \int_0^\infty H'(r)R_{nl}^2(r)r^2\mathrm{d}r \quad (l = 0,1,2,\cdots,n)}$$

11–14 设氢原子受到的微扰哈密顿算符为 $\hat{H}' = \varepsilon a^3\delta(\boldsymbol{r})$, $(\varepsilon \ll e^2/2a)$, 其中 a 为玻尔半径, 试求 1s, 2s, 2p 态能级的一级修正.

答: $E_{1\rm s}^{(1)} = \varepsilon/\pi$, $E_{2\rm s}^{(1)} = \varepsilon/8\pi$, $E_{2\rm p}^{(1)} = 0$.

11–15 氢原子能级 ϵ_n 对应的定态波函数为 $\psi_{nlm} = R_{nl}(r)Y_{lm}(\theta,\varphi)$, 设电子和质子之间存在相互作用 $\hat{H}' = V(r)\hat{\boldsymbol{\sigma}}_{\rm e}\cdot\hat{\boldsymbol{\sigma}}_{\rm p}$ ($\hat{\boldsymbol{\sigma}}_{\rm e}$, $\hat{\boldsymbol{\sigma}}_{\rm p}$ 为泡利算符), 将 $\hat{H}'$ 视为微扰, 求证: 在自旋单态和自旋三重态下, 能级 ϵ_n 的一级修正分别为 $-3\varepsilon_{nl}$ 和 ε_{nl}, 其中

$$\varepsilon_{nl} = \int_0^\infty V(r)R_{nl}^2(r)r^2\mathrm{d}r.$$

11–16 电子偶素是由电子和正电子构成的束缚态, 1s 态的归一化波函数为

$$\psi_{1\rm s}(\boldsymbol{r}) = [\pi(2a)^3]^{-1/2}\exp(-r/2a) \quad (a = \hbar^2/me^2).$$

其中 a 为玻尔半径, m 为电子质量. 在 1s 态, 电子偶素有一个超精细相互作用:

$$\hat{H}' = (8\pi e^2/3m^2c^2)\delta(\boldsymbol{r})\hat{\boldsymbol{s}}_{\rm e}\cdot\hat{\boldsymbol{s}}_{\rm p}.$$

其中 $\hat{\boldsymbol{s}}_{\rm e}$ 和 $\hat{\boldsymbol{s}}_{\rm p}$ 分别为电子和正电子的自旋算符, 将 $\hat{H}'$ 视为微扰, 试求 1s 能级的一级修正.

答: 在自旋单态和自旋三重态下, 1s 能级的一级修正分别为

$$E_0^{(1)} = -\alpha^2 e^2/4a, \quad E_1^{(1)} = \alpha^2 e^2/12a \quad (\alpha \equiv e^2/\hbar c \approx 1/137).$$

*11–17 设一个多电子原子的哈密顿算符为 $\hat{H}_0$ (忽略原子核的自由度), 总角动量算符为 $\hat{\boldsymbol{J}} = \hat{\boldsymbol{L}} + \hat{\boldsymbol{S}}$, 其中 $\hat{\boldsymbol{L}}$ 为总轨道角动量算符, $\hat{\boldsymbol{S}}$ 为总自旋角动量算符. 设守恒量完备集 $\{\hat{H}_0, \hat{\boldsymbol{L}}^2, \hat{\boldsymbol{S}}^2, \hat{\boldsymbol{J}}^2, \hat{J}_z, \cdots\}$ 的共同本征态为 $|\tau LSJM_J\rangle$, 对应的能级 $\epsilon_{\tau LSJ}$ 是 $(2J+1)$ 重简并的. 现加一个 z 方向的弱磁场 B, 微扰哈密顿算符为

$$\hat{H}' = \omega_{\mathrm{L}}(\hat{L}_z + 2\hat{S}_z) = \omega_{\mathrm{L}}(\hat{J}_z + \hat{S}_z) \quad (\omega_{\mathrm{L}} = eB/2\mu c).$$

其中 μ 为电子质量. 求证: 能级 $\epsilon_{\tau LSJ}$ 的一级修正为

$$\boxed{E_{\tau LSJM_J}^{(1)} = gM_J\hbar\omega_{\mathrm{L}}, \quad g = 1 + [J(J+1) + S(S+1) - L(L+1)]/2J(J+1)}$$

11–18 设质量为 m 的粒子在尺度 L 很大的一维空间中运动, 哈密顿算符为

$$\hat{H} = \hat{H}_0 + \hat{H}', \quad \hat{H}_0 = -\hbar^2\partial_x^2/2m, \quad \hat{H}' = 2V_0\cos(2qx) \quad (q = 2\pi N/L).$$

其中 N 是一个很大的正整数. $\hat{H}_0$ 的本征值和对应的归一化本征函数分别为

$$\epsilon_k = \hbar^2k^2/2m, \quad \phi_k(x) = \sqrt{1/L}\exp(\mathrm{i}kx) \quad (k = 2\pi n/L, n = 0, \pm1, \pm2, \cdots).$$

将 $\hat{H}'$ 视为微扰, 试求 ϵ_q 的一级修正及对应的零级本征函数.

答: $E_q^{(\pm)} \approx \epsilon_q \pm V_0$, $\psi_q^{(+)}(x) \approx \sqrt{2/L}\cos(qx)$, $\psi_q^{(-)}(x) = \sqrt{2/L}\sin(qx)$.

11–19 设质量为 m, 自旋 $s = 1/2$ 的电中性粒子处于 $|x| < a$ 的一维无限深方势阱中, 能级 $\epsilon_n = n^2\pi^2\hbar^2/8ma^2$ $(n = 1, 2, \cdots)$, 归一化的能量本征函数为

$$|\phi_{n\pm}(x)\rangle = \sqrt{1/a}\sin[n\pi(x+a)/2a]|\pm\rangle_z \ (|x| < a); \quad |\phi_{n\pm}(x)\rangle = 0 \ (|x| > a).$$

其中 $|\pm\rangle_z$ 为泡利算符 $\hat{\sigma}_z$ 的归一化本征矢量, 即 $\hat{\sigma}_z|\pm\rangle_z = \pm|\pm\rangle_z$. 设粒子自旋磁矩算符为 $\hat{\boldsymbol{\mu}} = \mu_0\hat{\boldsymbol{\sigma}}$, 现外加一个分区均匀的静态弱磁场:

$$\boldsymbol{B}(x) = B_0\boldsymbol{e}_z \ (-a < x < 0); \quad \boldsymbol{B}(x) = B_0\boldsymbol{e}_x \ (0 < x < a) \ (|\mu_0 B_0| \ll \hbar^2/ma^2).$$

试求基态能的一级修正及对应的零级近似波函数.

答: $\varepsilon_\pm = \pm\mu_0 B_0/\sqrt{2}$, $|\psi_\pm(x)\rangle = (4\pm2\sqrt{2})^{-1/2}\sqrt{1/a}\sin[\pi(x+a)/2a][|+\rangle_z - (1\pm\sqrt{2})|-\rangle_z]$.

11–20 质量为 μ、频率为 ω 的二维各向同性谐振子的定态为 $|nm\rangle$ $(n, m = 0, 1, 2, \cdots)$, 对应的能级为 $\epsilon_N = (N+1)\hbar\omega$ $(N = n + m)$. 设微扰哈密顿 $\hat{H}' = 2\lambda\mu\omega^2\hat{x}\hat{y}$ $(|\lambda| \ll 1)$, 试求第一激发态能级 ϵ_1 的一级修正 ε 及对应的零级本征态 $|\psi\rangle$.

答: $\varepsilon_\pm = \pm\lambda\hbar\omega$, $|\psi_\pm\rangle = (|10\rangle \pm |01\rangle)/\sqrt{2}$.

11–21 设质量为 m 的粒子被限制在半径为 a 的圆环上运动, 哈密顿算符为

$$\hat{H} = \hat{H}_0 + \hat{H}', \quad \hat{H}_0 = -\hbar^2\partial_\theta^2/2ma^2, \quad \hat{H}' = 2A\sin 2\theta \quad (A = A^*, 0 \leqslant \theta < 2\pi).$$

其中 $\hat{H}'$ 表示微扰, θ 是粒子的角坐标. $\hat{H}_0$ 的归一化本征函数和本征值分别为

$$\phi_n(\theta) = \sqrt{1/2\pi}\exp(in\theta), \quad \epsilon_n = n^2\hbar^2/2ma^2 \quad (n = 0, \pm1, \pm2, \cdots).$$

试求 ϵ_1 的一级修正及对应的零级本征函数.

答: $E_1^{(\pm)} \approx \epsilon_1 \pm A$, $\psi_1^{(\pm)} \approx (\phi_1 \pm i\phi_{-1})/\sqrt{2}$.

11–22 设未微扰哈密顿算符 $\hat{H}_0$ 和微扰哈密顿算符 $\hat{H}'$ 均可用角动量算符 $\hat{j}$ 表示为 (取 $\hbar = 1$)

$$\hat{H} = \hat{H}_0 + \hat{H}', \quad \hat{H}_0 = \alpha\hat{j}_z^2 + \gamma\hat{\boldsymbol{j}}^2, \quad \hat{H}' = 2\beta(\hat{j}_x^2 - \hat{j}_y^2) \quad (|\beta| \ll |\alpha|, |\gamma|).$$

设 $\{\hat{\boldsymbol{j}}^2, \hat{j}_z\}$ 的本征态为 $|jm\rangle$, 则 $\hat{H}_0$ 的本征值为 $\epsilon_{jm} = m^2\alpha + j(j+1)\gamma$. 求证:

(1) 在 $|jm\rangle$ 态中仅有 $|00\rangle, |1/2, \pm1/2\rangle, |10\rangle$ 为 $\hat{H}$ 的精确本征态, 能级分别为

$$E_{00} = 0, \quad E_{1/2,\pm1/2} = (\alpha + 3\gamma)/4, \quad E_{10} = 2\gamma.$$

(2) 对于简并态 $|j, \pm1\rangle$, 一级近似的能级和相应的零级本征态分别为

$$E_{j1}^{(\pm)} \approx \epsilon_{j1} \pm \beta j(j+1), \quad |\psi_{j1}^{(\pm)}\rangle \approx \sqrt{1/2}(|j1\rangle \pm |j, -1\rangle).$$

*11–23 类氢离子的第一激发态能级 ϵ_2 对应于 2s 态 $|200\rangle$ 及 2p 态 $|21m\rangle$. 设微扰哈密顿算符 $\hat{H}' = xyf(r)$, 求证: 在一级近似下, 能级 ϵ_2 分裂为 3 条能级——ϵ_2 (两重简并)、$\epsilon_2 \pm \varepsilon$ (非简并), 其中 $\varepsilon \equiv (1/5)\displaystyle\int_0^\infty R_{21}^2(r)f(r)r^4 dr$, 式中 $R_{21}(r)$ 为 2p 态的径向波函数.

*11–24 氢原子处于沿 z 轴方向的电场 $\mathcal{E}$ 和沿 x 轴方向的磁场 B 中, 微扰哈密顿算符为

$$\hat{H}' = e\mathcal{E}\hat{z} + \omega\hat{l}_x \quad (e\mathcal{E}a \ll e^2/a,\ \hbar\omega \ll e^2/a; \quad a = \hbar^2/\mu e^2,\ \omega = eB/2\mu c).$$

其中 μ 为电子质量, a 为玻尔半径. 求证: 在一级近似下, 第一激发态能级 ϵ_2 分裂为 3 条能级: ϵ_2 (两重简并), $\epsilon_2 \pm \sqrt{(3e\mathcal{E}a)^2 + (\hbar\omega)^2}$ (非简并).

11–25 质量均为 m 的两个粒子处于宽度为 a 的一维无限深方势阱中, 微扰哈密顿算符为

$$\hat{H}' = \gamma a\delta(x_1 - x_2) \quad (|\gamma| \ll \pi^2\hbar^2/2ma^2).$$

已知未微扰情形下的单粒子能级和归一化能量本征函数分别为

$$\epsilon_n = n^2\pi^2\hbar^2/2ma^2, \quad \phi_n(x) = \sqrt{2/a}\sin(n\pi x/a) \quad (0 \leqslant x \leqslant a) \quad (n = 1, 2, \cdots).$$

在以下三种情形下, 分别求基态能和第一激发态能级的一级修正, 以及对应的零级本征函数和简并度: (1) 无自旋的非全同粒子; (2) 自旋为 s 的全同玻色子; (3) 自旋为 s 的全同费米子.

答: 设 χ_S 和 χ_A 分别表示具有交换对称性和交换反对称性的自旋波函数, 令

$$\psi_{nn'} \equiv \phi_n(x_1)\phi_{n'}(x_2), \quad \psi_{12}^{(\pm)} \equiv (\psi_{12} \pm \psi_{21})/\sqrt{2}.$$

则基态能 E_{11} 及第一激发态能级 $E_{12}^{(\pm)}$ 分别为

$$E_{11} = 2\epsilon_1 + 3\gamma/2, \quad E_{12}^{(+)} = \epsilon_1 + \epsilon_2 + 2\gamma, \quad E_{12}^{(-)} = \epsilon_1 + \epsilon_2.$$

对应的零级本征函数和简并度如下表所示:

	非全同粒子	全同玻色子	全同费米子
E_{11} 态波函数	ψ_{11}	$\psi_{11}\chi_S$	$\psi_{11}\chi_A$
E_{11} 态简并度	1	$(s+1)(2s+1)$	$s(2s+1)$
$E_{12}^{(+)}$ 态波函数	$\psi_{12}^{(+)}$	$\psi_{12}^{(+)}\chi_S$	$\psi_{12}^{(+)}\chi_A$
$E_{12}^{(+)}$ 态简并度	1	$(s+1)(2s+1)$	$s(2s+1)$
$E_{12}^{(-)}$ 态波函数	$\psi_{12}^{(-)}$	$\psi_{12}^{(-)}\chi_A$	$\psi_{12}^{(-)}\chi_S$
$E_{12}^{(-)}$ 态简并度	1	$s(2s+1)$	$(s+1)(2s+1)$

11–26 对于频率为 ω 的三维各向同性谐振子, 归一化定态波函数和能级分别为

$$\psi_{n_x n_y n_z}(\boldsymbol{r}) = \phi_{n_x}(x)\phi_{n_y}(y)\phi_{n_z}(z), \quad \epsilon_N = (N+3/2)\hbar\omega \quad (N = n_x + n_y + n_z).$$

设质量均为 m 的两个粒子处于上述势阱中, 哈密顿算符为 $\hat{H}_0$, 微扰哈密顿算符为

$$\hat{H}' = \gamma\delta(\boldsymbol{r}_1 - \boldsymbol{r}_2), \quad [\gamma \ll \hbar\omega(2\pi\hbar/m\omega)^{3/2}].$$

在以下三种情形中, 分别求基态能和第一激发态能级的一级修正, 以及对应的零级本征函数和简并度: (1) 无自旋的非全同粒子; (2) 自旋为 s 的全同玻色子; (3) 自旋为 s 的全同费米子.

答: 设 χ_S 和 χ_A 分别表示具有交换对称性和交换反对称性的自旋波函数, 令

$$\varPsi_0 \equiv \psi_{000}(\boldsymbol{r}_1)\psi_{000}(\boldsymbol{r}_2), \quad \varPsi_x^{(\pm)} \equiv \sqrt{1/2}[\psi_{100}(\boldsymbol{r}_1)\psi_{000}(\boldsymbol{r}_2) \pm \psi_{000}(\boldsymbol{r}_1)\psi_{100}(\boldsymbol{r}_2)].$$

则基态能 E_0 及第一激发态能级 $E_1^{(\pm)}$ 分别为

$$E_0 = 3\hbar\omega + \gamma(m\omega/2\pi\hbar)^{3/2}, \quad E_1^{(+)} = 4\hbar\omega + \gamma(m\omega/2\pi\hbar)^{3/2}, \quad E_1^{(-)} = 4\hbar\omega.$$

对应的零级本征函数和简并度如下表所示:

	非全同粒子	全同玻色子	全同费米子
E_0 态波函数	$\varPsi_0$	$\varPsi_0\chi_S$	$\varPsi_0\chi_A$
E_0 态简并度	1	$(s+1)(2s+1)$	$s(2s+1)$
$E_1^{(+)}$ 态波函数	$\varPsi_\alpha^{(+)}(\alpha = x, y, z)$	$\varPsi_\alpha^{(+)}\chi_S$	$\varPsi_\alpha^{(+)}\chi_A$
$E_1^{(+)}$ 态简并度	3	$3(s+1)(2s+1)$	$3s(2s+1)$
$E_1^{(-)}$ 态波函数	$\varPsi_\alpha^{(-)}(\alpha = x, y, z)$	$\varPsi_\alpha^{(-)}\chi_A$	$\varPsi_\alpha^{(-)}\chi_S$
$E_1^{(-)}$ 态简并度	3	$3s(2s+1)$	$3(s+1)(2s+1)$

*11–27　设两个粒子的自旋均为 1/2, 泡利算符分别为 $\hat{\boldsymbol{\sigma}}_1$ 和 $\hat{\boldsymbol{\sigma}}_2$, 它们之间存在交换作用, 并处于沿 z 轴方向的均匀弱磁场中, 体系的哈密顿算符为

$$\hat{H}=\hat{H}_0+\hat{H}', \quad \hat{H}_0=\epsilon\hat{\boldsymbol{\sigma}}_1\cdot\hat{\boldsymbol{\sigma}}_2, \quad \hat{H}'=\epsilon_1\hat{\sigma}_{1z}+\epsilon_2\hat{\sigma}_{2z} \quad (\varDelta\equiv\epsilon_1-\epsilon_2, |\varDelta|\ll|\epsilon|).$$

其中 $\hat{H}'$ 为微扰, $\hat{H}_0$ 的本征态为自旋单态 $|00\rangle$ 和三重态 $|1M\rangle$ $(M=0,\pm1)$, 本征值分别为 $\varepsilon_0=-3\epsilon$ 和 $\varepsilon_1=\epsilon$. 试求二级近似下的能级及一级近似下的定态.

答: $E_{00}\approx-3\epsilon-\varDelta^2/4\epsilon$, $E_{10}\approx\epsilon+\varDelta^2/4\epsilon$, $E_{1,\pm1}=\epsilon\pm(\epsilon_1+\epsilon_2)$;

$$|\psi_{00}\rangle\approx|00\rangle-(\varDelta/4\epsilon)|10\rangle, \quad |\psi_{10}\rangle\approx|10\rangle+(\varDelta/4\epsilon)|00\rangle, \quad |\psi_{1,\pm1}\rangle=|1,\pm1\rangle.$$

*11–28　设质量为 m、频率为 ω、自旋为 1/2 的三维各向同性谐振子的哈密顿算符为 $\hat{H}_0$, 微扰哈密顿算符为 $\hat{H}'=\gamma\hat{\boldsymbol{\sigma}}\cdot\hat{\boldsymbol{r}}$ $(\gamma^2\ll\hbar m\omega^3)$, 试求二级近似下的基态能级 E_0.

答: $E_0\approx3\hbar\omega/2-3\gamma^2/2m\omega^2$.

*11–29　设转子的转动惯量为 I, 电偶极矩为 d, 处于沿 z 轴方向的均匀静态弱电场 $\mathcal{E}$ 中. 取 z 轴为极轴, 设电偶极矩的方向角为 (θ,φ), 则哈密顿算符为

$$\hat{H}=\hat{H}_0+\hat{H}', \quad \hat{H}_0=\hat{\boldsymbol{l}}^2/2I, \quad \hat{H}'=-d\mathcal{E}\cos\theta \quad (\lambda\equiv Id\mathcal{E}/\hbar^2\ll1).$$

$\hat{H}_0$ 的本征态可取为 $\{\hat{\boldsymbol{l}}^2,\hat{l}_z\}$ 的共同本征态 $|lm\rangle(m=-l,\cdots,l)$, 对应的能级为

$$\epsilon_l=l(l+1)\hbar^2/2I \quad (l=0,1,2,\cdots).$$

将 $\hat{H}'$ 视为微扰, 试求二级近似下的能级和一级近似下的能量本征态.

答: $E_{lm}\approx\epsilon_l+\lambda_l^2\epsilon_l[l(l+1)-3m^2]/[2(2l-1)(2l+3)]$ $(\lambda_l\equiv d\mathcal{E}/\epsilon_l)$,

$$|\psi_{lm}\rangle\approx|lm\rangle+\frac{l\lambda_l}{2}\sqrt{\frac{(l+1)^2-m^2}{4(l+1)^2-1}}|l+1,m\rangle-\frac{(l+1)\lambda_l}{2}\sqrt{\frac{l^2-m^2}{4l^2-1}}|l-1,m\rangle.$$

*11–30　设表象的基为 $|1\rangle,|2\rangle,|3\rangle$, 未微扰哈密顿矩阵 H_0 和微扰哈密顿矩阵 H' 分别为

$$H_0=\begin{pmatrix}\epsilon&0&0\\0&\epsilon&0\\0&0&\epsilon'\end{pmatrix} \quad (\epsilon\neq\epsilon'), \quad H'=\begin{pmatrix}0&0&a\\0&0&b\\a^*&b^*&0\end{pmatrix}.$$

试求二级近似下的能级及一级近似下的能量本征态.

答: $E_1\approx\epsilon$, $E_2\approx\epsilon-\lambda^2/\varDelta$, $E_3\approx\epsilon'+\lambda^2/\varDelta$, $(\lambda\equiv\sqrt{|a|^2+|b|^2},\ \varDelta\equiv\epsilon'-\epsilon)$;

$$|\psi_1\rangle\approx\frac{b^*}{\lambda}|1\rangle-\frac{a^*}{\lambda}|2\rangle, \quad |\psi_2\rangle\approx\frac{a}{\lambda}|1\rangle+\frac{b}{\lambda}|2\rangle-\frac{\lambda}{\varDelta}|3\rangle, \quad |\psi_3\rangle\approx|3\rangle+\frac{a}{\varDelta}|1\rangle+\frac{b}{\varDelta}|2\rangle.$$

11–31　设多粒子体系的相互作用能 $U(\boldsymbol{r}_1,\boldsymbol{r}_2,\cdots,\boldsymbol{r}_N)$ 是 n 次齐次函数, 哈密顿算符为

$$\hat{H}=\hat{T}+\hat{U}, \quad \hat{T}=-\hbar^2\sum_i\nabla_i^2/2m_i, \quad U(\lambda\boldsymbol{r}_1,\cdots,\lambda\boldsymbol{r}_N)=\lambda^nU(\boldsymbol{r}_1,\cdots,\boldsymbol{r}_N).$$

试用变分原理证明: 束缚定态下动能平均值 $\overline{T}$ 与势能平均值 $\bar{U}$ 满足: $2\overline{T}=n\bar{U}$.

*11–32　求证: 若粒子处于以下一维势阱中, 则至少存在一个束缚态,

$$V(x)<0\ (0\leqslant x\leqslant a),\quad V(x)=0\ (x<0,x>a).$$

提示: 总存在一个方势阱 $\tilde{V}(x)\geqslant V(x)$ (对任意 x).

11–33　设粒子的质量为 m, 所处的势阱为 $V(x)=-\gamma\delta(x)\ (\gamma>0)$, 基态试探波函数取为 $\psi_\lambda(x)=\sqrt{\lambda}\exp(-\lambda|x|)$, 试求 ψ_λ 态的能量平均值 $\overline{H}(\lambda)$ 和基态能的上限 E_0.

答: $\overline{H}(\lambda)=\hbar^2\lambda^2/2m-\gamma\lambda,\quad E_0=-m\gamma^2/2\hbar^2$.

11–34　设质量为 m 的粒子处于频率为 ω 的一维谐振子势场中, 令 $\alpha=\sqrt{m\omega/\hbar}$.

(1) 设基态的归一化试探波函数取为 $\psi_\lambda(x)=(\lambda/\pi)^{1/4}\exp(-\lambda x^2/2)$ (其中 λ 为变分参量), 试求 ψ_λ 态的能量平均值 $\overline{H}_0(\lambda)$ 以及基态能的上限 E_0.

(2) 设第一激发态的归一化试探波函数取为 $\phi_\lambda(x)=(4\lambda^3/\pi\alpha)^{1/4}\alpha x\exp(-\lambda x^2/2)$, 试求 ϕ_λ 态的能量平均值 $\overline{H}_1(\lambda)$ 以及第一激发态能级的近似值 E_1.

答: $\overline{H}_0(\lambda)=(\lambda/\alpha^2+\alpha^2/\lambda)\hbar\omega/4$, $E_0=\hbar\omega/2$; $\overline{H}_1(\lambda)=3\overline{H}_0(\lambda)$, $E_1=3\hbar\omega/2$.

11–35　设质量为 m 的粒子处于一维势场中, $V(x)=kx^4\ (k>0)$, 基态的试探波函数取为 $\psi_\lambda(x)=(\lambda/\pi)^{1/4}\exp(-\lambda x^2/2)$, 试求 ψ_λ 态的能量平均值 $\overline{H}(\lambda)$ 和基态能的上限 E_0.

答: $\overline{H}(\lambda)=\hbar^2\lambda/4m+3k/4\lambda^2$, $E_0=(3/8)(6\hbar^4k/m^2)^{1/3}$.

11–36　设质量为 m 的粒子处于一维势场中, $V(x)=k|x|\ (k>0)$, 基态的试探波函数取为 $\psi_\lambda(x)=\sqrt{3/2\lambda}(1-|x|/\lambda)\theta(\lambda-|x|)$, 试求 ψ_λ 态的能量平均值 $\overline{H}(\lambda)$ 和基态能的上限 E_0.

答: $\overline{H}(\lambda)=3\hbar^2/2m\lambda^2+k\lambda/4$, $E_0=(3/8)(12\hbar^2k^2/m)^{1/3}$.

11–37　设平面转子被限制在 xy 平面内转动, 转动惯量为 I, 电偶极矩为 d, 转子处于沿 x 轴方向的均匀静态强电场 $\mathcal{E}$ 中, 转子与 x 轴的夹角为 θ, 哈密顿算符为

$$\hat{H}=-\hbar^2\partial_\theta^2/2I-d\mathcal{E}\cos\theta\quad(|\theta|\leqslant\pi,\ Id\mathcal{E}\gg\hbar^2).$$

基态下的方位角主要处于 $|\theta|\ll1$ 的区域, 因此基态的试探波函数可取为

$$\psi_\lambda(\theta)=(\lambda/\pi)^{1/4}\exp(-\lambda\theta^2/2)\quad(\lambda\gg1).$$

试求 ψ_λ 态的能量平均值 $\overline{H}(\lambda)$ 和基态能的近似值 E_0.

答: $\overline{H}=\hbar^2\lambda/4I+d\mathcal{E}(1/4\lambda-1)$, $E_0=(\hbar/2)\sqrt{d\mathcal{E}/I}-d\mathcal{E}$.

11–38　设质量为 m 的粒子处于中心力势场 $V(r)$ 中, 基态的试探波函数 (归一化) 取为 $\psi_\lambda(\boldsymbol{r})=(\lambda^3/\pi)^{1/2}\exp(-\lambda r)$, 对以下两种情形分别求 ψ_λ 态的能量平均值 $\overline{H}(\lambda)$ 和基态能上限 E_0: (1) $V(r)=kr\ (k>0)$; (2) $V(r)=-kr^{-3/2}\ (k>0)$.

答: (1) $\overline{H}(\lambda)=\hbar^2\lambda^2/2m+3k/2\lambda$, $E_0=(3/2)^{5/3}(\hbar^2k^2/m)^{1/3}$.

(2) $\overline{H}(\lambda)=\hbar^2\lambda^2/2m-\sqrt{\pi/2}k\lambda^{3/2}$, $E_0=-27\pi^2m^3k^4/128\hbar^6$.

11–39　设质量为 m 的粒子所受中心力势为 $V(r)=-\alpha\epsilon\exp(-r/a)\ (\epsilon=\hbar^2/2ma^2$,

$\alpha > 0,\ a > 0$), 基态试探波函数取为 $\psi_\lambda(r) = [\pi(2a/\lambda)^3]^{-1/2}\exp(-\lambda r/2a)$, 求证: 能量平均值 $\overline{H} = \epsilon[\lambda^2/4 - \alpha\lambda^3/(1+\lambda)^3]$, 且 λ 的最佳值满足 $(1+\lambda)^4 = 6\alpha\lambda$.

11–40 考虑一维类氦离子的一个模型, 核外两个电子的哈密顿算符为

$$\hat{H} = (\hat{p}_1^2 + \hat{p}_2^2)/2\mu - ze^2[\delta(x_1) + \delta(x_2)] + e^2\delta(x_1 - x_2).$$

基态试探波函数取为 $\psi_\lambda(x_1, x_2) = \lambda\exp(-\lambda|x_1| - \lambda|x_2|)$, 试求基态能的近似值.

答: $E_0 = -(\mu e^4/\hbar^2)(z - 1/4)^2$.

*11–41 设保守体系的哈密顿算符为 $\hat{H} = \hat{H}_0 + \hat{H}'$, 其中 $\hat{H}'$ 为微扰, $\hat{H}_0$ 的基态归一化矢量为 $|0\rangle$, 基态能为 E_0. 设 $\hat{H}$ 的基态试探矢量为 $|\psi_\lambda\rangle = C(1 + \lambda\hat{H}')|0\rangle$, 其中 λ 为变分参量, C 为归一化系数, 求证: 二级近似下的基态能为

$$E \approx \overline{H} + (\Delta H')^4/A, \quad A = E_0\overline{H'^2} - \overline{H'H_0H'} = \overline{[H', [H', H_0]]}/2.$$

以上平均值均是在 $|0\rangle$ 态下的平均值, 如 $\overline{H} = \langle 0|\hat{H}|0\rangle$, 涨落 $(\Delta H')^2 = \overline{H'^2} - \overline{H'}^2$.

*11–42 设氢原子处于基态 $|0\rangle$, 受到沿 z 轴方向的均匀弱电场 $\mathcal{E}$ 的作用, 微扰哈密顿算符为 $\hat{H}' = e\mathcal{E}z$, 取试探态矢量 $|\psi_\lambda\rangle = C(1 + \lambda\hat{H}')|0\rangle$, 其中 λ 为变分参量, C 为归一化系数, 试用变分法求基态能量 $E(\mathcal{E})$, 以及电极化率 $\alpha = -(\partial_{\mathcal{E}}^2 E)|_{\mathcal{E}=0}$.

答: $E(\mathcal{E}) \approx E(0) - 2a^3\mathcal{E}^2$, $\alpha = 4a^3$ (a 为玻尔半径).

*11–43 设转子的转动惯量为 I, 电偶极矩为 d, 处于沿 z 轴方向的均匀静态弱电场 $\mathcal{E}$ 中. 取 z 轴为极轴, 设电偶极矩的方向角为 (θ, φ), 则哈密顿算符为

$$\hat{H} = \hat{H}_0 + \hat{H}', \quad \hat{H}_0 = \hat{\boldsymbol{l}}^2/2I, \quad \hat{H}' = -d\mathcal{E}\cos\theta.$$

$\hat{H}_0$ 的本征态可取为 $\{\hat{\boldsymbol{l}}^2, \hat{l}_z\}$ 的共同本征态 $|lm\rangle$ $(m = -l, \cdots, l)$, 对应的能级为

$$\epsilon_l = l(l+1)\hbar^2/2I \quad (l = 0, 1, 2, \cdots).$$

取试探基态矢量 $|\psi_\lambda\rangle = C(1 + \lambda\hat{H}')|00\rangle$, 其中 λ 为变分参量, C 为归一化系数, 试用变分法求基态能量 E (近似到 $\hat{H}'$ 的二级项).

答: $E \approx -d^2\mathcal{E}^2 I/3\hbar^2$.

*11–44 设原子中价电子的归一化定态波函数为 $\phi(\boldsymbol{r})$, 对应的能级为 ϵ, 即

$$[\hat{\boldsymbol{p}}^2/2m + V(\boldsymbol{r})]\phi(\boldsymbol{r}) = \epsilon\phi(\boldsymbol{r}), \quad \langle\phi|\phi\rangle = 1.$$

设双原子分子中两个相同离子实的相对位矢为 $\boldsymbol{R}$, 价电子哈密顿算符为

$$\hat{H} = \hat{\boldsymbol{p}}^2/2m + V(\boldsymbol{r} - \boldsymbol{R}_1) + V(\boldsymbol{r} - \boldsymbol{R}_2) \quad (\boldsymbol{R} \equiv \boldsymbol{R}_1 - \boldsymbol{R}_2).$$

价电子的试探波函数取为 (以下假定 $\lambda(R)$ 是 $R \equiv |\boldsymbol{R}|$ 的实函数)

$$\psi(\boldsymbol{r}) = \sum_{i=1,2} a_i\phi(\boldsymbol{r} - \boldsymbol{R}_i), \quad \langle\psi|\psi\rangle = \sum_{ij} a_i^* J_{ij} a_j = 1,$$

$$J_{11} = J_{22} = 1, \quad J_{12} = J_{21} = \lambda(R) = \int \mathrm{d}\boldsymbol{r}\phi^*(\boldsymbol{r})\phi(\boldsymbol{r} + \boldsymbol{R}).$$

(1) 求证: 在试探波函数 $\psi(\boldsymbol{r})$ 描述的量子态下, 价电子的能量平均值为

$$\overline{H}=\sum_{ij} a_i^* H_{ij} a_j, \begin{bmatrix} H_{11}=H_{22}=\epsilon+K, & K(R)=\displaystyle\int \mathrm{d}\boldsymbol{r}|\phi(\boldsymbol{r}-\boldsymbol{R})|^2 V(\boldsymbol{r}) \\ H_{12}=H_{21}=\lambda\epsilon+T, & T(R)=\displaystyle\int \mathrm{d}\boldsymbol{r}\phi^*(\boldsymbol{r})V(\boldsymbol{r})\phi(\boldsymbol{r}+\boldsymbol{R}) \end{bmatrix}.$$

其中假定 $K(R)$ 和 $T(R)$ 均为 R 的实函数.

(2) 试用变分原理证明: 分子定态能级和对应的定态波函数可近似表示为

$$E_\pm=\epsilon+(K\pm T)/(1\pm\lambda),\quad \psi_\pm(\boldsymbol{r})=[2(1\pm\lambda)]^{-1/2}[\phi(\boldsymbol{r}-\boldsymbol{R}_1)\pm\phi(\boldsymbol{r}-\boldsymbol{R}_2)].$$

通常 $|\lambda|\ll 1, T<0$, 故 $E_+<E_-$, 而 $\psi_\pm(\boldsymbol{r})$ 分别称为成键轨道和反键轨道.

第十二章

非保守体系的近似方法

若一个量子体系的哈密顿算符 $\hat{H}(t)$ 显含时间 t (如粒子受到随时间变化的外场的作用), 则称该体系为非保守体系. **非保守体系的能量不是守恒量, 体系不存在严格的定态**, 通常需要求解含时薛定谔方程. 由于能够严格求解薛定谔方程的情形是很少见的, 因此常采用近似方法来研究非保守体系.

第 12.1 节介绍量子跃迁的微扰论; 第 12.2 节应用一级近似下的含时微扰论研究带电粒子体系的光吸收与辐射问题; 第 12.3 节讨论绝热近似与贝利相位.

§ 12.1 量子跃迁的微扰论

量子跃迁是玻尔在早期量子论中提出的一个重要概念, 涉及许多重要的物理现象 (如原子光谱), 所以它是非保守体系的研究中重点关注的问题. 本节介绍量子跃迁的概念以及一级近似下的含时微扰论, 并讨论几种常见的含时微扰.

1. 量子跃迁

设体系的某个相容变量完备集 F 的共同本征态为 $|n\rangle$ $(n=1,2,\cdots)$, 它们可作为体系态空间 $\mathcal{E}$ 的一组正交归一完备的基矢量, 即

$$\langle n|n'\rangle=\delta_{nn'},\quad \sum_n |n\rangle\langle n|=1.$$

设体系的哈密顿算符为 $\hat{H}(t)$, 体系在 t_0 时刻处于 F 的某个本征态 $|k\rangle$, 即 $|\psi(t_0)\rangle=|k\rangle$. 当 $t>t_0$ 时, 体系的态矢量 $|\psi(t)\rangle$ 随时间 t 的演化满足薛定谔方程:

$$i\hbar\partial_t|\psi(t)\rangle=\hat{H}(t)|\psi(t)\rangle\quad\Rightarrow\quad|\psi(t)\rangle=\hat{U}(t,t_0)|\psi(t_0)\rangle=\hat{U}(t,t_0)|k\rangle.$$

其中演化算符 $\hat{U}(t,t_0)$ 是一个含时间的幺正算符, 它由 $\hat{H}(t)$ 决定. 对于保守体系,

$$\hat{U}(t,t_0)=\exp[-\mathrm{i}\hat{H}(t-t_0)/\hbar],\quad(\partial_t\hat{H}=0).$$

由于非保守体系的 $\hat{H}(t)$ 显含时间, 一般很难求得 $\hat{U}(t,t_0)$ 的严格结果 (参见 7.2 节).

众所周知, 上述态矢量 $|\psi(t)\rangle$ 总可以用 F 的本征态展开, 即

$$|\psi(t)\rangle=\sum_n C_{nk}(t)|n\rangle,\quad \boxed{C_{nk}(t)=\langle n|\psi(t)\rangle=\langle n|\hat{U}(t,t_0)|k\rangle}\tag{12.1.1}$$

根据量子力学的测值原理, 上述 $C_{nk}(t)$ 就是体系在 t 时刻处于 $|n\rangle$ 态的概率幅, 它也称为体系从 $|k\rangle$ 态至 $|n\rangle$ 态的**跃迁概率幅**, 相应的**跃迁概率**和**跃迁速率**分别为

$$\boxed{P_{nk}(t)=|C_{nk}(t)|^2,\quad w_{nk}(t)=\partial_t P_{nk}(t)}\tag{12.1.2}$$

因此, **量子跃迁问题的关键, 是要在给定初始条件下求解薛定谔方程**, 从而得到体系态矢量 $|\psi(t)\rangle$ 随时间 t 的演变规律.

例 1

设体系态空间是 2 维的, 正交归一的基矢为 $|1\rangle$ 和 $|2\rangle$, 哈密顿矩阵为

$$H_{11} = H_{22} = \epsilon \quad (\dot{\epsilon} \equiv \partial_t \epsilon = 0), \quad H_{12}(t) = H_{21}(t) = \hbar\omega(t).$$

设 $t = 0$ 时体系的态矢量为 $|\psi(0)\rangle = |1\rangle$, 试求 $t > 0$ 时体系跃迁至 $|2\rangle$ 态的概率.

解: 将体系在 $t > 0$ 时的态矢量表示为两个基矢量的线性叠加, 即

$$|\psi(t)\rangle = [a(t)|1\rangle + b(t)|2\rangle]\exp(-\mathrm{i}\epsilon t/\hbar) \quad [a(0) = 1, b(0) = 0].$$

将上式代入薛定谔方程: $\mathrm{i}\hbar|\dot{\psi}(t)\rangle = \hat{H}(t)|\psi(t)\rangle$, 可得

$$\mathrm{i}\hbar(\dot{a}|1\rangle + \dot{b}|2\rangle) = (\hat{H} - \epsilon)(a|1\rangle + b|2\rangle).$$

用 $\langle 1|$ 左乘以上方程的两边, 再用 $\langle 2|$ 左乘以上方程的两边, 得到微分方程组:

$$\mathrm{i}\dot{a} = \omega(t)b, \quad \mathrm{i}\dot{b} = \omega(t)a.$$

作变换: $c_\pm(t) \equiv a(t) \pm b(t)$, $[c_\pm(0) = 1]$, 以上方程组化为

$$\mathrm{i}\dot{c}_\pm = \pm\omega(t)c_\pm \quad \Rightarrow \quad c_\pm(t) = \exp[\mp\mathrm{i}\alpha(t)], \quad \alpha(t) = \int_0^t \omega(t')\mathrm{d}t'.$$

将以上结果代入逆变换式: $a = (c_+ + c_-)/2$, $b = (c_+ - c_-)/2$, 可得

$$a(t) = \cos\alpha(t), \quad b(t) = -\mathrm{i}\sin\alpha(t); \quad |\psi(t)\rangle = [\cos\alpha(t)|1\rangle - \mathrm{i}\sin\alpha(t)|2\rangle]\exp(-\mathrm{i}\epsilon t/\hbar).$$

体系在 t 时刻跃迁至 $|2\rangle$ 态的概率幅和概率分别为

$$C_{21}(t) = \langle 2|\psi(t)\rangle = -\mathrm{i}\sin\alpha(t)\exp(-\mathrm{i}\epsilon t/\hbar), \quad P_{21}(t) = |C_{21}(t)|^2 = \sin^2\alpha(t).$$

例 2

设体系的哈密顿算符为不含时的 $\hat{H}_0$ 与脉冲型的 $\hat{H}'(t)$ 之和, 即

$$\hat{H}(t) = \hat{H}_0 + \hat{H}'(t), \quad \hat{H}'(t) = \hbar\hat{J}\delta(t) \quad (\partial_t\hat{J} = 0).$$

$\hat{H}_0$ 的一组正交归一完备的本征矢为 $|n\rangle$, 对应的本征值为 E_n, 体系在 $t = 0^-$ 时处于 $\hat{H}_0$ 的本征态之一, 即 $|\psi(0^-)\rangle = |k\rangle$, 试求 $t > 0$ 时体系跃迁至 $|n\rangle$ 态的概率.

解: 为了便于处理 $\delta(t)$ 函数, 可将它视为以下函数的极限:

$$\delta(t) = \frac{1}{\tau}\theta(t)\theta(\tau - t) = \begin{cases} 1/\tau & (0 < t < \tau) \\ 0 & (t < 0, t > \tau) \end{cases} \quad (\tau \to 0^+).$$

在 $t > \tau$ 时刻, 薛定谔方程满足初始条件的解为

$$|\psi(t)\rangle = \exp[-\mathrm{i}\hat{H}_0(t-\tau)/\hbar]|\psi(\tau)\rangle, \quad |\psi(\tau)\rangle = \exp[-\mathrm{i}(\hat{H}_0 + \hbar\hat{J}/\tau)\tau/\hbar]|\psi(0^-)\rangle$$
$$\Rightarrow \quad |\psi(t)\rangle \to \exp(-\mathrm{i}\hat{H}_0 t/\hbar)\exp(-\mathrm{i}\hat{J})|k\rangle \ (\tau \to 0^+).$$

在 $t > 0$ 时刻, 体系跃迁至 $|n\rangle$ 态的概率幅和概率分别为

$$C_{nk}(t) = \langle n|\psi(t)\rangle = \exp(-\mathrm{i}E_n t/\hbar)\langle n|\exp(-\mathrm{i}\hat{J})|k\rangle,$$

$$\boxed{P_{nk} = |C_{nk}(t)|^2 = |\langle n|\exp(-\mathrm{i}\hat{J})|k\rangle|^2} \tag{12.1.3}$$

需要指出，像以上两例中的严格可解模型是很少见的，一般情况下，需要采用近似方法计算跃迁概率，下面介绍一种常用近似方法：含时微扰论.

2. 量子跃迁的一级近似

设体系的哈密顿算符为 $\hat{H}_0$ (不显含时间 t) 和 $\hat{H}'(t)$ (很小) 之和，即

$$\hat{H}(t) = \hat{H}_0 + \hat{H}'(t).$$

其中微扰 $\hat{H}'(t)$ 通常描述粒子与外场的相互作用，体系的薛定谔方程为

$$i\hbar\partial_t|\psi(t)\rangle = \hat{H}(t)|\psi(t)\rangle \quad \Rightarrow \quad |\psi(t)\rangle = |\psi(t_0)\rangle + \frac{1}{\mathrm{i}\hbar}\int_{t_0}^{t} \mathrm{d}t'\hat{H}(t')|\psi(t')\rangle. \tag{12.1.4}$$

其中 t_0 为初始时刻. 因 $\hat{H}(t)$ 不是小量，故无法由此方程直接求得 $|\psi(t)\rangle$ 的近似解.

为了求得 $|\psi(t)\rangle$ 的近似解，可引入相互作用图像中的态矢量和算符:

$$|\psi_I(t)\rangle \equiv \exp(\mathrm{i}\hat{H}_0 t/\hbar)|\psi(t)\rangle, \quad \hat{H}_I'(t) \equiv \exp(\mathrm{i}\hat{H}_0 t/\hbar)\hat{H}'(t)\exp(-\mathrm{i}\hat{H}_0 t/\hbar).$$

利用薛定谔方程 (12.1.4)，容易导出相互作用图像中的动力学方程:

$$\mathrm{i}\hbar\partial_t|\psi_I(t)\rangle = \hat{H}_I'(t)|\psi_I(t)\rangle \quad \Rightarrow \quad |\psi_I(t)\rangle = |\psi_I(t_0)\rangle + \frac{1}{\mathrm{i}\hbar}\int_{t_0}^{t} \mathrm{d}t'\hat{H}_I'(t')|\psi_I(t')\rangle. \tag{12.1.5}$$

通过逐次迭代的方式，可将以上积分方程右边的被积函数表示为微扰 $\hat{H}'$ 的幂级数形式，因此该方程在一级近似下的解为

$$\boxed{|\psi_I(t)\rangle \approx |\psi_I(t_0)\rangle + \frac{1}{\mathrm{i}\hbar}\int_{t_0}^{t} \mathrm{d}t'\hat{H}_I'(t')|\psi_I(t_0)\rangle} \tag{12.1.6}$$

设 $\hat{H}_0$ 的一组完备的正交归一的本征矢量为 $|n\rangle$ $(n = 1, 2, \cdots)$，即

$$\hat{H}_0|n\rangle = E_n|n\rangle, \quad \langle n|n'\rangle = \delta_{nn'}, \quad \sum_n |n\rangle\langle n| = 1.$$

设体系在 t_0 时刻处于 $\hat{H}_0$ 的某个本征态 $|k\rangle$，即 $|\psi_I(t_0)\rangle = |k\rangle$，代入 (12.1.6) 式，得

$$|\psi_I(t)\rangle \approx |k\rangle + \frac{1}{\mathrm{i}\hbar}\int_{t_0}^{t} \mathrm{d}t'\hat{H}_I'(t')|k\rangle.$$

体系在 t 时刻从 $|k\rangle$ 态跃迁至 $\hat{H}_0$ 的其他本征态 $|n\rangle$ $(n \neq k)$ 的概率幅为

$$C_{nk}(t) = \langle n|\psi_I(t)\rangle \approx \frac{1}{\mathrm{i}\hbar}\int_{t_0}^{t} \mathrm{d}t'\langle n|\exp(\mathrm{i}\hat{H}_0 t'/\hbar)\hat{H}'(t')\exp(-\mathrm{i}\hat{H}_0 t'/\hbar)|k\rangle,$$

定义微扰矩阵元 $H'_{nk}(t') \equiv \langle n|\hat{H}'(t')|k\rangle$，上式可改写为

$$\boxed{C_{nk}(t) \approx \frac{1}{\mathrm{i}\hbar}\int_{t_0}^{t} \mathrm{d}t'\exp(\mathrm{i}\omega_{nk}t')H'_{nk}(t') \quad (\hbar\omega_{nk} \equiv E_n - E_k, n \neq k)} \tag{12.1.7}$$

跃迁概率为 $P_{nk}(t)=|C_{nk}(t)|^2$. 在运用 (12.1.7) 式时需要注意以下几点:

(1) 公式 (12.1.7) 仅适用于 $n\neq k$, 而不能用于计算概率幅 $C_{kk}(t)$, 若要利用 (12.1.7) 式计算体系在 $t>t_0$ 时刻保留在 $|k\rangle$ 态的概率 $P_{kk}(t)$, 可借助以下公式:

$$\boxed{P_{kk}(t)=1-\sum_{n\neq k}P_{nk}(t)=1-\sum_{n\neq k}|C_{nk}(t)|^2} \tag{12.1.8}$$

(2) 微扰论的一级近似公式 (12.1.7) 成立的条件为

$$\boxed{P_{nk}(t)=|C_{nk}(t)|^2\ll 1\quad (n\neq k)} \tag{12.1.9}$$

(3) 由于 $\hat{H}'(t)$ 为厄密算符, 因此 $(H'_{nk})^*=H'_{kn}$, 由 (12.1.7) 式可得

$$\boxed{C^*_{nk}(t)=-C_{kn}(t)\quad\Rightarrow\quad P_{nk}(t)=P_{kn}(t)} \tag{12.1.10}$$

上式表明, 在一级近似下, $|k\rangle\rightarrow|n\rangle$ 的跃迁概率等于 $|n\rangle\rightarrow|k\rangle$ 的跃迁概率.

(4) 上述 $C_{nk}(t)$ 是两个态之间的跃迁概率幅, 若要计算两个能级之间的跃迁概率, 需对初始能级的所有简并态求平均, 对终止能级的所有简并态求和. 设能级 E_n 对应的本征态为 $|n\alpha\rangle(\alpha=1,2,\cdots,f_n)$ (f_n 为简并度), 并假设体系处于初始能级各简并态的概率是相同的, 则体系在 t 时刻从能级 E_k 至能级 E_n 的跃迁概率为

$$\boxed{\mathcal{P}_{nk}(t)=\frac{1}{f_k}\sum_{\alpha=1}^{f_n}\sum_{\beta=1}^{f_k}P_{n\alpha,k\beta}(t),\quad P_{n\alpha,k\beta}(t)=|C_{n\alpha,k\beta}(t)|^2=P_{k\beta,n\alpha}(t)} \tag{12.1.11}$$

$$C_{n\alpha,k\beta}(t)\approx\frac{1}{\mathrm{i}\hbar}\int_{t_0}^{t}\mathrm{d}t'\exp(\mathrm{i}\omega_{nk}t')H'_{n\alpha,k\beta}(t')\quad(\hbar\omega_{nk}\equiv E_n-E_k\neq 0).$$

(12.1.11) 式表明, 若 $f_k\neq f_n$, 则 $\mathcal{P}_{nk}(t)\neq\mathcal{P}_{kn}(t)$.

(12.1.7) 式是含时微扰论在一级近似下的一般性公式, 它对任何类型的含时微扰 $\hat{H}'(t)$ 均适用, 下面将它应用于几种有重要实际意义的特殊微扰类型.

3. 指数衰减型微扰

设未微扰哈密顿算符为 $\hat{H}_0$, 厄密算符 $\hat{h}$ 不显含时间 t, 微扰哈密顿算符为

$$\hat{H}'(t)=\hat{h}\exp(-|t|/\tau)\quad(\hat{h}=\hat{h}^\dagger,\tau>0).$$

(1) 假设 $t=0$ 时体系处于 $\hat{H}_0$ 的本征态 $|k\rangle$, 即 $|\psi(0)\rangle=|k\rangle$, 由 (12.1.7) 式可知, 体系在 $t=+\infty$ 时跃迁至 $\hat{H}_0$ 的其他本征态 $|n\rangle$ 的概率幅为

$$C_{nk}(+\infty)=\frac{h_{nk}}{\mathrm{i}\hbar}\int_0^{+\infty}\mathrm{d}t\exp(\mathrm{i}\omega_{nk}t-t/\tau)=\frac{h_{nk}}{\hbar\omega_{nk}+\mathrm{i}\hbar/\tau}\quad(n\neq k).$$

其中 $h_{nk}\equiv\langle n|\hat{h}|k\rangle$, $\hbar\omega_{nk}\equiv E_n-E_k$, 相应的跃迁概率为

$$\boxed{P_{nk}(+\infty)=|C_{nk}(+\infty)|^2=|h_{nk}|^2/[(E_n-E_k)^2+(\hbar/\tau)^2]} \tag{12.1.12}$$

(2) 假设 $t=-\infty$ 时体系处于 $|k\rangle$ 态, 即 $|\psi_I(-\infty)\rangle=|k\rangle$, 则由 (12.1.7) 式可得

$$C_{nk}(0)=\frac{h_{nk}}{\mathrm{i}\hbar}\int_{-\infty}^{0}\mathrm{d}t\exp\left(\mathrm{i}\omega_{nk}t+t/\tau\right)=\frac{h_{nk}}{E_k-E_n+\mathrm{i}\hbar/\tau}\quad(n\neq k).\tag{12.1.13}$$

$$C_{nk}(+\infty)=\frac{h_{nk}}{\mathrm{i}\hbar}\int_{-\infty}^{\infty}\mathrm{d}t\exp\left(\mathrm{i}\omega_{nk}t-|t|/\tau\right)=\frac{-\mathrm{i}2h_{nk}\hbar/\tau}{(E_k-E_n)^2+\hbar^2/\tau^2},\quad(n\neq k).\tag{12.1.14}$$

若 $\tau\to\infty$, 则 $\partial_t\hat{H}'(t)\to 0$, 这种 $\hat{H}'(t)$ 随 t 无限缓慢变化的过程称为**绝热过程**. 设 $|k\rangle$ 为非简并态, 对于绝热过程, (12.1.13) 式导致非简并态微扰论的结果, 即

$$C_{nk}(0)\stackrel{\tau\to\infty}{\longrightarrow}\frac{h_{nk}}{E_k-E_n}\quad(n\neq k),\quad|\psi(0)\rangle\stackrel{\tau\to\infty}{\longrightarrow}|k\rangle+\sum_{n\neq k}\frac{h_{nk}}{E_k-E_n}|n\rangle.$$

(12.1.14) 式表明, 如果绝热地加入微扰后又绝热地去除微扰, 则 $C_{nk}(+\infty)\to 0$, 即体系最终跃迁至任何其他态 $|n\rangle$ 的概率为零, 体系最终回到初始态.

4. 脉冲型微扰

与绝热过程相反的极端情形是脉冲型微扰, 微扰哈密顿算符为

$$\hat{H}'(t)=\hbar\hat{J}\delta(t)\quad(\hat{J}=\hat{J}^{\dagger}).$$

其中 $\hat{J}$ 为无量纲厄密算符. 设 $t<0$ 时体系处于未微扰哈密顿算符 $\hat{H}_0$ 的某个本征态 $|k\rangle$, 即 $|\psi_I(0^-)\rangle=|k\rangle$, 则当 $t>0$ 时, 体系跃迁至 $\hat{H}_0$ 的其他本征态 $|n\rangle$ 的概率幅为

$$C_{nk}(t)=-\mathrm{i}J_{nk}\int_{0^-}^{t}\mathrm{d}t'\exp(\mathrm{i}\omega_{nk}t')\delta(t')=-\mathrm{i}J_{nk}\quad\Rightarrow\quad P_{nk}=|J_{nk}|^2\quad(n\neq k).$$

上式表明, 跃迁概率 P_{nk} 不随时间变化, 而体系仍然保留在 $|k\rangle$ 态的概率为

$$\begin{aligned}P_{kk}&=1-\sum_{n\neq k}|J_{nk}|^2=1-\sum_{n\neq k}J_{kn}J_{nk}=1-\sum_{n\neq k}\langle k|\hat{J}|n\rangle\langle n|\hat{J}|k\rangle\\&=1-\sum_{n}\langle k|\hat{J}|n\rangle\langle n|\hat{J}|k\rangle+\langle k|\hat{J}|k\rangle\langle k|\hat{J}|k\rangle\end{aligned}$$

利用完备性条件 $\sum_n|n\rangle\langle n|=1$, 可知概率 P_{kk} 取决于 $\hat{J}$ 在 $|k\rangle$ 态的涨落, 即

$$\boxed{P_{kk}=1-(\Delta J)_k^2,\quad(\Delta J)_k^2\equiv\langle k|\hat{J}^2|k\rangle-\langle k|\hat{J}|k\rangle^2}\tag{12.1.15}$$

以上近似结果成立的条件为 $(\Delta J)_k^2\ll 1$.

5. 恒定微扰

设体系在 $t=0$ 时处于未微扰哈密顿算符 $\hat{H}_0$ 的某个本征态 $|k\rangle$, 即 $|\psi(0)\rangle=|k\rangle$, 此后受到一个不随时间变化的恒定微扰 $\hat{H}'$ 的作用, 利用 (12.1.7) 式, 可求得体系在 t 时刻跃迁至 $\hat{H}_0$ 的其他本征态 $|n\rangle$ 的概率幅:

$$C_{nk}(t) = \frac{H'_{nk}}{\mathrm{i}\hbar}\int_0^t \mathrm{d}t' \exp\left(\mathrm{i}\omega_{nk}t'\right) = \frac{H'_{nk}}{\hbar\omega_{nk}}[1-\exp(\mathrm{i}\omega_{nk}t)].$$

利用上式可求得相应的跃迁概率和跃迁速率:

$$\boxed{P_{nk}(t) = |2H'_{nk}/\hbar\omega_{nk}|^2 \sin^2(\omega_{nk}t/2)} \tag{12.1.16}$$

$$w_{nk}(t) = \partial_t P_{nk}(t) = 2|H'_{nk}/\hbar|^2 \sin(\omega_{nk}t)/\omega_{nk}.$$

当 $t \to +\infty$ 时, 利用附录 A 中的公式, 可知体系跃迁前后的能量保持不变, 即

$$\boxed{w_{nk} = (2\pi/\hbar)|H'_{nk}|^2\delta(E_k - E_n) \quad (t\to+\infty)} \tag{12.1.17}$$

若 $\hat{H}_0$ 的本征值 E_n 的是准连续的, 由上式可求得 $|k\rangle$ 态的衰减速率:

$$w_k = \sum_n w_{nk} \approx (2\pi/\hbar)(H'_{kk})^2\sum_n \delta(E_k - E_n). \tag{12.1.18}$$

定义未微扰体系的能量本征态密度:

$$\rho(E) \equiv \sum_n \delta(E - E_n). \tag{12.1.19}$$

利用 (12.1.18) 式和 (12.1.19) 式, 可求得衰减速率的**费米黄金公式**:

$$\boxed{w_k = (2\pi/\hbar)(H'_{kk})^2\rho(E_k)} \tag{12.1.20}$$

此公式在量子理论的众多领域均有广泛的应用.

6. 周期性微扰

设在 $t=0$ 的初始时刻, 体系处于未微扰哈密顿算符 $\hat{H}_0$ 的某一个本征态 $|k\rangle$, 即 $|\psi(0)\rangle = |k\rangle$, 微扰哈密顿算符随时间作频率为 ω 的周期性变化, 即

$$\hat{H}'(t) = \hat{h}\exp(-\mathrm{i}\omega t) + \hat{h}^\dagger\exp(\mathrm{i}\omega t).$$

其中 $\hat{h}$ 不含 t. 利用 (12.1.7) 式可求得 t 时刻体系跃迁至 $\hat{H}_0$ 的其他本征态 $|n\rangle$ 的概率幅:

$$\begin{aligned} C_{nk}(t) &= \frac{1}{\mathrm{i}\hbar}\int_0^t \mathrm{d}t'[h_{nk}\exp(\mathrm{i}\omega_- t') + h^*_{kn}\exp(\mathrm{i}\omega_+ t')] \\ &= (h_{nk}/\hbar\omega_-)[1-\exp(\mathrm{i}\omega_- t)] + (h^*_{kn}/\hbar\omega_+)[1-\exp(\mathrm{i}\omega_+ t)]. \end{aligned}$$

其中 $\omega_\pm \equiv \omega_{nk} \pm \omega$. 相应的跃迁概率为

$$\begin{aligned} P_{nk}(t) = |C_{nk}|^2 &= |2h_{nk}/\hbar\omega_-|^2\sin^2(\omega_- t/2) + |2h_{kn}/\hbar\omega_+|^2\sin^2(\omega_+ t/2) \\ &+ 2\mathrm{Re}\{(h_{nk}h_{kn}/\hbar^2\omega_+\omega_-)[1-\exp(-\mathrm{i}\omega_+ t)][1-\exp(\mathrm{i}\omega_- t)]\}. \end{aligned}$$

由此可求得 t 时刻的跃迁速率:

$$\begin{aligned}w_{nk}(t) = \partial_t P_{nk}(t) = &2|h_{nk}/\hbar|^2 \sin(\omega_- t)/\omega_- + 2|h_{kn}/\hbar|^2 \sin(\omega_+ t)/\omega_+ \\ &+ 2\mathrm{Re}\{(\mathrm{i}h_{nk}h_{kn}/\hbar^2)[\exp(-\mathrm{i}\omega_+ t)/\omega_- - \exp(\mathrm{i}\omega_- t)/\omega_+ \\ &- 2\omega \exp(-\mathrm{i}2\omega t)/\omega_-\omega_+]\}.\end{aligned}$$

当 $t \to +\infty$ 时, 跃迁速率主要来源于上式右边的前两项的贡献, 因此

$$\boxed{w_{nk} = (2\pi/\hbar)[|h_{nk}|^2\delta(E_n - E_k - \hbar\omega) + |h_{kn}|^2\delta(E_n - E_k + \hbar\omega)] \quad (t \to \infty)} \tag{12.1.21}$$

上式右边的第一项要求末态能量 $E_n = E_k + \hbar\omega$, 代表体系从外界吸收能量 $\hbar\omega$ 的过程, 而第二项要求末态能量 $E_n = E_k - \hbar\omega$, 代表体系向外界释放能量 $\hbar\omega$ 的过程. 以上公式可用于研究带电粒子体系的光吸收与辐射问题.

*§ 12.2 带电粒子体系的光吸收与辐射

本节利用含时微扰论, 在一级近似下研究带电粒子体系的光吸收与受激辐射问题, 然后借助于热力学平衡条件和唯象理论讨论自发辐射现象, 最后讨论原子光吸收与辐射的选择定则.

1. 光吸收与受激辐射的半经典理论

设一个带电粒子体系 (如原子) 存在一系列束缚定态, 在光的照射下, 可以通过吸收光子从低能级定态跃迁至较高能级的定态 (光吸收), 也可以通过发射光子从高能级定态跃迁至较低能级的定态 (受激辐射). 即使没有外界光的照射, 体系也可以自发地发射光子从较高能级定态跃迁至较低能级的定态 (自发辐射).

由于光子的产生与湮灭涉及电磁场的量子化, 所以严格处理带电粒子体系的光吸收与辐射问题需要运用量子电动力学. 这里我们采用一种半经典的方法来研究带电粒子体系与光场的相互作用, 即**用量子力学处理带电粒子体系, 而用经典电磁波来描述光场**. 将电磁波对带电粒子体系的作用视为一种微扰, 运用含时微扰论计算体系在不同能级定态之间的跃迁速率. 这种半经典方法在描述带电粒子体系的光吸收和受激辐射现象时颇有成效, 但不能处理自发辐射问题.

设带电粒子体系的哈密顿算符为 $\hat{H}_0$, 它有一系列归一化的本征矢量, 即

$$\hat{H}_0|k\rangle = E_k|k\rangle, \quad \langle k|k'\rangle = \delta_{kk'} \quad (k, k' = 1, 2, \cdots).$$

下面先考虑单色线偏振光与带电粒子体系的相互作用, 在此基础上, 再进一步研究自然光导致的光吸收与辐射问题.

(1) **先考虑频率为 ω 的单色线偏振光**, 电场强度和磁感应强度分别为

$$\boldsymbol{E}(\boldsymbol{r}, t) = \boldsymbol{E}_0(\omega)\cos(\omega t - \boldsymbol{k}\cdot\boldsymbol{r}), \quad \boldsymbol{B}(\boldsymbol{r}, t) = (\boldsymbol{k}/|\boldsymbol{k}|) \times \boldsymbol{E}(\boldsymbol{r}, t) \quad (\omega = |\boldsymbol{k}|c).$$

其中 c 为光速. 光强 $I(\omega)$ 定义为电磁波能量密度的时间平均值, 即

$$I(\omega)=(\overline{\boldsymbol{E}^2}+\overline{\boldsymbol{B}^2})/8\pi=\boldsymbol{E}_0^2(\omega)/8\pi.$$

在研究单色线偏振光与带电粒子体系的相互作用时, 我们采用两个近似:

(a) 忽略磁场对粒子的作用, 这是因为粒子受到的磁场力远小于电场力, 即

$$|(q_j/c)\boldsymbol{v}_j\times\boldsymbol{B}|/|q_j\boldsymbol{E}|\sim v_j/c\ll 1.$$

其中 q_j 和 $\boldsymbol{v}_j$ 分别表示第 j 个带电粒子的电荷和速度.

(b) 假设光波长远大于体系束缚态的空间尺度, 故电场可视为空间均匀的.

基于上述两个近似, 单色线偏振光导致的微扰哈密顿算符可表示为

$$\boxed{\hat{H}'(t)=-\sum_j q_j\hat{\boldsymbol{r}}_j\cdot\boldsymbol{E}_0\cos\omega t=-(1/2)\hat{\boldsymbol{D}}\cdot\boldsymbol{E}_0[\exp(-\mathrm{i}\omega t)+\exp(\mathrm{i}\omega t)]\quad(\hat{\boldsymbol{D}}\equiv\sum_j q_j\hat{\boldsymbol{r}}_j)}$$

其中 $\hat{\boldsymbol{D}}$ 为电偶极矩算符. 利用 (12.1.21) 式可得到体系从 $|k\rangle$ 态到 $|k'\rangle$ 态的跃迁速率:

$$\boxed{w_{k'k}(\omega)=(\pi/2\hbar^2)|\boldsymbol{D}_{k'k}\cdot\boldsymbol{E}_0|^2[\delta(\omega_{k'k}-\omega)+\delta(\omega_{k'k}+\omega)]\quad(\hbar\omega_{k'k}\equiv E_{k'}-E_k)}\tag{12.2.1}$$

(2) **进一步计算自然光导致的跃迁速率**, 此时需要注意以下两点:

(a) 自然光的电场方向是完全无规则的, 需要对 $\boldsymbol{E}_0$ 的方向求平均, 即

$$\overline{|\boldsymbol{D}_{k'k}\cdot\boldsymbol{E}_0|^2}=|\boldsymbol{D}_{k'k}|^2\boldsymbol{E}_0^2\int\frac{\mathrm{d}\Omega}{4\pi}\cos^2\theta=\frac{1}{3}|\boldsymbol{D}_{k'k}|^2\boldsymbol{E}_0^2=\frac{8\pi}{3}|\boldsymbol{D}_{k'k}|^2I(\omega).$$

其中 θ 为 $\boldsymbol{D}_{k'k}$ 与 $\boldsymbol{E}_0$ 的夹角, 将上式代入 (12.2.1) 式, 得到

$$\bar{w}_{k'k}(\omega)=(4\pi^2/3\hbar^2)|\boldsymbol{D}_{k'k}|^2I(\omega)[\delta(\omega_{k'k}-\omega)+\delta(\omega_{k'k}+\omega)].\tag{12.2.2}$$

(b) 自然光包含有各种频率的单色光, 其光强分布函数定义为

$$\rho(\omega)\equiv\mathrm{d}I(\omega)/\mathrm{d}\omega.\tag{12.2.3}$$

结合 (12.2.2) 式和 (12.2.3) 式, 可知自然光导致的跃迁速率为

$$W_{k'k}\equiv\int\mathrm{d}\bar{w}_{k'k}=\frac{4\pi^2}{3\hbar^2}|\boldsymbol{D}_{k'k}|^2\int\mathrm{d}I(\omega)[\delta(\omega_{k'k}-\omega)+\delta(\omega_{k'k}+\omega)]$$

$$\Rightarrow\quad\boxed{W_{k'k}=B_{k'k}\rho(|\omega_{k'k}|),\quad B_{k'k}\equiv(4\pi^2/3\hbar^2)|\boldsymbol{D}_{k'k}|^2}\tag{12.2.4}$$

若 $E_{k'}>E_k$, 则 $B_{k'k}$ 称为**光吸收系数**; 若 $E_{k'}<E_k$, 则 $B_{k'k}$ 称为**受激辐射系数**.

上式表明, 两态之间发生光致跃迁必须同时具备以下两个条件:

(a) $\rho(|\omega_{k'k}|)\neq 0$, 即光场中必须包含有能量等于初态与末态能级差的光子, 这证实了玻尔在早期量子论中提出的关于跃迁过程中光子频率的基本假设.

(b) $\boldsymbol{D}_{k'k}\neq 0$, 这决定了电偶极辐射的选择定则.

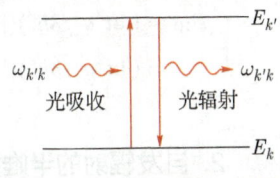

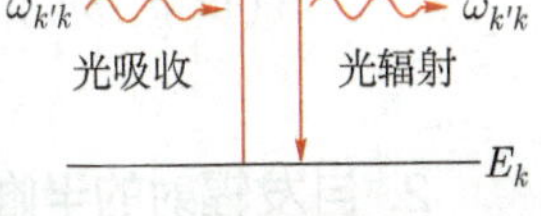

图 12.2.1 光的吸收与辐射

在应用光致跃迁速率公式 (12.2.4) 时, 需要注意以下几点:

(a) 在以上推导过程中, 将光波电场近似视为空间均匀的, 因此 (12.2.4) 式成立的条件是: 光波长 $\lambda_{k'k}$ 远大于束缚定态 $|k\rangle$ 或 $|k'\rangle$ 的空间尺度 L, 即

$$\lambda_{k'k} = 2\pi c/|\omega_{k'k}| \gg L \quad \Rightarrow \quad \boxed{|E_{k'} - E_k| \ll hc/L} \tag{12.2.5}$$

(b) 由于 $\hat{\boldsymbol{D}}^\dagger = \hat{\boldsymbol{D}}$, 因此 $\boldsymbol{D}_{k'k} = \boldsymbol{D}^*_{kk'}$, 由 (12.2.4) 式可得

$$\boxed{B_{k'k} = B_{kk'} \quad \Rightarrow \quad W_{k'k} = W_{kk'}} \tag{12.2.6}$$

因此两态之间的光吸收与受激辐射的跃迁速率相等, 此即**细致平衡原理**.

(c) 设能级 E_n 对应的定态为 $|n\alpha\rangle$ $(\alpha = 1, 2, \cdots, f_n)$ (f_n 为简并度), 假设体系处于初始能级各简并态的概率相同, 则体系从能级 E_n 至能级 $E_{n'}$ 的跃迁速率为

$$W_{n'n} = B_{n'n}\rho(|\omega_{n'n}|), \quad B_{n'n} = \frac{1}{f_n}\sum_{\alpha\alpha'} B_{n'\alpha',n\alpha} = \frac{4\pi^2}{3\hbar^2 f_n}\sum_{\alpha\alpha'}|\boldsymbol{D}_{n'\alpha',n\alpha}|^2. \tag{12.2.7}$$

上式表明, 若 $f_n \neq f_{n'}$, 则 $B_{n'n} \neq B_{nn'}$, 因此 $W_{n'n} \neq W_{nn'}$.

例 1

设三维各向同性谐振子的质量为 m, 带电荷 q, 频率 $\omega \ll mc^2/\hbar$. 试求电偶极辐射的选择定则, 以及体系从基态跃迁至第一激发态的光吸收系数 B_{10}.

解: 体系的哈密顿算符为 $\hat{H}_0 = \hat{H}_x + \hat{H}_y + \hat{H}_z$, 守恒量完备集 $\{\hat{H}_x, \hat{H}_y, \hat{H}_z\}$ 的正交归一的共同本征矢量记为 $|n_x n_y n_z\rangle$ $\quad (n_x, n_y, n_z = 0, 1, 2, \cdots)$, 则有

$$\hat{H}_0|n_x n_y n_z\rangle = E_N|n_x n_y n_z\rangle, \quad E_N = (N + 3/2)\hbar\omega \quad (N = n_x + n_y + n_z = 0, 1, 2, \cdots).$$

能级差 $E_1 - E_0 = \hbar\omega$, 束缚定态的空间尺度 $L \sim \sqrt{\hbar/m\omega}$, 由 $\omega \ll mc^2/\hbar$ 可知, 条件 (12.2.5) 式是满足的, 因此公式 (12.2.4) 适用, 选择定则由以下条件决定:

$$\langle n'_x n'_y n'_z|\hat{\boldsymbol{r}}|n_x n_y n_z\rangle \neq 0.$$

注意到 $\hat{x}, \hat{y}, \hat{z}$ 有完全类似的矩阵元, 如

$$\langle n'_x n'_y n'_z|\hat{x}|n_x n_y n_z\rangle = \sqrt{\hbar/2m\omega}\left(\sqrt{n_x+1}\,\delta_{n'_x,n_x+1} + \sqrt{n_x}\,\delta_{n'_x,n_x-1}\right)\delta_{n'_y n_y}\delta_{n'_z n_z}.$$

因此电偶极辐射的选择定则为

$$|n'_x - n_x| + |n'_y - n_y| + |n'_z - n_z| = 1.$$

基态为 $|000\rangle$, 第一激发态 $|100\rangle, |010\rangle, |001\rangle$ 是三重简并的, 由 (12.2.7) 式可得

$$\begin{aligned} B_{10} &= (4\pi^2 q^2/3\hbar^2)(|\langle 100|\hat{\boldsymbol{r}}|000\rangle|^2 + |\langle 010|\hat{\boldsymbol{r}}|000\rangle|^2 + |\langle 001|\hat{\boldsymbol{r}}|000\rangle|^2) \\ &= (4\pi^2 q^2/3\hbar^2)(|\langle 100|\hat{x}|000\rangle|^2 + |\langle 010|\hat{y}|000\rangle|^2 + |\langle 001|\hat{z}|000\rangle|^2) = 2\pi^2 q^2/m\hbar\omega. \end{aligned}$$

2. 自发辐射的半唯象理论

按照非相对论量子力学, 无外界作用时, 处于激发态的量子体系不会自发地跃迁至其他定态, 因此自发辐射现象只能用量子电动力学来解释. 1917 年, 爱因斯坦提出

了一种解释自发辐射现象的半唯象理论, 下面予以简单介绍.

光子的色散关系为 $\omega_{\boldsymbol{k}} = kc$, 在体积为 V 的空间中, 光子态密度定义为

$$g(\omega) \equiv \frac{2}{V}\sum_{\boldsymbol{k}} \delta(\omega_{\boldsymbol{k}} - \omega) = \frac{2}{(2\pi)^3}\int_0^{\infty} 4\pi k^2 \mathrm{d}k\,\delta(kc - \omega) = \frac{\omega^2}{\pi^2 c^3}.$$

假设带电粒子体系与辐射场的耦合系统处于温度为 T 的热力学平衡态. 光子是玻色子, 满足玻色–爱因斯坦统计, 因此在热力学平衡态下, 单位体积、单位频率范围内, 能量为 $\hbar\omega$ 的光子数的统计平均值为

$$n(\omega) = g(\omega)[\exp(\beta\hbar\omega) - 1]^{-1} = (\omega^2/\pi^2 c^3)[\exp(\beta\hbar\omega) - 1]^{-1} \quad (\beta \equiv 1/k_{\mathrm{B}}T).$$

其中 k_{B} 为玻尔兹曼常数. 热力学平衡态下的光强分布函数为

$$\rho(\omega) = n(\omega)\hbar\omega = (\hbar\omega^3/\pi^2 c^3)[\exp(\beta\hbar\omega) - 1]^{-1}.$$

将上式代入 (12.2.4) 式, 可得到热力学平衡态下, 体系从 $|k\rangle$ 态至 $|k'\rangle$ 态的跃迁速率:

$$W_{k'k} = B_{k'k}(\hbar|\omega_{k'k}|^3/\pi^2 c^3)[\exp(\beta\hbar|\omega_{k'k}|) - 1]^{-1}. \tag{12.2.8}$$

在热力学平衡态下, 带电粒子体系处于定态 $|k\rangle$ 的概率 n_k 满足玻尔兹曼分布:

$$n_k \propto \exp(-\beta E_k) \quad \Rightarrow \quad n_k/n_{k'} = \exp(\beta\hbar\omega_{k'k}).$$

由于跃迁速率 $W_{k'k} = W_{kk'}$, 所以当 $E_k \neq E_{k'}$ 时, $n_k W_{k'k} \neq n_{k'} W_{kk'}$. 也就是说, 如果没有自发辐射, 则光吸收与受激辐射不可能达到平衡, 因此必然存在自发辐射过程. **自发辐射系数** $A_{kk'}$ 定义为带电粒子体系从高能级定态 $|k'\rangle$ 至低能级定态 $|k\rangle$ 的自发跃迁速率, 因此光吸收与辐射的平衡条件为

$$\boxed{n_k W_{k'k} = n_{k'}(W_{kk'} + A_{kk'})} \quad \Rightarrow \quad W_{k'k} = A_{kk'}/[\exp(\beta\hbar\omega_{k'k}) - 1]. \tag{12.2.9}$$

其中 $\omega_{k'k} > 0$. 比较 (12.2.8) 式和 (12.2.9) 式, 并利用 (12.2.4) 式, 可得

$$\boxed{A_{kk'} = \left(4\omega_{k'k}^3/3\hbar c^3\right)|\boldsymbol{D}_{kk'}|^2 \quad (\omega_{k'k} > 0)} \tag{12.2.10}$$

此时成立的条件仍然是 (12.2.5) 式.

关于光吸收、受激辐射、自发辐射这三种现象, 有以下几点值得注意:

(1) 自发辐射系数 $A_{kk'}$ 与受激辐射系数 $B_{kk'}$ 具有不同的量纲.

(2) $A_{kk'}$ 和 $B_{kk'}$ 均为量子体系自身的性质, 与温度、光场等外界因素无关.

(3) 这三个过程有完全相同的选择定则, 均由条件 $\boldsymbol{D}_{k'k} \neq 0$ 决定.

设 f_n 重简并能级 E_n 对应的定态为 $|n\alpha\rangle$ $(\alpha = 1, 2, \cdots, f_n)$, 体系处于能级 $E_{n'}$ 的各简并态的概率相同, 则体系从能级 $E_{n'}$ 跃迁至能级 E_n 的自发辐射系数为

$$A_{nn'} = \frac{1}{f_{n'}}\sum_{\alpha\alpha'} A_{n\alpha,n'\alpha'} = \frac{4\omega_{n'n}^3}{3\hbar c^3 f_{n'}}\sum_{\alpha\alpha'}|\boldsymbol{D}_{n\alpha,n'\alpha'}|^2 \quad (\omega_{n'n} > 0). \tag{12.2.11}$$

3. 原子光吸收与辐射的选择定则

原子能级差 $|\hbar\omega_{kk'}| \sim e^2/a$ (a 为玻尔半径), 原子的空间尺度 $L \sim a$, 精细结构常数 $\alpha = e^2/hc \approx 1/137$, 易证原子满足 (12.2.5) 式, 因此公式 (12.2.4) 适用.

原子的自发辐射系数 $A_{kk'}$ 也称为**原子光谱线的自然展宽**, 由 (12.2.10) 式可得

$$A_{kk'}/\omega_{k'k} \sim e^2\omega_{k'k}^2|\boldsymbol{r}_{kk'}|^2/\hbar c^3 \quad (\hbar\omega_{k'k} \sim e^2/a,\ |\boldsymbol{r}_{kk'}| \sim a).$$

易证原子光谱线的自然展宽 $A_{kk'}$ 远小于原子光谱频率 $\omega_{k'k}$, 即

$$\boxed{A_{kk'}/\omega_{k'k} \sim \alpha^3 \quad (\alpha \equiv e^2/hc \approx 1/137)}$$

下面考虑仅有单个价电子的原子, 哈密顿算符为 $\hat{H}$, 价电子的总角动量算符为 $\hat{\boldsymbol{j}} = \hat{\boldsymbol{l}} + \hat{\boldsymbol{s}}$, 电偶极矩算符 $\hat{\boldsymbol{D}} = -e\hat{\boldsymbol{r}}$, 光吸收与辐射的选择定则由 $\boldsymbol{r}_{k'k} \neq 0$ 决定.

(1) 若自旋–轨道耦合 (SOC) 效应可忽略 (如氢原子), 则原子的定态可选为守恒量完备集 $\{\hat{H}_0, \hat{\boldsymbol{l}}^2, \hat{l}_z, \hat{s}_z\}$ 的共同本征态 $|nlmm_s\rangle$, 电偶极辐射的选择定则为

$$\langle n'l'm'm_s'|\hat{\boldsymbol{r}}|nlmm_s\rangle \neq 0 \quad \Rightarrow \quad \langle l'm'|(\hat{\boldsymbol{r}}/r)|lm\rangle \neq 0, \quad m_s' = m_s. \tag{12.2.12}$$

注意径向波函数通常与选择定则无关. 直角坐标与球坐标之间的变换关系为

$$x = r\sin\theta(\mathrm{e}^{\mathrm{i}\varphi} + e^{-\mathrm{i}\varphi})/2, \quad y = r\sin\theta(\mathrm{e}^{\mathrm{i}\varphi} - e^{-\mathrm{i}\varphi})/2\mathrm{i}, \quad z = r\cos\theta.$$

利用附录 B 中的公式容易证明:

$$(\hat{x}/r)|lm\rangle = a|l+1, m+1\rangle + b|l+1, m-1\rangle + c|l-1, m+1\rangle + d|l-1, m-1\rangle, \tag{12.2.13}$$

$$(\hat{z}/r)|lm\rangle = e|l+1, m\rangle + f|l-1, m\rangle. \tag{12.2.14}$$

其中 $a, b, \cdots, f$ 均为非零的线性叠加系数, $(\hat{y}/r)|lm\rangle$ 的表达式类似于 (12.2.13) 式. 将 (12.2.13) 式和 (12.2.14) 式代入 (12.2.12) 式, 可知电偶极辐射的选择定则为

$$\boxed{l' - l = \pm 1, \quad m' - m = 0, \pm 1, \quad m_s' = m_s} \tag{12.2.15}$$

(2) 若 SOC 效应不可忽略 (如除氢原子以外的其他碱金属原子), 则原子的定态可选为守恒量完备集 $\{\hat{H}_0, \hat{\boldsymbol{l}}^2, \hat{\boldsymbol{j}}^2, \hat{j}_z\}$ 的共同本征态 $|nljm_j\rangle$, 因此选择定则为

$$\langle n'l'j'm_j'|\hat{\boldsymbol{r}}|nljm_j\rangle \neq 0 \quad \Rightarrow \quad \langle l'j'm_j'|(\hat{\boldsymbol{r}}/r)|ljm_j\rangle \neq 0.$$

上式已略去与选择定则无关的径向波函数, 角动量态为

$$|ljm_j\rangle = \pm c_\pm|l, m_j - 1/2\rangle|\uparrow\rangle + c_\mp|l, m_j + 1/2\rangle|\downarrow\rangle \quad (j = l \pm 1/2). \tag{12.2.16}$$

由 (12.2.13) 式和 (12.2.16) 式可知, $(\hat{x}/r)|ljm_j\rangle$ 是以下 8 个态的线性叠加:

$$|l\pm1, m_j+1/2\rangle|\uparrow\rangle, \quad |l\pm1, m_j-3/2\rangle|\uparrow\rangle, \quad |l\pm1, m_j+3/2\rangle|\downarrow\rangle, \quad |l\pm1, m_j-1/2\rangle|\downarrow\rangle.$$

$(\hat{y}/r)|ljm_j\rangle$ 有类似表达式. 可以证明[①]: $\langle l'j'm_j'|(\hat{x}/r)|ljm_j\rangle \neq 0$ 的条件为

$$l'-l=\pm 1, \quad j'-j=0,\pm 1, \quad m_j'-m_j=\pm 1.$$

由 (12.2.14) 式和 (12.2.16) 式可知, $(\hat{z}/r)|ljm_j\rangle$ 是以下 4 个态的线性叠加:

$$|l\pm 1, m_j-1/2\rangle|\uparrow\rangle, \quad |l\pm 1, m_j+1/2\rangle|\downarrow\rangle.$$

可以证明: $\langle l'j'm_j'|\hat{z}|ljm_j\rangle \neq 0$ 的条件为

$$l'-l=\pm 1, \quad j'-j=0,\pm 1, \quad m_j'=m_j.$$

综合上述结果, 可得到电偶极辐射的选择定则:

$$\boxed{l'-l=\pm 1, \quad j'-j=0,\pm 1, \quad m_j'-m_j=0,\pm 1} \tag{12.2.17}$$

例 2

考虑氢原子的自发辐射现象, 试求: (1) 第一激发态的寿命 τ; (2) 光谱莱曼线系中头两条谱线 Lyα (2p $\to$ 1s) 和 Lyβ (3p $\to$ 1s) 的强度比 I_α/I_β.

解: (1) 第一激发态的寿命为 $\tau \approx A_{12}^{-1}$, 其中 A_{12} 为第一激发态跃迁至基态的自发辐射系数. 氢原子的基态是非简并的 1s 态 $|100\rangle$, 第一激发态包括 2s 态 $|200\rangle$ 和 3 个 2p 态 $|21m\rangle(m=0,\pm 1)$. 由电偶极辐射的选择定则 (12.2.15) 式可知, 2s $\to$ 1s 是禁戒的, 因此仅需计算 2p $\to$ 1s 的自发辐射系数:

$$A_{1\mathrm{s},2\mathrm{p}} = (1/3)\times\left(4e^2\omega_{21}^3/3\hbar c^3\right)\left(|\langle 100|\hat{\boldsymbol{r}}|210\rangle|^2 + |\langle 100|\hat{\boldsymbol{r}}|211\rangle|^2 + |\langle 100|\hat{\boldsymbol{r}}|2,1,-1\rangle|^2\right).$$

其中 2p 态与 1s 态的能级差为 (以下 a 为玻尔半径)

$$\hbar\omega_{21} = E_2 - E_1 = -(e^2/2a)(2^{-2}-1) = 3e^2/8a \quad (a=\hbar^2/\mu e^2).$$

此外, 需要分别计算 $\hat{x},\hat{y},\hat{z}$ 的矩阵元, 例如

$$\langle 100|\hat{z}|210\rangle = \int_0^\infty r^2\mathrm{d}r\int_0^\pi \sin\theta\mathrm{d}\theta\int_0^{2\pi}\mathrm{d}\varphi R_{10}^*(r)Y_{00}^*(\theta,\varphi)(r\cos\theta)R_{21}(r)Y_{10}(\theta,\varphi).$$

类似地可写出其他矩阵元的表达式, 具体计算结果为

$$\langle 100|\hat{\boldsymbol{r}}|210\rangle = \eta a \boldsymbol{e}_z, \quad \langle 100|\hat{\boldsymbol{r}}|211\rangle = -\frac{\eta a}{\sqrt{2}}(\boldsymbol{e}_x + \mathrm{i}\boldsymbol{e}_y), \quad \langle 100|\hat{\boldsymbol{r}}|2,1,-1\rangle = \frac{\eta a}{\sqrt{2}}(\boldsymbol{e}_x - \mathrm{i}\boldsymbol{e}_y)$$

$$\Rightarrow \quad |\langle 100|\hat{\boldsymbol{r}}|210\rangle|^2 = |\langle 100|\hat{\boldsymbol{r}}|211\rangle|^2 = |\langle 100|\hat{\boldsymbol{r}}|2,1,-1\rangle|^2 = \eta^2 a^2 \quad (\eta = 2^7\sqrt{2}/3^5).$$

上式表明, 3 个初态对 $A_{1\mathrm{s},2\mathrm{p}}$ 的贡献相等, 将上式代入 $A_{1\mathrm{s},2\mathrm{p}}$ 的表达式, 可得

$$A_{1\mathrm{s},2\mathrm{p}} = \left(4e^2\omega_{21}^3/3\hbar c^3\right)\eta^2 a^2 = (2/3)^8(e^2/\hbar c)^4(c/a) \quad \Rightarrow \quad \tau \approx A_{1\mathrm{s},2\mathrm{p}}^{-1} \approx 1.6\times 10^{-9}\ \mathrm{s}.$$

(2) 由于光谱线强度 $I_{kk'} \propto \hbar\omega_{k'k}A_{kk'}$, 因此有

$$I_\alpha/I_\beta = \omega_{21}A_{1\mathrm{s},2\mathrm{p}}/\omega_{31}A_{1\mathrm{s},3\mathrm{p}}.$$

其中 $\hbar\omega_{31} = 4e^2/9a$. 因为 3 个 3p 态对 $A_{1\mathrm{s},3\mathrm{p}}$ 的贡献也相等, 因此

① 钱伯初, 曾谨言. 量子力学习题精选与剖析 (上册). 2 版. 北京: 科学出版社, 2002: 416.

$$\frac{I_\alpha}{I_\beta}=\left(\frac{\omega_{21}}{\omega_{31}}\right)^4\frac{|\langle 100|\hat{\boldsymbol{r}}|210\rangle|^2}{|\langle 100|\hat{\boldsymbol{r}}|310\rangle|^2}=\left(\frac{\omega_{21}}{\omega_{31}}\right)^4\frac{|\langle 100|\hat{z}|210\rangle|^2}{|\langle 100|\hat{z}|310\rangle|^2}.$$

类似于 (1) 可算得 $\langle 100|\hat{z}|310\rangle=(3^3\sqrt{2}/2^7)a$, 代入上式可求得 $I_\alpha/I_\beta=(4/3)^4$.

*§ 12.3 贝利相位

本节探讨体系哈密顿算符随时间的变化极其缓慢的情形, 此时可采用绝热近似, 体系的态矢量随时间的变化涉及贝利相位. 贝利相位是量子理论中普遍存在的一个重要概念, 涉及凝聚态物理、原子与分子物理、原子核物理与粒子物理、量子场论等众多领域.

1. 绝热近似

考虑一个非保守体系, 它的哈密顿算符 $\hat{H}(t)$ 显含时间 t, 因而它的本征态 $|n(t)\rangle$ 和对应的本征值 $E_n(t)$ 一般均依赖于 t, 分别称为瞬时本征态和瞬时本征值.

(1) **瞬时本征态和瞬时本征值的性质**. 由于 $\hat{H}(t)$ 是观测算符, 它有一组瞬时本征态满足正交归一性和完备性, 即

$$\langle n(t)|m(t)\rangle=\delta_{nm},\quad \sum_n|n(t)\rangle\langle n(t)|=1,\quad \hat{H}(t)|n(t)\rangle=E_n(t)|n(t)\rangle. \tag{12.3.1}$$

将以上三个方程的两边分别对时间 t 求微分, 可得

$$\boxed{\langle\dot{n}|m\rangle+\langle n|\dot{m}\rangle=0,\quad \sum_n(|\dot{n}\rangle\langle n|+|n\rangle\langle\dot{n}|)=0} \tag{12.3.2}$$

$$\dot{\hat{H}}|n\rangle+\hat{H}|\dot{n}\rangle=E_n|\dot{n}\rangle+\dot{E}_n|n\rangle. \tag{12.3.3}$$

以上各式中均省略了时间变量 t. 用 $\langle m(t)|$ 分别左乘 (12.3.3) 式的两边, 得到

$$\boxed{\langle m|\dot{\hat{H}}|n\rangle=(E_n-E_m)\langle m|\dot{n}\rangle+\dot{E}_n\delta_{mn}} \tag{12.3.4}$$

我们将利用以上结果来研究一类重要的量子体系, 这类体系的哈密顿算符 $\hat{H}(t)$ 随时间 t 的变化是极其缓慢的.

(2) **绝热近似**. 假设 $t=0$ 时体系处于 $\hat{H}(0)$ 的非简并瞬时本征态 $|m(0)\rangle$, 即有 $|\psi(0)\rangle=|m(0)\rangle$, 且 $\hat{H}(t)$ 随 t 的变化极其缓慢 (即 $\dot{\hat{H}}$ 非常小), 满足**绝热条件**:

$$\boxed{\hbar|\langle n|\dot{m}\rangle|\ll|E_n-E_m|\quad(n\neq m)} \tag{12.3.5}$$

利用 (12.3.2) 式和 (12.3.4) 式, 可将以上绝热条件重新表述为

$$\hbar|\langle n|\dot{\hat{H}}|m\rangle|\ll(E_m-E_n)^2\quad(n\neq m).$$

根据能量–时间的不确定度关系, 体系的特征时间为 $\delta t\sim\hbar/|E_m-E_n|$, 哈密顿算符

在 δt 时间段的改变量为 $\delta\hat{H}=\dot{\hat{H}}\delta t$, 因此上式可改写为

$$|\langle n|\delta\hat{H}|m\rangle|\ll|E_m-E_n|\quad(n\neq m).$$

将上式和非简并态微扰论公式 (11.1.9) 式相结合, 可知在绝热条件下, 体系从初态 $|m(0)\rangle$ 跃迁至其他瞬时本征态 $|n(t)\rangle$ 的概率可忽略, 即当 $t>0$ 时, 体系的态矢量 $|\psi(t)\rangle$ 仅与 $\hat{H}(t)$ 的瞬时本征矢 $|m(t)\rangle$ 相差一个含时间的相位因子, 此即绝热近似结果:

$$\boxed{|\psi(t)\rangle\approx\exp[\mathrm{i}\gamma_m(t)]|m(t)\rangle,\quad[\gamma_m^*(t)=\gamma_m(t),\gamma_m(0)=1]}\tag{12.3.6}$$

2. 贝利相位

下面推导 (12.3.6) 式中相位 $\gamma_m(t)$ 的表达式. 将 (12.3.6) 式代入薛定谔方程:

$$\mathrm{i}\hbar|\dot{\psi}\rangle=\hat{H}|\psi\rangle\quad\Rightarrow\quad-\hbar\dot{\gamma}_m|m\rangle+\mathrm{i}\hbar|\dot{m}\rangle=E_m|m\rangle.$$

以上均省略了时间变量 t. 用 $\langle m(t)|$ 分别左乘上述第二个等式的两边, 可得

$$\dot{\gamma}_m=-\hbar^{-1}E_m+\mathrm{i}\langle m|\dot{m}\rangle.$$

因此绝热近似下的结果 (12.3.6) 式可表示为

$$\boxed{|\psi(t)\rangle\approx\exp[\mathrm{i}\alpha_m(t)+\mathrm{i}\beta_m(t)]|m(t)\rangle}\tag{12.3.7}$$

其中 $\alpha_m(t)$ 称为动力学相位, $\beta_m(t)$ 称为贝利相位, 它们分别定义为

$$\boxed{\alpha_m(t)\equiv-\frac{1}{\hbar}\int_0^t\mathrm{d}t'E_m(t'),\quad\beta_m(t)\equiv\mathrm{i}\int_0^t\mathrm{d}t'\langle m(t')|\dot{m}(t')\rangle}\tag{12.3.8}$$

由 (12.3.2) 式的第一个等式得 $\langle m|\dot{m}\rangle=-\langle\dot{m}|m\rangle=-\langle m|\dot{m}\rangle^*$, 因此 $\beta_m(t)$ 为实量.

下面介绍贝利相位的两个重要性质:

(1) **规范不变性**. $\hat{H}(t)$ 的本征态 $|m(t)\rangle$ 的相位是不确定的, 若作规范变换:

$$|\tilde{m}(t)\rangle=\exp[\mathrm{i}\theta(t)]|m(t)\rangle,\quad[\theta^*(t)=\theta(t),\theta(0)=0].$$

则 $|\tilde{m}(t)\rangle$ 仍为 $\hat{H}(t)$ 的本征态. 由 (12.3.8) 式可知, 变换之后的贝利相位为

$$\tilde{\beta}_m(t)=i\int_0^t\mathrm{d}t'\langle\tilde{m}(t')|\dot{\tilde{m}}(t')\rangle=\beta_m(t)-\int_0^t\mathrm{d}t'\dot{\theta}(t')=\beta_m(t)-\theta(t).$$

由 (12.3.7) 式容易验证, 贝利相位使得薛定谔方程的解具有规范不变性, 即

$$|\tilde{\psi}(t)\rangle=\exp[\mathrm{i}\alpha_m(t)+\mathrm{i}\tilde{\beta}_m(t)]|\tilde{m}(t)\rangle=\exp[\mathrm{i}\alpha_m(t)+\mathrm{i}\beta_m(t)]|m(t)\rangle=|\psi(t)\rangle.$$

(2) **贝利相位的几何拓扑特征**. 设体系的哈密顿算符 $\hat{H}(\boldsymbol{R}(t))$ 通过一组实参量 $\boldsymbol{R}(t)=(R_1(t),R_2(t),\cdots)$ 而依赖于时间 t, 并设 $|m(\boldsymbol{R})\rangle$ 为 $\hat{H}(\boldsymbol{R})$ 的一个非简并本

征态, 利用 (12.3.8) 式, 可以将贝利相位表示为参量空间的线积分的形式:

$$\boxed{\beta_m(t)=\int_{\boldsymbol{R}(0)}^{\boldsymbol{R}(t)}\mathrm{d}\boldsymbol{l}\cdot\boldsymbol{A}_m(\boldsymbol{R}),\quad \boldsymbol{A}_m(\boldsymbol{R})\equiv \mathrm{i}\langle m(\boldsymbol{R})|\nabla m(\boldsymbol{R})\rangle} \tag{12.3.9}$$

其中 $\boldsymbol{A}_m(\boldsymbol{R})$ 可视为参量空间的一个 "矢量势". 由 $\langle m|m\rangle=1$ 可得

$$\langle m|\nabla m\rangle=-\langle \nabla m|m\rangle=-\langle m|\nabla m\rangle^*. \tag{12.3.10}$$

因此 $\langle m|\nabla m\rangle$ 为纯虚量, 即 $\boldsymbol{A}_m(\boldsymbol{R})$ 为实量. (12.3.9) 式表明, 贝利相位依赖于参量空间的积分路径, 而不只是路径的末端 $\boldsymbol{R}(t)$, 说明贝利相位具有几何拓扑特性.

若 $\boldsymbol{R}(t)$ 是周期为 τ 的函数, 即 $\boldsymbol{R}(\tau)=\boldsymbol{R}(0)$, 可将 $\beta_m(\tau)$ 表示为面积分的形式:

$$\boxed{\beta_m(\tau)=\oint_C\mathrm{d}\boldsymbol{l}\cdot\boldsymbol{A}_m(\boldsymbol{R})=\int\mathrm{d}\boldsymbol{S}\cdot\boldsymbol{B}_m(\boldsymbol{R}),\quad \boldsymbol{B}_m(\boldsymbol{R})\equiv\nabla\times\boldsymbol{A}_m(\boldsymbol{R})} \tag{12.3.11}$$

其中闭合回路 C 表示参量空间中矢量 $\boldsymbol{R}(t)$ 的末端在一个周期内的运动轨迹 (图 12.3.1), $\boldsymbol{B}_m(\boldsymbol{R})$ 为参量空间的 "磁感应强度", 而 $\beta_m(\tau)$ 可视为穿过 C 所围曲面的 "磁通量".

下面推导 $\boldsymbol{B}_m$ 的一个有用公式. 将 $\boldsymbol{A}_m$ 的定义式代入 $\boldsymbol{B}_m$ 的定义式, 可得

$$\boldsymbol{B}_m=\mathrm{i}\nabla\times\langle m|\nabla m\rangle=\mathrm{i}\langle\nabla m|\times|\nabla m\rangle=\mathrm{i}\sum_n\langle\nabla m|n\rangle\times\langle n|\nabla m\rangle.$$

由 (12.3.10) 式可知, $\langle\nabla m|m\rangle\times\langle m|\nabla m\rangle=0$, 因此上式可改写为

$$\boldsymbol{B}_m=\mathrm{i}\sum_{n\neq m}\langle\nabla m|n\rangle\times\langle n|\nabla m\rangle \tag{12.3.12}$$

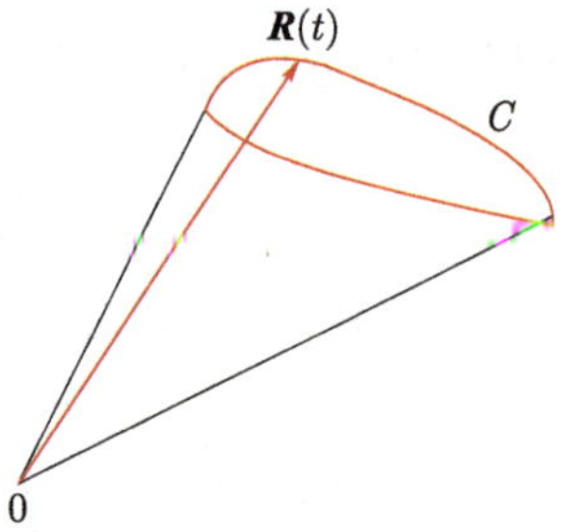

图 12.3.1　参量空间的闭合回路 C

利用本征方程: $\hat{H}(t)|n(t)\rangle=E_n(t)|n(t)\rangle$, 可导出类似于 (12.3.4) 式的结果:

$$\langle\nabla m|n\rangle=\langle m|(\nabla\hat{H})|n\rangle/(E_m-E_n),\quad \langle n|\nabla m\rangle=\langle n|(\nabla\hat{H})|m\rangle/(E_m-E_n)\quad (n\neq m).$$

将以上两式代入 (12.3.12) 式, 得到一个有用的公式:

$$\boxed{\boldsymbol{B}_m=\mathrm{i}\sum_{n\neq m}\langle m|(\nabla\hat{H})|n\rangle\times\langle n|(\nabla\hat{H})|m\rangle/(E_m-E_n)^2} \tag{12.3.13}$$

例

设粒子的自旋磁矩算符为 $\hat{\boldsymbol{\mu}}_s=-\mu\hat{\boldsymbol{\sigma}}$ ($\hat{\boldsymbol{\sigma}}$ 为泡利算符), 所处的磁场 $\boldsymbol{R}(t)$ 是时间 t 的周期函数, 即 $\boldsymbol{R}(\tau)=\boldsymbol{R}(0)$. 不计粒子的轨道运动, 哈密顿算符为

$$\hat{H}(t)=-\hat{\boldsymbol{\mu}}_s\cdot\boldsymbol{R}(t)=\mu\hat{\boldsymbol{\sigma}}\cdot\boldsymbol{R}(t)\quad\Rightarrow\quad\nabla\hat{H}=\mu\hat{\boldsymbol{\sigma}}.$$

易知 $\hat{H}$ 的本征值为 $E_\pm=\pm\mu R$, 对应的本征态分别为 $|\phi_\pm\rangle$. 利用 (12.3.13) 式可得

$$B_+ = \mathrm{i}\mu^2 \langle\phi_+|\hat{\boldsymbol{\sigma}}|\phi_-\rangle \times \langle\phi_-|\hat{\boldsymbol{\sigma}}|\phi_+\rangle/(E_+ - E_-)^2.$$

不失一般性，设 $\boldsymbol{R}$ 沿 z 轴方向，则有 $\langle\phi_-|\hat{\boldsymbol{\sigma}}|\phi_+\rangle = \boldsymbol{e}_x + \mathrm{i}\boldsymbol{e}_y$，将它代入上式，可得

$$\boldsymbol{B}_+ = -2\mu^2 \boldsymbol{e}_z/(E_+ - E_-)^2 = -\boldsymbol{R}/2R^3.$$

将上式代入 (12.3.11) 式，可得

$$\beta_+(\tau) = \int \mathrm{d}\boldsymbol{S}\cdot\boldsymbol{B}_+ = -\int \mathrm{d}\Omega\frac{R^2}{2R^2} = -\frac{1}{2}\Omega_C.$$

其中 Ω_C 为参量空间中闭合回路 C 所围曲面张开的立体角. 同理可证 $\beta_-(\tau) = \Omega_C/2$. 只要 Ω_C 相同，不管回路 C 的具体形状如何，也不管磁场 $\boldsymbol{R}(t)$ 沿回路 C 的具体变化方式如何，贝利相位 $\beta(\tau)$ 都是相同的，这是一种典型的拓扑特征.

习　题

12–1　设保守体系的哈密顿算符为 $\hat{H} = \hat{H}_0 + \hat{H}'$，其中 $\hat{H}_0$ 的一组正交归一完备的本征矢为 $|n\rangle$，对应的本征值为 E_n. 体系在 $t=0$ 时处于 $\hat{H}_0$ 的本征态 $|k\rangle$. 假设 $\hat{H}'$ 很小，可视为微扰，因此以下近似公式成立 (参见附录 D):

$$\exp\left[-\frac{\mathrm{i}}{\hbar}(\hat{H}_0+\hat{H}')t\right] \approx \exp\left(-\frac{\mathrm{i}}{\hbar}\hat{H}_0 t\right)\left[1+\frac{1}{\mathrm{i}\hbar}\int_0^t \mathrm{d}t' \exp\left(\frac{\mathrm{i}}{\hbar}\hat{H}_0 t'\right)\hat{H}' \exp\left(-\frac{\mathrm{i}}{\hbar}\hat{H}_0 t'\right)\right].$$

求证：体系在 $t>0$ 时刻跃迁至 $\hat{H}_0$ 的其他本征态 $|n\rangle$ $(n\neq k)$ 的概率为

$$P_{nk}(t) \approx |2H'_{nk}/\hbar\omega_{nk}|^2 \sin^2(\omega_{nk}t/2) \quad (H'_{nk}\equiv\langle n|\hat{H}'|k\rangle, \hbar\omega_{nk}\equiv E_n - E_k).$$

12–2　设保守体系的态空间是 2 维的，正交归一的基矢为 $|1\rangle$ 和 $|2\rangle$，哈密顿矩阵为

$$H = \begin{pmatrix} \epsilon_1, & \gamma\mathrm{e}^{-\mathrm{i}\alpha} \\ \gamma\mathrm{e}^{\mathrm{i}\alpha}, & \epsilon_2 \end{pmatrix} \quad (\gamma\geqslant 0,\ \alpha^* = \alpha,\ 2\Delta\equiv\epsilon_1-\epsilon_2\geqslant 0).$$

设 $t=0$ 时体系处于 $|1\rangle$ 态. 若 γ 很小，试在微扰论一级近似下，求 $t>0$ 时体系跃迁至 $|2\rangle$ 态的概率 $P_{21}(t)$，并与习题 7–8 的严格解作比较.

答：一级近似结果：$P_{21}(t)\approx(\gamma/\Delta)^2\sin^2(\Delta t/\hbar)$；严格解：$P_{21}(t) = (\gamma/\hbar\omega)^2\sin^2\omega t$，其中 $\hbar\omega\equiv(\Delta^2+\gamma^2)^{1/2}$，当 $\gamma\ll\Delta$ 时两者一致.

12–3　设电子处于沿 (θ,φ) 方向的均匀静磁场 $\boldsymbol{B}$ 中，不计轨道运动，哈密顿算符为

$$\hat{H} = -\hat{\boldsymbol{\mu}}_s\cdot\boldsymbol{B} = \hat{H}_0 + \hat{H}', \quad \hat{H}_0 = \hbar\omega\cos\theta\hat{\sigma}_z, \quad \hat{H}' = \hbar\omega\sin\theta(\hat{\sigma}_x\cos\varphi + \hat{\sigma}_y\sin\varphi).$$

其中 $\omega = eB/2\mu c$. 设 $t=0$ 时电子处于 $\hat{\sigma}_z$ 的本征态 $|\uparrow\rangle$，若 $\theta\ll 1$，试在微扰论一级近似下，求 $t>0$ 时电子跃迁至 $\hat{\sigma}_z$ 的本征态 $|\downarrow\rangle$ 的概率 $P_{\downarrow\uparrow}(t)$，并与 8.2 节第 3 小

节例题的严格解作比较.

答: 一级近似的结果: $P_{\downarrow\uparrow}(t) \approx \tan^2\theta\sin^2(\omega t\cos\theta)$; 严格解: $P_{\downarrow\uparrow}(t) = \sin^2\theta\sin^2\omega t$, 当 $\theta \ll 1$ 时两者一致.

12–4　设一维谐振子的质量为 m, 带电量为 q, 频率为 ω, 在 $t = 0$ 时处于基态 $|0\rangle$, 此后受到一个均匀静电场 $\mathcal{E}$ 的作用, 附加哈密顿算符为 $\hat{H}' = -q\mathcal{E}\hat{x}$. 若电场很弱, 使得 $\lambda \equiv q\mathcal{E}/\omega\sqrt{2m\hbar\omega} \ll 1$, 试在微扰论一级近似下, 求 $t > 0$ 时粒子跃迁至激发态 $|n\rangle$ 的概率 $P_{n0}(t)$, 并与习题 9–18 的严格解作比较.

答: 一级近似的结果: $P_{10}(t) \approx 4\lambda^2\sin^2(\omega t/2), P_{n0}(t) \approx 0$, $(n \geqslant 2)$; 严格解: $P_{n0}(t) = \exp(-|\rho|^2)|\rho|^{2n}/n!$, 其中 $|\rho|^2 \equiv 4\lambda^2\sin^2(\omega t/2)$. 当 $\lambda \ll 1$ 时两者一致.

12–5　设粒子质量为 m, 带电量为 q, 位于 $0 < x < a$ 的一维无限深方势阱中, $t = 0^-$ 时处于基态 $|1\rangle$, 此后受到脉冲电场 $\mathcal{E}$ 的作用, 附加哈密顿算符为 $\hat{H}'(t) = -q\mathcal{E}\hat{x}\tau\delta(t)$.

(1) 试求 $t > 0$ 时粒子仍然保留在基态 $|1\rangle$ 的概率 P_{11};

(2) 若电场很弱, 可将 $\hat{H}'(t)$ 视为微扰, 试用微扰论一级近似公式求 P_{11}.

答: (1) $P_{11} = \dfrac{\sin^2\alpha}{\alpha^2(1-\alpha^2/\pi^2)^2}$ $\left(\alpha \equiv \dfrac{q\mathcal{E}a\tau}{2\hbar}\right)$; (2) $P_{11} \approx 1 - \left(\dfrac{1}{3} - \dfrac{2}{\pi^2}\right)\alpha^2$ $(\alpha \ll 1)$.

12–6　设一维谐振子的质量为 m, 带电量为 q, 频率为 ω, 在 $t = 0^-$ 时处于基态 $|0\rangle$, 此后受到均匀脉冲电场 $\mathcal{E}$ 的作用, 附加哈密顿算符为 $\hat{H}'(t) = -q\mathcal{E}\hat{x}\tau\delta(t)$.

(1) 试求 $t > 0$ 时粒子仍然保留在基态 $|0\rangle$ 的概率 P_{00};

(2) 若电场很弱, 可将 $\hat{H}'(t)$ 视为微扰, 试用微扰论一级近似公式求 P_{00}.

答: (1) $P_{00} = \exp(-\lambda)$, $(\lambda \equiv q^2\mathcal{E}^2\tau^2/2m\hbar\omega)$; (2) $P_{00} \approx 1 - \lambda$, $(\lambda \ll 1)$.

12–7　设氢原子在 $t = 0^-$ 时处于基态: $\psi_{1\mathrm{s}}(r) = (\pi a^3)^{-1/2}\exp(-r/a)$, $(a = \hbar^2/\mu e^2)$, 此后受到沿 z 轴方向的均匀脉冲电场 $\mathcal{E}$ 的作用, 附加哈密顿算符为 $\hat{H}'(t) = e\mathcal{E}\hat{z}\tau\delta(t)$.

(1) 试求氢原子在 $t > 0$ 时仍然保留在基态的概率 P_{00};

(2) 若电场很弱, 可将 $\hat{H}'(t)$ 视为微扰, 试用微扰论一级近似公式求 P_{00}

答: (1) $P_{00} = (1 + \lambda/4)^{-4}$ $[\lambda \equiv (e\mathcal{E}a\tau/\hbar)^2]$; (2) $P_{00} \approx 1 - \lambda$ $(\lambda \ll 1)$.

12–8　设一维谐振子的质量为 m, 带电量为 q, 频率为 ω, 在 $t = 0$ 时处于基态 $|0\rangle$, 此后受到一个均匀弱电场的作用, 微扰哈密顿算符为 $\hat{H}'(t) = -q\mathcal{E}\hat{x}\mathrm{e}^{-t/\tau}$ $(\tau > 0)$, 试在一级近似下求 $t = +\infty$ 时粒子跃迁至激发态 $|n\rangle$ 的概率 P_{n0}.

答: 只能跃迁至第一激发态 $|1\rangle$, 跃迁概率 $P_{10} = q^2\mathcal{E}^2\tau^2/[2m\hbar\omega(1 + \omega^2\tau^2)]$.

12–9　设质量为 m、带电量为 q 的粒子处于宽度为 a 的一维无限深方势阱中, 粒子的能级和归一化的能量本征函数分别为

$$E_n = n^2\pi^2\hbar^2/2ma^2, \quad \psi_n(x) = \sqrt{2/a}\sin(n\pi x/a) \quad (0 < x < a) \quad (n = 1, 2, \cdots).$$

粒子在 $t = 0$ 时处于基态 $\psi_1(x)$, 此后外加一个随时间 t 变化的均匀弱电场, 导致的微扰哈密顿算符记为 $\hat{H}'(t)$, 试在一级近似下分别考虑以下两种情形:

(1) $\hat{H}'(t) = -q\mathcal{E}\hat{x}\mathrm{e}^{-t/\tau}$ $(\tau > 0)$, 试求 $t = +\infty$ 时粒子跃迁至激发态的概率 P_{n1};

(2) $\hat{H}'(t)=-q\mathcal{E}\hat{x}\theta(t)$, 试求 $t>0$ 时粒子跃迁至激发态的概率 $P_{n1}(t)$.

答: 从基态只能跃迁至 n 为偶数的激发态, 令 $\hbar\omega_{n1}\equiv E_n-E_1$, $\tilde{\tau}\equiv\hbar/q\mathcal{E}a$, 则

(1) $P_{n1}=\dfrac{64n^2}{\pi^4(n^2-1)^4(\omega_{n1}^2+\tau^{-2})\tilde{\tau}^2}$; (2) $P_{n1}(t)=\left[\dfrac{16n\sin(\omega_{n1}t/2)}{\pi^2(n^2-1)^2\omega_{n1}\tilde{\tau}}\right]^2$.

12–10 设氢原子在 $t=0$ 时处于 1s 态, 此后外加一个沿 z 轴方向随时间 t 变化的均匀弱电场, 微扰哈密顿算符记为 $\hat{H}'(t)$, 试在一级近似下分别考虑以下两种情形:

(1) $\hat{H}'(t)=e\mathcal{E}\hat{z}\mathrm{e}^{-t/\tau}$, $(\tau>0)$, 试求 $t=+\infty$ 时氢原子跃迁至 2p 态的概率 $P_{\mathrm{2p,1s}}$:

(2) $\hat{H}'(t)=e\mathcal{E}\hat{z}\theta(t)$, 试求 $t>0$ 时氢原子跃迁至 2p 态的概率 $P_{\mathrm{2p,1s}}(t)$.

答: 2p 态与 1s 态能级差为 $\hbar\omega_{21}=3e^2/8a$, 其中 a 为玻尔半径, 令 $\tilde{\tau}\equiv\hbar/e\mathcal{E}a$,

(1) $P_{\mathrm{2p,1s}}=2^{15}/3^{10}(\omega_{21}^2+\tau^{-2})\tilde{\tau}^2$; (2) $P_{\mathrm{2p,1s}}(t)=2^{17}\sin^2(\omega_{21}t/2)/3^{10}\omega_{21}^2\tilde{\tau}^2$.

12–11 设未微扰哈密顿算符 $\hat{H}_0$ 的一组正交归一完备的本征矢量为 $|n\rangle$, 能级为 E_n, 体系在 $t=-\infty$ 时处于 $\hat{H}_0$ 的非简并本征态 $|k\rangle$, 微扰哈密顿算符 $\hat{H}'(t)=\hat{h}\exp(-t^2/\tau^2)$, 其中 $\hat{h}$ 不显含时间 t, 试在一级近似下, 求体系在 $t=+\infty$ 时跃迁至 $\hat{H}_0$ 的其他本征态 $|n\rangle$ 的概率 P_{nk}, 并求极限 $\lim\limits_{\tau\to\infty}P_{nk}$.

答: $P_{nk}=(\pi|h_{nk}|^2\tau^2/\hbar^2)\exp(-\omega_{nk}^2\tau^2/2)$ $(\hbar\omega_{nk}\equiv E_n-E_k)$, $\lim\limits_{\tau\to\infty}P_{nk}=0$.

*12–12 设质量为 m、带电量为 q 的粒子被限制在尺度为 L 的一维空间中, 受到的势阱为 $V(x)=-\gamma\delta(x)$, 粒子在 $t=0$ 时处于束缚定态, 能级和波函数分别为

$$E_0=-\hbar^2\beta^2/2m,\quad \psi_0(x)=\sqrt{\beta}\exp(-\beta|x|)\quad(\beta\equiv m\gamma/\hbar^2).$$

设 $t>0$ 时粒子受到一个弱电场的作用, 微扰哈密顿算符 $\hat{H}'(t)=-q\mathcal{E}\hat{x}\theta(t)$, 试在一级近似下证明: (1) 粒子跃迁至波矢为 k 的动量本征态的概率为

$$P_{k0}(t)=[8q^2\mathcal{E}^2\gamma^3E/L(\hbar\omega)^6]\sin^2(\omega t/2)\quad(\hbar\omega\equiv E-E_0,\ E\equiv\hbar^2k^2/2m).$$

(2) 粒子电离至能量 E 附近单位能量范围内的概率为

$$\mathcal{P}_E(t)=[4q^2\mathcal{E}^2\gamma^3\sqrt{2mE}/\pi\hbar(\hbar\omega)^6]\sin^2(\omega t/2).$$

12–13 设某个带电粒子体系与辐射场达到了热力学平衡, 并且平衡温度 T 恰好满足 $\exp[(E_{k'}-E_k)/k_{\mathrm{B}}T]=2$, 其中能级 E_k 和 $E_{k'}$ 分别对应于体系的定态 $|k\rangle$ 和 $|k'\rangle$. 求证: 此时受激辐射的跃迁速率 $W_{kk'}(T)$ 恰好等于自发辐射系数 $A_{kk'}$.

12–14 设双原子分子中正负离子的质量均为 m, 相距 $d\gg\hbar/mc$ (c 为光速), 转动哈密顿算符为 $\hat{H}=\hat{\boldsymbol{L}}^2/2I$, 其中 $\hat{\boldsymbol{L}}$ 为相对运动的轨道角动量算符, $I=md^2/2$ 为转动惯量, 试求光吸收与辐射的选择定则.

答: 定态可取为 $\{\hat{\boldsymbol{L}}^2,\hat{L}_z\}$ 的共同本征态 $|Lm\rangle$, 电偶极辐射的选择定则为

$$|L'-L|=1,\quad |m'-m|=0,1.$$

12–15 设质量为 m、带电量为 q 的粒子处于一维无限深方势阱中, 势阱宽度 $a\gg\hbar/mc$, 其中 c 为光速, 能级和归一化的能量本征函数分别为

$$E_n=n^2\pi^2\hbar^2/2ma^2,\quad \psi_n(x)=\sqrt{2/a}\sin(n\pi x/a)\quad(0<x<a,\ n=1,2,\cdots).$$

试求电偶极辐射的选择定则, 以及从基态跃迁至激发态的光吸收系数 B_{n1}.

答: 选择定则: $|n'-n|$ 为奇数; $B_{n1}=(16nqa)^2/3\pi^2\hbar^2(n^2-1)^4$ (n 为偶数).

*12–16 设具有单个价电子的原子哈密顿算符为 $\hat{H}_0$, 定态可取为 $\{\hat{H}_0,\hat{\boldsymbol{l}}^2,\hat{l}_z,\hat{s}_z\}$ 的共同本征态 $|nlmm_s\rangle$, 能级为 E_{nl}. 原子受到沿 z 轴方向传播, 频率为 ω 的单色右旋圆偏振光的照射, 光波长远大于原子尺度, 光波电场可视为空间均匀的, 即

$$\boldsymbol{E}(t)=E_0(\boldsymbol{e}_x\cos\omega t+\boldsymbol{e}_y\sin\omega t)=(E_0/2)[(\boldsymbol{e}_x-\mathrm{i}\boldsymbol{e}_y)\mathrm{e}^{\mathrm{i}\omega t}+(\boldsymbol{e}_x+\mathrm{i}\boldsymbol{e}_y)\mathrm{e}^{-\mathrm{i}\omega t}].$$

试求原子在 $|nlmm_s\rangle\to|n'l'm'm_s'\rangle$ 过程中的光吸收和辐射的选择定则.

答: 光吸收: $E_{n'l'}=E_{nl}+\hbar\omega,\ l'-l=\pm1,\ m'-m=1,\ m_s=m_s'$;

受激辐射: $E_{n'l'}=E_{nl}-\hbar\omega,\ l'-l=\pm1,\ m'-m=-1,\ m_s=m_s'$.

*12–17 设粒子的自旋磁矩为 $\hat{\boldsymbol{\mu}}_s=-\mu\hat{\boldsymbol{\sigma}}$ ($\hat{\boldsymbol{\sigma}}$ 为泡利算符), 处于以下运动磁场中:

$$\boldsymbol{B}(t)=B_0(t)\sin\theta(t)[\cos\varphi(t)\boldsymbol{e}_x+\sin\varphi(t)\boldsymbol{e}_y]+B_0(t)\cos\theta(t)\boldsymbol{e}_z.$$

不计轨道运动, 粒子的哈密顿算符为 $\hat{H}(t)=-\hat{\boldsymbol{\mu}}_s\cdot\boldsymbol{B}(t)=\mu\hat{\boldsymbol{\sigma}}\cdot\boldsymbol{B}(t)$. 求证:

(1) $\hat{H}(t)$ 的瞬时本征值为 $E_\pm(t)=\pm\mu B_0(t)$, 对应的瞬时本征态分别为

$$|\phi_+(t)\rangle=\cos(\theta/2)|\uparrow\rangle+\sin(\theta/2)\mathrm{e}^{\mathrm{i}\varphi}|\downarrow\rangle,\quad |\phi_-(t)\rangle=\sin(\theta/2)|\uparrow\rangle-\cos(\theta/2)\mathrm{e}^{\mathrm{i}\varphi}|\downarrow\rangle.$$

(2) 绝热条件为 $(\dot{\theta}^2+\dot{\varphi}^2\sin^2\theta)^{1/2}\ll4\mu B_0/\hbar$, 而 $|\phi_\pm(t)\rangle$ 态的贝利相位分别为

$$\beta_\pm(t)=-\frac{1}{2}\int_0^t\mathrm{d}t'\dot{\varphi}(t')[1\mp\cos\theta(t')]=-\frac{1}{2}\int_{\varphi(0)}^{\varphi(t)}\mathrm{d}\varphi(1\mp\cos\theta).$$

(3) 若 $\boldsymbol{B}(t)$ 是周期为 τ 的函数, 即 $\boldsymbol{B}(\tau)=\boldsymbol{B}(0)$, 闭合回路 C 表示磁场空间中 $\boldsymbol{B}(t)$ 的末端在一个周期内的运动轨迹, 它围成的曲面张成立体角 Ω_C, 则有

$$\beta_\pm(\tau)=\mp\frac{1}{2}\Omega_C,\quad \Omega_C=\oint_C\mathrm{d}\varphi\int_0^{\theta(\varphi)}\sin\theta'\mathrm{d}\theta'=\oint_C\mathrm{d}\varphi(1-\cos\theta).$$

*12–18 设粒子的自旋磁矩为 $\hat{\boldsymbol{\mu}}_s=-\mu\hat{\boldsymbol{\sigma}}$ ($\hat{\boldsymbol{\sigma}}$ 为泡利算符), 处于以下转动磁场中:

$$\boldsymbol{B}(t)=B_0\sin\theta(\cos2\omega t\boldsymbol{e}_x+\sin2\omega t\boldsymbol{e}_y)+B_0\cos\theta\boldsymbol{e}_z.$$

不计粒子的轨道运动, 哈密顿算符为 $\hat{H}(t)=-\hat{\boldsymbol{\mu}}_s\cdot\boldsymbol{B}(t)=\mu\hat{\boldsymbol{\sigma}}\cdot\boldsymbol{B}(t)$, 即

$$\hat{H}(t)=\hbar\omega_0\hat{\sigma}_z+(\hbar\omega_1/2)(\hat{\sigma}_+\mathrm{e}^{-\mathrm{i}2\omega t}+\hat{\sigma}_-\mathrm{e}^{\mathrm{i}2\omega t}),(\hbar\omega_0\equiv\mu B_0\cos\theta,\omega_1\equiv\omega_0\tan\theta).$$

设 t 时的态为 $|\psi(t)\rangle=a(t)\mathrm{e}^{-\mathrm{i}\omega t}|\uparrow\rangle+b(t)\mathrm{e}^{\mathrm{i}\omega t}|\downarrow\rangle$ ($|\uparrow\rangle,|\downarrow\rangle$ 为 $\hat{\sigma}_z$ 的本征矢).

(1) 试用薛定谔方程证明: $\mathrm{i}\dot{a}=\omega_1b+\omega_2a,\quad \mathrm{i}\dot{b}=\omega_1a-\omega_2b\quad(\omega_2\equiv\omega_0-\omega)$.

(2) 以上方程组的特解可取为 $a(t)=A\mathrm{e}^{-\mathrm{i}\Omega t}$, $b(t)=B\mathrm{e}^{-\mathrm{i}\Omega t}$, 求证: 通解为

$$a(t)=A_+\mathrm{e}^{-\mathrm{i}\tilde{\omega}t}+A_-\mathrm{e}^{\mathrm{i}\tilde{\omega}t},\quad b(t)=A_+\tan(\phi/2)\mathrm{e}^{-\mathrm{i}\tilde{\omega}t}-A_-\cot(\phi/2)\mathrm{e}^{\mathrm{i}\tilde{\omega}t}.$$

其中 $\tilde{\omega}\equiv(\omega_1^2+\omega_2^2)^{1/2}$, $\tan\phi\equiv\omega_1/\omega_2$, 常数 $A_\pm$ 由初始条件决定.

(3) 设 $t=0$ 时粒子处于 $|\uparrow\rangle$ 态, 即 $|\psi(0)\rangle=|\uparrow\rangle$, 求证: $t>0$ 时,

$$|\psi(t)\rangle=(\cos\tilde{\omega}t-\mathrm{i}\cos\phi\sin\tilde{\omega}t)\mathrm{e}^{-\mathrm{i}\omega t}|\uparrow\rangle-\mathrm{i}\sin\phi\sin\tilde{\omega}t\mathrm{e}^{\mathrm{i}\omega t}|\downarrow\rangle.$$

并求粒子跃迁至 $|\downarrow\rangle$ 态的概率 $P_{\downarrow\uparrow}(t)$, 讨论 $|\omega_1/\omega_2|\gg 1$ 和 $|\omega_1/\omega_2|\ll 1$ 这两个极限情形, 将后一个情形与微扰论一级近似的结果作比较.

(4) 已知 $\hat{H}(t)$ 的本征值为 $E_\pm=\pm\mu B_0$, 对应的瞬时本征态分别为

$$|\phi_+(t)\rangle=\cos(\theta/2)|\uparrow\rangle+\sin(\theta/2)\mathrm{e}^{\mathrm{i}2\omega t}|\downarrow\rangle,\quad |\phi_-(t)\rangle=\sin(\theta/2)|\uparrow\rangle-\cos(\theta/2)\mathrm{e}^{\mathrm{i}2\omega t}|\downarrow\rangle.$$

设 $t=0$ 时粒子处于 $|\phi_+(0)\rangle$ 态, 即 $|\psi(0)\rangle=|\phi_+(0)\rangle$, 求证:

$$|\psi(t)\rangle=\mathrm{e}^{-\mathrm{i}\omega t}\{[\cos\tilde{\omega}t-\mathrm{i}\cos(\phi-\theta)\sin\tilde{\omega}t]|\phi_+(t)\rangle+\mathrm{i}\sin(\phi-\theta)\sin\tilde{\omega}t|\phi_-(t)\rangle\}.$$

并讨论 $\omega\to 0$ 的极限情形, 验证贝利相位: $\beta_+(t)=-2\omega t\sin^2(\theta/2)$.

*12–19 设体系的哈密顿算符为 $\hat{H}(t)$, 薛定谔方程的某个解 $|\psi(t)\rangle$ 具有周期性,

$$\boxed{|\psi(\tau)\rangle=\mathrm{e}^{\mathrm{i}\phi}|\psi(0)\rangle\quad(\phi^*=\phi).}$$

阿哈罗诺夫–阿南丹定义的动力学相位和几何相位 (也称为 AA 相位) 分别为

$$\boxed{\alpha\equiv-\frac{1}{\hbar}\int_0^\tau \mathrm{d}t\langle\psi(t)|\hat{H}(t)|\psi(t)\rangle=-\mathrm{i}\int_0^\tau \mathrm{d}t\langle\psi(t)|\dot{\psi}(t)\rangle,\quad \beta\equiv\phi-\alpha.}$$

(1) 作相位变换: $|\tilde{\psi}(t)\rangle=\exp[\mathrm{i}\theta(t)]|\psi(t)\rangle\quad[\theta(0)-\theta(\tau)=\phi]$, 求证:

$$|\tilde{\psi}(\tau)\rangle=|\tilde{\psi}(0)\rangle,\quad \beta=\mathrm{i}\int_0^\tau \mathrm{d}t\langle\tilde{\psi}(t)|\dot{\tilde{\psi}}(t)\rangle.$$

(2) 若 $\partial_t\hat{H}=0$, 求证: 定态的 AA 相位 $\beta=0$, 而非定态的 β 一般不为零.

*12–20 设 $|\phi_\lambda\rangle$ 为相干态, 则频率为 ω 的一维谐振子薛定谔方程的一个解为

$$|\psi(t)\rangle=|\phi_{\lambda_t}\rangle\exp(-\mathrm{i}\omega t/2),\quad[\lambda_t=\lambda\exp(-\mathrm{i}\omega t)].$$

试求该运动状态的 AA 相位.

答: $\beta=2\pi|\lambda|^2$.

*12–21 设粒子的自旋磁矩为 $\hat{\boldsymbol{\mu}}_s=-\mu\hat{\boldsymbol{\sigma}}$ ($\hat{\boldsymbol{\sigma}}$ 为泡利算符), 处于以下转动磁场中:

$$\boldsymbol{B}(t)=B_0\sin\theta(\cos 2\omega_0 t\boldsymbol{e}_x+\sin 2\omega_0 t\boldsymbol{e}_y)+B_0\cos\theta\boldsymbol{e}_z\quad(\hbar\omega_0\equiv\mu B_0\cos\theta).$$

此即磁共振模型, 不计粒子的轨道运动, 哈密顿算符为 $\hat{H}(t)=-\hat{\boldsymbol{\mu}}_s\cdot\boldsymbol{B}(t)$, 即

$$\hat{H}(t)=\hbar\omega_0\hat{\sigma}_z+(\hbar\omega_1/2)[\hat{\sigma}_+\exp(-\mathrm{i}2\omega_0 t)+\hat{\sigma}_-\exp(\mathrm{i}2\omega_0 t)]\quad(\omega_1\equiv\omega_0\tan\theta).$$

(1) 设 $|\uparrow\rangle$ 和 $|\downarrow\rangle$ 为 $\hat{\sigma}_z$ 的本征矢, 求证: 薛定谔方程的通解为

$$|\psi(t)\rangle=(a\cos\omega_1 t-\mathrm{i}b\sin\omega_1 t)\exp(-\mathrm{i}\omega_0 t)|\uparrow\rangle+(b\cos\omega_1 t-\mathrm{i}a\sin\omega_1 t)\exp(\mathrm{i}\omega_0 t)|\downarrow\rangle.$$

其中 a 和 b 均为常数.

(2) 假设 $\tan\theta=n$ (正整数), 则以上态矢量描述一个周期性的运动状态,

$$|\psi(\tau)\rangle = \exp(\mathrm{i}\phi)|\psi(0)\rangle \quad [\tau = \pi/\omega_0, \phi = (n+1)\pi].$$

试求 AA 相位 β, 并讨论几种特例.

答: $\beta = \pi[n(a^*b + ab^* + 1) + 1] \quad (|a|^2 + |b|^2 = 1)$.

(a) 若 $a = 0$, 或 $b = 0$, 或 a, b 相位差为 $\pm\pi/2$, 则 $\beta = (n+1)\pi$.

(b) 若 $|a| = |b| = 1/\sqrt{2}$, 且 a, b 相位差为 π 的整数倍, 则 $\beta = \pi$.

*12–22 设体系哈密顿算符为 $\hat{H}(t)$, 满足以下关系的观测算符 $\hat{A}(t)$ 称为含时不变量:

$$\boxed{\mathrm{i}\hbar\partial_t\hat{A}(t) = [\hat{H}(t), \hat{A}(t)] \quad \Leftrightarrow \quad [\hat{\mathcal{H}}(t), \hat{A}(t)] = 0, \ [\hat{\mathcal{H}}(t) \equiv \hat{H}(t) - \mathrm{i}\hbar\partial_t]}$$

设 $\{\hat{\mathcal{H}}(t), \hat{A}(t), \cdots\}$ 的正交归一完备的共同本征矢为 $|n(t)\rangle$, 即

$$[\hat{\mathcal{H}}(t) - \epsilon_n(t)]|n(t)\rangle = [\hat{A}(t) - a_n(t)]|n(t)\rangle = 0, \quad \langle n|n'\rangle = \delta_{nn'}, \quad \sum_n |n\rangle\langle n| = 1.$$

(1) 求证: $\hat{A}(t)$ 的本征值 a_n 不随时间 t 变化.

(2) 令 $|\tilde{n}(t)\rangle \equiv \exp[\mathrm{i}\alpha_n(t)]|n(t)\rangle$, 其中 $\alpha_n(t) \equiv -\dfrac{1}{\hbar}\displaystyle\int_0^t \mathrm{d}t'\epsilon_n(t')$ (即路易斯相位), 求证: $|\tilde{n}(t)\rangle$ 是薛定谔方程的一个解, 即 $\hat{\mathcal{H}}(t)|\tilde{n}(t)\rangle = 0$, 且薛定谔方程的任一个解 $|\psi(t)\rangle$ 均可用 $|\tilde{n}(t)\rangle$ 展开, 展开系数不含时间 t, 即

$$|\psi(t)\rangle = \sum_n C_n|\tilde{n}(t)\rangle, \quad C_n = \langle n(0)|\psi(0)\rangle.$$

*第十三章

散射理论

散射实验是研究粒子内部结构以及粒子之间相互作用的重要手段，在现代物理学的建立和发展过程中发挥了重要作用. 量子散射理论是描述微观散射现象的理论，在第二章中研究了一维体系的量子散射问题，本章阐述三维体系的量子散射理论.

第 13.1 节研究一个无自旋单粒子受到一个无内部自由度的静态势场的弹性散射问题；第 13.2 节介绍中心力势散射；第 13.3 节处理两个粒子的碰撞问题，并阐述全同粒子散射的特殊性质；第 13.4 节介绍散射的形式理论，可应用于解决复杂系统的散射问题 (如涉及自旋的散射现象).

§ 13.1 单粒子势散射

两个粒子的碰撞问题可以简化为质心运动和相对散射问题，后者等效于一个粒子受到一个势能场的散射. 本节研究单粒子的势散射问题.

1. 散射截面

在散射实验中，一束具有相同能量的相同粒子受到靶的散射，通常在远离靶的地方探测被散射后的粒子，研究出射粒子数目随出射角度的分布规律. 在建立量子散射理论时，通常采取以下近似：

(1) 假设入射粒子的密度非常低，使得我们可以忽略入射粒子之间的相互作用，即假设各个粒子是相互独立地进行散射.

(2) 靶是由许多散射中心 (原子或原子核等) 构成的，假设这些散射中心之间的距离远大于入射粒子的波长，因此可以忽略不同散射中心导致的散射波之间的相干，即各个散射中心独自地起作用.

(3) 假设靶足够薄，以至可以忽略同一个粒子受到的多次散射.

基于以上考虑，将散射问题简化为一束具有相同能量的无相互作用粒子，受到单个散射体的散射. 我们仅研究**弹性散射**，即假设散射体仅为入射粒子提供一个静态势场，散射过程没有能量转移给散射体.

设入射粒子束的密度 (单位体积内的粒子数) 为 n，入射速度为 $\boldsymbol{v} = \hbar\boldsymbol{k}/\mu$，则入射粒子流密度 (单位时间内通过单位横截面的粒子数) 为

$$\boldsymbol{J}_i = n\boldsymbol{v} = n\hbar\boldsymbol{k}/\mu.$$

取散射体上的某点作为球坐标系的原点 (散射中心)，设入射波矢 $\boldsymbol{k}$ 沿 z 轴方向，入射粒子束受到势场 $V(\boldsymbol{r})$ 的散射后，单位时间内沿 (θ, φ) 方向的立体角 $\mathrm{d}\Omega$ 内出射的粒子数为 $\mathrm{d}N(\theta, \varphi)$，则散射**微分截面**和**总截面** (均具有 “面积” 量纲) 分别定义为

$$\boxed{\sigma(\theta, \varphi) \equiv \mathrm{d}N(\theta, \varphi)/J_i\mathrm{d}\Omega, \quad \sigma_t \equiv \int \mathrm{d}\Omega\sigma(\theta, \varphi) \quad (\mathrm{d}\Omega \equiv \sin\theta\mathrm{d}\theta\mathrm{d}\varphi)} \tag{13.1.1}$$

单位时间内出射粒子的总数 N_t 等于各方向的出射粒子数之和，由以上定义可知

$$\boxed{N_t = \int \mathrm{d}N(\theta, \varphi) = J_i\sigma_t}$$

上式表明, σ_t 可视为入射粒子束受到势场散射的 “有效拦截面积”. 量子散射理论的核心问题就是如何根据粒子与散射体的相互作用来计算散射截面.

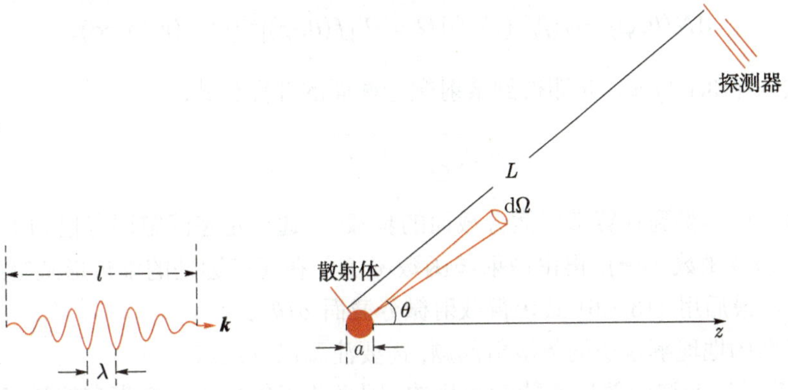

图 13.1.1 单粒子势散射

由于假设入射粒子各自独立地进行散射, 因此通过研究单粒子的势散射问题 (图 13.1.1) 即可计算散射截面. 可以证明 (参见本节的第 3 小节), 散射截面与散射定态之间有密切联系, 下面借助于粒子在散射势场中的散射定态波函数来计算散射截面.

设粒子以波矢 $\boldsymbol{k}$ 入射, 相应的波函数为平面波函数, 即

$$\psi_i(\boldsymbol{r}) = (1/\sqrt{V})\exp(\mathrm{i}\boldsymbol{k}\cdot\boldsymbol{r}).$$

入射波的概率流密度和入射粒子束的流密度分别为 (通常取体系的体积 $V=1$)

$$\boldsymbol{j}_i = (-\mathrm{i}\hbar/2\mu)(\psi_i^*\nabla\psi_i - \psi_i\nabla\psi_i^*) = \hbar\boldsymbol{k}/\mu, \quad \boldsymbol{J}_i = n\boldsymbol{j}_i.$$

当粒子进入散射势 $V(\boldsymbol{r})$ 的作用区域时, 定态薛定谔方程为

$$[-\hbar^2\nabla^2/2\mu + V(\boldsymbol{r})]\psi(\boldsymbol{r}) = E\psi(\boldsymbol{r}) \quad (E = \hbar^2k^2/2\mu). \tag{13.1.2}$$

可将满足上述方程的散射定态波函数表示为入射波与散射波 $\psi_s(\boldsymbol{r})$ 之和, 即

$$\boxed{\psi(\boldsymbol{r}) = \exp(\mathrm{i}\boldsymbol{k}\cdot\boldsymbol{r}) + \psi_s(\boldsymbol{r})} \tag{13.1.3}$$

散射波是由散射中心向外传播的 “外行波”, 其概率流密度为

$$\boldsymbol{j}_s(\boldsymbol{r}) = (-\mathrm{i}\hbar/2\mu)(\psi_s^*\nabla\psi_s - \psi_s\nabla\psi_s^*). \tag{13.1.4}$$

假设当 $r\to\infty$ 时, $V(\boldsymbol{r})$ 比 $1/r$ 更快地趋于零, 则 $\psi_s(\boldsymbol{r})$ 通常具有如下渐进形式:

$$\boxed{\psi_s(r,\theta,\varphi) \xrightarrow{r\to\infty} f(\theta,\varphi)\exp(\mathrm{i}kr)/r} \tag{13.1.5}$$

其中 $f(\theta,\varphi)$ 称为**散射振幅** (具有 “长度” 量纲). 将上式代入 (13.1.4) 式, 容易证明, 当 $r\to\infty$ 时, $\boldsymbol{j}_s$ 的径向分量 $j_s^{(r)}$ 远大于角度方向分量 $j_s^{(\theta)}$ 和 $j_s^{(\varphi)}$, 且有

$$j_s^{(r)}(r,\theta,\varphi) \xrightarrow{r\to\infty} j_i|f(\theta,\varphi)|^2/r^2 \quad (j_i = \hbar k/\mu).$$

在散射实验中, 人们总是在离散射中心很远的空间区域探测出射粒子, 因此单位时间内沿 (θ,φ) 方向的立体角 $\mathrm{d}\Omega$ 内的出射粒子数为

$$\mathrm{d}N(\theta,\varphi)=nj_s^{(r)}(r)r^2\mathrm{d}\Omega=J_i|f(\theta,\varphi)|^2\mathrm{d}\Omega\quad(r\to\infty).$$

将上式代入 (13.1.1) 式, 立即得到散射微分截面的计算公式:

$$\boxed{\sigma(\theta,\varphi)=|f(\theta,\varphi)|^2}\tag{13.1.6}$$

由以上内容得到计算散射微分截面的步骤: 先通过定态薛定谔方程 (13.1.2) 求解出散射定态波函数 $\psi(\boldsymbol{r})$, 再由散射波函数 $\psi_s(\boldsymbol{r})$ 在无穷远处的渐进形式得到散射振幅 $f(\theta,\varphi)$, 最后用 (13.1.6) 式求得散射微分截面 $\sigma(\theta,\varphi)$.

为了准确地理解粒子的势散射问题, 需要注意以下几点:

(1) 散射定态波函数是不能归一化的, 因而并不能描述一个真实的量子态. 虽然散射微分截面的计算公式 (13.1.6) 是正确的, 但上述推导过程缺乏清晰的物理图像作为依据. 实际上**粒子在散射过程中处于非定态**, 本节的第 3 部分将用一种物理图像更加清晰的方式来研究粒子的非定态波包在势场中随时间演化的过程, 并证明公式 (13.1.6) 的有效性.

(2) 粒子的势散射涉及几个特征长度: 散射势 $V(\boldsymbol{r})$ 的作用力程 a, 入射波包的平均波长 $\lambda=2\pi/k$, 入射波包的空间延展尺度 l, 散射中心到出射粒子探测器的距离 L, 公式 (13.1.6) 的有效性是基于以下假定:

$$\boxed{L\gg l\gg\lambda,a}$$

(3) 对于长程势, 当 $r\to\infty$ 时, 有 $V(r)\sim1/r$ (库仑势), 或者比 $1/r$ 更慢地趋于零, 相应的散射波函数 $\psi_s(\boldsymbol{r})$ 并不具有 (13.1.5) 式表示的渐进形式, 在此基础上得到的**上述散射理论结果并不完全适用于长程势**.

(4) 在 $\theta=0$ 的方向 (向前散射), 既有散射波, 也有透射波, 且存在两者的相干效应, 因此**向前散射的微分截面没有实际意义**.

2. 散射振幅的形式解

能量 E 对应的定态方程为 (13.1.2) 式, 可将它改写为

$$(\nabla^2+k^2)\psi(\boldsymbol{r})=(2\mu/\hbar^2)V(\boldsymbol{r})\psi(\boldsymbol{r})\quad(k\equiv\sqrt{2\mu E}/\hbar).\tag{13.1.7}$$

在散射问题中, 需要将上述微分方程按照一定的边界条件改写为积分方程. 引入自由粒子的定态波函数 $\psi_0(\boldsymbol{r})$ 和格林函数 $G_0(\boldsymbol{r})$, 它们分别满足微分方程:

$$(\nabla^2+k^2)\psi_0(\boldsymbol{r})=0,\quad(\nabla^2+k^2)G_0(\boldsymbol{r})=(2\mu/\hbar^2)\delta(\boldsymbol{r}).\tag{13.1.8}$$

因此方程 (13.1.7) 的解可表示为积分形式的**李普曼 – 施温格方程**:

$$\boxed{\psi(\boldsymbol{r})=\psi_0(\boldsymbol{r})+\int\mathrm{d}\boldsymbol{r}'G_0(\boldsymbol{r}-\boldsymbol{r}')V(\boldsymbol{r}')\psi(\boldsymbol{r}')}\tag{13.1.9}$$

将上式代入方程 (13.1.7) 的左边, 利用 (13.1.8) 式容易验证等式 (13.1.7) 的确成立.

为了求解格林函数, 可作如下的傅里叶变换:

$$G_0(\boldsymbol{r})=\int\frac{\mathrm{d}^3q}{(2\pi)^3}\tilde{G}_0(\boldsymbol{q})\exp(\mathrm{i}\boldsymbol{q}\cdot\boldsymbol{r}),\quad \delta(\boldsymbol{r})=\int\frac{\mathrm{d}^3q}{(2\pi)^3}\exp(\mathrm{i}\boldsymbol{q}\cdot\boldsymbol{r}).$$

将上述变换式代入 (13.1.8) 式的第二个等式, 可得

$$\tilde{G}_0(\boldsymbol{q})=\frac{2\mu}{\hbar^2(k^2-q^2)}\quad\Rightarrow\quad G_0^{(\pm)}(\boldsymbol{r})=\frac{2\mu}{\hbar^2}\int\frac{\mathrm{d}^3q}{(2\pi)^3}\frac{\exp(\mathrm{i}\boldsymbol{q}\cdot\boldsymbol{r})}{k^2-q^2\pm\mathrm{i}0^+}. \tag{13.1.10}$$

上式中被积函数的一阶奇点为 $q=\pm k$, 导致积分结果的不确定性. 为了消除这种不确定性, 在被积函数的分母中添加了 $\pm\mathrm{i}0^+$. 完成上式中对 $\boldsymbol{q}$ 的角度积分, 可得

$$G_0^{(\pm)}(\boldsymbol{r})=\frac{\mu}{\mathrm{i}2\pi^2\hbar^2 r}\int_{-\infty}^{+\infty}\mathrm{d}q\frac{q\exp(\mathrm{i}qr)}{k^2-q^2\pm\mathrm{i}0^+}.$$

应用留数定理可完成上述积分, 分别得到 “外行波” 和 “内行波” 的格林函数:

$$\boxed{G_0^{(\pm)}(\boldsymbol{r})=-(\mu/2\pi\hbar^2 r)\exp(\pm\mathrm{i}kr)} \tag{13.1.11}$$

在散射问题中, 与入射平面波对应的散射定态波函数可表示为

$$\psi(\boldsymbol{r})=\exp(\mathrm{i}\boldsymbol{k}\cdot\boldsymbol{r})+\int\mathrm{d}\boldsymbol{r}'G_0^{(+)}(\boldsymbol{r}-\boldsymbol{r}')V(\boldsymbol{r}')\psi(\boldsymbol{r}'). \tag{13.1.12}$$

将上式与 (13.1.3) 式比较, 可知散射波函数可表示为

$$\boxed{\psi_s(\boldsymbol{r})=\int\mathrm{d}\boldsymbol{r}'G_0^{(+)}(\boldsymbol{r}-\boldsymbol{r}')V(\boldsymbol{r}')\psi(\boldsymbol{r}')}. \tag{13.1.13}$$

从 (13.1.11) 式可知, 当 $r\gg r'$ 时, 有

$$G_0^{(+)}(\boldsymbol{r}-\boldsymbol{r}')\approx-(\mu/2\pi\hbar^2 r)\exp\left(\mathrm{i}k\sqrt{r^2-2\boldsymbol{r}\cdot\boldsymbol{r}'+r'^2}\right)\approx-(\mu/2\pi\hbar^2 r)\exp(\mathrm{i}kr-\mathrm{i}\boldsymbol{k}'\cdot\boldsymbol{r}').$$

其中 $\boldsymbol{k}'$ 平行于 $\boldsymbol{r}$, 且 $|\boldsymbol{k}'|=|\boldsymbol{k}|\equiv k$. 将上式代入 (13.1.13) 式, 容易证明, 散射波函数 $\psi_s(\boldsymbol{r})$ 具有 (13.1.5) 式所表示的渐进形式, 其中散射振幅可表示为

$$\boxed{f(\theta,\varphi)=-\frac{\mu}{2\pi\hbar^2}\int\mathrm{d}\boldsymbol{r}\exp(-\mathrm{i}\boldsymbol{k}'\cdot\boldsymbol{r})V(\boldsymbol{r})\psi(\boldsymbol{r})} \tag{13.1.14}$$

设入射波矢 $\boldsymbol{k}$ 沿 z 轴方向, 则上式中的 (θ,φ) 就是出射波矢 $\boldsymbol{k}'$ 的方向角. 上式中的被积函数中含有未知的散射定态波函数 $\psi(\boldsymbol{r})$, 因此该式不能直接用于计算散射振幅, 只能视为散射振幅的形式解. 此外, 在某些特定情况下, 可利用 (13.1.1) 式得到散射振幅的近似结果.

若散射势 $V(\boldsymbol{r})$ 很弱, 则 (13.1.12) 式右边的第一项比第二项大得多, 即 $\psi(\boldsymbol{r})\approx\exp(\mathrm{i}\boldsymbol{k}\cdot\boldsymbol{r})$, 将它代入 (13.1.14) 式, 可以得到玻恩一级近似下的散射振幅:

$$
\boxed{f(\theta,\varphi) \approx -\frac{\mu}{2\pi\hbar^2}\tilde{V}(\boldsymbol{k}'-\boldsymbol{k}), \quad \tilde{V}(\boldsymbol{q}) \equiv \int \mathrm{d}\boldsymbol{r} V(\boldsymbol{r}) \exp(-\mathrm{i}\boldsymbol{q}\cdot\boldsymbol{r})} \tag{13.1.15}
$$

若散射势 $V(r)$ 是具有球对称性的中心力势, 则 f 与角度 φ 无关, 由上式可得

$$
f(\theta) \approx -\frac{\mu}{2\pi\hbar^2}\int_0^{\infty} r^2\mathrm{d}r\int_0^{\pi} 2\pi\sin\alpha\mathrm{d}\alpha V(r)\exp(-\mathrm{i}qr\cos\alpha)
$$

$$
(q \equiv |\boldsymbol{k}'-\boldsymbol{k}|).
$$

因此在玻恩一级近似下, 中心力势场的散射振幅公式为 (图 13.1.2)

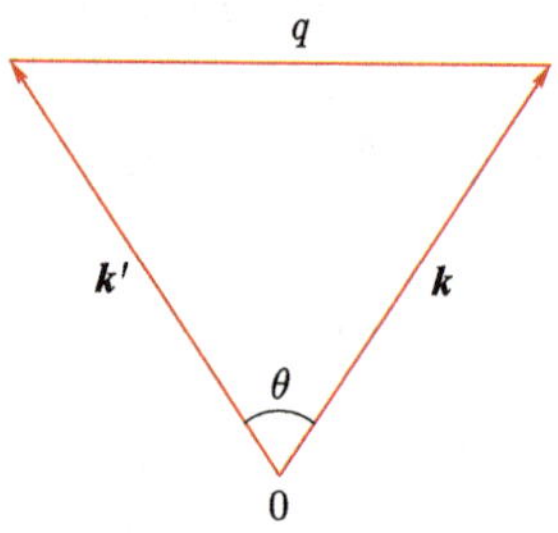

图 13.1.2 q 与 θ 的关系

$$
\boxed{f(\theta) \approx -\frac{2\mu}{\hbar^2 q}\int_0^{\infty}\mathrm{d}rV(r)r\sin(qr) \quad [q=2k\sin(\theta/2)]} \tag{13.1.16}
$$

3. 势散射的物理图像

前面我们利用散射定态波函数推导散射微分截面的公式 (13.1.6), 得到的结果是正确的, 但推导过程并不严谨. 散射定态波函数是不能归一化的, 它并不能描述一个真实的量子态, 因此前面的推导过程不能给出清晰的物理图像. 实际上粒子在散射过程中并非处于定态, 而是处于由归一化波函数描述的非定态, 粒子的散射源于非定态波包随时间的演化. 下面从含时间的薛定谔方程出发, 用物理图像更加清晰的方式来描述粒子的散射过程, 并证明 (13.1.6) 式的有效性.

设粒子的质量为 μ, 散射势 $V(\boldsymbol{r})$ 在无穷远处趋于零, 则可用 $E_{\boldsymbol{q}}=\hbar^2\boldsymbol{q}^2/2\mu$ 来表示散射定态的能级, 与之对应的散射定态波函数 $\psi_{\boldsymbol{q}}(\boldsymbol{r})$ 满足定态方程:

$$
[-\hbar^2\nabla^2/2\mu+V(\boldsymbol{r})]\psi_{\boldsymbol{q}}(\boldsymbol{r})=E_{\boldsymbol{q}}\psi_{\boldsymbol{q}}(\boldsymbol{r}). \tag{13.1.17}
$$

$\psi_{\boldsymbol{q}}(\boldsymbol{r})$ 是不能归一化的, 但可以要求它满足 “广义归一化” 条件:

$$
\int \mathrm{d}\boldsymbol{r}\psi_{\boldsymbol{q}}(\boldsymbol{r})^*\psi_{\boldsymbol{q}'}(\boldsymbol{r})=(2\pi)^3\delta(\boldsymbol{q}-\boldsymbol{q}').
$$

将上述散射定态波函数线性叠加起来, 可以构造一个如下形式的波包:

$$
\boxed{\varPsi_{\boldsymbol{b}}(\boldsymbol{r},t)=\int \mathrm{d}\boldsymbol{q}A(\boldsymbol{q})\psi_{\boldsymbol{q}}(\boldsymbol{r})\exp(-\mathrm{i}\boldsymbol{q}\cdot\boldsymbol{b}-\mathrm{i}E_{\boldsymbol{q}}t/\hbar)} \tag{13.1.18}
$$

其中 $\boldsymbol{b}$ 称为碰撞参量. 容易验证, $\varPsi_{\boldsymbol{b}}(\boldsymbol{r},t)$ 严格满足含时薛定谔方程, 即

$$
\mathrm{i}\hbar\partial_t\varPsi_{\boldsymbol{b}}(\boldsymbol{r},t)=[-\hbar^2\nabla^2/2\mu+V(\boldsymbol{r})]\varPsi_{\boldsymbol{b}}(\boldsymbol{r},t).
$$

为了使得 $\varPsi_{\boldsymbol{b}}(\boldsymbol{r},t)$ 是归一化的, 要求 $A(\boldsymbol{q})$ 满足以下归一化条件:

$$
\int \mathrm{d}\boldsymbol{q}|A(\boldsymbol{q})|^2=(2\pi)^{-3} \quad \Rightarrow \quad \int \mathrm{d}\boldsymbol{r}|\varPsi_{\boldsymbol{b}}(\boldsymbol{r},t)|^2=1.
$$

容易验证, $A(\boldsymbol{q})$ 的傅里叶变换 $\chi(\boldsymbol{r})$ 也是一个归一化的波函数, 即

$$\chi(\boldsymbol{r}) \equiv \int \mathrm{d}\boldsymbol{q} A(\boldsymbol{q}) \exp(\mathrm{i}\boldsymbol{q}\cdot\boldsymbol{r}) \quad \Rightarrow \quad \int \mathrm{d}\boldsymbol{r} |\chi(\boldsymbol{r})|^2 = 1.$$

下面我们将证明 (13.1.18) 式表示的波包能够很好地描述粒子在散射过程 (图 13.1.3) 中的状态. 先将散射定态波函数表示为自由粒子的定态波函数与散射波函数之和, 即

$$\psi_{\boldsymbol{q}}(\boldsymbol{r}) = \exp(\mathrm{i}\boldsymbol{q}\cdot\boldsymbol{r}) + \psi_{\boldsymbol{q}}^{(s)}(\boldsymbol{r}).$$

将上式代入 (13.1.18) 式, 可知 $\Psi_{\boldsymbol{b}}(\boldsymbol{r},t)$ 为自由波包与散射波包之和, 即

$$\boxed{\Psi_{\boldsymbol{b}}(\boldsymbol{r},t) = \Phi_{\boldsymbol{b}}(\boldsymbol{r},t) + \Psi_{\boldsymbol{b}}^{(s)}(\boldsymbol{r},t)}$$

$$\Phi_{\boldsymbol{b}}(\boldsymbol{r},t) = \int \mathrm{d}\boldsymbol{q} A(\boldsymbol{q}) \exp[\mathrm{i}\boldsymbol{q}\cdot(\boldsymbol{r}-\boldsymbol{b}) - \mathrm{i}E_{\boldsymbol{q}}t/\hbar], \tag{13.1.19}$$

$$\Psi_{\boldsymbol{b}}^{(s)}(\boldsymbol{r},t) = \int \mathrm{d}\boldsymbol{q} A(\boldsymbol{q}) \psi_{\boldsymbol{q}}^{(s)}(\boldsymbol{r}) \exp(-\mathrm{i}\boldsymbol{q}\cdot\boldsymbol{b} - \mathrm{i}E_{\boldsymbol{q}}t/\hbar). \tag{13.1.20}$$

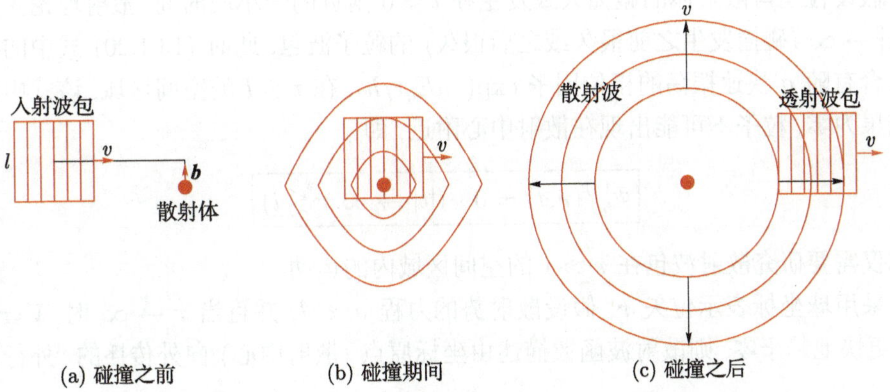

图 13.1.3　波包散射的过程

(1) 自由波包的运动

容易验证, 自由波包严格满足自由粒子的含时薛定谔方程, 即

$$\mathrm{i}\hbar\partial_t \Phi_{\boldsymbol{b}}(\boldsymbol{r},t) = -(\hbar^2/2\mu)\nabla^2\Phi_{\boldsymbol{b}}(\boldsymbol{r},t).$$

波包中心定义为位置平均值 $\bar{\boldsymbol{r}}_{\boldsymbol{b}}(t)$, 由埃伦菲斯特定理可证明它作匀速直线运动, 即

$$\partial_t \bar{\boldsymbol{r}}_{\boldsymbol{b}} = \frac{\bar{\boldsymbol{p}}}{\mu} = -\frac{\mathrm{i}\hbar}{\mu}\int \mathrm{d}\boldsymbol{r} \Phi_{\boldsymbol{b}}^*(\boldsymbol{r},t)\nabla\Phi_{\boldsymbol{b}}(\boldsymbol{r},t) = (2\pi)^3 \int \mathrm{d}\boldsymbol{q} |A(\boldsymbol{q})|^2 \frac{\hbar\boldsymbol{q}}{\mu} \equiv \boldsymbol{v}$$

$$\Rightarrow \boxed{\bar{\boldsymbol{r}}_{\boldsymbol{b}}(t) = \boldsymbol{b} + \boldsymbol{v}t} \tag{13.1.21}$$

这里已适当选取坐标原点, 使得 $\bar{\boldsymbol{r}}_{\boldsymbol{b}}(0) = \boldsymbol{b}$.

为了使得 $\Phi_{\boldsymbol{b}}(\boldsymbol{r},t)$ 能够代表散射过程中的入射波包和透射波包, 假设 $A(\boldsymbol{q})$ 仅在 $|\boldsymbol{q}-\boldsymbol{k}| \lesssim 1/l$ 这个很小的范围内取非零值, $\boldsymbol{k}$ 称为入射波矢, 假设 $\boldsymbol{k}$ 沿 z 轴方向, 且

$\boldsymbol{k}\cdot\boldsymbol{b}=0$, 而 l 表示 $\chi(\boldsymbol{r})$ 的空间延展尺度, 假设它远大于入射波长 $\lambda=2\pi/k$, 因此波包的群速度为

$$\boldsymbol{v}\approx\frac{\hbar\boldsymbol{k}}{\mu}(2\pi)^3\int \mathrm{d}\boldsymbol{q}|A(\boldsymbol{q})|^2=\frac{\hbar\boldsymbol{k}}{\mu}.$$

在 (13.1.19) 式中的被积函数中取近似 $E_{\boldsymbol{q}}\approx E_{\boldsymbol{k}}+\hbar\boldsymbol{v}\cdot(\boldsymbol{q}-\boldsymbol{k})$, 可得

$$\varPhi_{\boldsymbol{b}}(\boldsymbol{r},t)\approx\chi(\boldsymbol{r}-\bar{\boldsymbol{r}}_{\boldsymbol{b}}(t))\exp(\mathrm{i}\boldsymbol{k}\cdot\boldsymbol{v}t-\mathrm{i}E_{\boldsymbol{k}}t/\hbar).$$

由于 $\chi(\boldsymbol{r}-\bar{\boldsymbol{r}}_{\boldsymbol{b}}(t))$ 仅在 $\boldsymbol{r}\approx\bar{\boldsymbol{r}}_{\boldsymbol{b}}(t)=\boldsymbol{b}+\boldsymbol{v}t$ 附近范围约为 l 的空间区域内取非零值, 因此可在上式的相位因子中取近似 $\boldsymbol{v}t\approx\boldsymbol{r}-\boldsymbol{b}$, 得到自由波包的近似表达式:

$$\boxed{\varPhi_{\boldsymbol{b}}(\boldsymbol{r},t)\approx\chi(\boldsymbol{r}-\bar{\boldsymbol{r}}_{\boldsymbol{b}}(t))\exp(\mathrm{i}kz-\mathrm{i}E_{\boldsymbol{k}}t/\hbar)}\tag{13.1.22}$$

上式表示一个振幅经过调制的平面波, 波包中心 $\bar{\boldsymbol{r}}_{\boldsymbol{b}}(t)$ 以群速度 $\boldsymbol{v}$ 作匀速直线运动, 波包的空间尺度为 l, 上式可以很好地描述粒子在碰撞之前的入射波包和碰撞之后的透射波包.

(2) 散射波包的运动

假设粒子与散射体的碰撞大致发生在 $t\approx 0$ 附近的一小段时间, 散射理论主要涉及 $|t|\to\infty$ (碰撞发生之前很久或之后很久) 的粒子波包, 此时 (13.1.20) 式中的被积函数含有随 $\boldsymbol{q}$ 快速振荡的相位因子 $\exp(-\mathrm{i}E_{\boldsymbol{q}}t/\hbar)$, 在 $r\lesssim l$ 的空间区域, 该式中的积分结果为零, 粒子不可能出现在散射中心附近, 即

$$\boxed{\varPsi_{\boldsymbol{b}}^{(s)}(\boldsymbol{r},t)\to 0\quad(|t|\to\infty, r\lesssim l)}$$

因此仅需要研究散射波包在 $r\gg l$ 的空间区域内的运动.

采用球坐标表示位矢 $\boldsymbol{r}$, 假设散射势的力程 $a\ll l$, 并且当 $r\to\infty$ 时, $V(\boldsymbol{r})$ 比 $1/r$ 更快地趋于零, 则散射波函数描述由坐标原点 (散射中心) 向外传播的“外行波”:

$$\psi_{\boldsymbol{q}}^{(s)}(\boldsymbol{r})\overset{r\to\infty}{\longrightarrow}f_{\boldsymbol{q}}(\theta,\varphi)\exp(\mathrm{i}qr)/r.\tag{13.1.23}$$

将上式代入 (13.1.20) 式, 可得

$$\varPsi_{\boldsymbol{b}}^{(s)}(\boldsymbol{r},t)\overset{r\to\infty}{\longrightarrow}\frac{1}{r}\int\mathrm{d}\boldsymbol{q}A(\boldsymbol{q})f_{\boldsymbol{q}}(\theta,\varphi)\exp(-\mathrm{i}\boldsymbol{q}\cdot\boldsymbol{b}+\mathrm{i}qr-\mathrm{i}E_{\boldsymbol{q}}t/\hbar).\tag{13.1.24}$$

当 $t\to-\infty$ 和 $r\to\infty$ 时, 上式中的相位因子 $\exp[\mathrm{i}(qr+E_{\boldsymbol{q}}|t|/\hbar)]$ 也是随 $\boldsymbol{q}$ 快速振荡的, 对 $\boldsymbol{q}$ 积分得到零, 故碰撞发生之前很久仅有入射波包, 而无散射波包, 即

$$\boxed{\varPsi_{\boldsymbol{b}}^{(s)}(\boldsymbol{r},t)\overset{t\to-\infty}{\longrightarrow}0\quad\Rightarrow\quad\varPsi_{\boldsymbol{b}}(\boldsymbol{r},t)\overset{t\to-\infty}{\longrightarrow}\varPhi_{\boldsymbol{b}}(\boldsymbol{r},t)}\tag{13.1.25}$$

当 $t\to+\infty$ 和 $r\to\infty$ 时, (13.1.24) 式中的相位因子 $\exp[\mathrm{i}(qr-E_{\boldsymbol{q}}t/\hbar)]$ 未必是随 $\boldsymbol{q}$ 快速振荡的, 在被积函数中取近似:

$$f_{\boldsymbol{q}}(\theta,\varphi)\approx f(k;\theta,\varphi),\quad E_{\boldsymbol{q}}\approx E_{\boldsymbol{k}}+\hbar\boldsymbol{v}\cdot(\boldsymbol{q}-\boldsymbol{k}),\quad q\approx\boldsymbol{q}\cdot\boldsymbol{e}_z.$$

将上式代入 (13.1.24) 式, 完成对 $\boldsymbol{q}$ 积分, 得到

$$\Psi_{\boldsymbol{b}}^{(s)}(\boldsymbol{r},t)\overset{t\to+\infty}{\longrightarrow} r^{-1}f(\theta,\varphi)\chi((r-vt)\boldsymbol{e}_z-\boldsymbol{b})\exp(\mathrm{i}kvt-\mathrm{i}E_{\boldsymbol{k}}t/\hbar),\quad (r\to\infty).$$

由于 $\chi((r-vt)\boldsymbol{e}_z-\boldsymbol{b})$ 仅在 $r\approx vt$ 附近宽度约为 l 的空间区域取非零值, 因此可在上式中的相位因子中取近似 $vt\approx r$, 得到

$$\boxed{\Psi_{\boldsymbol{b}}^{(s)}(\boldsymbol{r},t)\overset{t\to+\infty}{\longrightarrow} r^{-1}f(\theta,\varphi)\chi((r-vt)\boldsymbol{e}_z-\boldsymbol{b})\exp(\mathrm{i}kr-\mathrm{i}E_{\boldsymbol{k}}t/\hbar),\quad (r\to\infty)} \tag{13.1.26}$$

当 $|\boldsymbol{b}|>l$ 时, $\chi(\boldsymbol{r})$ 的局域性使得 $\Psi_{\boldsymbol{b}}^{(s)}(\boldsymbol{r},t)$ 为零, 即入射波包未受散射而自由传播. 当 $|\boldsymbol{b}|<l$ 时, $\Psi_{\boldsymbol{b}}^{(s)}(\boldsymbol{r},t)$ 仅在半径 $r=vt$, 厚度约为 l 的球壳内有显著值, 代表一个速度为 v 的出射球面波包.

(3) 散射微分截面的计算

当 $t\to+\infty$ 时, $\Psi_{\boldsymbol{b}}^{(s)}(\boldsymbol{r},t)$ 描述的粒子沿 (θ,φ) 方向立体角 $\mathrm{d}\Omega$ 内的出射概率为

$$\mathrm{d}P_{\boldsymbol{b}}(\theta,\varphi)=\int_0^\infty|\Psi_{\boldsymbol{b}}^{(s)}(\boldsymbol{r},t)|^2r^2\mathrm{d}r\mathrm{d}\Omega\approx|f(\theta,\varphi)|^2\mathrm{d}\Omega\int_{-\infty}^{\infty}|\chi(z\boldsymbol{e}_z-\boldsymbol{b})|^2\mathrm{d}z.$$

设入射粒子束的流密度为 J_i, 则单位时间内穿过面积元 d^2b 的粒子数为 $J_i\mathrm{d}^2b$, 因此单位时间内沿 (θ,φ) 方向立体角 $\mathrm{d}\Omega$ 内的出射粒子数为

$$\mathrm{d}N(\theta,\varphi)=J_i\int\mathrm{d}^2b\mathrm{d}P_{\boldsymbol{b}}(\theta,\varphi)\approx J_i|f(\theta,\varphi)|^2\mathrm{d}\Omega\int|\chi(\boldsymbol{r})|^2\mathrm{d}^3r=J_i|f(\theta,\varphi)|^2\mathrm{d}\Omega.$$

将上式代入散射微分截面的定义式 (13.1.1), 立即得到 (13.1.6) 式, 即

$$\sigma(\theta,\varphi)=\mathrm{d}N(\theta,\varphi)/J_i\mathrm{d}\Omega=|f(\theta,\varphi)|^2.$$

§ 13.2 中心力散射的分波法

当粒子受到中心力势场散射时, 轨道角动量是守恒量, 可以采用分波法求解散射定态波函数, 因而散射振幅的计算也大为简化.

1. 用相移表示的散射截面公式

球坐标系中的散射定态波函数 $\psi(r,\theta,\varphi)$ 可表示为轨道角动量算符 $\{\hat{\boldsymbol{l}}^2,\hat{l}_z\}$ 的共同本征函数 $Y_{lm}(\theta,\varphi)$ 的线性叠加. 若散射势 $V(r)$ 是具有球对称性的中心力势, 则轨道角动量 $\hat{\boldsymbol{l}}$ 的所有分量均是守恒量, 各轨道角动量分波在散射过程中相互独立, 因而可以**分别计算各分波对散射振幅的贡献**, 这就是散射理论中的分波法.

设质量为 μ 的粒子以波矢 k 沿 z 轴方向入射, 受到中心力势 $V(r)$ 的散射. 由于体系具有绕 z 轴的转动对称性, 因此入射波函数 $\exp(\mathrm{i}kr\cos\theta)$、散射定态波函数 $\psi(r,\theta)$ 及散射振幅 $f(\theta)$ 均不依赖于角坐标 φ, 它们均为 $\hat{l}_z$ 的本征函数 (本征值为 0), 此时 (13.1.3) 式和 (13.1.5) 式可以改写为

$$\psi(r,\theta)-\exp(\mathrm{i}kr\cos\theta)\overset{r\to\infty}{\longrightarrow}f(\theta)\exp(\mathrm{i}kr)/r. \tag{13.2.1}$$

利用附录 B 的公式, 可将入射波函数表示为各分波的线性叠加, 即

$$\exp(\mathrm{i}kr\cos\theta)=\sum_{l=0}^{\infty}(2l+1)i^l j_l(kr)P_l(\cos\theta).$$

其中 $j_l(x)$ 为球贝塞尔函数, $P_l(x)$ 为勒让德多项式. 利用 $j_l(x)$ 的渐进式可得

$$\begin{aligned}\exp(\mathrm{i}kr\cos\theta)&\overset{r\to\infty}{\longrightarrow}\sum_{l=0}^{\infty}\mathrm{i}^l(2l+1)\frac{\sin(kr-l\pi/2)}{kr}P_l(\cos\theta)\\&=\sum_{l=0}^{\infty}\frac{2l+1}{2\mathrm{i}kr}[\exp(\mathrm{i}kr)+(-1)^{l+1}\exp(-\mathrm{i}kr)]P_l(\cos\theta)\end{aligned}\tag{13.2.2}$$

与上述入射波对应的散射定态波函数也可按类似方式展开为

$$\psi(r,\theta)=\sum_{l=0}^{\infty}R_l(r)Y_{l0}(\theta)=\sum_{l=0}^{\infty}\sqrt{(2l+1)/4\pi}R_l(r)P_l(\cos\theta).\tag{13.2.3}$$

其中径向波函数 $R_l(r)$ 满足方程 (4.1.13), 即

$$\boxed{R_l''+(2/r)R_l'+[k^2-l(l+1)/r^2-(2\mu/\hbar^2)V(r)]R_l=0}\tag{13.2.4}$$

原点处的边界条件: $R_l(0)$ 为有限值. 令 $\chi_l(r)=rR_l(r)$, 则有

$$\boxed{\chi_l''+[k^2-l(l+1)/r^2-(2\mu/\hbar^2)V(r)]\chi_l=0\quad[\chi_l(0)=0]}\tag{13.2.5}$$

假设当 $r\to\infty$ 时, $V(r)$ 比 $1/r$ 更快地趋于零, 则上述方程的解具有如下渐进行为:

$$\boxed{R_l(r)\overset{r\to\infty}{\sim}(1/kr)\sin(kr-l\pi/2+\delta_l)}\tag{13.2.6}$$

其中 $\delta_l(k)$ 称为 l 分波的**相移**, 它依赖于入射波矢 k. 将上式代入 (13.2.3) 式, 并引入一个不依赖于 r 和 θ 的待定系数 A_l, 则散射定态波函数具有如下的渐进形式:

$$\begin{aligned}\psi(r,\theta)&\overset{r\to\infty}{\longrightarrow}\sum_{l=0}^{\infty}A_l\mathrm{i}^l(2l+1)\frac{\sin(kr-l\pi/2+\delta_l)}{kr}P_l(\cos\theta)\\&=\sum_{l=0}^{\infty}\frac{2l+1}{2\mathrm{i}kr}A_l[\exp(\mathrm{i}\delta_l)\exp(\mathrm{i}kr)+(-1)^{l+1}\exp(-\mathrm{i}\delta_l)\exp(-\mathrm{i}kr)]P_l(\cos\theta)\end{aligned}\tag{13.2.7}$$

为了得到 $f(\theta)$ 的表达式, 将 (13.2.2) 式和 (13.2.7) 式代入 (13.2.1) 式, 可得

$$f(\theta)=\sum_{l=0}^{\infty}\frac{2l+1}{2\mathrm{i}k}\{[A_l\exp(\mathrm{i}\delta_l)-1]+(-1)^{l+1}[A_l\exp(-\mathrm{i}\delta_l)-1]\exp(-\mathrm{i}2kr)\}P_l(\cos\theta).$$

由于 $f(\theta)$ 不依赖于 r, 所以上式中的 $A_l=\exp(\mathrm{i}\delta_l)$, 得到

$$\boxed{f(\theta)=\frac{1}{k}\sum_{l=0}^{\infty}(2l+1)\exp(\mathrm{i}\delta_l)\sin\delta_lP_l(\cos\theta)}\tag{13.2.8}$$

上式表明, l 分波对散射振幅的贡献决定于相移 δ_l, 因而在具体计算过程中, **首先要通过微分方程 (13.2.4) 或 (13.2.5) 式求解出散射定态的径向函数 $R_l(r)$ 或 $\chi_l(r)$, 再由它在 $r\to\infty$ 时的渐近形式得到相移 δ_l, 从而求得 l 分波的散射振幅**.

将上式代入 (13.1.6) 式, 可得到散射微分截面的表达式, 即

$$\sigma(\theta)=|f(\theta)|^2=k^{-2}\sum_{ll'}(2l+1)(2l'+1)\cos(\delta_l-\delta_{l'})\sin\delta_l\sin\delta_{l'}P_l(\cos\theta)P_{l'}(\cos\theta).$$

将上式代入 (13.1.1) 式, 并利用 $P_l(x)$ 的正交性:

$$\int_{-1}^{1}\mathrm{d}xP_l(x)P_{l'}(x)=\frac{2}{2l+1}\delta_{ll'}.$$

容易证明, 散射总截面 σ_t 为各分波的贡献 σ_l 之和, 即

$$\boxed{\sigma_t=\sum_{l=0}^{\infty}\sigma_l,\quad \sigma_l=\frac{4\pi(2l+1)}{k^2}\sin^2\delta_l} \tag{13.2.9}$$

上式表明, 对于一定的波矢 k (或能量 $E=\hbar^2k^2/2\mu$), σ_l 取极大值的条件为

$$\delta_l=n\pi/2\ (n=\pm1,\pm3,\pm5,\cdots)\quad\Rightarrow\quad(\sigma_l)_{\max}=(2l+1)4\pi/k^2.$$

结合 (13.2.8) 式和 (13.2.9) 式, 容易得到**光学定理**:

$$\boxed{\sigma_t=(4\pi/k)\mathrm{Im}f(0)} \tag{13.2.10}$$

上式给出了 $\theta=0$ 方向 (向前散射) 的散射振幅的虚部与散射总截面的关系. 实际上, $\mathrm{Im}f(0)$ 正比于入射粒子因散射而沿其他方向出射的概率, 而后者正比于散射总截面 σ_t, 因此以上光学定理本质上是概率守恒定理导致的结果.

一般情形下, l 越大的角动量分波, 它所描述的粒子距离散射中心就越远, 受到散射势的影响就越小, 因而 $|\delta_l|$ 也越小, 对散射截面的贡献也越小. 在分波法中通常可以忽略 l 大于某个整数值 $l_{\max}$ 的分波, $l_{\max}$ 可用准经典方法来估算. 设粒子的入射动量为 $\hbar k$, 散射势的力程为 a, 如图 13.2.1 所示, 则有

$$l_{\max}\hbar\sim\hbar ka\quad\Rightarrow\quad\boxed{l_{\max}\sim ka}$$

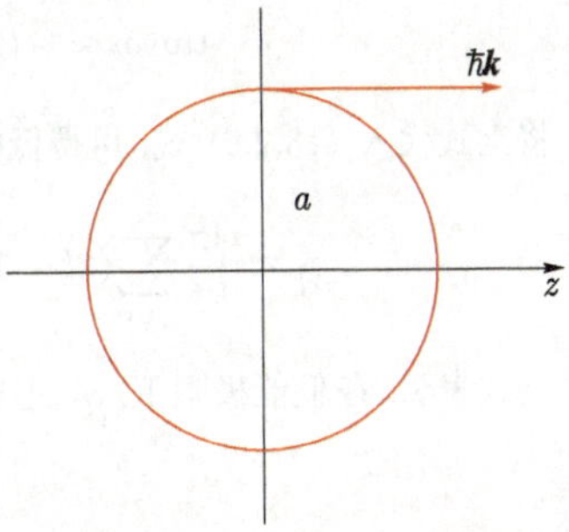

图 13.2.1　$l_{\max}$ 的估算图解

因此**在低能极限下 ($ka\ll1$), 通常仅需计入 s 波 ($l=0$) 对散射截面的贡献**.

例

设质量为 μ 的粒子以波矢 k 入射, 散射势为无限高球方势垒 (钢球), 即

$$V(r)=\infty\quad(r<a),\qquad V(r)=0\quad(r>a).$$

试求: (1) s 波对散射总截面的贡献 σ_0; (2) 低能极限下 ($ka\ll1$) 的散射总截面 σ_t.

解: (1) 设 s 波的径向波函数为 $R_0(r)=\chi_0(r)/r$, 则由 (13.2.5) 式可知

$$\chi_0(r)=0 \quad (r<a), \quad \chi_0''+k^2\chi_0=0 \quad (r>a)$$
$$\Rightarrow \quad \chi_0(r)\propto \sin(kr+\delta_0)\theta(r-a).$$

其中 δ_0 为 s 波的相移. 利用 $\chi_0(r)$ 在球面 $r=a$ 上的连续性条件 $\chi_0(a)=0$, 可得

$$\sin(ka+\delta_0)=0 \quad \Rightarrow \quad \delta_0=n\pi-ka \quad (n=0,\pm1,\pm2,\cdots). \tag{13.2.11}$$

将上式代入 (13.2.9) 式, 可知 s 波对散射总截面的贡献为

$$\sigma_0=(4\pi/k^2)\sin^2\delta_0=4\pi a^2\sin^2(ka)/(ka)^2. \tag{13.2.12}$$

(2) 设 l 分波的径向波函数为 $R_l(r)$, 则由 (13.2.4) 式可知

$$R_l(r)=0 \quad (r<a), \quad R_l''+(2/r)R_l'+[k^2-l(l+1)/r^2]R_l=0 \quad (r>a),$$

令 $x\equiv kr$, 则 $r>a$ 区域的径向方程转化为球贝塞尔方程:

$$R_l''(x)+(2/x)R_l'(x)+[1-l(l+1)/x^2]R_l(x)=0. \tag{13.2.13}$$

方程的解为球贝塞尔函数 $j_l(x)$ 与球诺伊曼函数 $n_l(x)$ 的线性叠加 (参见附录 B):

$$R_l(r)\propto[(\cos\delta_l)j_l(kr)-(\sin\delta_l)n_l(kr)]\theta(r-a). \tag{13.2.14}$$

将 $j_l(x)$ 和 $n_l(x)$ 在无穷远处的渐进形式代入上式, 可得到 $R_l(r)$ 的渐进行为:

$$R_l(r)\overset{x\to\infty}{\sim}(1/r)\sin(kr-l\pi/2+\delta_l).$$

上式表明, (13.2.14) 式中的 δ_l 代表 l 分波的相移. 利用连续性条件 $R_l(a)=0$, 可得

$$\tan\delta_l=j_l(ka)/n_l(ka). \tag{13.2.15}$$

在低能极限下, 以上相移方程简化为

$$\tan\delta_l\approx-(2l+1)[(2l+1)!!]^{-2}(ka)^{2l+1}\ll1 \quad (ka\ll1). \tag{13.2.16}$$

将上式代入 (13.2.9) 式, 可得低能极限下的散射总截面:

$$\sigma_t\approx\frac{4\pi}{k^2}\sum_{l=0}^{\infty}(2l+1)\tan^2\delta_l\sim\frac{4\pi}{k^2}\sum_{l=0}^{\infty}\frac{(2l+1)^3}{[(2l+1)!!]^4}(ka)^{4l+2} \quad (ka\ll1).$$

上式表明, 在低能极限下, σ_t 主要来源于 s 波 $(l=0)$ 的贡献, 因此有

$$\sigma_t\approx4\pi a^2 \quad (ka\ll1). \tag{13.2.17}$$

σ_t 等于钢球表面积, 物理上可作如下理解: 在低能极限下, 入射波的波长 $\lambda=2\pi/k$ 远大于球半径 a, 故各向同性的 s 波在钢球表面各处受到同等强度的散射.

2. 短程势的低能散射

设粒子的质量为 μ, 入射波矢为 k, 受到中心力势 $V(r)$ 的散射, 将 s 波的定态径向波函数记为 $R(r)=\chi(r)/r$, 则有

$$\chi''+k^2\chi-(2\mu/\hbar^2)V(r)\chi=0.$$

假设 $V(r)$ 为短程势, 即当 $r > a$ (力程) 时, $V(r) = 0$, 此时以上方程简化为

$$\chi'' + k^2\chi = 0 \quad (r > a). \tag{13.2.18}$$

设 s 波的相移为 $\delta_0(k)$, 它依赖于波矢 k, 则以上方程的解为

$$\chi(r) \sim \sin(kr + \delta_0) \sim \cos(kr) + \cot\delta_0 \sin(kr) \quad (r > a).$$

若入射能量很低, 使得 $ka \ll 1$, 则在 $r \ll 1/k$ 的区域, 上式可近似为

$$\chi(r) \sim 1 + (k\cot\delta_0)r \quad (a < r \ll 1/k). \tag{13.2.19}$$

在低能极限下 $(k \to 0)$, 微分方程 (13.2.18) 的解具有非常简单的形式, 即

$$\chi'' \approx 0 \quad \Rightarrow \quad \chi(r) \sim 1 - r/a_0 \quad (k \to 0, \quad r > a). \tag{13.2.20}$$

其中 a_0 称为短程势 $V(r)$ 的**散射长度**, 它不依赖于入射波矢 k, 这一点与相移 $\delta_0(k)$ 有本质差别. 比较 (13.2.19) 式和 (13.2.20) 式, 可得

$$\boxed{\tan\delta_0 \approx -ka_0 \quad (ka \ll 1)} \tag{13.2.21}$$

在低能情形下, 散射振幅和散射总截面主要来源于 s 波的贡献, 分别为

$$f \approx k^{-1}\exp(\mathrm{i}\delta_0)\sin\delta_0 = [k(\cot\delta_0 - \mathrm{i})]^{-1}, \quad \sigma_{\mathrm{t}} \approx 4\pi|f|^2.$$

将 (13.2.21) 式的结果代入上式, 立即得到

$$\boxed{f \approx -a_0/(1 + \mathrm{i}ka_0), \quad \sigma_t \approx 4\pi a_0^2/(1 + k^2a_0^2) \quad (ka \ll 1)} \tag{13.2.22}$$

下面给出公式 (13.2.21) 式和 (13.2.22) 式在两种特殊情形下的结果:

(1) 若 $ka \ll 1$, 且 $k|a_0| \ll 1$, 此即低能极限情形, 则有

$$\delta_0 \approx -ka_0, \quad f \approx -a_0, \quad \sigma_{\mathrm{t}} \approx 4\pi a_0^2. \tag{13.2.23}$$

(2) 若 $a \ll |a_0|$, 且入射能量满足 $ka \ll 1 \ll k|a_0|$, 则有

$$\delta_0 \approx \pi/2 + 1/ka_0, \quad f \approx \mathrm{i}/k, \quad \sigma_{\mathrm{t}} \approx 4\pi/k^2. \tag{13.2.24}$$

3. 球方形势的 s 波散射

设质量为 μ 的粒子以能量 $E > 0$ 入射, 受到球方形势的散射, 即

$$V(r) = V_0\theta(a - r),$$

如图 13.2.2 所示. 下面计算 s 波的相移 δ_0, 以及 s 波对散射总截面的贡献 σ_0.

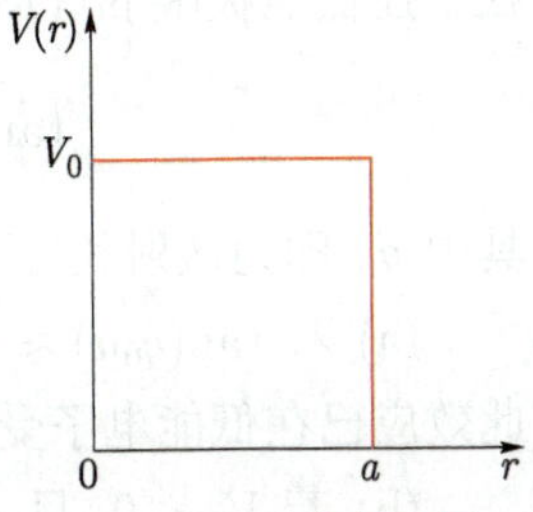

图 13.2.2 球方形势

设 s 波的定态径向波函数为 $R(r) = \chi(r)/r$, 则它满足方程:

$$\chi'' + k^2\chi = 0 \quad (r > a), \quad \chi'' + q^2\chi = 0 \quad (r < a)$$
$$[k \equiv \sqrt{2\mu E}/\hbar, \quad q \equiv \sqrt{2\mu(E - V_0)}/\hbar].$$

原点处的边界条件为 $\chi(0) = 0$, 因此上述微分方程的解为

$$\chi(r) \propto \sin(kr + \delta_0)\theta(r - a) + A\sin(qr)\theta(a - r).$$

其中 A 为一个常数. 利用 $(\ln\chi)'$ 在 $r = a$ 处的连续性条件, 可得

$$k\cot(ka + \delta_0) = q\cot(qa) \quad \Rightarrow \quad \tan\delta_0 = \frac{k\tan(qa) - q\tan(ka)}{q + k\tan(qa)\tan(ka)}. \tag{13.2.25}$$

将上述结果代入 (13.2.9) 式, 得到 s 波对散射总截面的贡献:

$$\sigma_0 = \frac{4\pi}{k^2}\sin^2\delta_0 = \frac{4\pi}{k^2}\cos^2(ka)\frac{[k\tan(qa) - q\tan(ka)]^2}{q^2 + k^2\tan^2(qa)}. \tag{13.2.26}$$

值得注意, (13.2.25) 式和 (13.2.26) 式对 $E < V_0$ 也成立, 此时有

$$q = \mathrm{i}p, \quad p \equiv \sqrt{2\mu(V_0 - E)}/\hbar, \quad \tan(qa) = \tan(\mathrm{i}pa) = \mathrm{i}\tanh(pa).$$

在某些**特殊条件**下, 从 (13.2.25) 式和 (13.2.26) 式可以得到一些有趣的结果:

(a) 当 $k\tan(qa) = q\tan(ka)$ 时, 有 $\tan\delta_0 = 0$, 得到

$$\delta_0 = 0, \quad \sigma_0 = 0.$$

此时 s 波不受势场的散射, 因此散射总截面来源于高阶分波 ($l \geqslant 1$) 的贡献.

(b) 当 $qa = n\pi$, $(n = 1, 2, \cdots)$ 时, 有 $\tan\delta_0 = -\tan(ka)$, 可得

$$\delta_0 = -ka, \quad \sigma_0 = (4\pi/k^2)\sin^2(ka).$$

(c) 当 $qa = (n - 1/2)\pi \quad (n = 1, 2, \cdots)$ 时, 有 $\tan\delta_0 = \cot(ka)$, 得到

$$\delta_0 = \pi/2 - ka, \quad \sigma_0 = (4\pi/k^2)\cos^2(ka).$$

下面考虑**低能散射情形**, 即

$$E \ll \hbar^2/2\mu a^2, \quad E \ll |V_0| \quad \Rightarrow \quad ka \ll 1, \quad k \ll |q_0| \quad (q_0 \equiv \sqrt{-2\mu V_0}/\hbar).$$

在上述低能极限下, (13.2.25) 式简化为

$$\tan\delta_0 \approx -ka_0, \quad a_0 = a[1 - \tan(q_0a)/(q_0a)]. \tag{13.2.27}$$

其中 a_0 即为散射长度, 散射振幅和散射总截面由 (13.2.22) 式给出.

(a) 若 $\tan(q_0a) \approx q_0a$, 则 $a_0 \approx 0$, 散射总截面 $\sigma_{\mathrm{t}} \approx 0$, 此即雷姆绍尔–汤森效应, 此效应已在低能电子受气态氩原子散射的实验中被观测到.

(b) 若 $V_0 < 0$, 且 q_0a 略小于 $n\pi$ $(n = 1, 2, \cdots)$, 则 $a_0 \approx a$, $\sigma_{\mathrm{t}} \approx 4\pi a^2$.

(c) 若 $V_0 < 0$, 且 q_0a 略小于 $(n - 1/2)\pi$ $(n = 1, 2, \cdots)$, 则出现共振散射:

$$\delta_0 \approx \pi/2, \quad \sigma_0 \approx 4\pi/k^2 \gg 4\pi a^2 \quad (-a_0 \gg k^{-1} \gg a).$$

若 $q_0 a$ 略大于 $(n-1/2)\pi$, 则体系存在一个能级略低于零的 s 波束缚态 (参见习题 4–8).

最后考虑钢球极限 ($V_0 \to \infty$), 此时有 $\tan\delta_0 \approx -\tan(ka)$, 得到

$$\delta_0 \approx -ka, \quad \sigma_0 \approx (4\pi/k^2)\sin^2(ka).$$

4. 相移的积分公式

下面研究相移的某些性质和计算方法. 设粒子的质量为 μ, 入射波矢为 $k \equiv \sqrt{2\mu E}/\hbar$, 中心力势 $V(r)$ 和 $\tilde{V}(r)$ 对应的散射定态的 l 分波径向函数分别为 $R_l(r) = \chi_l(r)/r$ 和 $\tilde{R}_l(r) = \tilde{\chi}_l(r)/r$, 它们均满足方程 (13.2.5), 即

$$\chi_l'' = [l(l+1)/r^2 + 2\mu V/\hbar^2 - k^2]\chi_l, \quad \tilde{\chi}_l'' = [l(l+1)/r^2 + 2\mu\tilde{V}/\hbar^2 - k^2]\tilde{\chi}_l. \tag{13.2.28}$$

为了研究这两个势函数对应的相移差, 让我们定义朗斯基式:

$$W_l(r) \equiv \chi_l(r)\tilde{\chi}_l'(r) - \tilde{\chi}_l(r)\chi_l'(r) \quad \Rightarrow \quad W_l' = \chi_l\tilde{\chi}_l'' - \tilde{\chi}_l\chi_l''. \tag{13.2.29}$$

将 (13.2.28) 式代入上式, 可得

$$W_l' = -\frac{2\mu}{\hbar^2}\chi_l\tilde{\chi}_l(V-\tilde{V}) \quad \Rightarrow \quad W_l(\infty) - W_l(0) = -\frac{2\mu}{\hbar^2}\int_0^\infty \chi_l\tilde{\chi}_l(V-\tilde{V})\mathrm{d}r. \tag{13.2.30}$$

假设 $V(r)$ 和 $\tilde{V}(r)$ 在原点处的奇异性均不是特别强, 即满足

$$r^2V(r) \xrightarrow{r\to 0} 0, \quad r^2\tilde{V}(r) \xrightarrow{r\to 0} 0.$$

则由 (4.1.18) 式可知,

$$\chi_l(0) = 0, \quad \tilde{\chi}_l(0) = 0 \quad \Rightarrow \quad W_l(0) = 0. \tag{13.2.31}$$

再假设 $V(r)$ 和 $\tilde{V}(r)$ 在无穷远处比 $1/r$ 更快地趋于零, 则总可以选取适当的 "归一化" 常数, 使得径向函数具有以下渐进形式:

$$\boxed{\chi_l(r) \xrightarrow{r\to\infty} \sin(kr - l\pi/2 + \delta_l), \quad \tilde{\chi}_l(r) \xrightarrow{r\to\infty} \sin(kr - l\pi/2 + \tilde{\delta}_l)} \tag{13.2.32}$$

将上式代入 (13.2.9) 式, 可得

$$W_l(\infty) = k\sin(\delta_l - \tilde{\delta}_l). \tag{13.2.33}$$

将 (13.2.31) 式和 (13.2.33) 式代入 (13.2.30) 式, 得到一个关于相移差的重要公式:

$$\boxed{\sin(\delta_l - \tilde{\delta}_l) = -\frac{2\mu}{\hbar^2 k}\int_0^\infty \chi_l\tilde{\chi}_l(V-\tilde{V})\mathrm{d}r} \tag{13.2.34}$$

值得强调, 上式中的 $\delta_l(E)$ 和 $\tilde{\delta}_l(E)$ 是两个势函数对应于同一个能量 E 的相移.

令 $\tilde{V}(r) = 0$ (自由粒子情形), 则与此对应的径向函数为

$$\tilde{\chi}_l(r) = krj_l(kr) \xrightarrow{r\to\infty} \sin(kr - l\pi/2).$$

因此相移 $\tilde{\delta}_l = 2n\pi$ (n 为整数), 将它代入 (13.2.34) 式, 得到相移的积分公式:

$$\boxed{\sin\delta_l = -\frac{2\mu}{\hbar^2}\int_0^\infty r j_l(kr)\chi_l(r)V(r)\mathrm{d}r} \tag{13.2.35}$$

上式右边含有未知的函数 $\chi_l(r)$, 因此该公式只是相移的形式解, 而不能直接用于计算相移. 公式 (13.2.34) 和 (13.2.35) 式的主要用途是可以用于分析相移的某些性质, 以及在某些特殊条件下计算相移的近似值.

相移的定义可以相差 $2n\pi$, 采用以下**相移约定**可以消除这种不确定性:

(a) 规定自由粒子的相移为零;

(b) 对于一定的能量 E, 若 $V(r)$ 和 $\tilde{V}(r)$ 无限接近, 则规定 $(\delta_l - \tilde{\delta}_l)$ 也无限小.

以后我们就采用相移的上述定义, 由此可得到**相移的玻恩一级近似公式**:

(1) 若 $V(r)$ 为小量, 则 δ_l 也很小, 且 $\chi_l(r) \approx kr j_l(kr)$, 因此 (13.2.35) 式简化为

$$\boxed{\delta_l \approx -\frac{2\mu k}{\hbar^2}\int_0^\infty r^2 j_l^2(kr)V(r)\mathrm{d}r} \tag{13.2.36}$$

(2) 若 $(V - \tilde{V})$ 很小, 则 $(\delta_l - \tilde{\delta}_l)$ 也很小, 且 $\chi_l \approx \tilde{\chi}_l$, 故 (13.2.34) 式简化为

$$\boxed{\delta_l - \tilde{\delta}_l \approx -\frac{2\mu}{\hbar^2 k}\int_0^\infty \tilde{\chi}_l^2(V - \tilde{V})\mathrm{d}r} \tag{13.2.37}$$

若 $\tilde{V}(r)$ 是某种特殊的势函数, 对应的 $\tilde{\chi}_l(r)$ 和 $\tilde{\delta}_l$ 能够严格求解, 则可利用上式来近似地计算与 $V(r)$ (它与 $\tilde{V}(r)$ 稍微有些不同) 对应的相移 δ_l, 而不需要通过径向方程 (13.2.28) 精确地求解 $\chi_l(r)$ 和 δ_l.

利用上式还可导出一个**定理**: 若 $V(r) > \tilde{V}(r)$ 对所有 r 均成立, 则有 $\delta_l < \tilde{\delta}_l$.

证明: 设想有无穷多个无限接近的势函数, 它们对于所有的 r 均满足

$$V(r) > V^{(1)}(r) > V^{(2)}(r) > \cdots > \tilde{V}(r).$$

则由 (13.2.37) 式可知, 这些势函数对应的相移满足

$$\delta_l < \delta_l^{(1)} < \delta_l^{(2)} < \cdots < \tilde{\delta}_l.$$

上述定理有以下**推论**:

(1) 若对于所有的 r, 均有 $V(r) > 0$ (排斥力), 则 $\delta_l < 0$;

(2) 若对于所有的 r, 均有 $V(r) < 0$ (吸引力), 则 $\delta_l > 0$.

§ 13.3 两个粒子的碰撞

本节探讨两个粒子的碰撞问题, 它可简化为单粒子的势散射问题. 先分析实验室参考系和质心参考系中散射微分截面的变换关系, 然后讨论两个全同粒子之间的碰撞.

1. 实验室参考系与质心参考系

两个粒子的运动可以分解为质心运动和相对运动, 无外力的情形下, 质心就像自由粒子一样运动, 故两个粒子的碰撞问题可以约化为单粒子的势散射问题.

设质量为 m_1 的粒子以速度 $\boldsymbol{v}$ 射向质量为 m_2 的静止粒子, 则质心速度为

$$\boldsymbol{v}_0 = m_1\boldsymbol{v}/m_0 \quad (m_0 = m_1 + m_2).$$

我们分别在实验室参考系和质心参考系中建立速度的球坐标系 (图 13.3.1), 极轴方向均平行于 $\boldsymbol{v}$, 则碰撞前后两个粒子的速度及方向角如下表所示:

	实验室参考系	质心参考系
粒子 1 的初速度	$\boldsymbol{v}(v,0,0)$	$(\boldsymbol{v}-\boldsymbol{v}_0)(v-v_0,0,0)$
粒子 2 的初速度	0	$(-\boldsymbol{v}_0)(v_0,\pi,0)$
粒子 1 的末速度	$\boldsymbol{v}_1(v_1,\theta_1,\varphi_1)$	$\boldsymbol{v}_1'(v-v_0,\theta,\varphi)$
粒子 2 的末速度	$\boldsymbol{v}_2(v_2,\theta_2,\varphi_2)$	$\boldsymbol{v}_2'(v_0,\pi-\theta,\pi+\varphi)$

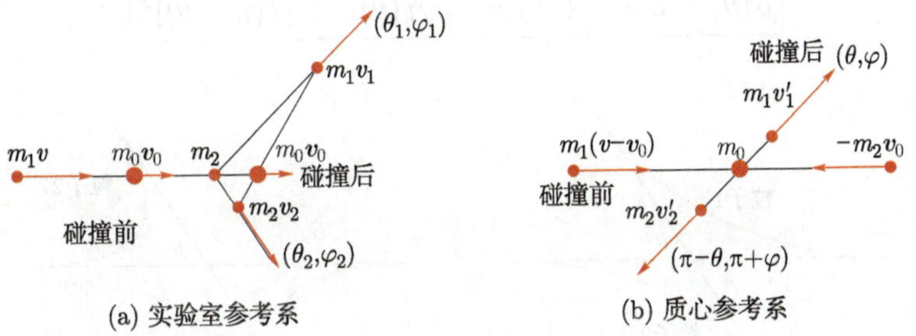

图 13.3.1 两个粒子的碰撞

注意到 $\boldsymbol{v}_1 = \boldsymbol{v}_1' + \boldsymbol{v}_0$, 其分量形式为

$$\begin{cases} v_1\sin\theta_1 = (v-v_0)\sin\theta \\ v_1\cos\theta_1 = (v-v_0)\cos\theta + v_0 \end{cases} \Rightarrow \quad \tan\theta_1 = \sin\theta/(\cos\theta+\tau)$$

$$\Rightarrow \quad \boxed{\cos\theta_1 = (\cos\theta+\tau)(1+2\tau\cos\theta+\tau^2)^{-1/2} \quad (\tau\equiv m_1/m_2)} \tag{13.3.1}$$

同理, 利用 $\boldsymbol{v}_2 = \boldsymbol{v}_2' + \boldsymbol{v}_0$, 可导出 $\theta_2 = (\pi-\theta)/2$. 此外, 利用实验室参考系中的动量守恒定理可以证明: $\varphi_2 = \pi + \varphi_1$.

设在实验室系和质心系中, 测量粒子 1 的散射微分截面分别为 $\sigma_1(\theta_1,\varphi_1)$ 和 $\sigma(\theta,\varphi)$, 由于在相应的立体角元内测得的粒子数目不依赖于参考系, 因此有

$$\sigma_1(\theta_1,\varphi_1)\mathrm{d}\Omega_1 = \sigma(\theta,\varphi)\mathrm{d}\Omega.$$

注意到 $\mathrm{d}\Omega_1 = \sin\theta_1\mathrm{d}\theta_1\mathrm{d}\varphi_1$, $\mathrm{d}\Omega = \sin\theta\mathrm{d}\theta\mathrm{d}\varphi$, 其中 $\varphi_1=\varphi$, 上式可化为

$$\sigma_1(\theta_1,\varphi_1)/\sigma(\theta,\varphi) = \mathrm{d}\Omega/\mathrm{d}\Omega_1 = |\mathrm{d}(\cos\theta)/\mathrm{d}(\cos\theta_1)|.$$

将 (13.3.1) 式代入上式, 得到两个参考系的散射微分截面之间的变换关系:

$$\boxed{\sigma_1(\theta_1,\varphi_1)/\sigma(\theta,\varphi)=(1+2\tau\cos\theta+\tau^2)^{3/2}/|1+\tau\cos\theta|\quad(\tau\equiv m_1/m_2)}\tag{13.3.2}$$

2. 两个全同粒子的碰撞

设两个粒子的相互作用势能为 $V(|\boldsymbol{r}_1-\boldsymbol{r}_2|)$, 它们的碰撞问题可以约化为质心坐标系中的中心力场单粒子散射问题, 即质量为 $\mu=m_1m_2/(m_1+m_2)$ 的粒子受到中心力势 $V(r)$ 的散射, 其散射振幅记为 $f(\theta)$.

考虑两个非全同粒子在质心参考系中的碰撞. 如图 13.3.2 所示, 设粒子 1 沿 θ 方向出射的散射微分截面为 $\sigma_1(\theta)=|f(\theta)|^2$, 由于粒子 2 沿 θ 方向出射的概率等于粒子 1 沿 $(\pi-\theta)$ 方向出射的概率, 所以粒子 2 沿 θ 方向出射的散射微分截面为

$$\sigma_2(\theta)=\sigma_1(\pi-\theta)=|f(\pi-\theta)|^2.$$

若不区分出射粒子的类别, 则 θ 方向的总散射微分截面为

$$\boxed{\sigma(\theta)=\sigma_1(\theta)+\sigma_2(\theta)=|f(\theta)|^2+|f(\pi-\theta)|^2}\tag{13.3.3}$$

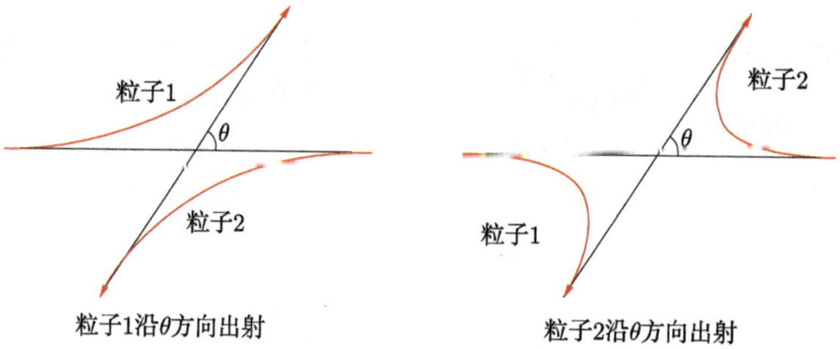

图 13.3.2　两个非全同粒子的碰撞

若两个粒子是全同的, 在计算散射截面时, 必须考虑波函数的交换对称性或反对称性. 两个粒子的相对位矢 $\boldsymbol{r}=\boldsymbol{r}_1-\boldsymbol{r}_2$, 因此两个粒子的交换导致以下变换:

$$\boldsymbol{r}\to-\boldsymbol{r}\quad\Rightarrow\quad r\to r,\quad \theta\to\pi-\theta,\quad \varphi\to\pi+\varphi.$$

(1) 对于自旋为 s 的全同玻色子, 体系的整体波函数具有交换对称性.

若体系处于自旋对称态, 则轨道波函数也应该具有交换对称性, 因此入射波函数和散射波函数分别为

$$\psi_i^{(S)}(\boldsymbol{r})=\exp(\mathrm{i}\boldsymbol{k}\cdot\boldsymbol{r})+\exp(-\mathrm{i}\boldsymbol{k}\cdot\boldsymbol{r}),\quad \psi_s^{(S)}(\boldsymbol{r})\xrightarrow{r\to\infty}[f(\theta)+f(\pi-\theta)]\exp(\mathrm{i}kr)/r.\tag{13.3.4}$$

相应的散射微分截面为

$$\boxed{\sigma_S(\theta)=|f(\theta)+f(\pi-\theta)|^2}\tag{13.3.5}$$

若体系处于自旋反对称态, 则轨道波函数也应该具有交换反对称性, 因此入射波函数和散射波函数分别为

$$\psi_{\rm i}^{(A)}(\boldsymbol{r})=\exp({\rm i}\boldsymbol{k}\cdot\boldsymbol{r})-\exp(-{\rm i}\boldsymbol{k}\cdot\boldsymbol{r}),\quad \psi_{\rm s}^{(A)}(\boldsymbol{r})\xrightarrow{r\to\infty}[f(\theta)-f(\pi-\theta)]\exp({\rm i}kr)/r. \tag{13.3.6}$$

相应的散射微分截面为

$$\boxed{\sigma_A(\theta)=|f(\theta)-f(\pi-\theta)|^2} \tag{13.3.7}$$

若所有自旋态出现的概率均相等, 则自旋对称态和自旋反对称态的数目分别为 $(s+1)(2s+1)$ 和 $s(2s+1)$, 因此平均散射微分截面为

$$\boxed{\sigma(\theta)=[(s+1)\sigma_S(\theta)+s\sigma_A(\theta)]/(2s+1)} \tag{13.3.8}$$

(2) 对于自旋为 s 的全同费米子, 体系的整体波函数具有交换反对称性.

若体系处于自旋对称态, 则轨道波函数具有交换反对称性, 相应的散射微分截面由 (13.3.7) 式给出.

若体系处于自旋反对称态, 则轨道波函数具有交换对称性, 相应的散射微分截面由 (13.3.5) 式给出.

若所有自旋态出现的概率均相等, 则平均散射微分截面为

$$\boxed{\sigma(\theta)=[(s+1)\sigma_A(\theta)+s\sigma_S(\theta)]/(2s+1)} \tag{13.3.9}$$

§ 13.4 散射的形式理论

前面介绍的散射理论仅适用于单粒子的势散射问题, 本节阐述的散射形式理论可应用于更加复杂的散射体系. 我们先介绍若干有用的特殊算符, 利用它们可导出散射理论中的跃迁速率公式, 作为这一公式的应用例子, 我们将重新推导出单粒子势散射的散射截面公式, 最后研究与自旋相关的散射问题.

1. 摩勒算符

考虑一个保守体系, 其哈密顿算符由 $\hat{H}_0$ 和导致散射的相互作用 $\hat{V}$ 构成, 即

$$\hat{H}=\hat{H}_0+\hat{V}.$$

我们假设 $\hat{H}_0$ 的所有本征矢量 $|k\rangle$ 均是不能归一化的, 即它们不属于 $\hat{H}$ 体系的态矢量空间 $\mathcal{E}$, 但它们可构成 $\mathcal{E}$ 的一组完备基, 即有

$$\hat{H}_0|k\rangle=E_k|k\rangle,\quad \langle k|k'\rangle=\delta(k-k'),\quad \int {\rm d}k|k\rangle\langle k|=1. \tag{13.4.1}$$

对于我们所考虑的体系, 假设下式中的极限是存在的:

$$\boxed{\hat{\Omega}_\pm\equiv\lim_{t\to\mp\infty}\exp({\rm i}\hat{H}t/\hbar)\exp(-{\rm i}\hat{H}_0t/\hbar)} \tag{13.4.2}$$

$\hat{\Omega}_{\pm}$ 称为摩勒算符，它们在散射理论中起到非常重要的作用，有如下重要性质:

$$\boxed{\hat{H}\hat{\Omega}_{\pm} = \hat{\Omega}_{\pm}\hat{H}_0} \tag{13.4.3}$$

证明: 设 τ 为一个实参量，由 $\hat{\Omega}_{\pm}$ 的定义式 (13.4.2) 可知

$$\begin{aligned}\exp(\mathrm{i}\hat{H}\tau/\hbar)\hat{\Omega}_{\pm} &= \lim_{t\to\mp\infty}\exp[\mathrm{i}\hat{H}(t+\tau)/\hbar]\exp[-\mathrm{i}\hat{H}_0(t+\tau)/\hbar]\exp(\mathrm{i}\hat{H}_0\tau/\hbar)\\ &= \lim_{t'\to\mp\infty}[\exp(\mathrm{i}\hat{H}t'/\hbar)\exp(-\mathrm{i}\hat{H}_0t'/\hbar)]\exp(\mathrm{i}\hat{H}_0\tau/\hbar) = \hat{\Omega}_{\pm}\exp(\mathrm{i}\hat{H}_0\tau/\hbar),\\ &\Rightarrow \quad \exp(\mathrm{i}\hat{H}\tau/\hbar)\hat{\Omega}_{\pm} = \hat{\Omega}_{\pm}\exp(\mathrm{i}\hat{H}_0\tau/\hbar).\end{aligned}$$

在上式的两边同时对 τ 求导数，然后令 $\tau = 0$，立即得到 (13.4.3) 式，证毕.

由定义式 (13.4.2) 可知，$\hat{\Omega}$ 为幺正算符 $[\exp(\mathrm{i}\hat{H}t/\hbar)\exp(-\mathrm{i}\hat{H}_0t/\hbar)]$ 的极限，因此当它作用到 $\mathcal{E}$ 中的任意矢量 $|\psi\rangle$ 上，并不改变矢量的模，即

$$\boxed{|\psi\pm\rangle \equiv \hat{\Omega}_{\pm}|\psi\rangle, \quad \langle\psi\pm|\psi\pm\rangle = \langle\psi|\psi\rangle \quad \Rightarrow \hat{\Omega}_{\pm}^{\dagger}\hat{\Omega}_{\pm} = 1} \tag{13.4.4}$$

此外，结合 (13.4.3) 式和 (13.4.4) 式，容易证明

$$\boxed{\langle\psi\pm|\hat{H}|\psi\pm\rangle = \langle\psi|\hat{H}_0|\psi\rangle}. \tag{13.4.5}$$

对于 $\hat{H}_0$ 的任意本征矢量 $|k\rangle$ (不可归一化)，定义相应的散射定态:

$$|k\pm\rangle \equiv \hat{\Omega}_{\pm}|k\rangle.$$

利用 (13.4.1) 式、(13.4.3) 式和 (13.4.4) 式，易证 $|k\pm\rangle$ 是 $\hat{H}$ 的本征矢量 (不可归一化)，即

$$\boxed{\hat{H}|k\pm\rangle = E_k|k\pm\rangle, \quad \langle k\pm|k'\pm\rangle = \delta(k-k')} \tag{13.4.6}$$

$\hat{H}$ 体系的态矢量空间 $\mathcal{E}$ 可视为束缚态子空间 $\mathcal{B}$ 与散射态子空间 $\mathcal{S}$ 的直和，即

$$\boxed{\mathcal{E} = \mathcal{B}\oplus\mathcal{S}, \quad \hat{P}_B + \hat{P}_S = 1} \tag{13.4.7}$$

其中 $\hat{P}_B$ 和 $\hat{P}_S$ 分别为 $\mathcal{B}$ 和 $\mathcal{S}$ 的投影算符. $\mathcal{B}$ 的基矢量可选为 $\hat{H}$ 的归一化本征态 $|n\rangle$，即

$$\boxed{\hat{H}|n\rangle = E_n|n\rangle, \quad \langle n|n'\rangle = \delta_{nn'}, \quad \hat{P}_B = \sum_n |n\rangle\langle n|} \tag{13.4.8}$$

$\mathcal{S}$ 的一组基矢量可选为 $\hat{H}$ 的本征矢量 $|k+\rangle$ 或 $|k-\rangle$，即

$$\boxed{\hat{P}_S = \int \mathrm{d}k|k\pm\rangle\langle k\pm| = \hat{\Omega}_{\pm}\hat{\Omega}_{\pm}^{\dagger}} \tag{13.4.9}$$

利用 $|k\rangle$ 的完备性表达式 (13.4.1)，很容易证明上式中的第二个等式，即

$$\int \mathrm{d}k|k\pm\rangle\langle k\pm| = \int \mathrm{d}k\hat{\Omega}_\pm|k\rangle\langle k|\hat{\Omega}_\pm^\dagger = \hat{\Omega}_\pm\hat{\Omega}_\pm^\dagger.$$

为了正确理解摩勒算符 $\hat{\Omega}_\pm$ 的性质, 需要注意以下几点:

(1) 一个散射体系必定存在散射态子空间 $\mathcal{S}$, 但不一定有束缚态子空间 $\mathcal{B}$ (即体系未必有束缚定态 $|n\rangle$). 若 $\mathcal{B}$ 不存在, 则 $\hat{\Omega}_\pm\hat{\Omega}_\pm^\dagger = \hat{\Omega}_\pm^\dagger\hat{\Omega}_\pm = 1$, 故 $\hat{\Omega}_\pm$ 均为幺正算符; 若 $\mathcal{B}$ 存在, 则 $\hat{\Omega}_\pm\hat{\Omega}_\pm^\dagger \neq 1$, 故 $\hat{\Omega}_\pm$ 均不是幺正算符.

(2) 对于体系态空间 $\mathcal{E}$ 中的任意矢量 $|\psi\rangle$, 均有 $|\psi\pm\rangle \in \mathcal{S}$, 因为

$$|\psi\pm\rangle \equiv \hat{\Omega}_\pm|\psi\rangle = \int \mathrm{d}k\hat{\Omega}_\pm|k\rangle\langle k|\psi\rangle = \int \mathrm{d}k|k\pm\rangle\langle k|\psi\rangle.$$

(3) 对于 $\hat{H}$ 的任意束缚定态 $|n\rangle$ 以及 $\mathcal{E}$ 中的任意矢量 $|\psi\rangle$, 均有

$$\langle\psi|\hat{\Omega}_\pm^\dagger|n\rangle = \langle\psi\pm|n\rangle = 0 \quad \Rightarrow \quad \boxed{\hat{\Omega}_\pm^\dagger|n\rangle = 0}$$

2. 格林算符与 T 算符

设体系的哈密顿算符为 $\hat{H} = \hat{H}_0 + \hat{V}$, 对于复数 z 和实数 E, 定义格林算符:

$$\boxed{\hat{G}(z) \equiv (z - \hat{H})^{-1}, \quad \hat{G}^{(\pm)}(E) \equiv \hat{G}(E \pm \mathrm{i}0^+) = [\hat{G}^{(\mp)}(E)]^\dagger} \tag{13.4.10}$$

令 $\hat{G}_0(z) \equiv (z - \hat{H}_0)^{-1}$, 可推导出 $\hat{G}_0(z)$ 与 $\hat{G}(z)$ 之间的一个重要关系:

$$\hat{V} = \hat{G}_0^{-1} - \hat{G}^{-1} \quad \Rightarrow \quad \hat{G}_0\hat{V}\hat{G} = \hat{G}_0(\hat{G}_0^{-1} - \hat{G}^{-1})\hat{G} = \hat{G} - \hat{G}_0$$

$$\Rightarrow \quad \boxed{\hat{G} = \hat{G}_0(1 + \hat{V}\hat{G}) = \hat{G}_0 + \hat{G}_0\hat{V}\hat{G}_0 + \hat{G}_0\hat{V}\hat{G}_0\hat{V}\hat{G}_0 + \cdots} \tag{13.4.11}$$

下面引入与格林算符密切相关的算符 $\hat{T}(z)$, 它定义为

$$\boxed{\hat{T} \equiv \hat{V}(1 + \hat{G}_0\hat{T}) = \hat{V} + \hat{V}\hat{G}_0\hat{V} + \hat{V}\hat{G}_0\hat{V}\hat{G}_0\hat{V} + \cdots} \tag{13.4.12}$$

$$\hat{T}^{(\pm)}(E) \equiv \hat{T}(E \pm \mathrm{i}0^+) = [\hat{T}^{(\mp)}(E)]^\dagger.$$

结合 (13.4.11) 和 (13.4.12) 式, 容易导出:

$$\boxed{\hat{G}\hat{V} = \hat{G}_0\hat{T}, \quad \hat{V}\hat{G} = \hat{T}\hat{G}_0} \tag{13.4.13}$$

利用上述格林算符和 T 算符, 可以将体系的散射定态表示为非常简洁的形式. 由 (13.4.6) 式可知, 散射定态 $|k\pm\rangle$ 满足定态薛定谔方程:

$$(E_k - \hat{H}_0)|k\pm\rangle = \hat{V}|k\pm\rangle. \tag{13.4.14}$$

该方程的形式解即为李普曼–施温格方程:

$$\boxed{|k\pm\rangle = |k\rangle + \hat{G}_0^{(\pm)}(E_k)\hat{V}|k\pm\rangle} \tag{13.4.15}$$

利用上式, 可将散射定态表示为以下的幂级数形式:

$$|k\pm\rangle = [1 + \hat{G}_0^{(\pm)}\hat{V} + \hat{G}_0^{(\pm)}\hat{V}\hat{G}_0^{(\pm)}\hat{V} + \cdots]|k\rangle. \tag{13.4.16}$$

将 (13.4.11)—(13.4.13) 式应用于上式, 可得

$$\boxed{|k\pm\rangle = [1 + \hat{G}^{(\pm)}(E_k)\hat{V}]|k\rangle = [1 + \hat{G}_0^{(\pm)}(E_k)\hat{T}^{(\pm)}(E_k)]|k\rangle} \tag{13.4.17}$$

$$\boxed{\hat{V}|k\pm\rangle = \hat{T}^{(\pm)}(E_k)|k\rangle} \tag{13.4.18}$$

此外, 利用 (13.4.17) 式, 还可得到

$$|k+\rangle - |k-\rangle = [\hat{G}^{(+)}(E_k) - \hat{G}^{(-)}(E_k)]\hat{V}|k\rangle.$$

利用附录 A 中的公式, 可得

$$\hat{G}^{(\pm)}(E_k) = (E_k - \hat{H} \pm \mathrm{i}0^+)^{-1} = \mathcal{P}(E_k - \hat{H})^{-1} \mp \mathrm{i}\pi\delta(E_k - \hat{H}),$$

其中 $\mathcal{P}$ 表示取积分主值. 结合以上两式, 可得

$$|k+\rangle - |k-\rangle = -\mathrm{i}2\pi\delta(E_k - \hat{H})\hat{V}|k\rangle. \tag{13.4.19}$$

3. 散射算符

散射算符 $\hat{S}$ 在量子散射理论中起到关键作用, 它定义为

$$\boxed{\hat{S} \equiv \hat{\varOmega}_-^\dagger\hat{\varOmega}_+ \equiv 1 + \hat{R}} \tag{13.4.20}$$

其中 $\hat{R}$ 称为转移算符. (13.4.9) 式表明 $\hat{\varOmega}_-\hat{\varOmega}_-^\dagger = \hat{\varOmega}_+\hat{\varOmega}_+^\dagger$, 由上述定义式可得

$$\hat{S}^\dagger\hat{S} = \hat{\varOmega}_+^\dagger\hat{\varOmega}_-\hat{\varOmega}_-^\dagger\hat{\varOmega}_+ = \hat{\varOmega}_+^\dagger\hat{\varOmega}_+\hat{\varOmega}_+^\dagger\hat{\varOmega}_+ = 1.$$

同理可证 $\hat{S}\hat{S}^\dagger = 1$, 因此 $\hat{S}$ 是一个幺正算符, 即

$$\boxed{\hat{S}^\dagger\hat{S} = \hat{S}\hat{S}^\dagger = 1} \tag{13.4.21}$$

此外, 利用 (13.4.3) 式容易证明, $\hat{S}$ 与 $\hat{H}_0$ 对易, 即

$$\boxed{[\hat{S}, \hat{H}_0] = 0} \tag{13.4.22}$$

若将 $\mathcal{E}$ 的基矢量选为 $\hat{H}_0$ 的本征矢 $|k\rangle$, 则 $\hat{S}$ 在这个表象中的矩阵元为

$$S_{k'k} \equiv \langle k'|\hat{S}|k\rangle = \langle k'-|k+\rangle = \delta(k'-k) + R_{k'k}. \tag{13.4.23}$$

其中利用了 (13.4.20) 式. 由 (13.4.19) 式可得

$$\langle k'-| = \langle k'+| - \mathrm{i}2\pi\langle k'|\hat{V}\delta(E_{k'} - \hat{H}).$$

将上式代入 (13.4.23) 式, 得到转移矩阵元:

$$R_{k'k} = -\mathrm{i}2\pi\langle k'|\hat{V}\delta(E_{k'} - \hat{H})|k+\rangle = -\mathrm{i}2\pi\delta(E_{k'} - E_k)\langle k'|\hat{V}|k+\rangle.$$

将 (13.4.18) 式代入上式, 得到转移矩阵元与 T 矩阵元之间的关系:

$$\boxed{R_{k'k} = -\mathrm{i}2\pi\delta(E_{k'} - E_k)t_{k'k}, \quad t_{k'k} \equiv \langle k'|\hat{T}^{(+)}(E_k)|k\rangle} \tag{13.4.24}$$

上式表明, 仅当 $E_{k'} = E_k$ 时 $S_{k'k}$ 才不为零, 这一点也可从 (13.4.22) 式导出:

$$\langle k'|(\hat{S}\hat{H}_0 - \hat{H}_0\hat{S})|k\rangle = 0 \quad \Rightarrow \quad (E_k - E_{k'})S_{k'k} = 0 \quad \Rightarrow S_{k'k} \propto \delta(E_{k'} - E_k).$$

下面推导 T 矩阵的一个重要性质. 由于 $\hat{S}$ 为幺正算符, 因此

$$\hat{S}^\dagger\hat{S} = 1 \quad \Rightarrow \quad \hat{R} + \hat{R}^\dagger = -\hat{R}^\dagger\hat{R}.$$

对上式两边同时取矩阵元, 可得

$$R_{k'k} + R^*_{kk'} = -\int \mathrm{d}q\langle k'|\hat{R}^\dagger|q\rangle\langle q|\hat{R}|k\rangle = -\int \mathrm{d}qR^*_{qk'}R_{qk}.$$

将 (13.4.24) 式代入上式, 可得

$$t_{k'k} - t^*_{kk'} = -\mathrm{i}2\pi\int \mathrm{d}q\delta(E_q - E_k)t^*_{qk'}t_{qk} \quad (E_k = E_{k'}).$$

在上式中令 $k = k'$, 得到

$$\boxed{\mathrm{Im}t_{kk} = -\pi\int \mathrm{d}q\delta(E_q - E_k)|t_{qk}|^2} \tag{13.4.25}$$

4. 跃迁概率

利用以上各种算符的性质, 可以研究散射势场中的量子态随时间演化的结果. 设 $|\psi\rangle$ 为 $\mathcal{E}$ 中的任意态矢量, 由 $\hat{\Omega}_\pm$ 的定义式 (13.4.2) 可得

$$\lim_{t\to-\infty} \exp(\mathrm{i}\hat{H}_0t/\hbar)\exp(-\mathrm{i}\hat{H}t/\hbar)|\psi+\rangle = \hat{\Omega}^\dagger_+|\psi+\rangle = \hat{\Omega}^\dagger_+\hat{\Omega}_+|\psi\rangle = |\psi\rangle,$$

$$\lim_{t\to+\infty} \exp(\mathrm{i}\hat{H}_0t/\hbar)\exp(-\mathrm{i}\hat{H}t/\hbar)|\psi+\rangle = \hat{\Omega}^\dagger_-|\psi+\rangle = \hat{\Omega}^\dagger_-\hat{\Omega}_+|\psi\rangle = \hat{S}|\psi\rangle.$$

结合以上两式, 可在相互作用绘景中将量子态随时间 t 的演化表示为

$$|\psi\rangle \overset{-\infty\leftarrow t}{\longleftarrow} \exp(\mathrm{i}\hat{H}_0t/\hbar)\exp(-\mathrm{i}\hat{H}t/\hbar)|\psi+\rangle \overset{t\to+\infty}{\longrightarrow} \hat{S}|\psi\rangle. \tag{13.4.26}$$

利用上式, 可在薛定谔绘景中将量子态随时间 t 的演化表示为

$$\exp(-\mathrm{i}\hat{H}_0t/\hbar)|\psi\rangle \overset{-\infty\leftarrow t}{\longleftarrow} \exp(-\mathrm{i}\hat{H}t/\hbar)|\psi+\rangle \overset{t\to+\infty}{\longrightarrow} \exp(-\mathrm{i}\hat{H}_0t/\hbar)\hat{S}|\psi\rangle. \tag{13.4.27}$$

(13.4.26) 式表明, 若碰撞发生之前很久体系处于量子态 $|\psi\rangle$, 经过散射后体系跃迁至 $\mathcal{E}$ 中的态 $|\psi'\rangle$ 的概率幅为 $\langle\psi'|\hat{S}|\psi\rangle$, 相应的跃迁概率为

$$\boxed{P(\psi' \leftarrow \psi) = |\langle\psi'|\hat{S}|\psi\rangle|^2} \tag{13.4.28}$$

上式中的 $|\psi\rangle$ 和 $|\psi'\rangle$ 均可表示为 $\hat{H}_0$ 的本征矢量 $|q\rangle$ (不可归一化) 的线性叠加, 即

$$|\psi\rangle = \int \mathrm{d}q A(q)|q\rangle \in \mathcal{E}, \quad |\psi'\rangle = \int \mathrm{d}q B(q)|q\rangle \in \mathcal{E}.$$

若 $A(q)$ 和 $B(q)$ 分别仅在 $q \approx k$ 和 $q \approx k'$ 附近一个很小范围内才取非零值, 则体系从量子态 $|\psi\rangle$ 经过散射后跃迁至量子态 $|\psi'\rangle$ 的概率可近似为

$$P_{k'k} = |S_{k'k}|^2 = |R_{k'k}|^2 \quad (k' \neq k).$$

将 (13.4.24) 式代入上式, 令 $\omega_{k'k} \equiv (E_{k'} - E_k)/\hbar$, 可得

$$\begin{aligned} P_{k'k} &= \frac{|t_{k'k}|^2}{\hbar^2}\left|\int_{-\infty}^{\infty} \mathrm{d}t' \exp(\mathrm{i}\omega_{k'k}t')\right|^2 \approx \frac{|t_{k'k}|^2}{\hbar^2}\lim_{t\to\infty}\left|\int_{-t/2}^{t/2} \mathrm{d}t' \exp(\mathrm{i}\omega_{k'k}t')\right|^2 \\ &= |t_{k'k}/\hbar|^2 \lim_{t\to\infty} \sin^2(\omega_{k'k}t/2)/(\omega_{k'k}/2)^2 = |t_{k'k}/\hbar|^2 2\pi t\delta(\omega_{k'k}). \end{aligned}$$

相应的跃迁速率为 $w_{k'k} \equiv \partial_t P_{k'k}$, 得到

$$\boxed{w_{k'k} = (2\pi/\hbar)|t_{k'k}|^2 \delta(E_{k'} - E_k)} \tag{13.4.29}$$

上式表明, 散射过程保持能量守恒. 此外, 结合 (13.4.25) 式和 (13.4.29) 式, 可得

$$\boxed{\mathrm{Im}t_{kk} = -\frac{\hbar}{2}\int \mathrm{d}k' w_{k'k}} \tag{13.4.30}$$

此即光学定理, 它反映了散射过程保持粒子数守恒.

以上是散射的形式理论, 它具有普适性, 原则上适用于任何与时间无关的散射相互作用 $\hat{V}$, 下面将这些结果应用于一些具体的散射问题.

5. 对单粒子势散射的应用

现在利用上述散射形式理论重新推导单粒子势散射的微分截面公式. 设质量为 μ 的粒子受到势 $V(\boldsymbol{r})$ 的散射, 体系的态矢量空间 $\mathcal{E}$ 的一组完备基可取为动量本征态 $|\boldsymbol{k}\rangle$, 它也是动能算符 $\hat{H}_0 = \hat{\boldsymbol{p}}^2/2\mu$ 的本征态, 即

$$\hat{\boldsymbol{p}}|\boldsymbol{k}\rangle = \hbar\boldsymbol{k}|\boldsymbol{k}\rangle, \quad \hat{H}_0|\boldsymbol{k}\rangle = E_{\boldsymbol{k}}|\boldsymbol{k}\rangle \quad (E_{\boldsymbol{k}} = \hbar^2\boldsymbol{k}^2/2\mu).$$

我们对 $|\boldsymbol{k}\rangle$ 采用"箱归一化", 设体系的体积为 V, 则有

$$\langle\boldsymbol{r}|\boldsymbol{k}\rangle = \sqrt{1/V}\exp(\mathrm{i}\boldsymbol{k}\cdot\boldsymbol{r}), \quad \langle\boldsymbol{k}|\boldsymbol{k}'\rangle = \delta_{\boldsymbol{k}\boldsymbol{k}'}.$$

我们的论证过程可以分为以下几个步骤:

(1) 先证明算符 $\hat{G}_0^{(\pm)}(E_{\boldsymbol{k}})$ 在坐标表象中的矩阵元就是自由格林函数, 即

$$\boxed{\langle\boldsymbol{r}|\hat{G}_0^{(\pm)}(E_{\boldsymbol{k}})|\boldsymbol{r}'\rangle = G_0^{(\pm)}(k, \boldsymbol{r}-\boldsymbol{r}') = -(\mu/2\pi\hbar^2)\exp(\pm\mathrm{i}k|\boldsymbol{r}-\boldsymbol{r}'|)/|\boldsymbol{r}-\boldsymbol{r}'|} \tag{13.4.31}$$

证明: 注意到 $\hat{G}_0^{(\pm)}(E_{\boldsymbol{k}}) = (E_{\boldsymbol{k}} - \hat{H}_0 \pm \mathrm{i}0^+)^{-1}$, 可得

$$\langle \boldsymbol{r}|\hat{G}_0^{(\pm)}(E_{\boldsymbol{k}})|\boldsymbol{r}'\rangle = \sum_{\boldsymbol{q}} \langle \boldsymbol{r}|(E_{\boldsymbol{k}} - \hat{H}_0 \pm \mathrm{i}0^+)^{-1}|\boldsymbol{q}\rangle\langle \boldsymbol{q}|\boldsymbol{r}'\rangle$$

$$= \sum_{\boldsymbol{q}} \frac{\langle \boldsymbol{r}|\boldsymbol{q}\rangle\langle \boldsymbol{q}|\boldsymbol{r}'\rangle}{E_{\boldsymbol{k}} - E_{\boldsymbol{q}} \pm \mathrm{i}0^+} = \int \frac{\mathrm{d}\boldsymbol{q}}{(2\pi)^3} \frac{\exp[\mathrm{i}\boldsymbol{q}\cdot(\boldsymbol{r}-\boldsymbol{r}')]}{E_{\boldsymbol{k}} - E_{\boldsymbol{q}} \pm \mathrm{i}0^+}.$$

上式与 (13.1.10) 式完全一致, 完成对 $\boldsymbol{q}$ 的积分就得到 (13.4.31) 式, 证毕.

(2) 李普曼–施温格方程 (13.4.15) 在坐标表象中的形式为

$$\langle \boldsymbol{r}|\boldsymbol{k}+\rangle = \langle \boldsymbol{r}|\boldsymbol{k}\rangle + \int \mathrm{d}\boldsymbol{r}' \langle \boldsymbol{r}|\hat{G}_0^{(+)}(E_k)|\boldsymbol{r}'\rangle V(\boldsymbol{r}')\langle \boldsymbol{r}'|\boldsymbol{k}+\rangle.$$

由 (13.4.31) 式可以看出, 上式等同于 (13.1.12) 式, 其中散射定态波函数 $\psi(\boldsymbol{r}) = \langle \boldsymbol{r}|\boldsymbol{k}+\rangle$, 因此可将散射振幅的表达式 (13.1.14) 改写为

$$f_{\boldsymbol{k}'\boldsymbol{k}} = -\frac{V\mu}{2\pi\hbar^2}\int \mathrm{d}\boldsymbol{r}\langle \boldsymbol{k}'|\boldsymbol{r}\rangle\langle \boldsymbol{r}|\hat{V}|\boldsymbol{k}+\rangle = -\frac{V\mu}{2\pi\hbar^2}\langle \boldsymbol{k}'|\hat{V}|\boldsymbol{k}+\rangle.$$

将 (13.4.18) 式代入上式, 可得推导散射振幅与 T 矩阵元之间的关系:

$$\boxed{f_{\boldsymbol{k}'\boldsymbol{k}} = -(V\mu/2\pi\hbar^2)t_{\boldsymbol{k}'\boldsymbol{k}}, \quad t_{\boldsymbol{k}'\boldsymbol{k}} = \langle \boldsymbol{k}'|\hat{T}^{(+)}(E_{\boldsymbol{k}})|\boldsymbol{k}\rangle} \tag{13.4.32}$$

若 $\hat{V}$ 很小, 可采用玻恩一级近似 $t_{\boldsymbol{k}'\boldsymbol{k}} \approx \langle \boldsymbol{k}'|\hat{V}|\boldsymbol{k}\rangle$, 则上式简化为 (13.1.15) 式, 即

$$f_{\boldsymbol{k}'\boldsymbol{k}} \approx -\frac{\mu}{2\pi\hbar^2}\int \mathrm{d}\boldsymbol{r} V(\boldsymbol{r})\exp[-\mathrm{i}(\boldsymbol{k}'-\boldsymbol{k})\cdot\boldsymbol{r}].$$

(3) 计算散射微分截面. 设入射粒子束的密度为 n, 入射波矢为 $\boldsymbol{k}$, 散射后跃迁至 $\boldsymbol{k}'$ 态的跃迁速率为 $w_{\boldsymbol{k}'\boldsymbol{k}}$, 则单位时间内沿 $\boldsymbol{k}'$ 方向立体角 $\mathrm{d}\Omega$ 内的出射粒子数为

$$\mathrm{d}N_{\boldsymbol{k}'\boldsymbol{k}} = nV\sum_{\boldsymbol{k}'\in\mathrm{d}\Omega} w_{\boldsymbol{k}'\boldsymbol{k}} = nV\frac{V\mathrm{d}\Omega}{(2\pi)^3}\int_0^\infty w_{\boldsymbol{k}'\boldsymbol{k}}k'^2\mathrm{d}k' = \frac{nV^2\mu\mathrm{d}\Omega}{(2\pi)^3\hbar^2}\int_0^\infty w_{\boldsymbol{k}'\boldsymbol{k}}k'\mathrm{d}E_{k'}.$$

将 (13.4.29) 式和 (13.4.32) 式代入上式, 并注意到入射粒子流密度 $\boldsymbol{J}_i = n\hbar\boldsymbol{k}/\mu$, 可得

$$\mathrm{d}N_{\boldsymbol{k}'\boldsymbol{k}} = J_i|f_{\boldsymbol{k}'\boldsymbol{k}}|^2\mathrm{d}\Omega. \tag{13.4.33}$$

将上式代入 (13.1.1) 式, 可得到等同于 (13.1.6) 式的散射微分截面公式:

$$\boxed{\sigma_{\boldsymbol{k}'\boldsymbol{k}} \equiv \mathrm{d}N_{\boldsymbol{k}'\boldsymbol{k}}/J_i\mathrm{d}\Omega = |f_{\boldsymbol{k}'\boldsymbol{k}}|^2} \tag{13.4.34}$$

(4) 下面证明光学定理. 对于单粒子势散射, (13.4.25) 式应该写为

$$\mathrm{Im}t_{\boldsymbol{k}\boldsymbol{k}} = -\pi\sum_{\boldsymbol{k}'}\delta(E_{k'}-E_k)|t_{\boldsymbol{k}'\boldsymbol{k}}|^2.$$

将 (13.4.32) 式代入上式, 可得

$$\mathrm{Im}f_{\boldsymbol{k}\boldsymbol{k}} = \frac{2\pi^2\hbar^2}{V\mu}\sum_{\boldsymbol{k}'}\delta(E_{k'}-E_k)|f_{\boldsymbol{k}'\boldsymbol{k}}|^2 = \frac{\hbar^2}{4\pi\mu}\int \mathrm{d}\Omega\int_0^\infty k'^2\mathrm{d}k'\delta(E_{k'}-E_k)|f_{\boldsymbol{k}'\boldsymbol{k}}|^2$$

$$= \frac{1}{4\pi}\int \mathrm{d}\Omega \int_0^\infty k'\mathrm{d}E_{k'}\delta(E_{k'}-E_k)|f_{\boldsymbol{k'k}}|^2 = \frac{k}{4\pi}\int \mathrm{d}\Omega |f_{\boldsymbol{k'k}}|^2.$$

注意到散射总截面 $\sigma_t = \displaystyle\int \mathrm{d}\Omega |f_{\boldsymbol{k'k}}|^2$, 上式给出光学定理公式:

$$\boxed{\sigma_t = (4\pi/k)\mathrm{Im} f_{\boldsymbol{kk}}} \tag{13.4.35}$$

上式表明, 即使对于非中心力势散射, 光学定理仍然成立.

6. 依赖于自旋的势散射

下面将上述散射理论推广至散射势算符 $\hat{V}(\boldsymbol{r})$ 与自旋相关的情形, 此时 T 矩阵元和散射振幅均是依赖于自旋的算符, 因此 (13.4.32) 式应推广为

$$\hat{f}_{\boldsymbol{k'k}} = -(V\mu/2\pi\hbar^2)\hat{t}_{\boldsymbol{k'k}}, \quad \hat{t}_{\boldsymbol{k'k}} = \langle \boldsymbol{k'}|\hat{T}^{(+)}(E_{\boldsymbol{k}})|\boldsymbol{k}\rangle. \tag{13.4.36}$$

在玻恩一级近似下, $\hat{T}^{(+)}(E_{\boldsymbol{k}}) \approx \hat{V}$, 因此 (13.1.15) 式也应推广为

$$\hat{f}_{\boldsymbol{k'k}} \approx -\frac{\mu}{2\pi\hbar^2}\int \mathrm{d}\boldsymbol{r}\hat{V}(\boldsymbol{r})\exp[-\mathrm{i}(\boldsymbol{k'}-\boldsymbol{k})\cdot\boldsymbol{r}]. \tag{13.4.37}$$

若 $\hat{V}(\boldsymbol{r}) = \hat{A}v(r)$, 其中 $\hat{A}$ 仅与自旋有关, $v(r)$ 为中心力势, $\boldsymbol{k}$ 与 $\boldsymbol{k'}$ 的夹角为 θ, 则有

$$\hat{f}(\theta) = -\hat{A}\frac{2\mu}{\hbar^2 q}\int_0^\infty \mathrm{d}r v(r) r\sin(qr) \quad \left(q \equiv 2k\sin\frac{\theta}{2}\right). \tag{13.4.38}$$

设自旋初态为 $|\chi\rangle$, 自旋末态为 $|\chi'\rangle$, 则散射微分截面为

$$\boxed{\sigma_{\chi'\chi}(\theta,\varphi) = |f_{\boldsymbol{k'}\chi',\boldsymbol{k}\chi}|^2 = |\langle\chi'|\hat{f}_{\boldsymbol{k'k}}|\chi\rangle|^2} \tag{13.4.39}$$

(1) 设自旋初态为 $|\chi\rangle$, **若不计末态自旋的取向, 则需要对自旋末态求和**. 设自旋态空间的一组正交归一的基矢量为 $|m\rangle$, 则散射微分截面为

$$\sigma_\chi(\theta,\varphi) = \sum_{m'}|f_{\boldsymbol{k'}m',\boldsymbol{k}\chi}|^2 = \sum_{m'}\langle\chi|\hat{f}^\dagger_{\boldsymbol{k'k}}|m'\rangle\langle m'|\hat{f}_{\boldsymbol{k'k}}|\chi\rangle.$$

利用自旋态的正交归一性条件: $\displaystyle\sum_{m'}|m'\rangle\langle m'| = 1$, 可得

$$\boxed{\sigma_\chi(\theta,\varphi) = \langle\chi|\hat{f}^\dagger_{\boldsymbol{k'k}}\hat{f}_{\boldsymbol{k'k}}|\chi\rangle} \tag{13.4.40}$$

(2) 设自旋初态是混合态, 处于态 $|m\rangle$ 的概率为 w_m, 则自旋统计算符为

$$\hat{\rho} = \sum_m w_m|m\rangle\langle m|, \quad \mathrm{tr}\hat{\rho} = \sum_m w_m = 1.$$

若自旋末态为 $|\chi'\rangle$, 则需要**对自旋初态求统计平均**, 散射微分截面为

$$\sigma_{\chi'}(\theta,\varphi) = \sum_m w_m|f_{\boldsymbol{k'}\chi',\boldsymbol{k}m}|^2 = \sum_m w_m\langle\chi'|\hat{f}_{\boldsymbol{k'k}}|m\rangle\langle m|\hat{f}^\dagger_{\boldsymbol{k'k}}|\chi'\rangle$$

$$\Rightarrow \quad \boxed{\sigma_{\chi'}(\theta,\varphi)=\langle\chi'|\hat{f}_{\boldsymbol{k}'\boldsymbol{k}}\hat{\rho}\hat{f}^{\dagger}_{\boldsymbol{k}'\boldsymbol{k}}|\chi'\rangle} \tag{13.4.41}$$

(3) 设自旋初态是混合态, 若不计末态自旋的取向, 则散射微分截面为

$$\boxed{\sigma(\theta,\varphi)=\sum_{mm'}w_m|f_{\boldsymbol{k}'m',\boldsymbol{k}m}|^2=\mathrm{tr}(\hat{\rho}\hat{f}^{\dagger}_{\boldsymbol{k}'\boldsymbol{k}}\hat{f}_{\boldsymbol{k}'\boldsymbol{k}})} \tag{13.4.42}$$

其中 tr 表示对自旋态空间求迹.

例

设质量为 μ 的粒子受到一个质量很大的粒子的散射, 相互作用算符为

$$\hat{V}(\boldsymbol{r})=4\gamma\hat{\boldsymbol{s}}_1\cdot\hat{\boldsymbol{s}}_2\delta(\boldsymbol{r})\quad(\boldsymbol{r}\equiv\boldsymbol{r}_1-\boldsymbol{r}_2).$$

其中 $\hat{\boldsymbol{s}}_1$ 和 $\hat{\boldsymbol{s}}_2$ 分别为入射粒子和靶粒子的自旋算符, 其自旋均为 $1/2$. 假设入射粒子的初始自旋 "向上", 靶粒子的初始自旋取向是随机的. 试在玻恩一级近似下求被散射粒子末态自旋 "向上" 和 "向下" 的散射截面和总截面.

解: 由 (13.4.37) 式可知, 粒子从 $|\boldsymbol{k}\rangle$ 态跃迁至 $|\boldsymbol{k}'\rangle$ 态的散射振幅算符为

$$\hat{f}=-\frac{2\mu\gamma}{\pi\hbar^2}\hat{\boldsymbol{s}}_1\cdot\hat{\boldsymbol{s}}_2\int\mathrm{d}\boldsymbol{r}\delta(\boldsymbol{r})\exp[\mathrm{i}(\boldsymbol{k}-\boldsymbol{k}')\cdot\boldsymbol{r}]=-\frac{\mu\gamma}{2\pi\hbar^2}(2\hat{\boldsymbol{S}}^2-3\hbar^2)\quad(\hat{\boldsymbol{S}}\equiv\hat{\boldsymbol{s}}_1+\hat{\boldsymbol{s}}_2).$$

易知自旋单态 $|00\rangle$ 和三重态 $|1M\rangle$ $(M=0,\pm1)$ 均为 $\hat{f}$ 的本征态, 即

$$\hat{f}|00\rangle=f_1|00\rangle,(f_1=3\mu\gamma/2\pi),\quad \hat{f}|1M\rangle=f_3|1M\rangle\quad(f_3=-\mu\gamma/2\pi).$$

自旋态空间的非耦合基矢量可表示为耦合基矢量的线性叠加, 如

$$|\uparrow\uparrow\rangle=|11\rangle,\quad |\uparrow\downarrow\rangle=(1/\sqrt{2})(|10\rangle+|00\rangle),\quad |\downarrow\uparrow\rangle=(1/\sqrt{2})(|10\rangle-|00\rangle)$$
$$\Rightarrow\quad \hat{f}|\uparrow\uparrow\rangle=f_3|\uparrow\uparrow\rangle,\quad \hat{f}|\uparrow\downarrow\rangle=(1/2)(f_3+f_1)|\uparrow\downarrow\rangle+(1/2)(f_3-f_1)|\downarrow\uparrow\rangle.$$

靶粒子初始自旋 "向上" 和 "向下" 的概率各为 $1/2$, 体系自旋初态的统计算符为

$$\hat{\rho}=(1/2)(|\uparrow\uparrow\rangle\langle\uparrow\uparrow|+|\uparrow\downarrow\rangle\langle\uparrow\downarrow|)$$
$$\Rightarrow\quad \hat{f}\hat{\rho}\hat{f}^{\dagger}=(1/2)|f_3|^2|\uparrow\uparrow\rangle\langle\uparrow\uparrow|+(1/8)|f_3+f_1|^2|\uparrow\downarrow\rangle\langle\uparrow\downarrow|+(1/8)|f_3-f_1|^2|\downarrow\uparrow\rangle\langle\downarrow\uparrow|$$
$$+(1/8)(f_3+f_1)(f_3-f_1)^*|\uparrow\downarrow\rangle\langle\downarrow\uparrow|+(1/8)(f_3-f_1)(f_3+f_1)^*|\downarrow\uparrow\rangle\langle\uparrow\downarrow|.$$

由 (13.4.41) 式可知,4 种自旋末态对应的散射微分截面分别为

$$\sigma_{\uparrow\uparrow}=\langle\uparrow\uparrow|\hat{f}\hat{\rho}\hat{f}^{\dagger}|\uparrow\uparrow\rangle=|f_3|^2/2,\quad \sigma_{\downarrow\downarrow}=\langle\downarrow\downarrow|\hat{f}\hat{\rho}\hat{f}^{\dagger}|\downarrow\downarrow\rangle=0,$$
$$\sigma_{\uparrow\downarrow}=\langle\uparrow\downarrow|\hat{f}\hat{\rho}\hat{f}^{\dagger}|\uparrow\downarrow\rangle=|f_3+f_1|^2/8,\quad \sigma_{\downarrow\uparrow}=\langle\downarrow\uparrow|\hat{f}\hat{\rho}\hat{f}^{\dagger}|\downarrow\uparrow\rangle=|f_3-f_1|^2/8.$$

被散射粒子末态自旋 "向上" 和 "向下" 的散射截面分别为

$$\sigma^t_{\uparrow}=4\pi(\sigma_{\uparrow\uparrow}+\sigma_{\uparrow\downarrow})=2\pi|f_3|^2+(\pi/2)|f_3+f_1|^2=\mu^2\gamma^2/\pi,$$
$$\sigma^t_{\downarrow}=4\pi(\sigma_{\downarrow\downarrow}+\sigma_{\downarrow\uparrow})=(\pi/2)|f_3-f_1|^2=2\mu^2\gamma^2/\pi.$$

若不计被散射粒子末态自旋的取向, 则散射截面为

$$\sigma^t=\sigma^t_{\uparrow}+\sigma^t_{\downarrow}=(1/4)\sigma^t_1+(3/4)\sigma^t_3=3\mu^2\gamma^2/\pi\quad(\sigma^t_1=4\pi|f_1|^2,\sigma^t_3=4\pi|f_3|^2).$$

习　题

13–1　设粒子质量为 μ, 入射波矢为 k, 所受到的散射势分别为
(1) $V(\boldsymbol{r})=\gamma\delta(\boldsymbol{r})$;　(2) $V(r)=(\gamma/4\pi a^2)\delta(r-a)$;　(3) $V(r)=V_0\theta(a-r)$.
试分别求玻恩一级近似下的散射振幅 $f(\theta)$.

答: 令 $y\equiv 2ka\sin(\theta/2)$, 则有

(1) $f=-\dfrac{\mu\gamma}{2\pi\hbar^2}$;　(2) $f(\theta)=-\dfrac{\mu\gamma}{2\pi\hbar^2}\dfrac{\sin y}{y}$;　(3) $f(\theta)=\dfrac{2\mu V_0a^3}{\hbar^2}\left(\dfrac{\cos y}{y^2}-\dfrac{\sin y}{y^3}\right)$.

13–2　设粒子质量为 μ, 入射波矢为 k, 所受到的中心力散射势 $V(r)$ 由下表中的第一列给出, 求证: 在玻恩一级近似下, 散射振幅 $f(\theta)$ 和散射总截面 σ_t 分别由下表中的第二列和第三列给出, 其中 a 为力程, V_0 为势强度参量, 其他参量为

$$x\equiv r/a,\quad y\equiv 2z\sin(\theta/2),\quad z\equiv ka,\quad \tilde{f}\equiv 2\mu V_0a^3/\hbar^2,\quad \tilde{\sigma}\equiv\tilde{f}^2/z^2.$$

$V(r)/V_0$	$f(\theta)/\tilde{f}$	$\sigma_t/\tilde{\sigma}$
$\exp(-x^2)$	$-(\sqrt{\pi}/4)\exp(-y^2/4)$	$(\pi^2/8)[1-\exp(-2z^2)]$
$x^{-1}\exp(-x)$	$-(1+y^2)^{-1}$	$\pi[1-(1+4z^2)^{-1}]$
$\exp(-x)$	$-2(1+y^2)^{-2}$	$(4\pi/3)[1-(1+4z^2)^{-3}]$

13–3　设质量为 μ 的电子受到核电荷数为 Z 的原子的屏蔽库仑势散射:

$$V(r)=-(Ze^2/r)\exp(-r/a).$$

入射电子的能量为 $E=\hbar^2k^2/2\mu$, 求证: 玻恩一级近似下的散射微分截面为

$$\sigma(\theta)=Z^2e^4/16E^2[\sin^2(\theta/2)+(2ka)^{-2}]^2.$$

在高能非小角度情形下, $2ka\sin(\theta/2)\gg 1$, 上式简化为卢瑟福公式:

$$\sigma(\theta)\approx Z^2e^4/16E^2\sin^4(\theta/2).$$

13–4　设电子被核电荷数为 Z 的原子散射, 核外电子的数密度为 $\rho(r)$, 散射势为

$$V(r)=-\frac{Ze^2}{r}+e^2\int \mathrm{d}^3r'\frac{\rho(r')}{|\boldsymbol{r}-\boldsymbol{r}'|}.$$

(1) 设电子质量为 μ, 入射波矢为 k, 求证: 玻恩一级近似下的散射振幅为

$$f(\theta)=2(Z-F_q)/a_\mathrm{B}q^2,\quad [a_\mathrm{B}\equiv\hbar^2/\mu e^2, q\equiv 2k\sin(\theta/2)].$$

其中 F_q 为形状因子, 下面给出 F_q 的定义式及一个有用的数学公式:

$$F_q\equiv\int \mathrm{d}^3r\rho(r)\exp(-\mathrm{i}\boldsymbol{q}\cdot\boldsymbol{r})=\frac{4\pi}{q}\int_0^\infty \mathrm{d}r\rho(r)r\sin(qr),\qquad \int \mathrm{d}^3r\frac{\exp(\mathrm{i}\boldsymbol{q}\cdot\boldsymbol{r})}{r}=\frac{4\pi}{q^2}.$$

(2) 若 $\rho(r)=(Z/\pi a^3)\exp(-2r/a)$, 求证: 形状因子和散射总截面分别为

$$F_q = Z/(1+q^2a^2/4)^2, \quad \sigma_{\rm t} = (\pi Z^2a^4/3a_{\rm B}^2)(7k^4a^4+18k^2a^2+12)/(k^2a^2+1)^3.$$

对于电子被基态氢原子散射 ($Z=1$, $a=a_{\rm B}$), 当 $ka_{\rm B}\gg 1$ 时, $\sigma_{\rm t}\approx 7\pi/3k^2$.

13–5 设某中性原子的电荷分布具有球对称性, 当 $r\to\infty$ 时, 电荷密度 $\rho_{\rm e}(r)$ 非常迅速的趋于零, 而 $\rho_{\rm e}(0)$ 为有限值, 且满足

$$\int \rho_{\rm e}(r)4\pi r^2{\rm d}r = 0, \qquad \int r^2\rho_{\rm e}(r)4\pi r^2{\rm d}r = A\neq 0.$$

现有一个质量为 μ、带电量为 Q 的入射粒子受到该原子的静电场的散射, 试求玻恩一级近似下的向前散射 ($\theta=0$) 的散射振幅.

答: $f(0)=\mu QA/3\hbar^2$.

13–6 设质量为 m 的粒子 1 以波矢 k 入射, 受到质量很大的粒子 2 的散射, 相互作用能为 $U(\boldsymbol{r}-\boldsymbol{r}')$, 粒子 2 处于归一化波函数 $\psi(\boldsymbol{r}')$ 所描述的量子态中, 其中

$$U(\boldsymbol{r}-\boldsymbol{r}') = V_0(\sqrt{\pi}a)^3\delta(\boldsymbol{r}-\boldsymbol{r}'), \quad \psi(\boldsymbol{r}') = (\sqrt{\pi}a)^{-3/2}\exp(-r'^2/2a^2).$$

试求玻恩一级近似下的散射微分截面.

答: $\sigma(\theta) = (\pi m^2V_0^2a^6/4\hbar^2)\exp(-q^2a^2/2)$, $[q=2k\sin(\theta/2)]$.

13–7 设质量为 μ 的中子以波矢 k 沿 z 轴方向入射, 受到氢分子的散射, 氢分子的两个原子核位于 $x=\pm a$ 处, 中子与原子核的短程互作用取为

$$V(\boldsymbol{r}) = V_0a^3[\delta(x-a)+\delta(x+a)]\delta(y)\delta(z).$$

不计氢分子的反冲, 试求玻恩一级近似下的散射振幅.

答: $f(\theta,\varphi) = -(\mu V_0a^3/\pi\hbar^2)\cos(ka\sin\theta\cos\varphi)$.

13–8 设质量为 μ 的粒子受到弱势场 $V(\boldsymbol{r})$ 的散射, 可将它的作用视为含时微扰 $\hat{H}'(t)=V(\hat{\boldsymbol{r}})\theta(t)$. 当 $t<0$ 时, 入射粒子的波函数、概率流密度、能量分别为

$$\langle\boldsymbol{r}|\boldsymbol{k}\rangle = \sqrt{1/V}\exp({\rm i}\boldsymbol{k}\cdot\boldsymbol{r}), \quad \boldsymbol{j}_i = \hbar\boldsymbol{k}/\mu V, \quad E_k = \hbar^2k^2/2\mu.$$

假设 $\boldsymbol{k}$ 沿 z 轴方向, 试用微扰论的一级近似证明:

(1) 当 $t\to\infty$ 时, 粒子在单位时间内沿 (θ,φ) 方向立体角 ${\rm d}\Omega$ 内的出射概率为

$$ {\rm d}P(\theta,\varphi) = \frac{\mu k{\rm d}\Omega}{4\pi^2\hbar^3V}|\tilde{V}(\boldsymbol{k}'-\boldsymbol{k})|^2, \quad \tilde{V}(\boldsymbol{q})\equiv\int {\rm d}\boldsymbol{r}V(\boldsymbol{r})\exp(-{\rm i}\boldsymbol{q}\cdot\boldsymbol{r}).$$

其中波矢 $\boldsymbol{k}'$ 沿 (θ,φ) 方向, 且 $|\boldsymbol{k}'|=|\boldsymbol{k}|\equiv k$.

(2) 散射微分截面为 $\sigma(\theta,\varphi) = (\mu^2/4\pi^2\hbar^4)|\tilde{V}(\boldsymbol{k}'-\boldsymbol{k})|^2$ (玻恩一级近似的结果).

*13–9 设质量为 μ 的粒子受到势 $V(\boldsymbol{r})$ 的散射, 出射波矢 $\boldsymbol{k}'$ 相对于入射波矢 $\boldsymbol{k}$ 的方向角为 (θ,φ), 求证: 散射定态波函数的玻恩一级项和散射振幅的二级项分别为

$$\psi^{(1)}(\boldsymbol{r}) = \int {\rm d}\boldsymbol{r}'G_0^{(+)}(\boldsymbol{r}-\boldsymbol{r}')V(\boldsymbol{r}')\exp({\rm i}\boldsymbol{k}\cdot\boldsymbol{r}'), G_0^{(+)}(\boldsymbol{R}) = \frac{2\mu}{\hbar^2}\int\frac{{\rm d}\boldsymbol{q}}{(2\pi)^3}\frac{\exp({\rm i}\boldsymbol{q}\cdot\boldsymbol{R})}{k^2-q^2+{\rm i}0^+};$$

$$f^{(2)}(\theta,\varphi) = -\frac{\mu^2}{\pi\hbar^4}\int\frac{{\rm d}\boldsymbol{q}}{(2\pi)^3}\frac{\tilde{V}(\boldsymbol{k}'-\boldsymbol{q})\tilde{V}(\boldsymbol{q}-\boldsymbol{k})}{k^2-q^2+i0^+}, \quad \tilde{V}(\boldsymbol{q})\equiv\int {\rm d}\boldsymbol{r}V(\boldsymbol{r})\exp(-{\rm i}\boldsymbol{q}\cdot\boldsymbol{r}).$$

*13–10 质量为 m 的一维自由粒子格林函数满足以下微分方程:

$$(\partial_x^2+k^2)G_0(x)=(2m/\hbar^2)\delta(x)\quad(k>0).$$

求证: 对应于 "外行波" 和 "内行波" 的格林函数分别为

$$\boxed{G_0^{(\pm)}(x)=\mp\mathrm{i}(m/\hbar^2k)\exp(\pm\mathrm{i}k|x|)}$$

*13–11 设质量为 m 的粒子以波矢 $\boldsymbol{k}$ 沿 x 轴方向入射, 受到势 $V(x)$ 的散射, 其中无穷远处的势 $V(\pm\infty)=0$, (1) 求证: 玻恩一级近似下的反射系数为

$$\boxed{r=|f_{\mathrm{r}}|^2,\quad f_{\mathrm{r}}\approx-\mathrm{i}\frac{m}{\hbar^2k}\int_{-\infty}^{+\infty}\mathrm{d}x\exp(\mathrm{i}2kx)V(x)}$$

(2) 若 $V(x)=V_0\theta(a/2-|x|)$, 求证: 玻恩一级近似下的反射系数为

$$r\approx(V_0/2E)^2\sin^2(ka)\quad(E=\hbar^2k^2/2m).$$

13–12 考虑处于温度为 T 的热平衡态的气体, 其中原子的质量为 m, 原子之间的相互作用力程为 a, 求证: 当 $k_{\mathrm{B}}T\ll\hbar^2/ma^2$ 时 (k_{B} 为玻尔兹曼常数), 仅需计入 s 波对原子之间散射截面的贡献.

13–13 设粒子以波矢 $\boldsymbol{k}$ 入射, 受到一个中心力势场的散射, 假设入射能量较低, 仅需计入 s 波和 p 波的散射, 它们的相移分别记为 δ_0 和 δ_1. 求证:

(1) 散射微分截面为 $\sigma(\theta)=k^{-2}(A+B\cos\theta+C\cos^2\theta)$, 其中

$$A=\sin^2\delta_0,\quad B=6\sin\delta_0\sin\delta_1\cos(\delta_0-\delta_1),\quad C=9\sin^2\delta_1.$$

(2) 对于半径为 a 的无限高球方势垒 (钢球), 则有

$$\sigma(\theta)\approx a^2[1-(ka)^2/3+2(ka)^2\cos\theta]\quad(ka\ll1).$$

*13–14 设质量为 μ 的粒子以能量 $E>0$ 入射, 受到球方形势的散射, 即

$$V(r)=V_0\theta(a-r).$$

令 $k\equiv\sqrt{2\mu E}/\hbar$, $q\equiv\sqrt{2\mu(E-V_0)}/\hbar$, 求证: l 分波的相移方程为

$$\tan\delta_l=[kj_l(qa)j_l'(ka)-qj_l(ka)j_l'(qa)]/[kj_l(qa)n_l'(ka)-qn_l(ka)j_l'(qa)].$$

13–15 设质量为 μ 的粒子以波矢 $\boldsymbol{k}$ 入射, 受到以下中心力势的散射,

$$V(r)=V_0a\delta(r-a).$$

求证: (1) s 波的相移 δ_0 和散射长度 a_0 分别满足

$$q\cot\delta_0=-q\cot(ka)-k\csc^2(ka),\quad a_0=a(1+1/qa)^{-1}\quad(q\equiv2\mu V_0a/\hbar^2).$$

(2) 低能散射截面为 $\sigma\approx4\pi a^2(1+1/qa)^{-2}$, 发生共振散射的条件为 $V_0=-\hbar^2/2\mu a^2$

(比较习题 4–9 的结果, 至少存在一个束缚态的条件为 $V_0 < -\hbar^2/2\mu a^2$).

*13–16　设质量为 μ 的粒子以波矢 $\boldsymbol{k}$ 入射, 受到中心力势场 $V(r) = V_0 a\delta(r-a)$ 的散射, 求证: l 分波的相移 δ_l 满足

$$\tan\delta_l = j_l^2(ka)/[j_l(ka)n_l(ka) - 1/kqa^2] \quad (q \equiv 2\mu V_0 a/\hbar^2).$$

(1) 当 $|q|a \gg [kaj_l(ka)n_l(ka)]^{-1}$ 时, 得到钢球散射的结果: $\tan\delta_l \approx j_l(ka)/n_l(ka)$.

(2) 当 $ka \ll 1$ 时 (低能情形), 相移方程简化为

$$\tan\delta_l \approx -(2l+1)[(2l+1)!!]^{-2}[1+(2l+1)/qa]^{-1}(ka)^{2l+1}.$$

13–17　设粒子的质量为 μ, 入射能量 E 很高, 受到球方形势的散射, 即

$$V(r) = V_0\theta(a-r) \quad (E \gg \sqrt{E_0 E} \gg |V_0|,\ E_0 \equiv \hbar^2/2\mu a^2).$$

试分别利用相移方程和分波玻恩一级近似两种方法证明: s 波的相移为

$$\delta_0 \approx -V_0/2\sqrt{E_0 E}.$$

*13–18　设粒子的质量为 μ, 入射能量 E 很低, 受到球方势阱的散射, 即

$$V(r) = V_0\theta(a-r) \quad (E \ll |V_0| \ll E_0, V_0 < 0, E_0 \equiv \hbar^2/2\mu a^2).$$

试分别利用分波法和玻恩一级近似证明散射总截面为 $\sigma_{\mathrm{t}} \approx 4\pi a^2 V_0^2/9E_0^2$.

13–19　设粒子的质量为 μ, 入射能量为 E, 受到以下中心力势阱的散射,

$$V(r) = -2V_0\cosh^{-2}(qr) \quad (q \equiv \sqrt{2\mu V_0}/\hbar).$$

求证: 若 $E \ll V_0$, 则散射总截面 $\sigma_t \approx 2\pi\hbar^2/\mu E$.

提示: 微分方程 $\chi''(x) + (\lambda^2 + 2\cosh^{-2}x)\chi(x) = 0$ 的两个线性独立的解为

$$\chi = (\tanh x \mp \mathrm{i}\lambda)\exp(\pm\mathrm{i}\lambda x).$$

13–20　设质量为 μ 的粒子以波矢 $\boldsymbol{k}$ 入射, 受到以下中心力势的散射:

$$V(r) = \alpha/r^4 \quad (\alpha > 0).$$

求证: 低能极限下 $(k \to 0)$ 的散射总截面为 $\sigma_{\mathrm{t}} = 8\pi\mu\alpha/\hbar^2$.

提示: 对于微分方程 $\chi''(x) = \chi(x)/x^4$, 满足 $\chi(0) = 0$ 的解为 $\chi = x\exp(-1/x)$.

*13–21　设质量为 μ 的粒子以波矢 $\boldsymbol{k}$ 入射, 受到以下中心力势场的散射:

$$V(r) = \alpha/r^2 \quad (\alpha > 0).$$

(1) 设 l 分波的径向函数为 $R_l(r)$, 令 $y \equiv R_l\sqrt{kr}$, 求证: $y(x)$ 满足贝塞尔方程:

$$y'' + y'/x + (1-\nu^2/x^2)y = 0 \quad [x \equiv kr, \nu \equiv \sqrt{(l+1/2)^2+\lambda}, \lambda \equiv 2\mu\alpha/\hbar^2].$$

(2) 求证: l 分波的相移为 $\delta_l = (l-\nu+1/2)\pi/2$.

(3) 若 $\lambda \ll 1$, 求证: 相移和散射振幅分别为

$$\delta_l \approx -\pi\lambda/2(2l+1), \quad f(\theta) \approx -\pi\lambda/4k\sin(\theta/2).$$

提示: 利用勒让德多项式的求和公式, $\sum\limits_{l=0}^{\infty} P_l(\cos\theta) = 1/2\sin(\theta/2)$.

(4) 求证: 玻恩一级近似的结果与 (3) 的结果相同.

13–22 设质量为 μ 的粒子以波矢 $\boldsymbol{k}$ 入射, 受到中心力势 $V(r)$ 的散射, 在玻恩一级近似下, l 分波的相移为

$$\delta_l \approx -\frac{2\mu k}{\hbar^2}\int_0^{\infty} r^2 j_l^2(kr)V(r)\mathrm{d}r.$$

已知球贝塞尔函数 $j_l(x)$ 和勒让德多项式 $P_l(\cos\theta)$ 满足以下求和关系:

$$\sum_{l=0}^{\infty}(2l+1)P_l(\cos\theta)j_l^2(x) = \frac{\sin[2x\sin(\theta/2)]}{2x\sin(\theta/2)}.$$

试利用上述相移公式和求和关系证明: 玻恩一级近似下的散射振幅为

$$f(\theta) \approx -\frac{2\mu}{\hbar^2 q}\int_0^{\infty} \mathrm{d}rV(r)r\sin(qr) \quad [q \equiv 2k\sin(\theta/2)].$$

13–23 设质量为 μ 的粒子以能量 E 入射, 受到一个中心力势的散射, 当 $E \approx E_0$ 时, l 分波出现散射共振, 且 l 分波的相移 $\delta_l(E)$ 在 $E \approx E_0$ 附近满足

$$\sin\delta_l(E) \approx [1+4(E-E_0)^2/\Gamma^2]^{-1/2}.$$

若在 $E \approx E_0$ 附近的总截面 σ_{t} 主要来源于 l 分波的贡献. 求证布赖特 – 维格纳公式:

$$\sigma_t(E) \approx (2l+1)2\pi\hbar^2/\mu E[1+4(E-E_0)^2/\Gamma^2].$$

*13–24 设质量为 μ 的粒子受到中心力势的散射, 入射波矢 $\boldsymbol{k}$ 沿 z 轴方向.

(1) 设 l 分波的相移为 δ_l, 求证: 散射定态波函数具有如下渐进行为,

$$\psi(r,\theta) \stackrel{r\to\infty}{\longrightarrow} \frac{1}{2\mathrm{i}kr}\sum_{l=0}^{\infty}(2l+1)[\exp(\mathrm{i}kr+\mathrm{i}2\delta_l)+(-1)^{l+1}\exp(-\mathrm{i}kr)]P_l(\cos\theta).$$

并说明散射势的效应仅仅是改变各外行波的相位, 而内行波的相位不变.

(2) 设散射定态的概率流密度为 $\boldsymbol{j}$, 求证: $\boldsymbol{j}$ 在球坐标系中的各分量满足

$$j^{(r)} \stackrel{r\to\infty}{\longrightarrow} \frac{\hbar k}{4\mu k^2 r^2}\sum_{ll'}(2l+1)(2l'+1)[\cos(2\delta_l-2\delta_{l'})-(-1)^{l+l'}]P_l(\cos\theta)P_{l'}(\cos\theta),$$

$$|j^{(\theta)}/j^{(r)}| \stackrel{r\to\infty}{\longrightarrow} 1/kr, \quad j^{(\varphi)}=0.$$

(3) 求证: $j^{(r)}$ 在无穷大的球面上的面积分为零, 即

$$\lim_{r\to\infty}\int j^{(r)}\mathrm{d}\Omega = 0.$$

13–25　设质量为 m、自旋为 1/2、能量为 E 的两个全同粒子相互对射而发生弹性散射, 总能量为 $2E = \hbar^2k^2/2\mu$ (约化质量 $\mu = m/2$), 粒子间的相互作用能为

$$V(r) = (V_0a/r)\exp(-r/a) \quad (a > 0).$$

(1) 假设能量 E 很高, 求证: 玻恩一级近似下的散射振幅为

$$f(\theta) = -mV_0a^3/[\hbar^2(1+q^2a^2)] \approx -aV_0/[8E\sin^2(\theta/2)] \quad [q \equiv 2k\sin(\theta/2), q^2a^2 \gg 1].$$

(2) 求证: 自旋三重态和自旋单态的散射微分截面分别为

$$\sigma_3(\theta) = a^2V_0^2\cos^2\theta/4E^2\sin^4\theta, \quad \sigma_1(\theta) = a^2V_0^2/4E^2\sin^4\theta.$$

(3) 假设两个粒子的初始自旋的取向是随机的, 求证: 两个粒子的自旋末态为三重态的概率和末态自旋均 "向上" 的概率分别为

$$P_3(\theta) = 3\cos^2\theta/(1+3\cos^2\theta), \quad P_{\uparrow\uparrow}(\theta) = \cos^2\theta/(1+3\cos^2\theta).$$

13–26　设质量为 μ 的粒子被一个无限重的粒子散射, 它们的相互作用算符为

$$\hat{V}(r) = V_0\hat{\boldsymbol{\sigma}}_1 \cdot \hat{\boldsymbol{\sigma}}_2(a/r)\exp(-r/a) \quad (a > 0).$$

入射粒子和靶粒子的自旋均为 1/2, 它们的泡利算符分别为 $\hat{\boldsymbol{\sigma}}_1$ 和 $\hat{\boldsymbol{\sigma}}_2$. 假设入射波矢为 $\boldsymbol{k}$, 初态自旋的取向是无规则的, 求证: 玻恩一级近似的散射微分截面为

$$\sigma(\theta) = 3a^2V_0^2/E_0^2(1+q^2a^2)^2 \quad [E_0 \equiv \hbar^2/2\mu a^2,\ q \equiv 2k\sin(\theta/2)].$$

13–27　设两个中子的质量均为 m, 泡利算符分别为 $\hat{\boldsymbol{\sigma}}_1$ 和 $\hat{\boldsymbol{\sigma}}_2$, 相互作用算符为

$$\hat{V}(r) = V_0\hat{\boldsymbol{\sigma}}_1 \cdot \hat{\boldsymbol{\sigma}}_2\theta(a-r) \quad (V_0 > 0,\ a > 0,\ r \equiv |\boldsymbol{r}_1 - \boldsymbol{r}_2|).$$

设入射中子和靶中子的自旋均未极化, 相对运动能量 $E \ll V_0$ 及 $E \ll \hbar^2/ma^2$, 令 $k \equiv \sqrt{2\mu E}/\hbar$, $(\mu \equiv m/2)$, $q_0 \equiv \sqrt{6\mu V_0}/\hbar$, 求证: 质心系中的散射总截面为

$$\sigma_t \approx 4\pi a_0^2/(1+k^2a_0^2) \quad [a_0 = a - a\tan(q_0a)/(q_0a)].$$

13–28　设电子的质量为 m, 泡利算符为 $\hat{\boldsymbol{\sigma}}$, 受到一个宇称破缺的势散射:

$$\hat{V}(\boldsymbol{r}) = (V_0 + V_1\hat{\boldsymbol{\sigma}} \cdot \boldsymbol{r}/a)\exp(-r^2/a^2) \quad (a > 0).$$

求证: (1) 玻恩一级近似下的散射振幅算符为

$$\hat{f}(\theta) = f_0(\theta) + \mathrm{i}f_1(\theta)\hat{\sigma}_q, \ [\hat{\sigma}_q \equiv \hat{\boldsymbol{\sigma}} \cdot \boldsymbol{q}/q,\ \boldsymbol{q} \equiv \boldsymbol{k}' - \boldsymbol{k},\ q = 2k\sin(\theta/2)].$$

其中 θ 为出射波矢 $\boldsymbol{k}'$ 与入射波矢 $\boldsymbol{k}$ 的夹角, 令 $E_0 \equiv \hbar^2/2ma^2$, 则

$$f_0 = -(\sqrt{\pi}V_0a/4E_0)\exp(-q^2a^2/4), \quad f_1 = (\sqrt{\pi}V_1qa^2/8E_0)\exp(-q^2a^2/4).$$

(2) 散射微分截面不依赖于入射电子的自旋初态, 且由下式给出,

$$\sigma(\theta) = (\pi a^2/16E_0^2)(V_0^2 + V_1^2 q^2 a^2/4)\exp(-q^2 a^2/2).$$

13–29　设中子和质子的泡利算符分别为 $\hat{\boldsymbol{\sigma}}_n$ 和 $\hat{\boldsymbol{\sigma}}_p$, 低能散射振幅可表示为

$$\hat{f} = (f_1 + 3f_3)/4 + [(f_3 - f_1)/4]\hat{\boldsymbol{\sigma}}_n \cdot \hat{\boldsymbol{\sigma}}_p \quad (f_1^* = f_1,\ f_3^* = f_3).$$

(1) 设中子和质子的自旋单态为 $|00\rangle$, 三重态为 $|1M\rangle$ $(M = 0, \pm 1)$, 求证:

$$\hat{f}|00\rangle = f_1|00\rangle, \quad \hat{f}|1M\rangle = f_3|1M\rangle.$$

(2) 设入射中子和靶质子均未极化, 求证: 散射总截面为

$$\sigma_t = (1/4)\sigma_1 + (3/4)\sigma_3, \quad (\sigma_1 = 4\pi f_1^2, \quad \sigma_3 = 4\pi f_3^2).$$

(3) 设中子和质子的初始自旋分别向上和向下, 求证: 散射后中子和质子自旋均翻转的概率为 $(f_3 - f_1)^2/2(f_3^2 + f_1^2)$.

13–30　设慢中子被氢分子中的两个质子散射的散射振幅算符为

$$\hat{F} = (f_1 + 3f_3)/2 + [(f_3 - f_1)/4]\hat{\boldsymbol{\sigma}} \cdot (\hat{\boldsymbol{\sigma}}_1 + \hat{\boldsymbol{\sigma}}_2).$$

其中 $\hat{\boldsymbol{\sigma}}$ 为中子的泡利算符,$\hat{\boldsymbol{\sigma}}_1$ 和 $\hat{\boldsymbol{\sigma}}_2$ 为两个质子的泡利算符, 正氢和仲氢的质子自旋态分别为三重态和单态, 入射中子自旋未极化. 求证:

(1) 中子被正氢和仲氢散射的散射截面分别为

$$\sigma_a = \pi(f_1 + 3f_3)^2 + 2\pi(f_3 - f_1)^2, \quad \sigma_b = \pi(f_1 + 3f_3)^2.$$

(2) 若氢气中正氢与仲氢的比例为 3∶1, 则平均散射截面为

$$\bar{\sigma} = \pi(f_1 + 3f_3)^2 + (3\pi/2)(f_3 - f_1)^2.$$

附录A

δ 函数

1. δ 函数的定义

δ 函数不是传统数学中的函数, 严格说来它只是一种分布, 定义为

$$\boxed{\delta(x)=\begin{cases}\infty & (x=0)\\ 0 & (x\neq 0)\end{cases},\quad \int_{-\infty}^{+\infty}\mathrm{d}x\delta(x)=1}$$

以上定义表明, δ 函数为偶函数, 即

$$\boxed{\delta(-x)=\delta(x)}$$

若不过分追求数学上的严谨性, δ 函数可视为某些函数的极限, 如

$$\lim_{\alpha\to\infty}\frac{\sin(\alpha x)}{x}=\pi\delta(x),\quad \lim_{\alpha\to\infty}\frac{\sin^2(\alpha x)}{\alpha x^2}=\pi\delta(x),$$
$$\lim_{\epsilon\to 0}\frac{\epsilon}{x^2+\epsilon^2}=\pi\delta(x),\quad \lim_{\alpha\to\infty}\alpha\exp(-\alpha|x|)=2\delta(x),$$
$$\lim_{\alpha\to\infty}\sqrt{\alpha}\exp(-\alpha x^2)=\sqrt{\pi}\delta(x),\quad \lim_{\alpha\to\infty}\sqrt{\alpha}\exp(\mathrm{i}\pi/4-\mathrm{i}\alpha x^2)=\sqrt{\pi}\delta(x).$$

与 δ 函数密切相关的函数有**阶梯函数**和**符号函数**, 分别定义为

$$\boxed{\theta(x)=\begin{cases}1 & (x>0)\\ 0 & (x<0)\end{cases},\quad \mathrm{sgn}(x)=\begin{cases}+1 & (x>0)\\ -1 & (x<0)\end{cases}}$$

某些非光滑函数可用阶梯函数或符号函数来表示, 例如

$$\ln x=\ln|x|+\mathrm{i}\pi\theta(-x),\quad \mathrm{sgn}(x)=\theta(x)-\theta(-x),$$
$$|x|=x\mathrm{sgn}(x),\quad \frac{\mathrm{d}|x|}{\mathrm{d}x}=\mathrm{sgn}(x).$$

δ 函数也可视为阶梯函数的微分, 例如

$$\frac{\mathrm{d}\theta(x)}{\mathrm{d}x}=\delta(x),\quad \frac{\mathrm{d}^2|x|}{\mathrm{d}x^2}=2\delta(x),\quad \frac{\mathrm{d}\ln x}{\mathrm{d}x}=\frac{1}{x}-\mathrm{i}\pi\delta(x).$$

2. δ 函数的性质

如果函数 $f(x)$ 在 $x=a$ 处有定义, 则有

$$\boxed{f(x)\delta(x-a)=f(a)\delta(x-a)}$$

若方程 $f(x)=0$ 只有单根 x_i, $(i=1,2,3,\cdots)$, 即 $f(x_i)=0$, $f'(x_i)\neq 0$, 则有

$$\delta[f(x)]=\sum_i\frac{\delta(x-x_i)}{|f'(x_i)|}=\sum_i\frac{\delta(x-x_i)}{|f'(x)|}.$$

由上式可以导出:

$$\boxed{\delta(ax)=|a|^{-1}\delta(x)\quad (a\neq 0)}$$

$$\delta[(x-a)(x-b)] = \frac{\delta(x-a)+\delta(x-b)}{|a-b|} \quad (a \neq b).$$

与 δ 函数相关的常用公式还有

$$\boxed{\int_{-\infty}^{+\infty} \mathrm{d}k \exp(\mathrm{i}kx) = 2\pi\delta(x)}$$

$$\sum_{m=-\infty}^{+\infty} \exp(\mathrm{i}mx) = 2\pi \sum_{n=-\infty}^{+\infty} \delta(x-2n\pi),$$

$$\frac{1}{x \pm \mathrm{i}0^+} = \mathcal{P}\frac{1}{x} \mp \mathrm{i}\pi\delta(x).$$

注意上式只有作为被积函数才有意义, 其中 $\mathcal{P}$ 表示取积分主值.

三维矢量 $\boldsymbol{r}$ 的直角坐标取值范围: $-\infty < x, y, z < +\infty$, 定义

$$\boxed{\delta(\boldsymbol{r}-\boldsymbol{r}') \equiv \delta(x-x')\delta(y-y')\delta(z-z')}$$

$\boldsymbol{r}$ 的球坐标取值范围: $r \geqslant 0$, $0 \leqslant \theta \leqslant \pi$, $0 \leqslant \varphi < 2\pi$, 则有

$$\begin{aligned}\delta(\boldsymbol{r}-\boldsymbol{r}') &= (r^2\sin\theta)^{-1}\delta(r-r')\delta(\theta-\theta')\delta(\varphi-\varphi') \\ &= r^{-2}\delta(r-r')\delta(\cos\theta-\cos\theta')\delta(\varphi-\varphi').\end{aligned}$$

注意到 $\delta(r)$ 没有意义, 可以认为 $\delta(\boldsymbol{r}) = (4\pi r^2)^{-1}\delta(r-0^+)$. 此外, 容易证明:

$$\boxed{\int \mathrm{d}\boldsymbol{k} \exp(\mathrm{i}\boldsymbol{k}\cdot\boldsymbol{r}) = (2\pi)^3\delta(\boldsymbol{r})}$$

3. δ 函数的微分

δ 函数的微分可视为某些函数的微分的极限, 例如

$$\delta'(x) = \frac{1}{\pi}\lim_{\epsilon\to 0}\frac{d}{dx}\frac{\epsilon}{x^2+\epsilon^2} = -\frac{2}{\pi}\lim_{\epsilon\to 0}\frac{\epsilon x}{(x^2+\epsilon^2)^2},$$

$$\delta'(x) = \frac{1}{2\pi}\lim_{\alpha\to\infty}\frac{\mathrm{d}}{\mathrm{d}x}\int_{-\alpha}^{\alpha}\exp(\mathrm{i}kx)\mathrm{d}k = \frac{\mathrm{i}}{2\pi}\int_{-\infty}^{+\infty}k\exp(\mathrm{i}kx)\mathrm{d}k.$$

设 $\delta^{(n)}(x)$ 和 $f^{(n)}(x)$ 分别表示函数 $\delta(x)$ 和 $f(x)$ 的 n 阶微分, 则有

$$\delta^{(n)}(-x) = (-1)^n\delta^{(n)}(x), \quad x^{n+1}\delta^{(n)}(x) = 0, \quad x\delta'(x) = -\delta(x).$$

$$\int_{-\infty}^{+\infty} f(x)\delta^{(n)}(x-a)\mathrm{d}x = (-1)^n f^{(n)}(a).$$

附录B

特殊函数

1. 厄密多项式

厄密方程为

$$\boxed{y''(z) - 2zy'(z) + (\lambda - 1)y(z) = 0}$$

方程的两个线性无关的解可表示为

$$y_1(z) = \sum_{k=0}^{\infty} C_{2k} z^{2k}, \quad y_2(z) = \sum_{k=0}^{\infty} C_{2k+1} z^{2k+1} \quad \left[C_{k+2} = \frac{2k - (\lambda - 1)}{(k+1)(k+2)} C_k\right].$$

若 $\lambda - 1 \neq 2n$ $(n = 0, 1, 2, \cdots)$, 则以上两个解均为无穷级数, 且有

$$y_1(z) \sim \exp(z^2), \quad y_2(z) \sim z\exp(z^2) \quad (|z| \to \infty).$$

若 $\lambda - 1 = 2n$ $(n = 0, 1, 2, \cdots)$, 两个解中有一个中断为厄密多项式:

$$H_n(z) = (-1)^n \exp(z^2) \frac{\mathrm{d}^n}{\mathrm{d}x^n} \exp(-z^2) = \sum_{k=0}^{[n/2]} \frac{(-1)^k n!}{k!(n-2k)!} (2z)^{n-2k}.$$

其中 $[n/2]$ 表示不大于 $n/2$ 的最大整数.

最低级的几个厄密多项式:

$$H_0(z) = 1, \quad H_1(z) = 2z, \quad H_2(z) = 4z^2 - 2,$$

$$H_3(z) = 8z^3 - 12z, \quad H_4(z) = 16z^4 - 48z^2 + 12.$$

偶奇性:

$$\boxed{H_n(z) = (-1)^n H_n(-z)}$$

递推关系:

$$2zH_n(z) = 2nH_{n-1}(z) + H_{n+1}(z), \quad H_n'(z) = 2nH_{n-1}(z).$$

微分方程:

$$\boxed{H_n''(z) - 2zH_n'(z) + 2nH_n(z) = 0}$$

正交性与完备性:

$$\int_{-\infty}^{+\infty} H_m(z)H_n(x)\exp(-x^2)\mathrm{d}x = \sqrt{\pi}2^n n! \delta_{mn}.$$

$$\sum_{n=0}^{\infty} (2^n n!)^{-1} H_n(x)H_n(x') = \sqrt{\pi}\exp(x^2)\delta(x - x').$$

2. 勒让德多项式

勒让德方程为

$$\boxed{(1 - x^2)y''(x) - 2xy'(x) + \lambda y(x) = 0 \quad (-1 \leqslant x \leqslant 1)}$$

方程的两个线性无关的解可表示为

$$y_1(x)=\sum_{k=0}^{\infty}C_{2k}x^{2k},\quad y_2(x)=\sum_{k=0}^{\infty}C_{2k+1}x^{2k+1}\quad\left[C_{k+2}=\frac{k(k+1)-\lambda}{(k+1)(k+2)}C_k\right].$$

若 $\lambda\neq l(l+1)$ $(l=0,1,2,\cdots)$, 则以上两个解均为无穷级数, 且有

$$y_1(x)\to\infty,\quad y_2(x)\to\infty\quad(|x|\to 1).$$

若 $\lambda=l(l+1)$ $(l=0,1,2,\cdots)$, 两个解中有一个中断为勒让德多项式:

$$P_l(x)=\frac{1}{2^l l!}\frac{\mathrm{d}^l}{\mathrm{d}x^l}(x^2-1)^l=\sum_{k=0}^{[l/2]}\frac{(2l-2k)!}{2^l k!(l-k)!(l-2k)!}x^{l-2k}.$$

其中 $[l/2]$ 表示不大于 $l/2$ 的最大整数, 上式给出了边界值 $P_l(\pm1)=(\pm1)^l$.

最低级的几个勒让德多项式:

$$P_0(x)=1,\quad P_1(x)=x,\quad P_2(x)=(3x^2-1)/2,\quad P_3(x)=(5x^3-3x)/2.$$

偶奇性:

$$\boxed{P_l(x)=(-1)^l P_l(-x)}$$

递推关系:

$$(2l+1)xP_l=lP_{l-1}+(l+1)P_{l+1},\quad (2l+1)(1-x^2)P_l'=l(l+1)(P_{l-1}-P_{l+1}).$$

微分方程:

$$\boxed{(1-x^2)P_l''(x)-2xP_l'(x)+l(l+1)P_l(x)=0}$$

正交性:

$$\int_{-1}^{1}P_l(x)P_{l'}(x)\mathrm{d}x=\frac{2}{2l+1}\delta_{ll'}.$$

完备性:

$$\sum_{l=0}^{\infty}(2l+1)P_l(x)P_l(x')=2\delta(x-x')\quad\Rightarrow\quad\sum_{l=0}^{\infty}(2l+1)P_l(x)=2\delta(x-1).$$

3. 连带勒让德多项式

连带勒让德方程为

$$\boxed{\begin{gathered}(1-x^2)y''(x)-2xy'(x)+[\lambda-m^2/(1-x^2)]y(x)=0\\(m=0,\pm1,\pm2,\cdots,\quad -1\leqslant x\leqslant 1)\end{gathered}}$$

若要求方程的解在 $|x|\leqslant 1$ 区域有界, 则参量 λ 和 m 需满足条件:

$$\lambda=l(l+1)\quad(l=0,1,2,\cdots),\quad |m|\leqslant l.$$

此时方程的解为连带勒让德多项式:

$$\boxed{P_l^m(x) = \frac{(1-x^2)^{m/2}}{2^l l!}\frac{\mathrm{d}^{l+m}}{\mathrm{d}x^{l+m}}(x^2-1)^l = (-1)^m\frac{(l+m)!}{(l-m)!}P_l^{-m}(x)}$$

由上式可得 $P_l^0(x) = P_l(x)$, 且有

$$P_l^l(x) = (2l-1)!!(1-x^2)^{l/2}, \quad P_l^{-l}(x) = (-1)^l(2^l l!)^{-1}(1-x^2)^{l/2}.$$

连带勒让德多项式在 $x = \pm 1$ 和 $x = 0$ 处的取值分别为

$$P_l^m(\pm 1) = (\pm 1)^l \delta_{m0}, \quad P_l^m(0) = (-1)^n[(2n+2m)!/2^l n!(n+m)!]\delta_{l-m,2n}.$$

递推关系:

$$(2l+1)xP_l^m = (l+m)P_{l-1}^m + (l-m+1)P_{l+1}^m,$$

$$(2l+1)(1-x^2)^{1/2}P_l^m = P_{l+1}^{m+1} - P_{l-1}^{m+1},$$

$$(2l+1)(1-x^2)^{1/2}P_l^m = (l+m)(l+m-1)P_{l-1}^{m-1} - (l-m+2)(l-m+1)P_{l+1}^{m-1},$$

$$(2l+1)(1-x^2)(P_l^m)' = (l+1)(l+m)P_{l-1}^m - l(l-m+1)P_{l+l}^m.$$

微分方程:

$$\boxed{(1-x^2)(P_l^m)''(x) - 2x(P_l^m)'(x) + [l(l+1) - m^2/(1-x^2)]P_l^m(x) = 0}$$

正交性:

$$\int_{-1}^{1} P_l^m(x)P_{l'}^m(x)\mathrm{d}x = \frac{2}{2l+1}\frac{(l+m)!}{(l-m)!}\delta_{ll'}.$$

完备性:

$$\sum_{l=0}^{\infty}\frac{(2l+1)(l-m)!}{2(l+m)!}P_l^m(x)P_l^m(x') = \delta(x-x').$$

4. 球谐函数

球谐函数 $Y_{lm}(\theta,\varphi)$ 的定义域为 $0 \leqslant \theta \leqslant \pi$, $0 \leqslant \varphi < 2\pi$, 定义式为

$$\boxed{\begin{gathered} Y_{lm}(\theta,\varphi) = (-1)^m\sqrt{(2l+1)(l-m)!/4\pi(l+m)!}P_l^m(\cos\theta)\exp(\mathrm{i}m\varphi), \\ (m = 0, \pm 1, \pm 2, \cdots, \quad l = 0, 1, 2, \cdots) \end{gathered}}$$

以上采用了康登–肖特莱相位约定. 下面是一些球谐函数的表达式:

$$Y_{00} = 1/\sqrt{4\pi}, \quad Y_{10} = \sqrt{3/4\pi}\cos\theta, \quad Y_{1,\pm 1} = \mp\sqrt{3/8\pi}\sin\theta\exp(\pm\mathrm{i}\varphi);$$

$$Y_{l0} = \sqrt{(2l+1)/4\pi}P_l(\cos\theta), \quad Y_{ll} = (-1)^l(2^l l!)^{-1}\sqrt{(2l+1)(2l)!/4\pi}\sin^l\theta\exp(\mathrm{i}l\varphi).$$

球谐函数在 $\theta = 0$ 时的表达式为

$$Y_{lm}(0,\varphi)=\delta_{m0}\sqrt{(2l+1)/4\pi}.$$

球谐函数具有以下重要性质:

$$\boxed{Y_{lm}^*(\theta,\varphi)=(-1)^m Y_{l,-m}(\theta,\varphi),\quad Y_{lm}(\pi-\theta,\pi+\varphi)=(-1)^l Y_{lm}(\theta,\varphi)}$$

球谐函数的递推关系为

$$\begin{cases}\cos\theta Y_{lm}=a_{lm}Y_{l+1,m}+a_{l-1,m}Y_{l-1,m}\\ \sin\theta\exp(\pm\mathrm{i}\varphi)Y_{lm}=\pm b_{l-1,\mp m-1}Y_{l-1,m\pm1}\mp b_{l,\pm m}Y_{l+1,m\pm1}\end{cases},$$

$$a_{lm}=\sqrt{\frac{(l+m+1)(l-m+1)}{(2l+1)(2l+3)}},\quad b_{lm}=\sqrt{\frac{(l+m+1)(l+m+2)}{(2l+1)(2l+3)}}.$$

球谐函数的正交性与完备性可分别表示为

$$\int_0^{\pi}\sin\theta\mathrm{d}\theta\int_0^{2\pi}\mathrm{d}\varphi Y_{lm}^*(\theta,\varphi)Y_{l'm'}(\theta,\varphi)=\delta_{ll'}\delta_{mm'},$$

$$\sum_{l=0}^{\infty}\sum_{m=-l}^{l}Y_{lm}^*(\theta,\varphi)Y_{lm}(\theta',\varphi')=\delta(\cos\theta-\cos\theta')\delta(\varphi-\varphi').$$

设 θ 是球坐标系中 (θ_1,φ_1) 方向与 (θ_2,φ_2) 方向的夹角, 则有

$$\sum_{m=-l}^{l}Y_{lm}^*(\theta_1,\varphi_1)Y_{lm}(\theta_2,\varphi_2)=\frac{2l+1}{4\pi}P_l(\cos\theta).$$

设 $\boldsymbol{k}$ 与 $\boldsymbol{r}$ 的夹角为 θ, 而 $j_l(x)$ 为球贝塞尔函数, 则有

$$\exp(\mathrm{i}\boldsymbol{k}\cdot\boldsymbol{r})=\sum_{l=0}^{\infty}\mathrm{i}^l\sqrt{4\pi(2l+1)}j_l(kr)Y_{l0}(\theta)=\sum_{l=0}^{\infty}\mathrm{i}^l(2l+1)j_l(kr)P_l(\cos\theta).$$

设 $\boldsymbol{r}_1$ 与 $\boldsymbol{r}_2$ 的夹角为 θ, 令 $r_>$ 和 $r_<$ 分别表示 r_1 和 r_2 中的较大者和较小者, 则有

$$\frac{1}{|\boldsymbol{r}_1-\boldsymbol{r}_2|}=\sum_{l=0}^{\infty}\frac{r_<^l}{r_>^{l+1}}P_l(\cos\theta),$$

$$\frac{\exp(\mathrm{i}k|\boldsymbol{r}_1-\boldsymbol{r}_2|)}{|\boldsymbol{r}_1-\boldsymbol{r}_2|}=k\sum_{l=0}^{\infty}(2l+1)j_l(kr_<)h_l^{(+)}(kr_>)P_l(\cos\theta),$$

$$\frac{\cos(k|\boldsymbol{r}_1-\boldsymbol{r}_2|)}{|\boldsymbol{r}_1-\boldsymbol{r}_2|}=k\sum_{l=0}^{\infty}(2l+1)j_l(kr_<)n_l(kr_>)P_l(\cos\theta).$$

5. 合流超几何函数

合流超几何函数定义为 (α 和 γ 均为参量)

$$F(\alpha,\gamma;z)\equiv1+\frac{\alpha}{\gamma}z+\frac{\alpha(\alpha+1)}{\gamma(\gamma+1)}\frac{z^2}{2!}+\frac{\alpha(\alpha+1)(\alpha+2)}{\gamma(\gamma+1)(\gamma+2)}\frac{z^3}{3!}+\cdots.$$

其中 $\gamma\neq0,-1,-2,\cdots$; 或者 α 和 γ 均为整数, 且 $\gamma\leqslant\alpha\leqslant0$.

合流超几何函数的性质:

(a) 当 $\alpha \neq 0, -1, -2, \cdots$ 时, $F(\alpha, \gamma; z)$ 为无穷级数, 且有渐进行为:

$$F(\alpha, \gamma; z) \sim \mathrm{e}^z \quad (|z| \to \infty).$$

(b) 当 $\alpha = 0, -1, -2, \cdots$ 时, $F(\alpha, \gamma; z)$ 中断为一个多项式.

合流超几何方程为

$$\boxed{zy''(z) + (\gamma - z)y'(z) - \alpha y(z) = 0}$$

下面仅给出方程在两种情况下的解:

(1) 若 γ 不等于整数, 则方程的两个线性独立的解可取为

$$y_1 = F(\alpha, \gamma; z), \quad y_2 = z^{1-\gamma} F(\alpha - \gamma + 1, 2 - \gamma; z).$$

(2) 若 $\gamma = 2, 3, 4, \cdots$, 则方程的一个解为 y_1, 另一个解取决于 α 的取值:

(a) 当 α 为满足以下条件的整数时,

$$2 - \gamma \leqslant \alpha - \gamma + 1 \leqslant 0 \quad \Rightarrow \quad 1 \leqslant \alpha \leqslant \gamma - 1.$$

方程的另一个解为 y_2, 其中 $F(\alpha - \gamma + 1, 2 - \gamma; z)$ 中断为一个多项式.

(b) 当 α 取其他数值时, y_2 无意义, 方程的另一个解需要用其他方法求得.

6. 贝塞尔函数

贝塞尔方程为 (ν 为参量)

$$\boxed{y''(z) + z^{-1}y'(z) + (1 - \nu^2/z^2)y(z) = 0 \quad (-\pi < \arg z \leqslant \pi)}$$

它的两个线性独立的解可选为贝塞尔函数 $J_\nu(z)$ 和诺伊曼函数 $N_\nu(z)$, 其中

$$J_\nu(z) \equiv \sum_{k=0}^{\infty} \frac{(-1)^k}{k!\Gamma(\nu + k + 1)} \left(\frac{z}{2}\right)^{2k+\nu}, \quad N_\nu(z) \equiv \frac{\cos(\nu\pi)J_\nu(z) - J_{-\nu}(z)}{\sin(\nu\pi)}.$$

当 ν 不为整数时, $J_\nu(z)$ 与 $J_{-\nu}(z)$ 是线性独立的; 当 ν 为整数 n 时, 有

$$J_{-n}(z) = (-1)^n J_n(z).$$

贝塞尔方程的两个线性独立的解也可选为汉克尔函数:

$$H_\nu^{(1)}(z) \equiv J_\nu(z) + \mathrm{i}N_\nu(z), \quad H_\nu^{(2)}(z) \equiv J_\nu(z) - \mathrm{i}N_\nu(z).$$

递推关系 (对 N_ν, $H_\nu^{(1)}$, $H_\nu^{(2)}$ 均适用):

$$(2\nu/z)J_\nu(z) = J_{\nu-1}(z) + J_{\nu+1}(z), \quad 2J_\nu'(z) = J_{\nu-1}(z) - J_{\nu+1}(z).$$

渐进行为 (设 x 为实变量):

$$J_\nu(x) \approx \sqrt{2/\pi x}\cos[x - (\nu + 1/2)\pi/2] \quad (|x| \to \infty),$$

$$N_\nu(x) \approx \sqrt{2/\pi x}\sin[x - (\nu + 1/2)\pi/2] \quad (|x| \to \infty),$$

$$J_\nu(x) \approx (x/2)^\nu/\Gamma(1+\nu) \quad (x \to 0),$$

$$N_\nu(x) \approx -(x/2)^{-\nu}\Gamma(\nu)/\pi \quad (\nu > 0, x \to 0).$$

7. 球贝塞尔函数

球贝塞尔方程为

$$\boxed{y''(x) + (2/x)y'(x) + [1 - l(l+1)/x^2]y(x) = 0 \quad (l = 0, 1, 2, \cdots)}$$

令 $u(x) = \sqrt{x}y(x)$, 上述方程转化为 $(l+1/2)$ 阶的贝塞尔方程:

$$u''(x) + x^{-1}u'(x) + [1 - (l+1/2)^2/x^2]u(x) = 0.$$

球贝塞尔方程的两个线性独立的解可选为球贝塞尔函数和球诺伊曼函数:

$$j_l(x) = \sqrt{\frac{\pi}{2x}}J_{l+1/2}(x) = (-1)^l x^l \left(\frac{1}{x}\frac{\mathrm{d}}{\mathrm{d}x}\right)^l \frac{\sin x}{x},$$

$$n_l(x) = (-1)^{l+1}\sqrt{\frac{\pi}{2x}}J_{-l-1/2}(x) = (-1)^{l+1}j_{-l-1}(x) = (-1)^{l+1}x^l \left(\frac{1}{x}\frac{\mathrm{d}}{\mathrm{d}x}\right)^l \frac{\cos x}{x}.$$

方程的两个线性独立的解也可选为球汉克尔函数 $h_l(x)$ 与 $h_l^*(x)$, 其中

$$h_l(x) = j_l(x) + \mathrm{i}n_l(x) = -\mathrm{i}(-1)^l x^l \left(\frac{1}{x}\frac{\mathrm{d}}{\mathrm{d}x}\right)^l \frac{\mathrm{e}^{\mathrm{i}x}}{x}.$$

几个最低阶的球贝塞尔函数:

$$j_0(x) = \sin x/x, \quad n_0(x) = -\cos x/x, \quad h_0(x) = -\mathrm{i}\mathrm{e}^{\mathrm{i}x}/x;$$

$$j_1(x) = (\sin x - x\cos x)/x^2, \quad n_1(x) = -(\cos x + x\sin x)/x^2, \quad h_1(x) = -(\mathrm{i}+x)\mathrm{e}^{\mathrm{i}x}/x^2.$$

递推关系 (对 n_l 和 h_l 均适用):

$$(2l+1)j_l = x(j_{l+1} + j_{l-1}), \quad (2l+1)j_l' = lj_{l-1} - (l+1)j_{l+1}.$$

渐进行为:

$$j_l(x) \to x^l/(2l+1)!! \quad (x \to 0), \quad n_l(x) \to -(2l-1)!!/x^{l+1} \quad (x \to 0).$$

$$j_l(x) \to x^{-1}\sin(x - l\pi/2) \quad (x \to \infty), \quad n_l(x) \to -x^{-1}\cos(x - l\pi/2) \quad (x \to \infty).$$

积分公式:

$$\int_0^\infty j_l(x)j_l(tx)x^2\mathrm{d}x = \frac{\pi}{2}\delta(t-1).$$

8. 变形贝塞尔函数

在贝塞尔方程中, 令 $z = \mathrm{i}x$ (x 为实变量), 可得到变形贝塞尔方程:

$$\boxed{y''(x) + x^{-1}y'(x) - (1 + \nu^2/x^2)y(x) = 0}$$

它的两个线性独立的解可取为变形贝塞尔函数 $I_\nu(x)$ 和 $K_\nu(x)$, 其中

$$I_\nu(x) \equiv \sum_{k=0}^{\infty} \frac{(x/2)^{2k+\nu}}{k!\Gamma(\nu+k+1)}, \quad K_\nu(x) \equiv \frac{\pi[I_{-\nu}(x) - I_\nu(x)]}{2\sin(\nu\pi)}.$$

变形贝塞尔函数具有如下的渐进行为:

$$I_\nu(x) \approx \mathrm{e}^x/\sqrt{2\pi x} \quad (x \to +\infty),$$

$$K_\nu(x) \approx \mathrm{e}^{-x}\sqrt{\pi/2x} \quad (x \to +\infty);$$

$$I_\nu(x) \approx (x/2)^\nu/\Gamma(1+\nu) \quad (\nu > 0, x \to 0),$$

$$K_\nu(x) \approx (x/2)^{-\nu}\Gamma(\nu)/2 \quad (\nu > 0, x \to 0).$$

附录C

矩阵的基本性质

1. 矩阵的运算规则

$m\times n$ 的矩阵 A 共有 m 行和 n 列, 若 $m=n$, 称 A 为 n 阶 (或 n 维) 方阵; 若 $m=1$, 称 A 为行阵 (或行矢量); 若 $n=1$, 称 A 为列阵 (或列矢量).

矩阵 A 的复共轭 A^*、转置 A^{T}、厄密共轭 $A^\dagger$、数乘 cA 均为矩阵, 矩阵元分别为

$$\boxed{(A^*)_{ij}=A^*_{ij},\quad (A^{\mathrm{T}})_{ij}=A_{ji},\quad (A^\dagger)_{ij}=A^*_{ji},\quad (cA)_{ij}=cA_{ij}}$$

若 A 和 B 为同类型的矩阵, 则 $(A+B)$ 也是一个矩阵, 矩阵元为

$$(A+B)_{ij}=A_{ij}+B_{ij}.$$

若矩阵 A 的列数等于矩阵 B 的行数, 则乘积 AB 也为一个矩阵, 矩阵元为

$$\boxed{(AB)_{ij}=\sum_k A_{ik}B_{kj}}$$

若矩阵 A 的列数等于矩阵 B 的行数, 且 B 的列数等于矩阵 C 的行数, 则有

$$\boxed{(AB)C=A(BC),\quad (ABC)^{\mathrm{T}}=C^{\mathrm{T}}B^{\mathrm{T}}A^{\mathrm{T}},\quad (ABC)^\dagger=C^\dagger B^\dagger A^\dagger}$$

可以用一些横虚线和纵虚线贯穿整个矩阵, 将矩阵划分为若干个子阵, 在进行矩阵的复共轭、转置、数乘、加、乘运算时, 可将子阵当作矩阵元看待.

2. 方阵的基本性质

若方阵 D 的矩阵元为 $D_{ij}=d_i\delta_{ij}$, 称 D 为对角矩阵. 若所有对角元 d_i 均相等, 称 D 为常数矩阵; 若所有对角元 $d_i=1$, 称 D 为单位矩阵, 记为 I. 将对角矩阵的对角元替换为小方阵, 所得矩阵称为准对角矩阵.

若 $A^{\mathrm{T}}=A$, 称 A 为对称矩阵; 若 $A^{\mathrm{T}}=-A$, 称 A 为反对称矩阵.

若 $A^\dagger=A$, 称 A 为厄密矩阵; 若 $A^\dagger=-A$, 称 A 为反厄密矩阵.

设 A 和 B 为同阶的方阵, 若 $AB=BA$, 称 A 和 B 对易. 定理:

(1) 方阵 A 为对角矩阵的充分必要条件: A 与同阶的所有对角矩阵均对易.

(2) 方阵 A 为常数矩阵的充分必要条件: A 与同阶的所有方阵均对易.

方阵 A 的迹定义为 A 的对角元之合, 即

$$\boxed{\mathrm{Tr}A\equiv\sum_i A_{ii}}$$

设 $A,B,\cdots,C$ 为同阶方阵, 则有

$$\boxed{\mathrm{Tr}(AB\cdots C)=\mathrm{Tr}(C\cdots BA)}$$

3. 方阵的行列式

n 阶方阵 A 的行列式记为 $\det A$, 它具有以下性质:

$$\boxed{\det(A^{\mathrm{T}})=\det A,\quad \det(A^\dagger)=\det A^*,\quad \det(cA)=c^n\det A}$$

设对角矩阵 D 的对角元为 $\{d_i\}$, 准对角矩阵 A 的"对角线"子阵为 $\{A_i\}$, 则有

$$\det D=\prod_i d_i,\quad \det A=\prod_i \det A_i.$$

若将方阵 A 的两行 (或两列) 互换后得到方阵 A', 则有 $\det A=-\det A'$.

若方阵 A 的行 (或列) 矢量组是线性相关的, 则有 $\det A=0$.

若有限阶方阵 A 满足 $\det A\neq 0$, 则有 $\ln\det A=\mathrm{Tr}\ln A$.

设 $A,B,\cdots,C$ 为同阶方阵, 则有

$$\boxed{\det(AB\cdots C)=\det A\cdot\det B\cdots\det C}$$

4. 方阵的逆矩阵

若 $AB=BA=I$, 称 A 和 B 互逆, 记为 $A=B^{-1},B=A^{-1}$. 注意以下结论:

(1) 对有限阶方阵, 若 $AB=I$, 则必有 $BA=I$, 因此 $A=B^{-1}$.

(2) 对无限阶方阵, 当 $AB=I$ 时, 未必有 $BA=I$.

方阵 A 可逆的充分必要条件是 $\det A\neq 0$. 若方阵 A 和 B 均可逆, 则有

$$\boxed{(A^T)^{-1}=(A^{-1})^T,\quad (A^\dagger)^{-1}=(A^{-1})^\dagger,\quad (AB)^{-1}=B^{-1}A^{-1}}$$

设可逆对角矩阵 D 的对角元为 $\{d_i\}$, 则 D^{-1} 也是对角矩阵, 且对角元为 $\{d_i^{-1}\}$. 设可逆准对角矩阵 A 的"对角线"子阵为 $\{A_i\}$, 则 A^{-1} 也是准对角矩阵, 且"对角线"子阵为 $\{A_i^{-1}\}$.

若对称 (反对称) 矩阵 A 可逆, 则 A^{-1} 也为对称 (反对称) 矩阵.

若厄密 (反厄密) 矩阵 A 可逆, 则 A^{-1} 也为厄密 (反厄密) 矩阵.

若 $O^{-1}=O^{\mathrm{T}}$, 称 O 为正交矩阵, $\det O=\pm 1$, 正交矩阵之积仍为正交矩阵.

若 $U^{-1}=U^\dagger$, 称 U 为幺正矩阵, $|\det U|=1$, 幺正矩阵之积仍为幺正矩阵.

5. 方阵的本征值与本征矢量

设 A 为一个方阵, 若复数 λ 和非零列矢量 u 满足:

$$\boxed{Au=\lambda u\quad\Rightarrow\quad\det(A-\lambda I)=0}$$

称 λ 为 A 的本征值, u 为 λ 对应的本征矢量, 以上第二个方程称为 A 的久期方程.

一个方阵可以有多个本征值, 它们均为久期方程的解. 厄密矩阵的所有本征值均为实数. 若 A 的本征值均为正数, 称 A 为正定矩阵.

设 A 为 n 阶方阵, A 的久期方程的解为 λ_i $(i=1,2,\cdots,n)$, 则

$$\boxed{\mathrm{Tr}A=\sum_i\lambda_i,\quad \det A=\prod_i\lambda_i}$$

方阵 A 可逆的充分必要条件: A 的本征值 $\{\lambda_i\}$ 均不为零, 此时 A^{-1} 的本征值为 $\{\lambda_i^{-1}\}$.

一个本征值可以对应于多个线性独立的本征矢量. 若 λ_i 为久期方程的 k 重根,

则与 λ_i 对应的线性独立的本征矢量数目不大于 k. 不同本征值对应的本征矢量是线性独立的.n 阶厄密矩阵共有 n 个线性独立的本征矢量.

6. 方阵的相似变换

设 A 和 B 为同阶方阵, 若存在一个可逆方阵 X, 使得 (下式称为相似变换)

$$B = X^{-1}AX$$

称 A 与 B 相似, 记为 $A \sim B, B \sim A$, 此时 A 和 B 有一组相同的本征值, 且

$$\mathrm{Tr}A = \mathrm{Tr}B, \quad \det A = \det B.$$

对于任何方阵 A, 均有 $A \sim A^{\mathrm{T}}$. 若 $A \sim B, B \sim C$, 则有 $A \sim C$.

设 O 为一个正交矩阵, 相应的正交变换定义为以下相似变换:

$$B = O^{\mathrm{T}}AO \quad (O^{\mathrm{T}} = O^{-1}).$$

若 A 为对称矩阵, 则 B 也为对称矩阵.

设 U 为一个幺正矩阵, 相应的幺正变换定义为以下相似变换:

$$B = U^{\dagger}AU \quad (U^{\dagger} = U^{-1}).$$

若 A 为厄密矩阵, 则 B 也为厄密矩阵.

设 A 为一个方阵, 则 $X^{-1}AX$ 为对角矩阵的充分必要条件: X 的列矢量组为 A 的线性独立的本征矢量组.

若 A 为实对称矩阵, 则存在一个实正交矩阵 Q, 使得 $Q^{\mathrm{T}}AQ$ 为对角矩阵.

若 A 为厄密矩阵, 则存在一个幺正矩阵 U, 使得 $U^{\dagger}AU$ 为对角矩阵.

对于同阶的厄密矩阵 A 和 B, 当且仅当 $AB = BA$ 时, 存在一个幺正矩阵 U, 使得 $U^{\dagger}AU$ 和 $U^{\dagger}BU$ 均为对角矩阵.

7. 泡利矩阵与 $SU(2)$ 矩阵

设 σ_0 表示 2×2 的单位矩阵, σ_x, σ_y, σ_z 表示 3 个泡利矩阵, 即

$$\sigma_0 = \begin{pmatrix} 1 & 0 \\ 0 & 1 \end{pmatrix}, \quad \sigma_x = \begin{pmatrix} 0 & 1 \\ 1 & 0 \end{pmatrix}, \quad \sigma_y = \begin{pmatrix} 0 & -\mathrm{i} \\ \mathrm{i} & 0 \end{pmatrix}, \quad \sigma_z = \begin{pmatrix} 1 & 0 \\ 0 & -1 \end{pmatrix}.$$

则任何一个 2×2 的复矩阵 A 均可表示为以上 4 个矩阵的线性叠加, 即

$$\boxed{A = \sum_{\mu} c_{\mu}\sigma_{\mu}, \quad c_{\mu} = (1/2)\mathrm{Tr}(A\sigma_{\mu}) \quad (\mu = 0, x, y, z)}$$

注意以下结论:

(1) 若 A 与 3 个泡利矩阵均对易, 则 A 必为常数矩阵;

(2) 若 A 与 3 个泡利矩阵均反对易, 则有 $A = 0$.

若 2 阶幺正矩阵 U 满足 $\det U = 1$, 称 U 为一个 $SU(2)$ 矩阵, 它的一般形式为

$$U=\exp(-\mathrm{i}\phi\sigma_n)=\sigma_0\cos\phi-\mathrm{i}\sigma_n\sin\phi\quad(0\leqslant\phi<\pi),$$

$$\sigma_n\equiv\sigma_x\sin\theta\cos\varphi+\sigma_y\sin\theta\sin\varphi+\sigma_z\cos\theta\quad(0\leqslant\theta\leqslant\pi,\ 0\leqslant\varphi<2\pi).$$

$SU(2)$ 矩阵的一般形式也可以表示为

$$U=\begin{pmatrix}\cos\gamma\exp(\mathrm{i}\alpha) & \sin\gamma\exp(\mathrm{i}\beta)\\ -\sin\gamma\exp(-\mathrm{i}\beta) & \cos\gamma\exp(-\mathrm{i}\alpha)\end{pmatrix},\quad(0\leqslant\gamma\leqslant\pi/2,\ 0\leqslant\alpha,\ \beta<2\pi).$$

8. 两个矩阵的张量积

设 A 为 $M\times N$ 的矩阵, B 为 $P\times Q$ 的矩阵, 它们的张量积 (或称直积) 为

$$C=A\otimes B.$$

定义为一个 $(MP)\times(NQ)$ 型的矩阵, 矩阵元为

$$C_{mp,nq}=A_{mn}B_{pq}\quad(1\leqslant m\leqslant M,\ 1\leqslant n\leqslant N,\ 1\leqslant p\leqslant P,\ 1\leqslant q\leqslant Q).$$

例如, 设 σ_0 和 τ_0 均为 2×2 的单位矩阵, $(\sigma_x,\sigma_y,\sigma_z)$ 和 (τ_x,τ_y,τ_z) 为两组泡利矩阵, 则

$$\sigma_x\otimes\tau_y=\begin{pmatrix}0 & \tau_y\\ \tau_y & 0\end{pmatrix}=\begin{pmatrix}0 & 0 & 0 & -\mathrm{i}\\ 0 & 0 & \mathrm{i} & 0\\ 0 & -\mathrm{i} & 0 & 0\\ \mathrm{i} & 0 & 0 & 0\end{pmatrix}.$$

若 A 和 B 均为方阵, 而 $C=A\otimes B$, 则 C 的部分迹定义为以下矩阵:

$$\mathrm{Tr}_A C\equiv(\mathrm{Tr}A)B,\quad \mathrm{Tr}_B C\equiv(\mathrm{Tr}B)A.$$

而 C 的全迹定义为一个数:

$$\mathrm{Tr}\,C\equiv(\mathrm{Tr}A)(\mathrm{Tr}B).$$

附录D

算符的若干公式

1. 算符的微分

设算符 $\hat{A}(t)$ 依赖于连续实参量 t, 则它对 t 的微商定义为

$$\partial_t \hat{A}(t) \equiv \lim_{\epsilon \to 0} \frac{\hat{A}(t+\epsilon) - \hat{A}(t)}{\epsilon}.$$

当 $t \neq t'$ 时, $\hat{A}(t)$ 与 $\hat{A}(t')$ 不一定对易. 此外, 算符 $\partial_t \hat{A}(t)$ 与 $\hat{A}(t)$ 也不一定对易. 例如, 设 $\hat{A}(t) = \hat{B} + t\hat{C}$, 其中算符 $\hat{B}$ 和 $\hat{C}$ 均不依赖于 t, 则有

$$\hat{A}(0) = \hat{B}, \quad \hat{A}(1) = \hat{B} + \hat{C}, \quad \partial_t \hat{A}(t) = \hat{C}$$

$$\Rightarrow \quad [\hat{A}(0), \hat{A}(1)] = [\hat{B}, \hat{C}], \quad [\hat{A}(t), \partial_t \hat{A}(t)] = [\hat{B}, \hat{C}].$$

设算符 $\hat{A}(t)$ 和 $\hat{B}(t)$ 均依赖于连续实参量 t, 则由算符微商的定义可导出:

$$\boxed{\partial_t(\hat{A}\hat{B}) = (\partial_t \hat{A})\hat{B} + \hat{A}\partial_t \hat{B}, \quad \partial_t(\hat{A}^2) = (\partial_t \hat{A})\hat{A} + \hat{A}\partial_t \hat{A}}$$

若 $\hat{A}(t)$ 有逆算符, 即 $\hat{A}^{-1}\hat{A} = \hat{A}\hat{A}^{-1} = 1$, 则有

$$\partial_t(\hat{A}^{-1}\hat{A}) = 0 \quad \Rightarrow \quad (\partial_t \hat{A}^{-1})\hat{A} = -\hat{A}^{-1}\partial_t \hat{A}.$$

用算符 $\hat{A}^{-1}$ 从右边同时乘以上述第二个等式的两边, 得到

$$\boxed{\partial_t(\hat{A}^{-1}) = -\hat{A}^{-1}(\partial_t \hat{A})\hat{A}^{-1}}$$

若算符 $\hat{A}$ 不依赖于实参量 x, 容易证明

$$\boxed{\partial_x \exp(x\hat{A}) = \hat{A}\exp(x\hat{A}) = \exp(x\hat{A})\hat{A} \quad (\partial_x \hat{A} = 0)}$$

2. 算符的积分

设算符 $\hat{F}(t)$ 和 $\hat{A}(t)$ 均依赖于连续实参量 t, 且 $\hat{F}(t)$ 满足一阶线性齐次微分方程:

$$\partial_t \hat{F}(t) = \hat{A}(t)\hat{F}(t) \quad \Rightarrow \quad \hat{F}(t) = \hat{F}(t_0) + \int_{t_0}^{t} \mathrm{d}t_1 \hat{A}(t_1)\hat{F}(t_1).$$

采用逐级迭代法, 可将 $\hat{F}(t)$ 表示为 $\hat{A}$ 的幂级数形式, 即

$$\boxed{\hat{F}(t) = \hat{S}(t, t_0)\hat{F}(t_0)}$$

$$\begin{aligned}
\hat{S}(t, t_0) &= 1 + \int_{t_0}^{t} \mathrm{d}t_1 \hat{A}(t_1) + \int_{t_0}^{t} \mathrm{d}t_1 \int_{t_0}^{t_1} \mathrm{d}t_2 \hat{A}(t_1)\hat{A}(t_2) + \cdots \\
&= 1 + \sum_{n=1}^{\infty} \frac{1}{n!} \int_{t_0}^{t} \mathrm{d}t_1 \int_{t_0}^{t} \mathrm{d}t_2 \cdots \int_{t_0}^{t} \mathrm{d}t_n \mathcal{T}[\hat{A}(t_1)\hat{A}(t_2)\cdots\hat{A}(t_n)].
\end{aligned}$$

其中 $\mathcal{T}$ 的作用是将 $[\cdots]$ 中各 $\hat{A}(t_i)$ 按照 t_i 从大到小的次序从左到右排列, 例如

$$\mathcal{T}[\hat{A}(t_1)\hat{A}(t_2)] = \hat{A}(t_1)\hat{A}(t_2)\theta(t_1-t_2) + \hat{A}(t_2)\hat{A}(t_1)\theta(t_2-t_1).$$

通常也将算符 $\hat{S}(t,t_0)$ 的上述级数表达式简记为

$$\boxed{\hat{S}(t,t_0) = \mathcal{T}\exp\left[\int_{t_0}^{t} d\tau \hat{A}(\tau)\right]}$$

若 $\hat{A}$ 不依赖于 t, 则有

$$\boxed{\hat{S}(t,t_0) = \exp[\hat{A}(t-t_0)], (\partial_t\hat{A}=0)}$$

例如, 若体系的哈密顿算符为 $\hat{H}(t)$, 则时间演化算符 $\hat{U}(t,t_0)$ 满足:

$$i\hbar\partial_t\hat{U}(t,t_0) = \hat{H}(t)\hat{U}(t,t_0), \quad \hat{U}(t_0,t_0)=1.$$

因此方程的形式解可表示为

$$\boxed{\hat{U}(t,t_0) = \mathcal{T}\exp\left[\frac{1}{\mathrm{i}\hbar}\int_{t_0}^{t} \mathrm{d}\tau \hat{H}(\tau)\right]}$$

若算符 $\hat{\rho}(t)$ 满足以下方程:

$$\partial_t\hat{\rho}(t) = [\hat{A}(t),\hat{\rho}(t)] \quad \Rightarrow \quad \hat{\rho}(t) = \hat{\rho}(t_0) + \int_{t_0}^{t} \mathrm{d}t_1[\hat{A}(t_1),\hat{\rho}(t_1)].$$

可以证明, 方程的解也可以借助上述算符 $\hat{S}(t,t_0)$ 表示为

$$\boxed{\hat{\rho}(t) = \hat{S}(t,t_0)\hat{\rho}(t_0)\hat{S}(t_0,t)}$$

3. 算符的指数函数

(1) **久保公式**: 设 $\hat{A}$ 和 $\hat{B}$ 为两个任意的线性算符, 则有

$$\boxed{[\hat{A},\mathrm{e}^{-\beta\hat{B}}] = -\mathrm{e}^{-\beta\hat{B}}\int_0^{\beta} \mathrm{d}x \mathrm{e}^{x\hat{B}}[\hat{A},\hat{B}]\mathrm{e}^{-x\hat{B}}}$$

证明: 令 $\hat{f}(x) \equiv \exp(x\hat{B})\hat{A}\exp(-x\hat{B})$, 则有

$$\partial_x\hat{f}(x) = -\mathrm{e}^{x\hat{B}}[\hat{A},\hat{B}]\mathrm{e}^{-x\hat{B}}, \quad \Rightarrow \quad \hat{f}(\beta)-\hat{f}(0) = -\int_0^{\beta}\mathrm{d}x\mathrm{e}^{x\hat{B}}[\hat{A},\hat{B}]\mathrm{e}^{-x\hat{B}}.$$

由 $\hat{f}(x)$ 的定义式可知, $\hat{f}(\beta)-\hat{f}(0) = \mathrm{e}^{\beta\hat{B}}\hat{A}\mathrm{e}^{-\beta\hat{B}} - \hat{A}$, 代入上式可导出久保公式.

(2) **贝克–豪斯多夫公式**: 设 $\hat{A}$ 和 $\hat{B}$ 为两个任意的线性算符, 则有

$$\boxed{\mathrm{e}^{-\hat{B}}\hat{A}\mathrm{e}^{\hat{B}} = \hat{A} + [\hat{A},\hat{B}] + [[\hat{A},\hat{B}],\hat{B}]/2! + [[[\hat{A},\hat{B}],\hat{B}],\hat{B}]/3! + \cdots}$$

证明: 设算符 $\hat{f}(x)$ 对实参量 x 的任意阶微商均存在, 则有幂级数展开式:

$$\hat{f}(x) = \hat{f}(0) + \hat{f}'(0)x + \hat{f}''(0)x^2/2! + \hat{f}'''(0)x^3/3! + \cdots,$$

$$\Rightarrow \quad \hat{f}(1)=\hat{f}(0)+\hat{f}'(0)+\hat{f}''(0)/2!+\hat{f}'''(0)/3!+\cdots.$$

令 $\hat{f}(x)\equiv \mathrm{e}^{-x\hat{B}}\hat{A}\mathrm{e}^{x\hat{B}}$, 则有 $\hat{f}(1)=\mathrm{e}^{-\hat{B}}\hat{A}\mathrm{e}^{\hat{B}}, \hat{f}(0)=\hat{A}$, 以及

$$\hat{f}'(x)\equiv\partial_x\hat{f}(x)=[\hat{f}(x),\hat{B}],\quad \hat{f}''(x)\equiv\partial_x\hat{f}'(x)=[\hat{f}'(x),\hat{B}]=[[\hat{f}(x),\hat{B}],\hat{B}],\cdots.$$

将以上结果代入 $\hat{f}(1)$ 的级数表达式, 立即得到贝克–豪斯多夫公式.

(3) **格拉伯公式**: 设 $[[\hat{A},\hat{B}],\hat{A}]=[[\hat{A},\hat{B}],\hat{B}]=0$, 则有

$$\boxed{\exp(\hat{A}+\hat{B})=\mathrm{e}^{\hat{A}}\mathrm{e}^{\hat{B}}\exp(-[\hat{A},\hat{B}]/2)}$$

证明: 令 $\hat{f}(x)\equiv\exp(x\hat{A})\exp(x\hat{B})$, 其中 $\hat{A}$ 和 $\hat{B}$ 均不依赖于实参量 x, 则有

$$\partial_x f(x)=\hat{A}\hat{f}(x)+\hat{f}(x)\hat{B}=\hat{f}(x)[\exp(-x\hat{B})\hat{A}\exp(x\hat{B})+\hat{B}]=\hat{f}(x)\{\hat{A}+\hat{B}+x[\hat{A},\hat{B}]\}.$$

其中最后一步运用了贝克–豪斯多夫公式. 注意到 $\hat{f}(0)=1$, 以上微分方程的解为

$$\hat{f}(x)=\exp\{x(\hat{A}+\hat{B})+x^2[\hat{A},\hat{B}]/2\}.$$

将上式与 $\hat{f}(x)$ 的定义式相结合, 并令 $x=1$, 立即得到格拉伯公式.

(4) 设 $\hat{A}$ 和 $\hat{B}$ 为两个任意的线性算符, 则有

$$\boxed{\exp(\hat{A}+\hat{B})=\mathrm{e}^{\hat{A}}+\mathrm{e}^{\hat{A}}\int_0^1\mathrm{d}x\exp(-x\hat{A})\hat{B}\exp[x(\hat{A}+\hat{B})]}$$

证明: 令 $\hat{f}(x)\equiv\exp(-x\hat{A})\exp[x(\hat{A}+\hat{B})]$, 其中 $\hat{A}$ 和 $\hat{B}$ 均不含实参量 x, 则有

$$\partial_x\hat{f}(x)=\exp(-x\hat{A})(\hat{A}+\hat{B}-\hat{A})\exp[x(\hat{A}+\hat{B})]=\exp(-x\hat{A})\hat{B}\exp[x(\hat{A}+\hat{B})]$$

$$\Rightarrow\quad \hat{f}(1)-\hat{f}(0)=\int_0^1\mathrm{d}x\exp(-x\hat{A})\hat{B}\exp[x(\hat{A}+\hat{B})].$$

另一方面, 由 $\hat{f}(x)$ 的定义式可知,

$$\hat{f}(1)-\hat{f}(0)=\exp(-\hat{A})\exp(\hat{A}+\hat{B})-1.$$

将以上两式相结合, 容易导出所要证明的公式, 证毕.

若 $\hat{B}$ 是一个很小的算符, 利用以上公式及贝克–豪斯多夫公式, 可得

$$\boxed{\mathrm{e}^{\hat{A}+\hat{B}}\approx\mathrm{e}^{\hat{A}}+\mathrm{e}^{\hat{A}}\int_0^1\mathrm{d}x\mathrm{e}^{-x\hat{A}}\hat{B}\mathrm{e}^{x\hat{A}}=\mathrm{e}^{\hat{A}}\{1+\hat{B}+[\hat{B},\hat{A}]/2!+[[\hat{B},\hat{A}],\hat{A}]/3!+\cdots\}}$$

(5) 设算符 $\hat{A}(t)$ 依赖于连续实参量 t, 根据算符微商的定义, 有

$$\partial_t\mathrm{e}^{\hat{A}(t)}=\lim_{\epsilon\to0}\frac{\mathrm{e}^{\hat{A}(t+\epsilon)}-\mathrm{e}^{\hat{A}(t)}}{\epsilon}=\lim_{\epsilon\to0}\frac{\exp[\hat{A}(t)+\epsilon\partial_t\hat{A}(t)]-\mathrm{e}^{\hat{A}}}{\epsilon}.$$

注意到 $\epsilon\partial_t\hat{A}$ 是一个无穷小算符, 利用公式 (4), 可得

$$\exp(\hat{A}+\epsilon\partial_t\hat{A})\approx \mathrm{e}^{\hat{A}}+\mathrm{e}^{\hat{A}}\int_0^1 \mathrm{d}x\mathrm{e}^{-x\hat{A}}(\epsilon\partial_t\hat{A})\mathrm{e}^{x\hat{A}}$$
$$=\mathrm{e}^{\hat{A}}\{1+\epsilon\partial_t\hat{A}+[\epsilon\partial_t\hat{A},\hat{A}]/2!+[[\epsilon\partial_t\hat{A},\hat{A}],\hat{A}]/3!+\cdots\}.$$

将上式代入 $\partial_t\mathrm{e}^{\hat{A}(t)}$ 的定义式, 可得

$$\boxed{\partial_t\mathrm{e}^{\hat{A}}=\mathrm{e}^{\hat{A}}\int_0^1 \mathrm{d}x\mathrm{e}^{-x\hat{A}}(\partial_t\hat{A})\mathrm{e}^{x\hat{A}}=\mathrm{e}^{\hat{A}}\{\partial_t\hat{A}+[\partial_t\hat{A},\hat{A}]/2!+[[\partial_t\hat{A},\hat{A}],\hat{A}]/3!+\cdots\}}$$

4. 算符的对数函数

由于函数 $\ln x$ 没有关于 x 的幂级数表达式, 算符 $\hat{A}$ 的对数函数可定义为

$$\boxed{\ln\hat{A}=\ln[1-(1-\hat{A})]\equiv-\sum_{n=1}^{\infty}(1-\hat{A})^n/n}$$

除非 $[\hat{A},\hat{B}]=0$, 一般情况下, $\ln(\hat{A}\hat{B})\neq\ln\hat{A}+\ln\hat{B}$.

以 $\mathrm{Tr}\hat{A}$ 表示算符 $\hat{A}$ 的迹, 由于 $\mathrm{Tr}(\hat{A}\hat{B})=\mathrm{Tr}(\hat{B}\hat{A})$, 所以有

$$\boxed{\mathrm{Tr}\ln(\hat{A}\hat{B})=\mathrm{Tr}\ln\hat{A}+\mathrm{Tr}\ln\hat{B}}$$

以 $\det\hat{A}$ 表示算符 $\hat{A}$ 的行列式, 其定义式为

$$\boxed{\ln\det\hat{A}\equiv\mathrm{Tr}\ln\hat{A}\quad\Rightarrow\quad\det(\hat{A}\hat{B})=\det\hat{A}\cdot\det\hat{B}}$$

设算符 $\hat{A}(t)$ 依赖于连续实参量 t, 且存在逆算符 $\hat{A}^{-1}(t)$, 则有

$$\boxed{\partial_t\mathrm{Tr}\ln\hat{A}=\mathrm{Tr}(\hat{A}^{-1}\partial_t\hat{A})}$$

证明: 根据算符微商的定义, 并利用以上公式, 有

$$\partial_t\mathrm{Tr}\ln\hat{A}=\lim_{\epsilon\to0}[\mathrm{Tr}\ln\hat{A}(t+\epsilon)-\mathrm{Tr}\ln\hat{A}(t)]/\epsilon$$
$$=\lim_{\epsilon\to0}\{\mathrm{Tr}\ln[\hat{A}(t)+\epsilon\partial_t\hat{A}]-\mathrm{Tr}\ln\hat{A}(t)\}/\epsilon$$
$$=\lim_{\epsilon\to0}\{\mathrm{Tr}\ln[\hat{A}(1+\epsilon\hat{A}^{-1}\partial_t\hat{A})]-\mathrm{Tr}\ln\hat{A}\}/\epsilon.$$

注意到 $\mathrm{Tr}\ln[\hat{A}(1+\epsilon\hat{A}^{-1}\partial_t\hat{A})]=\mathrm{Tr}\ln\hat{A}+\mathrm{Tr}\ln(1+\epsilon\hat{A}^{-1}\partial_t\hat{A})$, 代入上式, 可得

$$\partial_t\mathrm{Tr}\ln\hat{A}=\lim_{\epsilon\to0}\mathrm{Tr}\ln(1+\epsilon\hat{A}^{-1}\partial_t\hat{A})/\epsilon$$
$$=\lim_{\epsilon\to0}\mathrm{Tr}(\epsilon\hat{A}^{-1}\partial_t\hat{A})/\epsilon=\mathrm{Tr}(\hat{A}^{-1}\partial_t\hat{A}).$$

附录E

角动量的若干公式

1. 与一般角动量相关的公式

设 $\hat{\boldsymbol{A}}$ 和 $\hat{\boldsymbol{B}}$ 均为相对于角动量算符 $\hat{\boldsymbol{j}}$ 而定义的矢量算符, 即

$$[\hat{j}_\alpha, \hat{A}_\beta] = \mathrm{i}\hbar\epsilon_{\alpha\beta\gamma}\hat{A}_\gamma, \quad [\hat{j}_\alpha, \hat{B}_\beta] = \mathrm{i}\hbar\epsilon_{\alpha\beta\gamma}\hat{B}_\gamma.$$

其中约定重复指标求和, 则有以下公式:

$$(1)\quad \boxed{\begin{aligned}\hat{\boldsymbol{j}}\times\hat{\boldsymbol{A}}+\hat{\boldsymbol{A}}\times\hat{\boldsymbol{j}} &= 2\mathrm{i}\hbar\hat{\boldsymbol{A}}\\ [\hat{\boldsymbol{j}}^2,\hat{\boldsymbol{A}}] &= \mathrm{i}\hbar(\hat{\boldsymbol{A}}\times\hat{\boldsymbol{j}}-\hat{\boldsymbol{j}}\times\hat{\boldsymbol{A}})\end{aligned}}$$

证明: 利用 $\hat{\boldsymbol{j}}$ 和 $\hat{\boldsymbol{A}}$ 的上述对易关系, 可得

$$\begin{aligned}(\hat{\boldsymbol{j}}\times\hat{\boldsymbol{A}})_\gamma+(\hat{\boldsymbol{A}}\times\hat{\boldsymbol{j}})_\gamma &= \epsilon_{\alpha\beta\gamma}(\hat{j}_\alpha\hat{A}_\beta+\hat{A}_\alpha\hat{j}_\beta)=\epsilon_{\alpha\beta\gamma}(\hat{j}_\alpha\hat{A}_\beta-\hat{A}_\beta\hat{j}_\alpha)\\ &= \epsilon_{\alpha\beta\gamma}[\hat{j}_\alpha,\hat{A}_\beta]=\mathrm{i}\hbar\epsilon_{\alpha\beta\gamma}\epsilon_{\alpha\beta\gamma'}\hat{A}_{\gamma'}=2\mathrm{i}\hbar\delta_{\gamma\gamma'}\hat{A}_{\gamma'}=2\mathrm{i}\hbar\hat{A}_\gamma,\\ [\hat{\boldsymbol{j}}^2,\hat{A}_\beta] &= [\hat{j}_\alpha\hat{j}_\alpha,\hat{A}_\beta]=[\hat{j}_\alpha,\hat{A}_\beta]\hat{j}_\alpha+\hat{j}_\alpha[\hat{j}_\alpha,\hat{A}_\beta]=\mathrm{i}\hbar\epsilon_{\alpha\beta\gamma}(\hat{A}_\gamma\hat{j}_\alpha+\hat{j}_\alpha\hat{A}_\gamma)\\ &= \mathrm{i}\hbar\epsilon_{\alpha\beta\gamma}(\hat{A}_\gamma\hat{j}_\alpha-\hat{j}_\gamma\hat{A}_\alpha)=\mathrm{i}\hbar[(\hat{\boldsymbol{A}}\times\hat{\boldsymbol{j}})_\beta-(\hat{\boldsymbol{j}}\times\hat{\boldsymbol{A}})_\beta].\end{aligned}$$

$$(2)\quad \boxed{\begin{aligned}\hat{\boldsymbol{A}}\cdot(\hat{\boldsymbol{j}}\times\hat{\boldsymbol{B}}) &= 2\mathrm{i}\hbar\hat{\boldsymbol{A}}\cdot\hat{\boldsymbol{B}}-(\hat{\boldsymbol{A}}\times\hat{\boldsymbol{B}})\cdot\hat{\boldsymbol{j}}\\ \hat{\boldsymbol{A}}\times(\hat{\boldsymbol{j}}\times\hat{\boldsymbol{B}}) &= \mathrm{i}\hbar\hat{\boldsymbol{A}}\times\hat{\boldsymbol{B}}+(\hat{\boldsymbol{A}}\cdot\hat{\boldsymbol{B}})\hat{\boldsymbol{j}}-(\hat{\boldsymbol{A}}\cdot\hat{\boldsymbol{j}})\hat{\boldsymbol{B}}\\ (\hat{\boldsymbol{A}}\times\hat{\boldsymbol{j}})\times\hat{\boldsymbol{B}} &= \mathrm{i}\hbar\hat{\boldsymbol{A}}\times\hat{\boldsymbol{B}}+(\hat{\boldsymbol{A}}\cdot\hat{\boldsymbol{B}})\hat{\boldsymbol{j}}-\hat{\boldsymbol{A}}(\hat{\boldsymbol{j}}\cdot\hat{\boldsymbol{B}})\\ \hat{\boldsymbol{A}}\times(\hat{\boldsymbol{B}}\times\hat{\boldsymbol{j}}) &= \mathrm{i}\hbar\hat{\boldsymbol{A}}\times\hat{\boldsymbol{B}}-(\hat{\boldsymbol{A}}\cdot\hat{\boldsymbol{B}})\hat{\boldsymbol{j}}+(\hat{\boldsymbol{A}}\cdot\hat{\boldsymbol{j}})\hat{\boldsymbol{B}}\\ (\hat{\boldsymbol{j}}\times\hat{\boldsymbol{A}})\times\hat{\boldsymbol{B}} &= \mathrm{i}\hbar\hat{\boldsymbol{A}}\times\hat{\boldsymbol{B}}-(\hat{\boldsymbol{A}}\cdot\hat{\boldsymbol{B}})\hat{\boldsymbol{j}}+\hat{\boldsymbol{A}}(\hat{\boldsymbol{j}}\cdot\hat{\boldsymbol{B}})\end{aligned}}$$

证明: 利用公式 (1) 的第 1 行, 可以导出公式 (2) 的第 1 行, 即

$$\hat{\boldsymbol{A}}\cdot(\hat{\boldsymbol{j}}\times\hat{\boldsymbol{B}})=\hat{\boldsymbol{A}}\cdot(2\mathrm{i}\hbar\boldsymbol{B}-\hat{\boldsymbol{B}}\times\hat{\boldsymbol{j}})=2\mathrm{i}\hbar\hat{\boldsymbol{A}}\cdot\hat{\boldsymbol{B}}-(\hat{\boldsymbol{A}}\times\hat{\boldsymbol{B}})\cdot\hat{\boldsymbol{j}}.$$

利用矢量算符的性质可以导出公式 (2) 的第 2 和第 3 行, 即

$$[\hat{\boldsymbol{A}}\times(\hat{\boldsymbol{j}}\times\hat{\boldsymbol{B}})]_\alpha=\hat{A}_\beta\hat{j}_\alpha\hat{B}_\beta-(\hat{\boldsymbol{A}}\cdot\hat{\boldsymbol{j}})\hat{B}_\alpha,\quad [(\hat{\boldsymbol{A}}\times\hat{\boldsymbol{j}})\times\hat{\boldsymbol{B}}]_\alpha=\hat{A}_\beta\hat{j}_\alpha\hat{B}_\beta-\hat{A}_\alpha(\hat{\boldsymbol{j}}\cdot\hat{\boldsymbol{B}}),$$

$$\hat{A}_\beta\hat{j}_\alpha\hat{B}_\beta=\hat{A}_\beta(\mathrm{i}\hbar\epsilon_{\alpha\beta\gamma}\hat{B}_\gamma+\hat{B}_\beta\hat{j}_\alpha)=\mathrm{i}\hbar(\hat{\boldsymbol{A}}\times\hat{\boldsymbol{B}})_\alpha+(\hat{\boldsymbol{A}}\cdot\hat{\boldsymbol{B}})\hat{j}_\alpha.$$

利用公式 (1) 以及公式 (2) 的第 2 和第 3 行, 可导出公式 (2) 的第 4 和第 5 行, 即

$$\hat{\boldsymbol{A}}\times(\hat{\boldsymbol{B}}\times\hat{\boldsymbol{j}})=\hat{\boldsymbol{A}}\times(2\mathrm{i}\hbar\hat{\boldsymbol{B}}-\hat{\boldsymbol{j}}\times\hat{\boldsymbol{B}})=2\mathrm{i}\hbar\hat{\boldsymbol{A}}\times\hat{\boldsymbol{B}}-\hat{\boldsymbol{A}}\times(\hat{\boldsymbol{j}}\times\hat{\boldsymbol{B}}),$$

$$(\hat{\boldsymbol{j}}\times\hat{\boldsymbol{A}})\times\hat{\boldsymbol{B}}=(2\mathrm{i}\hbar\hat{\boldsymbol{A}}-\hat{\boldsymbol{A}}\times\hat{\boldsymbol{j}})\times\hat{\boldsymbol{B}}=2\mathrm{i}\hbar\hat{\boldsymbol{A}}\times\hat{\boldsymbol{B}}-(\hat{\boldsymbol{A}}\times\hat{\boldsymbol{j}})\times\hat{\boldsymbol{B}}.$$

$$(3)\quad \boxed{\begin{aligned}(\hat{\boldsymbol{j}}\times\hat{\boldsymbol{A}})\cdot\hat{\boldsymbol{j}} &= \mathrm{i}\hbar\hat{\boldsymbol{j}}\cdot\hat{\boldsymbol{A}}\\ \hat{\boldsymbol{j}}\times(\hat{\boldsymbol{j}}\times\hat{\boldsymbol{A}}) &= \mathrm{i}\hbar\hat{\boldsymbol{j}}\times\hat{\boldsymbol{A}}+(\hat{\boldsymbol{A}}\cdot\hat{\boldsymbol{j}})\hat{\boldsymbol{j}}-\hat{\boldsymbol{j}}^2\hat{\boldsymbol{A}}\\ (\hat{\boldsymbol{A}}\times\hat{\boldsymbol{j}})\times\hat{\boldsymbol{j}} &= \mathrm{i}\hbar\hat{\boldsymbol{A}}\times\hat{\boldsymbol{j}}+(\hat{\boldsymbol{A}}\cdot\hat{\boldsymbol{j}})\hat{\boldsymbol{j}}-\hat{\boldsymbol{A}}\hat{\boldsymbol{j}}^2\\ \hat{\boldsymbol{j}}\times(\hat{\boldsymbol{A}}\times\hat{\boldsymbol{j}}) &= \mathrm{i}\hbar\hat{\boldsymbol{j}}\times\hat{\boldsymbol{A}}-(\hat{\boldsymbol{A}}\cdot\hat{\boldsymbol{j}})\hat{\boldsymbol{j}}+\hat{\boldsymbol{j}}^2\hat{\boldsymbol{A}}\\ (\hat{\boldsymbol{j}}\times\hat{\boldsymbol{A}})\times\hat{\boldsymbol{j}} &= \mathrm{i}\hbar\hat{\boldsymbol{A}}\times\hat{\boldsymbol{j}}-(\hat{\boldsymbol{A}}\cdot\hat{\boldsymbol{j}})\hat{\boldsymbol{j}}+\hat{\boldsymbol{A}}\hat{\boldsymbol{j}}^2\end{aligned}}$$

证明: 将公式 (2) 中的 $\hat{\boldsymbol{A}}$ 或 $\hat{\boldsymbol{B}}$ 替换为 $\hat{\boldsymbol{j}}$, 即可得到公式 (3).

$$(4)\quad \boxed{[\hat{\boldsymbol{j}}^2,[\hat{\boldsymbol{j}}^2,\hat{\boldsymbol{A}}]]=2\hbar^2[\hat{\boldsymbol{j}}^2\hat{\boldsymbol{A}}+\hat{\boldsymbol{A}}\hat{\boldsymbol{j}}^2-2(\hat{\boldsymbol{A}}\cdot\hat{\boldsymbol{j}})\hat{\boldsymbol{j}}]}$$

证明: 重复利用公式 (1) 的第 2 行, 可得

$$\begin{aligned}[\hat{\boldsymbol{j}}^2,[\hat{\boldsymbol{j}}^2,\hat{\boldsymbol{A}}]]&=\mathrm{i}\hbar[\hat{\boldsymbol{j}}^2,\hat{\boldsymbol{A}}\times\hat{\boldsymbol{j}}]-\mathrm{i}\hbar[\hat{\boldsymbol{j}}^2,\hat{\boldsymbol{j}}\times\hat{\boldsymbol{A}}]\\&=-\hbar^2[(\hat{\boldsymbol{A}}\times\hat{\boldsymbol{j}})\times\hat{\boldsymbol{j}}-\hat{\boldsymbol{j}}\times(\hat{\boldsymbol{A}}\times\hat{\boldsymbol{j}})]+\hbar^2[(\hat{\boldsymbol{j}}\times\hat{\boldsymbol{A}})\times\hat{\boldsymbol{j}}-\hat{\boldsymbol{j}}\times(\hat{\boldsymbol{j}}\times\hat{\boldsymbol{A}})].\end{aligned}$$

将公式 (3) 的结果代入上式, 立即得到公式 (4).

2. 与轨道角动量相关的公式

设 $\hat{\boldsymbol{r}}$ 为位矢算符, $\hat{\boldsymbol{p}}$ 为动量算符, $\hat{\boldsymbol{l}}=\hat{\boldsymbol{r}}\times\hat{\boldsymbol{p}}$ 为轨道角动量算符, 易知

$$\hat{\boldsymbol{e}}_r\cdot\hat{\boldsymbol{p}}-\hat{\boldsymbol{p}}\cdot\hat{\boldsymbol{e}}_r=2\mathrm{i}\hbar/r\quad(\hat{\boldsymbol{e}}_r\equiv\hat{\boldsymbol{r}}/r).$$

其中 $\hat{\boldsymbol{e}}_r$ 为径向单位向量算符, 则有以下公式:

$$(5)\quad \boxed{\begin{gathered}\hat{\boldsymbol{e}}_r\cdot(\hat{\boldsymbol{l}}\times\hat{\boldsymbol{p}})=2\mathrm{i}\hbar\hat{\boldsymbol{e}}_r\cdot\hat{\boldsymbol{p}}-\hat{\boldsymbol{l}}^2/r,\\(\hat{\boldsymbol{p}}\times\hat{\boldsymbol{l}})\cdot\hat{\boldsymbol{e}}_r=2\mathrm{i}\hbar\hat{\boldsymbol{p}}\cdot\hat{\boldsymbol{e}}_r+\hat{\boldsymbol{l}}^2/r\end{gathered}}$$

证明: 利用公式 (1) 的第 1 行, 可得

$$\hat{\boldsymbol{e}}_r\cdot(\hat{\boldsymbol{l}}\times\hat{\boldsymbol{p}})=\hat{\boldsymbol{e}}_r\cdot(2\mathrm{i}\hbar\hat{\boldsymbol{p}}-\hat{\boldsymbol{p}}\times\hat{\boldsymbol{l}})=2\mathrm{i}\hbar\hat{\boldsymbol{e}}_r\cdot\hat{\boldsymbol{p}}-(\hat{\boldsymbol{e}}_r\times\hat{\boldsymbol{p}})\cdot\hat{\boldsymbol{l}}=2\mathrm{i}\hbar\hat{\boldsymbol{e}}_r\cdot\hat{\boldsymbol{p}}-\hat{\boldsymbol{l}}^2/r,$$

$$(\hat{\boldsymbol{p}}\times\hat{\boldsymbol{l}})\cdot\hat{\boldsymbol{e}}_r=(2\mathrm{i}\hbar\hat{\boldsymbol{p}}-\hat{\boldsymbol{l}}\times\hat{\boldsymbol{p}})\cdot\hat{\boldsymbol{e}}_r=2\mathrm{i}\hbar\hat{\boldsymbol{p}}\cdot\hat{\boldsymbol{e}}_r-\hat{\boldsymbol{l}}\cdot(\hat{\boldsymbol{p}}\times\hat{\boldsymbol{e}}_r)=2\mathrm{i}\hbar\hat{\boldsymbol{p}}\cdot\hat{\boldsymbol{e}}_r+\hat{\boldsymbol{l}}^2/r.$$

$$(6)\quad \boxed{\begin{gathered}\hat{\boldsymbol{e}}_r\times(\hat{\boldsymbol{l}}\times\hat{\boldsymbol{p}})=(\mathrm{i}\hbar/r+\hat{\boldsymbol{e}}_r\cdot\hat{\boldsymbol{p}})\hat{\boldsymbol{l}}\\\hat{\boldsymbol{e}}_r\times(\hat{\boldsymbol{p}}\times\hat{\boldsymbol{l}})=(\mathrm{i}\hbar/r-\hat{\boldsymbol{e}}_r\cdot\hat{\boldsymbol{p}})\hat{\boldsymbol{l}}\\(\hat{\boldsymbol{p}}\times\hat{\boldsymbol{l}})\times\hat{\boldsymbol{e}}_r=(-\mathrm{i}\hbar/r+\hat{\boldsymbol{p}}\cdot\hat{\boldsymbol{e}}_r)\hat{\boldsymbol{l}}\\(\hat{\boldsymbol{l}}\times\hat{\boldsymbol{p}})\times\hat{\boldsymbol{e}}_r=(-\mathrm{i}\hbar/r-\hat{\boldsymbol{p}}\cdot\hat{\boldsymbol{e}}_r)\hat{\boldsymbol{l}}\end{gathered}}$$

证明: 利用公式 (2), 可得

$$\begin{aligned}\hat{\boldsymbol{e}}_r\times(\hat{\boldsymbol{l}}\times\hat{\boldsymbol{p}})&=\mathrm{i}\hbar\hat{\boldsymbol{e}}_r\times\hat{\boldsymbol{p}}+(\hat{\boldsymbol{e}}_r\cdot\hat{\boldsymbol{p}})\hat{\boldsymbol{l}}-(\hat{\boldsymbol{e}}_r\cdot\hat{\boldsymbol{l}})\hat{\boldsymbol{p}}=(\mathrm{i}\hbar/r+\hat{\boldsymbol{e}}_r\cdot\hat{\boldsymbol{p}})\hat{\boldsymbol{l}},\\\hat{\boldsymbol{e}}_r\times(\hat{\boldsymbol{p}}\times\hat{\boldsymbol{l}})&=\mathrm{i}\hbar\hat{\boldsymbol{e}}_r\times\hat{\boldsymbol{p}}-(\hat{\boldsymbol{e}}_r\cdot\hat{\boldsymbol{p}})\hat{\boldsymbol{l}}+(\hat{\boldsymbol{e}}_r\cdot\hat{\boldsymbol{l}})\hat{\boldsymbol{p}}=(\mathrm{i}\hbar/r-\hat{\boldsymbol{e}}_r\cdot\hat{\boldsymbol{p}})\hat{\boldsymbol{l}},\\(\hat{\boldsymbol{p}}\times\hat{\boldsymbol{l}})\times\hat{\boldsymbol{e}}_r&=\mathrm{i}\hbar\hat{\boldsymbol{p}}\times\hat{\boldsymbol{e}}_r+(\hat{\boldsymbol{p}}\cdot\hat{\boldsymbol{e}}_r)\hat{\boldsymbol{l}}-\hat{\boldsymbol{p}}(\hat{\boldsymbol{l}}\cdot\hat{\boldsymbol{e}}_r)=(-\mathrm{i}\hbar/r+\hat{\boldsymbol{p}}\cdot\hat{\boldsymbol{e}}_r)\hat{\boldsymbol{l}},\\(\hat{\boldsymbol{l}}\times\hat{\boldsymbol{p}})\times\hat{\boldsymbol{e}}_r&=\mathrm{i}\hbar\hat{\boldsymbol{p}}\times\hat{\boldsymbol{e}}_r-(\hat{\boldsymbol{p}}\cdot\hat{\boldsymbol{e}}_r)\hat{\boldsymbol{l}}+\hat{\boldsymbol{p}}(\hat{\boldsymbol{l}}\cdot\hat{\boldsymbol{e}}_r)=(-\mathrm{i}\hbar/r-\hat{\boldsymbol{p}}\cdot\hat{\boldsymbol{e}}_r)\hat{\boldsymbol{l}}.\end{aligned}$$

$$(7)\quad \boxed{\begin{gathered}(\hat{\boldsymbol{l}}\times\hat{\boldsymbol{p}})^2=(\hat{\boldsymbol{p}}\times\hat{\boldsymbol{l}})^2=\hat{\boldsymbol{l}}^2\hat{\boldsymbol{p}}^2\\(\hat{\boldsymbol{l}}\times\hat{\boldsymbol{p}})\cdot(\hat{\boldsymbol{p}}\times\hat{\boldsymbol{l}})=-\hat{\boldsymbol{l}}^2\hat{\boldsymbol{p}}^2\\(\hat{\boldsymbol{p}}\times\hat{\boldsymbol{l}})\cdot(\hat{\boldsymbol{l}}\times\hat{\boldsymbol{p}})=-(\hat{\boldsymbol{l}}^2+4\hbar^2)\hat{\boldsymbol{p}}^2\end{gathered}}$$

证明: 利用公式 (2), 以及公式 (1) 的第 1 行, 可得

$$(\hat{\boldsymbol{l}}\times\hat{\boldsymbol{p}})^2=(\hat{\boldsymbol{l}}\times\hat{\boldsymbol{p}})\cdot(\hat{\boldsymbol{l}}\times\hat{\boldsymbol{p}})=\hat{\boldsymbol{l}}\cdot[\hat{\boldsymbol{p}}\times(\hat{\boldsymbol{l}}\times\hat{\boldsymbol{p}})]=\hat{\boldsymbol{l}}\cdot\hat{\boldsymbol{l}}\hat{\boldsymbol{p}}^2=\hat{\boldsymbol{l}}^2\hat{\boldsymbol{p}}^2,$$

$$(\hat{\boldsymbol{p}}\times\hat{\boldsymbol{l}})^2=(\hat{\boldsymbol{p}}\times\hat{\boldsymbol{l}})\cdot(\hat{\boldsymbol{p}}\times\hat{\boldsymbol{l}})=[(\hat{\boldsymbol{p}}\times\hat{\boldsymbol{l}})\times\hat{\boldsymbol{p}}]\cdot\hat{\boldsymbol{l}}=\hat{\boldsymbol{p}}^2\hat{\boldsymbol{l}}\cdot\hat{\boldsymbol{l}}=\hat{\boldsymbol{p}}^2\hat{\boldsymbol{l}}^2,$$

$$(\hat{\boldsymbol{l}}\times\hat{\boldsymbol{p}})\cdot(\hat{\boldsymbol{p}}\times\hat{\boldsymbol{l}})=\hat{\boldsymbol{l}}\cdot[\hat{\boldsymbol{p}}\times(\hat{\boldsymbol{p}}\times\hat{\boldsymbol{l}})]=-\hat{\boldsymbol{l}}\cdot\hat{\boldsymbol{l}}\hat{\boldsymbol{p}}^2=-\hat{\boldsymbol{l}}^2\hat{\boldsymbol{p}}^2,$$

$$(\hat{\boldsymbol{p}}\times\hat{\boldsymbol{l}})\cdot(\hat{\boldsymbol{l}}\times\hat{\boldsymbol{p}})=(\hat{\boldsymbol{p}}\times\hat{\boldsymbol{l}})\cdot(2i\hbar\hat{\boldsymbol{p}}-\hat{\boldsymbol{p}}\times\hat{\boldsymbol{l}})=(2i\hbar)(2i\hbar\hat{\boldsymbol{p}}^2)-\hat{\boldsymbol{l}}^2\hat{\boldsymbol{p}}^2=-4\hbar^2\hat{\boldsymbol{p}}^2-\hat{\boldsymbol{l}}^2\hat{\boldsymbol{p}}^2.$$

(8)
$$\boxed{\begin{aligned}(\hat{\boldsymbol{l}}\times\hat{\boldsymbol{p}})\times(\hat{\boldsymbol{l}}\times\hat{\boldsymbol{p}})&=-\mathrm{i}\hbar\hat{\boldsymbol{l}}\hat{\boldsymbol{p}}^2\\(\hat{\boldsymbol{p}}\times\hat{\boldsymbol{l}})\times(\hat{\boldsymbol{p}}\times\hat{\boldsymbol{l}})&=-\mathrm{i}\hbar\hat{\boldsymbol{l}}\hat{\boldsymbol{p}}^2\\(\hat{\boldsymbol{l}}\times\hat{\boldsymbol{p}})\times(\hat{\boldsymbol{p}}\times\hat{\boldsymbol{l}})&=-\mathrm{i}\hbar\hat{\boldsymbol{l}}\hat{\boldsymbol{p}}^2\\(\hat{\boldsymbol{p}}\times\hat{\boldsymbol{l}})\times(\hat{\boldsymbol{l}}\times\hat{\boldsymbol{p}})&=3\mathrm{i}\hbar\hat{\boldsymbol{p}}^2\hat{\boldsymbol{l}}\end{aligned}}$$

证明: 利用公式 (2), 可得

$$(\hat{\boldsymbol{l}}\times\hat{\boldsymbol{p}})\times(\hat{\boldsymbol{l}}\times\hat{\boldsymbol{p}})=\mathrm{i}\hbar(\hat{\boldsymbol{l}}\times\hat{\boldsymbol{p}})\times\hat{\boldsymbol{p}}+[(\hat{\boldsymbol{l}}\times\hat{\boldsymbol{p}})\cdot\hat{\boldsymbol{p}}]\hat{\boldsymbol{l}}-[(\hat{\boldsymbol{l}}\times\hat{\boldsymbol{p}})\cdot\hat{\boldsymbol{l}}]\hat{\boldsymbol{p}}=\mathrm{i}\hbar(\hat{\boldsymbol{l}}\times\hat{\boldsymbol{p}})\times\hat{\boldsymbol{p}}=-\mathrm{i}\hbar\hat{\boldsymbol{p}}^2\hat{\boldsymbol{l}},$$

$$(\hat{\boldsymbol{p}}\times\hat{\boldsymbol{l}})\times(\hat{\boldsymbol{p}}\times\hat{\boldsymbol{l}})=\mathrm{i}\hbar(\hat{\boldsymbol{p}}\times\hat{\boldsymbol{l}})\times\hat{\boldsymbol{p}}+[(\hat{\boldsymbol{p}}\times\hat{\boldsymbol{l}})\cdot\hat{\boldsymbol{l}}]\hat{\boldsymbol{p}}-[(\hat{\boldsymbol{p}}\times\hat{\boldsymbol{l}})\cdot\hat{\boldsymbol{p}}]\hat{\boldsymbol{l}}=\mathrm{i}\hbar\hat{\boldsymbol{p}}^2\hat{\boldsymbol{l}}-2\mathrm{i}\hbar\hat{\boldsymbol{p}}^2\hat{\boldsymbol{l}}=-\mathrm{i}\hbar\hat{\boldsymbol{p}}^2\hat{\boldsymbol{l}},$$

$$(\hat{\boldsymbol{l}}\times\hat{\boldsymbol{p}})\times(\hat{\boldsymbol{p}}\times\hat{\boldsymbol{l}})=\mathrm{i}\hbar(\hat{\boldsymbol{l}}\times\hat{\boldsymbol{p}})\times\hat{\boldsymbol{p}}+[(\hat{\boldsymbol{l}}\times\hat{\boldsymbol{p}})\cdot\hat{\boldsymbol{l}}]\hat{\boldsymbol{p}}-[(\hat{\boldsymbol{l}}\times\hat{\boldsymbol{p}})\cdot\hat{\boldsymbol{p}}]\hat{\boldsymbol{l}}=-\mathrm{i}\hbar\hat{\boldsymbol{p}}^2\hat{\boldsymbol{l}},$$

$$(\hat{\boldsymbol{p}}\times\hat{\boldsymbol{l}})\times(\hat{\boldsymbol{l}}\times\hat{\boldsymbol{p}})=\mathrm{i}\hbar(\hat{\boldsymbol{p}}\times\hat{\boldsymbol{l}})\times\hat{\boldsymbol{p}}+[(\hat{\boldsymbol{p}}\times\hat{\boldsymbol{l}})\cdot\hat{\boldsymbol{p}}]\hat{\boldsymbol{l}}-[(\hat{\boldsymbol{p}}\times\hat{\boldsymbol{l}})\cdot\hat{\boldsymbol{l}}]\hat{\boldsymbol{p}}=\mathrm{i}\hbar\hat{\boldsymbol{p}}^2\hat{\boldsymbol{l}}+2\mathrm{i}\hbar\hat{\boldsymbol{p}}^2\hat{\boldsymbol{l}}=3\mathrm{i}\hbar\hat{\boldsymbol{p}}^2\hat{\boldsymbol{l}}.$$

附录F

量子力学中的基本假定

量子理论的建立必须解决以下几个基本问题:

(1) 如何从数学上描述一个量子体系在给定时刻的状态?

(2) 若一个量子体系处于一个确定的状态, 如何预测各种动力学变量的测量结果?

(3) 量子体系的状态是随时间如何演变的?

量子力学中的几个基本假定就是围绕以上问题而设定的, 量子力学的理论体系正是以这几个基本假定为基础构建而成的, 这些假定分散在正文的相关章节中, 下面将它们集中列举出来.

基本假定 1: 在一个确定时刻 t_0, 一个量子体系的状态由一个线性空间 $\mathcal{E}$(即体系的态空间) 中的一个特定右矢量 $|\psi(t_0)\rangle$ 来表示.

这个假定回答了上述问题 (1), 需要注意以下几点:

(a) 量子力学一般形式中的一个右矢量, 对应于波动力学中的一个波函数 (坐标表象或动量表象), 或对应于矩阵力学中的一个列阵 (分离表象).

(b) 态空间中除零矢量之外的任何一个右矢量均可表示体系的一个可能的状态, 但仅相差一个非零复常数因子的两个右矢量表示同一个量子态.

(c) 这个假定隐含了一个重要原理: 态叠加原理. 因态空间是线性空间, 故若干个右矢量的线性叠加也是一个右矢量, 它也表示体系一个可能的量子态.

基本假定 2: 量子体系的任一个动力学变量 A 均对应于一个观测算符 $\hat{A}$, 体系的任一个归一化的态矢量 $|\psi\rangle$ 均可表示为 $\hat{A}$ 的一组正交归一完备的本征矢量 $|n\alpha\rangle$(对应于 $\hat{A}$ 的本征值 a_n, 指标 α 用于区分相互简并的态) 的线性叠加, 即

$$|\psi\rangle = \sum_{n\alpha} c_{n\alpha}|n\alpha\rangle.$$

若体系处于上述量子态 $|\psi\rangle$, 则测量动力学变量 A 得到的结果只能是 $\hat{A}$ 的本征值之一, 且出现本征值 a_n 的概率为

$$P_n = \sum_{\alpha} |c_{n\alpha}|^2.$$

若测得的结果为 u_n, 则体系立即跃变至 $\hat{A}$ 的本征值 a_n 对应的本征态:

$$|\phi_n\rangle = \lambda_n \sum_{\alpha} c_{n\alpha}|n\alpha\rangle, \quad \lambda_n = \left(\sum_{\alpha} |c_{n\alpha}|^2\right)^{-1/2}.$$

若 $\hat{A}$ 的本征值是连续 (或部分连续) 的, 以上对分离指标的求和应替换为对连续指标的积分.

这个假定就是动力学变量的测值原理, 它回答了上述问题 (2).

基本假定 3: 设体系的哈密顿算符为 $\hat{H}$, 则体系的态矢量 $|\psi(t)\rangle$ 随时间 t 的演变遵从薛定谔方程:

$$\mathrm{i}\hbar\partial_t|\psi(t)\rangle = \hat{H}|\psi(t)\rangle.$$

此方程即为量子体系的动力学方程, 这个假定回答了上述问题 (3).

基本假定 4: 全同粒子体系中任何两个粒子的交换都不会导致物理状态的改变. 这就是量子力学中的全同性原理, 它导致两个结果:

(a) 全同粒子体系的任何可观测物理量对应的观测算符对于任何两个粒子的交换均具有对称性;

(b) 全同玻色体系的态矢量对于任何两个粒子的交换均具有对称性, 而全同费米体系的态矢量对于任何两个粒子的交换均具有反对称性.

这个假定可视为关于全同粒子体系对上述问题 (1) 和 (2) 的补充回答.

最后指出, 量子力学中还有一些假定是针对某类特定体系或某些特定问题而设定的, 它们并不是支撑量子理论整体框架的基本假定, 这里不再赘述.

附录G

物理常数表

物理常数表

物理量	高斯单位制	国际单位制
普朗克常量 h	6.626×10^{-27} erg·s	$6.626\,075\,5(40) \times 10^{-34}$ J·s
约化的普朗克常量 $\hbar$	1.055×10^{-27} erg·s	$1.054\,572\,66(63) \times 10^{-34}$ J·s
真空光速 c	2.998×10^{10} cm·s^{-1}	$2.997\,924\,58 \times 10^{8}$ m·s^{-1}
电子电荷 e	4.803×10^{10} esu	$1.602\,177\,33(49) \times 10^{-19}$ C
电子质量 m_e	9.109×10^{-28} g	$9.109\,389\,7(54) \times 10^{-31}$ kg
质子质量 m_p	1.6726×10^{-24} g	$1.672\,623\,1(10) \times 10^{-27}$ kg
中子质量 m_n	1.675×10^{-24} g	$1.674\,927\,211(84) \times 10^{-27}$ kg
玻尔半径 a_B	0.529×10^{-8} cm	$0.529\,177\,249(24) \times 10^{-10}$ m
玻尔磁子 μ_B	9.273×10^{-21} erg/Gs	$5.788\,382\,63(52) \times 10^{-11}$ MeV·T^{-1}
里德伯能量 R	13.61 eV	13.605 698 1(40) eV
精细结构常数 α	1/137	1/137.035 989 5(61)
电子经典半径 r_e	2.818×10^{-13} cm	$2.817\,940\,92(38) \times 10^{-15}$ m
玻尔兹曼常量 k_B	1.3807×10^{-10} erg·K^{-1}	$1.380\,658(12) \times 10^{-23}$ J·K^{-1}
阿伏伽德罗常量 N_A	6.022×10^{23} mol^{-1}	$6.022\,136\,7(36) \times 10^{23}$ mol^{-1}
真空电容率 ε_0	1	$8.854\,187\,817 \times 10^{-12}$ F·m^{-1}
真空磁导率 μ_0	1	$4\pi \times 10^{-7}$ N·A^{-2}

参考书目

[1] 曾谨言. 量子力学 (卷 Ⅰ, 卷 Ⅱ)[M]. 5 版. 北京: 科学出版社, 2013.
[2] 曾谨言. 量子力学教程[M]. 3 版. 北京: 科学出版社, 2013.
[3] 钱伯初. 量子力学[M]. 北京: 高等教育出版社, 2006.
[4] 苏汝铿. 量子力学[M]. 2 版. 北京: 高等教育出版社, 2000.
[5] 张永德. 量子力学[M]. 2 版. 北京: 科学出版社, 2008.
[6] 周世勋. 量子力学教程[M]. 2 版. 北京: 高等教育出版社, 2009.
[7] 柯善哲, 肖福康, 江兴方. 量子力学[M]. 北京: 科学出版社, 2006.
[8] 裴寿镛. 量子力学[M]. 北京: 高等教育出版社, 2008.
[9] 井孝功. 量子力学[M]. 哈尔滨: 哈尔滨工业大学出版社, 2004.
[10] Messiah A. 量子力学 (第一卷, 第二卷)[M]. 苏汝铿, 汤家镛, 译. 北京: 科学出版社, 1986.
[11] Dirac P A M. 量子力学原理[M]. 4 版. 凌东波, 译. 北京: 机械工业出版社, 2017.
[12] Cohen-Tannoudji C, Diu B, Laloë F. 量子力学 (第一卷, 第二卷)[M]. 陈星奎, 刘家谟, 译. 北京: 高等教育出版社, 2016.
[13] Landau L D, Lifshitz E M. 量子力学[M]. 6 版. 严肃, 译. 北京: 高等教育出版社, 2008.
[14] 喀兴林. 高等量子力学[M]. 2 版. 北京: 高等教育出版社, 2001.
[15] 倪光炯, 陈苏卿. 高等量子力学[M]. 上海: 复旦大学出版社, 2000.
[16] 张礼, 葛墨林. 量子力学的前沿问题[M]. 北京: 清华大学出版社, 1999.
[17] 曾谨言, 裴寿镛. 量子力学新进展 (第一辑)[M]. 北京: 北京大学出版社, 2000.
[18] 曾谨言, 裴寿镛, 龙桂鲁. 量子力学新进展 (第二辑)[M]. 北京: 北京大学出版社, 2001.
[19] 曾谨言, 龙桂鲁, 裴寿镛. 量子力学新进展 (第三辑)[M]. 北京: 清华大学出版社, 2003.
[20] 龙桂鲁, 裴寿镛, 曾谨言. 量子力学新进展 (第四辑)[M]. 北京: 清华大学出版社, 2007.
[21] 钱伯初, 曾谨言. 量子力学习题精选与剖析 (上、下册)[M]. 2 版. 北京: 科学出版社, 1999.
[22] 张永德, 等. 物理学大题典 (量子力学, 上、下册)[M]. 2 版. 北京: 科学出版社; 中国科学技术大学出版社, 2018.
[23] 柯善哲, 沈瑞, 江兴方. 量子力学习题解答[M]. 北京: 科学出版社, 2020.
[24] 张鹏飞, 阮图南, 朱栋培, 吴强. 量子力学习题解答与剖析[M]. 北京: 科学出版社, 2011.
[25] 吴强, 柳盛典. 量子力学习题精解[M]. 北京: 科学出版社, 2003.
[26] Schiff L. Quantum Mechanics[M]. 3rd ed. New York: McGraw-Hill, 1967.
[27] Merzbacher E. Quantum Mechanics[M]. New York: Wiley, 1970.
[28] Gottfried K, Yan T M. Quantum Mechanics: Fundamentals[M]. 2nd ed. New York: Springer-Verlag, 2003.
[29] Ballentine L E. Quantum Mechanics[M]. 北京: 世界图书出版公司, 2002.